高职高专电子信息类课改系列教材

Altium Designer 19 原理图与 PCB 设计速成

主编　张玉莲　葛　宁
参编　杜平生

西安电子科技大学出版社

内 容 简 介

本书以具体实例为出发点，介绍了 Altium Designer 19 的基本功能与操作技巧。全书共分为 12 章：第 1 章主要介绍软件的界面、组成及基本操作；第 2～6 章主要介绍电路原理图的绘制及图形对象的编辑技巧、原理图元件符号的创建及应用方法、原理图的输出与打印等；第 7～11 章主要介绍 PCB 的基础知识、PCB 板的手工布局与布线及自动布局与布线、PCB 文件的打印与输出、PCB 元件封装设计；第 12 章主要介绍电路仿真与信号完整性分析。

本书结构合理，条理清晰，内容翔实，图文并茂，方便学习者轻松掌握 Altium Designer 19 的应用技巧。

本书既可作为高职高专、中职院校的电子通信类专业、自动化专业及机电一体化专业学生用书，也可作为工程技术人员和自学者进行电子线路计算机辅助设计的参考用书。

图书在版编目（CIP）数据

Altium Designer 19 原理图与 PCB 设计速成 / 张玉莲，葛宁主编. — 西安：西安电子科技大学出版社，2020.9(2021.2 重印)
ISBN 978-7-5606-5865-0

Ⅰ. ①A… Ⅱ. ①张… ②葛… Ⅲ. ①印刷电路—计算机辅助设计—应用软件
Ⅳ. ①TN410.2

中国版本图书馆 CIP 数据核字(2020)第 162372 号

策划编辑　毛红兵　马乐惠
责任编辑　杜敏娟　毛红兵
出版发行　西安电子科技大学出版社(西安市太白南路 2 号)
电　　话　(029)88242885　88201467　　邮　　编　710071
网　　址　www.xduph.com　　电子邮箱　xdupfxb001@163.com
经　　销　新华书店
印刷单位　咸阳华盛印务有限责任公司
版　　次　2020 年 9 月第 1 版　2021 年 2 月第 2 次印刷
开　　本　787 毫米 × 1092 毫米　1/16　印　张　25.5
字　　数　608 千字
印　　数　501～2500 册
定　　价　63.00 元
ISBN 978-7-5606-5865-0 / TN

XDUP 6167001-2

前　言

随着电子技术的飞速发展，仪器设备的功能发生了越来越多的变化，进而使电子线路越来越复杂。由于空间有限，所设计的仪器设备越来越精巧，这就要求电子线路布线更加紧凑合理。在计算机应用软件飞速发展的当今，电子线路设计软件种类繁多，其中 Altium 公司的 Altium Designer 19 设计软件致力于革新电子产品设计平台，为广大的电子爱好者提供统一的一体化电子设计环境。Altium Designer 19 是从 Protel 99 SE 经过软件的一代代更新发展而来的，该软件操作简便，功能强大，集原理图设计、PCB 设计制作及电路仿真与信号完整性分析于一体，操作界面设计合理，为电路设计提供了可靠保证。

本书从使用者的角度出发，坚持“理论联系实际，学以致用”的原则，结合具体实例介绍了 Altium Designer 19 的基本功能与应用技巧，使读者能够方便快捷地掌握电路图与 PCB 板的绘制方法及其相互转换，并利用仿真工具模拟电路的实际运行情况，便于读者学会电路参数的设置方法。

全书共分为 12 章。第 1 章主要介绍软件的界面、组成及基本操作；第 2～6 章主要介绍电路原理图的绘制及图形对象的编辑技巧、原理图元件符号的创建及应用方法、原理图的输出与打印等；第 7～11 章主要介绍 PCB 的基础知识、PCB 板的手工布局与布线以及自动布局与布线、PCB 文件的打印与输出、PCB 元件封装设计；第 12 章主要介绍电路仿真与信号完整性分析。同时，针对初学者在 Altium Designer 19 操作技术方面的局限性，本书在内容安排上以实际电路为主线，按照操作顺序，系统地介绍了各类编辑工具的使用方法和操作技巧。针对使用 Protel 99 SE 老版本的用户，详细介绍了 Protel 99 SE 设计数据库的导入方法，Protel 99 SE 元件库的导入及集成库的制作方法，使习惯于使用老版本的用户能很快适应新版本的界面并掌握其使用技巧。

西安航空职业技术学院张玉莲、葛宁担任本书主编，杜平生参与编写了本书。其中，张玉莲负责统稿全书，并编写了第 1～4 章、第 6 章、第 11 章、第 12 章及附录；杜平生编写了第 5 章；葛宁编写了第 7～10 章。

本书可与西安航空职业技术学院张玉莲、宋双杰、葛宁编著的《Altium Designer 19 原理图与 PCB 设计速成实训教程》（西安电子科技大学出版社出版）配套使用，以期达到更好的学习效果。

在编写本书的过程中，查阅了大量有关资料，得到了同仁的大力支持，谨此表示感谢。

由于时间仓促，加之作者水平有限，书中难免有不妥之处，恳请读者批评指正。

作者 E-mail：zylian999@126.com。

作　者

2020 年 6 月

本书符号说明

为了便于读者熟练掌握 Altium Designer 19 的基本操作，本书电路图中的元件符号均取自该软件的各种元件库，有些符号与国家标准不同，特此说明，请读者在使用本书时予以注意。

目　录

第 1 章　Altium Designer 19 概述及基本操作

内容提要

本章主要介绍 Altium Designer 19 的发展与功能，Altium Designer 19 的安装、激活、启动以及系统界面的组成，Altium Designer 19 系统参数的设置等内容。

1.1　Altium Designer 19 的发展

Altium 公司的前身为 Protel 国际有限公司，由 Nick Martin 于 1985 年始创于澳大利亚。Altium 公司致力于开发基于 PC 的软件，为印制电路板提供辅助设计。

Protel 是目前 EDA 行业中使用最方便、操作最快捷、人性化界面最好的辅助工具，是在我国用得最多的 EDA 工具。电子类专业的大学生在大学期间基本上都学过 Protel 99 SE，所以 Protel 的学习资源也最丰富。

Altium 公司的产品历史如下：

1985 年，诞生 DOS 版 Protel。

1991 年，推出 Protel for Windows。

1997 年，推出 Protel 98，这个 32 位产品是第一个包含 5 个核心模块的 EDA 工具。

1999 年，推出 Protel 99 及 Protel 99 SE，引进了“设计浏览器”平台，构成从电路设计到真实板分析的完整体系。

2000 年，Protel 99 SE 的性能进一步提高，可以对设计过程有更大的控制力。

2002 年，推出 Protel DXP，它集成了更多工具，使用更方便，功能更强大。

2003 年，推出 Protel 2004，它对 Protel DXP 做了进一步完善。

2006 年，Altium Designer 6.0 成功推出。它集成了更多工具，使用更方便，功能更强大，特别在 PCB 设计方面性能大大提高。

2008 年，推出 Altium Designer Summer 08。它将 ECAD 和 MCAD 两种文件格式结合在一起。Altium 在一体化设计解决方案中，为电子工程师带来了全面验证机械设计(如外壳与电子组件)与电气特性关系的能力，还加入了对 OrCAD 和 PowerPCB 的支持能力。同年 9 月发布的 Altium Designer Winter 09 引入了新的设计技术和理念，以帮助设计创新电子产品，使产品的任务设计功能更快地走向市场，使电路板的空间设计功能增强，让用户可以更快地设计全三维的 PCB，避免出现错误和生成不准确的模型。

2009 年，发布了 Altium Designer Summer 09 版本。该版本解决了大量历史遗留的工具问题，其中包括增加了更多的机械层设置，增加了原理图的网络类定义。该版本更关注改进测试点的分配和管理、精简嵌入式软件的开发、软件设计的智能化调试和流畅的 License 管理等功能。

此后 Altium 公司顺应市场需求，不断推陈出新，以满足不断更新电子产品设计提出的挑战，从最早的 Protel 开始到 DXP，到 Altium Designer 16，再到 Altium Designer 19，软件每更新升级一次，其功能都会发生变化，用户使用也更加得心应手。那么 Altium Designer 19 有哪些全新功能呢？下面我们对 Altium Designer 19 的功能做一详细介绍。

1.2　Altium Designer 19 的功能简介

Altium Designer 19 是一个软件集成平台，它把为电子产品开发提供完整环境所需的工具全部整合在一个应用软件中。

Altium Designer 19 包含所有设计任务所需的工具：原理图设计输入、电路仿真、信号完整性分析、PCB 设计。另外，它可对 Altium Designer 19 的工作环境加以定制，以满足用户的各种不同需求。

作为 Altium 公司全新的原理图、PCB 设计软件，Altium Designer 19 简单易用，且功能强大。板图规划、智能过滤器、快捷工具栏、差异比较、版本控制、设计复用、可视化间隙边界、更具体的规则设计等诸多功能，不仅给软件使用者提供了方便，而且提高了设计效率。

1.2.1　电路工程设计部分

电路工程设计部分包括电路原理图设计系统、印制电路板设计系统。

1. 电路原理图设计系统

电路原理图设计系统包括电路图编辑器(简称 SCH 编辑器)、电路图元件库编辑器(简称 SchLib 编辑器)和各种文本编辑器。本系统的主要功能是：绘制、修改和编辑电路原理图，更新和修改电路图元件库，查看与编辑有关电路图和元件库的各种报表。

2. 印制电路板设计系统

印制电路板设计系统包括印制电路板编辑器(简称 PCB 编辑器)、元件封装编辑器(简称 PcbLib 编辑器)和电路板组件管理器。本系统的主要功能是：绘制、修改和编辑印制电路板，将生成的文件直接送到加工厂进行加工，设计、更新和修改元件封装等。

1.2.2　电路仿真与信号完整性分析

1. 电路模拟仿真系统

电路模拟仿真系统包含一个数字/模拟信号仿真器，可提供连续的数字信号和模拟信号，以便对电路原理图进行信号模拟仿真，从而验证其正确性和可行性。

2. 信号完整性分析系统

信号完整性分析系统提供了一个精确的信号完整性模拟器，可用来分析 PCB 设计，检查电路设计参数、实验超调量、阻抗和信号谐波要求等。

Altium Designer 的功能十分强大，设计者可根据个人需要选择相应的功能。本书主要讲解与原理图、PCB 设计有关的内容，即电路原理图设计、印制电路板设计、PCB 文件输出和电路模拟仿真与信号完整性分析等内容。

1.3　Altium Designer 19 的安装与激活

1.3.1　Altium Designer 19 的系统配置

Altium Designer 19 对系统配置的最低要求是：

(1) 操作系统：仅限 64 位的 Windows 7、Windows 8 或 Windows 10。

(2) 处理器：英特尔酷睿 i5 处理器或同等产品。

(3) RAM：4 GB。

(4) 硬盘容量：10 GB。

(5) 显卡：支持 DirectX 10 或更高版本，如 GeForce 200 系列、Radeon HD 5000 系列或 Intel HD 4600 系列。

(6) 显示器：屏幕分辨率至少为 1680 × 1050(宽屏)或 1600 × 1200(4∶3)。

(7) 阅读器：Adobe Reader(XI 版本或更高版本，用于查看 3D PDF)。

(8) 浏览器：最新的 Web 浏览器。

(9) 其他：Microsoft Office, 64 位(制作材料清单模板需要用到 Microsoft Excel)。

1.3.2　Altium Designer 19 的安装

(1) 双击软件安装包中的“Altium Designer 19 setup.exe”文件，即可启动安装程序。图 1-1 所示为安装界面。

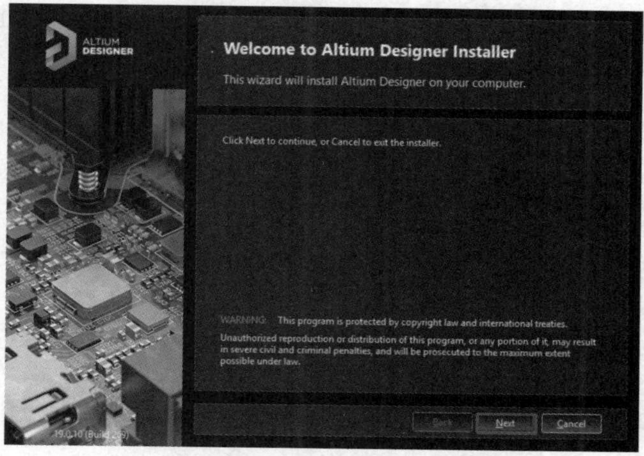

图 1-1　安装界面

(2) 单击【Next】按钮，进入如图 1-2 所示的软件许可界面。

(3) 在图 1-2 中选择安装语言“Chinese”，并选择“I accept the agreement”(接受授权协议)，单击【Next】按钮，进入如图 1-3 所示的软件设计功能选择界面。

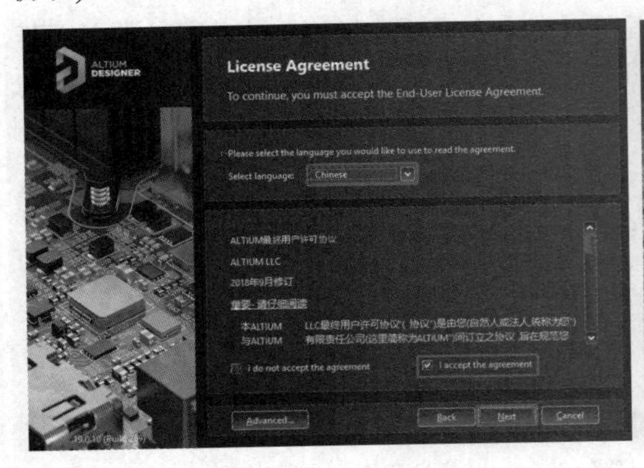

图 1-2　软件许可界面

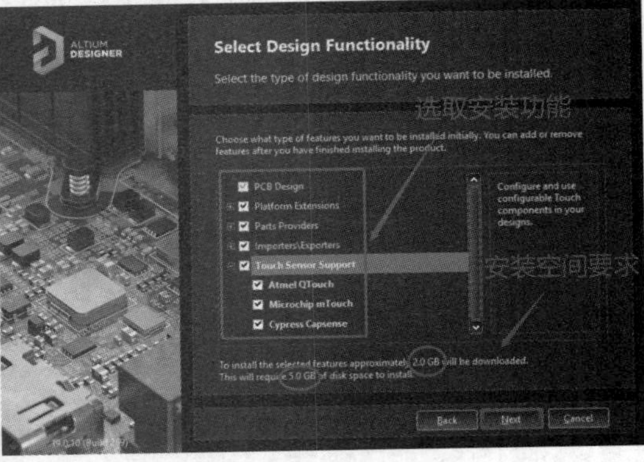

图 1-3　软件设计功能选择界面

(4) 由于 Altium Designer 19 软件的设计功能非常强大，需要占用的硬盘及内存空间比较大，如果电脑配置较低，则硬盘及内存空间不足，因此只选需要的功能即可。单击【Next】按钮，进入如图 1-4 所示的安装路径选择界面。

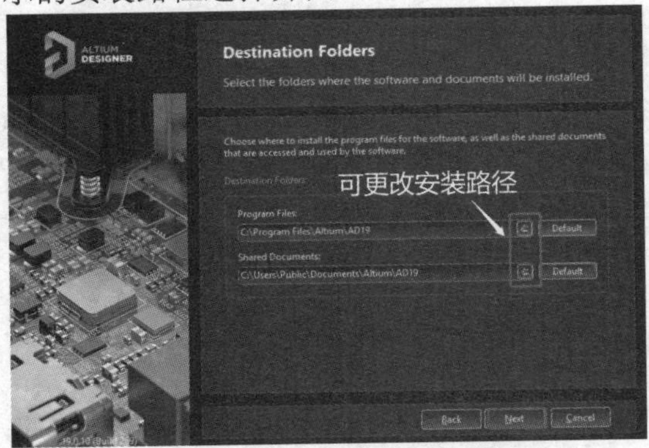

图 1-4　安装路径选择界面

(5) 修改完安装路径后，单击【Next】按钮，弹出如图 1-5 所示的准备开始安装界面。

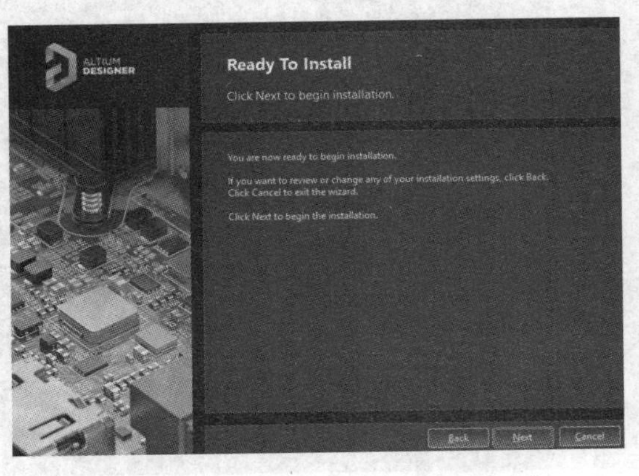

图 1-5　准备开始安装界面

(6) 单击【Next】按钮，启动安装，如图 1-6 所示。大约 5～10 分钟，即可完成安装，弹出安装完成界面，如图 1-7 所示。

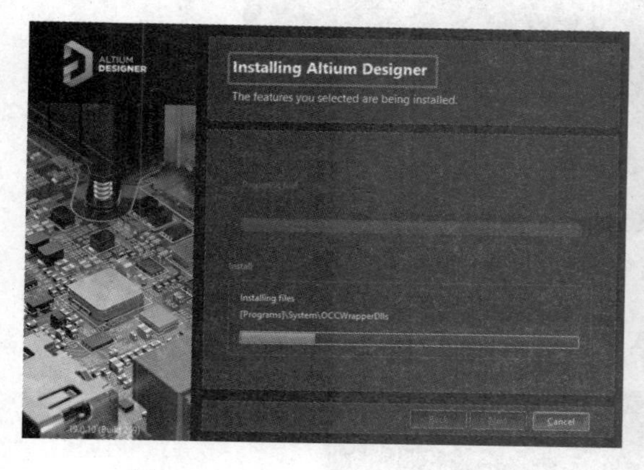

图 1-6　Altium Designer 19 安装进行中

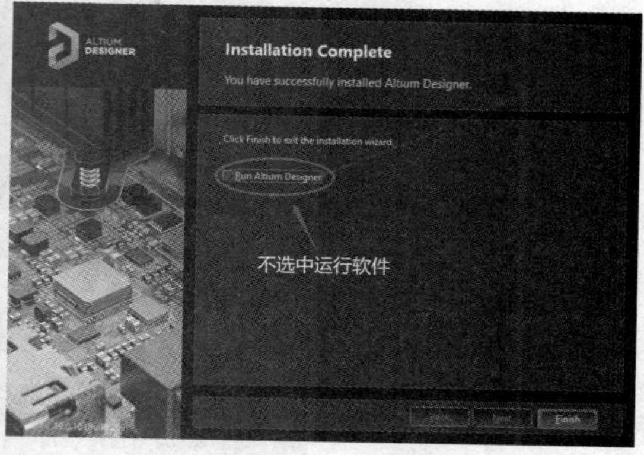

图 1-7　安装完成界面

1.3.3　Altium Designer 19 的首次运行

(1) 在图 1-7 所示的安装完成界面中先取消选中“Run Altium Designer”，再单击【Finish】按钮。

(2) 在安装包文件中找到 shfolder.dll，将其拷贝到 Altium Designer 19 的安装目录下。注意，如果该目录下已有 shfolder.dll 文件，则直接覆盖它。

(3) 运行 Altium Designer 19，运行界面如图 1-8 所示。

图 1-8　Altium Designer 19 的运行界面

(4) 运行中会弹出首次运行输入设置对话框，如图 1-9 所示。

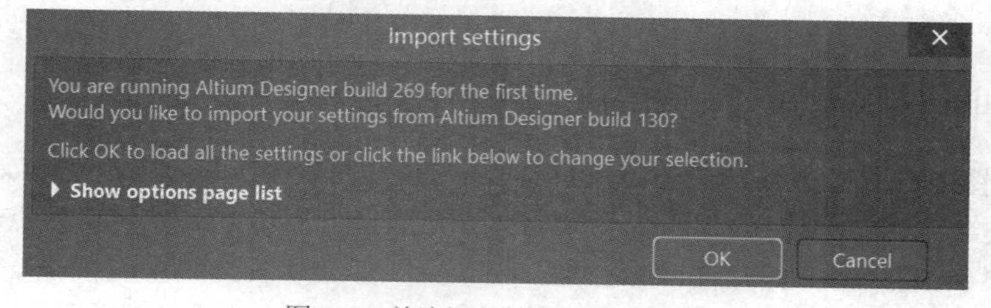

图 1-9　首次运行输入设置对话框

(5) 单击【OK】按钮，进行参数更新设置，如图 1-10 所示。

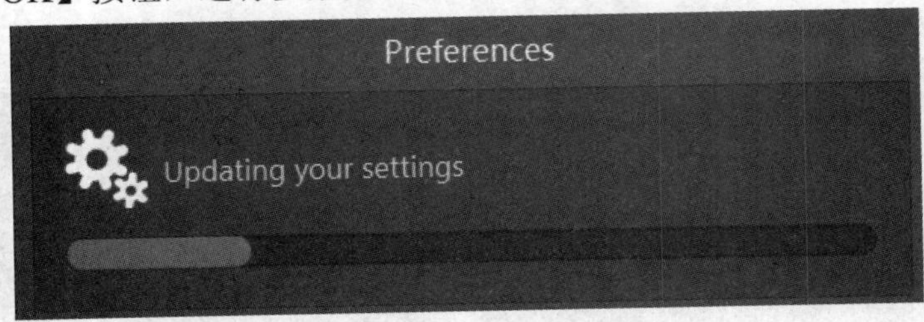

图 1-10　参数更新设置

(6) 配置完成，弹出 Altium 产品改进计划选项，如图 1-11 所示，在此选择“No I don't want to participate in the program”选项，单击【OK】按钮。

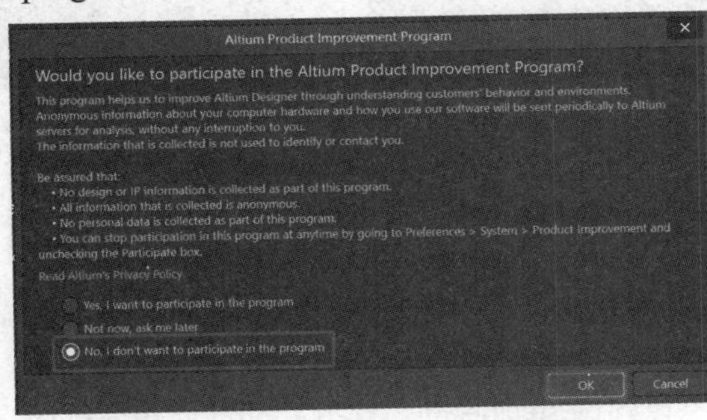

图 1-11　Altium 产品改进计划选项

(7) 系统显示许可管理对话框，如图 1-12 所示，提示软件目前还没有完成注册。

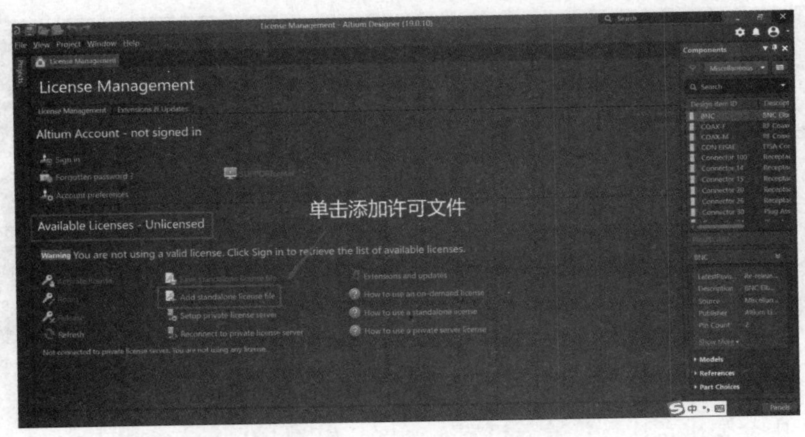

图 1-12　许可管理对话框

1.3.4　Altium Designer 19 的激活

(1) 在图 1-12 中，单击【Add standalone license file】按钮，弹出查找 License 路径对话框，在安装文件包中找到 License 文件夹并打开，如图 1-13 所示。也可以点击主界面右上角的用户小图标，打开“License Management”窗口，添加 License 文件。

(2) 选择文件夹中任何一个 License 文件(*.alf)，单击【打开】按钮即可。

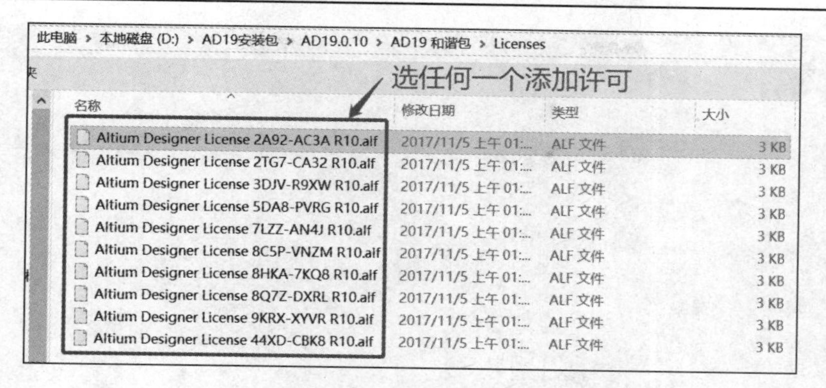

图 1-13　License 文件

(3) 弹出添加许可(注册)成功窗口，如图 1-14 所示。重启软件就可以畅通无阻地使用该软件了。

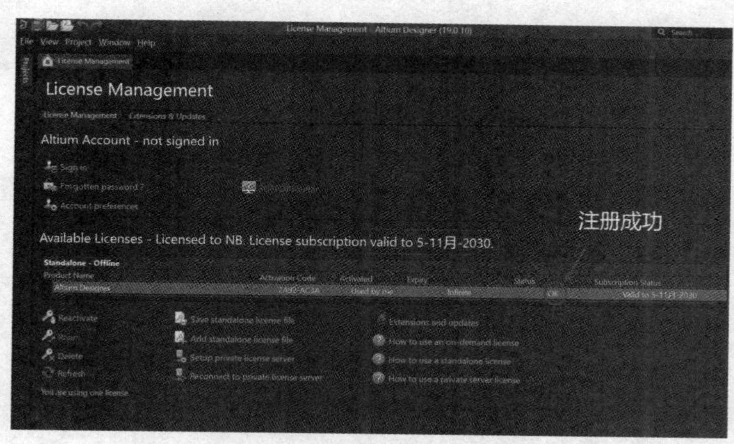

图 1-14　添加许可(注册)成功

1.4　Altium Designer 19 的启动与系统界面

1.4.1　Altium Designer 19 的启动

启动 Altium Designer 19 常用的方法如下：

(1) 用鼠标双击 Windows 桌面的 Altium Designer 19 快捷方式图标，打开软件。

(2) 执行“开始”→ Altium Designer，打开软件。

(3) 在软件安装的根目录 AD19 下，双击 X2.EXE，打开软件。

1.4.2　Altium Designer 19 的主界面

启动 Altium Designer 19，进入 Altium Designer 19 主界面，如图 1-15 所示，系统默认主界面的背景颜色为黑灰色。为了便于显示及方便更多业余爱好者使用，我们首先将主题颜色改为浅灰色，并将系统汉化，以服务广大英语基础薄弱的电子爱好者。

图 1-15　Altium Designer 19 主界面

(1) 单击右上角的⚙按钮，弹出“Preferences”对话框，如图 1-16 所示。

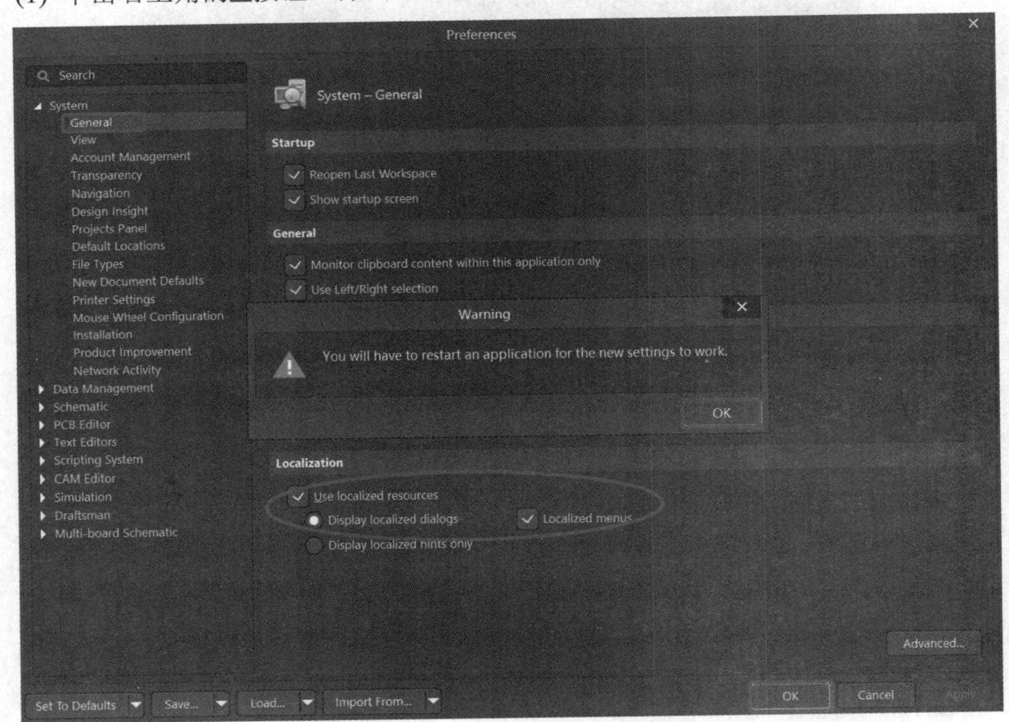

图 1-16　“Preferences”对话框

(2) 在“System”选项中单击“General”，在窗口下面的“Localization”选项区勾选“Use localized resources”，弹出“Warning”对话框，如图 1-16 所示，单击【OK】按钮。

(3) 单击“View”，在窗口下面的“UI Theme”区域，如图 1-17 所示，单击“Current”右侧的▼，选中“Altium Light Gray”，弹出“Warning”对话框，单击【OK】按钮。

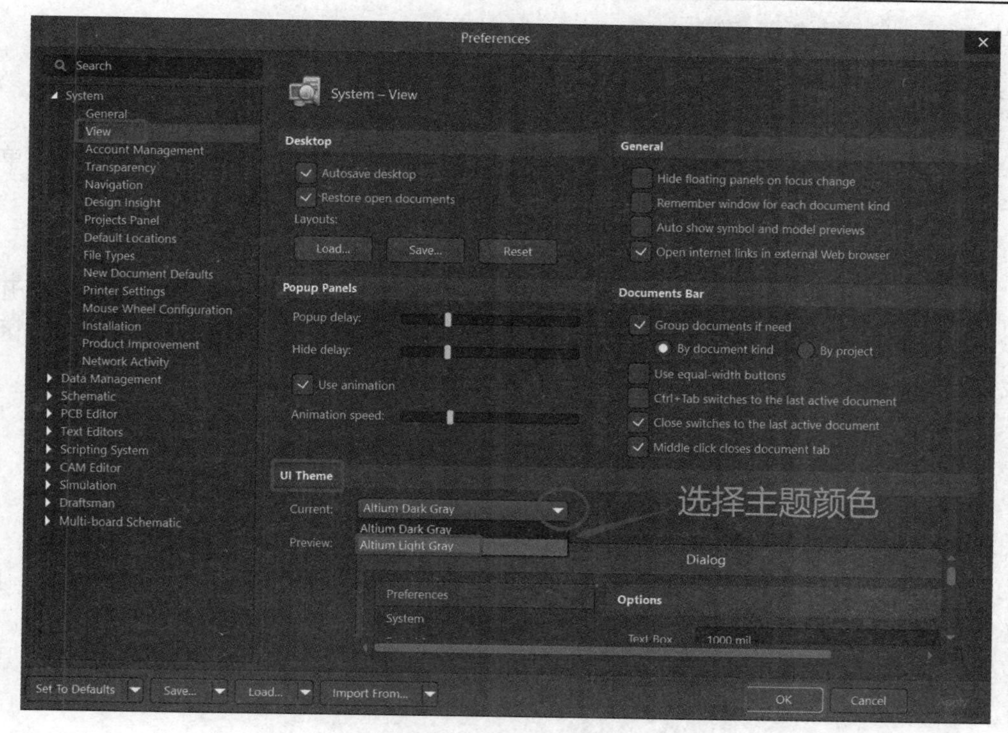

图 1-17 主题颜色修改

(4) 单击“Preferences”对话框中的【OK】按钮，重新启动软件，即可汉化软件界面，并修改主题颜色为浅灰色，如图 1-18 所示。

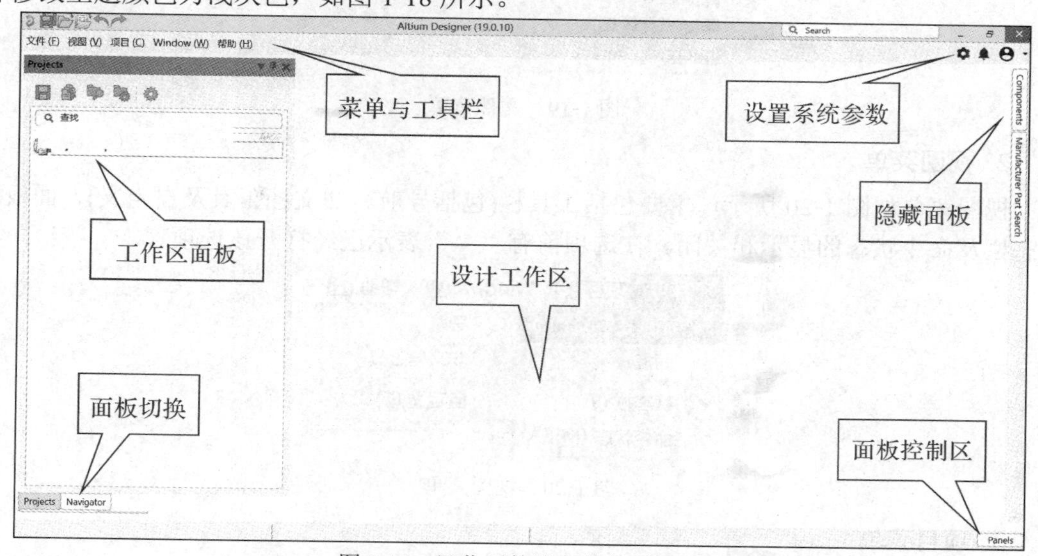

图 1-18 汉化后的浅灰色主题界面

注意：采用汉化界面后，有些专业名词翻译得不够精准，其含义可能会发生变化。另外，汉化也仅仅是汉化了菜单，大部分二级菜单及内部很多设置还是英文显示。因此建议英语比较好的读者尽量选用英文界面。

Altium Designer 19 主界面主要由菜单与工具栏、工作区面板、面板切换、设计工作区、面板控制区、隐藏面板等组成。

1.4.3　Altium Designer 19 的菜单栏

在没有建立任何项目文件时，菜单栏只有文件、视图、项目、Window 和帮助菜单五项。下面具体介绍各菜单的含义。

1. 文件菜单

文件菜单如图 1-19 所示，主要命令包括项目及原理图、PCB 等文件的新建、打开，设计工作区的打开、保存，文件的导入向导，最近的文档、最近的工程及最近的工作区的查找等。每个命令的主要功能将在后面的具体操作中做详细介绍。

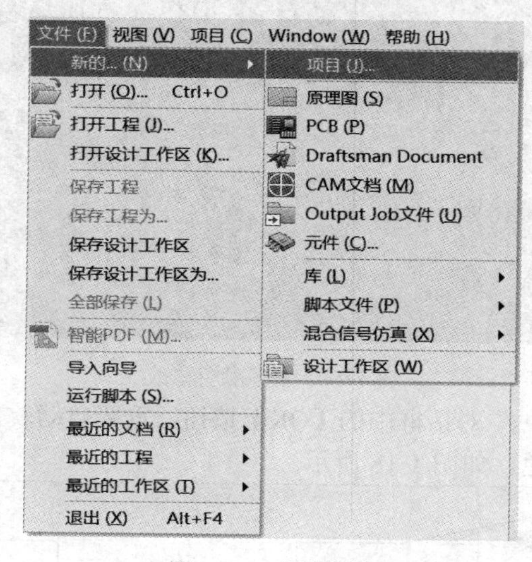

图 1-19　文件菜单

2. 视图菜单

视图菜单如图 1-20 所示，主要包括工具栏(包括导航、非文档工具及自定义)、面板、状态栏及命令状态的显示和关闭。在选项前有“ √ ”表示已经打开该选项。

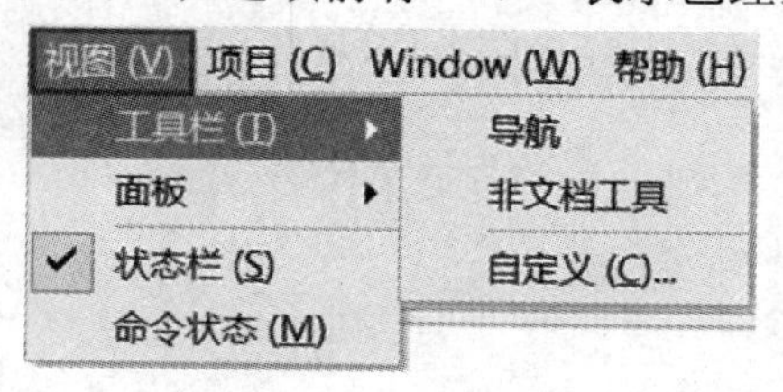

图 1-20　视图菜单

3. 项目菜单

项目菜单如图 1-21 所示，主要包括 Compile、显示差异、添加已有工程、项目打包等选项。灰色选项表示目前不可选。

4. Window 菜单

Window 菜单如图 1-22 所示，主要用于工作窗口的管理。

5. 帮助菜单

帮助菜单如图 1-23 所示，主要用于打开系统提供的帮助文件，包括 Altium Designer 新功能%、探索 Altium Designer、许可、快捷键、用户论坛、关于等。

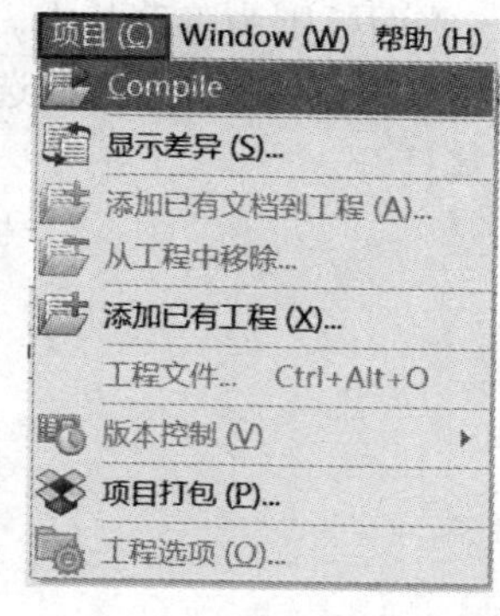

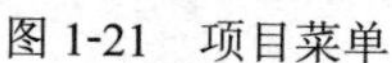
图 1-21　项目菜单

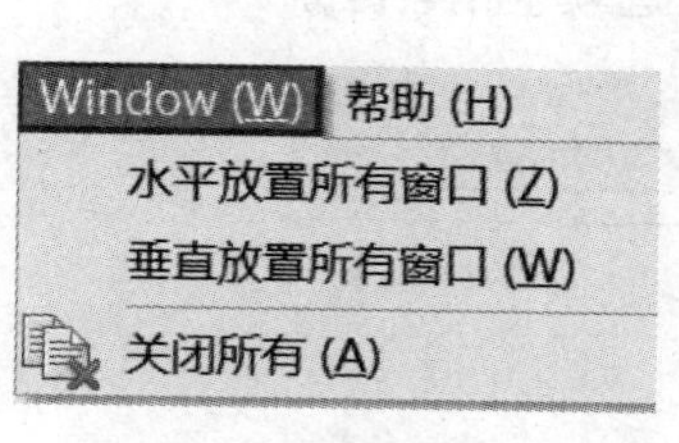

图 1-22　Window 菜单

图 1-23　Help 菜单

1.4.4　Altium Designer 19 的工具栏

当没有任何项目文件打开时，工具栏提供的工具按钮有六个，如图 1-24(a)所示；当有项目文件处于编辑状态时，工具栏提供的工具按钮有七个，如图 1-24(b)所示。其功能如表 1-1 所示。

(a)

(b)

图 1-24　工具栏

表 1-1　工具栏各种工具的功能

工具图标	功　能
	窗口或文件的还原、移动、最小化、最大化、关闭等操作
	保存活动文档
	保存全部文档
	打开任意现有的文件
	打开项目
	撤销
	重做

1.4.5　Altium Designer 19 的面板

Altium Designer 19 有很多操作面板，默认设置为一些面板放置在应用程序的左边，一些面板可以弹出的方式在右边打开，一些面板呈浮动状态，另外一些面板则为隐藏状态。

执行菜单命令“视图”→“面板”，或单击右下角的“Panels”按钮，弹出常用面板选项菜单，如图 1-25 所示。需要打开哪个面板，用鼠标单击即可将其打开。

注意：不同编辑状态其面板选项也稍有区别。

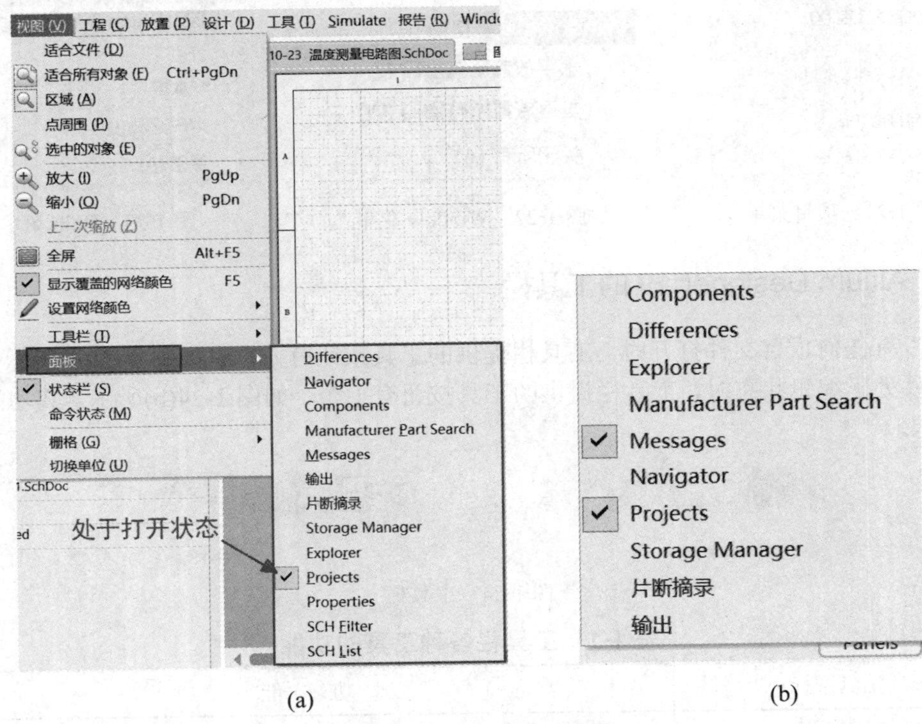

图 1-25　常用面板选项菜单

注意：要移动单个面板，单击并按住面板名称，移动鼠标即可；要移动一套面板，单击并按住面板标题栏，将其拖离面板名称；要避免面板重叠，按住 Ctrl 键；要将面板的悬停模式更改为弹出模式，单击面板顶部的图标 ，如图 1-26(a)所示；要恢复悬停模式，单击图标 ，如图 1-26(b)所示。

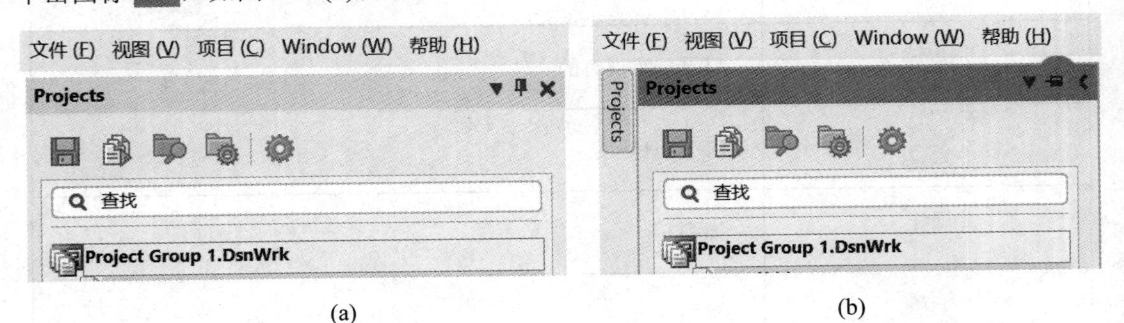

图 1-26　面板悬停与弹出

1.4.6　Altium Designer 19 的 Projects 面板

当首次启动软件或当所有设计工作区都处于关闭状态时，系统自动创建一个名为“Project Group1.DsnWrk”的设计工作区，供用户使用，作为新项目或新设计文件的运行平台。所有设计都是基于这个平台工作的，如图 1-27 所示。Projects 面板提供的工具按钮有 5 个，其功能如下所述。

1. 按钮

单击按钮，保存设计工作区，也可保存所有设计文档。

2. 按钮(Compile)

单击按钮，对工程项目进行编译，以便查找错误，及时进行修改，如图 1-28 所示。

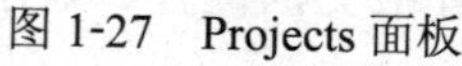
图 1-27　Projects 面板

图 1-28　编译

3. 按钮(Explor)

单击按钮，可以查找工程项目中的文件。在查找栏中输入文件名称，即可查找该文件，如图 1-29 所示。

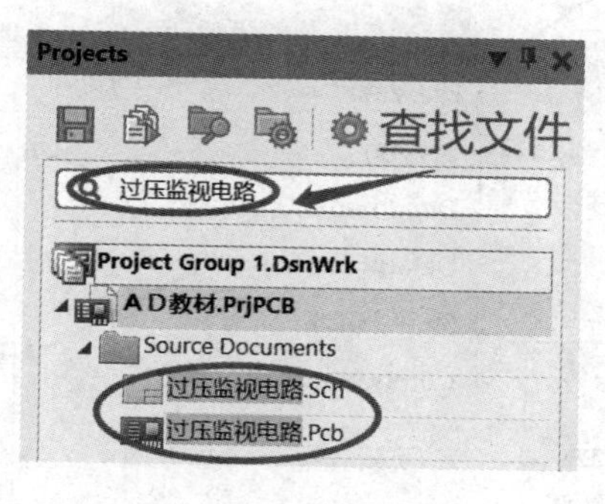

图 1-29　查找文件

4. 按钮(Projects Options)

单击按钮，将弹出工程项目的选项对话框。该对话框中主要包括错误报告、电气连接矩阵、项目中文件的输出类别、项目中同类型文件中元器件的比较、输出路径、打印选项等，可根据需要在各选项卡下面进行设置，如图 1-30 所示。

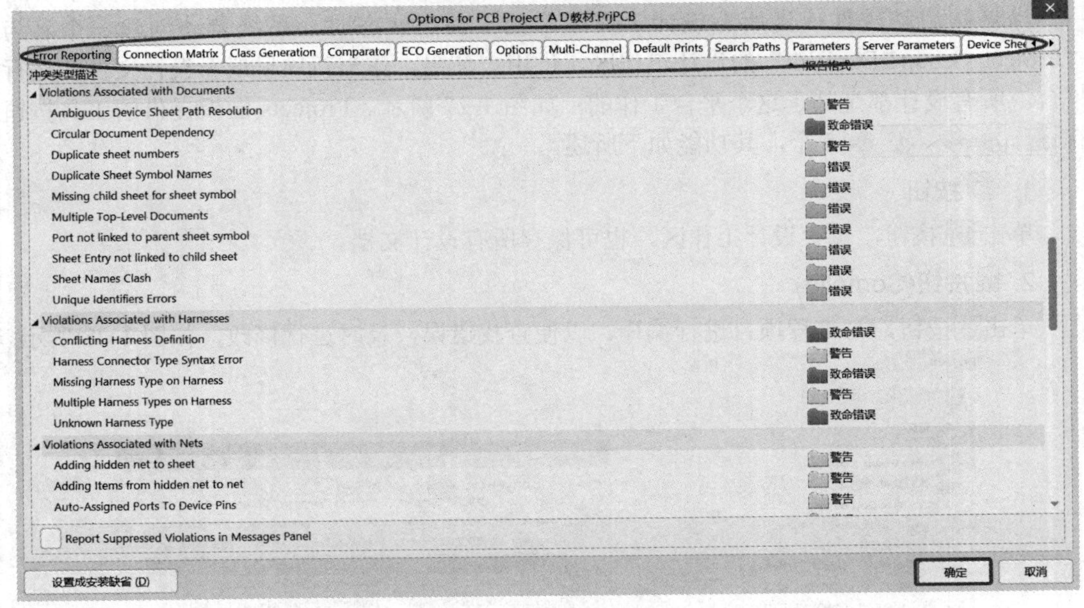

图 1-30　选项对话框

5. ⚙按钮

单击⚙按钮，将弹出面板设置选项，如图 1-31 所示。它包括七个方面的内容，各部分内容的含义如下：

- General（通用选项）：包括显示 VCS 状态、显示工程中文档位置、显示完整路径信息等。需要显示哪一项，选中哪一项即可。

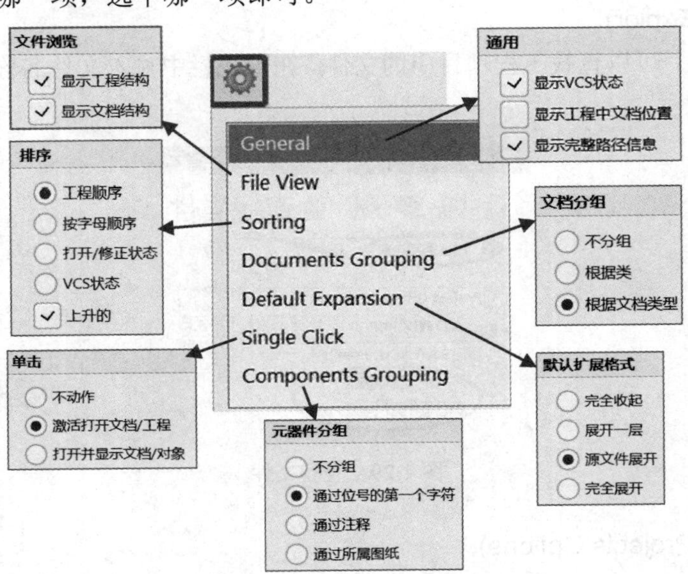

图 1-31　面板设置选项

• File View (文件浏览)：包括显示工程结构、显示文档结构。

• Sorting (排序方式)：可选择工程顺序、按字母顺序、打开/修正状态、VCS 状态、上升的。

• Documents Grouping (文档分组)：可选择不分组、根据类、根据文档类型。

• Default Expansion (默认扩展模式)：用于选择 Projects 面板中文档主菜单与子菜单的相互排列关系，可选择完全收起、展开一层、源文件展开、完全展开。

• Single Click (单击鼠标时鼠标所具有的功能)：可选择不动作、激活打开文档/工程、打开并显示文档/对象。

• Components Grouping (元器件分组方法)：可选择不分组、通过位号的第一个字符、通过注释、通过所属图纸。

1.4.7　Altium Designer 19 的工作窗口及其管理

1. 工作窗口

新建或打开一个项目文件后，会在工作区(Projects)面板的右边打开一个对应的工作窗口，用户可在工作窗口内进行文件操作或文件编辑工作，如图 1-32 所示。左侧 Projects 面板显示项目中文件的类型，中间工作窗口显示正在编辑设计的文件。

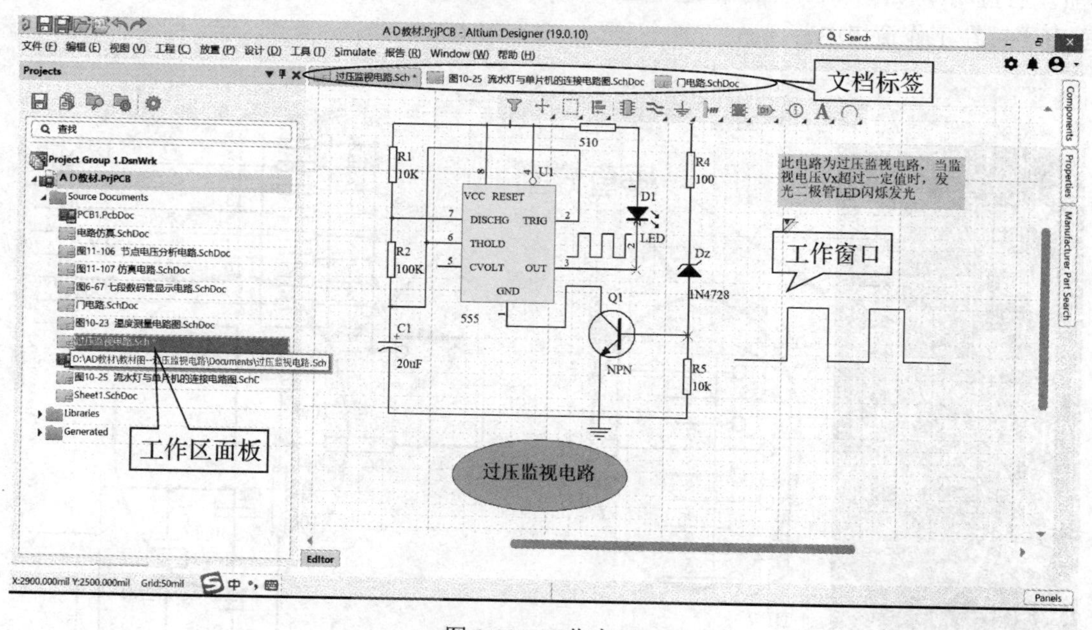

图 1-32　工作窗口

注意：打开不同类型的文件，如 .SchDoc 文件或 .PcbDoc 文件，其呈现在我们面前的界面会有所变化，如菜单项和工具栏的工具按钮会增多，含义会发生变化，具体内容我们将在后面章节中陆续讲解。

2. 工作窗口管理

系统中打开的每一个文档，其文档名称及其对应的图标都以标签的形式在工作窗口的上部显示出来，如图 1-32 所示。标签颜色不同的那个表示当前正在编辑的文档。在某个标签上单击鼠标右键，弹出快捷菜单，如图 1-33(a)所示；或者单击主菜单中的 Window 菜单，弹出如图 1-33(b)所示的菜单。在这两种菜单中均可对工作窗口进行管理。

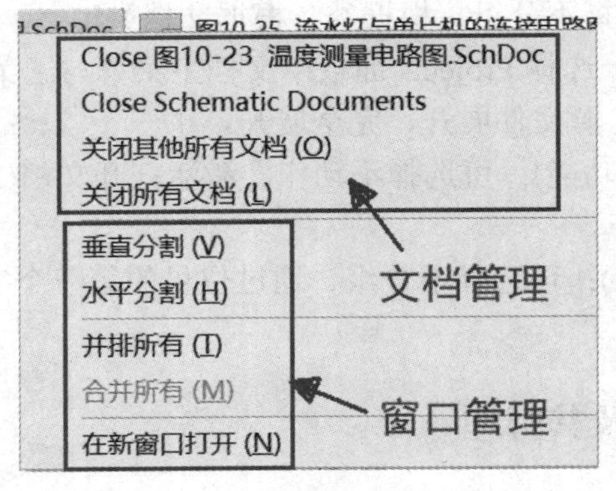

(a) 文件标签右键快捷菜单　　(b) Window 菜单

图 1-33　窗口管理菜单

(1) 选中图 1-33(a)中的“垂直分割”，可将光标所在的文件标签与其他文件标签垂直分割(左右)显示，如图 1-34 所示；选中图 1-33(b)中的“垂直平铺”，即可将打开的所有文档垂直平铺在工作窗口中。

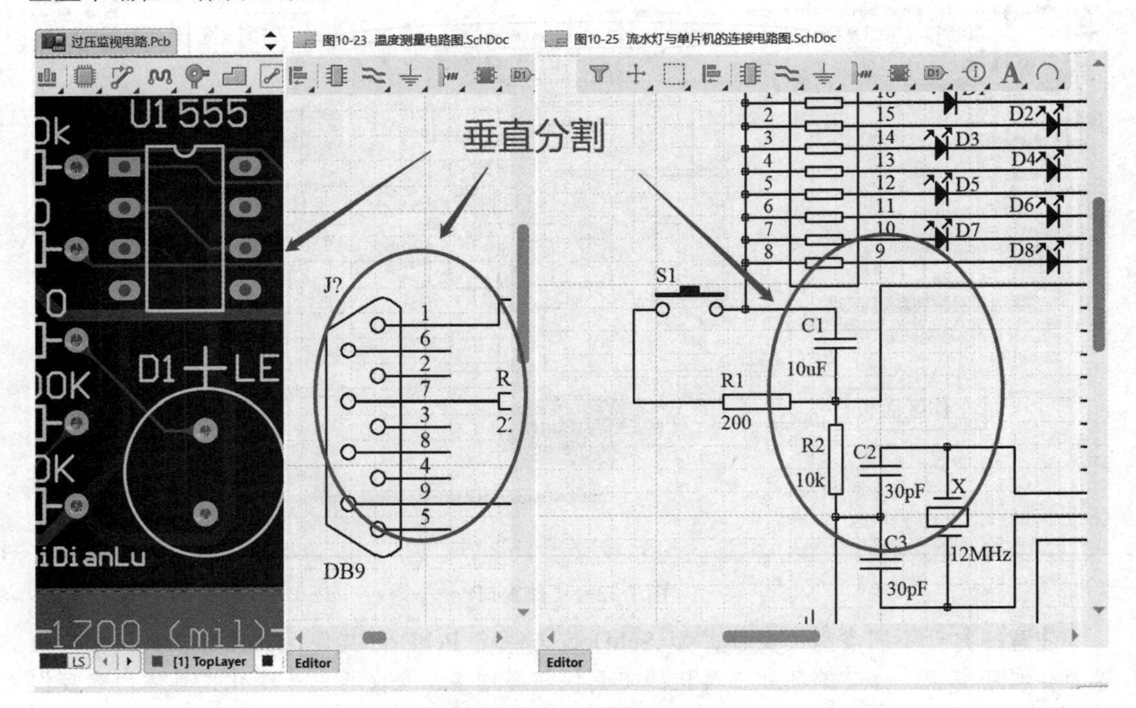

图 1-34　垂直分割显示

(2) 选中图 1-33(a)中的“水平分割”，可将光标所在的文件标签与其他的文件标签水平分割(上下)显示，如图 1-35 所示；选中图 1-33(b)中的“水平平铺”，即可将打开的所有文档水平平铺在工作窗口中。

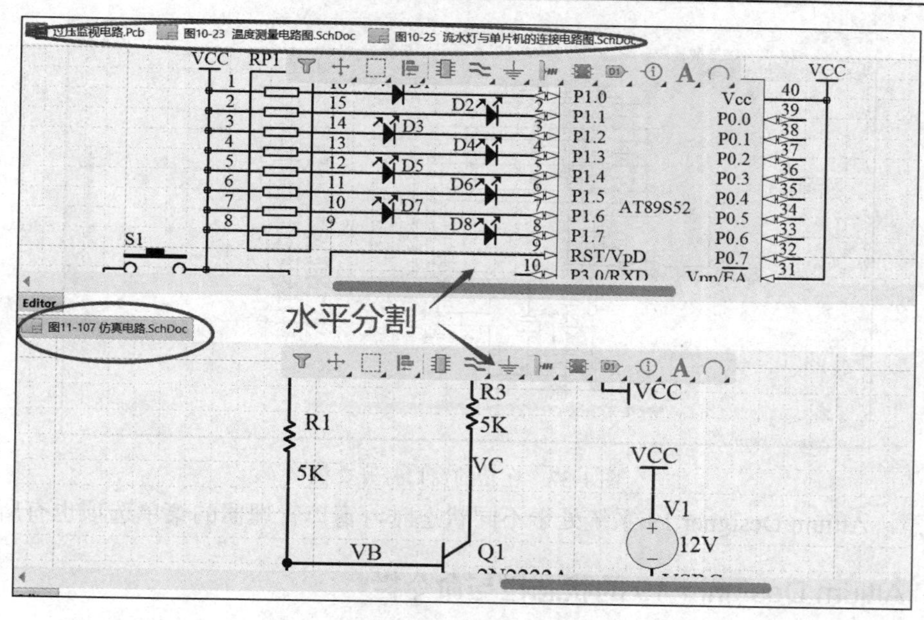

图 1-35 水平分割显示

(3) 选中图 1-33(a)所示的“并排所有”,可将打开的所有文档在多项窗口区域平铺显示,如图 1-36 所示；选中图 1-33(b)中的“平铺”，也可达到同样的结果。注意：区域的数量取决于打开文档的数量。

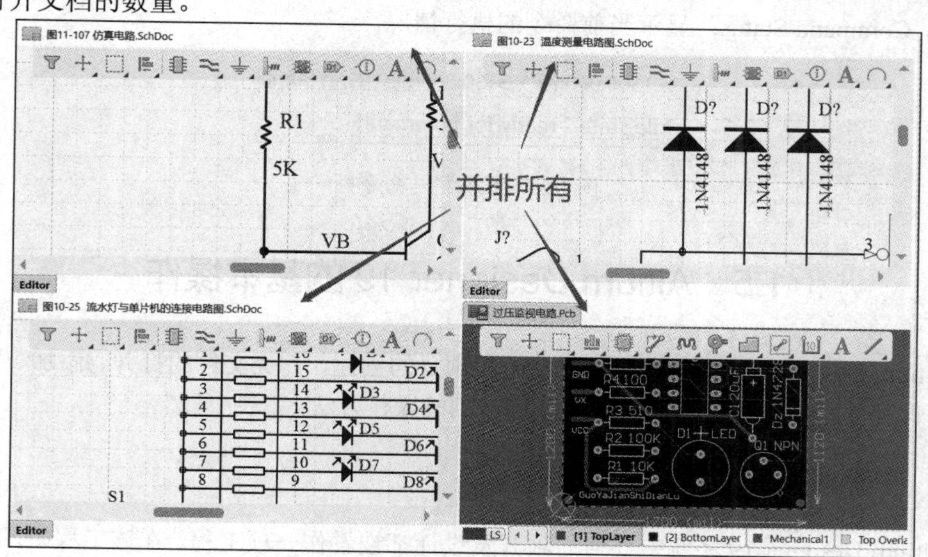

图 1-36 并排所有显示

(4) 在图 1-36 所示的文件平铺状态窗口中的任意文件标签上，单击鼠标右键，在弹出的快捷菜单中选中“合并所有”，即可将所有打开的文件标签合并在一起。这是系统默认的显示方式，如图 1-32 中的“文档标签”所示。

(5) Altium Designer 19 支持多个显示器。若 PC 具有多个显示器，则右键单击文档，选中图 1-33(a)中的“在新窗口打开”命令，即可打开另一个 Altium Designer 19 应用程序，然后就可在第二个显示器上操作，如图 1-37 所示。

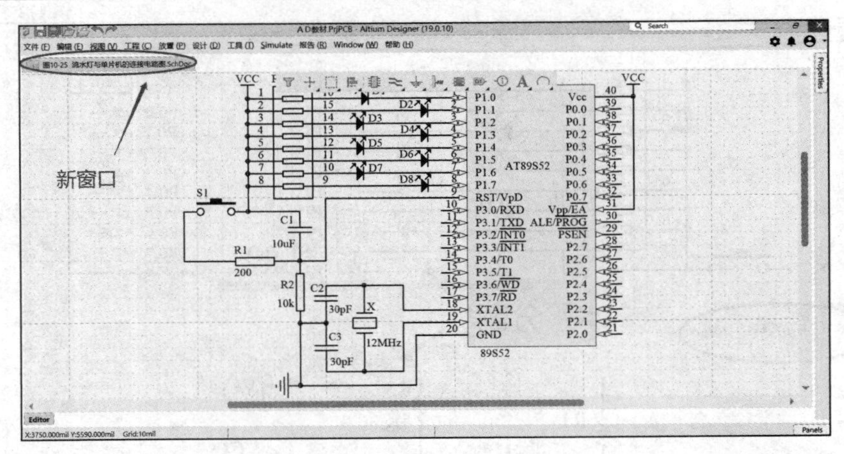

图 1-37　在新的窗口打开文档

注意：Altium Designer 19 系统处于不同状态时，窗口管理器的菜单选项也有所不同。

1.4.8　Altium Designer 19 的状态栏与命令栏

当系统处于文档编辑状态时，状态栏与命令栏即显示在设计窗口的左下角，包括 Status Bar、Command Status 两项，如图 1-38 所示。

(1) Status Bar：一般显示设计过程中鼠标所在位置的坐标及栅格大小。

(2) Command Status：显示当前命令的执行情况。

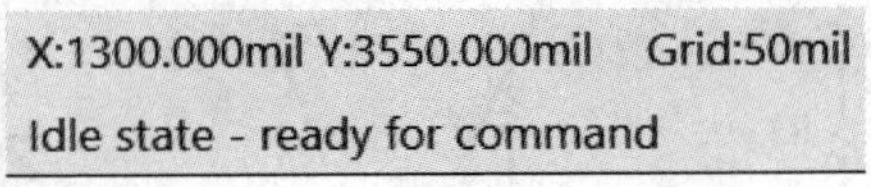

X:1300.000mil Y:3550.000mil　Grid:50mil

Idle state - ready for command

图 1-38　状态栏与命令栏

1.5　Altium Designer 19 的基本操作

Altium Designer 19 的基本操作包括工程项目的创建，各类文件的打开、添加、关闭及命名与保存等基本操作。下面将详细介绍它们的操作方法。

1.5.1　工程项目的创建

Altium Designer 19 系统中任何一项开发设计都被看作一项工程。在该工程中，建立了与该工程有关的多个设计文件，包括原理图设计文件，PCB 设计文件等，同时还包含项目输出文件，以及设计中所用到的库文件。

1. 工程项目的主要特点

- 项目将设计元素链接起来，包括原理图、PCB、网表和预保留在项目中的所有库或模型。
- 项目还能存储项目级选项设置，如错误检查设置、多层连接模式和多通道标注方案。

• 项目共有两种类型：一种是 PCB 项目，另一种是多板项目。PCB 项目主要包括原理图、PCB、材料清单、绘图员文档、计算机辅助制造文档、原理图元件库、PCB 元件封装库、输出作业文件及数据库链接文件等。多板项目主要包括多板原理图、多板组装、材料清单、绘图员文档及输出作业文件等。

• Altium Designer 19 允许用户通过 Projects 面板访问与项目相关的所有文档。

• 可在通用的“Project Group1.DsnWrk”的设计工作区中链接相关项目，轻松访问与用户公司目前正在开发的某种产品相关的所有文档。

• 在将如原理图图纸之类的文档添加到项目中时，项目文件中将会加入每个文档的链接。这些文档可以存储在网络的任何位置，无须与项目文件放置于同一文件夹。若这些文档的确存在于项目文件所在目录或子目录之中，则在 Projects 面板中，这些文档图标上会显示小箭头◢标记。

2. 工程项目的创建步骤

(1) 执行菜单命令“文件”→“新的...”→“项目...”，如图 1-19 所示；或在 Projects 面板中的“Project Group1.DsnWrk”上单击鼠标右键，在弹出的快捷菜单中选中“Add New Project...”，如图 1-39 所示。

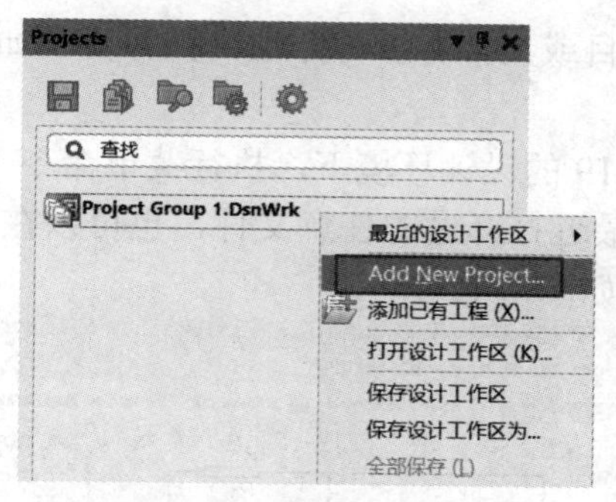

图 1-39　创建项目操作

(2) 弹出创建项目对话框，如图 1-40 所示。在左侧位置区选择 Local Projects，中间“Project Type”类型区选择“Defaults”，在右侧可以修改项目名称以及项目存放文件夹的路径。

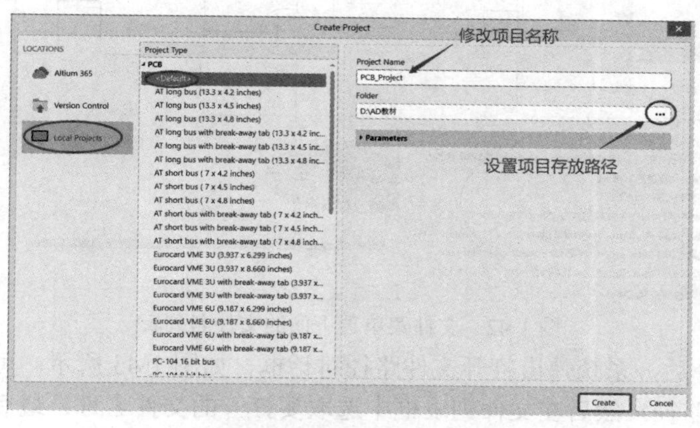

图 1-40　创建项目对话框

(3) 单击【Create】按钮，即可创建一个新的工程项目，如图 1-41 所示。工程项目文件的扩展名是“.PrjPcb”。

图 1-41　新建工程项目

1.5.2　工程项目等文件的打开

打开已经存在的工程项目或文件有多种办法，操作步骤如下所述。

方法一：

(1) 在 Altium Designer 19 的设计环境下，执行菜单命令“文件”→“打开”，或单击主工具栏的 按钮。对于最近打开过的任意文件，也可以在“文件”菜单项下面的文件名列表中直接选择文件名，如图 1-42 所示。

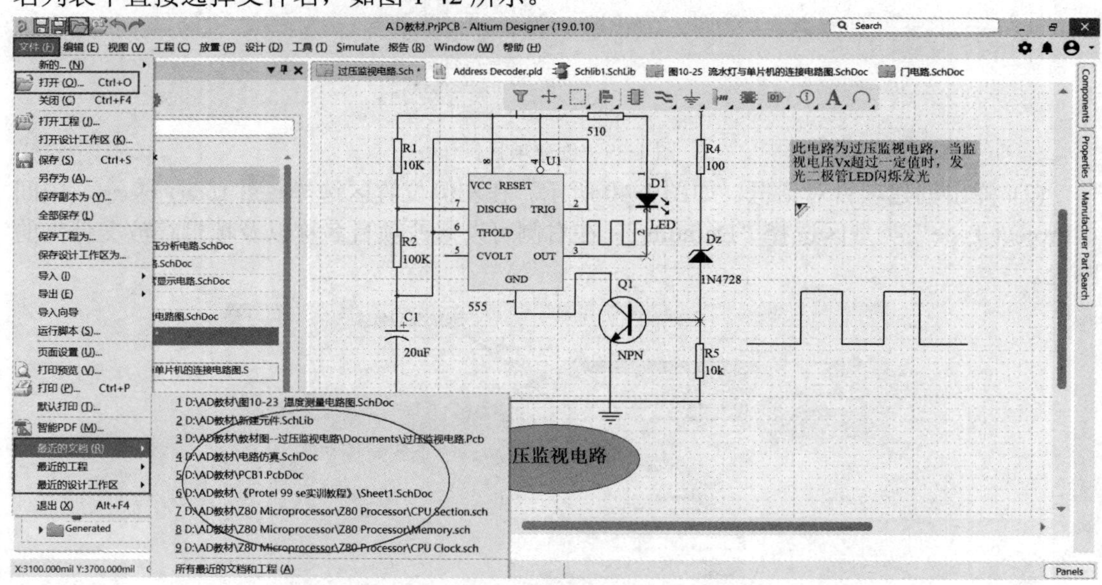

图 1-42　文件菜单项下面的文件名列表

(2) 执行命令后，系统弹出打开文件路径对话框，如图 1-43 所示。可利用“搜索”来查找文件所在的路径，然后在文件列表框中选取要打开的文件名称，最后单击【打开】按钮即可。打开其他文件的方法也是如此。

方法二：在文件存储路径下面找到需要打开的工程项目文件或原理图、PCB 文件，如图 1-43 所示。双击鼠标左键也可将其直接打开。

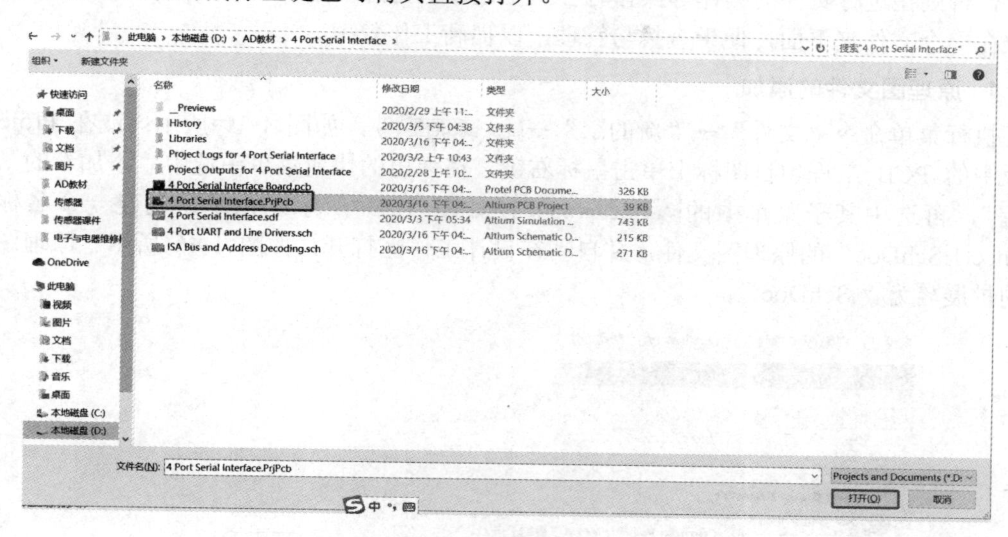

图 1-43　打开文件路径对话框

注意：如果在文件存储路径下面直接打开的是原理图或 PCB 等文件，而不是打开一个工程项目的话，这些直接打开的原理图或 PCB 等文件会游离于工程之外，成为“Free Documents”，如图 1-44 所示。针对这些文件的设置及操作都与工程无关，很多功能无法实现。所以要将这些游离于工程之外的文件拖到一个工程文件中。

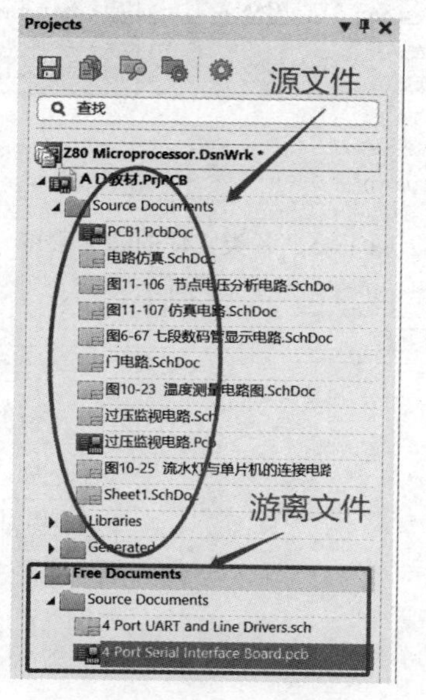

图 1-44　源文件与游离文件

1.5.3　原理图、PCB 等文件的添加

一个完整的工程项目应该包含的文件有原理图、PCB、原理图元件库、PCB 元件封装

库、生产文件、网络文件等，并要确认工程项目里文件的唯一性，即每个类型的文件只有一个，否则在进行文件的编译等操作时会发生错误。另外，同一个工程项目下的文件尽量存放在一个文件夹下面，便于查找与管理，以提高工作效率。

1. 原理图文件的添加

执行菜单命令“文件”→“新的…”→ 原理图 (S)，如图 1-19 所示；或在 Projects 面板中的 PCB 工程项目图标上单击鼠标右键，在弹出的快捷菜单中选中“添加新的…到工程”，再选中其子菜单中的 Schematic，如图 1-45 所示。系统将创建一个名称为“Sheet1.SchDoc”的原理图文件，并自动在设计工作区打开，如图 1-46 所示。原理图文件的扩展名为“.SchDoc”。

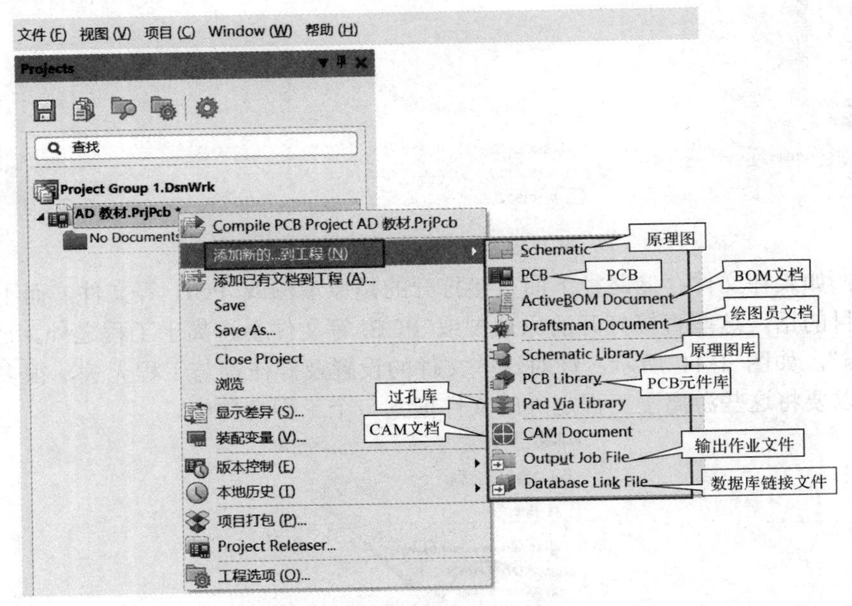

图 1-45　各类文件的添加菜单

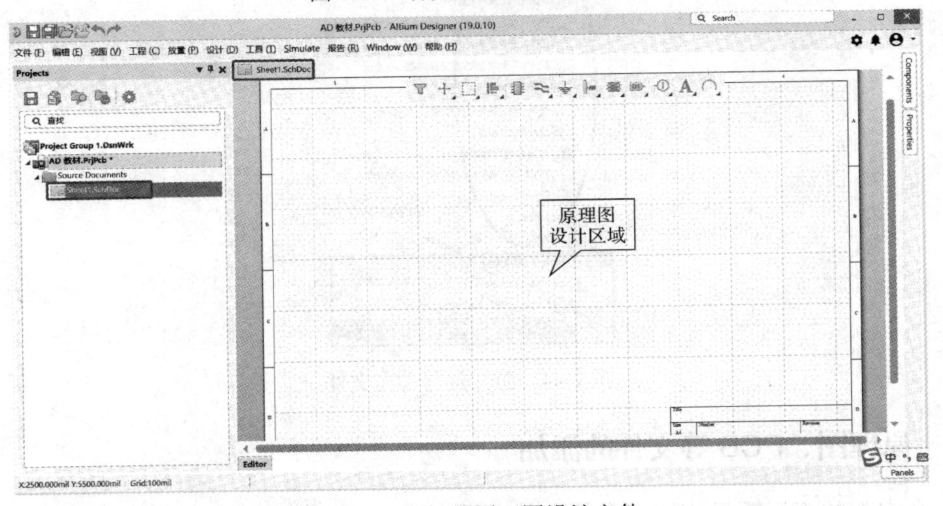

图 1-46　添加的原理图设计文件

2. PCB 文件的添加

执行菜单命令“文件”→“新的…”→“PCB (P)”，如图 1-19 所示；或在 Projects 面板中的 PCB 工程项目图标上单击鼠标右键，在弹出的快捷菜单中选中“添加新的…到工程”，再选中其子菜单中的 PCB，如图 1-45 所示。系统将创建一个名称为“PCB1.PcbDoc”的 PCB 文件，并自动在设计工作区打开，如图 1-47 所示。PCB 文件的扩展名为“.PcbDoc”.

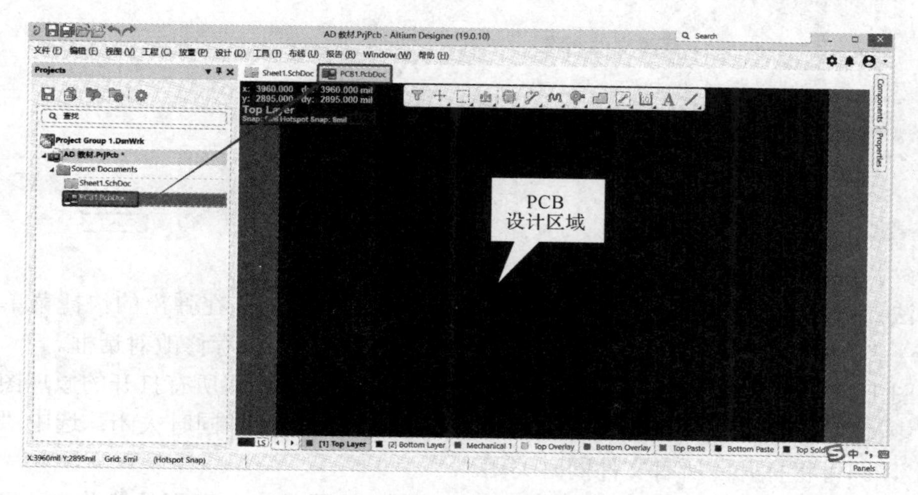

图 1-47　添加的 PCB 文件

其他文件的添加方法与此类同，将在后面各章节中具体讲解。

1.5.4　文件的关闭、命名与保存

在新建一个文件时，系统将自动生成文件名。例如，新建原理图文件时，系统将自动命名为 Sheet1.SchDoc、Sheet2.SchDoc 等；新建 PCB 文件时，系统将自动命名为 PCB1.PcbDoc、PCB2.PcbDoc 等。一般来说，最好给文件起一个有具体含义的与所画图形相对应的名字。

1. 文件的关闭

方法一：

(1) 执行菜单命令“文件”→“关闭”，即可关闭当前打开的活动窗口的文件；如果文件做了修改，则还会弹出是否保存修改对话框，如图 1-48 所示。

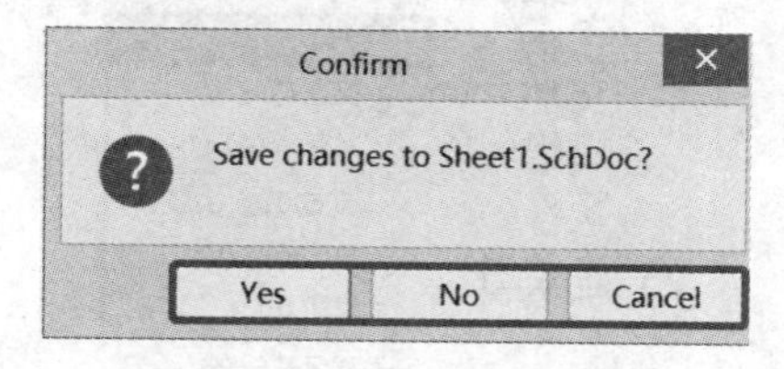

图 1-48　是否保存修改对话框

(2) 单击【Yes】按钮，弹出文件保存与命名对话框，如图 1-49 所示，即可修改文件名称和保存路径。

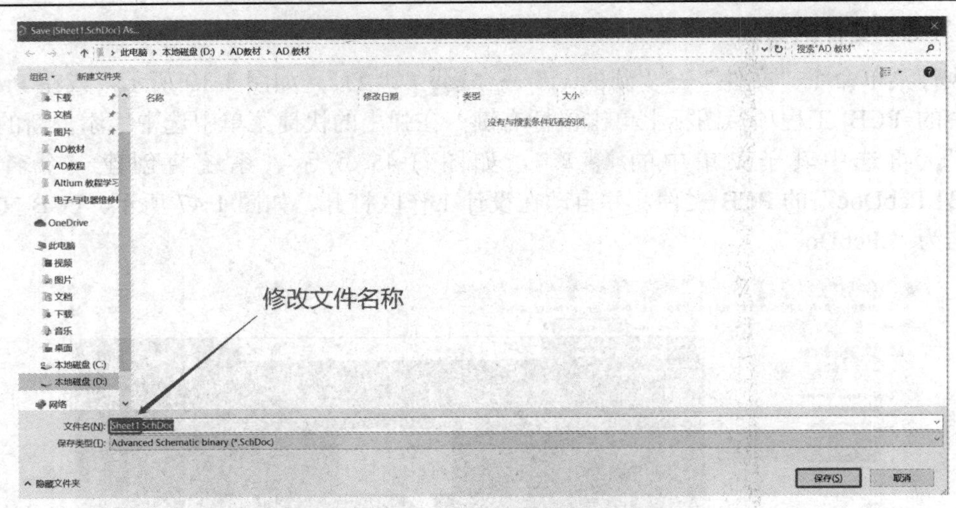

图 1-49　文件保存与命名

方法二：在工作窗口的设计文件名标签上单击鼠标右键，在弹出的快捷菜单中选择“Close...”，如图 1-33(a)所示，也能弹出图 1-48 所示的是否保存修改对话框。

在图 1-33(a)中选中“Close Schematice Documents”，即可将所有打开的原理图同时关闭；选中“关闭其他所有文档”，即可将目前活动窗口外的文件同时关闭；选中“关闭所有文档”，即可将打开的所有文件同时关闭。

方法三：单击主菜单中的 Window 菜单，在弹出的图 1-33(b)所示的菜单中，也可进行同样的操作。

方法四：执行菜单命令“文件”→“另存为”，也能取得同样的效果，还能修改文件的名称。

注意： 在保存文件时，文件的扩展名 .SchDoc、.PcbDoc 等不可更改。

1.5.5　文件的移除

(1) 当需要移除工程项目中的某个文件时，在需要移除的文件上单击鼠标右键，在弹出的快捷菜单中选中“从工程中移除...”，如图 1-50 所示。

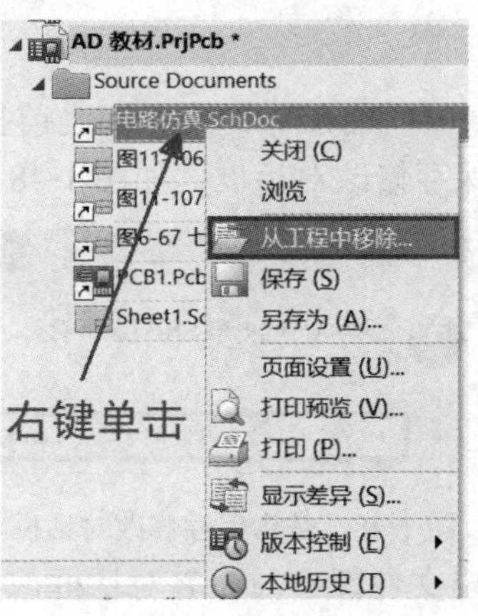

图 1-50　文件的移除

(2) 弹出确认移除对话框，如图 1-51 所示。

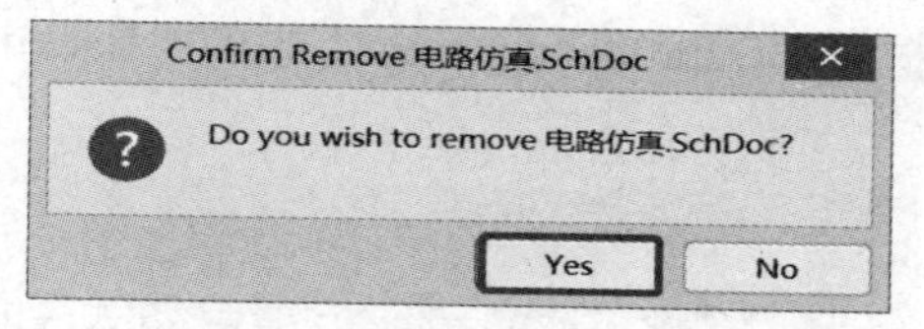

图 1-51　确认移除对话框

(3) 单击【Yes】按钮，被移除的文件变成游离的文件，放在“Free Documents”文件夹中，如图 1-52 所示。

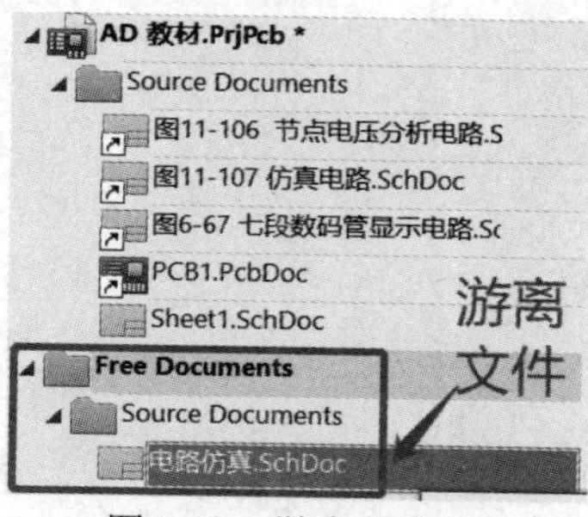

图 1-52　游离的文件

1.6　Altium Designer 19 系统参数设置

用户根据需要，可对 Altium Designer 19 的系统参数进行设置，包括系统自动保存设置、系统字体设置等，系统很多参数可以采用默认设置，也可以自行设置。设置方法如下：

(1) 单击主界面右上角的按钮，弹出“优选项”对话框，如图 1-16 所示。之前我们已经在“General”选项下面进行了本地化语言设置，在“View”选项下面设置了系统的主题。

(2) 选中“优选项”对话框中的“Default Locations”，在弹出的窗口右侧设置各种文件存储路径，如图 1-53 所示。

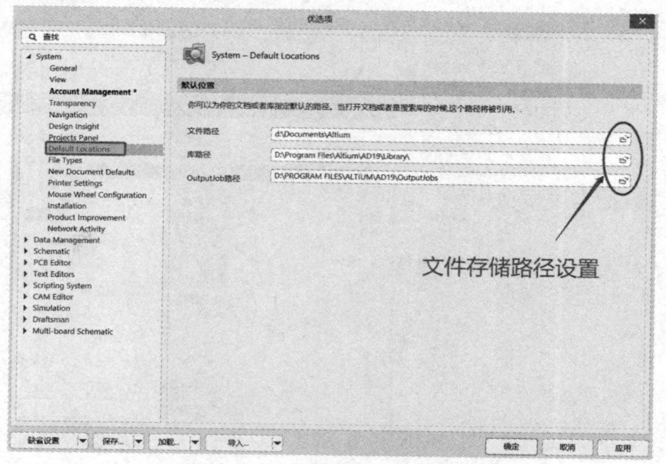

图 1-53　文件存储路径设置

(3) 在设计工作中可能存在意外断电而关闭电脑的情况，为了减少工作中出现的意外，提高工作效率，可设置自动保存间隔时间、保存版本及保存路径。

选中“优选项”对话框的“Data Management”中的“Backup”，在弹出的窗口右侧进行设置，如图 1-54 所示。

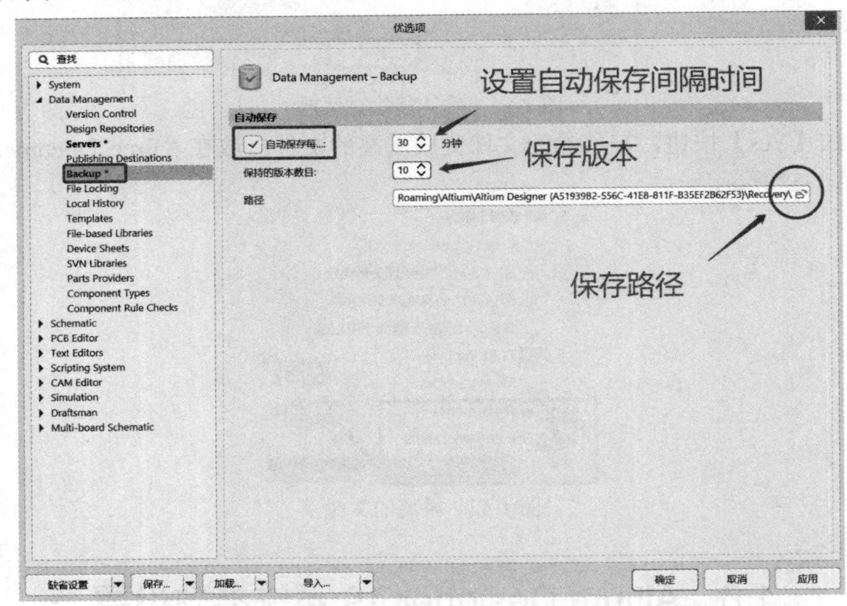

图 1-54　自动保存间隔时间、保存版本及保存路径设置

(4) 选中“优选项”对话框的“Text Editors”中的“Display”，在弹出的窗口右侧可进行文字字体、可视边框宽度、是否自动换行等设置，如图 1-55 所示。

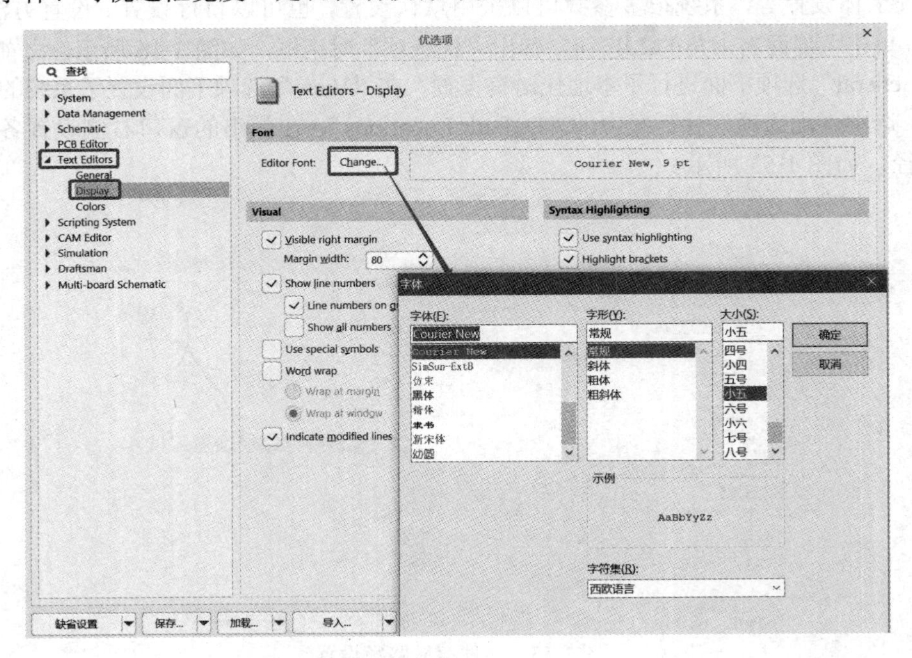

图 1-55　文字设置

Altium Designer 19 系统参数设置较多，其他相关参数可在进行文件编辑时随时设置，

在此不再详述。用户一般采用系统默认设置即可。

本章小结

本章主要介绍了 Altium Designer 19 的发展及功能，软件的安装步骤与激活方法，软件的启动与系统界面(包括菜单栏、工具栏、面板等)中各项的含义，工程项目的创建与组成，原理图、PCB 等文件的添加、关闭、命名与保存等操作，以及系统参数设置等内容。

思考与练习

1. 启动 Altium Designer 19 的方法有哪几种？
2. 一个完整的工程项目由哪些文件组成？
3. Projects 面板上各按钮的功能是什么？
4. 如何修改系统主题？
5. 如何设置系统的当地化语言？
6. 如何设置系统文字？

第 2 章　电路原理图设计

内容提要

本章主要介绍绘制一张完整、正确、漂亮的电路原理图的操作步骤，图纸属性的设置和原理图编辑器参数的设置，原理图各对象属性的编辑方法及高级操作技巧等内容。

电路原理图设计是印制电路板设计的基础，是决定整个电路板功能的基础，它决定了后面工作的进展。因此读者首先要学会绘制一张完整、正确、漂亮的电路原理图的操作方法。

2.1　电路原理图设计的一般步骤

电路原理图的设计一般可以按图 2-1 所示的设计流程进行。

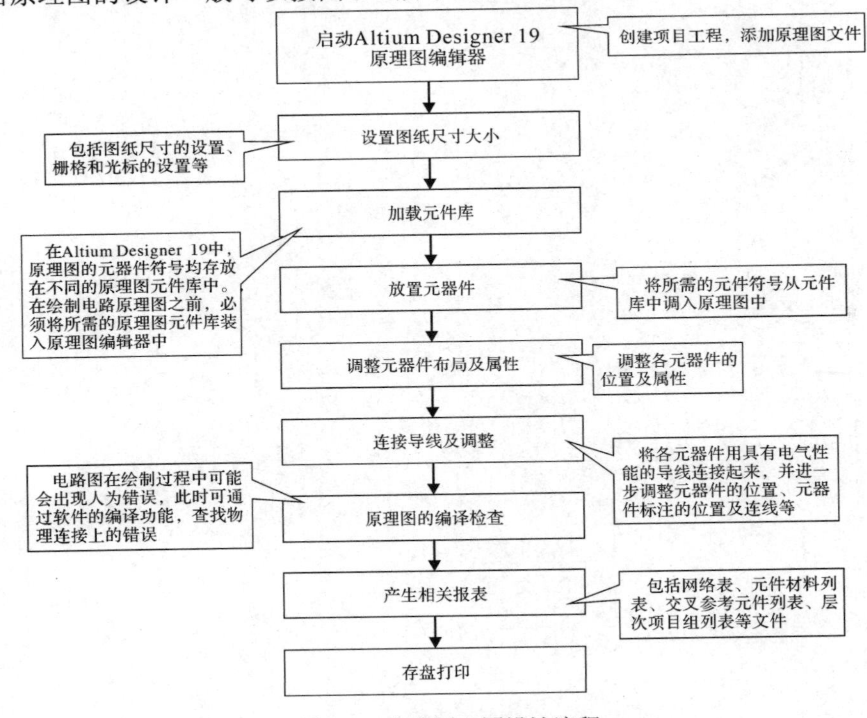

图 2-1　电路原理图设计流程

2.2　原理图编辑器的启动

在打开一个原理图设计文件或者创建了一个新的原理图文件的同时，Altium Designer 19 原理图编辑器将被启动。下面将介绍如何打开原理图编辑器。

方法一：

(1) 按照第 1 章的软件的基本操作，点击桌面 图标，首先启动 Altium Designer 19 系统。

(2) 在主工具栏中单击“文件”→“新的…”→“项目”，创建新的工程项目，如图 1-40 所示。

(3) 在新建项目名称上单击鼠标右键，选择“添加新的...到工程”→“Schematic”，如图 1-45 所示，即可新建并打开原理图编辑器，如图 1-46 所示。

方法二：在 Altium Designer 19 主界面，执行菜单命令“文件”→“新的…”→“原理图 (S)”，也可以新建并打开原理图编辑器。

方法三：在 Altium Designer 19 主界面，执行菜单命令“文件”→“打开”，在弹出的文件路径下面选中原理图文件，如图 2-2 所示，再单击【打开】按钮，即可启动原理图编辑器。

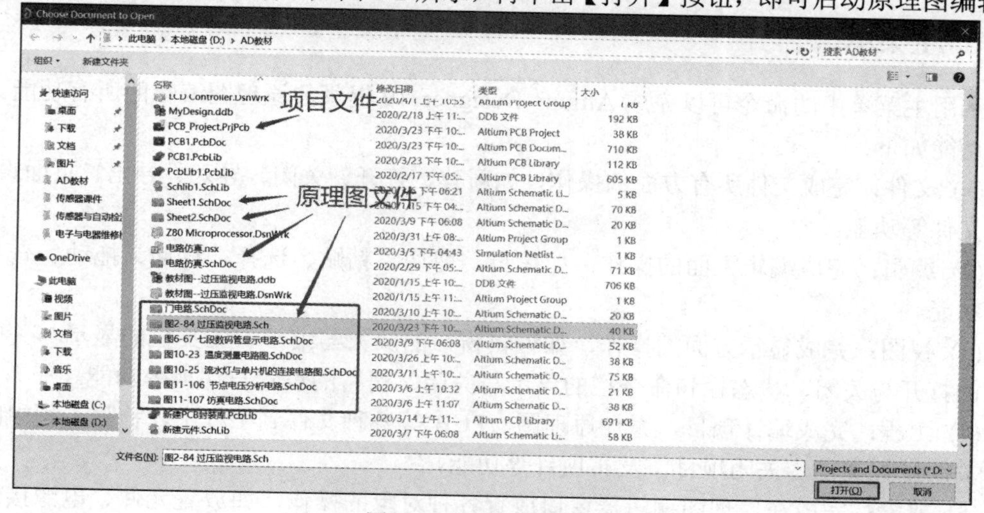

图 2-2　打开原理图文件

方法四：

在 Altium Designer 19 主界面，执行菜单命令“文件”→“打开”，在弹出的文件路径下面选中项目文件，如图 2-2 所示；再单击【打开】按钮，即可启动一个项目文件。在 Projects 面板中单击原理图文件，如图 1-27 所示，也能启动原理图编辑器。

2.3　原理图编辑器界面的认识

原理图编辑器主要由主菜单栏、窗口工具栏、项目面板、项目名称、文件标签、隐藏面板、图纸标题栏、Panels 选择、状态栏等组成，如图 2-3 所示。下面将介绍编辑器界面中的主要部分。

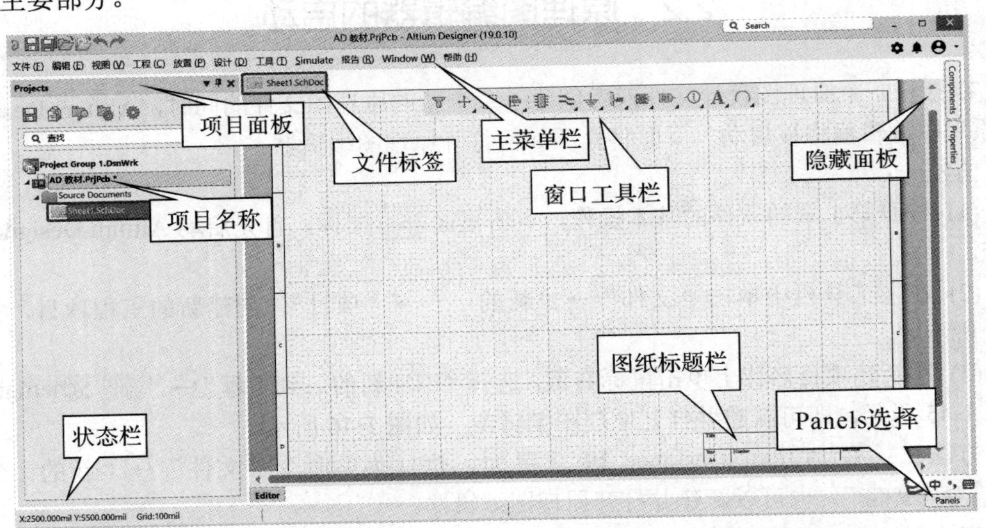

图 2-3　原理图编辑器界面

2.3.1　主菜单

利用主菜单中的命令可以完成 Altium Designer 19 提供的原理图编辑的所有功能。各菜单功能如下：

(1) 文件：完成文件所有方面的操作，如新建、打开、关闭、导入、导出、页面设置、打印文件等功能。

(2) 编辑：完成编辑方面的操作，如拷贝、剪切、粘贴、选择、移动、拖动、查找替换等功能。

(3) 视图：完成显示方面的操作，如编辑窗口的放大与缩小、工具栏的显示与关闭、面板的打开与关闭、状态栏和命令栏的显示与关闭、栅格的设置与切换等功能。

(4) 工程：完成编译项目，添加原理图、PCB 等各种文件到工程中，移除工程中的文件，关闭工程文档，关闭项目，发布项目等功能。

(5) 放置：完成在原理图编辑器窗口放置各种对象的操作，如放置元件、电源接地符号、网络标签等功能。

(6) 设计：完成 PCB 文档的更新、原理图元件库的生成、集成库的生成、网络表的生成、层次原理图的设计等操作。

(7) 工具：完成层次原理图的切换、参数管理、封装管理、信号完整性分析、原理图优先项设置等操作。

(8) Simulate：仿真菜单，完成仿真的设置、编辑、重命名以及探针的管理与放置等操作。

(9) 报告：完成产生原理图各种报表的操作，如元器件清单、元件交叉比较、项目层次表等。

(10) Window：完成窗口管理的各种操作。

(11) 帮助：用于打开帮助菜单、安装与更新插件等操作。

主菜单命令中带有下划线的字母即为该命令对应的快捷键。例如，Place→Eart，其操作可简化为依次按两下 P 键。再如，Edit→Select→All，其操作可简化为依次按 E 键、S 键、A 键，其余同理。

在原理图文件的编辑窗口单击鼠标右键，可弹出快捷菜单，其中列出了一些常用的菜单命令，读者可自行查看。菜单中有关命令的具体使用情况，将在后续章节中陆续介绍。

2.3.2 工具栏

当启动原理图编辑器时，在原理图工作窗口已经打开了一个常用绘图工具栏，如图 2-3 所示，其他工具栏的打开与关闭可通过执行菜单命令来完成。

执行菜单命令“视图”→“工具栏”，分别选择“Mixed Sim”“布线”“导航”“格式化”“应用工具”“原理图标准”，即可打开相应的工具栏，如图 2-4 所示。可以将这些工具栏固定在窗口上面，也可悬浮在窗口任意地方，不需要时点击工具栏右上角的“×”即可关闭，以方便设计窗口的操作。

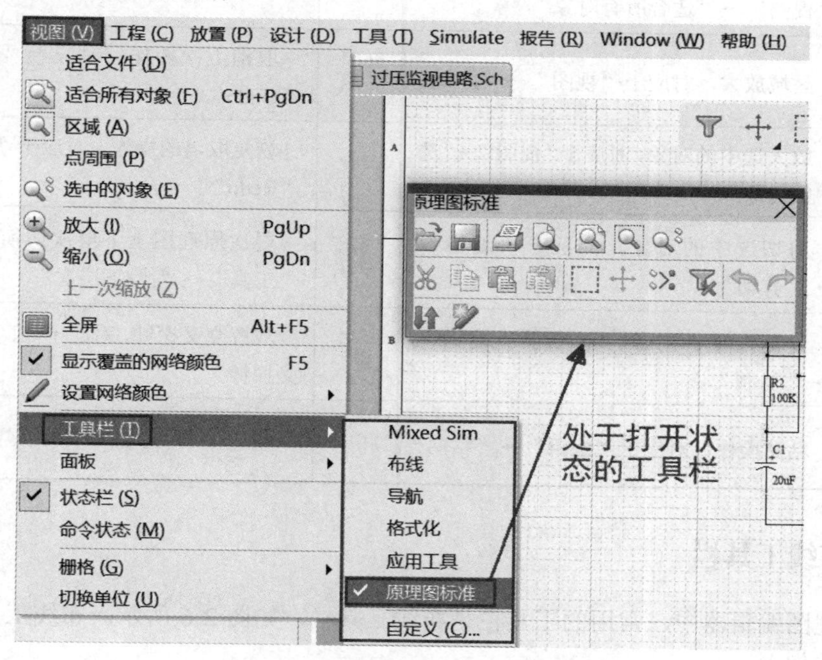

图 2-4 各种工具栏打开的操作

图 2-5 显示的是打开的原理图标准工具栏，工具栏中的每一个按钮都对应一个具体的菜单命令。将光标悬停在某个按钮图标上，该按钮能完成的功能就显示在该图标的下方，方便用户操作。表 2-1 中列出了这些按钮的功能及其对应的菜单命令。

图 2-5 原理图标准工具栏

表 2-1　原理图标准工具栏按钮功能及其对应的菜单命令

按钮	功能及其对应的菜单命令	按钮	功能及其对应的菜单命令
	打开任意现有文件文档，对应于“文件”→“打开”		橡皮图章，直接粘贴选中的对象，对应于“编辑”→“橡皮图章”
	保存当前文档，对应于“文件”→“保存”		选择区域内的对象，对应于“编辑”→“选择”→“区域内”
	直接打印当前文件，对应于“文件”→“打印”		移动选中对象，对应于“编辑”→“移动”→“移动选中对象”
	生成当前文件的打印预览，对应于“文件”→“打印预览”		撤销选择所有打开的当前文件，对应于“编辑”→“取消选中”→“所有打开的当前文件”
	适合所有对象显示整个文档，对应于“视图”→“适合所有对象”		清除当前过滤器，快捷键为“Shift+C”
	区域放大，对应于“视图”→“区域”		取消上次操作，对应于“编辑”→“Undo”
	放大选中的对象，对应于“视图”→“选中的对象”		恢复取消的操作，对应于“编辑”→“Redo”
	剪切选中的对象，对应于“编辑”→“剪切”		层次原理图上下层次切换，对应于“工具”→“上/下层次”
	复制选中的对象，对应于“编辑”→“复制”		放置交叉探针，对应于“工具”→“交叉探针”
	粘贴操作，对应于“编辑”→“粘贴”		

2.3.3　布线工具栏

在原理图编辑器中，常用的工具栏是布线工具栏，如图 2-6 所示。布线工具栏的打开与关闭方法如下：

(1) 执行菜单命令“放置”，弹出如图 2-6(a)所示的菜单。“放置”菜单中带有▶的菜单有相应的子菜单。

(2) 在原理图编辑区域单击鼠标右键，在弹出的快捷菜单中选中“放置”，也能进行布线操作，如图 2-6(b)所示。

(3) 执行菜单命令“视图”→“工具栏”→“布线”，即可打开“布线”工具栏，如图 2-6(c)所示。“布线”工具栏提供了原理图中电气对象的放置命令，各按钮的功能及对应的菜单命令如表 2-2 所示。其他工具栏中与表 2-2 中相仿的按钮，其功能是一致的，用户可以参考表 2-2。

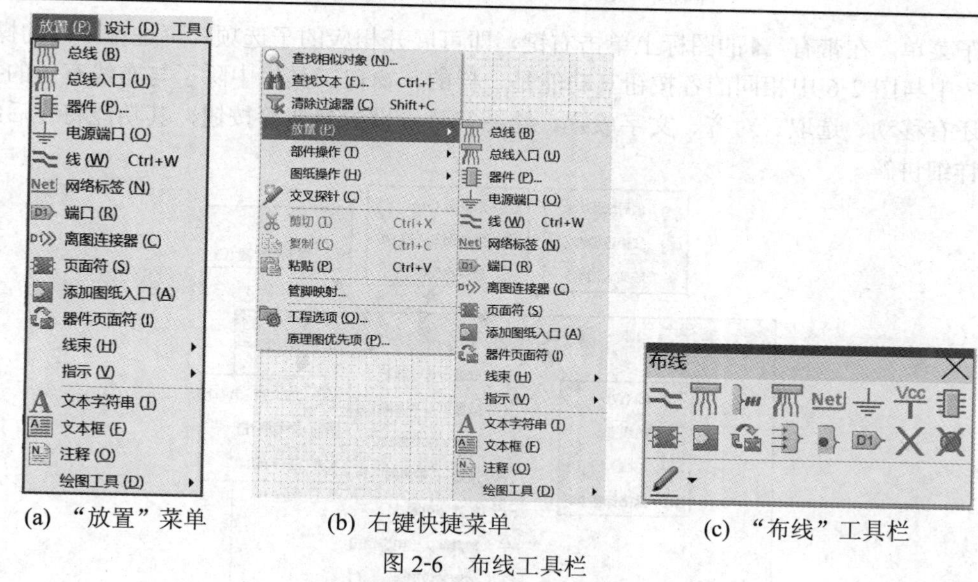

(a) “放置”菜单　　(b) 右键快捷菜单　　(c) “布线”工具栏

图 2-6　布线工具栏

表 2-2　布线工具栏按钮功能及其对应的菜单命令

按 钮	功能及其对应的菜单命令	按 钮	功能及其对应的菜单命令
	绘制导线，对应于“放置”→“导线”		放置方块电路端口，对应于“放置”→“添加图纸入口”
	绘制总线，对应于“放置”→“总线”		放置器件页面符，对应于“放置”→“器件页面符”
	放置信号线束，对应于“放置”→“线束”→“信号线束”		放置线束连接器，对应于“放置”→“线束”→“线束连接器”
	放置总线入口，对应于“放置”→“总线入口”		放置线束入口，对应于“放置”→“线束”→“线束入口”
Net	放置网络标签，对应于“放置”→“网络标签”	D1	放置端口，对应于“放置”→“端口”
	放置 GND/接地端口，对应于“放置”→“电源端口”		放置通用 No ERC 标号，对应于“放置”→“指示”→“No ERC 标号”
Vcc	放置 Vcc 电源端口		放置待定 No ERC 标号
	放置器件，对应于“放置”→“器件”		网络颜色设置，对应于“视图”→“设置网络颜色”
	放置方块电路图符号，对应于“放置”→“页面符”		

2.3.4　窗口工具栏

图 2-7 所示的窗口工具栏中也提供了各种布线命令。工具栏中所有带 ◢ 的图标都有相

应的子菜单。在带有◢的图标上单击右键，即可展开相应的子选项，可进行不同的操作。图 2-7 中与图 2-6 中相同的各按钮其功能是一样的。窗口工具栏中除了与布线有关的按钮外，还有移动、选取、对齐、文字放置、绘图符号、设置参数等按钮，其功能将在后续章节中详细讲解。

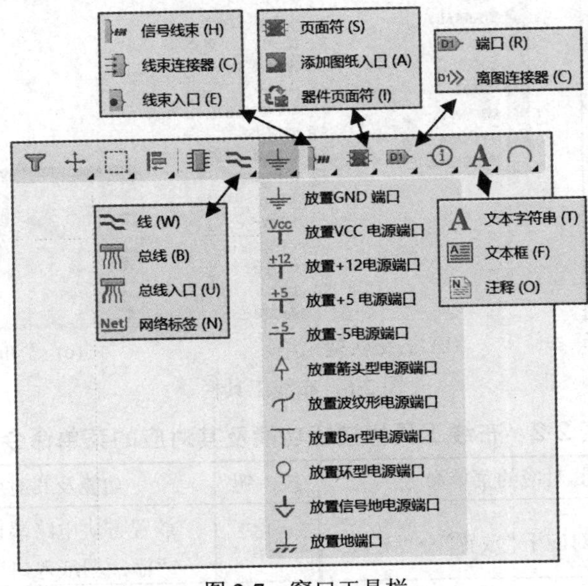

图 2-7　窗口工具栏

2.3.5　应用工具栏

执行菜单命令“视图”→“工具栏”→“应用工具”，即可打开应用工具栏。应用工具栏提供了一些在绘制电路原理图中常用的电源和接地符号，如图 2-8 所示。电源和接地符号与图 2-7 中的电源与接地符号一致。另外还有绘图工具、元器件的对齐方式、栅格等操作命令。

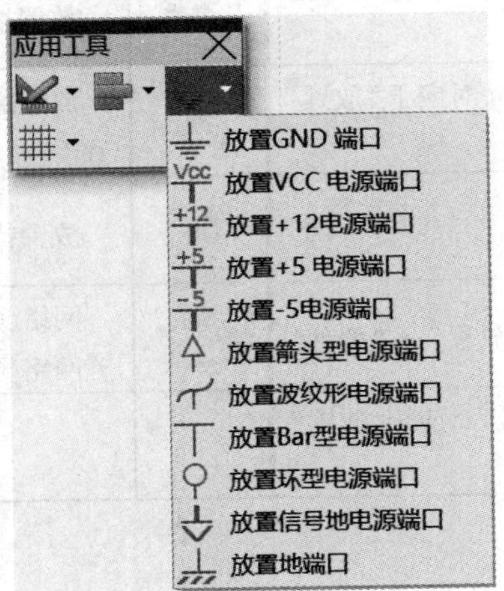

图 2-8　应用工具栏

注意：以上所介绍的关于工具栏的操作命令具有开关特性，每执行一次，命令对象的状态就会变化一次，即如果第一次执行此命令是打开某工具栏，则下一次执行此命令就是关闭某工具栏。

工具栏可固定在屏幕的上、下、左、右某一位置，也可悬浮在绘图区域中。一般情况下，主工具栏固定在主菜单下，其他工具栏则处于悬浮状态，以使绘图区域更大一些，并且可随时打开和关闭，不影响编辑操作。

也可以执行菜单命令“视图”→“工具栏”→“自定义...”，对工具菜单命令及工具栏进行编辑(包括新建、删除、重命名等)，如图 2-9 所示。一般不建议修改，以免发生混乱。

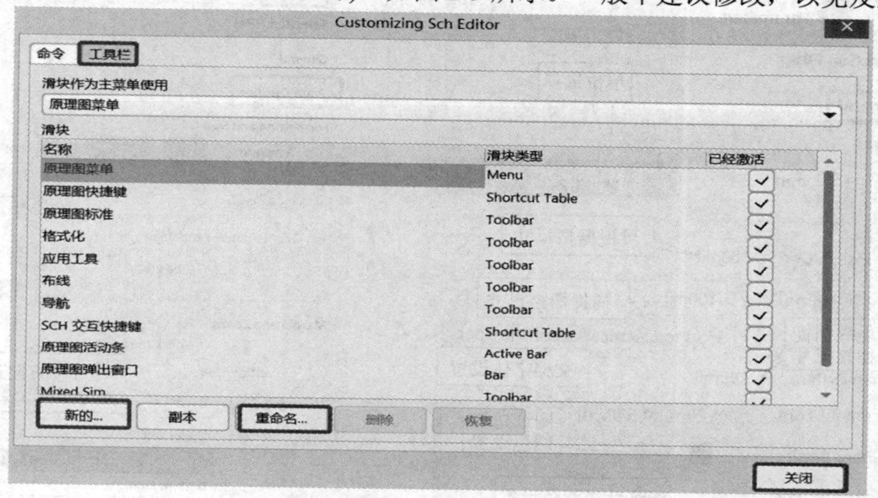

图 2-9　自定义工具栏

2.4　图纸属性设置

图纸属性设置是绘制电路图的第一步，用户必须根据实际电路的大小及复杂程度来选择合适的图纸。

打开图纸属性设置对话框的快捷操作步骤如下：

(1) 双击图纸边框，如图 2-10 所示。

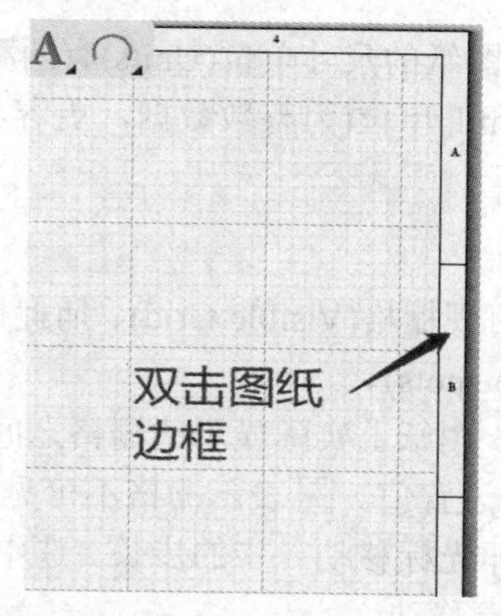

图 2-10　打开图纸属性设置对话框

(2) 弹出原理图页面属性设置对话框，如图 2-11 所示。在此可进行图纸格式等信息的设置。

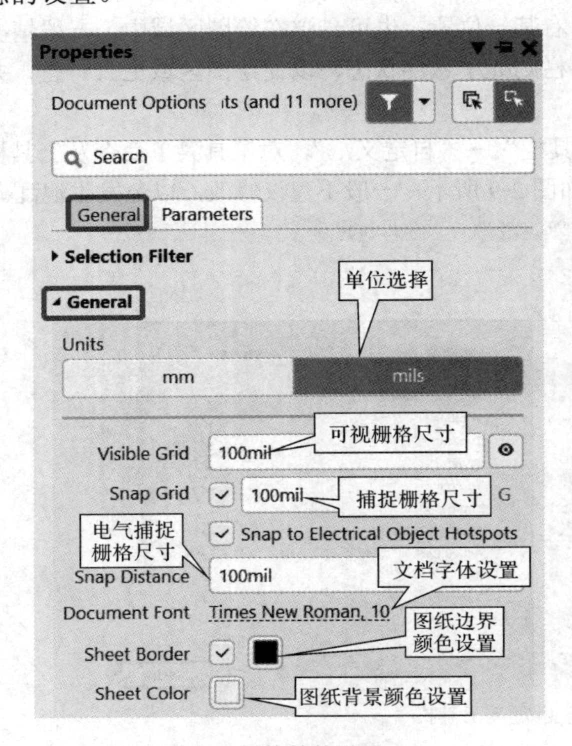

(a) 单位、栅格等的设置

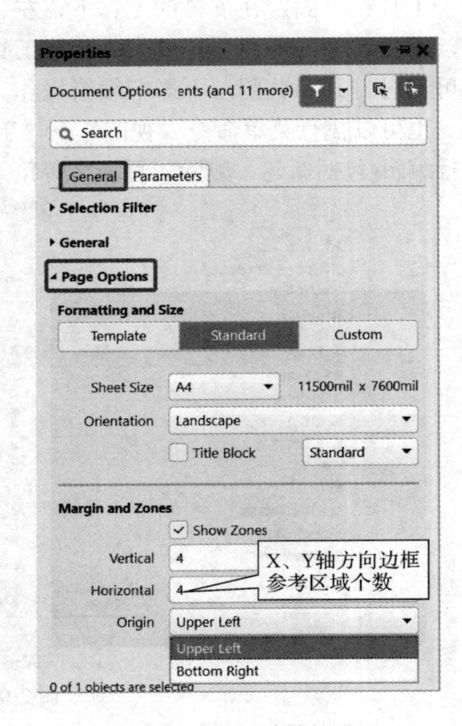

(b) 图纸格式及尺寸等的设置

图 2-11　原理图页面属性设置对话框

2.4.1　单位、栅格设置

在图 2-11 中选择【General】选项卡。在“General”选项区域可进行单位选择、栅格设置、文档字体设置、图纸边界颜色设置及图纸背景颜色设置，如图 2-11(a)所示。

1. 单位选择

在 Altium Designer 19 中，图纸的尺寸单位(Units)有两种：一种是公制单位 mm，另一种是英制单位 mil。一般选择 mil 单位(为整数数据，更容易计算)，1 mil = 1/1000 英寸 = 0.0254 mm。

2. 栅格设置

栅格类型主要有 3 种，即可视栅格(Visible Grid)、捕捉栅格(Snap Grid)、捕捉电气对象热点(Snap to Eectrical Object Hotspots)。

- Visible Grid：可视栅格，图纸上实际显示的栅格之间的距离。◉表示栅格可见，栅格的尺寸为 Visible Grid 右边的设置值。▨ 表示栅格不可见。
- Snap Grid：捕捉栅格，即光标移动一步的步长。选中此项，表示光标移动时以 Snap Grid 右边的设置值为步长，跳着移动。

捕捉栅格和可视栅格是相互独立的。一般可将“Snap Grid”设置为 50，将“Visible

Grid”设置为 100，这样设置的效果是光标每半个栅格移动一次。在以后绘制电路原理图的过程中，将会发现这样设置的方便之处。

- Snap to Eectrical Object Hotspots：捕捉电气对象热点。若选中此项，则系统在连接导线时，以光标位置为圆心，以“Snap Distance”栏中的设置值为半径，自动向四周搜索电气对象热点，当找到最接近的热点时，就会将光标自动吸到此热点上，并在该热点上显示一个“x”。此项一般选中状态。

3. 文档字体设置

在“Document Font”右侧字体上单击，即弹出字体与字号设置窗口，如图 2-12 所示。在此对话框中可设置所需文字字体及字号。

4. 图纸边界颜色设置

单击“Sheet Border”右侧的颜色按钮■，即可弹出颜色选择窗口，如图 2-13 所示。在此对话框中可选择合适的边界颜色。

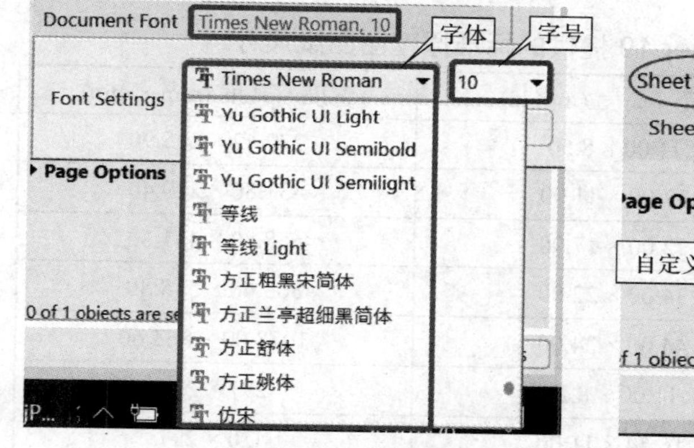

图 2-12　文档字体、字号设置

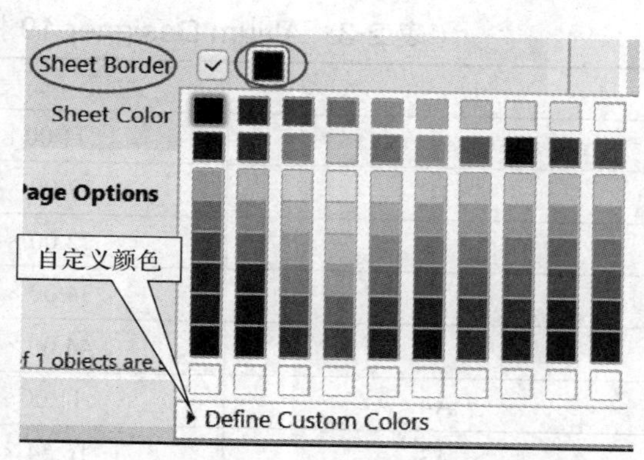

图 2-13　图纸边界颜色设置

5. 图纸背景颜色设置

单击“Sheet Color”右侧的颜色□按钮，也可弹出如图 2-13 所示颜色选择窗口，选择合适的图纸背景颜色。需要提醒大家的是：系统配置的各种颜色与实际图纸颜色比较匹配，读者可以采用系统设置即可，在此学会设置方法就行。

2.4.2　图纸格式及尺寸设置

在图 2-11(b)的“Page Options”区域可进行图纸格式及尺寸、图纸放置方位、标题栏、边界分区等的设置。

(1) 单击【Template】选项卡，在“Template”右侧单击▼，可选择合适的图纸模板，如图 2-14 所示。

(2) 单击【Standard】选项卡，在“Sheet Size”右侧单击▼，可选择合适的标准图纸，如图 2-15 所示。

Altium Designer 19 原理图提供了多种英制或公制图纸尺寸，如表 2-3 所示。

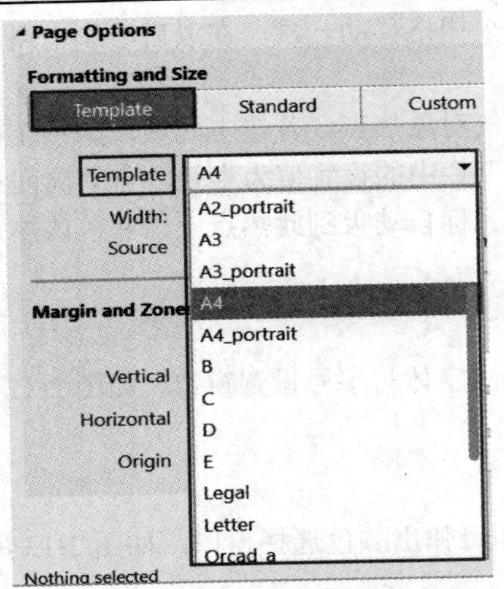

图 2-14　“Template”项图纸选择

图 2-15　“Standard”项图纸选择

表 2-3　Altium Designer 19 提供的标准原理图图纸尺寸

尺　寸	宽度 × 高度/(in × in)	宽度 × 高度/(mm × mm)
A	11.00 × 8.50	279.42 × 215.90
B	17.00 × 11.00	431.80 × 279.40
C	22.00 × 17.00	558.80 × 431.80
D	34.00 × 22.00	863.60 × 558.80
E	44.00 × 34.00	1078.00 × 863.60
A4	11.00 × 8.27	297 × 210
A3	16.54 × 11.00	420 × 297
A2	23.39 × 16.54	594 × 420
A1	33.07 × 23.39	840 × 594
A0	46.80 × 33.07	1188 × 840
ORCAD A	9.90 × 7.90	251.15 × 200.66
ORCAD B	15.40 × 9.90	391.16 × 251.15
ORCAD C	20.60 × 15.60	523.24 × 396.24
ORCAD D	32.60 × 20.60	828.04 × 523.24
ORCAD E	42.80 × 32.80	1087.12 × 833.12
Letter	11.00 × 8.50	279.4 × 215.9
Legal	14.00 × 8.50	355.6 × 215.9
Tabloid	17.00 × 11.00	431.8 × 279.4

注：1 in = 2.54 cm。

在【Standard】选项卡下面可以设置图纸方向及标题栏样式。

- Orientation(图纸方向)：有两个选项，用于设置图纸方向，如图 2-16 所示。两种方向对应的图纸样式如图 2-17 所示。

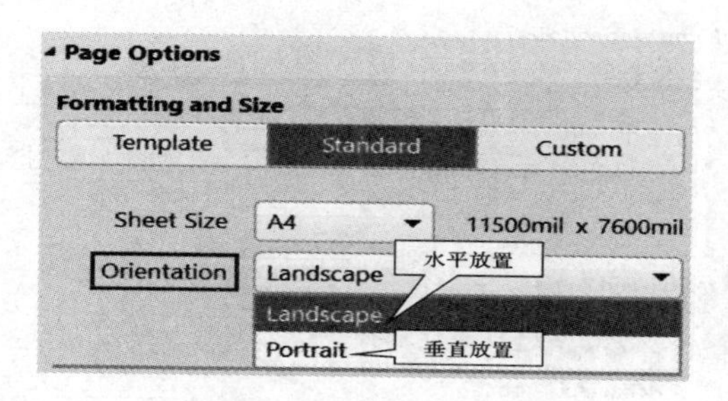

图 2-16　图纸方向设置

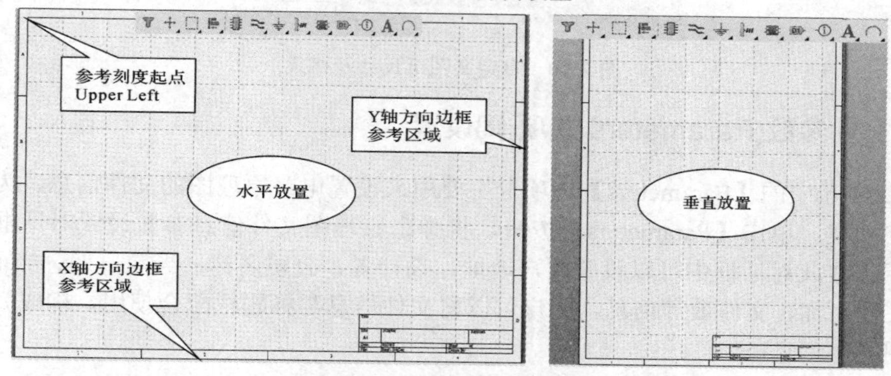

图 2-17　图纸方向样式

- Title Block(标题栏)：设置图纸标题栏样式，有两个选项，如图 2-18 所示。标题栏的样式如图 2-19 所示。

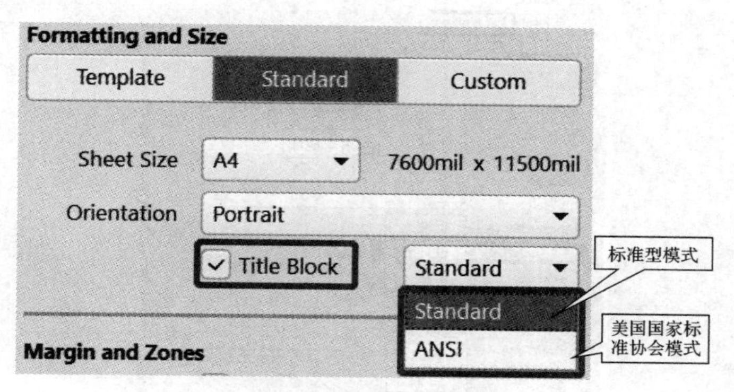

图 2-18　Title Block 选择

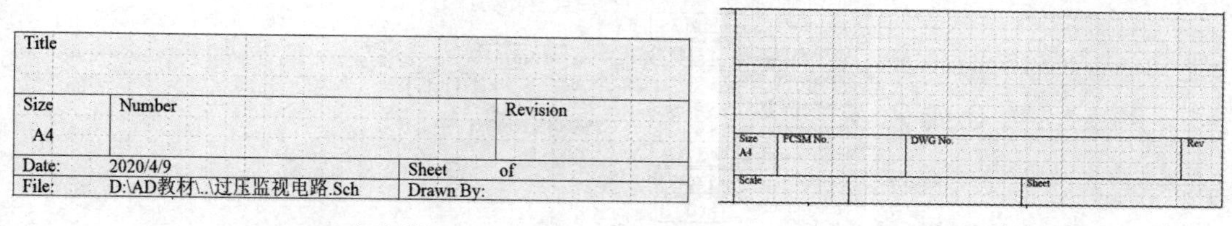

(a) Standard 标题栏　　(b) ANSI 标题栏

图 2-19　标题栏样式

(3) 单击【Custom】选项卡，可自定义图纸尺寸及格式，如图 2-20 所示。

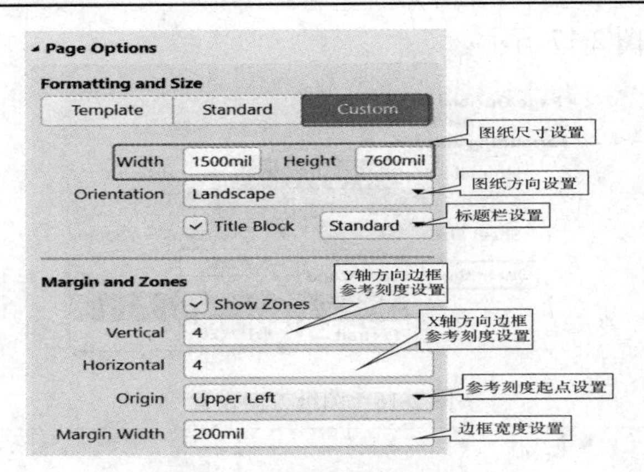

图 2-20　自定义图纸尺寸及格式

2.4.3　文件参数(Parameters 选项卡)设置

图 2-11(b)中的【Parameters】选项卡主要用来设置电路原理图的文件信息，为设计的电路建立档案。单击【Parameters】按钮，将弹出原理图文件信息参数设置对话框，如图 2-21 所示。在此对话框中可以设置用户地址、设计者、公司名称、当前日期、当前时间、日期、文件名称、文件数等信息。用户可以将文件信息与标题栏配合使用，构成完整的电路原理图文件信息。

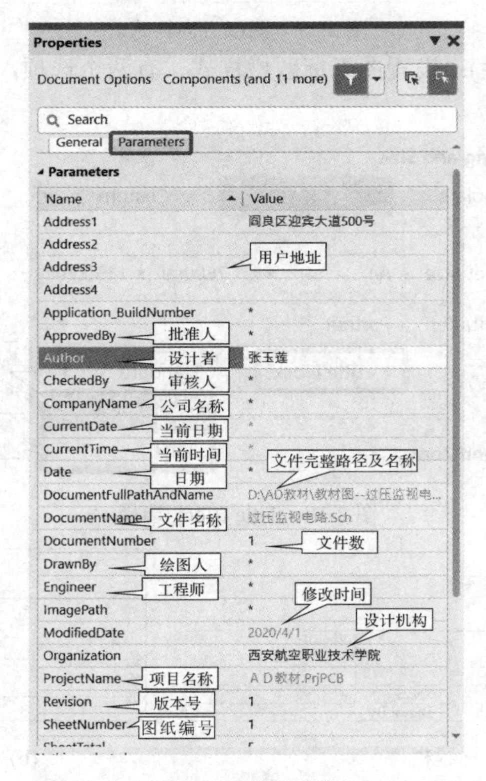

图 2-21　原理图文件信息参数设置对话框

用户需要填写哪项，在其右侧对应的“Value”下面的“*”处单击即可输入。显示为灰色的位置不可修改，是系统根据目前原理图及项目名称自动添加上的。如果所需参数不够，则可以单击【Add】按钮(图中未显示)添加。

2.5　原理图编辑参数设置

合理设置原理图编辑参数，可有效提高绘图效率，改善绘图效果。原理图编辑参数的设置是在 Altium Designer 19 系统原理图参数设置对话框中完成的。打开系统原理图参数设置对话框的方法有两种。

(1) 执行菜单命令“工具”→“原理图优先项”，如图 2-22(a)所示。

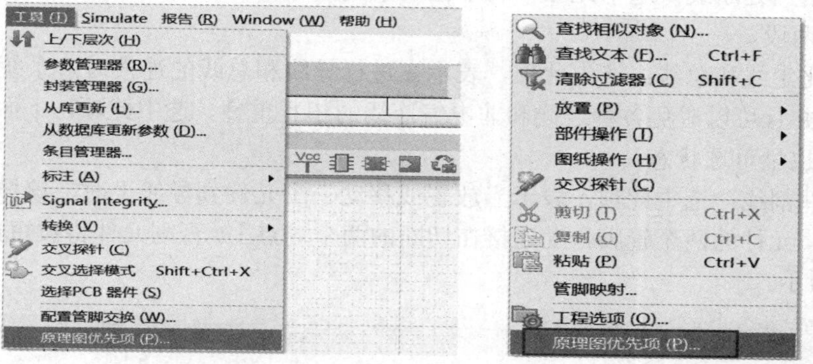

(a) 主菜单命令　　　　(b) 右键快捷菜单

图 2-22　打开系统原理图参数设置对话框的操作命令

(2) 在图纸区域单击鼠标右键，在弹出的快捷菜单中选择“原理图优先项”，如图 2-22(b)所示。

打开的系统原理图“General”参数设置对话框如图 2-23 所示。

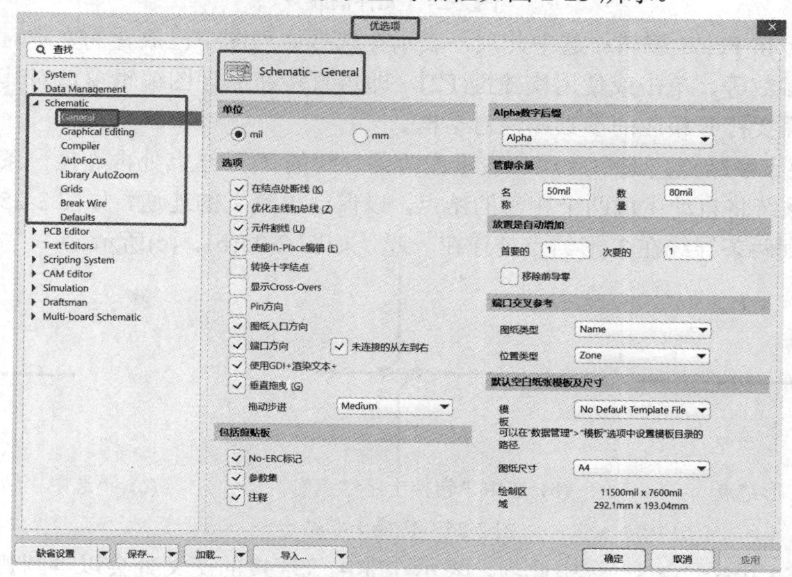

图 2-23　系统原理图“General”参数设置对话框

2.5.1 General 参数设置

图 2-23 右侧是系统原理图 General(常规)参数设置对话框，图中大多为中文显示。为了使读者充分了解常见设置功能，在此对其中一些常规设置做一说明，其他参数在以后用到时再详细介绍。

1. 单位

该选项可以选择英制(mil)或公制(mm)单位。

2. 选项

(1) 在结点处断线：选中此项，表示在两条交叉线处自动添加结点，结点两侧的导线将被分割成两段。

(2) 优化走线和总线：选中此项，表示在进行导线和总线的连接时，系统将自动选择最优路径，并且可以避免各种连线和非电气连线的相互重叠。选中此项，下面的“元件割线”复选框也呈可选状态。

(3) 元件割线：选中此项，表示当放置或移动一个元件到导线上时，该导线将自动被切割成两段，元件的两个管脚自动连接在切断的两个端点上，否则元件将被短接在导线上，如图 2-24 所示。

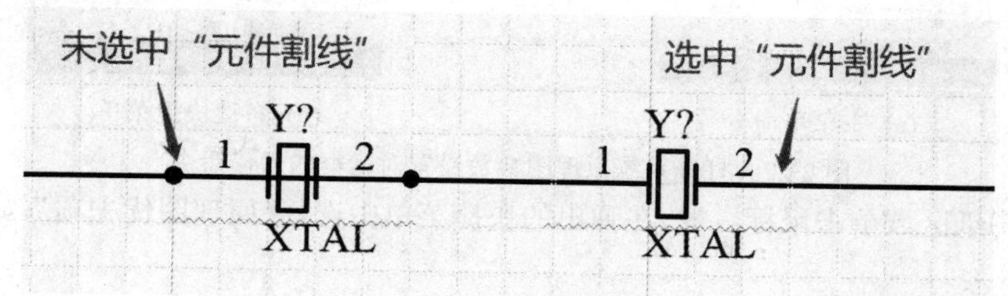

图 2-24　元件割线

(4) 使能 In-Place 编辑：选中此项，表示在选择原理图中已放置的文本对象时，如元件的标识、参数等，单击或使用快捷键(F2)，即可直接在原理图编辑窗口对其进行编辑或修改，而不需要打开相应的参数属性对话框。

(5) 转换十字结点：选中此项，表示在两条导线的 T 形结点处再连接一条导线形成十字交叉时，系统将自动生成两个相邻的结点，以保证电气上的连通，如图 2-25(b)所示。若取消选择，则两条导线在 T 形结点处连在一起，如图 2-25(b)、(c)所示。

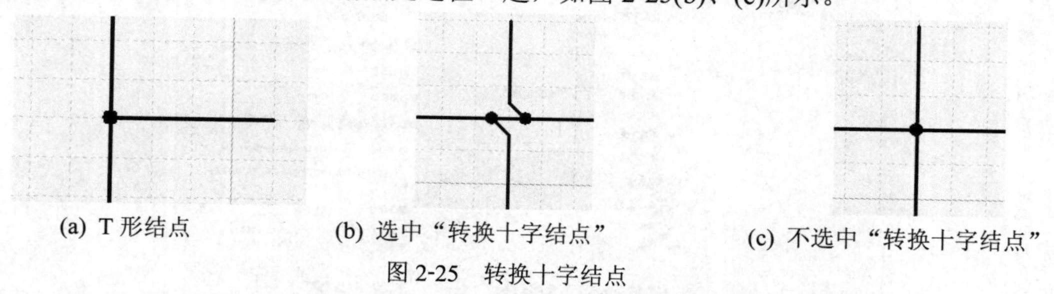

(a) T 形结点　　(b) 选中“转换十字结点”　　(c) 不选中“转换十字结点”

图 2-25　转换十字结点

(6) 显示 Cross-Overs：选中此项，表示在非电气连接的交叉处会以半圆弧显示出横跨状态，如图 2-26 所示。

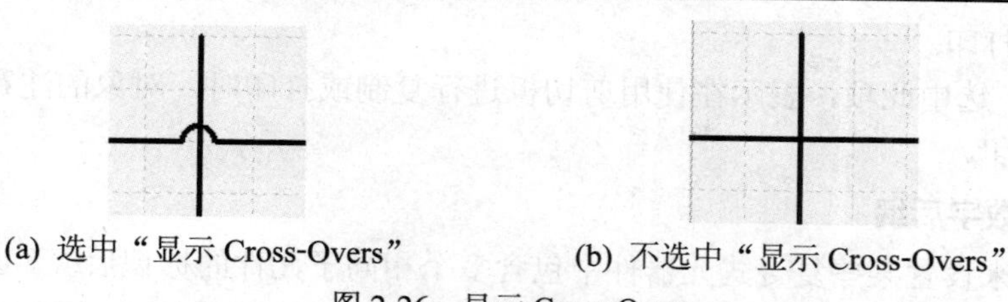

(a) 选中“显示 Cross-Overs”　(b) 不选中“显示 Cross-Overs”

图 2-26　显示 Cross-Overs

(7) Pin 方向：选中此项，系统会在元器件管脚处用三角箭头明确表示管脚的输入、输出方向，否则不显示，如图 2-27 所示。

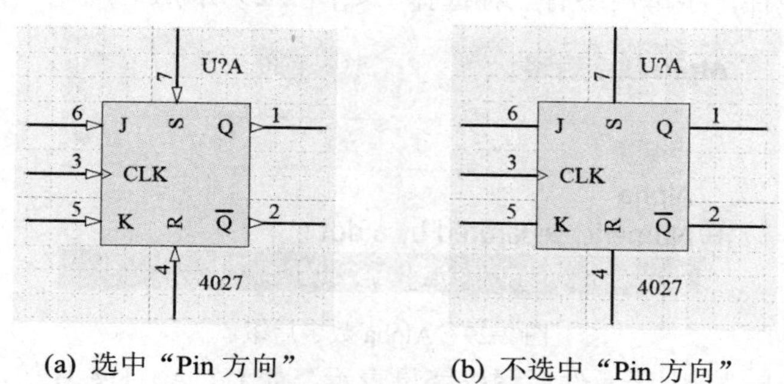

(a) 选中“Pin 方向”　(b) 不选中“Pin 方向”

图 2-27　Pin 方向

(8) 图纸入口方向：选中此项，表示在设计层次原理图时，原理图中的图纸连接端口将以箭头的方式显示该端口的信号流向，避免了原理图中电路模块间信号流向出现错误。

(9) 端口方向：选中此项，表示在放置端口时，端口的样式会根据用户设置的端口属性显示是输出、输入或其他性质的端口。

(10) 未连接的从左到右：选中此项，表示对于未连接的端口，一律显示为从左到右的方向(即 Right 显示风格)。

(11) 使用 GDI+渲染文本+：选中此项，表示可使用 GDI 字体渲染功能，可精细到字体的粗细、大小等功能。

(12) 垂直拖曳：选中此项，表示在原理图上拖动元器件时，与元器件相连的导线只能保持 90° 的直角；若取消选中，则与元器件相连的导线可以呈现任意角度。

(13) 拖动步进：表示在原理图中拖动元器件时拖动的速度，有高、中、低、最低四种选择，如图 2-28 所示。

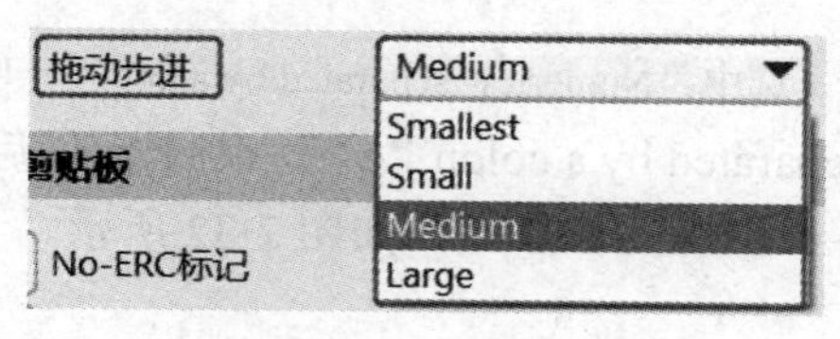

图 2-28　拖动步进

3. 包括剪切板

(1) No-ERC 标记：选中此项，表示在复制、剪切到剪切板或打印时，均包括对象的 No-ERC 检查符号。

(2) 参数集：选中此项，表示在使用剪切板进行复制或打印时，对象的参数设置将随对象被复制或打印。

(3) 注释：选中此项，表示在使用剪切板进行复制或打印时，对象的注释设置将随对象被复制或打印。

4. Alpha 数字后缀

该选项用来设置某些复合式元器件中包含多个相同子元件的标识后缀。因为每个子元件都具有独立的物理功能，只是在复合式元器件中所用管脚不同而已，因此在放置这些复合式元器件时，其内部的多个子元件通常采用"元器件标识 + 后缀"的形式来区别。例如，LM324 有四个子元件，字母后缀有三种选择，如图 2-29 所示。

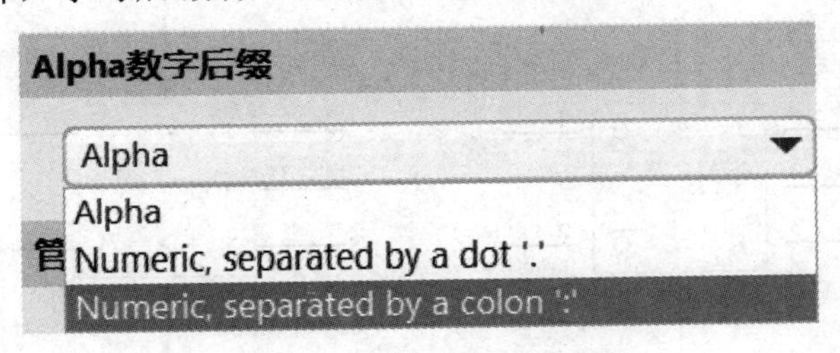

图 2-29　Alpha 数字后缀

(1) 选中"Alpha"，则子元件后缀以字母表示，如 U？A、U？B 等，如图 2-30 所示。

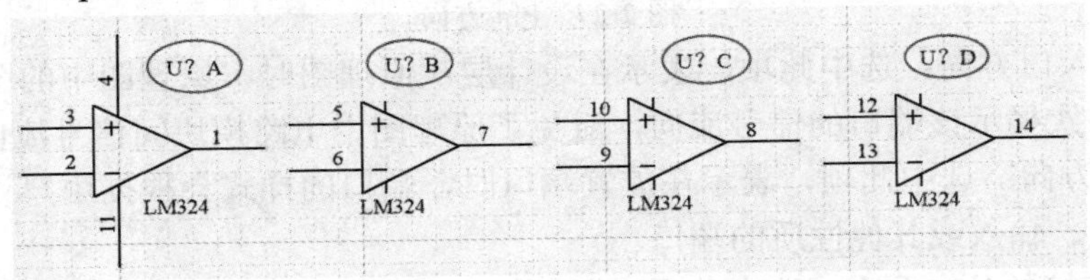

图 2-30　选中"Alpha"后缀

(2) 选中"Numeric，separated by a dot '.'"，则子元件后缀以数字表示，并用"."与元器件标识分隔，如 U？.1、U？.2 等，如图 2-31 所示。

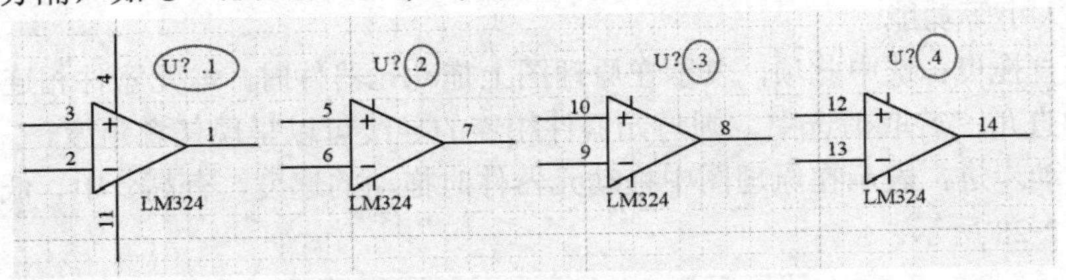

图 2-31　选中"Numeric，separated by a dot '.' "后缀

(3) 选中"Numeric，separated by a colon '：'"，则子元件后缀以数字表示，并用"："与元器件标识分隔，如 U？：1、U？：2 等，如图 2-32 所示。

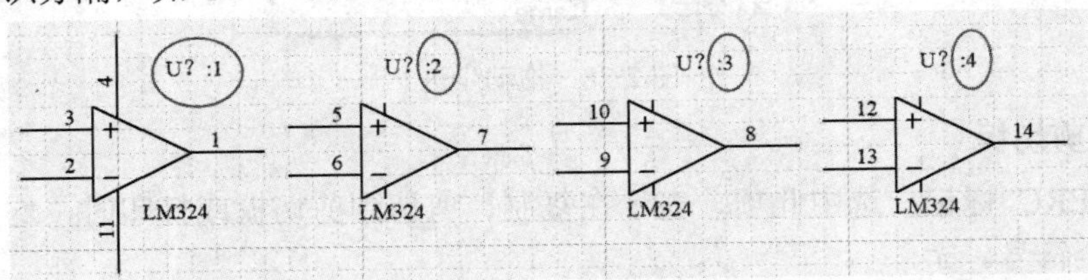

图 2-32　选中"Numeric，separated by a colon ':' "后缀

5. 管脚余量

(1) 名称：设置元器件管脚名称与元器件符号边缘的距离，系统默认值为 50 mil。

(2) 数量：设置元器件管脚编号与元器件符号边缘的距离，系统默认值为 80 mil。

6. 放置是自动增加

该选项主要用于设置元器件标识序号及管脚号的自动增量数。

(1) 首要的：主增量，用来设置在原理图上连续放置同一种元器件时，元器件序号的增量数，系统默认值为 1。

(2) 次要的：次增量，用来设置创建原理图元件符号时，管脚编号数的自动增量数，系统默认值为 1。

(3) 移除前导零：选中该项，放置一个数字字符时，前面的 0 会自动去掉。

7. 端口交叉参考

该选项用于设置"图纸类型"与"位置类型"两个选项。

8. 默认空白纸张模板及尺寸

该选项用来设置默认空白原理图图纸的模板及图纸尺寸，即在新建一个原理图文件时，系统默认的模板为"No Default Template File"，图纸尺寸为"A4"。可以单击 ▼ 按钮，选择其他模板及图纸尺寸，选项与图 2-14、图 2-15 相似，读者可参考之。

2.5.2 Graphical Editing 参数设置

在"优选项"对话框中，单击"Graphical Editing"标签，弹出"Graphical Editing"页面，如图 2-33 所示。此页面主要用来设置与绘图有关的一些参数。

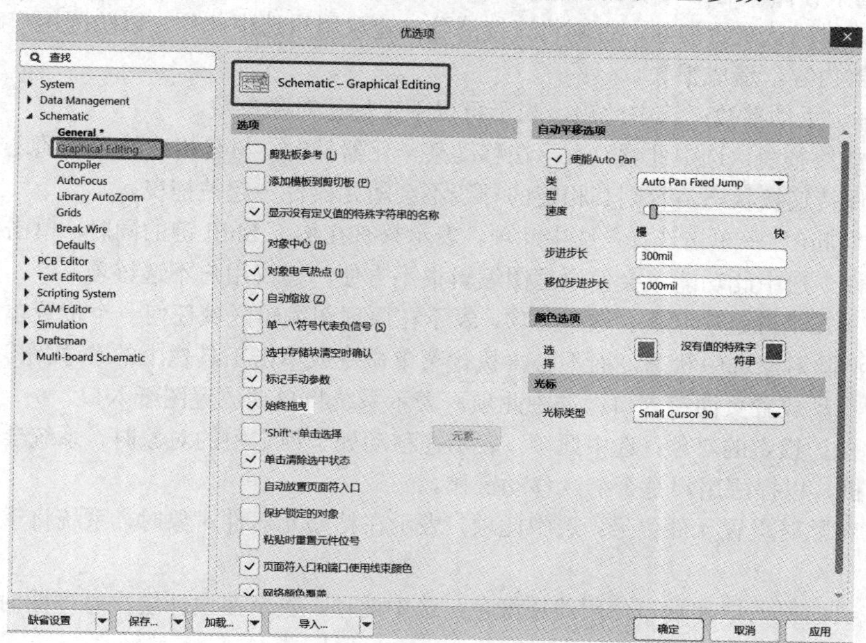

图 2-33　"Graphical Editing"选项

1. 选项

(1) 剪贴板参考：选中此项，表示在进行复制或剪贴选中的对象时，系统将提示用户确定一个参考点。建议用户选中此项。

(2) 添加模板到剪切板：选中此项，表示用户在执行复制或剪切操作时，系统会把当前文档所使用的模板一起添加到剪切板中，所复制的原理图将包含整个图纸。因此，当用户需要复制原理图作为 Word 文档的插图时，建议不选中此项。

(3) 显示没有定义值的特殊字符串的名称：选中此项，表示用户在原理图放置一些特殊字符串时，会显示实际内容，如放置“Current Data”，实际显示为当前日期，否则就显示“Current Data”字符串。

(4) 对象中心：选中此项，表示在移动元器件时，光标将自动跳到元器件的中心，否则光标跳到元器件的基准点处。注意：此功能必须先取消“对象电气热点”选项才能起作用。

(5) 对象电气热点：选中此项，表示在移动或拖动对象时，光标将自动跳到与单击点最近的电气节结点上，如元器件管脚末端处。建议用户选中此项。

(6) 自动缩放：选中此项，表示在插入元器件时，电路原理图可以实现自动缩放，调整出最佳的视图比例来显示所操作的对象。建议用户选中此项。

(7) 单一“\”符号代表负信号：选中此项，表示在对象(如字母)前面加上斜线后，显示时带有“非”符号，即在对象上面有一条横线，表示低电平有效。如放置一个网络标号 RESET，只要在其第一个字母前加一个“\”(\RESET)，则显示$\overline{\text{RESET}}$。如果不选中此项，则要在每个字母后面都加上一个“\”(R\E\S\E\T\)，才能显示$\overline{\text{RESET}}$。

(8) 选中存储块清空时确认：选中此项，表示在清除存储器的内容时，将出现一个确认对话框，以确认是否清除，否则将直接清除。建议用户选中此项，以防因用户疏忽而误清除存储器内容，造成损失。

(9) 标记手动参数：选中此项，表示可以手工标记对象参数。

(10) 始终拖曳：选中此项，表示在移动某一元器件时，与其相连的导线随之一起被拖曳，始终保持连接状态，否则其相连的导线不会随元器件一起被拖曳。

(11) “Shift” + 单击选择：选中此项，表示只有在按下 Shift 键的同时，单击鼠标才能选中元器件。选中此功能，会使原理图编辑很不方便，建议用户不选该项。

(12) 单击清除选中状态：选中此项，表示在原理图编辑区域任何一个位置单击鼠标左键，即可清除对象选中状态，而不必再执行菜单命令或单击工具栏上的按钮。

(13) 自动放置页面符入口：选中此项，表示系统将自动放置图纸入口。

(14) 保护锁定的对象：选中此项，表示在移动处于锁定中的对象时，系统会弹出移动确认对话框，以提醒用户是否继续移动操作。

(15) 粘贴时重置元件位号：选中此项，表示在粘贴元器件对象时，系统将重置其元器件标号。

(16) 页面符入口和端口使用线束颜色：选中此项，表示在设计层次原理图时，图纸入口和端口将使用系统默认的信号线束颜色。

(17) 网络颜色覆盖：选中此项，表示原理图中的网络显示对应的颜色。

2. 自动平移选项

选中“使能 Auto Pan”，则当放置对象时，移动光标，系统会自动在原理图编辑区域移动，以保证光标指向的位置进入可视区域。Altium Designer 19 中自动平移方式有两种，如图 2-34 所示。

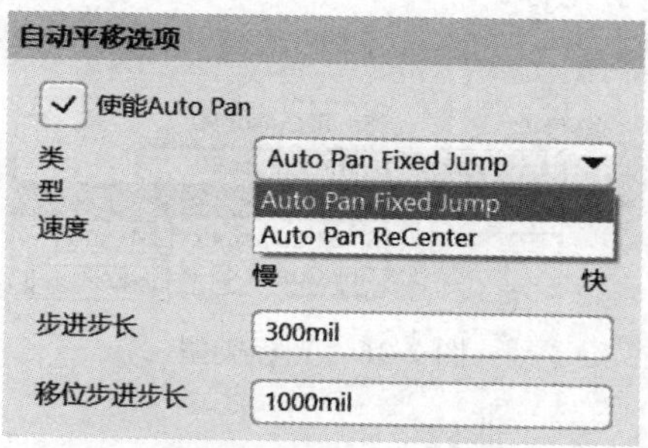

图 2-34　自动平移选项

(1) Auto Pan Fixed Jump：按照固定步长跳跃移动对象。在此方式下，可以“步进步长”或“移位步进步长(按下 Shift 键)”移动。

(2) Auto Pan ReCenter：移动对象时，当光标移动到显示区域边界时，光标自动跳跃到显示区域中心。

- 速度：可以通过拖动滑块设定对象移动的速度。
- 步进步长：每次移动的步长。默认值为 300 mil。
- 移位步进步长：按下 Shift 键时对象移动的步长。注：按下 Shift 键将加速移动。默认值为 1000 mil。

3. 颜色选项

(1) 选择：设置选中对象的颜色，系统默认为亮绿色。单击■按钮，弹出“选择颜色”对话框，如图 2-35 所示。在此对话框中用户可自行设置选中对象的颜色。

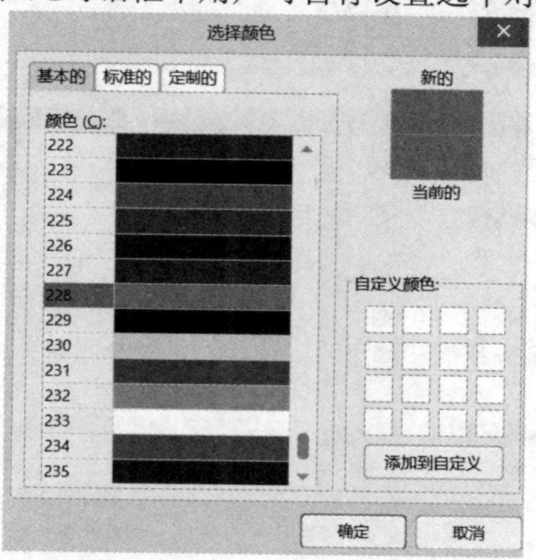

图 2-35　“选择颜色”对话框

(2) 没有值的特殊字符串：系统默认为灰色。单击■按钮，同样会弹出如图 2-35 所示的“颜色选择”对话框。在此对话框中用户可自行设置其颜色。建议用户在不熟悉系统的情况下，选择系统默认设置！

4. 光标

该选项主要用来设置光标的类型。单击“光标类型”右侧的▼按钮，从中选择光标样式，如图 2-36 所示，共有四项。图 2-37 所示为 4 种光标样式。大十字光标贯穿了整个设计屏幕，系统默认为小十字光标。

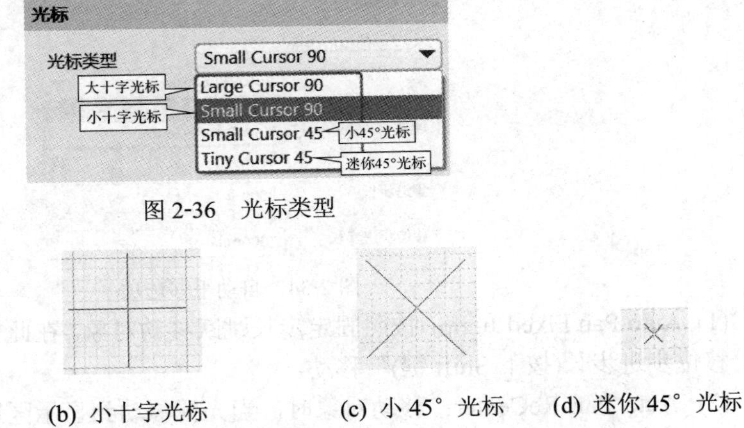

图 2-36　光标类型

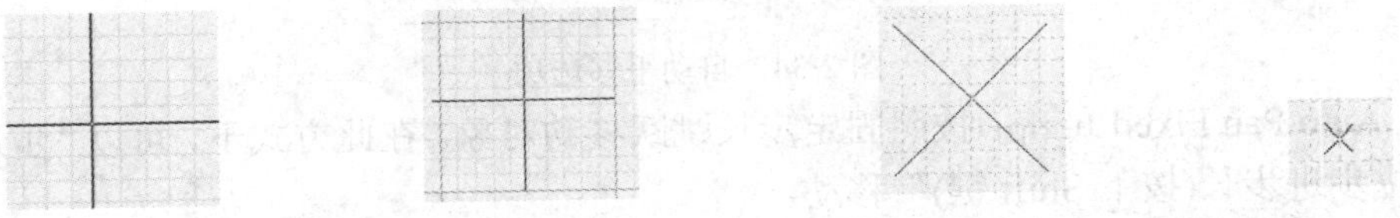

(a) 大十字光标　(b) 小十字光标　(c) 小 45° 光标　(d) 迷你 45° 光标

图 2-37　光标样式

2.5.3　Compiler 参数设置

在“优选项”对话框中，单击“Compiler”标签，弹出“Compiler”页面，如图 2-38 所示。此页面主要用于对电路原理图进行电气规则检查时，对检查出的错误生成各种报表和统计信息。

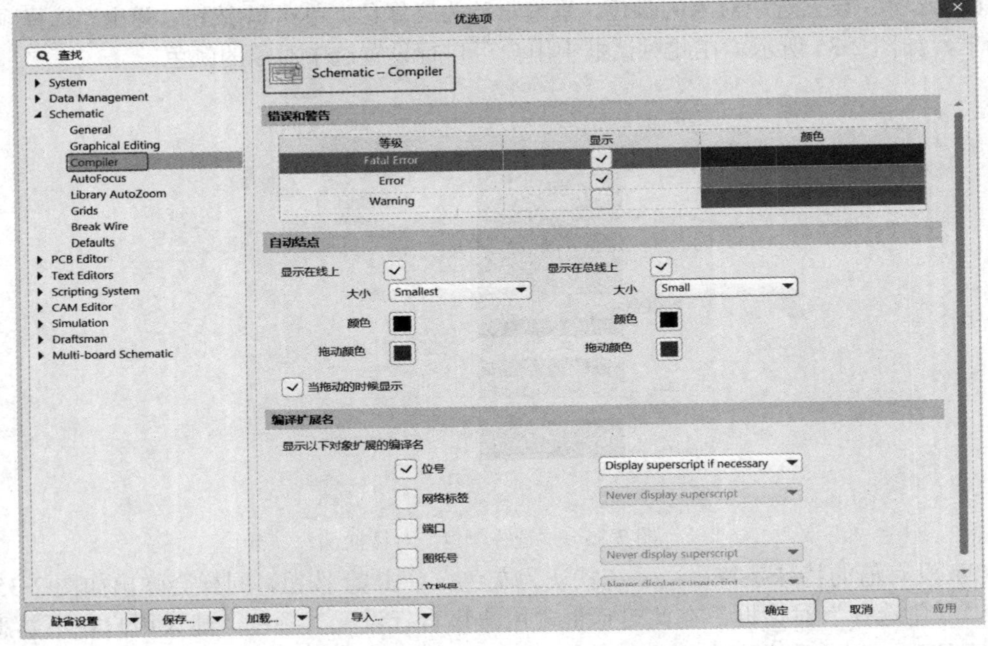

图 2-38　“Compiler”页面

1. 错误和警告

该选项用来设置在编译过程中可能发生的错误，是否在原理图中用不同颜色显示错误级别。错误级别有 3 种，从高到低依次为“Fatal Error”“Error”“Warning”。错误级别越高，显示颜色也越鲜亮。建议采用系统默认颜色。

2. 自动结点

该选项主要用来设置在电路原理图连线时，在导线 T 形连接处，系统自动添加电气结点的显示方式。

(1) 显示在线上：选中此项，表示导线上的 T 形连接处自动生成电气结点，电气结点的大小可以通过单击“大小”右侧的▼来选择，如图 2-39 所示。

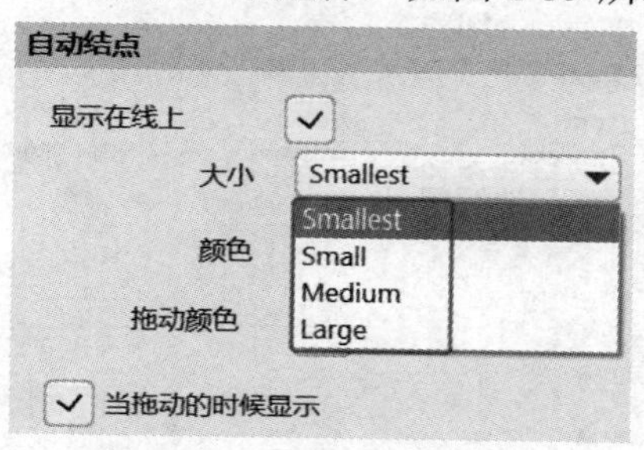

图 2-39　选择电气结点大小

(2) 颜色：系统默认结点颜色为深蓝色。单击■按钮，将弹出类似于图 2-35 所示的“选择颜色”对话框，在此对话框中可以自行设置颜色。

(3) 拖动颜色：系统默认拖动时的颜色为红色。单击■按钮，也能弹出类似于图 2-35 所示的“选择颜色”对话框，在此对话框中可以自行设置颜色。建议选用系统默认颜色！

(4) 显示在总线上：选中此项，表示总线上的 T 形连接处自动生成电气结点，电气结点的大小可以单击“大小”右侧的▼来选择，如图 2-39 所示。总线电气结点的颜色设置与“显示在线上”类同。

注意：导线十字交叉时不会自动放置结点！

3. 编译扩展名

该选项用来设置编译对象扩展名的显示方式。每种对象扩展名的显示有 3 种选择方式，如图 2-40 所示。

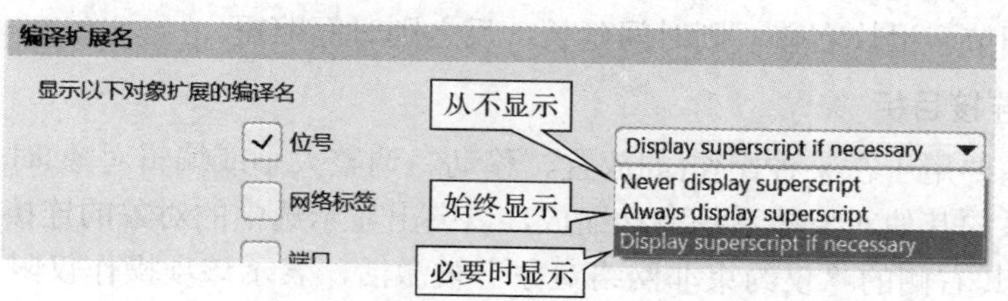

图 2-40　对象扩展名的显示方式

2.5.4　AutoFocus 设置

在“优选项”对话框中，单击“AutoFocus”标签，弹出“AutoFocus”标签页面，如

图 2-41 所示。此页面主要用于设置系统的自动聚焦功能，此功能可以根据电路原理图中的元器件所属的状态进行显示。

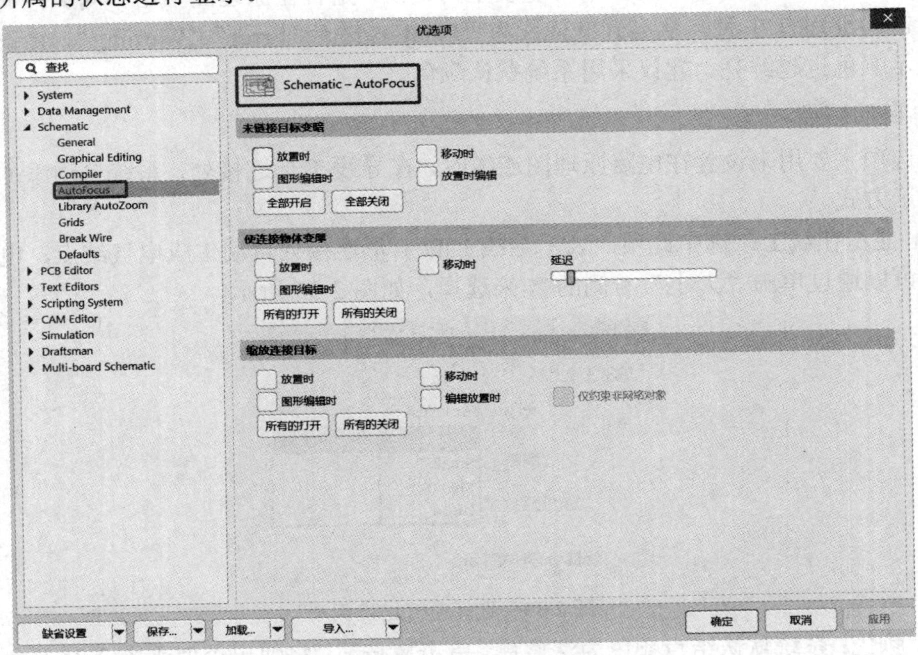

图 2-41　“AutoFocus”设置页面

1. 未链接目标变暗

该选项主要用于在某种操作(如放置、移动、调整大小或编辑对象)时，使原理图中与其未连接关系的其他对象淡化显示，以突出显示选中的对象。单击 全部开启 按钮，可以全部选中；单击 全部关闭 按钮，则全部取消选中。

2. 使连接物体变厚

该选项主要用于在某种操作(如放置、移动、调整大小或编辑对象)时，使原理图中与其有连接关系的其他对象强化显示(颜色加深)，以突出显示选中的对象的连接关系。单击 所有的打开 按钮，可以全部选中，在进行各种操作时均能加深显示；单击 所有的关闭 按钮，则全部取消选中，在进行各种操作时均不加深显示。加深状态持续的时间可以用右侧的“延迟”滑块来调节。滑块右移，则时间延长；反之则时间缩短。

3. 缩放连接目标

该选项主要用于在某种操作(如放置、移动、调整大小或编辑对象)时，使原理图中与其有连接关系的其他对象被系统自动缩放，以突出显示选中的对象的连接关系。选中“编辑放置时”，其右侧的“仅约束非网络对象”被激活，表示该项操作仅限于没有网络属性的对象。

2.5.5　Library AutoZoom 设置

在“优选项”对话框中，单击“Library AutoZoom”标签，将弹出“Library AutoZoom”标签页面，如图 2-42 所示。此页面主要用于设置元件库中元器件的自动缩放功能。选中

“编辑器中每个器件居中”时，其右侧的“缩放精度”滑块可调节，滑块越往右表示缩放越精细。

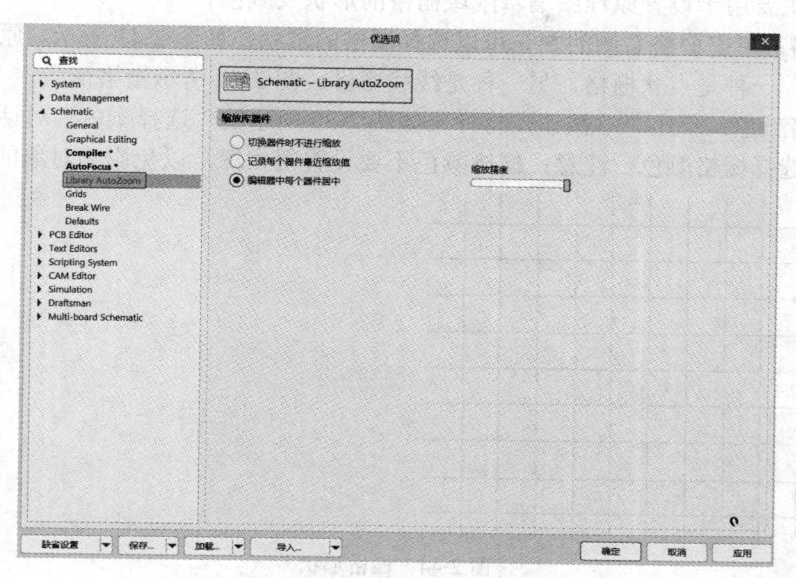

图 2-42　“Library AutoZoom”标签页面

2.5.6　Grids 设置

在“优选项”对话框中，单击“Grids”标签，将弹出“Grids”标签页面，如图 2-43 所示。此页面主要用于设置电路原理图图纸上的栅格形状、栅格颜色，以及可见栅格、捕捉栅格的距离。

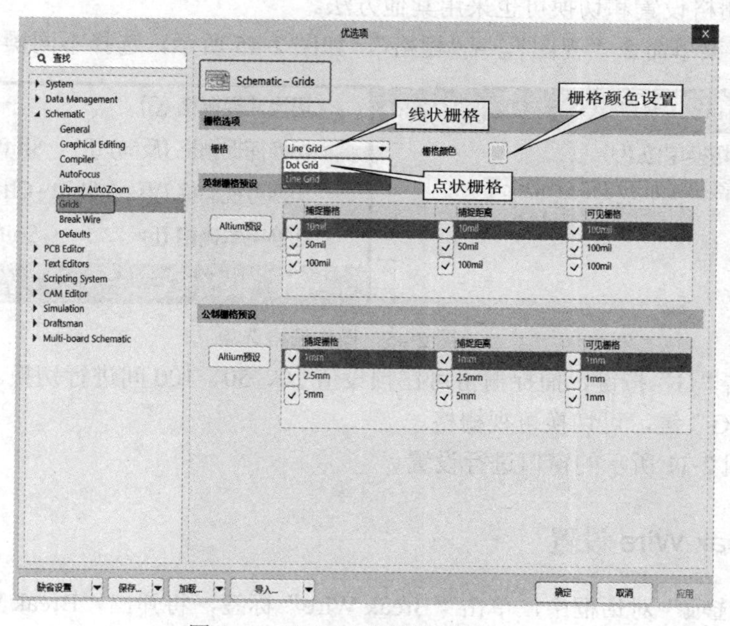

图 2-43　“Grids”标签页面

1. 栅格选项

该选项主要用于设置原理图编辑区域栅格的形状及颜色。

(1) 栅格：单击栅格右侧的▼，可以选择栅格的形状，如图 2-43 所示。原理图中栅格形状有两种：一种是点状栅格，另一种是线状栅格。图 2-44 所示栅格形状。

(2) 栅格颜色：单击 按钮，将弹出如图 2-35 所示的“选择颜色”对话框，在此对话框中可以选择栅格颜色。注意：栅格颜色不要设置得太深，以免影响对象的识别！

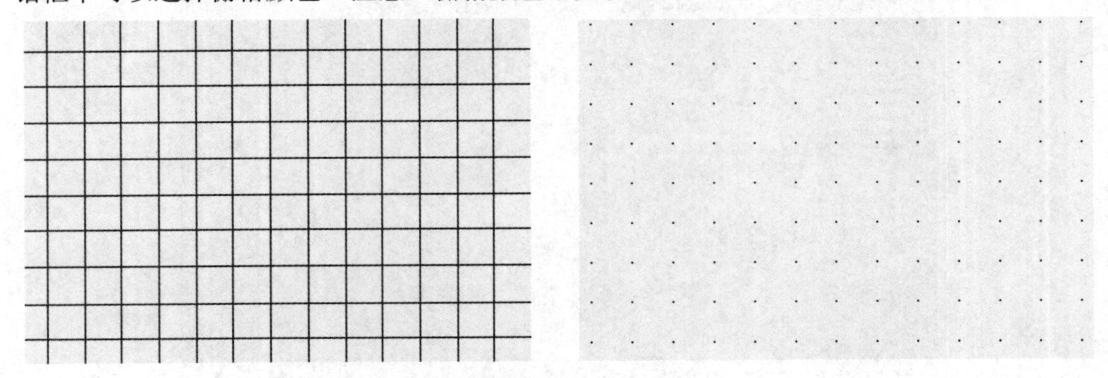

图 2-44　栅格形状

2. 英制栅格预设

该选项对“捕捉栅格”“捕捉距离”“可见栅格”有三种预设值。用户在设计原理图时可以根据对象的移动情况做调整。可见栅格与捕捉栅格的值可以设置为大小一样。

3. 公制栅格预设

该选项与“英制栅格预设”选项类似，只是单位不同而已。

注意：栅格设置和切换可也采用其他方法。

(1) 执行菜单命令“视图”→“栅格”，如图 2-45 所示，选择不同操作栅格选项。

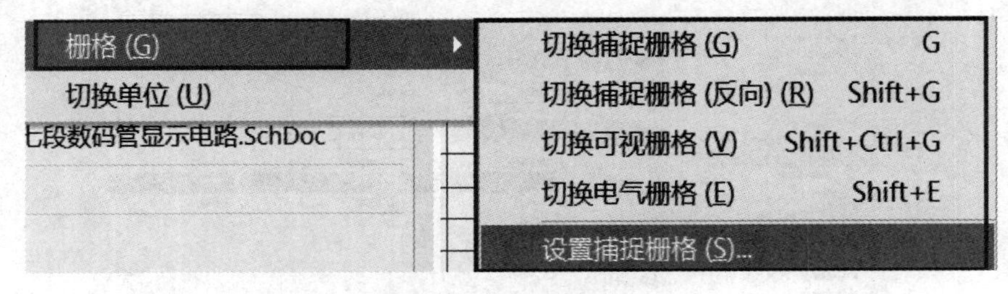

图 2-45　操作栅格选项

(2) 单击“G”按键，捕捉栅格可在预设值 10、50、100 间进行切换。单击“Shift”+“Ctrl”+“G”键，可切换可视栅格。

(3) 在图 2-11 所示的窗口进行设置。

2.5.7　Break Wire 设置

在“优选项”对话框中，单击“Break Wire”标签，将弹出“Break Wire”标签页面，如图 2-46 所示。该选项主要用来对连接的导线进行断开操作。

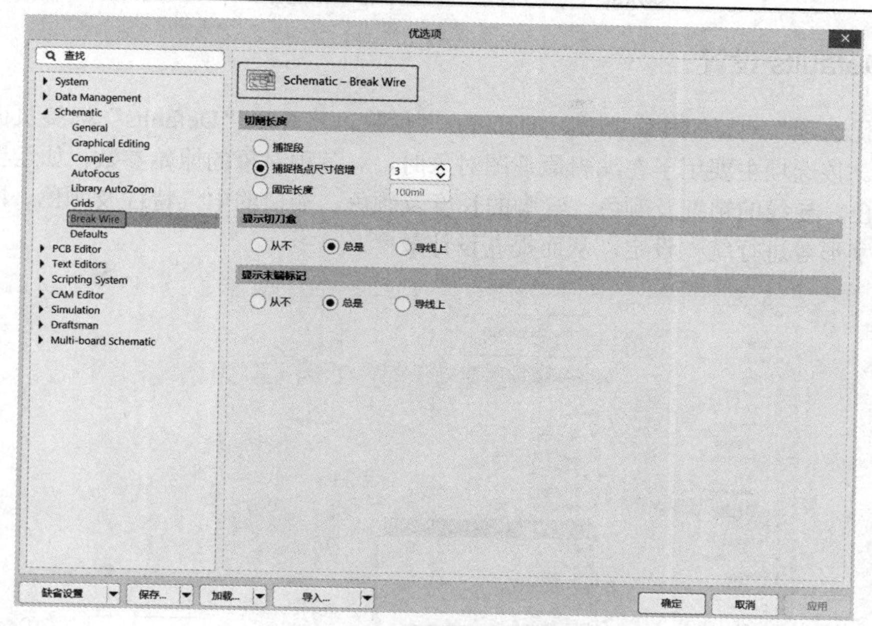

图 2-46　“Break Wire”标签页面

1. 切割长度

导线的切割长度有以下三种类型：

(1) 捕捉段：选中此项，表示当执行“切割导线”命令时，光标所在的导线被整段切除。

(2) 捕捉格点尺寸倍增：选中此项，表示当执行“切割导线”命令时，切割导线的长度是栅格尺寸的倍数，倍数在 2～10 之间选择。

(3) 固定长度：选中此项，表示当执行“切割导线”命令时，切割导线的长度按其右侧所设置的固定值大小进行切割。

2. 显示切刀盒

该选项主要用来设置在执行“切割导线”命令时是否显示切刀盒，有从不、总是、导线上三个选项。

3. 显示末端标记

该选项主要用来设置在执行“切割导线”命令时是否显示导线的末端标记，有从不、总是、导线上三个选项。图 2-47 所示为切割导线显示样式。

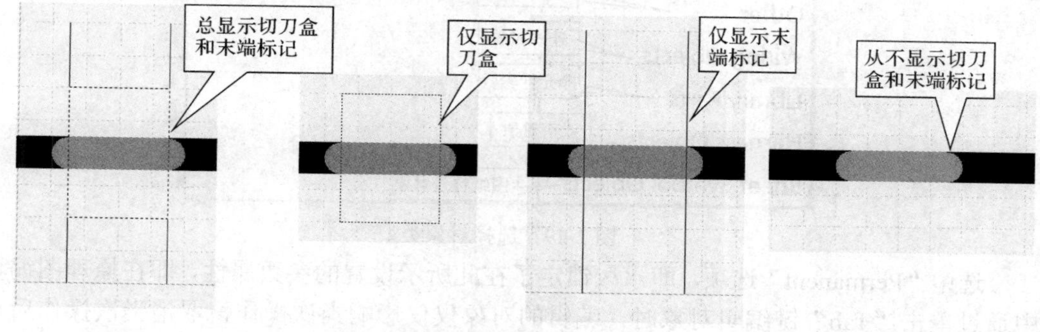

图 2-47　切割导线显示样式

2.5.8　Defaults 设置

在“优选项”对话框中，单击“Defaults”标签，将弹出“Defaults”标签页面，如图 2-48 所示。该选项主要用于在编辑原理图对象时，对各种对象的原始参数，如绘图线条的粗细及颜色、导线的粗细及颜色、管脚的长度及颜色、端口的电气特性及颜色、网络标号的颜色及字形等进行统一设定，从而提高设计效率。

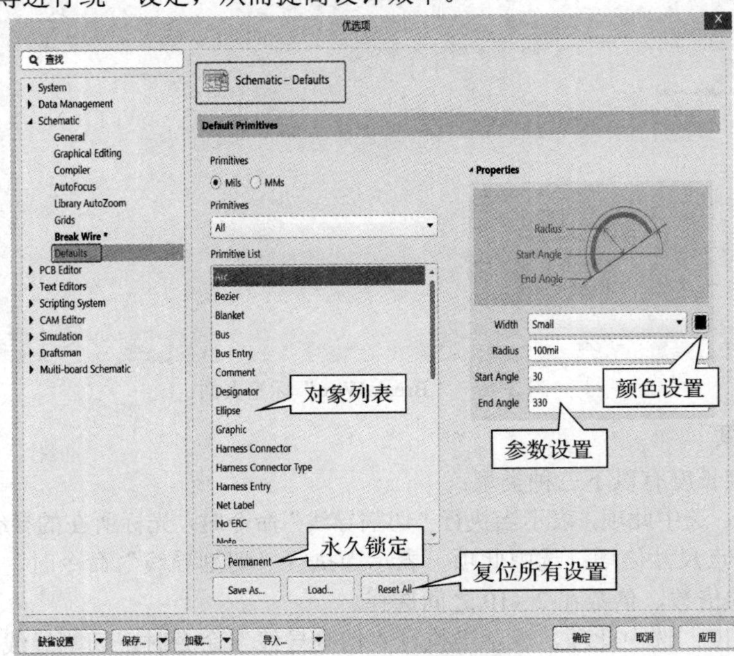

图 2-48　“Defaults”标签页面

单击“All”右侧选项中的▼，可以按类型选择设置对象，如图 2-49 所示。选择“All”则显示全部对象。用户可以根据需要进行相应设置。

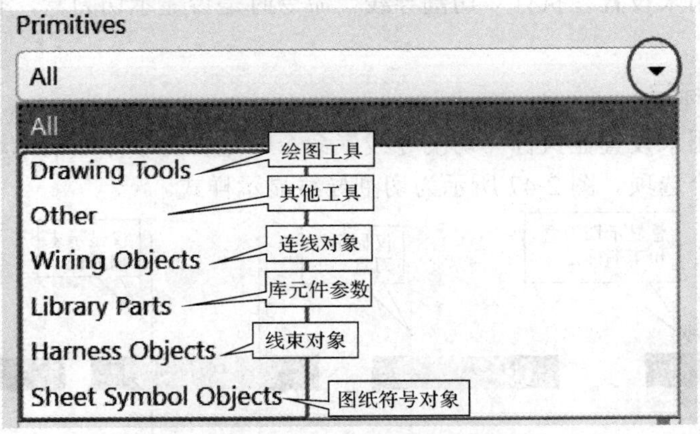

图 2-49　选择对象类型

选中“Permanent”选项，即永久锁定了在此所示设置的参数属性，即在原理图编辑器中通过单击“Tab”键编辑对象时，编辑的对象仅仅影响当次操作，取消当次操作后再重复编辑对象时，对象的属性与锁定的属性相同。如果不选中该项，则在原理图编辑器中通过单击“Tab”键编辑对象属性时，图 2-48 中相同参数的属性同时被改变，改变的参数将影响之后的所有操作！

2.6　一个简单原理图的绘制

前面介绍了原理图编辑器的工作界面、原理图绘制工具及原理图参数设置等内容，下面以图 2-50 所示“整流稳压电路”为例，详细介绍原理图绘制方法。

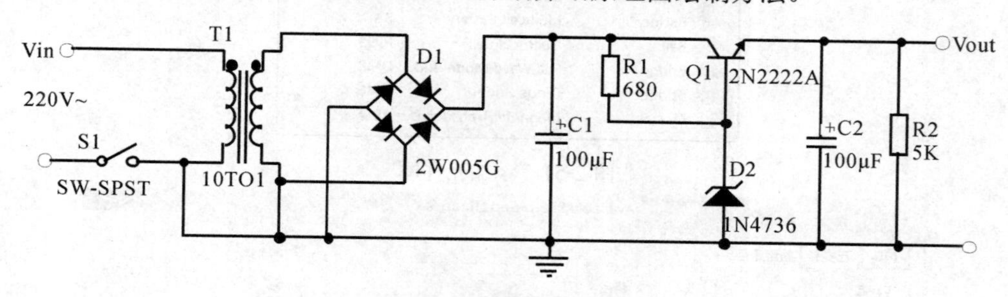

图 2-50　整流稳压电路

2.6.1　元件库简介与元件库的加载

创建一个项目文件，命名为“整流稳压.PrjPCB”。添加原理图文档，并将文档命名为“整流稳压电路.SchDoc”；设置图纸尺寸大小为 A4，加载元件库。Altium Designer 19 原理图的元件符号分门别类地存放在不同的元件库中。

1. 元件库简介

Altium Designer 19 元件库是以集成库的形式出现的，其扩展名为“.IntLib”。

Altium Designer 19 中有两个系统已默认加载的集成元件库：Miscellaneous Devices.IntLib(常用分立元件库)和 Miscellaneous Connectors.IntLib(常用接插件库)。这两个库包含了常用的各种元器件和接插件，如电阻、电容、单排接头、双排接头等。设计过程中，如果还需要其他的元件库，用户可随时进行选择加载，同时卸载不需要的元件库，以减少 PC 的内存开销。如果用户已经知道选用元件所在的元件库名称，就可以直接对元件库进行加载。

元件库文件在系统中的存放路径是\Documents\Altium\AD19\Library(与安装软件时选择的共享文件夹一致)。

2. 加载元件库

(1) 单击原理图编辑区域右侧面板中的“Components”，在打开的“Components”面板中，单击库选项右侧的▤，弹出如图 2-51 所示的菜单选项。

(2) 单击“File-based Libraries Preferences…”，弹出如图 2-52 所示的可用元件库对话框。该对话框中有三个选项卡：【工程】【已安装】【搜索路径】。【工程】中一般列出用户为当前工程自行创建的元件库；【已安装】中列出的是系统当前可用的元件库，如图 2-53 所示。

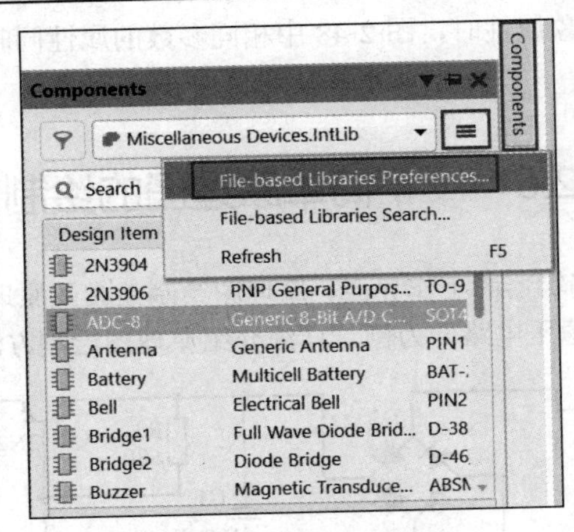

图 2-51　添加元件库

图 2-52　可用元件库对话框

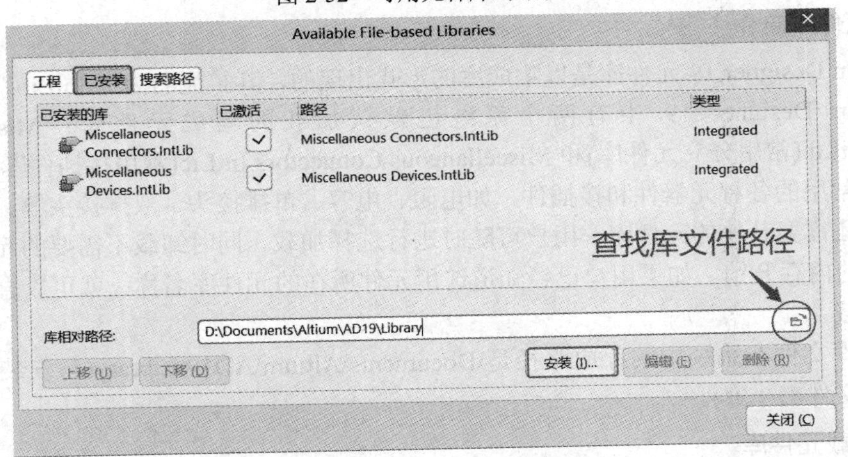

图 2-53　系统当前可用的元件库

(3) 单击图 2-52 中的【添加库】按钮或单击图 2-53 中的【安装】按钮，均能弹出图 2-54 所示的添加库文件查找路径对话框，找到要添加的库文件。单击【打开】按钮，即可添加所选库文件。

(4) 单击【关闭】按钮，在“Components”面板中，单击库选择右边的▼，即可在下拉列表中看到新添加的库文件，如图 2-55 所示。

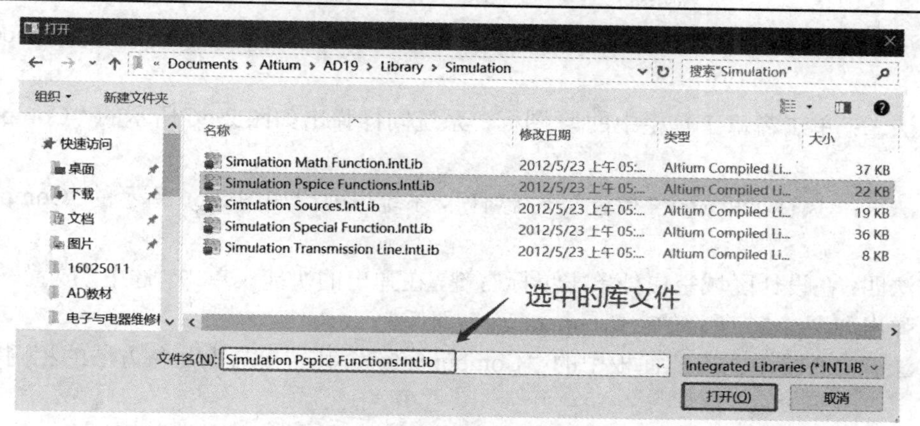

图 2-54　添加库文件查找路径对话框

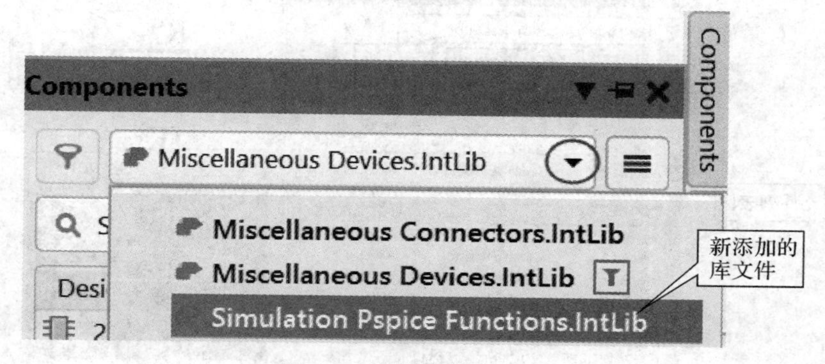

图 2-55　新添加的库文件

图 2-50 所示电路的元件属性如表 2-4 所示。所需元件全部都取自 Miscellaneous Devices.IntLib 库。

表 2-4　图 2-50 所示电路的元件属性列表

元件在库中的名称	元件在图中的标号(Designator)	元件类别或标示值
Res2	R1	680
Res2	R2	5K
Cap Pol2	C1，C2	100μF
NPN	Q1	2N2222A
Bridge1	D1	2W005G
D Zener	D2	1N4736
Trans Ideal	T1	10TO1
SW-SPST	S1	SW-SPST

2.6.2　元件的放置

1. “Components(放置元件)”面板的打开

打开“Components”面板的方法有 5 种：

方法一：按两下“P”键(在英文输入状态下)，系统弹出如图 2-56 所示的“Components”面板。

方法二：单击窗口工具栏中的▦图标，系统同样弹出如图 2-56 所示的“Components”面板。

方法三：执行菜单命令“放置”→“器件”，系统也弹出如图 2-56 所示的“Components”面板。

方法四：在设计区域空白处单击鼠标右键，在弹出的快捷菜单中，选中“放置→器件”，系统也弹出如图 2-56 所示的“Components”面板。

方法五：直接单击右侧面板中的“Components”，其结果与上几种方法的相同。

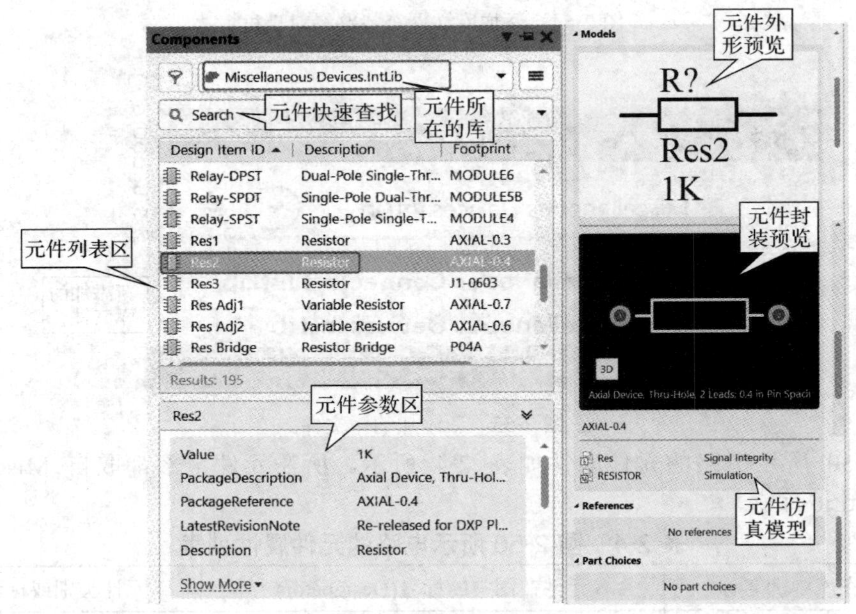

图 2-56　“Components”面板

2. “Components”面板的主要组成

- 元件所在的库：单击▼，在其下拉列表中，选择所需元件的库。
- 元件快速查找：在此输入元件关键字母，在元件列表中即可显示在当前库中包含该字母的所有元件。
- 元件列表区：列出该库中所有元件的名称(Design Item ID)、元件描述(Description)及元件的封装形式(Footprint)。
- 元件参数区：对选中的元件参数进行详细描述。
- Models：展示所选元件的外形、封装(2D、3D)预览及仿真模型。

3. 元件的放置

方法一：在元件库列表中找到需要放置的元件，如“Res2”，单击鼠标右键，在弹出的对话框中选择“Place”，如图 2-57 所示。此时光标变成十字形，且元件符号处于浮动状态，随十字光标的移动而移动，如图 2-58(a)所示。

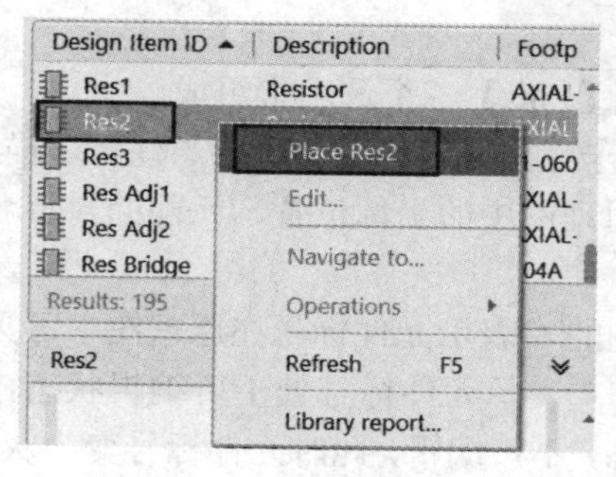

图 2-57　元件放置命令

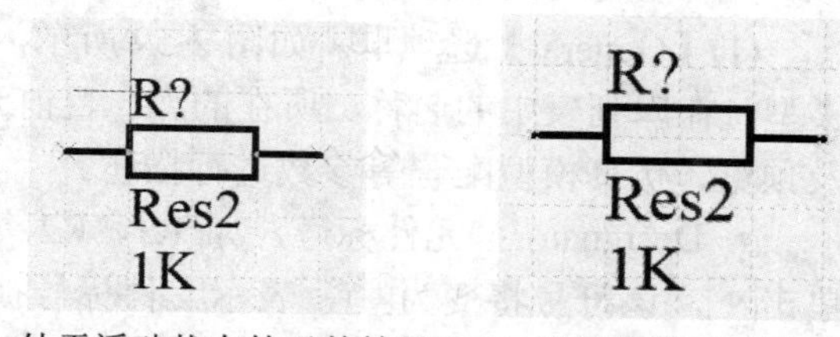

(a) 处于浮动状态的元件符号　(b) 放置好的元件符号

图 2-58　元件放置

方法二：在元件库列表中找到需要放置的元件，双击鼠标左键，出现如图 2-58(a)所示的放置元件状态。

当元件处于浮动状态时，可按空格键调整元件的方向，按“X”键(在英文输入状态时)使元件水平翻转，按“Y”键使元件垂直翻转，按“Pg Up”“Pg Dn”键放大或缩小元件。调整好后，单击鼠标左键放置元件，如图 2-58(b)所示。

2.6.3　元件属性的设置

在放置元件的过程中，需要修改元件的标号、标注大小、元件管脚位置以及显示字体的颜色和大小等。这些修改都是在元件属性对话框中进行的。

1. 调出元件属性对话框的方法

调出元件属性对话框的方法有 3 种：

方法一：放置元件过程中，当元件处于浮动状态时，按 Tab 键。

方法二：双击已放置好的元件。

方法三：在放置好的元件符号上单击鼠标右键，在弹出的快捷菜单中选择“Properties”。其他对象的属性对话框均可采用这 3 种方法调出。

弹出的元件“Properties”对话框如图 2-59 所示。

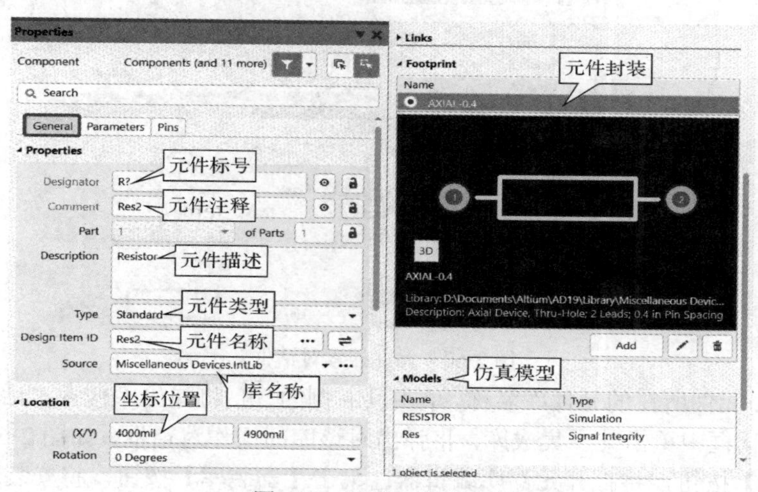

图 2-59　元件属性对话框

2. 元件属性对话框中各项的含义

元件属性对话框主要由【General】【Parameters】【Pins】三个选项卡组成。

(1)【General】选项卡。如图 2-59 所示，该选项卡主要是对元件的标号、注释、描述、类型、在库列表中的名称、所在的库、目前元件在原理图中的坐标位置、元件的封装名称及预览、仿真模型配置等参数进行描述。

- Designator：元件标号，如 R1、R2 等。右侧的表示元件标号在原理图中可见，单击，该符号将变为，表示元件标号被隐藏。表示元件标号处于可编辑状态，单击，该符号将变为，表示元件标号处于锁定状态，不可编辑，此时元件标号变为灰色。
- Comment：元件注释，一般为元件在元件库中的名称或元件的型号。元件的注释在原理图中是否显示，可以通过后面的进行设置(一般设置为不显示)。
- Design Item ID：元件名称，单击其右侧的，将弹出元件搜索对话框，如图 2-60 所示。此时可以重新选择要放置的元件，如选择 D Zener，再单击【OK】按钮，之前放在原理图中的元件就被替换为所选的 D Zener 元件了。利用这种方法可以快速更替元件符号，而不需要再进行删除、放置等操作。但要注意的是，此时仅仅是元件符号替换了，其标号并没有发生变化！

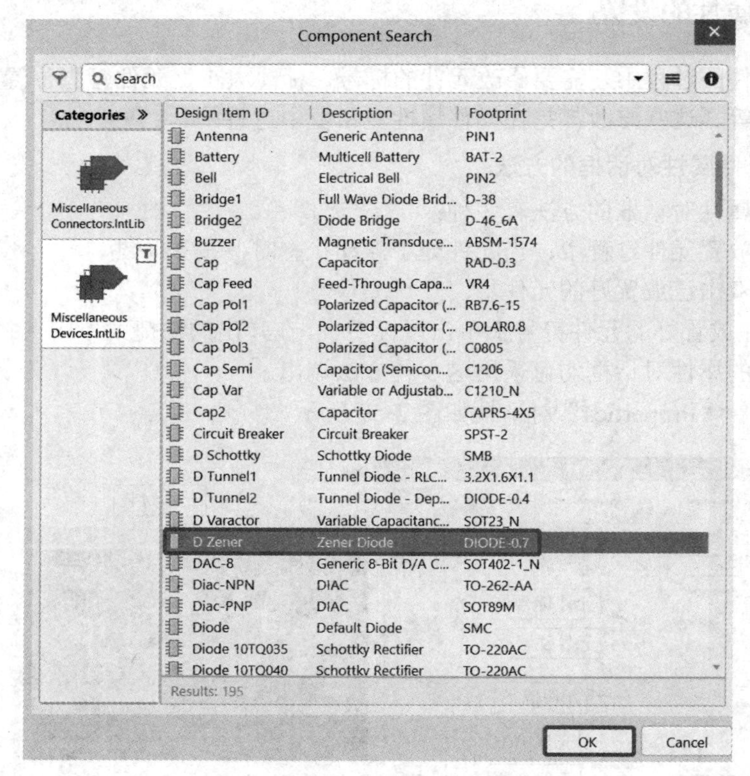

图 2-60　元件搜索对话框

- Source：元件所在的元件库名称。单击其右侧的，将弹出库搜索对话框，如图 2-61 所示。在该对话框中单击某一集成库，将弹出对该库的操作对话框，如图 2-62 所示。单击【解压源文件】按钮，将打开元件库编辑器；单击【安装库】按钮，将安装选中的库。
- Location：目前元件所在编辑区域的坐标。移动元件，该坐标也同时发生改变。

- Footprint：元件的封装名称，封装描述，2D、3D 预览，及所在库的路径等。
- Models：元件的仿真模型配置。

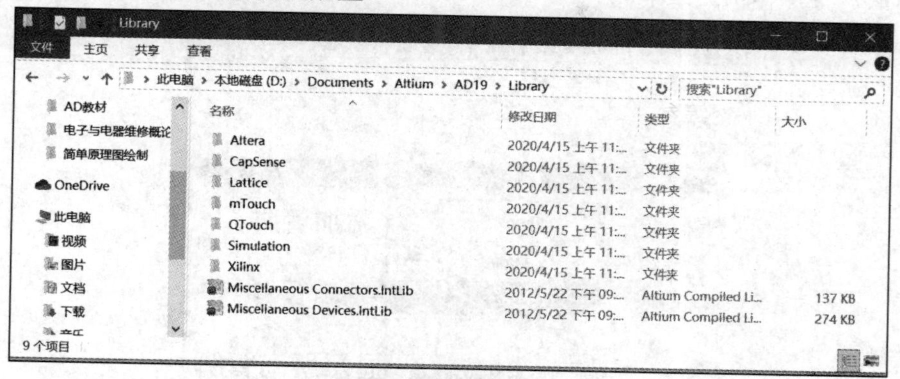

图 2-61　库搜索对话框

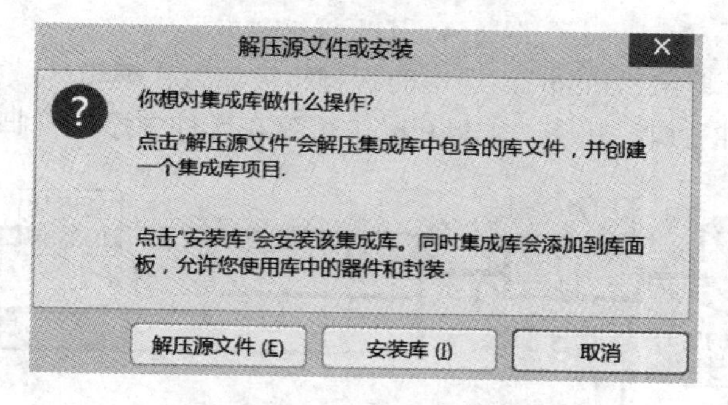

图 2-62　库操作对话框

(2)【Parameters】选项卡。如图 2-63 所示，参数选项卡是对元器件版本、封装、出厂时间、公司以及数值大小的详细叙述。单击对应行右侧的“Value”值可以进行修改，也可以单击【Add】按钮添加参数，单击🗑删除参数。

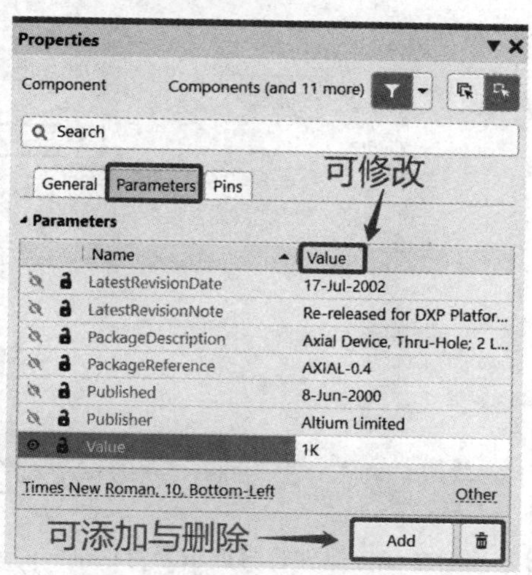

图 2-63　【Parameters】选项卡

这里需要说明的是，对于电阻、电容类元件，“Value”参数都有具体的标称值大小，系统会默认一个数值，如电阻默认“1K”，设计时一定要根据具体原理图参数进行修改！

(3)【Pins】选项卡。图 2-64 所示为【Pins】选项卡。在“Pins”区域单击鼠标右键，将弹出管脚属性操作快捷菜单。

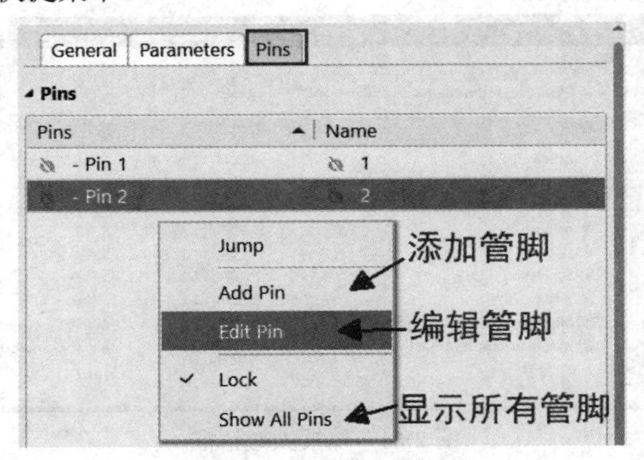

图 2-64　【Pins】选项卡

- Jump：跳转。单击“Jump”，选中的管脚将被放大在编辑区域中心。
- Add Pin：添加管脚。单击“Add Pin”，可以在元件中添加管脚，如图 2-65 所示。

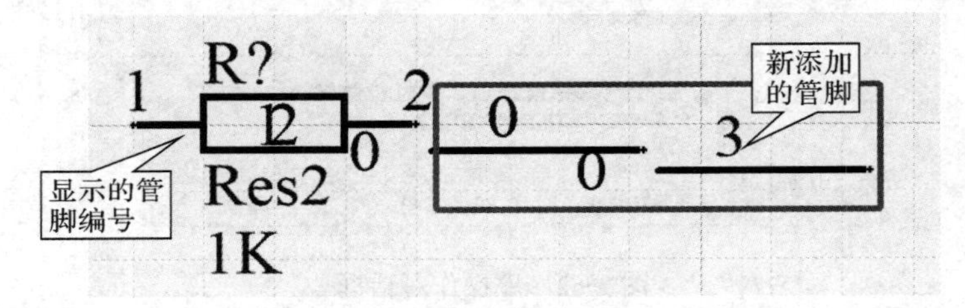

图 2-65　显示的管脚编号及新添加的管脚

- Edit Pin：单击“Edit Pin”，将弹出元件管脚编辑器对话框，如图 2-66 所示，可以添加、删除元件管脚，编辑元件管脚属性及参数。管脚的编辑将在元件库编辑器中详细讲解，在此不做赘述。

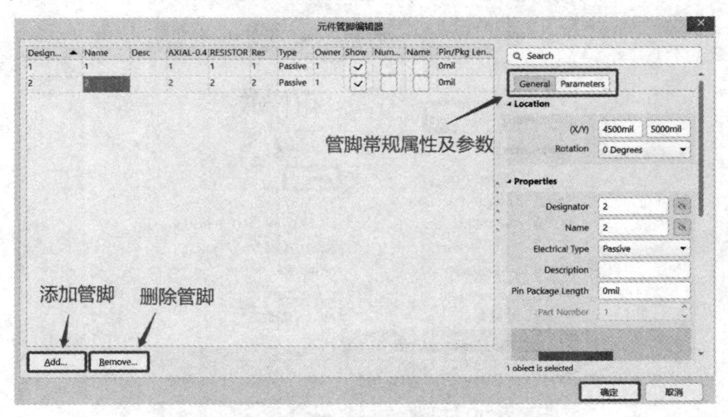

图 2-66　元件管脚编辑器对话框

- Lock：选中“Lock”，表示元件图各部分不可分割，否则，元件图各部分可以拆开。
- Show All Pins：选中“Show All Pins”，将在元件上显示全部管脚编号，如图 2-65 所示。

注意：元件处于浮动状态时，按“Tab”键，元件将处于暂停放置状态，屏幕上会出现一个暂停“⏸”符号，如图 2-67 所示，属性编辑完成后，单击⏸，才能继续完成放置工作。

在以后的同类操作中，无论放置哪种对象，只要在放置过程中点击“Tab”键，都会出现同样的符号，读者依此进行操作即可。

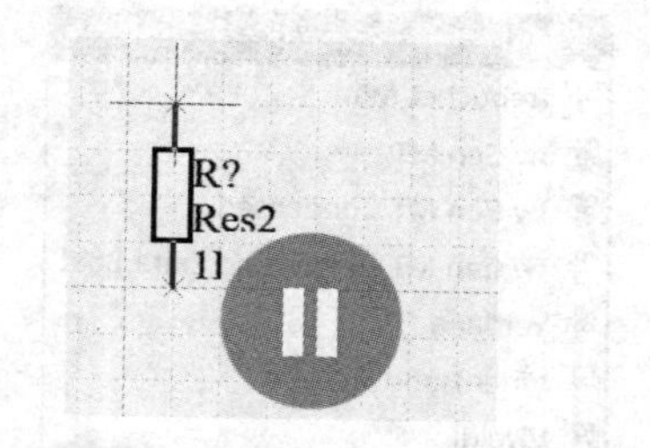

图 2-67　处于暂停放置状态的元件

2.6.4　元件标号、注释及数值的设置

要修改元件标号(Designator)的显示属性，如元件标号的内容、显示方向、字体及颜色、是否被隐藏等，可在元件标号属性对话框中进行。

双击元件标号，如 R1，将弹出“Designator”属性对话框，如图 2-68 所示。

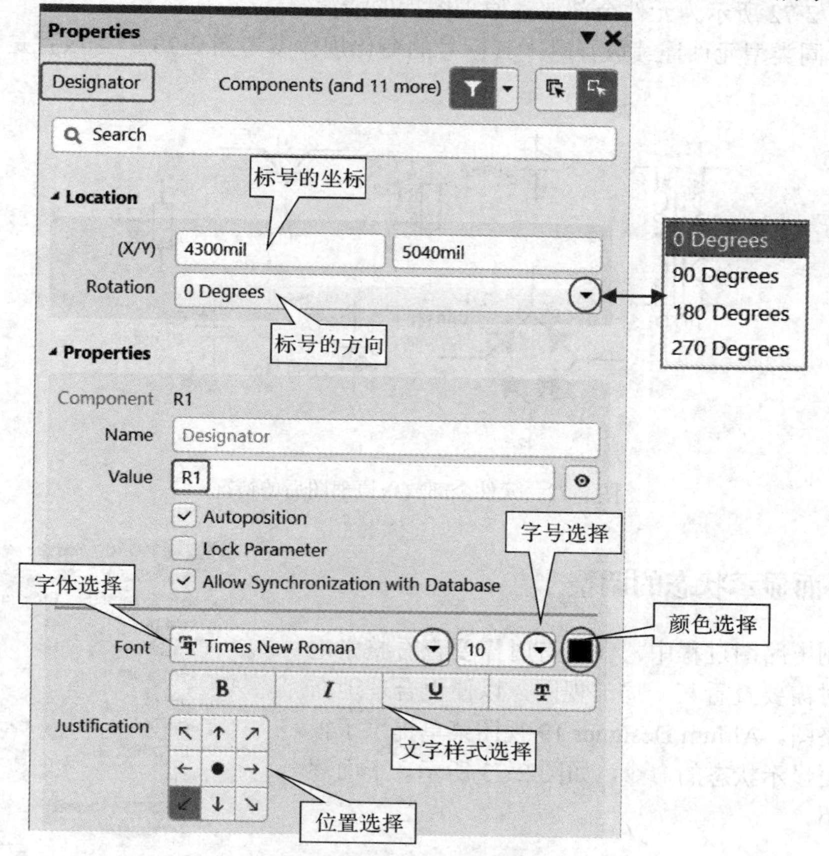

图 2-68　“Designator”属性对话框

(1) 标号的字体、字号设置：在图 2-68 中，用鼠标分别单击 Font 右边的两个▾，将分别弹出字体、字号的下拉列表，如图 2-69、图 2-70 所示，在此选择标号的字体及字号。

(2) 标号的颜色设置：用鼠标单击 Font 最右边的■，将弹出颜色对话框，如图 2-71 所示，系统默认标号的颜色为蓝色。设置完毕，在设计区域单击即可。

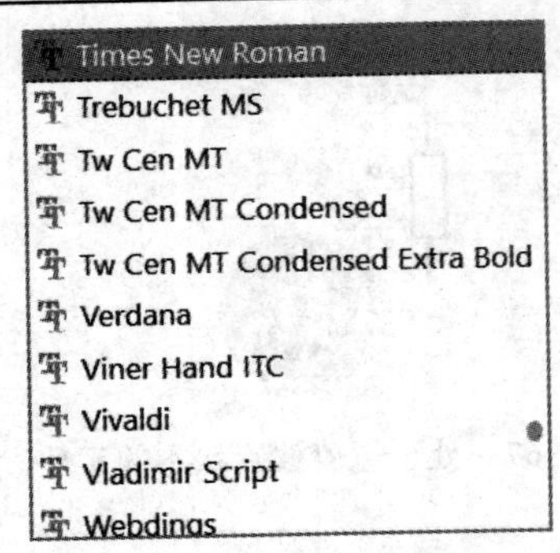

图 2-69　字体设置

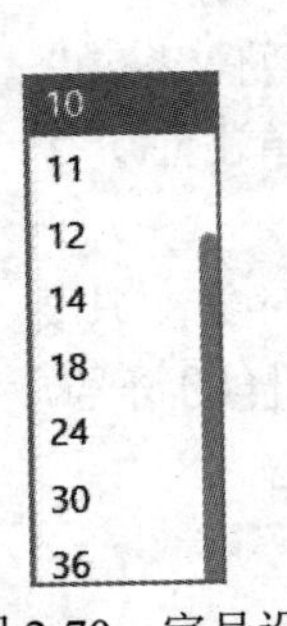

图 2-70　字号设置

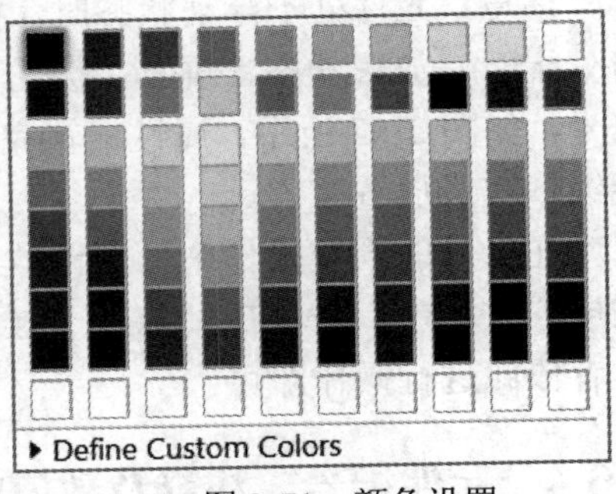

图 2-71　颜色设置

(3) 元件注释及数值的设置与元件标号的设置类似，在此不再赘述。

注意：元件标号、注释及数值的设置结果可参考图 2-48 的设置。

根据以上所述的元件放置方法及元件属性编辑方法，依据表 2-4，放置图 2-50 中的所有元件。图 2-72 所示为元件全部放入原理图后的情况。

注意：同类型元件连续放置时，其标号的变化规律参考图 2-23 中“放置是自动增加”设置项。

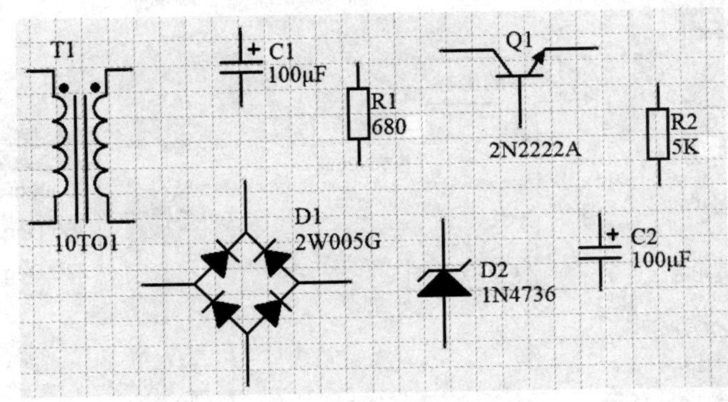

图 2-72　元件全部放入原理图后的情况

2.6.5　界面显示状态的调整

在绘制电路图过程中，我们有时需要查看整张电路图，有时需要查看某一局部视图，以便更合理地布置整个电路图。Altium Designer 19 视图菜单提供了很多调整界面显示状态的命令，如图 2-73 所示。下面逐一进行介绍。

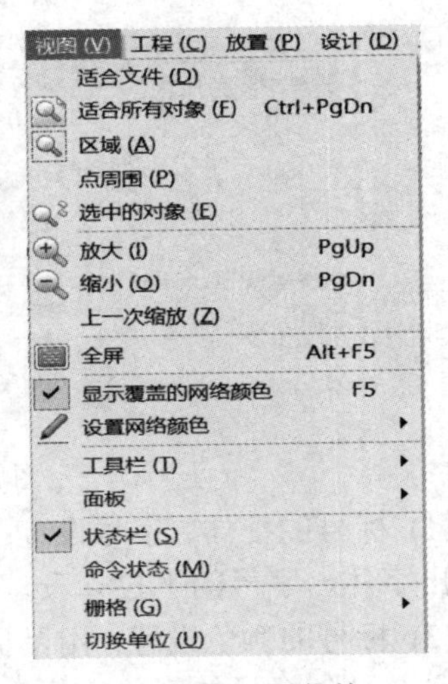

图 2-73　视图菜单

1. 界面管理

- 显示整个电路图及边框：执行菜单命令“视图”→“适合文件”，结果如图 2-74 所示。

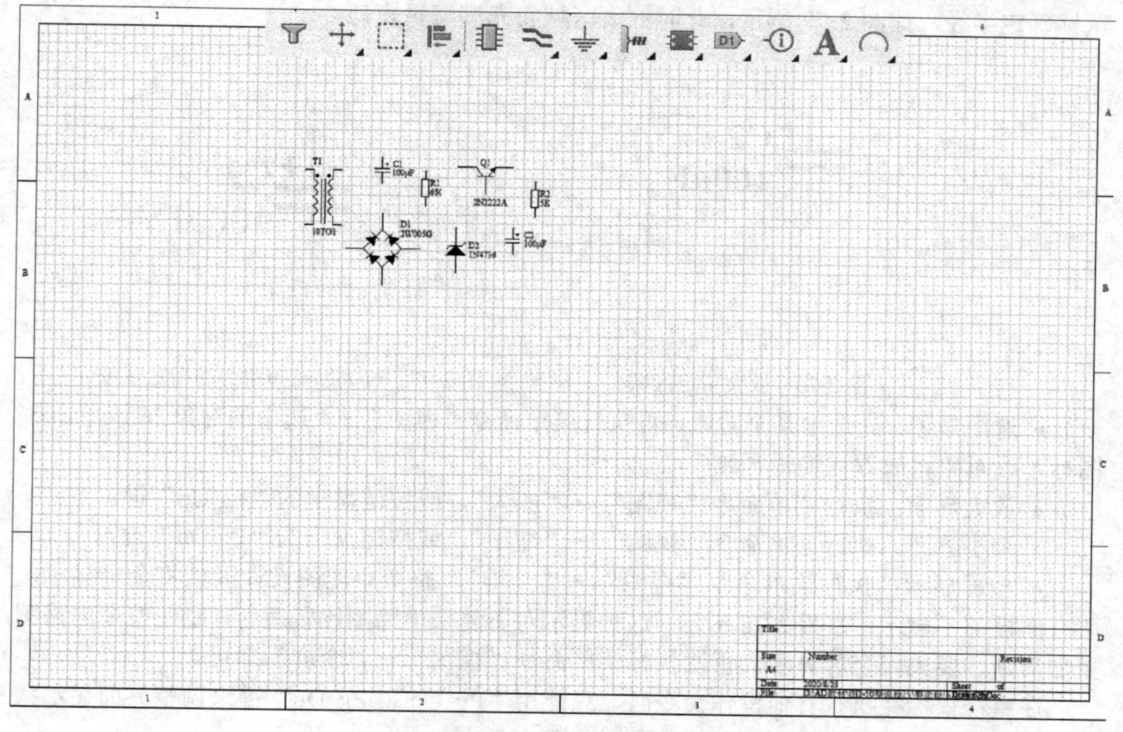

图 2-74　适合文件

- 显示整个电路图中的元件，不包括边框：执行菜单命令“视图”→“适合所有对象”，或单击工具栏中的图标，结果如图 2-75 所示。

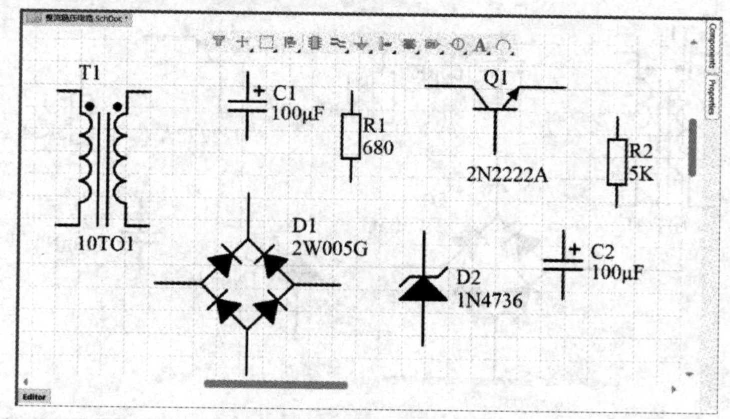

图 2-75　适合所有对象

- 放大指定区域：执行菜单命令“视图”→“区域”，或单击工具栏中的图标。

执行此命令后，光标将变成十字形状。单击鼠标左键确定区域左上角，再拉动鼠标，在对角线位置单击鼠标左键，以确定区域右下角，此时选中的区域被放大，充满编辑窗口，如图 2-76 所示。

● 以某点为中心放大区域：执行菜单命令"视图"→"点周围"。

执行此命令后，光标将变成十字形状，单击鼠标左键确定放大区域的中心点，再拖动鼠标确定半径，如图 2-77 所示，此时放大区域将充满编辑窗口。

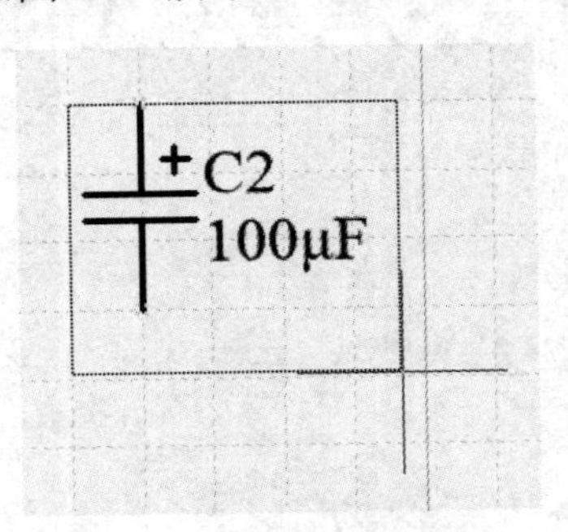

图 2-76　放大指定区域

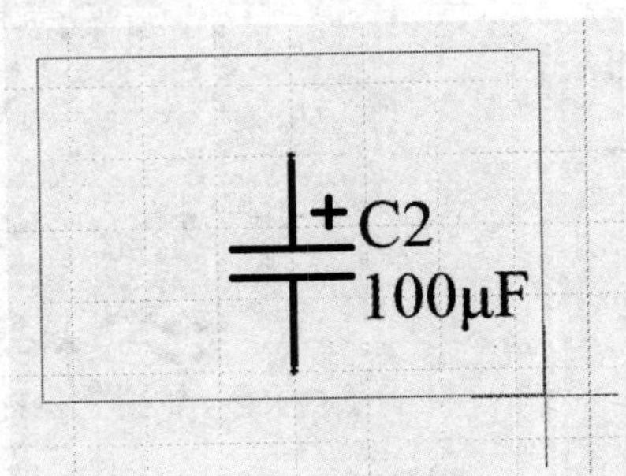

图 2-77　放大以点为中心的指定区域

● 选中对象：先选中某个对象，再执行菜单命令"视图"→"选中的对象"，或单击图标，该对象将放置在编辑区域中心。

● 放大界面：执行菜单命令"视图"→"放大"，或按键盘上的"Pg Up"键。

● 缩小界面：执行菜单命令"视图"→"缩小"，或按键盘上的"Pg Dn"键。

● 全屏显示：执行菜单命令"视图"→"全屏"，整个原理图设计区域将全屏显示，所有面板都不显示，如图 2-78 所示。这种显示对于复杂电路图比较适合，能使整个电路图更加清晰。要关闭全屏显示，再次执行菜单命令"视图"→"全屏"即可。

注意： 鼠标在执行其他操作命令时，只能用"Pg Up""Pg Dn"键来调整界面显示状态。"Page Up""Page Down"键在任何时候都有效。

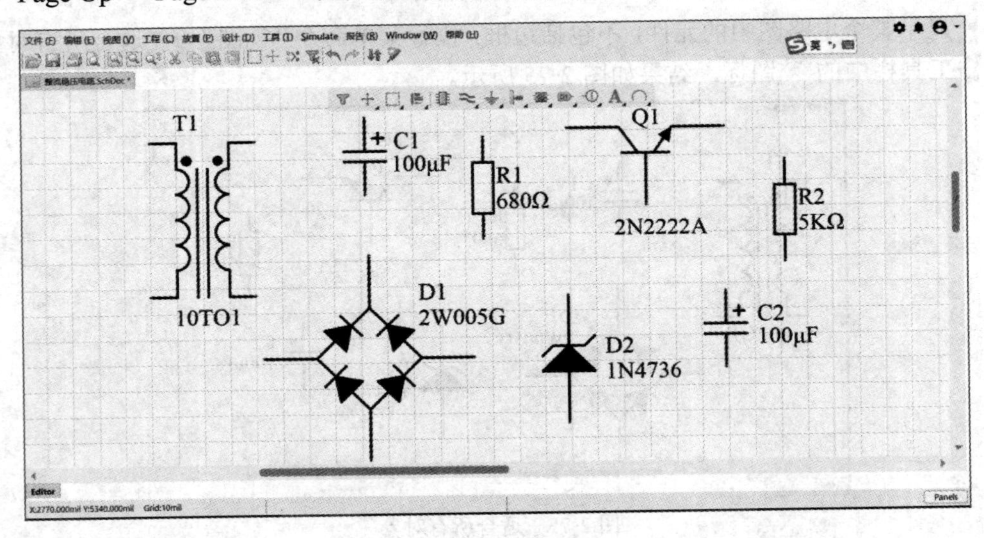

图 2-78　全屏显示

2. 状态栏和命令栏的切换

用户可通过将状态栏和命令栏关闭和打开来调整编辑窗口的大小。

● 状态栏的开关：执行菜单命令"视图"→"状态栏"。

状态栏用来显示光标的当前位置。在命令前有 √，表示打开。

- 命令栏的开关：执行菜单命令“视图”→“命令状态”。

命令栏用来显示当前正在执行的命令。在命令前有 √，表示正在执行，如图 2-79 所示。

图 2-79 状态栏、命令栏

2.6.6 元器件布局的调整

一般在放置元器件时，为了提高效率，不考虑其布局及元件参数位置等问题，将所有元件放置在图纸中即可。但原理图各元件之间的连接关系要遵从一定的规律，如信号流一般是从左到右，电源线一般在上，地线一般在下等。另外我们也希望设计的原理图更加美观和清晰。这就要对放置好的元器件及其元件标号和标注等进行移动、旋转等操作，以使得合理布局，连线方便。

1. 元件的选择

(1) 元件的选择方法有以下几种：

方法一：单选，直接用鼠标左键单击元件即可。选中的元件周围有个绿色的虚框，如图 2-80 所示。

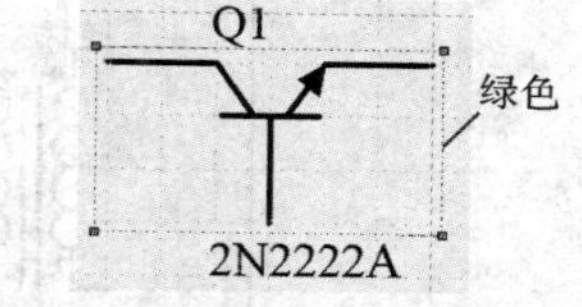

图 2-80 处于选中状态的元件

方法二：多选，按住“Shift”键，在不同元件上单击鼠标左键可选择多个元件。

方法三：框选，在元件范围之外按住鼠标左键并拖动，此时屏幕出现一个线框，如图 2-81 所示，松开鼠标左键后，线框内的所有对象全部被选中。对象被选中时周围出现虚线框，且所有被选中的元件被当作一个整体，如图 2-82 所示。

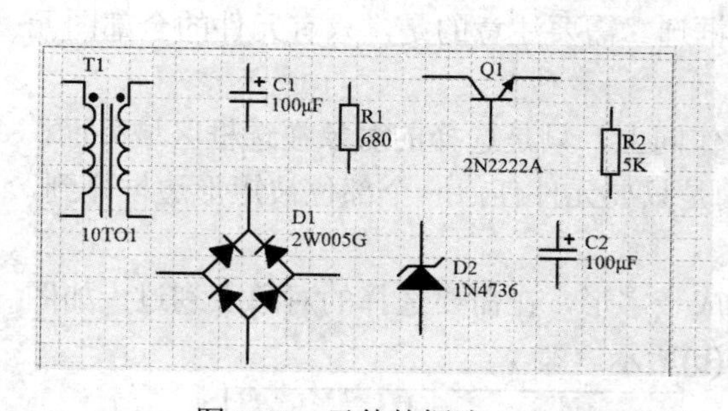

图 2-81 元件的框选

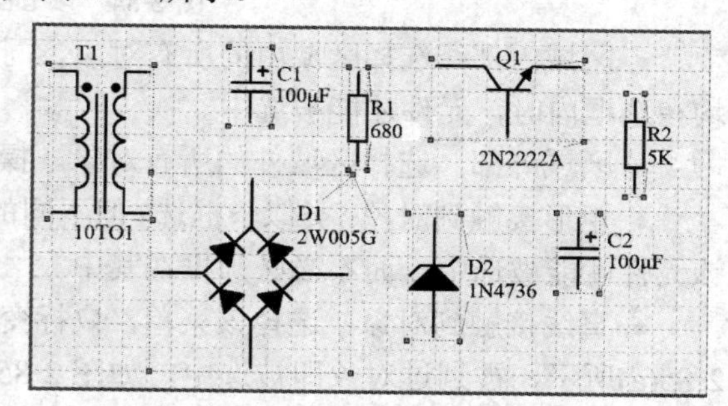

图 2-82 对象的聚焦与选择

方法四：在英文输入状态下，单击“S”键，弹出如图 2-83(a)所示的快捷菜单，选择相应的菜单命令后，鼠标变成十字光标，选择元件即可。

方法五：在屏幕工具栏中的 ⬚ 图标上，单击右键，弹出如图 2-83(b)所示的快捷菜单，选择相应菜单命令即可。

方法六：执行菜单命令“编辑”→“选择”，也能弹出类似的菜单，如图 2-83(c)所示。

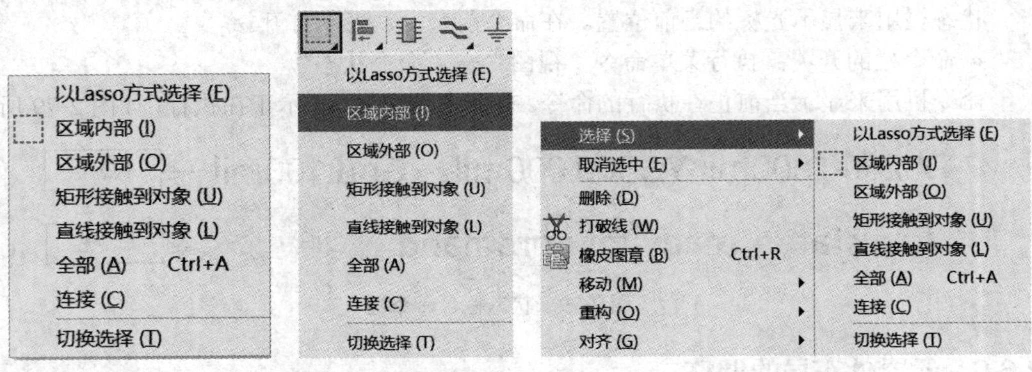

(a) 快捷菜单　(b) 窗口工具栏快捷菜单　(c) 主菜单

图 2-83　利用菜单命令选择元件

(2) 菜单中各命令的含义如下：

● 以 Lasso 方式选择：在要选择的元件外单击鼠标左键，围绕着被选对象旋转一圈，元件即被选中，类似用套索套捕，如图 2-84 所示。

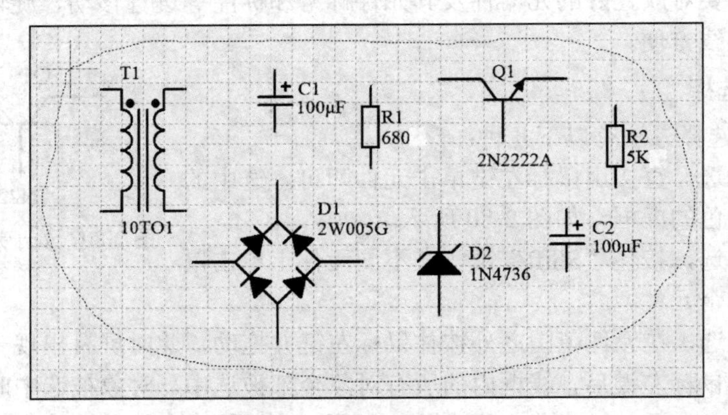

图 2-84　以 Lasso 方式选择

● 区域内部：选择区域内的所有对象，同框选。需要注意的是，只有元件的全部图元均在选框内时，元件才能被选中。

● 区域外部：选择区域外的所有对象。操作同上，只是选择的对象在选框区域外面。

● 矩形接触到对象：类似于框选，但不同的是只要元件任何一个部位被矩形边框碰到，该元件就能被选中，而不必必须框在其中。

● 直线接触到对象：选择该菜单，鼠标变成十字形，在需要选择的对象上划过，如图 2-85(a)所示，被划过对象即被选中，如图 2-85(b)所示。

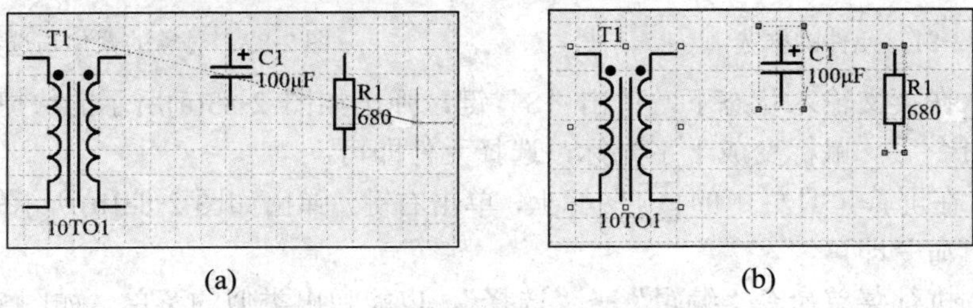

(a)　　(b)

图 2-85　直线接触到对象

• 全部：选择该菜单命令，则图中的所有对象被选中。

• 连接：选择一个物理连接。执行命令后光标变成十字形，在要选择的一段导线上单击鼠标左键，与该段导线相连的导线均被选中。

• 切换选择：与按住“Shift”键进行多选效果一样。

2. 元件的移动

元件的移动有两种情况：一是在同一平面内移动，称为平移；一是叠加在一起的元件，一个元件把另一个元件遮住时，需要调整其上下层之间的关系，这种上下移动称为层移。移动元件的方法有以下几种：

方法一：移动光标到要移动的元件上，按下鼠标左键直接拖动，元件就随光标一起移动，到达合适的位置时松开鼠标左键，元件即被移到当前位置，这种方法使用较多。

方法二：执行菜单命令“编辑”→“移动”，弹出如图 2-86 所示的子菜单。执行菜单中相应的移动命令即可。

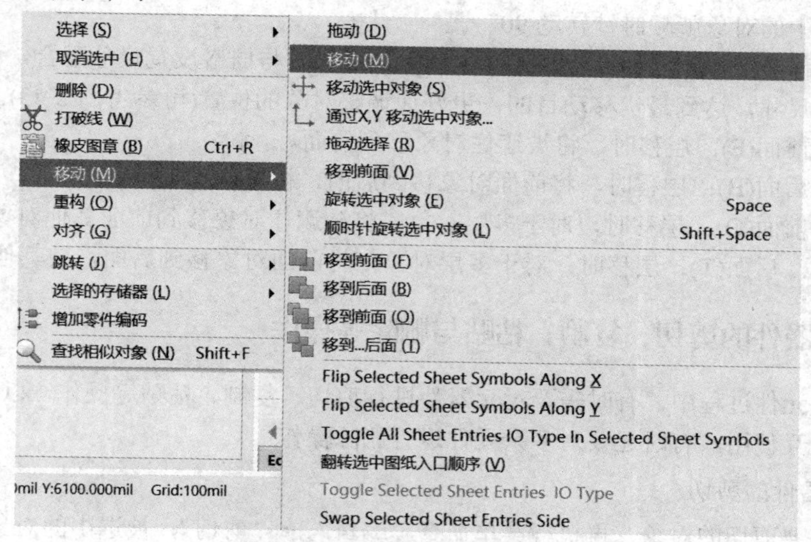

图 2-86　移动元件时的操作菜单

菜单命令的功能如下：

• 拖动：选择拖动，光标将变成十字形，将光标移到要移动的对象上，单击鼠标左键，该对象将随着光标移动，此时鼠标按键处于释放状态，移动对象到合适的位置，单击鼠标左键即可完成拖动。此时还处在拖动命令中，可继续拖动其他元件，完成多个元件的拖动，单击右键结束操作。

• 移动：在要移动的对象上单击鼠标左键，则该对象随着光标移动。在适当的位置单击鼠标左键，即完成对象的移动操作。移动操作与拖动类似。

• 移动选中对象：这种操作需要先选中对象，所有被选中的对象都将随鼠标移动而移动。

• 通过 X、Y 移动选中对象：选中该命令，将弹出如图 2-87 所示的坐标输入对话框。输入坐标，单击【确定】按钮，即可精确移动对象。

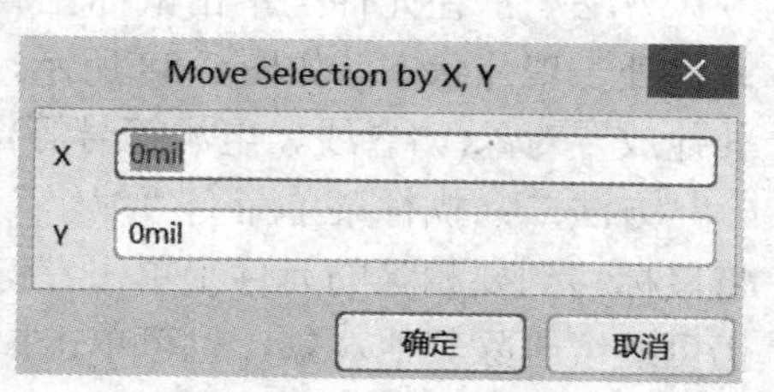

图 2-87　坐标输入对话框

- 拖动选择：该命令与拖动命令类似，只是在拖动前先选择拖动的对象。
- 移到前面：与移动命令类同。
- 旋转选中对象：该命令的功能同空格键按键操作的功能。每执行一次，选中的对象就逆时针转动 90°。

注意：元件的旋转还可以采用其他方法。

方法一：在元件、元件标号或标注上按住鼠标左键，再按空格键旋转，按 X 键水平翻转或按 Y 键垂直翻转。

方法二：在元件没放下之前(处于活动状态时)，也可按空格键旋转，按 X 键水平翻转或按 Y 键垂直翻转。

方法三：对于放置好的元件，在英文输入状态下，单击空格键，选择旋转的对象，连续按空格键可连续逆时针旋转。

- 顺时针旋转选中对象：该命令的功能同"Shift"+"Space"按键操作的功能。每执行一次，选中的对象就顺时针转动 90°。

注意：移动元件及元件标号、元件注释时，要时时与栅格设置尺寸配合，可以随时调节捕捉栅格尺寸，达到最优移动目的，更好地调整对象的位置(可参考图 2-43)。

- 移到前面(F)：层移时，将被遮住对象移到前面。
- 移到后面(B)：层移时，将前面对象移到后面，被遮住。
- 移到前面(O)：层移时，对于多层对象，将被遮住对象移到前面其他对象之前。
- 移到…后面(T)：层移时，对于多层对象，将前面对象移到后面，被其他对象遮住。

2.6.7　元器件的剪切、复制、粘贴与删除等操作

在放置元件过程中，有时需要对元器件进行剪切、复制、粘贴等操作，以便在不同原理图之间相互使用，有时还要对多余元件进行删除操作。

1. 元器件的剪切

先选中要剪切的对象，再执行菜单命令"编辑"→"剪切"，被选中的对象即被剪切。

2. 元器件的复制

先选中要复制的对象，再执行菜单命令"编辑"→"复制"，被选中的对象即被复制。

3. 元器件的粘贴

执行菜单命令"编辑"→"粘贴"，被剪切和复制的对象即被粘贴在光标上随光标的移动而移动，在合适的位置单击鼠标左键，即可完成粘贴命令。

4. 元器件的删除

方法一：在元件上单击鼠标左键，使元件周围出现虚线框，即元件处于聚焦状态，如图 2-88 所示，按 Delete 键，即可删除。对于其他放置对象(如导线、电源符号等)，也可按此方法进行删除。

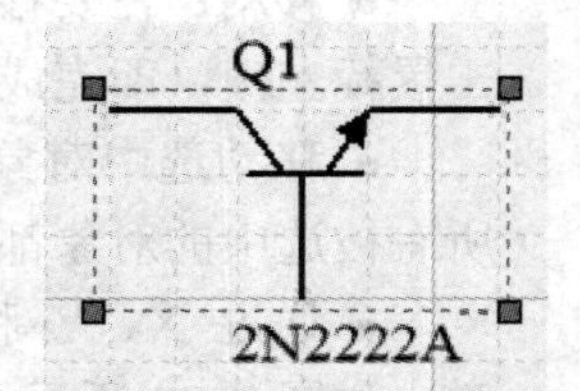

图 2-88　元件处于聚焦状态

方法二：执行菜单命令"编辑"→"删除"，鼠标变成十字形，将鼠标移到要删除的元件上单击左键，即可删除选中的元件。此时仍可继续删除其他对象，也可单击鼠标右键，退出删除状态。

方法三：先选中要删除的元件，再执行菜单命令“编辑”→“删除”，选中的对象即被删除。

根据上述操作，调整位置后的元件如图2-89所示。

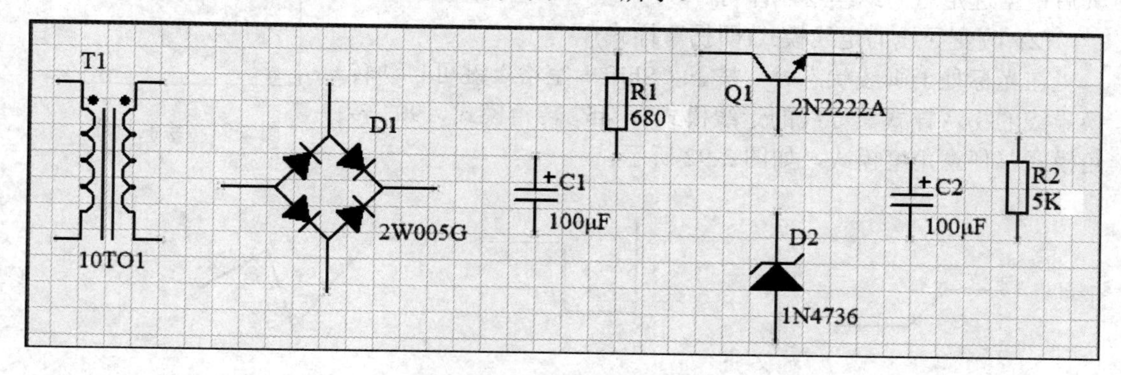

图2-89　调整位置后的元件

2.6.8　导线的连接及属性的设置

在Altium Designer 19中，导线(Wire)具有电气性能，不同于一般的直线(Line)，这一点要特别注意。导线的绘制包括导线的走线模式、颜色、粗细、长短等的设置。下面具体讲解。

1. 绘制导线命令的启动

导线的绘制方法有以下几种：

方法一：单击窗口工具栏中的图标(见图2-7)。

方法二：执行菜单命令“放置”→“线”，如图2-6(a)所示。

方法三：在原理图编辑区域单击鼠标右键，在弹出的快捷菜单中选择“放置”→“线”，如图2-6(b)所示。

方法四：在布线工具栏中单击图标，如图2-6(c)所示。

方法五：使用快捷键，在英文输入状态下连续单击“P”“W”键。

2. 绘制导线的操作

(1) 执行绘制导线命令，即可进入绘制导线状态，光标变成十字形。

(2) 单击鼠标左键确定导线的起点，同时出现一个“×”。

(3) 拉动鼠标，在导线的终点处单击鼠标左键，同时又出现一个“×”，如图2-90所示。

(4) 继续移动鼠标可以连续绘制导线，单击鼠标右键可结束一段导线的绘制。

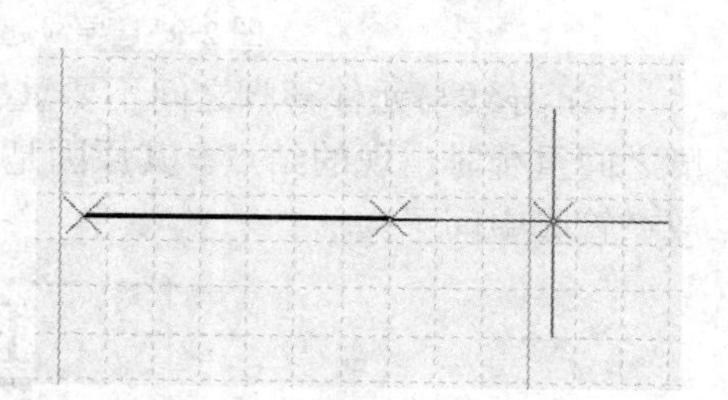

图2-90　绘制一段导线

(5) 此时仍为绘制状态，将光标移到新导线的起点，单击鼠标左键，可按前面的步骤绘制另一条导线。单击鼠标右键两次可退出绘制状态。

(6) 绘制的过程中，如果要重绘前段导线，可按“Backspace”键撤销之前的绘制。

3. 绘制折线

(1) 在导线拐弯处单击鼠标左键确定拐点，如图 2-91 所示，其后根据选定方向继续绘制即可。

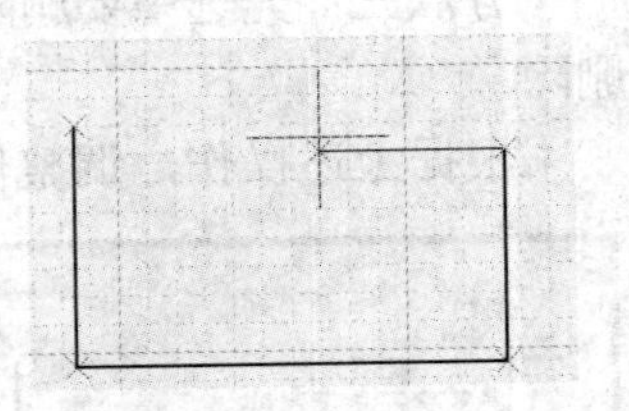
图 2-91　绘制折线

(2) 改变导线的走线模式(即拐弯样式)。

在光标处于画线状态时，按下“Shift + 空格”键可自动转换导线的拐弯样式。导线的走线模式有 45° 转角模式、90° 转角模式、任意角度模式，如图 2-92 所示。

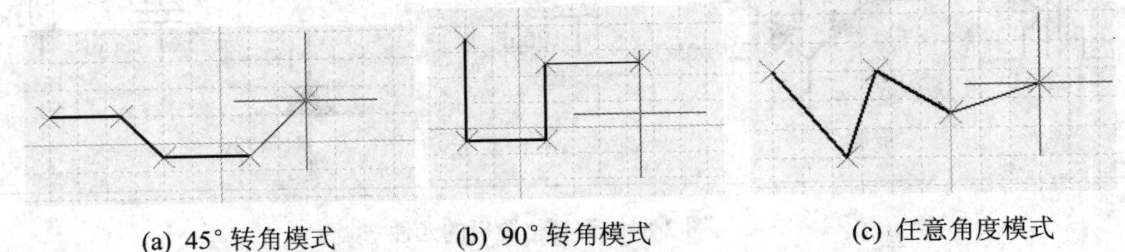
(a) 45° 转角模式　(b) 90° 转角模式　(c) 任意角度模式

图 2-92　导线的走线模式

4. 放制导线时常出现的错误现象

初学者在绘制原理图时往往会出现多余的结点，主要原因是对象之间重叠，如导线与元件管脚相重叠、导线或元件的位置放置不合适等，这些问题都会导致绘制中出现错误。下面介绍绘制导线时应注意的问题，这些问题在所有原理图绘制中具有普遍意义。

(1) 导线的端点要与元件管脚的端点相连，不要重叠。在放置导线状态下，将光标移至元件管脚的端点，则在十字光标的中心出现一个红色“米”字形标志，如图 2-93 所示。这就是为什么在图 2-33 中希望选中“对象电气热点”的原因，否则就不会出现“米”字形标志。

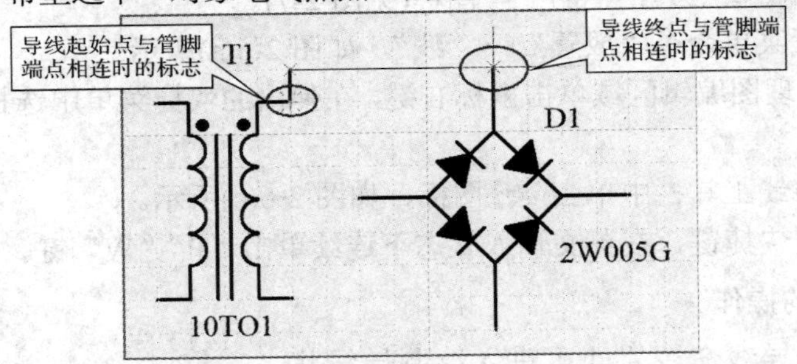

图 2-93　导线起始点、终点与管脚端点相连的标志

(2) 导线与元件管脚之间不要重叠，否则也会出现结点。图 2-94 所示为导线与元件管脚之间重叠时出现的结点。其原因是绘制导线时导线的起点没有与管脚的端点相连，而是放在管脚中间了。

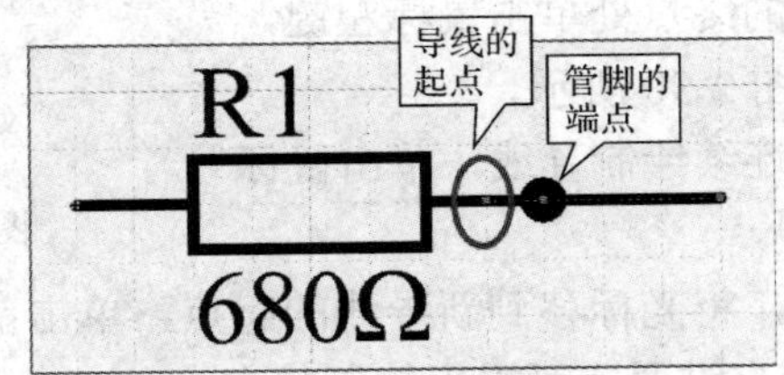

图 2-94　导线与元件管脚之间重叠时出现的结点

(3) 导线不能穿越元件，否则元件被短路，不起作用。图 2-95 所示导线穿越元件的情况。

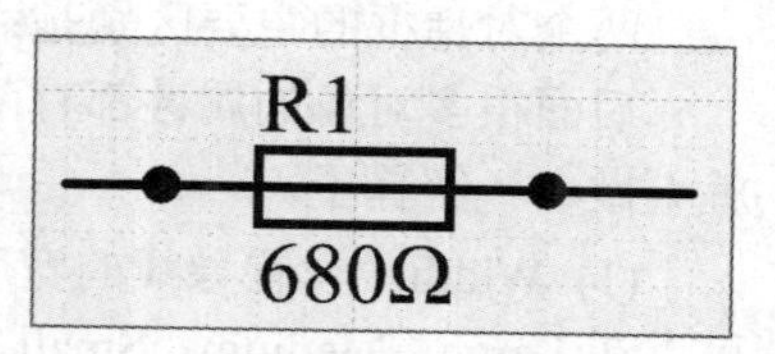

图 2-95　导线穿越元件

(4) 导线与元件管脚不相连时，导线不能经过元件的管脚端点，否则会自动产生结点。如图 2-96 所示，导线经过 3、2、5 号管脚端点时会产生结点。这点对于集成电路连线尤为重要！

(5) 导线从管脚中间经过时，不会产生结点，如图 2-97 所示。

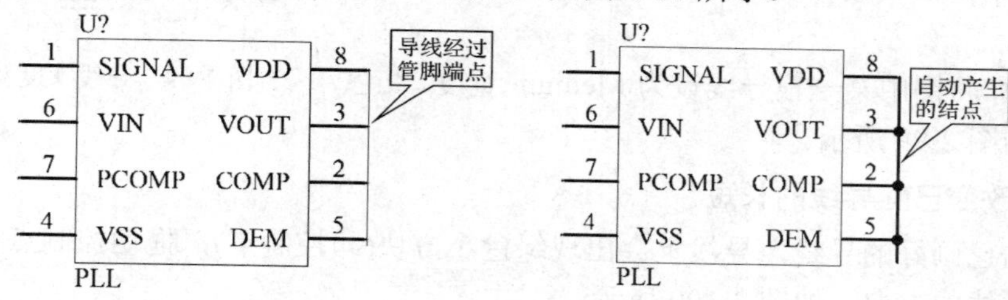

图 2-96　导线经过管脚端点时自动产生的结点

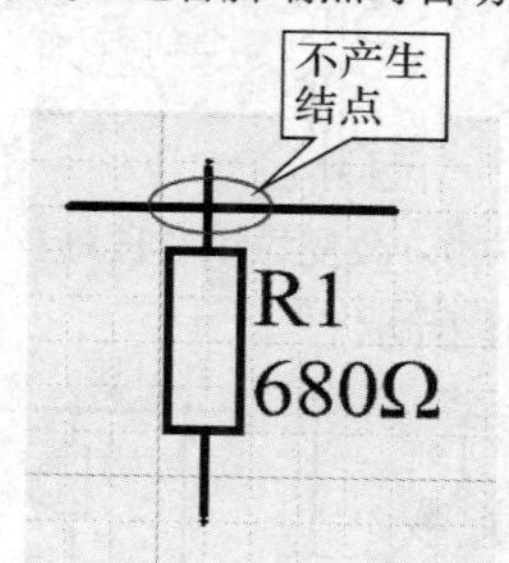

图 2-97　导线与管脚交叉时不产生结点

5. 导线的属性设置

方法一：当系统处于绘制导线状态时按下“Tab”键，系统弹出“Wire”属性对话框，如图 2-98(a)所示。

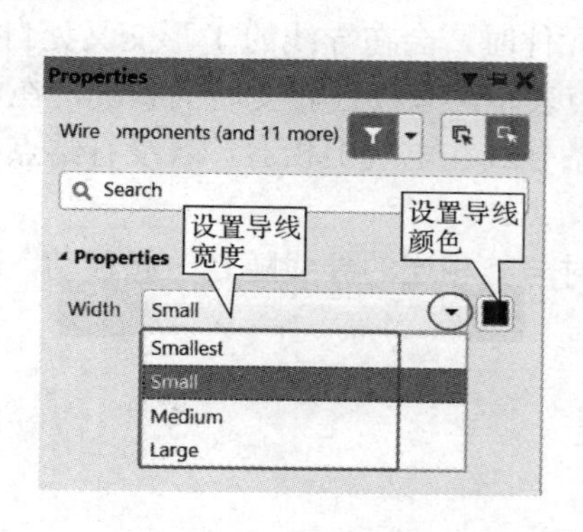

(a) 按下“Tab”键

(b) 双击绘制好的导线

图 2-98　“Wire”属性对话框

方法二：双击已经绘制好的导线，也可弹出“Wire”属性对话框，如图 2-98(b)所示。

两个对话框的主要区别是：一个有导线起、止坐标点，另一个没有，其他含义相同。

后面很多对象的属性都有两种操作，其属性对话框也有类似情况，请读者注意观察，就不做一一解释了。

(1) Width：设置导线的宽度，单击列表框右边的下拉箭头，出现导线宽度选项，可以在 Large、Medium、Small、Smallest 中选择，系统默认为 Small。

(2) 单击按钮，在弹出的颜色对话框中选择对应的颜色。

例如，将图中某一根导线设为 Medium 宽度、红色，其结果如图 2-99 所示。

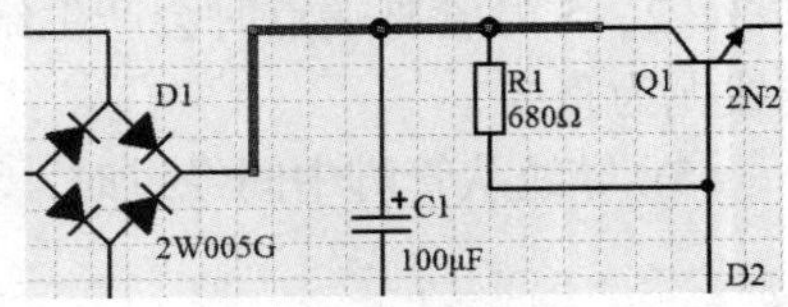

图 2-99　导线宽度及颜色变化

6．改变已画导线的长短

单击已画好的导线，导线上会出现绿色小方块(即控制点)，拖动控制点可改变导线的长短及导线的方向，如图 2-100 所示。

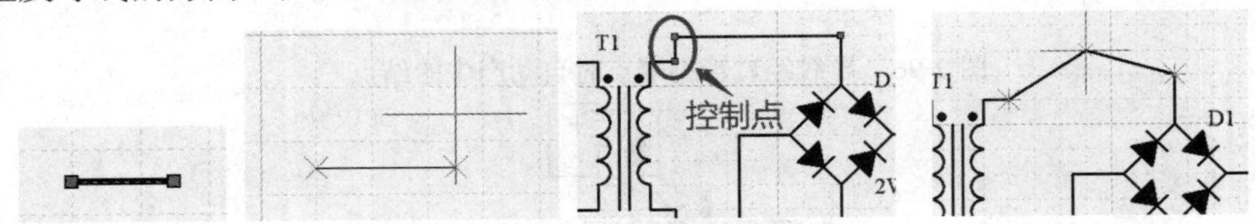

图 2-100　改变导线的长短及方向

连好线的电路原理图如图 2-101 所示。

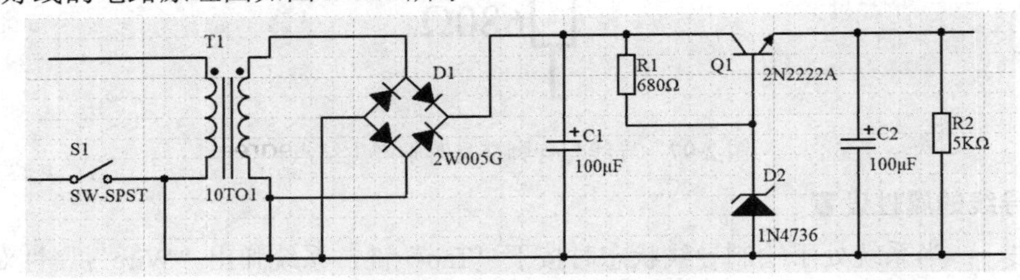

图 2-101　连好线的电路原理图

注意：在用导线连接电路原理图中各元件时，会在导线的 T 形交叉处自动产生结点，这是系统的默认设置(见图 2-38)。电路结点表示两条导线相交时的状况，在电路原理图中两条相交的导线，如果有结点，则认为两条导线在电气上相通，若没有结点，则在电气上不相通。系统默认设置十字交叉时不产生结点。

用导线连接好的电路图，在移动元件时与其相连的导线随之一起移动，以保持其电气连接关系。

2.6.9　电源、接地和输入端子的放置

1．放置电源/接地符号方法

方法一：单击窗口工具栏中的，或右键单击，在其下拉列表中选择对应的端口，如图 2-7 所示。

方法二：执行菜单“放置”→“电源端口”。

方法三：执行菜单命令“视图”→“工具栏”→“布线”，打开布线工具栏，如图 2-6(c)所示，单击⏚、Vcc。

方法四：执行菜单命令“视图”→“工具栏”→“应用工具”，如图 2-8 所示，单击⏚▾，在弹出的下拉列表中选择需要的电源端口。

方法五：在原理图编辑区域单击鼠标右键，在弹出的快捷菜单中选中“放置”→“电源端口”，如图 2-6(b)所示。

方法六：在英文输入状态下，连续单击“P”“O”按键。

2. 具体操作步骤

(1) 执行上述操作，光标变成十字形，电源/接地符号处于浮动状态(如⏚)，与光标一起移动。

(2) 可按“空格”键旋转，按“X”键水平翻转或“Y”键垂直翻转。

(3) 单击鼠标左键，放置电源/接地符号。

(4) 系统仍为放置状态，可继续放置，也可单击鼠标右键退出放置状态。

3. 电源/接地符号属性设置

如果电源/接地符号不符合要求，则可在电源/接地符号处于浮动状态时，按“Tab”键，或双击已放好的电源符号，弹出“Power Port”属性对话框。在该属性对话框中进行修改，如图 2-102 所示。

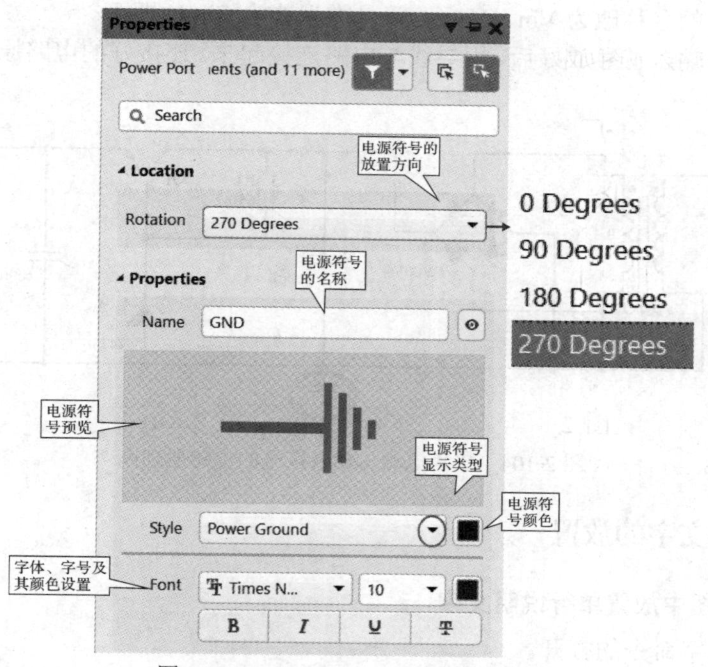

图 2-102　“Power Port”属性对话框

(1) Location：可以设置电源的方向。单击“Rotation”右边的下拉箭头▼，进行选择。

(2) Properties：

- Name：显示电源端子的名称。单击⊙图标，可改变名称的显示状态为⊘。
- Style：电源符号显示类型。单击右边的下拉箭头▼，将弹出如图 2-103(a)所示的电源类型选项。各种类型电源名称所对应的外形如图 2-103(b)所示。单击“Style”右侧的■图标，将弹出如图 2-71 所示的颜色设置对话框，选择电源端子颜色。

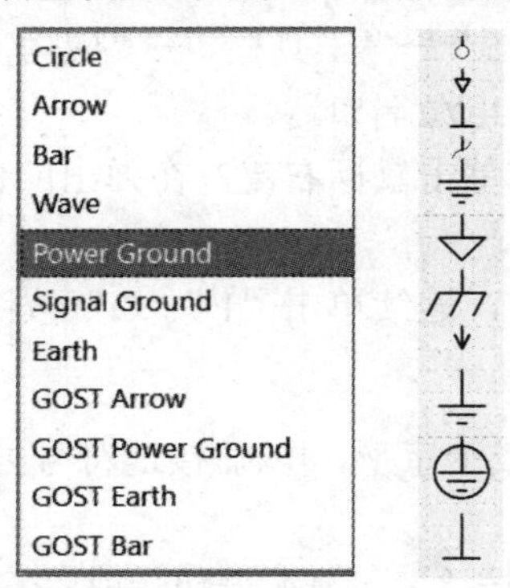

(a) 电源符号名称　　(b) 外形

图 2-103　各种类型电源符号名称及对应外形

- Font：端子名称的字体、字号及其颜色设置。其方法与元件标号的相同，参考图 2-69～图 2-71。

4. 放置输入符号

根据图中要求，放置输入端子 Vin，输出端子 Vout，放置方法与电源的放置方法相同，只是将电源端子的名称改为 Vin、Vout，符号类型选为 Circle 即可。

电源符号与输入符号放好后，用导线与电路连接起来。连接好的电路原理图如图 2-104 所示。

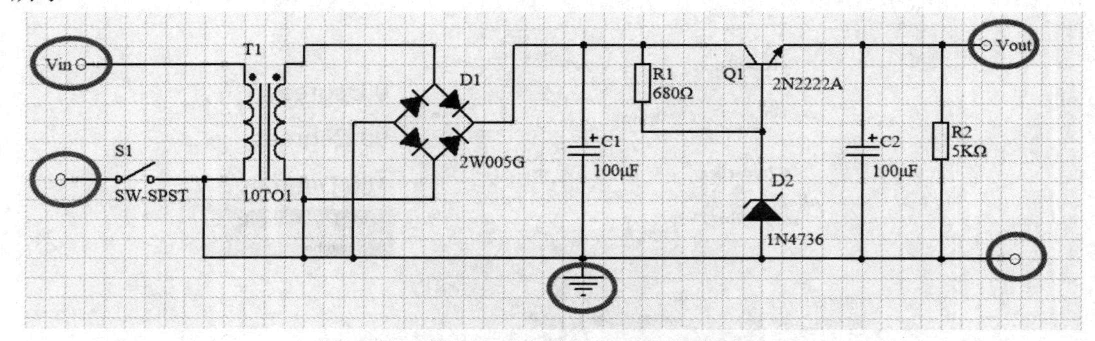

图 2-104　接入电源与输入符号的电路原理图

2.6.10　说明文字的放置

1. 在原理图中放置单行说明文字

(1) 放置文字命令的打开。

方法一：单击窗口工具栏中的 A 图标。

方法二：执行菜单命令“放置”→“文本字符串”(此命令只能写单行注释)。

方法三：在编辑区右键快捷菜单中，选择“放置”→“文本字符串”。

(2) 执行上述命令，光标变成十字形，光标上带着的 Text 随光标移动。

(3) 按下“Tab”键，系统弹出“Text”属性对话框，如图 2-105 所示。

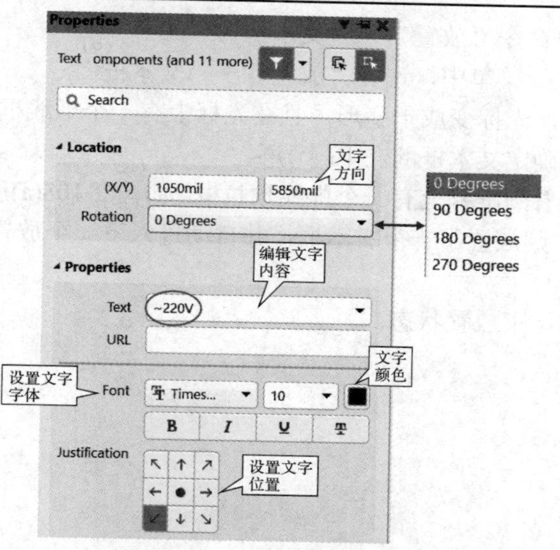

图 2-105　“Text”属性对话框

(4) 在“Text”右侧可以直接输入文字，如~220V，其字体、字号、文字的颜色设置等与元件标号的相同，参考图 2-69～图 2-71。

(5) 设置好后，单击，光标上带着的文字~220V随光标移动。

(6) 在合适的位置单击鼠标左键，放置文字。

(7) 系统仍处于放置说明文字状态，单击鼠标左键可继续放置，单击鼠标右键退出放置状态。如果说明文字的最后一位是数字，则继续放置时数字会自动加 1。

2. 放置其他特殊字符串

单击“Text”右侧的下拉箭头，将弹出如图 2-106 所示的字符串选项，此时可以选择相应的字符串。各字符串的含义与图 2-21 相同。

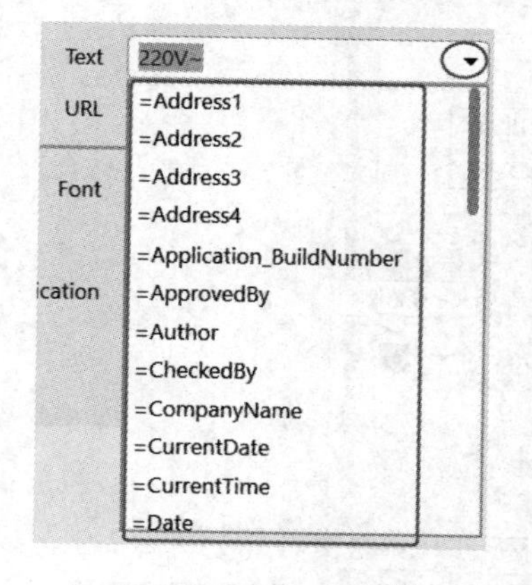

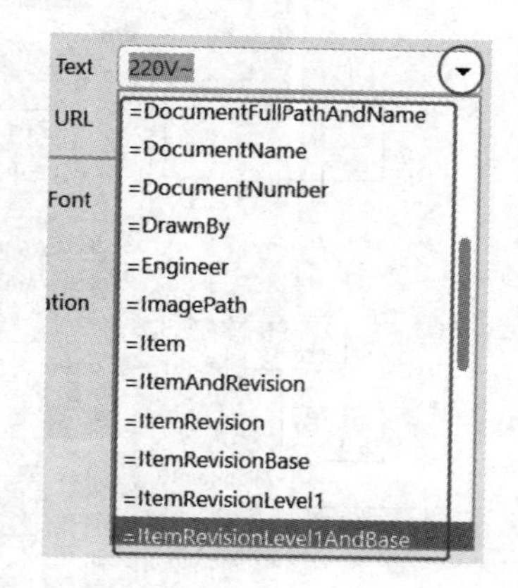

图 2-106　特殊字符串

3. 放置文本框

如果需要放置多行说明文字，则要用放置文本框的命令。

(1) 操作方法。

方法一：右键单击窗口工具栏的A图标，弹出如图 2-107 所示的菜单，选择图标。

方法二：执行菜单命令“放置”→“文本框”。

方法三：在右键快捷菜单中，选择“放置”→“文本框”。

(2) 执行上述命令，光标变成十字形，且在光标上有一个虚线框。

(3) 单击鼠标左键确定文本框的左下(上)角。

(4) 移动鼠标可以看到屏幕上有一个虚线预拉框，如图 2-108(a)所示，在该预拉框的对角位置单击鼠标左键，则放置了一个文本框，并自动进入下一个放置过程。放置好的文本框如图 2-108(b)所示。

(5) 单击鼠标右键结束放置状态。

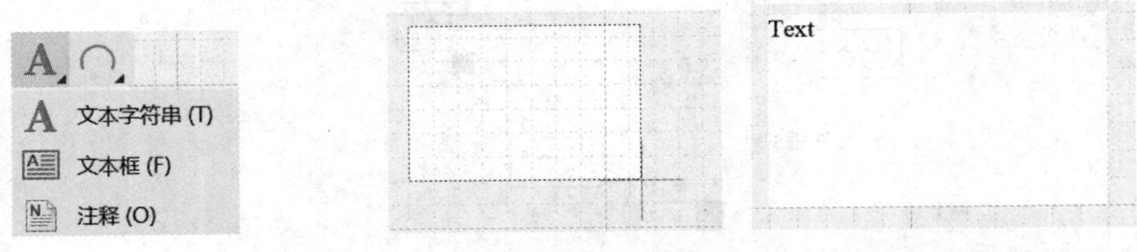

图 2-107　文字放置菜单　　(a) 放置文本框状态　　(b) 放置好的文本框

图 2-108　放置文本框

4. 编辑文本框的内容

在放置文本框的过程中按下“Tab”键，或双击已放置好的文本框，系统弹出“Text Frame”属性对话框，如图 2-109 所示。

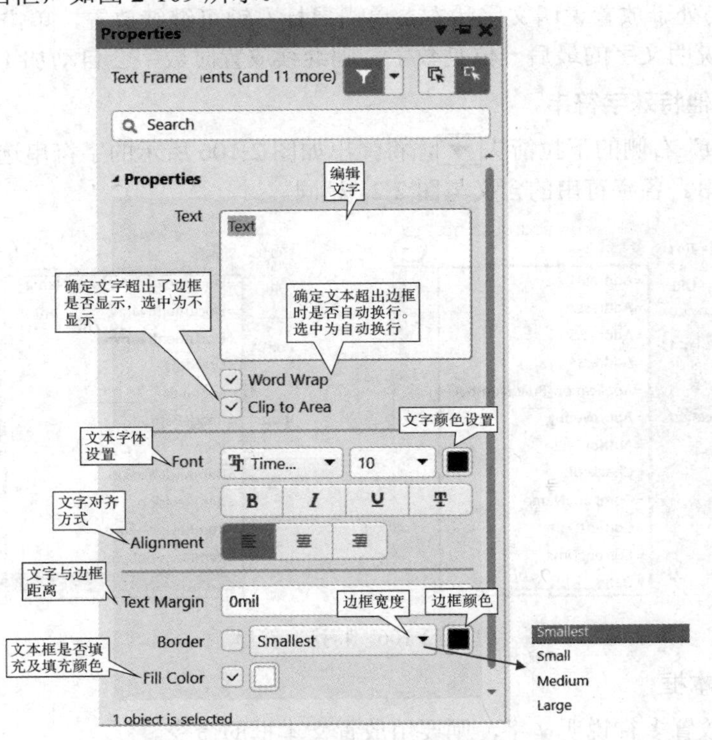

图 2-109　“Text Frame”属性对话框

在“Text”窗口输入“直流稳压电源的作用是：通过把 220 V、50 Hz 的交流电，变压、整流、滤波和稳压，从而使电路输出恒定的直流电压，供给负载”，并将 Font 设置为黑体、12 号、黑色，文字的对齐方式为“左对齐”，文字距离边框 20mil；显示文本框边界，边框轮廓最细，颜色为“黑色”。选中填充 Fill Color，颜色设置为浅灰色，如图 2-110(a)所示。设置完毕，在设计区域单击左键确定，结果如图 2-110(b)所示。

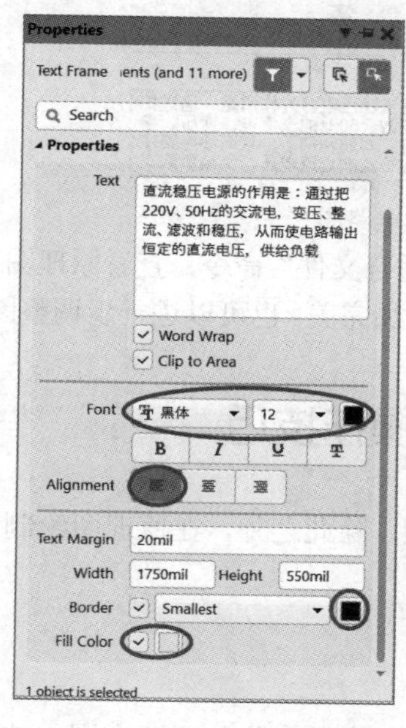

(a) 文字编辑与文本框设置

直流稳压电源的作用是：通过把220V、50Hz的交流电，变压、整流、滤波和稳压，从而使电路输出恒定的直流电压，供给负载

(b) 文本框编辑结果

图 2-110　文本编辑与显示结果

5. 改变已放置好文本框的尺寸

单击已放置好的文本框，文本框四周将出现控制点，如图 2-111 所示。拖动任一控制点即可改变文本框的尺寸。

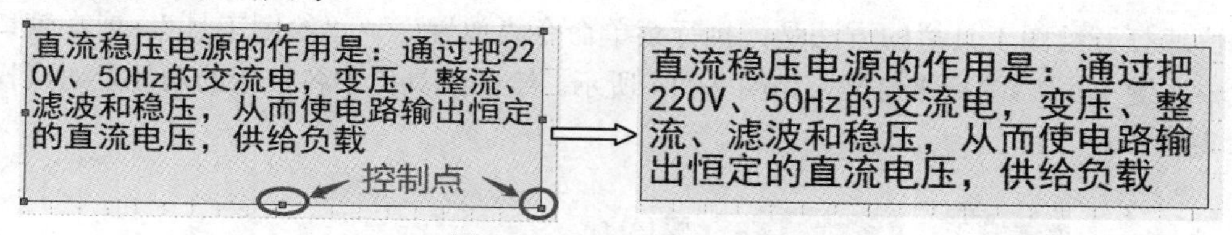

图 2-111　文本框尺寸编辑

6. 文本框文字快速编辑

单击选中文本框，再单击，在其右下角出现一个红色的箭头，此时就可以直接编辑文本框中的内容了，如图 2-112 所示。编辑完成后，在空白处单击，即可确认。

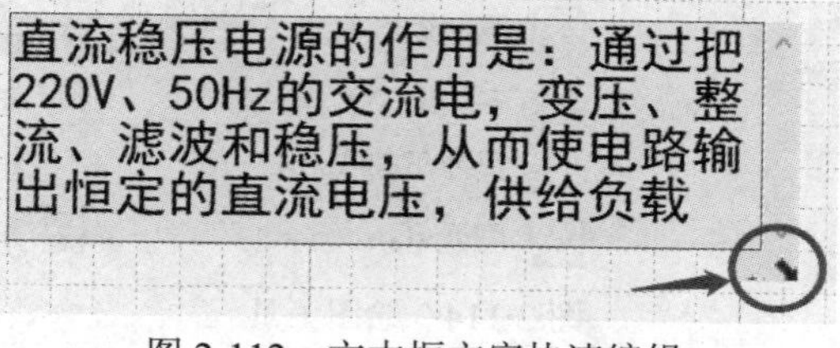

图 2-112　文本框文字快速编辑

带有文字说明的电路图如图 2-113 所示。

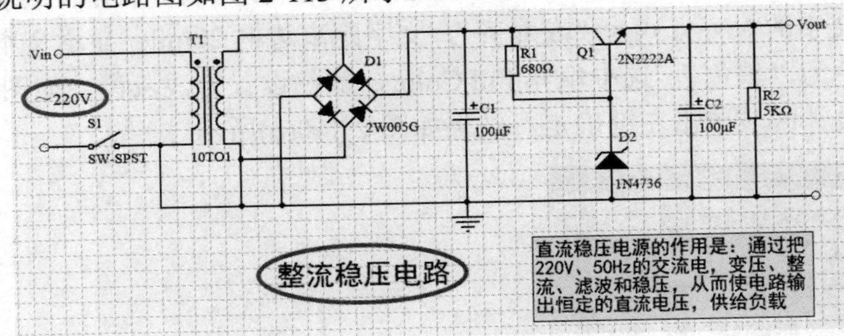

图 2-113　带有文字说明的电路图

注意：整个电路绘制完成后，执行“视图”→“适合文件”命令，查看原理图在图纸中的布局，将其移到图纸的中央，以使整个图纸看起来更加完美。也可以进一步调整图纸尺寸。

2.7　原理图的高级操作技巧

上面讲解了绘制一个简单原理图必要的操作步骤。除此之外，在原理图绘制中还有很多高级操作技巧，下面做一介绍。

2.7.1　绘图工具

在实际绘制原理图中，为了使电路图清晰、易读，设计者往往需要在图中放置一些波形示意图、辅助线，增加一些文字或图形，辅助说明电路的功能、信号流向等。这些文字或图形的增加，应该对图中的电气特性没有丝毫影响，且图件均不具有电气特性。这些文字或图形可用绘图工具栏上的按钮或相关菜单来完成。

1. 绘图工具栏的打开与功能介绍

快速打开绘图工具栏的方法是：执行菜单命令“放置”→“绘图工具”，或在窗口工具栏中右键单击图标来打开，如图 2-114 所示。绘图工具栏中各按钮的功能及对应操作如表 2-5 所示。

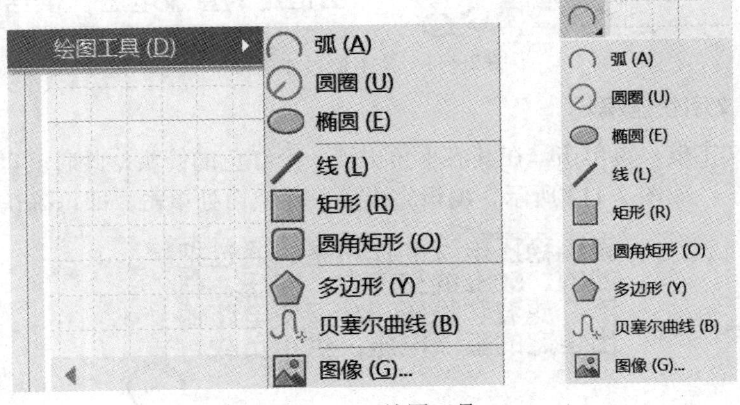

图 2-114　绘图工具

表 2-5　绘图工具栏中各按钮的功能及对应操作

按　钮	功能及对应操作
	绘制弧，对应于“放置”→“绘图工具”→“弧”
	绘制圆圈，对应于“放置”→“绘图工具”→“圆圈”
	绘制椭圆，对应于“放置”→“绘图工具”→“椭圆”
	画直线，对应于“放置”→“绘图工具”→“线”
	绘制直角矩形，对应于“放置”→“绘图工具”→“矩形”
	绘制圆角矩形，对应于“放置”→“绘图工具”→“圆角矩形”
	画多边形，对应于“放置”→“绘图工具”→“多边形”
	画贝塞尔曲线，对应于“放置”→“绘图工具”→“贝塞尔曲线”
	插入图像，对应于“放置”→“绘图工具”→“图像”

需要说明的是，该工具栏中所绘制的对象均不具有电气特性，在做原理图编译、进行电气规则 ERC 检查和产生网络表时，不产生任何影响。

2. 绘制直线

这里所说的直线(Line)完全不同于导线(Wire)，因此在元器件之间切不要用此直线进行连接。

(1) 画直线的操作方法(操作方法与画导线相同)。

• 单击绘图工具栏中的 图标，或执行菜单命令“放置”→“绘图工具”→“线”，光标变成十字形。

• 单击鼠标左键，确定直线的起点。

• 在画直线的过程中，可以按“空格”键改变拐弯样式。

• 在适当位置单击鼠标左键，确定直线的终点。

• 单击鼠标右键完成一段直线的绘制。

可按以上步骤绘制新的直线，绘制完毕，连续单击鼠标右键两下，退出画线状态。

(2) 直线属性的编辑。

在画直线的过程中按下“Tab”键，或双击已画好的直线，系统弹出“Polyline”属性设置对话框，如图 2-115 所示。

• Line：设置线宽及线的颜色。单击“Line”右侧的下拉箭头▾，弹出线宽选择对话框，如图 2-116 所示。单击“Line”右侧的■，弹出如图 2-71 所示的颜色设置对话框。系统默认线的颜色为黑色。

• Line Style：设置线型。单击其右侧的下拉箭头▾，弹出线型选择对话框，如图 2-117(a)所示。有实线、虚线、点线、点画线四种线型，如图 2-117(b)所示。

• Start Line Shape：设置直线起点形状。单击其右侧的下拉箭头▾，弹出直线的起点形状选择对话框，如图 2-118(a)所示。起点形状如图 2-118(b)所示。

- End Line Shape：设置直线终点形状。与直线起点形状类似，如图 2-118(b)所示。
- Line Size Shape：设置形状大小。其对话框与图 2-116 类似。

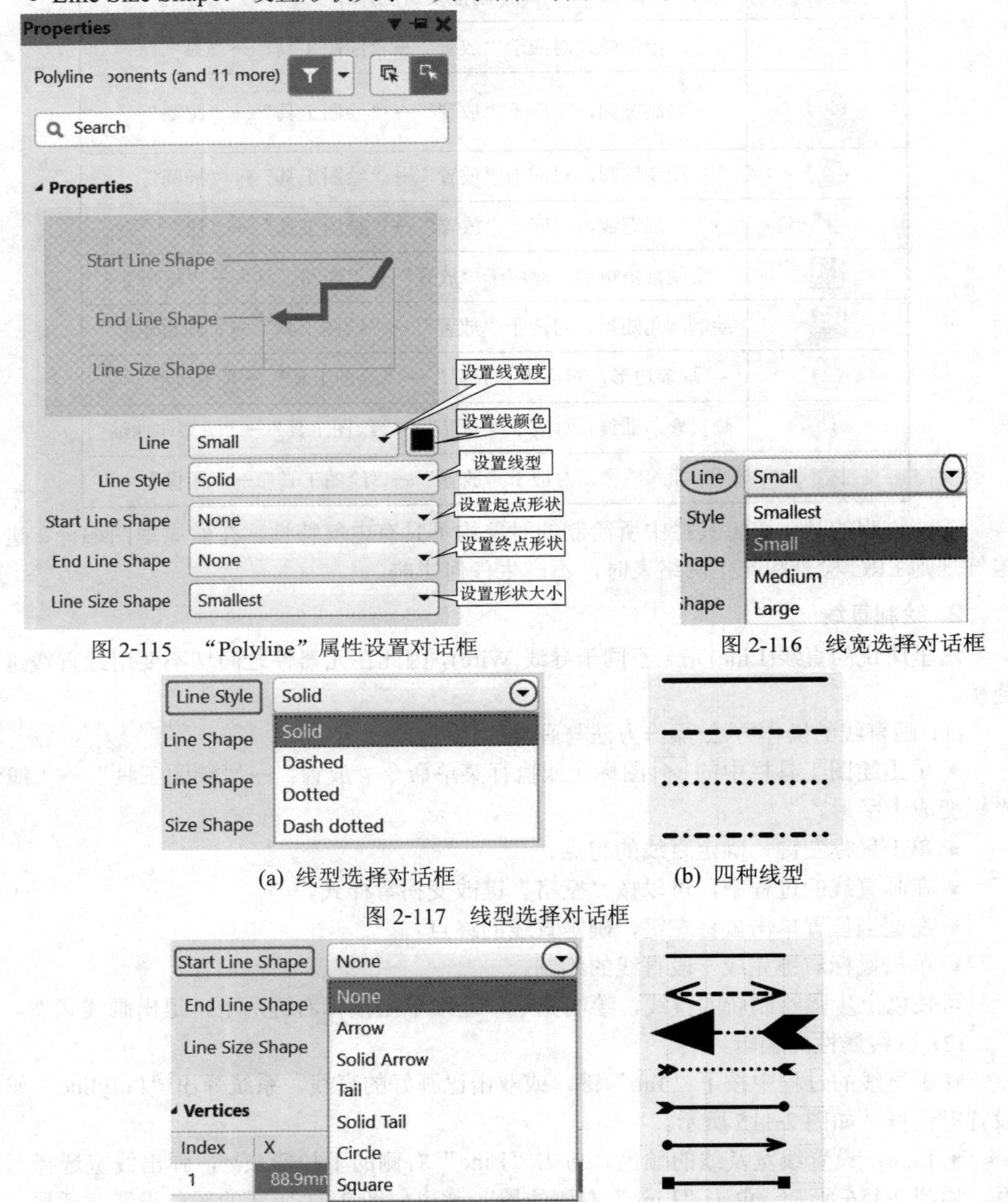

图 2-115　“Polyline”属性设置对话框

图 2-116　线宽选择对话框

(a) 线型选择对话框　　(b) 四种线型

图 2-117　线型选择对话框

(a) 直线的起点形状选择对话框　　(b) 起点、终点形状

图 2-118　直线的起点、终点形状

3. 改变直线的长短或位置

单击已画好的直线，在直线两端出现控制点时，拖动控制点，可改变直线的长短，拖动直线本身可改变其位置，与改变导线(Wire)长短或位置的方法一样。

2.7.2　椭圆等其他图形的绘制

有时为了使电路图更美观，可在图中放置矩形、圆角矩形、椭圆等图形，并将说明文字放在各种图形中。绘制矩形将在元件库编辑器部分详细讲解，下面讲解椭圆的绘制，其他图形的绘制与此类似。

1. 绘制椭圆图形的操作步骤

(1) 单击绘图工具栏中图标或执行菜单命令“放置”→“绘图工具”→“椭圆”，光标变成十字形，且十字光标上带着一个与进行前次绘制操作时相同的椭圆图形形状。

(2) 在合适位置单击鼠标左键，确定椭圆圆心。

(3) 光标自动跳到椭圆横向(X 轴)的圆周顶点，移动光标，在合适位置单击鼠标左键，确定横轴半径长度。

(4) 光标自动跳到椭圆纵向(Y 轴)的圆周顶点，移动光标，在合适位置单击鼠标左键，确定纵轴半径长度。

至此一个完整的椭圆图形绘制完毕，如图 2-119(a)所示，同时自动进入下一个绘制过程。单击鼠标右键，退出绘制状态。

如果设置的横轴半径与纵轴半径相等，则可以绘制圆形，如图 2-119(b)所示。

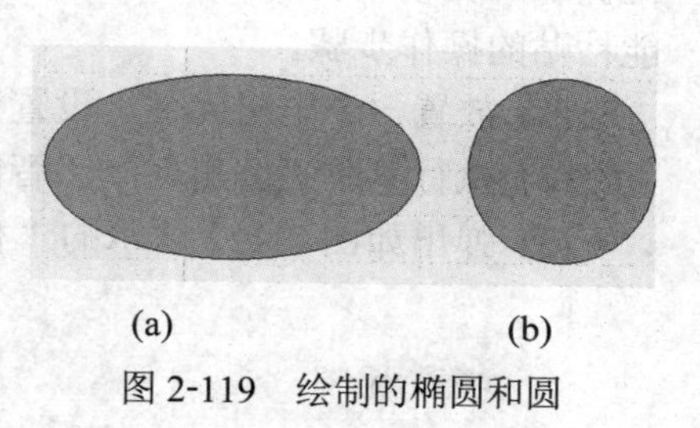

(a)　　(b)

图 2-119　绘制的椭圆和圆

2. 椭圆的属性设置

在绘制椭圆的过程中按下“Tab”键，或双击已画好的椭圆，系统弹出“Ellipse”(椭圆)属性设置对话框，如图 2-120 所示。各项设置的含义与前面有关项类似，在此不再赘述。

Transparent：选择椭圆是否透明。选中该项，绘制的椭圆是透明的。

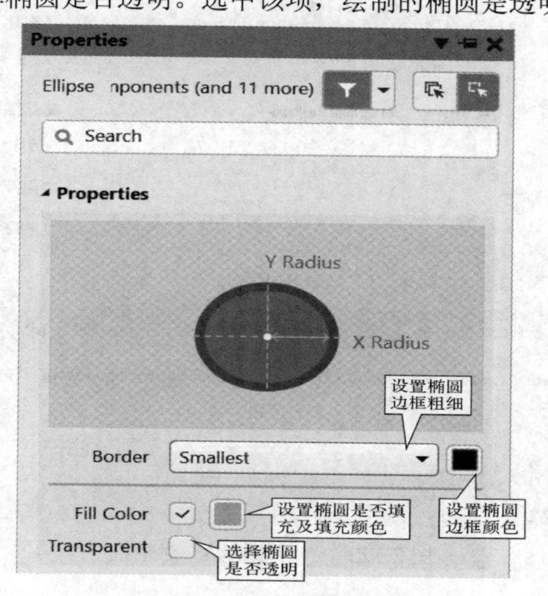

图 2-120　椭圆的属性设置

几种图形与文字集合的结果如图 2-121 所示。添加效果图的完整电路如图 2-113 所示。

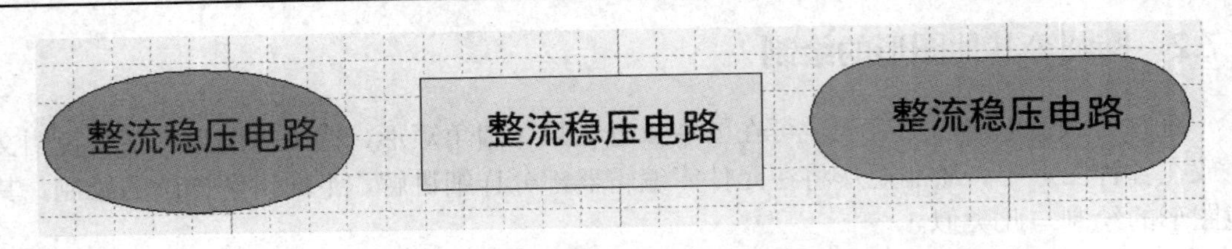

图 2-121　图形与文字集合的效果

2.7.3　智能粘贴

在原理图中，某些同类型的元件可能有很多，它们具有大致相同的属性，如电阻、电容等。如果一个个放置并一一修改它们的属性，则需要花费大量的时间，Altium Designer 19 提供了高级粘贴功能，大大方便了粘贴操作。下面以复制粘贴一个电阻元件为例，讲解智能粘贴的操作步骤。

(1) 放置一个电阻元件，设置标号为 R1，并将其复制。

(2) 执行菜单“编辑”→“智能粘贴”或使用快捷键“Shift”+“Ctrl”+“V”。

(3) 弹出如图 2-122 所示的“智能粘贴”对话框。

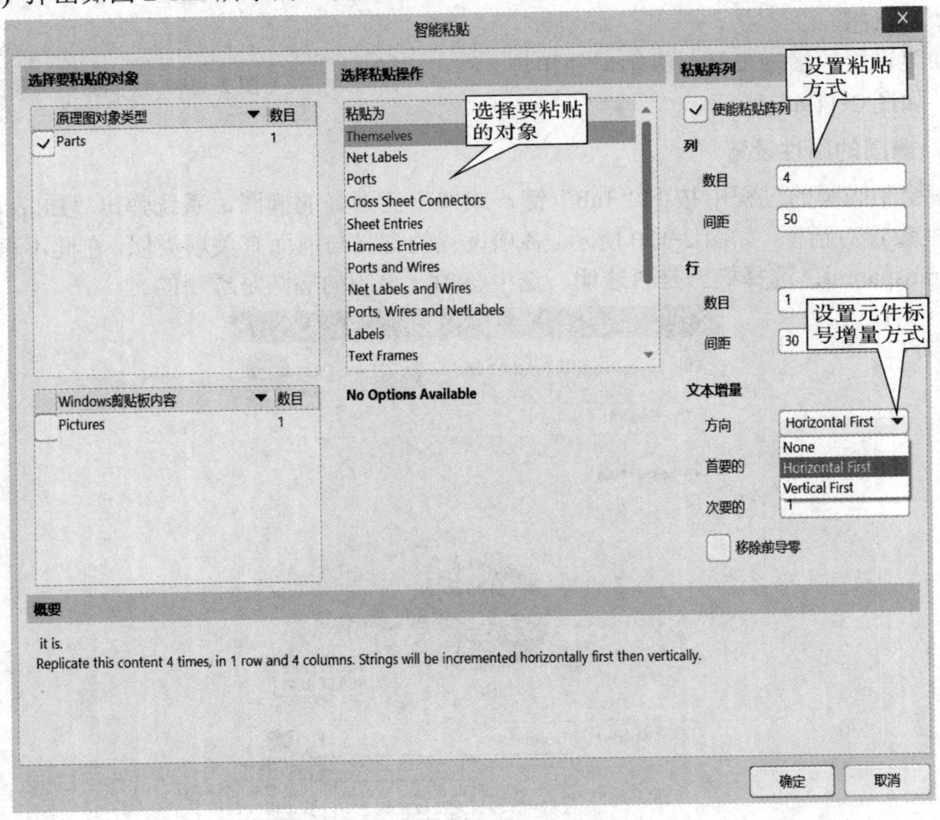

图 2-122　“智能粘贴”对话框

(4) 设置阵列。

① 列：用于设置水平方向阵列粘贴的对象数目和间距。

• 数目：设置水平方向阵列粘贴的列数。

• 间距：设置水平方向阵列粘贴的间距。

注意：若间距设置为负数，则元件由右向左排列。

② 行：用于设置垂直方向阵列粘贴的对象数目和间距。

• 数目：设置垂直方向阵列粘贴的行数。

• 间距：设置垂直方向阵列粘贴的间距。

注意：若间距设置为负数，则元件由上向下排列。

③ 文本增量：用于设置阵列粘贴中元件标号的增量。文本增量下面的“方向”有以下三个选项：

• None：不改变元件标号。

• Vertical First：先垂直方向由下向上递增，再按水平方向由左向右递增。

• Horizontal First：先按水平方向由左向右递增，再按垂直方向由下向上递增。

(5) 粘贴实例。

例 1　设置：“列”数目为 4，间距 500；“行”数目为 1，间距 0；文本增量首要的设置为“Vertical First”。阵列结果如图 2-123 所示。

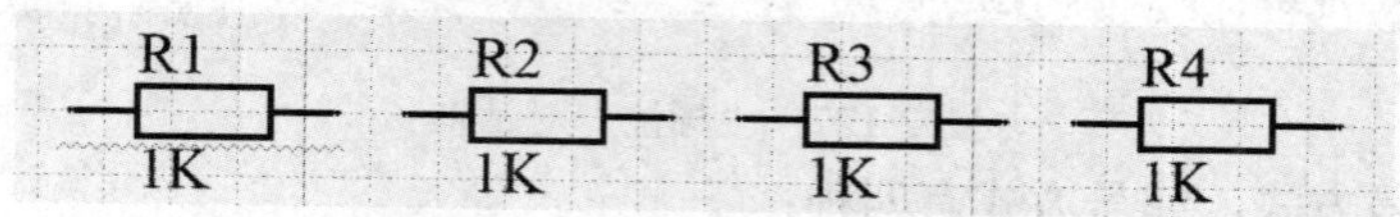

图 2-123　Vertical First(水平阵列)

例 2　设置：“列”数目为 1，间距 0；“行”数目为 4，间距 300；文本增量首要的设置为 1，方向为“Horizontal First”。阵列结果如图 2-124 所示。

例 3　设置：“列”数目为 2，间距 500；“行”数目为 4，间距 300；文本增量首要的设置为 2，方向为“Horizontal First”。阵列结果如图 2-125 所示。

例 4　设置：“列”数目为 2，间距 -500；“行”数目为 4，间距 -300；文本增量首要的设置为 3，方向为“Vertical First”。阵列结果如图 2-126 所示。

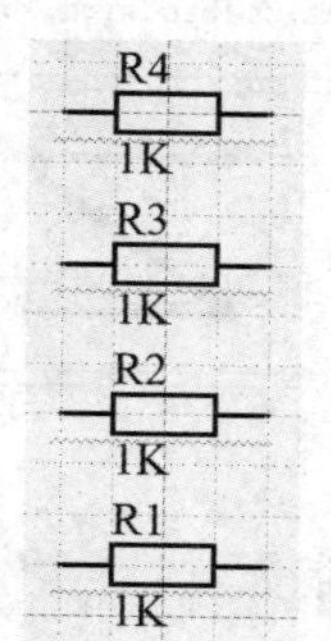

图 2-124　Horizontal First (垂直阵列)

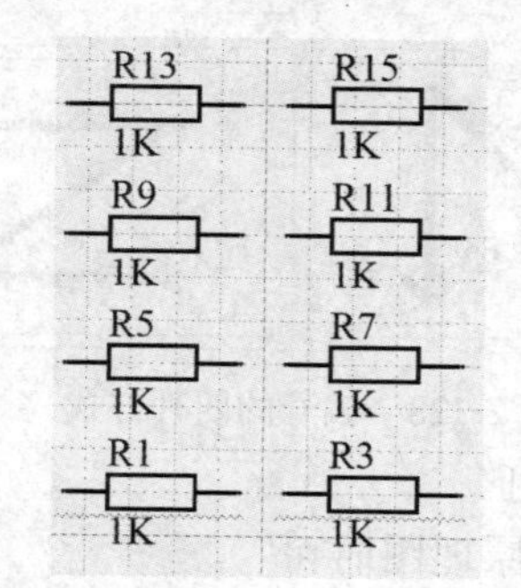

图 2-125　Horizontal Frist (矩形阵列)

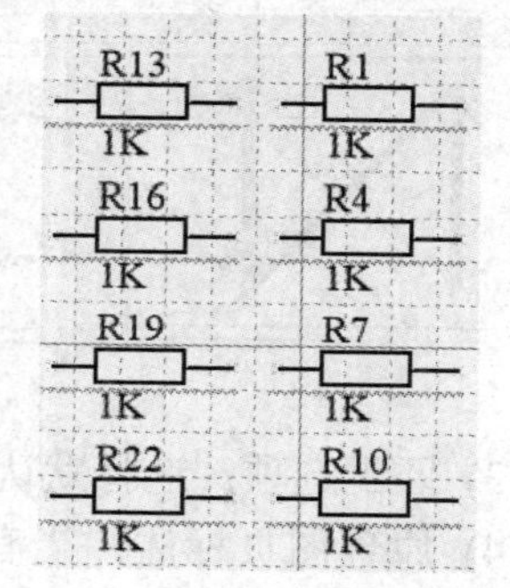

图 2-126　Vertical Frist (矩形阵列)

2.7.4　元件标号的重新标识

绘制原理图时常常采用复制功能，复制完后会存在元件标号重复和同类元件编号杂乱的现象，对后期工作产生影响，Altium Designer 19 提供了原理图元件标号统一重新编号功能，方便设计维护，使设计的原理图更加美观漂亮，设计操作有规律可循。

下面我们就对 2.7.3 节阵列后的元件进行统一重新编号，操作过程如下：

(1) 执行菜单“工具”→“标注”→“原理图标注”，弹出如图 2-127 所示的“标注”对话框。

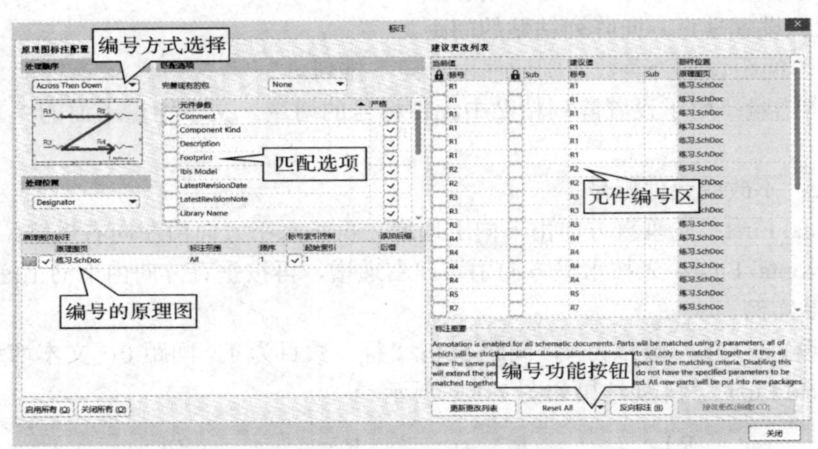

图 2-127　“标注”对话框

(2) 选择编号方式。编号方式有四种：

① Up Then Across：从下到上，再从左到右。

② Down Then Across：从上到下，再从左到右。

③ Across Then Up：从左到右，再从下到上。

④ Across Then Down：从左到右，再从上到下。

这四种方式如图 2-128 所示。用户可以根据自己的需要选择合适的方式。一般选择“Across Then Down”方式为佳。

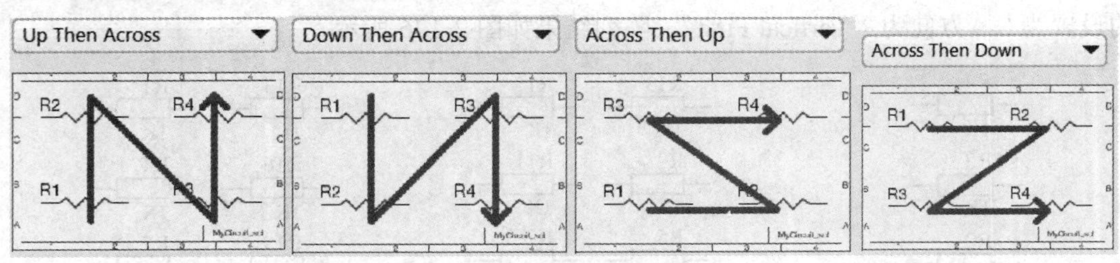

图 2-128　编号的四种方式

(3) 匹配选项：选择默认项即可。

(4) 原理图页标注：当有多个原理图时可以选择需要重新编号的原理图。

(5) 建议更改列表：显示即将重新编号的原理图中的所有元件的“当前值”及“建议值”。

(6) 单击编号功能按钮【Reset All】，弹出如图 2-129 所示的确认信息对话框，单击【OK】按钮，复位所有元件标号，使其显示为“字母+？”的格式，如图 2-130 所示。

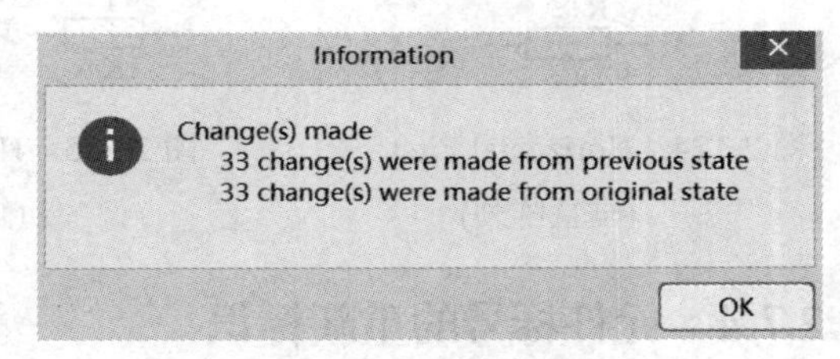

图 2-129　确认信息对话框

(7) 单击图 2-127 中的【更新更改列表】按钮，弹出如图 2-129 所示的确认对话框，单击【OK】按钮，对所有元件进行重新编号，系统会根据之前选择的编号方式(Across Then Down)进行统一编号，结果如图 2-131 所示。

当前值 标号	Sub	建议值 标号
R1		R?
R1		R?
R1		R?
R1		R?
R1		R?
R1		R?
R2		R?
R2		R?
R3		R?
R3		R?
R3		R?
R4		R?
R4		R?
R4		R?
R4		R?
R5		R?
R7		R?

图 2-130　复位所有元件

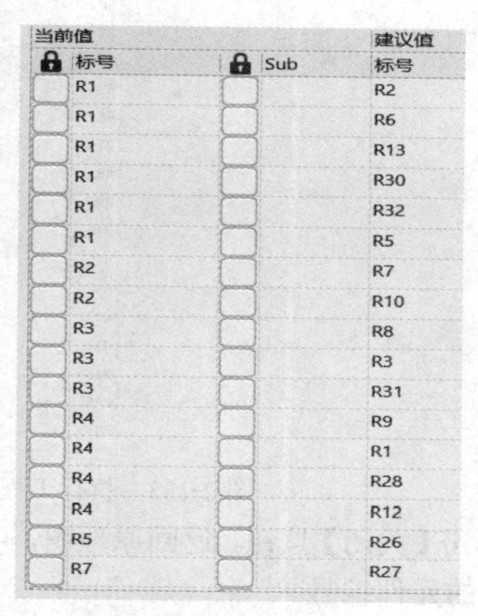

当前值 标号	Sub	建议值 标号
R1		R2
R1		R6
R1		R13
R1		R30
R1		R32
R1		R5
R2		R7
R2		R10
R3		R8
R3		R3
R3		R31
R4		R9
R4		R1
R4		R28
R4		R12
R5		R26
R7		R27

图 2-131　重新编号的结果

(8) 单击图 2-127 中的【接收更改(创建 ECO)】按钮，弹出“工程变更指令”对话框，如图 2-132 所示，让用户再次确认变更信息。单击【验证变更】按钮，则状态栏下面“检测”出现对钩，表示全部通过。再单击【执行变更】按钮，“完成”状态全部出现对钩。据此即完成了原理图中元件标号的重新编号。

工程变更指令

更改

启...	动作	受影响对象		受影响文档	状态 检测	状态 完成	消息
✓	Modify	R16 -> R11	In	练习.SchDoc	✓	✓	
✓	Modify	R16 -> R29	In	练习.SchDoc	✓	✓	
✓	Modify	R19 -> R16	In	练习.SchDoc	✓	✓	
✓	Modify	R19 -> R25	In	练习.SchDoc	✓	✓	
✓	Modify	R2 -> R10	In	练习.SchDoc	✓	✓	
✓	Modify	R2 -> R7	In	练习.SchDoc	✓	✓	
✓	Modify	R22 -> R19	In	练习.SchDoc	✓	✓	
✓	Modify	R3 -> R31	In	练习.SchDoc	✓	✓	
✓	Modify	R3 -> R8	In	练习.SchDoc	✓	✓	
✓	Modify	R4 -> R1	In	练习.SchDoc	✓	✓	
✓	Modify	R4 -> R12	In	练习.SchDoc	✓	✓	
✓	Modify	R4 -> R28	In	练习.SchDoc	✓	✓	
✓	Modify	R4 -> R9	In	练习.SchDoc	✓	✓	
✓	Modify	R5 -> R26	In	练习.SchDoc	✓	✓	
✓	Modify	R7 -> R17	In	练习.SchDoc	✓	✓	
✓	Modify	R7 -> R24	In	练习.SchDoc	✓	✓	
✓	Modify	R7 -> R27	In	练习.SchDoc	✓	✓	
✓	Modify	R9 -> R20	In	练习.SchDoc	✓	✓	

验证变更　执行变更　报告变更 (R)...　仅显示错误　关闭

图 2-132　“工程变更指令”对话框

(9) 单击【关闭】按钮，返回图 2-127 所示的“标注”对话框，此时查看元件编号区，发现所有元件都被重新编号，“当前值”与“建议值”一一对应，如图 2-133 所示，与图

2-131 的“建议值”还是有区别的。

当前值		建议值
标号	Sub	标号
R1		R1
R2		R2
R3		R3
R4		R4
R5		R5
R6		R6
R7		R7
R8		R8
R9		R9
R10		R10
R11		R11
R12		R12
R13		R13
R14		R14
R15		R15
R16		R16
R17		R17

图 2-133　执行工程变更指令后的编号结果

(10) 单击【关闭】按钮，返回原理图，可以看到原理图中的每个元件编号都是唯一的，不再有重复的元件编号。

2.7.5　元器件的排列与对齐

为了使绘制的原理图元器件排列更加美观，往往要对元器件进行移动排列。对于元器件比较少的原理图，可以通过单个移动操作来完成对齐工作，但对于比较复杂的原理图，靠单个移动就很难完成对齐排列工作。为此 Altium Designer 19 系统提供了专门的排列命令，以使排列对齐更加方便，具体操作如下：

(1) 选中需要排列对齐的元器件。

(2) 执行菜单命令“编辑”→“对齐”，出现如图 2-134(a)所示的对齐子菜单选项。在窗口菜单中右键单击图标，也能弹出类似的对齐菜单，如图 2-134(b)所示。

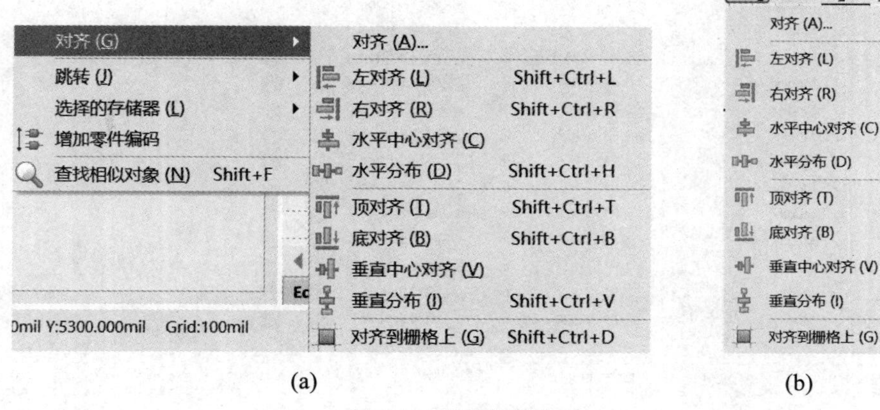

图 2-134　对齐菜单

- 左对齐：将所选元器件向左边移动，与最左边元器件对齐。
- 右对齐：将所选元器件向右边移动，与最右边元器件对齐。

● 水平中心对齐：将所选元器件从左右两侧向左右元器件的中心靠拢，垂直方向间距不变。

● 水平分布：将所选元器件在左右两侧元件之间均匀分布，垂直方向间距不变。

● 顶对齐：将所选元器件向上移动，与最上边元器件对齐。

● 底对齐：将所选元器件向下移动，与最下边元器件对齐。

● 垂直中心对齐：将所选元器件从上下两侧向上下元器件的中心靠拢，水平方向间距不变。

● 垂直分布：将所选元器件在上下两侧元件之间均匀分布，水平方向间距不变。

● 对齐到栅格上：将所选元器件与最近的栅格对齐。在改变栅格尺寸后，元器件原来的位置不在栅格上，会造成连接困难，此时该选项很有用。

注意：以上操作中，当元器件在水平方向及垂直方向间距不合适时，会造成元器件重叠的现象，如何解决这个重叠的问题呢？选择“对齐”命令即可。

选择“对齐”命令，弹出“排列对象”对话框，如图 2-135 所示。可同时选择水平排列和垂直排列的方式。“选项”中选择是否将元件移到栅格上，选中即移到栅格上。其他选项与图 2-134 中各项的含义相同。

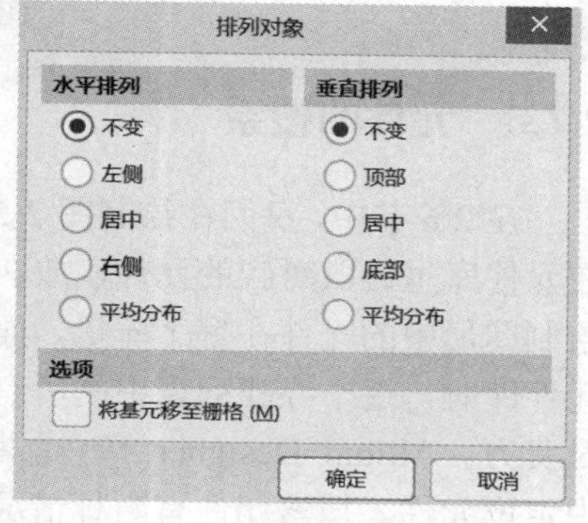

图 2-135　“排列对象”对话框

2.7.6　导线的切割

我们在绘制导线时，一根导线的计算是以起点与终点为标记的，与中间有没有转折点无关。对于导线的编辑，系统也是按一根导线对待的，不能只编辑导线的一部分，此时我们将导线切割即可编辑其中的一部分。

导线的切割可参照图 2-46 “Break Wire”标签页面的设置。

(1) 执行菜单“编辑”→“打破线”命令，鼠标上带着切割刀盒随鼠标一起移动。

(2) 移动鼠标到要切割的导线上，单击即可完成切割，如图 2-136 所示。

(3) 此时还处于切割状态，可以继续切割。

(4) 单击右键，结束命令。

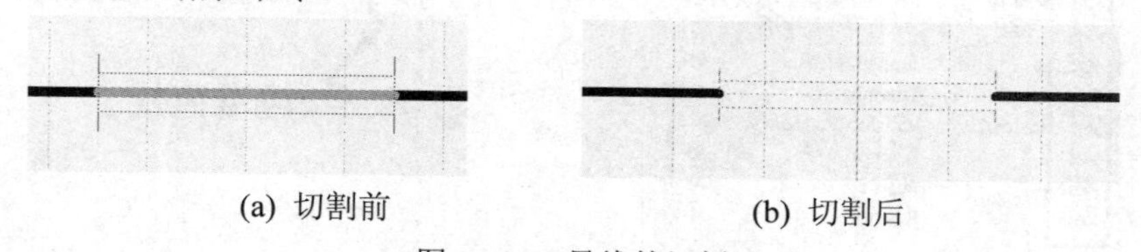

(a) 切割前　　(b) 切割后

图 2-136　导线的切割

2.7.7　元件自动切割导线

Altium Designer 19 系统为元件的放置提供了更加便利的操作，即如果我们要在绘制好的原理图中添加一个元件，连接在一根导线中间时，不必删除已经连接好的导线，也不必将导线切割，系统会自动将导线切割，将元件连在切割的导线两端，如图 2-137 所示。这对于原理图的修改提供了捷径，大大提高了设计效率。这项功能要在图 2-23 所示的系统原理图“General”参数设置对话框中选中“元件割线”项来实现。

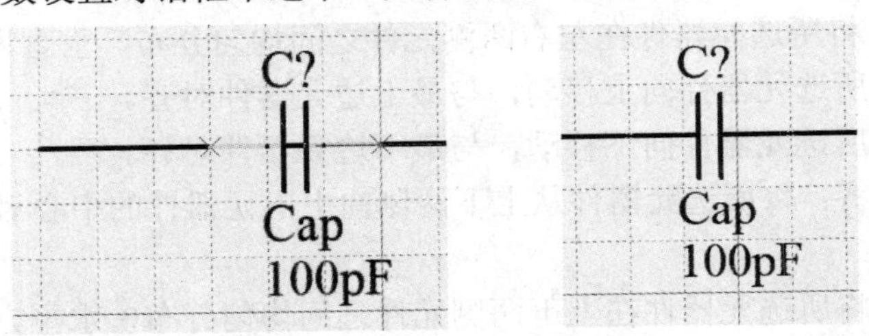

图 2-137　元件自动切割导线

2.7.8　元件的搜索

在 2.6 节中，我们在绘制图 2-50 所示的原理图时，首先加载了图中元件所在的元件库，在元件库里提取对应的元件，放在编辑区域。这是绘图的首要条件，前提是我们要知道所绘制图形中的元件在哪个库里，而实际情况往往并非如此。此外，当我们面对一个庞大的元件库时，逐个寻找列表中的所有元件，直到找到自己想要的元件，这个过程很烦琐，费时费力。Altium Designer 19 提供了强大的元件搜索功能，可以帮助我们轻松地在元件库中定位元件。搜索元件有两种情况：一种是在已知的当前可用库里搜索，目标明确；另一种是在未知的库里搜索，目标模糊。

1. 在已知的库里搜索元件

打开放置元件“Components”面板，打开元件对应的库，在元件对应库下面的搜索区域输入元件名称，则与输入名称有关的元件全部列在元件列表中，如图 2-138(a)所示。这样大大缩小了查找范围。如果能精确输入元件的具体名称的话，则元件列表下只显示与输入名称相对应的一个元件，如图 3-138(b)所示。这样能更精准查找元件。

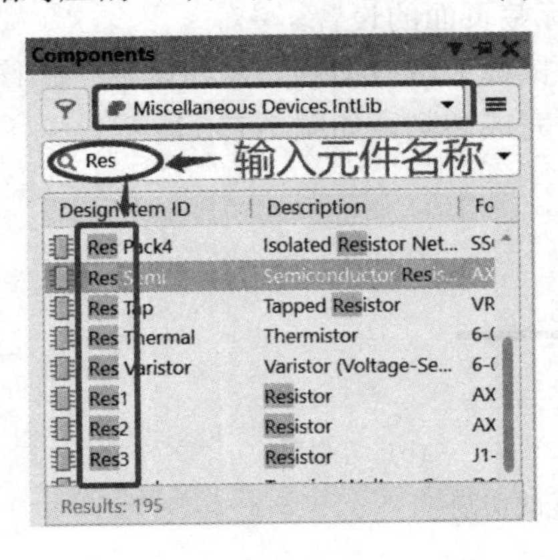

(a)

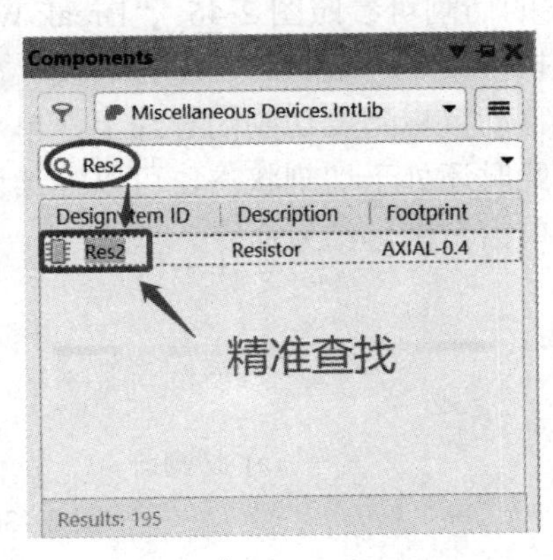

(b)

图 2-138　在已知的库里搜索元件

2. 在未知的库里搜索元件

(1) 打开放置元件“Components”面板，单击☰按钮，在弹出的菜单中选择“File-based Libraries Search…”，如图 2-139 所示。

图 2-139　“File-based Libraries Search…”查找元件菜单

(2) 弹出“File-based Libraries Search”对话框，如图 2-140 所示。在该对话框中，可以搜索需要的元件。

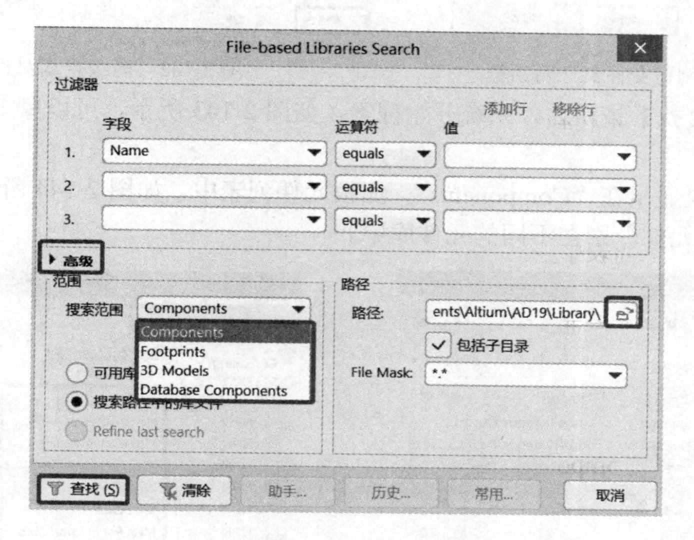

图 2-140　“File-based Libraries Search”对话框

搜索元件需要输入的参数如下：

①“范围”选项区，用于设置查找元件的范围。

• 搜索范围：单击搜索范围右侧的下拉按钮▼，选择查找类型，有 Components(元件)、Footprints (封装)、3D Models(3D 模型)、Database Components(数据库元件) 4 种类型。

• 可用库：若选中该项，系统会在已经加载的元件库中查找。

• 搜索路径中的库文件：若选中该项，系统会按照设置的路径进行查找。

• Refine last search：若选中该项，系统会在上次查询结果中查找。

②“路径”选项区，用于设置查找元件的路径，只有在选中搜索路径中的库文件时才有效。

• 路径：单击“路径”右侧的按钮，系统弹出“浏览文件夹”对话框，供用户设置搜索路径，如图 2-141 所示。如果勾选了“包括子目录”复选框，则包含在指定目录中的子目录也会被搜索。

• File Mask：用于设置查找元件的文件匹配符，*.* 代表任意字符串。

③ “高级”选项，用于进行高级查询。单击“高级”选项，弹出高级查询对话框，如图 2-142 所示。在上方的文本框中，可以输入一些与查询有关的过滤语句表达式，有助于系统进行更快捷、更精准的查找。如在文本框中输入(Name = 'NPN ')，或直接输入 NPN。

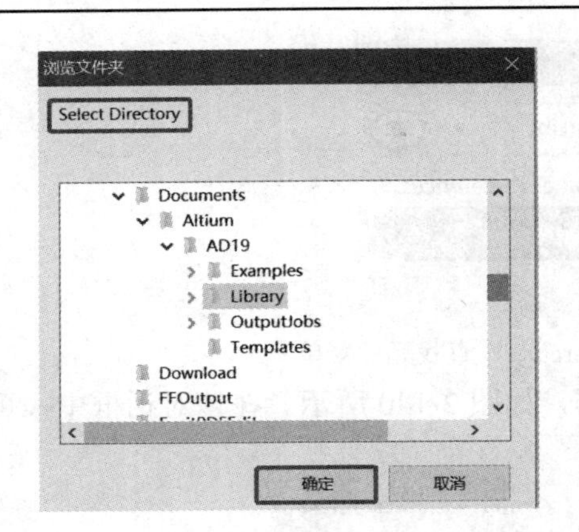

图 2-141　“浏览文件夹”对话框

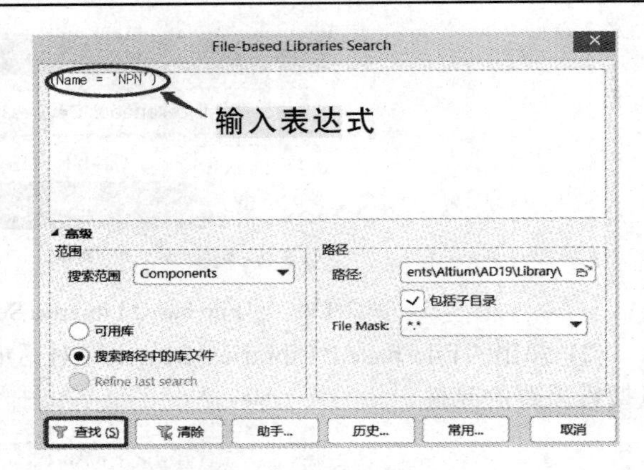

图 2-142　高级查询对话框

④ 单击【查找】按钮后，系统开始搜索，如图 2-143 所示，可以单击【Stop】按钮，停止查找。

⑤ 搜索结果显示在“Components” 面板元件列表中，如图 2-144 所示。在列表中可以看出，所找的元件分别在不同的元件库中。

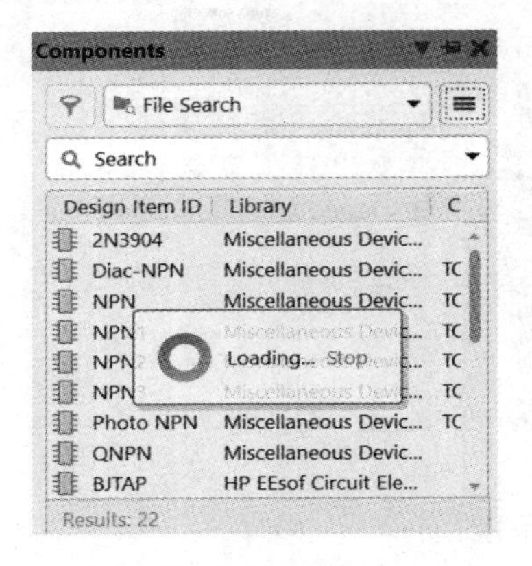

图 2-143　搜索中

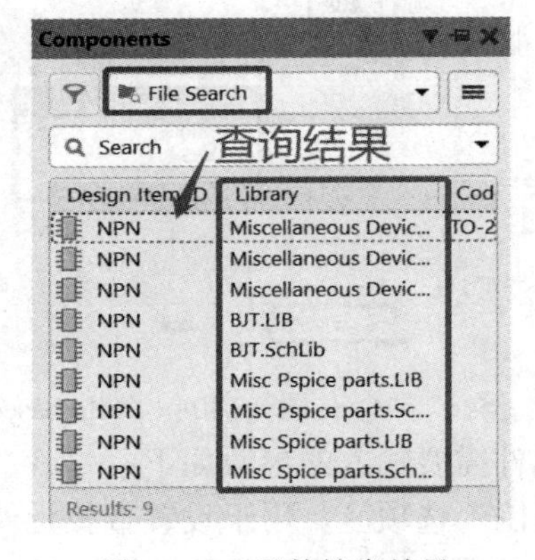

图 2-144　元件搜索结果

3. 加载找到的元件所在的元件库

双击某个元件，或在元件上单击鼠标右键，在弹出的菜单中选择“Place NPN”，系统均弹出加载元件库确认对话框，如图 2-145 所示。单击【Yes】按钮，该元件库即可加载到可用库列表中，并且鼠标上带着该元件在设计区域移动，如图 2-146 所示。如果单击【No】按钮，则不加载元件所在的元件库，该元件也不能被使用。

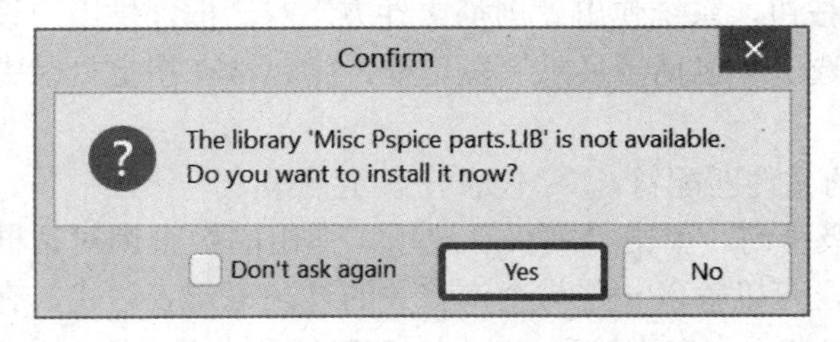

图 2-145　加载元件库确认对话框

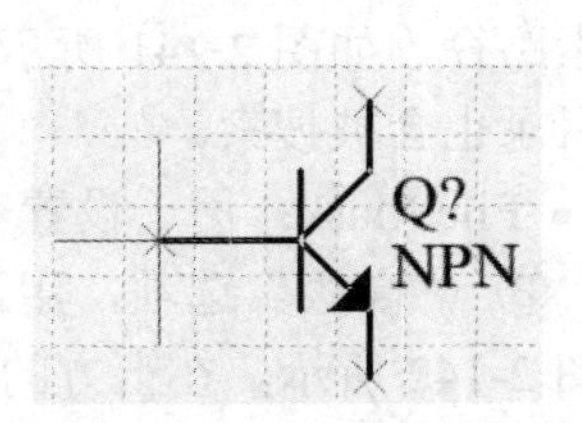

图 2-146　搜索到的元件

2.7.9　元件属性的全局设置

在放置元件的过程中，有时需要修改元件的标号、标注、封装形式、元件引脚位置以及显示字体的颜色和大小等。对于个别元件的修改，可以双击需要修改的对象，在弹出的属性对话框中进行修改。但对于批量对象的修改，用这个方法一一修改就非常麻烦，且容易出错，下面介绍一种全局性的修改方法。

下面以将图 2-50 所示原理图中所有元件标号的字体均修改成 14 号、红色、粗斜体为例，介绍全局修改方法的操作步骤。其他对象属性的全局修改与此相仿。

(1) 在某个元件标号上单击鼠标右键，如图 2-147 所示，选择“查找相似对象”命令，或执行菜单“编辑”→“查找相似对象”命令，或在编辑区域空白处单击鼠标右键，在弹出的快捷菜单中选择“查找相似对象”，鼠标变成十字形，移动鼠标在某一元件标号上单击，均弹出“查找相似对象”对话框，如图 2-148 所示。

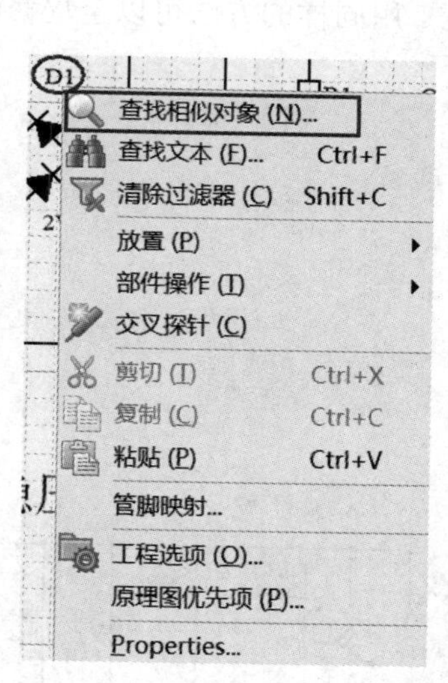

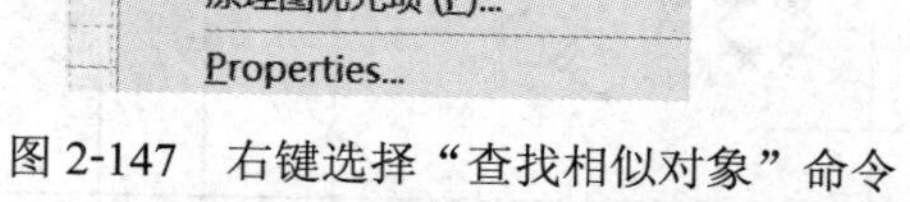

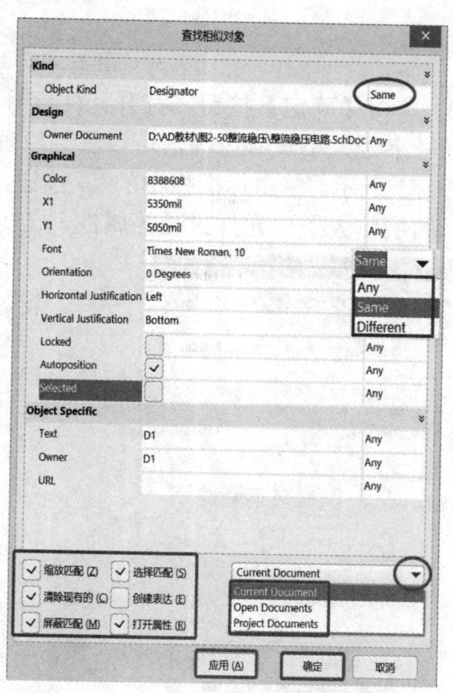

图 2-147　右键选择“查找相似对象”命令　　　　图 2-148　“查找相似对象”对话框

图 2-148 所示的对话框中列出了该对象的一系列属性，通过对各项属性进行匹配程度的设置，可决定搜索的结果。对话框各项的含义如下：

- Kind：显示对象类型。
- Design：显示对象所在的文档。
- Graphical：显示对象图形属性。
- Object Specific：显示对象特性。

因为我们选中的是元件标号，所以在 Kind 项下面行中间栏显示 Designator，在其最右一栏显示 Same。

注意：*在最右一栏单击，可弹出 3 种匹配选项，这些选项用于设置对象匹配的程度。*

- Same：被查找对象的属性与当前对象的属性相同。
- Different：被查找对象的属性与当前对象的属性不同。
- Any：查找时忽略该项属性。

(2) 设置好后单击【应用】按钮，则可以发现原理图中所有相同属性的元件标号处于选中状态并高亮显示，如图 2-149 所示。

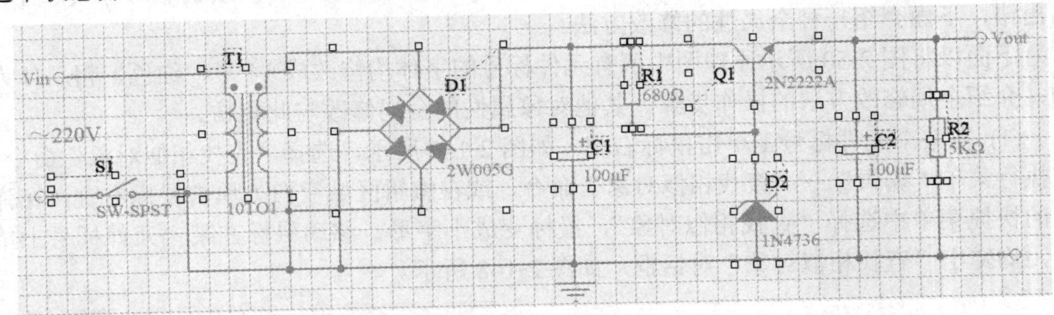

图 2-149　选中的匹配对象

(3) 单击【确定】按钮，打开元件标号属性对话框，如图 2-150 所示，在字体设置项修改标号字号大小及颜色等，可以看到原理图中所有选中的元件标号字体都发生了变化，如图 2-151 所示。单击标准栏中的按钮，清除当前过滤。用同样的方法可以全局修改元件注释的字体大小、元件封装等属性。

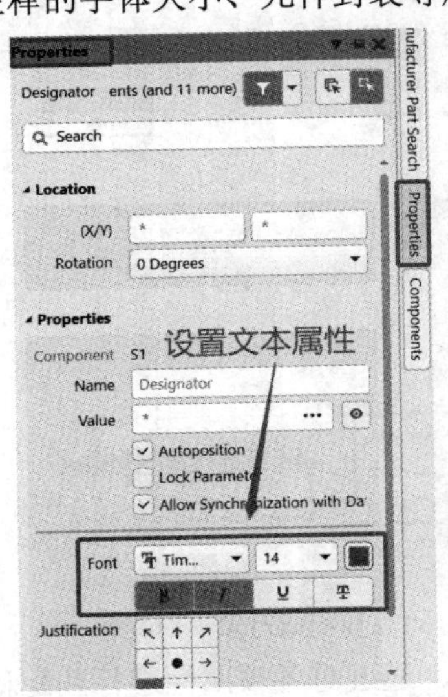

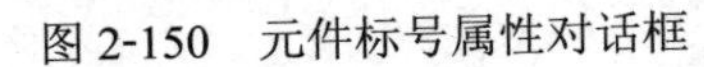

图 2-150　元件标号属性对话框

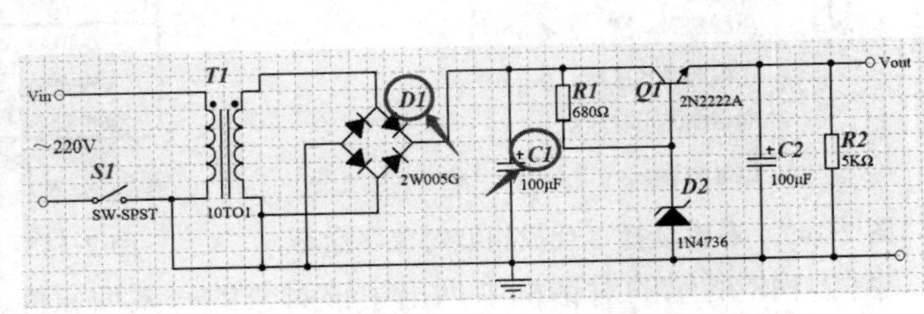

图 2-151　全局修改结果

2.7.10　文本查找

文本查找命令用于在电路中查找指定的文本。通过此命令可以迅速找到包含某一文字标识的图元。

执行菜单“编辑”→“查找文本”命令，或在编辑区域空白处单击鼠标右键，在弹出的快捷菜单中选择“查文本”，弹出“查找文本”对话框，如图 2-152 所示。

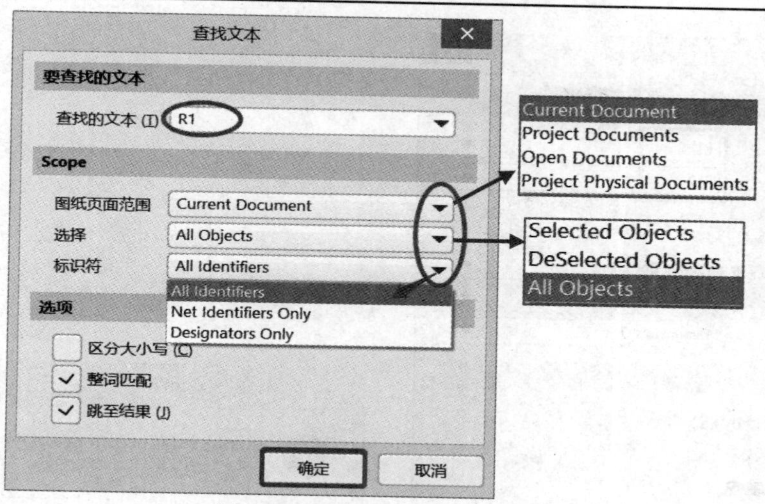

图 2-152　“查找文本”对话框

(1) 要查找的文本：在“查找的文本”右侧输入查找文本，如 R1。

(2) Scope：设置查找范围。

(3) 选项：勾选查找对象所具有的特殊属性。

按图示设置，单击【确定】按钮，弹出“发现文本-跳转”对话框，如图 2-153 所示。在该对话框中可以看出找到的 R1 有两个，单击【下一步】按钮继续查看，弹出 Messages 信息对话框。关闭对话框，可以发现在当前文档中找到的对象跳转到设计区域中心。

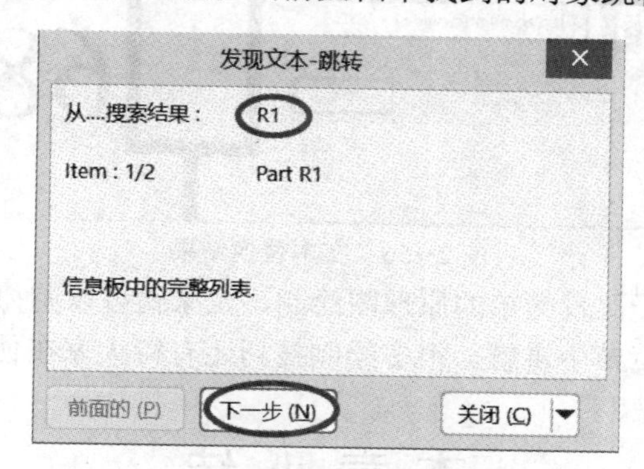

图 2-153　“发现文本-跳转”对话框

2.7.11　文本替换

文本替换命令用于将电路中指定的文本用新的文本替换掉。该操作在需要将多处相同文本修改成为另一个文本时非常有用。

执行菜单“编辑”→“文本替换”命令，弹出“查找并替换文本”对话框，如图 2-154 所示，此对话框与“查找文本”基本一样，只是在“Text”下面多了一行。我们将图中的 R1 替换为 R10，按图中设置好后单击【确定】按钮。弹出“Confirm”对话框，如图 2-155 所示。单击【Yes】按钮，弹出替换信息对话框，被替换的元件跳转至设计区域中心，如图 2-156 所示。

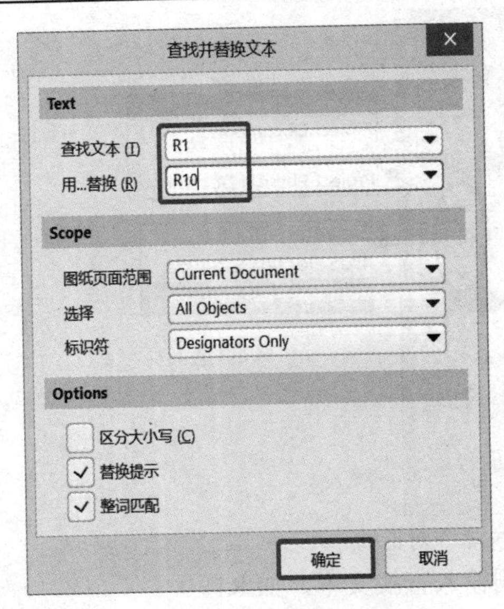

图 2-154　“查找并替换文本”对话框

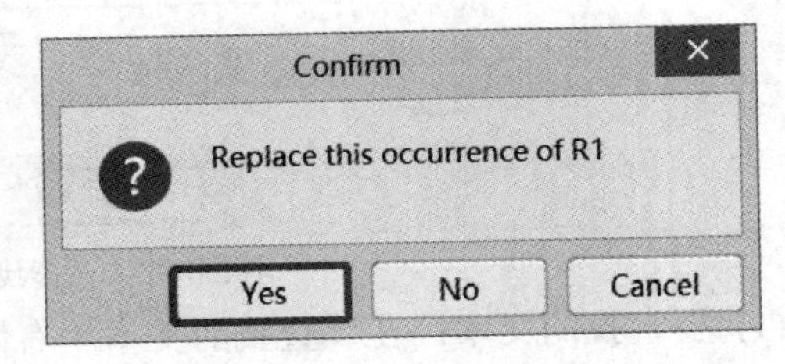

图 2-155　“Confirm”对话框

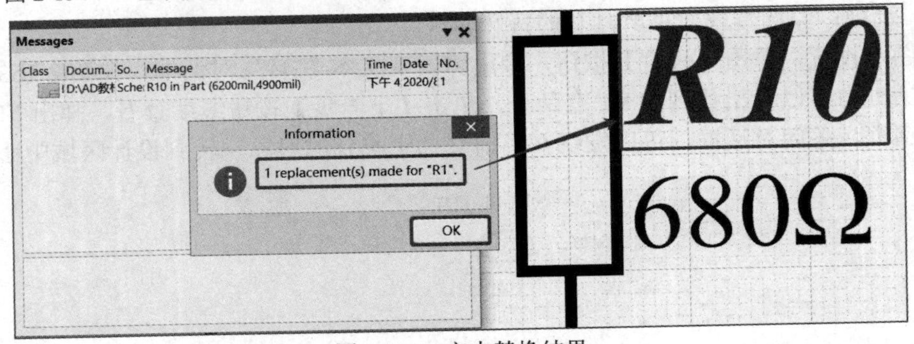

图 2-156　文本替换结果

经过以上讲解，对于比较简单的原理图绘制，大家就可以游刃有余了。比较复杂的原理图的绘制，将在后续章节中讲解。很多绘制技巧还有待大家在使用中慢慢摸索。

本 章 小 结

本章主要介绍 Altium Designer 19 电路原理图设计的一般步骤，原理图编辑器的启动，原理图编辑器界面的认识，工具菜单的运用，图纸属性的设置，原理图编辑参数的设置及其含义，简单原理图的绘制方法及原理图的高级操作技巧。

原理图中放置的对象可以分为两大类：一类具有电气特性，另一类不具有电气特性。

具有电气特性的对象包括元件、导线、电源/接地符号等。这些对象的编辑均可以在各自的属性对话框中进行。

不具有电气特性的对象包括直线、多边形、圆弧、文字标注、矩形、椭圆等。这些对象的编辑均可以在各自的属性对话框中进行。

读者在学习了本章以后，能基本掌握绘制原理图的一般方法，对于比较简单的原理图，应能比较容易地完成绘制任务。

思考与上机练习

1. 原理图编辑参数设置(优选项)对话框的作用是什么？怎样调出原理图编辑参数设置对话框？

2. 新建一个原理图文件，图纸版面设置为 A4 图纸，横向放置、标题栏为标准型，光标设置为一次移动半个栅格。

3. 怎样设置 A4 横放、标题栏和所有边框都不显示的图纸？

4. 加载/移出原理图元件库的方法有几种？

5. 元件的属性有几个？它们的含义分别是什么？

6. 放置元件的操作方法有几种？

7. 如何搜索元件？

8. 在原理图中放置如图 2-157 所示的常用元件：阻值为 3.2kΩ 的电阻、容量为 100μF 的电容、型号为 1N4007 的二极管、型号为 2N2222 的三极管、单刀单掷开关和 4 脚连接器。注意修改属性。

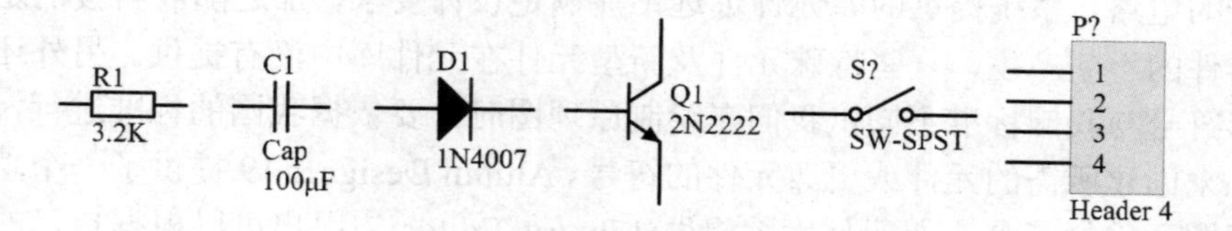

图 2-157　常用元件

9. 绘制如图 2-158 所示的电路图。

(1) 要求图纸尺寸为 A4，显示标题栏，显示栅格、自动捕捉栅格和电气栅格。

(2) 画完电路后，要按照图中元件参数逐个设置元件属性。

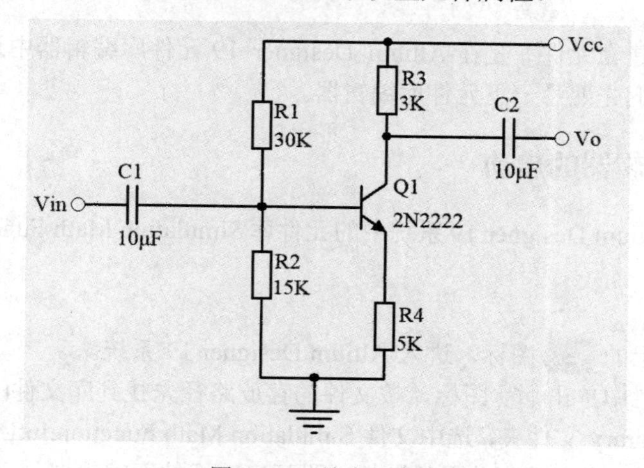

图 2-158　放大器电路

第 3 章 元件库编辑器与元件符号设计

内容提要

本章主要介绍元件库编辑器的基础知识，比如如何创建新元件符号，如何编辑元件库中的元件符号，如何利用其他资源和渠道丰富元件库中的元件以及集成库的创建方法。

我们在使用 Altium Designer 19 绘制电路原理图时，总是从 Altium Designer 19 提供的元件库中调出所需元件，把它放到原理图编辑器中的合适位置，再用导线将各个元件连接起来，这样既快捷又方便。Altium Designer 19 给用户提供的元件库虽然比较完备，但对于一些复杂的电路，系统提供的库元件远远不能满足设计要求，加之随着科技的迅速发展和新型元器件的不断产生，一些特殊元件及新型元件在元件库中没有提供。另外还有一些元件的图形符号与我国标准不同，我们在绘制原理图时，要依据我国的标准进行，这就需要我们自己来创建所需的元件或更改元件的符号。Altium Designer 19 提供了一个功能强大的创建原理图元件的工具，即元件库编辑器(Library Editor)，用户可以根据自己的需要，编辑或创建元件。

3.1 元件库编辑器概述

设计新元件和建立元件库是在 Altium Designer 19 元件库编辑器中进行的，所以在设计具体元件之前我们先熟悉一下元件库编辑器。

3.1.1 元件库编辑器的启动

本节以打开 Altium Designer 19 系统中的元件库 Simulation Math Function.IntLib 为例进行介绍。

方法一：

(1) 点击桌面上的 图标，进入 Altium Designer 19 系统。

(2) 在主工具栏中单击 图标，按文件的存放路径先找到库文件(Library)，如图 3-1 所示；双击打开 Library 文件夹，选中文件 Simulation Math Function.IntLib，如图 3-2 所示；单击【打开】按钮(或双击文件名前面的图标)，即可启动元件库编辑器，打开 Simulation Math Function.IntLib 元件库，如图 3-3 所示。

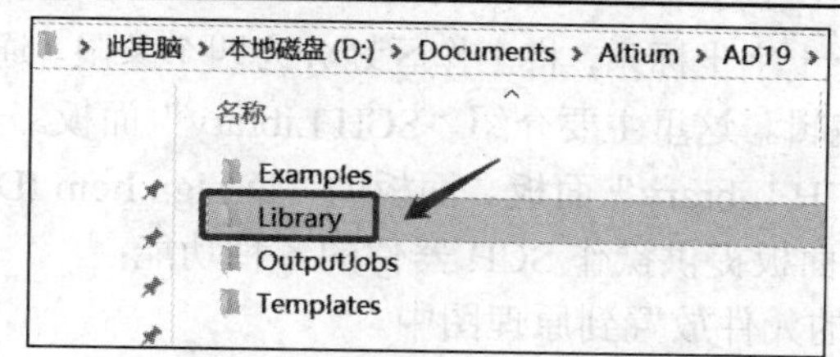

图 3-1　Altium Designer 19 库文件目录

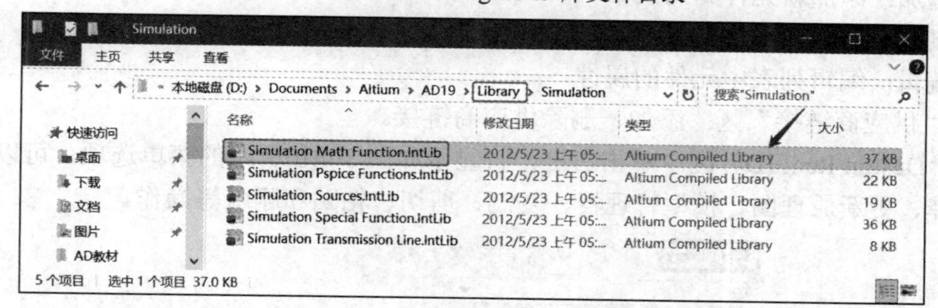

图 3-2　选中 Simulation Math Function.IntLib 文件

(3) 单击左边的“SCH Library”面板，选择“Design Item ID”中的任何一个元件，即在中间设计工作区显示该元件的图形，如图 3-3 所示。

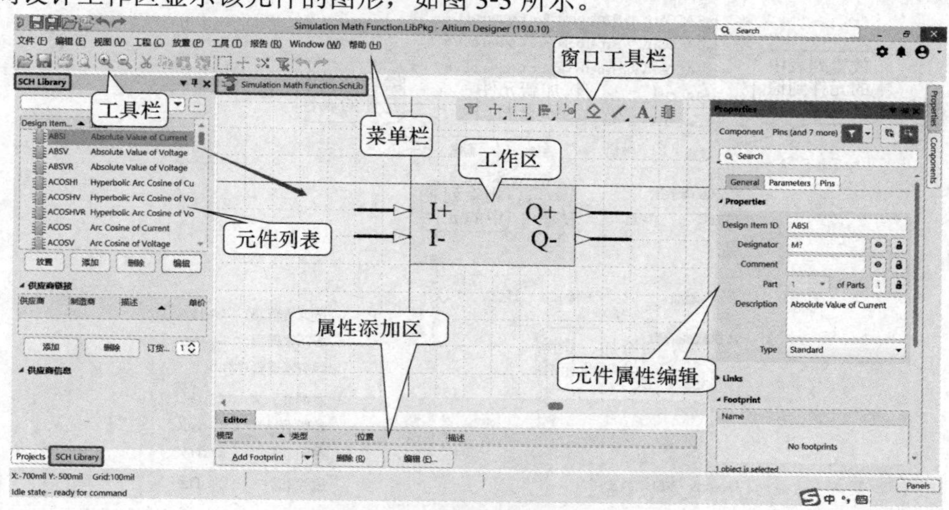

图 3-3　元件库编辑器界面

方法二：直接打开。按文件的存放路径先找到库文件(Library)，如图 3-1 所示；双击打开 Library 文件夹，选中文件名 Simulation Math Function.IntLib，如图 3-2 所示；单击【打开】按钮(或双击文件名)，也可启动元件库编辑器，打开 Simulation Math Function.IntLib 元件库，如图 3-3 所示。

3.1.2　元件库编辑器界面的认识

元件库编辑器界面各部分的主要功能如图 3-3 所示，它的操作方式和原理图编辑器的类似，并共享相同的图形对象类型(但不共享电气对象)。元件库编辑器的界面与原理图编辑器的界面相似，用户也可以通过菜单或按键进行放大屏幕、缩小屏幕的操作。不同的是，在元件库编辑器的中心有一个十字坐标系，将工作区划分为四个象限。通常在第四象限靠近坐标原点的位置进行元件的编辑。这里主要介绍“SCH Library”面板。

图 3-4(a)所示是“SCH Library”面板。面板的“Design Item ID”区列出了活动库中的所有器件。SCH Library 面板提供操作 SCH 器件的各种功能：

- 放置：将列表中的元件放置到原理图中。
- 添加：添加新元件到列表中。
- 删除：删除列表中的元件。
- 编辑：编辑列表中元件的属性。
- “供应商链接”区：添加、删除供应商链接。

在“Design Item ID”区中单击右键，将显示如图 3-4(b)所示的菜单选项，可以进行元件的选择、更新原理图、模型管理器、复制、剪切、粘贴和删除等操作。

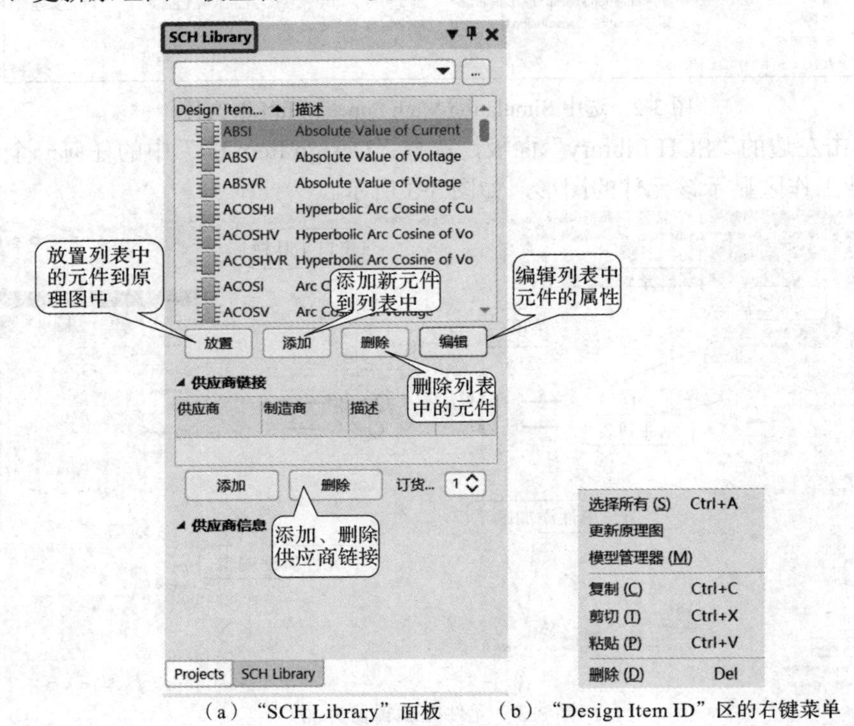

（a）“SCH Library”面板　（b）“Design Item ID”区的右键菜单

图 3-4 “SCH Library”面板

请注意：右键菜单的“复制”“粘贴”命令可用于选中多个元件，并支持：

- 在库内部执行复制和粘贴操作。
- 从 SCH 复制/粘贴到 SCH Library 中。
- 在 SCH Library 元件库之间执行复制/粘贴操作。

3.2 新建元件库文件

新建元件库文件的方法与新建原理图文件的方法相同，只是选择的图标不同。元件库文件的扩展名是.SchLib。

方法一：

(1) 执行菜单命令“文件”→“新的”→“项目”，创建一个 PCB 项目工程文件。

(2) 在创建的 PCB 项目工程文件名 PCB_Project1.PrjPCB 上点击鼠标右键，添加新的“Schematic Library”到工程中，如图 3-5 所示。新建的库文件的名称系统默认为 Schlib1.Schlib。用户可给该文件更名，方法是：在文件名 Schlib1.Schlib 上点击右键，再点击保存命令，在弹出的对话框中进行相关操作即可。

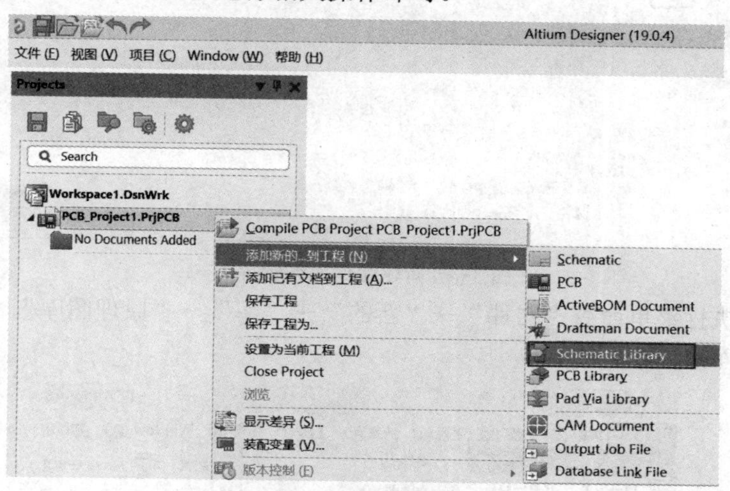

图 3-5　添加原理图库文件操作

(3) 在左侧项目“Projects”面板下面点击“SCH Library”选项，如图 3-6 所示，就可以开始新元件的编辑了。新建元件的默认名称为 Component_1。用户可给新的元件更名，方法是：在图 3-7 中，点击【编辑】按钮，打开“Properties”对话框，如图 3-3 中右侧，在“Design Item ID”后面的空格里输入元件名称即可。

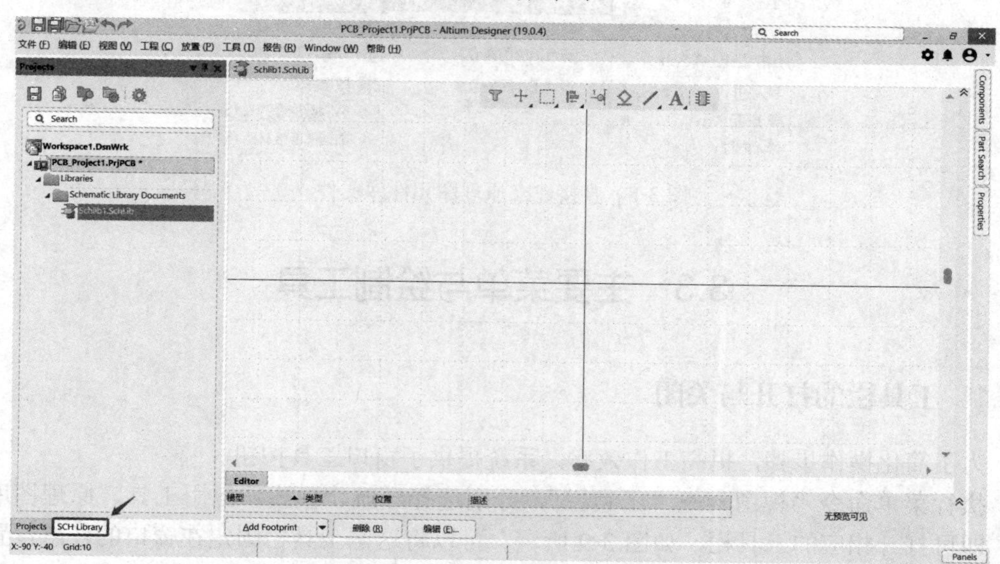

图 3-6　选择 Projects，面板下的“SCH Library”选项

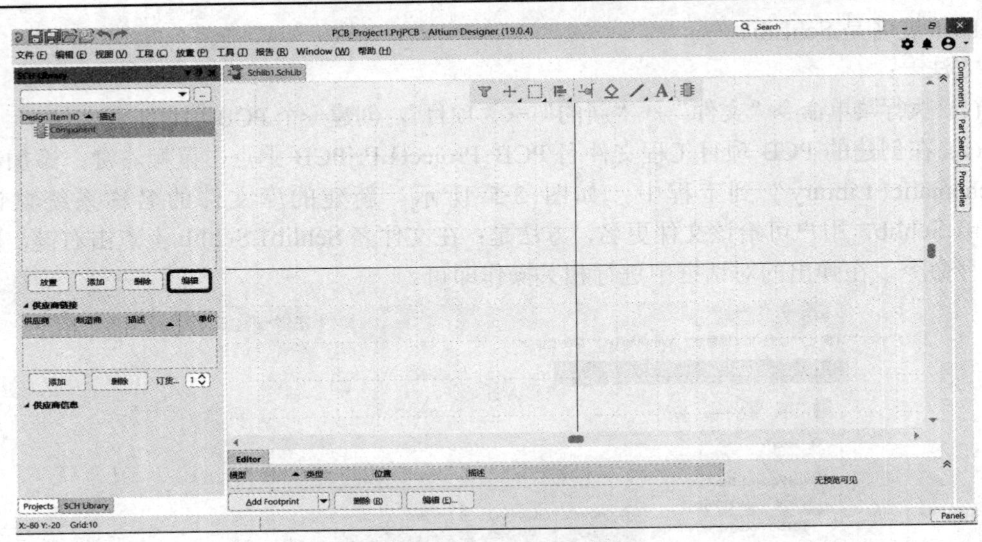

图 3-7　新建元件库编辑界面

方法二：执行菜单命令“文件”→“新的”→“库”→“原理图库”，如图 3-8 所示，直接新建元件库文件。

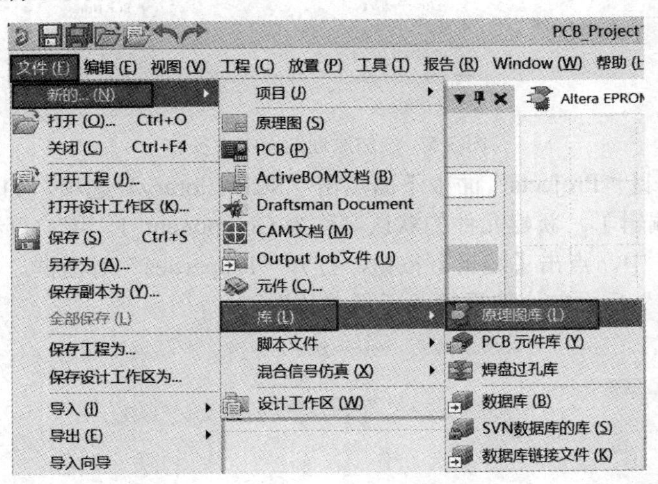

图 3-8　直接建立原理图元件库文件

3.3　主要菜单与绘制工具

3.3.1　工具栏的打开与关闭

为了简化操作步骤，提高工作效率，系统提供了窗口工具按钮。

执行菜单命令“视图”→“工具栏”，分别选择导航、模式、应用工具、原理图库标准，即可打开相应的工具栏，如图 3-9 所示。可以将这些工具栏固定在窗口的任意位置，也可将其悬浮在窗口的任意地方，不需要时点击工具栏右上角的“×”即可关闭。也可以选择自定义对工具菜单命令及工具栏进行编辑，如图 3-10 所示。这里不建议大家修改，以免出现冲突。

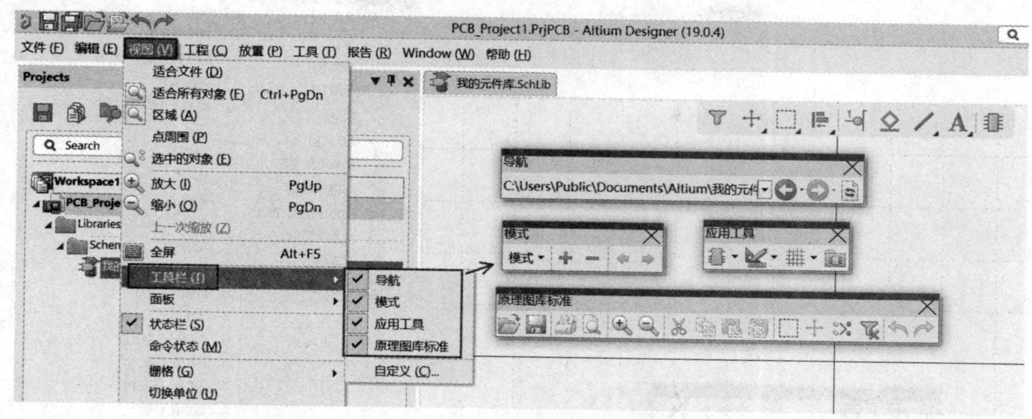

图 3-9　工具栏

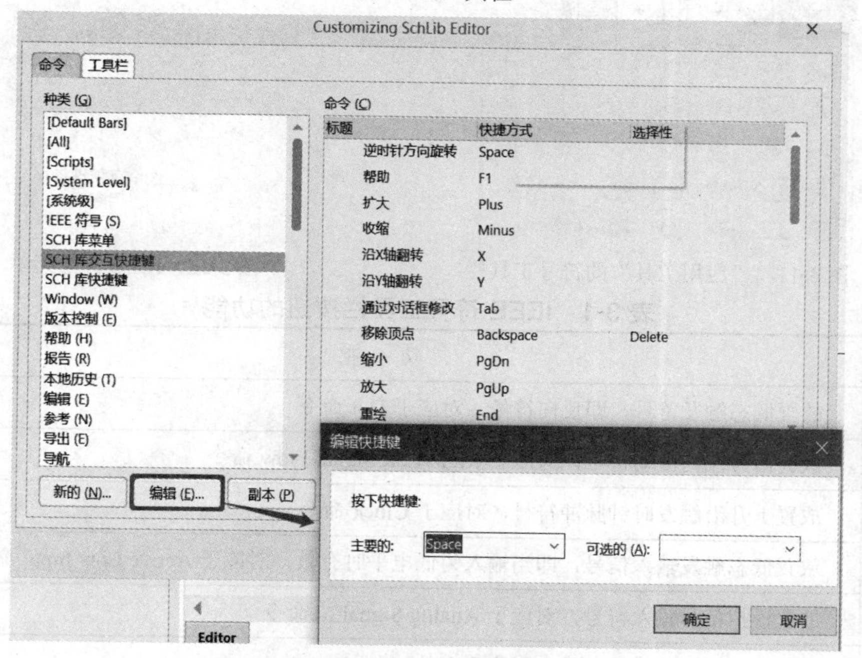

图 3-10　自定义工具栏

3.3.2　IEEE 符号工具栏

Altium Designer 19 提供了 IEEE 符号工具栏，用来放置有关的工程符号，如图 3-11 所示。IEEE 符号工具栏的打开与关闭可以通过单击“应用工具”栏中的 图标实现。“应用工具”栏提供了一系列标准绘图工具和全套 IEEE 符号。各工程符号的含义如表 3-1 所示。

IEEE 符号工具栏上各按钮的功能对应于放置(Place)菜单中 IEEE 符号子菜单上的各命令，如图 3-12 所示。例如，表 3-1 中的 按钮(“Dot”命令)对应“放置”→“IEEE 符号”→“点”菜单命令。

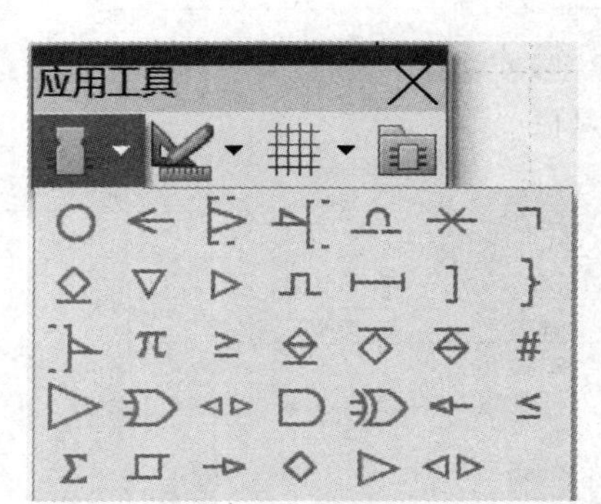

图 3-11　“应用工具”的符号工具栏

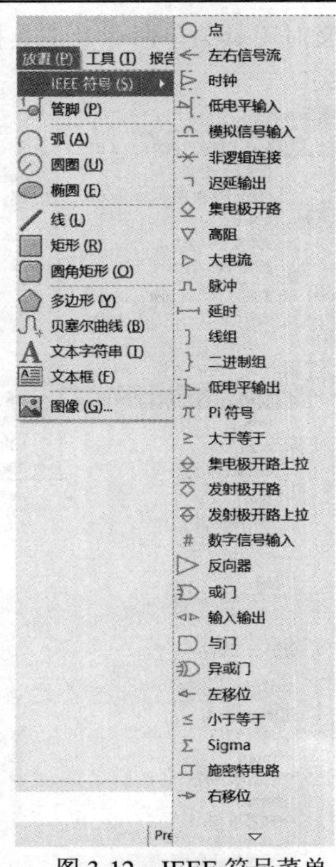

图 3-12　IEEE 符号菜单

表 3-1　IEEE 符号工具栏按钮的功能

按 钮	功 能
	放置低态触发符号，即反向符号，对应于 Dot 命令
	放置信号左向流动符号，对应于 Right Left Signal Flow 命令
	放置上升沿触发时钟脉冲符号，对应于 Clock 命令
	放置低态触发输入信号，即当输入为低电平时有效，对应于 Active Low Input 命令
	放置模拟信号输入符号，对应于 Analog Signal In 命令
	放置无逻辑性连接的符号，对应于 Not Logic Connection 命令
	放置具有延迟输出特性的符号，对应于 Postponed Output 命令
	放置集电极开路符号，对应于 Open Collector 命令
	放置高阻状态符号，对应于 HiZ 命令
	放置具有大输出电流的符号，对应于 High Current 命令
	放置脉冲符号，对应于 Pulse 命令
	放置延时符号，对应于 Delay 命令
	放置多条输入和输出线的组合符号，对应于 Group Line 命令

续表

按 钮	功　能
}	放置多位二进制符号，对应于 Group Binary 命令
	放置输出低有效信号，对应于 Active Low Output 命令
π	放置 pi 符号，对应于 Pi Symbol 命令
≥	放置大于等于符号，对应于 Greater Equal 命令
	放置具有上拉电阻的集电极开路符号，对应于 Open Collector Pull Up 命令
	放置发射极开路符号，对应于 Open Emitter 命令
	放置具有上拉电阻的发射极开路符号，对应于 Open Emitter Pull Up 命令
#	放置数字输入信号符号，对应于 Digital Signal In 命令
	放置反相器符号，对应于 Invertor 命令
	放置或门符号，对应于 OR Gate 命令
	放置双向输入/输出符号，对应于 Input/Output 命令
	放置与门符号，对应于 AND Gate 命令
	放置异或门符号，对应于 XOR Gate 命令
	放置左移符号，对应于 Shift Left 命令
≤	放置小于等于符号，对应于 Less Equal 命令
Σ	放置求和符号，对应于 Sigma 命令
	放置具有施密特功能的符号，对应于 Schmitt 命令
	放置右移符号，对应于 Shift Right 命令
	放置开路输出符号，对应于 Open Output 命令
	放置信号右向流动符号，对应于 Left Right Signal Flow 命令
	放置信号双向流动符号，对应于 Bidirectional Signal Flow 命令

3.3.3　绘制工具栏

在元件库编辑器中，常用的工具栏是绘制工具栏，如图 3-13 所示。绘制工具栏的打开与关闭方法如下：

(1) 执行菜单命令“放置”，如图 3-13(a)所示。

(2) 单击“应用工具”栏中的图标，如图 3-13(b)所示。该工具栏中的命令最齐全。

(3) 在窗口工具栏中，右击图标，如图 3-13(c)所示。(工具栏中所有带的图标都有多选项)。

工具栏中各按钮的功能及对应菜单命令如表 3-2 所示。其他工具栏与此相仿的按钮其功能是一致的，用户可以参考此表。

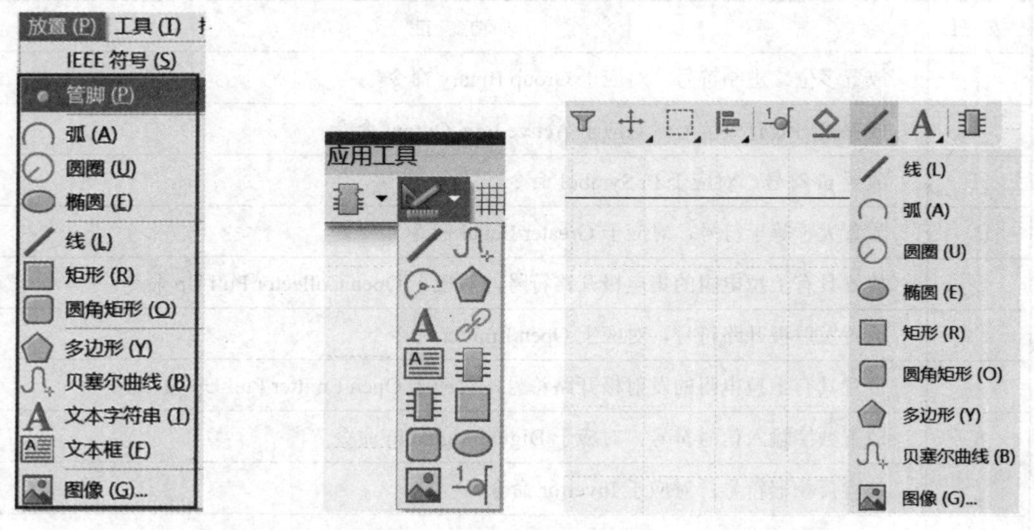

(a) 放置菜单　(b) “应用工具”的绘制工具栏　(c) 窗口工具

图 3-13　绘制工具栏

表 3-2　绘制工具栏中主要按钮的功能

按　钮	功能及对应菜单命令
	画直线，对应于“放置”→“线”菜单命令
	画贝塞尔曲线，对应于“放置”→“贝塞尔曲线” 菜单命令
	画椭圆曲线
	画多边形，对应于“放置”→“多边形”菜单命令
	文本字符串，对应于“放置”→“文本字符串”菜单命令
	放置超链接
	文本框，多行文字标注，对应于“放置”→“文本框”菜单命令
	新建器件，对应于“工具”→“新器件”菜单命令
	添加复合式元件的新部件，对应于“工具”→“新部件” 菜单命令
	绘制直角矩形，对应于“放置”→“矩形”菜单命令
	绘制圆角矩形，对应于“放置”→“圆角矩形” 菜单命令
	绘制椭圆，对应于“放置”→“椭圆”菜单命令
	插入图片，对应于“放置”→“绘图工具”→“图像”菜单命令
	放置管脚，对应于“放置”→“管脚”菜单命令

在绘制工具栏 中，只有 按钮命令是有电气特性的，其他命令都是没有电气特性的。

3.4　新的元件符号的手工创建

这里我们以绘制一个型号为 4017 的十进制计数/分配器符号(如图 3-14 所示)为例，介绍手工创建一个新元件的全过程。

(1) 新建一个原理图元件库文件，并将其命名为“新建元件.SchLib”。

(2) 在“Projects”面板下面点击“SCH Library”选项，进入如图 3-7 所示的元件库编辑器界面。点击 编辑 按钮，将新元件命名为 4017。在编辑区域的第四象限原点附近绘制新元件符号。

(3) 设置图纸及栅格尺寸。执行菜单命令“工具”→“原理图优先项”，如图 3-15(a)所示，或在编辑区域的空白处单击鼠标右键，在弹出的如图 3-15(b)所示的快捷菜单中选择“原理图优先项”，系统将弹出“优选项”对话框，如图 2-23 所示。在这个对话框中，用户可以设置元件库编辑器界面的式样、大小、方向、颜色等参数。具体设置方法与原理图文件的参数设置类似，读者可参见 2.5 节的内容。

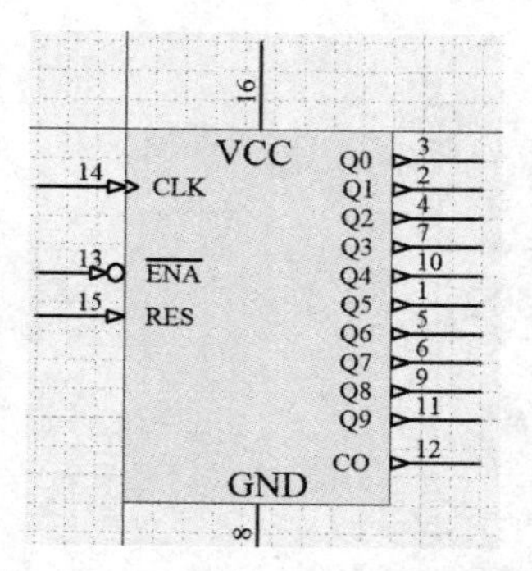

图 3-14　十进制计数/分配器符号

(a) 主菜单

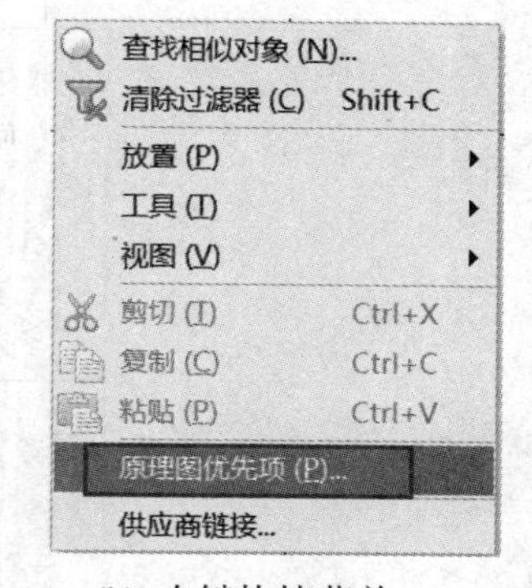

(b) 右键快捷菜单

图 3-15　原理图优选项选择

在 Schematic General 中，系统默认图纸尺寸为 A4，可不必再设置。在此只设置栅格尺寸，点击 Grids *，在右侧 Altium预设 中将捕捉栅格设置为 50 mil，捕捉距离、可见栅格都设置为 100 mil

(此时将捕捉栅格设置为 50 mil，放置对象时鼠标可以半格步长跳动)，将栅格颜色改成中灰色，以便在绘图区域能清晰看到，如图 2-43 所示。

(4) 将第四象限区域放大。执行菜单命令“视图”→“区域”，或在设计区域空白处点击鼠标右键，将弹出如图 3-16 所示的快捷菜单，选择“区域”，鼠标变成十字，在第二象限原点附近单击鼠标左键并向第四象限拖动，直到屏幕上出现清晰可见的栅格。

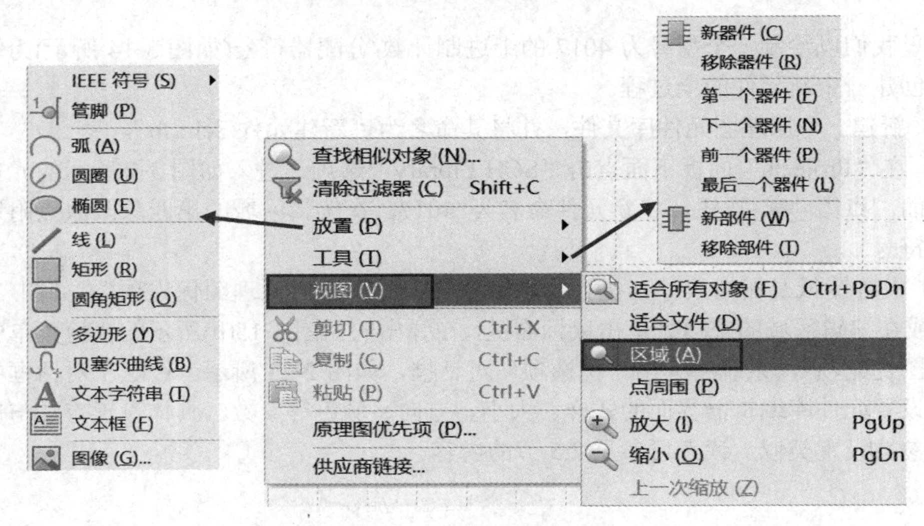

图 3-16　右键快捷菜单

(5) 绘制矩形。

方法一：选择图 3-13 所示绘图工具栏中的▭按钮绘制。

方法二：在设计区域空白处点击鼠标右键，在图 3-16 所示的快捷菜单中选择“放置”→“▭”菜单命令。

以坐标原点为顶点，在第四象限拖动鼠标，绘制 900 mil × 1300 mil 的矩形块，如图 3-17(a)所示。编辑区域左下角状态栏将显示坐标 X:900.000mil Y:-1300mil Grid:100mil 。

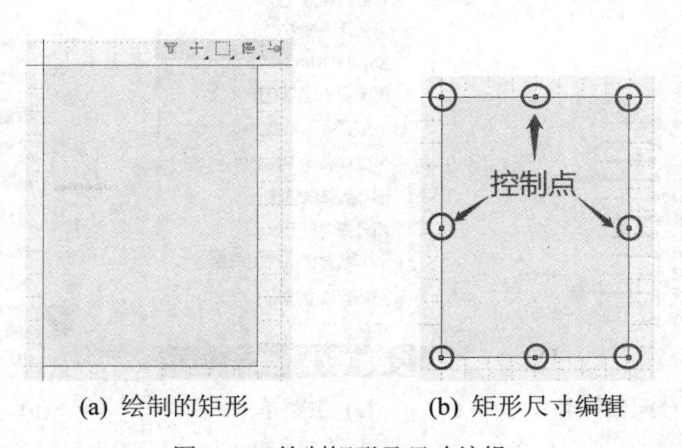

(a) 绘制的矩形　　(b) 矩形尺寸编辑

图 3-17　绘制矩形及尺寸编辑

(6) 编辑矩形属性。可以双击放置好的矩形对其属性进行编辑，如图 3-18(a)所示；也可以在放置过程中单击“Tab”键，在弹出的如图 3-18(b)所示的对话框中对矩形属性进行编辑。矩形属性包括矩形框尺寸、边界颜色、边界粗细、是否填充及填充颜色、是否透明等。这里选择系统的默认设置。

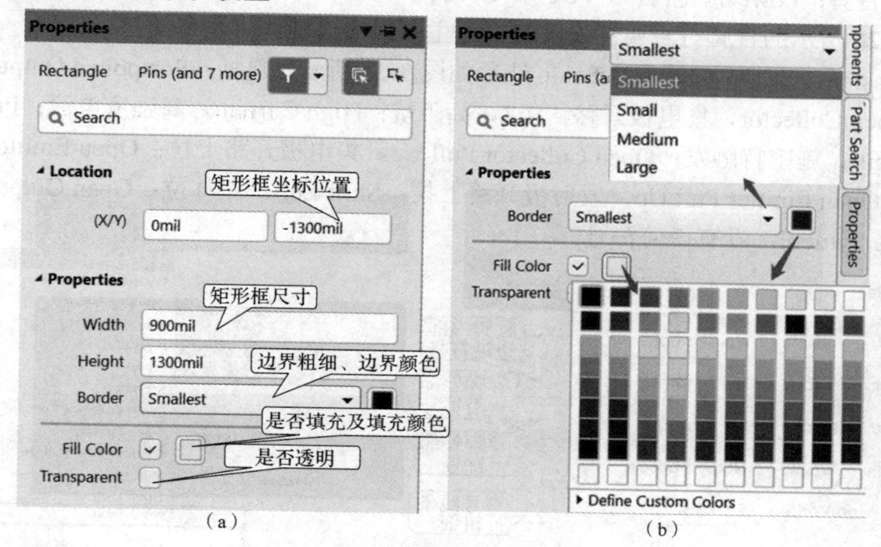

图 3-18　矩形属性编辑对话框

需要快速调整矩形框大小时，用鼠标直接点击绘制好的矩形，四周将出现控制点，如图 3-17(b)所示，用鼠标拖动控制点即可快速调整矩形框大小。

(7) 放置管脚。

方法一：单击工具栏中的图标，或执行菜单命令“放置”→“管脚”。

方法二：在设计区域空白处点击鼠标右键，在图 3-16 所示的快捷菜单中选择“放置”→“”。

执行上述操作，鼠标将变成十字形，并带着一个管脚随鼠标一起移动。按空格键可旋转管脚，按“X”键或“Y”键可进行上下或左右翻转。

注意：应在英文输入状态下按“X”键或“Y”键。

(8) 管脚属性设置。在放置元件管脚的过程中，按“Tab”键，系统将弹出 Pin(管脚)属性设置对话框，如图 3-19 所示。放置好的管脚，再双击也可弹出 Pin(管脚)属性设置对话框。管脚的属性设置是一个很重要的参数，在此作为重点详细说明。

在图 3-19 中可以设置管脚位置、标号、名称，管脚描述，管脚电气特性等信息。

- Rotation：管脚方向。共有 0 Degrees、90 Degrees、180 Degrees、270 Degrees 四个方向。
- Electrical Type：管脚电气特性。该项包括：Input，输入管脚，用于输入信号；I/O，输入/输出双向管脚，既有输入信号，又有输出信号；Output，输出管脚，用于输出信号；Open Collector，集电极开路

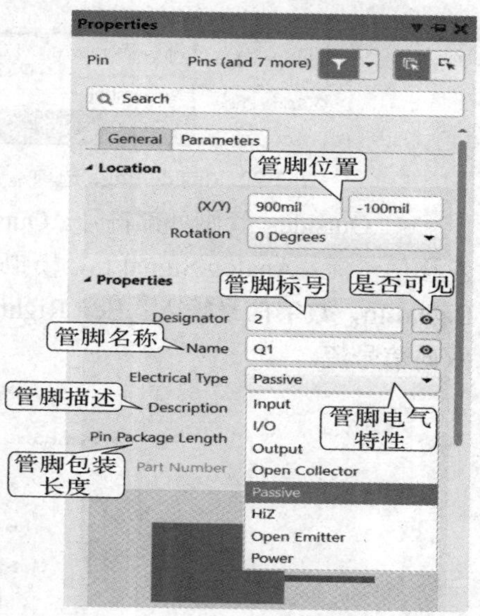

图 3-19　Pin(管脚)属性设置对话框

型管脚；Passive，无源管脚(如电阻、电容的管脚)； HiZ，高阻管脚；Open Emitter，发射极开路型管脚；Power，电源(如 VCC 和 GND)。

图 3-20 所示的管脚符号属性设置对话框主要用来设置管脚本身的符号信息。

① Inside：管脚内部符号。Inside 选项如图 3-21 所示，包括：Postponed Output，延时输出；Open Collector，集电极开路；HiZ，高阻抗；High Current，高强度电流；Pulse，脉冲；Schmitt，施密特触发；Open Collector Pull Up，集电极开路上拉；Open Emitter，发射极开路；Open Emitter Pull Up，发射极开路上拉；Shift Left，左移位；Open Output，开路输出；No Symbol，没有任何符号。

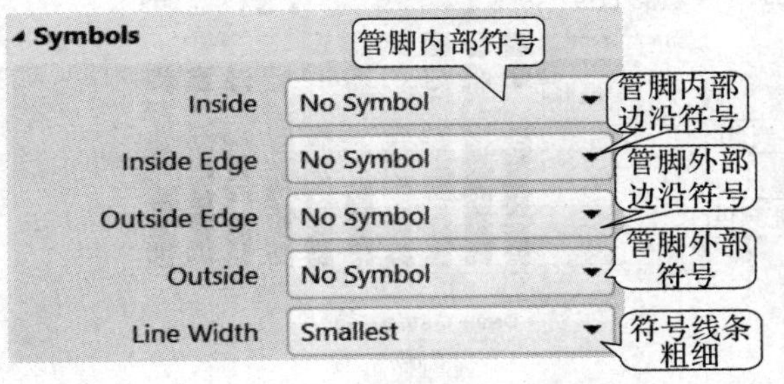

图 3-20　管脚符号属性设置对话框

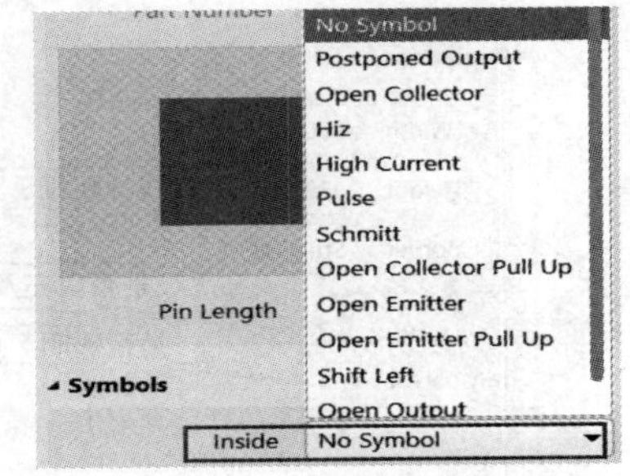

图 3-21　Inside 选项

② Inside Edge：管脚内部边沿符号。Inside Edge 选项如图 3-22 所示，主要用于设置有无时钟 Clock 符号。

③ Outside Edge：管脚外部边沿符号。Outside Edge 选项如图 3-23 所示，包括：Dot，非(圆圈)；Active Low Input，低电平有效输入；Active Low Output，低电平有效输出。

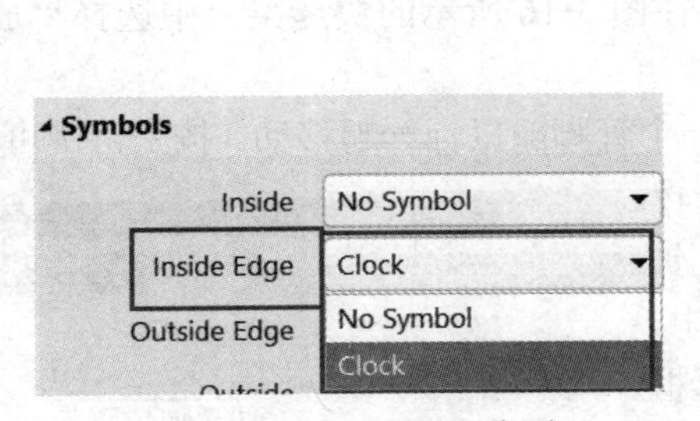

图 3-22　Inside Edge 选项

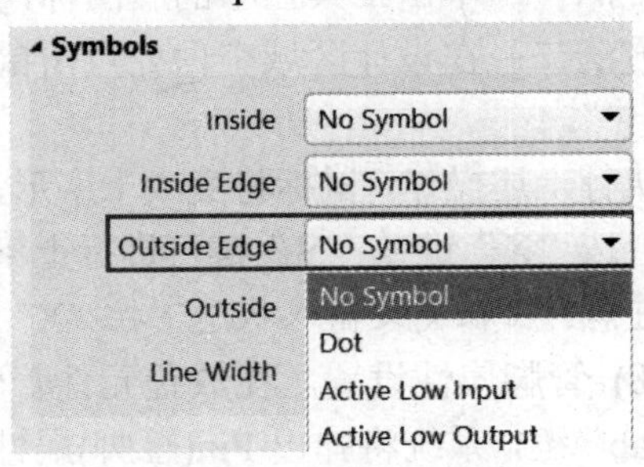

图 3-23　Outside Edge 选项

④ Outside：管脚外部符号。Outside 选项如图 3-24 所示，包括：Right Left Signal Flow，左移信号流；Analog Signal In，模拟信号输入；Not Logic Connection，无逻辑连接；Digital Signal In，数字信号输入；Left Right Signal Flow，右移信号流； Bidirectional Signal Flow，双向信号流。

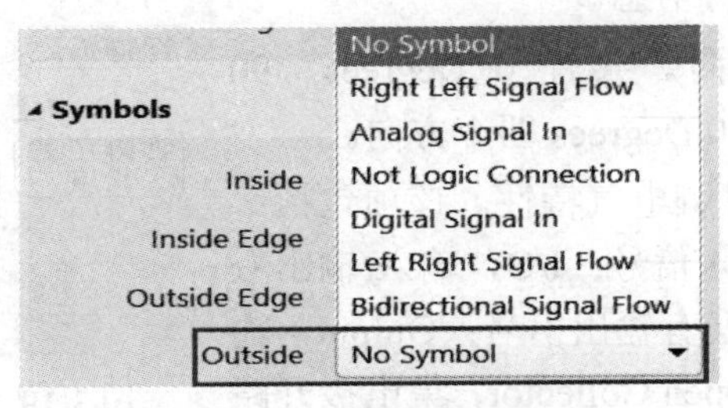

图 3-24　Outside 选项

⑤ Line Width：符号线条粗细。Line Width 选项如图 3-25 所示，包括：Smallest，最细；Small，较细。

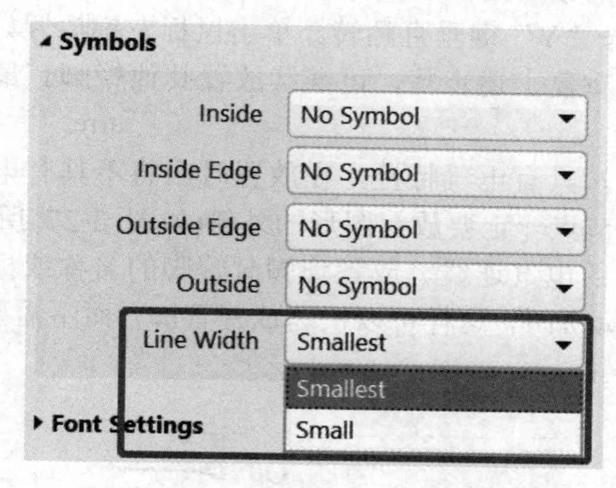

图 3-25　符号线条粗细选项

每种符号样式如图 3-26 所示。

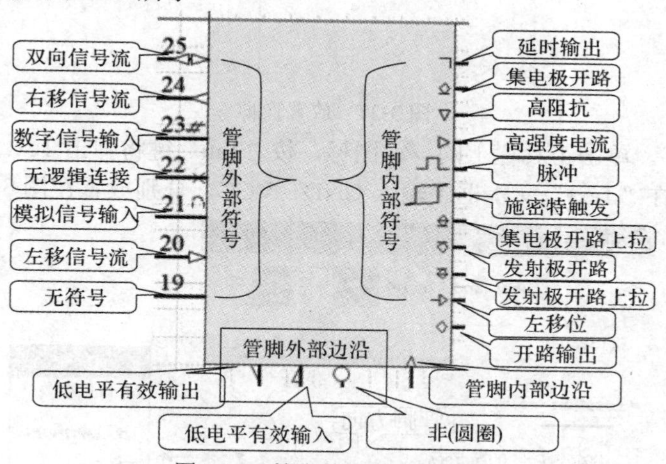

图 3-26　管脚符号样式对应图

图 3-14 所示的十进制计数/分配器符号的管脚属性如表 3-3 所示。

表 3-3　图 3-14 所示的十进制计数/分配器符号的管脚属性

Name (管脚名称)	Designator (管脚标号)	Inside Edge (管脚内部边沿符号)	Outside Edge (管脚外部边沿符号)	Electrical Type (管脚电气特性)	Name (名称) 是否可见	Designator (标号) 是否可见	Pin Length (管脚长度)
Q0～Q9、CO	3、2、4、7、10、1、5、6、9、11、12			Output			300
$\overline{\text{ENA}}$	13		Dot	Input			300
CLK	14	Clock		Input			300
RES	15			Input			300
VCC	16			Power			300
GND	8			Power			300

按表 3-3 设置 Q0 的属性，完毕后，单击【OK】按钮，光标变成十字形，且管脚处于浮动状态，随光标的移动而移动。这时可按空格键旋转方向，在英文输入状态下按“X”键水平翻转，按“Y”键垂直翻转。单击鼠标左键放置好一个管脚。此时光标仍处于放置管脚状态，重复上述步骤，可继续放置其他管脚。最后单击鼠标右键，退出放置状态。

注意：管脚只有一端具有电气特性，在放置时应将不具有电气特性的一端与元件图形相连。管脚的电气节点一定要放在图形的外侧(如图 3-27 所示的“×”)。电气节点用于原理图元件之间的电气连线。放置管脚时管脚的名称或标号若以数字结尾，则再次放置时此数字会自动加 1，这样可以快速放置管脚，而不需要反复设置，提高了工作效率。

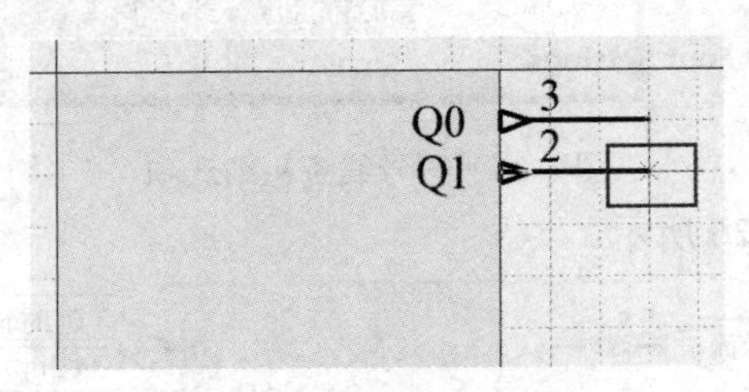

图 3-27　放置管脚

(9) 放置文字。单击工具栏上的 A 图标，按“Tab”键将弹出 Text 属性设置对话框，如图 3-28 所示。在“Text”文本框中输入 GND、VCC，分别放置在图 3-14 所示的位置。

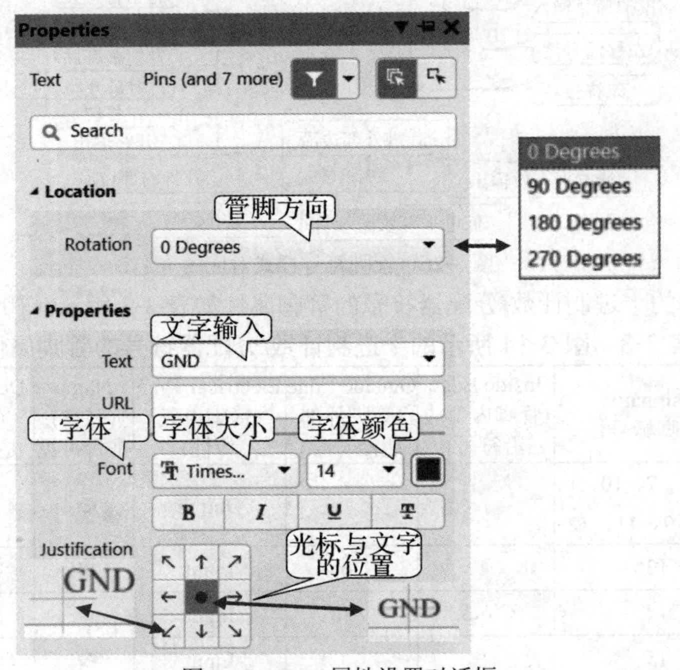

图 3-28　Text 属性设置对话框

(10) 编辑元件属性。点击右侧面板中的【Properties】按钮，弹出如图 3-29 所示的对话框，按图中所示设置元件属性。其他项可不设置。

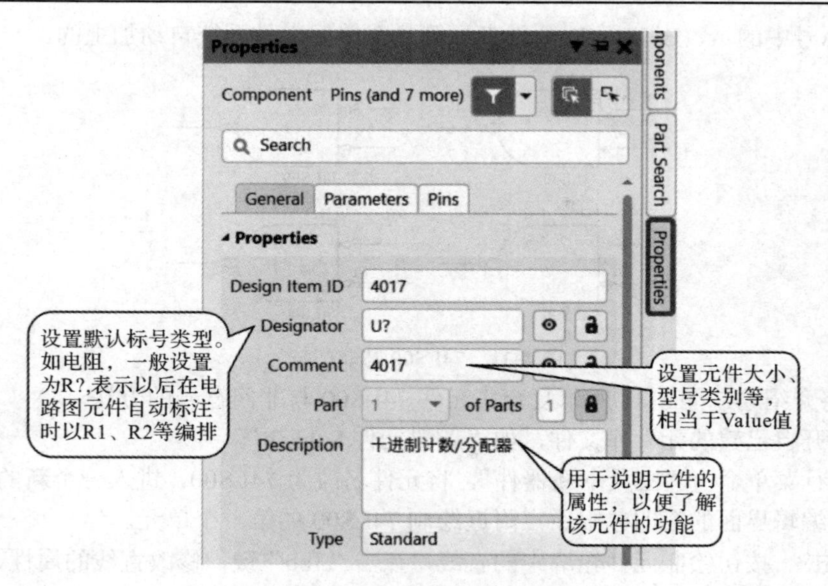

图 3-29　元件属性设置对话框

(11) 单击主工具栏上的【保存】按钮，保存该元件，一个新元件就创建完成了。

创建第二个新元件。可采用以下三种方法之一：

① 执行菜单命令“工具”→“新器件”，系统将弹出“New Component”对话框，如图 3-30 所示。

② 单击右键，在弹出的快捷菜单(图 3-16)中选择 工具 (I) ▸ 新器件 (C)，同样弹出“New Component”对话框。

③ 在图 3-7 所示的元件库编辑器界面左侧，单击【添加】按钮，也可弹出图 3-30 所示的新建元件对话框。对话框中的 Component_1 是新建元件的默认元件名称，可以在该对话框中直接修改元件的名称，如改为 74LS00。单击【确定】按钮，屏幕将出现一个新的带有十字光标的空白页面。

图 3-30　“New Component”对话框

可根据上述操作步骤，继续绘制新的元件。

如要删除所设计元件，在“SCH Library”面板(如图 3-4 所示)上单击【删除】按钮即可。单击【编辑】按钮将弹出元件属性对话框，可对元件属性进行设置。

3.5　复合式元件的绘制

复合式元件中各单元的元件名称相同、图形相同，只是管脚编号不同，如图 3-31 所示。

图中元件标号中的 A、B、C、D 分别表示第几个单元，是系统自动加上的。

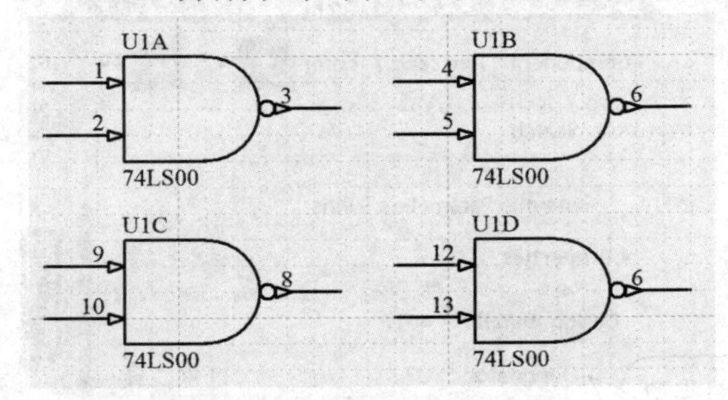

图 3-31　74LS00 与非门符号

本节将介绍绘制图 3-31 所示复合式元件 74LS00 与非门符号的方法。

(1) 打开自己建的元件库文件，如“新建元件.SchLib”。

(2) 执行菜单命令“工具→新器件”，将元件名改为 74LS00，进入一个新的编辑界面。

(3) 在编辑界面的第四象限原点附近绘制 74LS00 的第一个单元。

① 单击 按钮绘制元件轮廓中的直线，点击“Tab”键，修改直线的属性，将线的粗细设置为 Line Size Shape Small，如图 3-32 所示。

② 单击绘图工具栏 → 按钮，绘制元件轮廓中的圆弧，如图 3-33 所示。

③ 单击工具栏中的 图标，放置元件管脚，按“Tab”键设置 Pin 属性。第 1、2 管脚的电气特性为 Input；第 3 管脚的电气特性为 Output；第 3 管脚的 Outside Edge 选 Dot；所有管脚的管脚名 Name 可设置为空；管脚长度为 300。完成第一个单元的绘制，如图 3-34 所示。

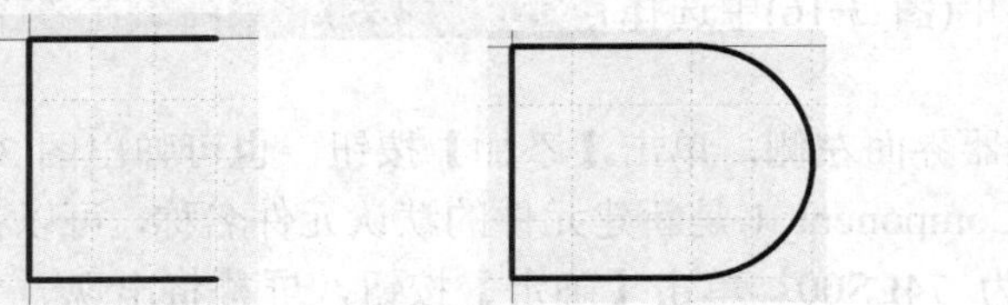

图 3-32　绘制直线　　　　图 3-33　绘制圆弧

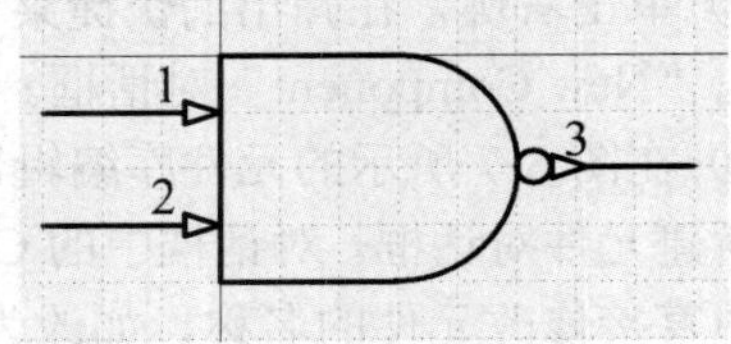

图 3-34　74LS00 第一个单元

此时 74LS00 元件名称下面没有任何变化，仅仅显示 74LS00，如图 3-35 所示，说明此时 74LS00 元件只有一个单元。

(4) 绘制 74LS00 的第二个单元。单击工具栏中的 按钮，或执行菜单命令“工具”→“新部件”，或单击鼠标右键，在出现的屏幕快捷菜单(见图 3-16)中选择“工具”→“新部件”，编辑窗口将出现一个新的编辑界面，此时查看一下 74LS00 元件名称下面，会发现变成了如图 3-36 所示的 Part A、Part B，表示现在 74LS00 这个元件共有两个单元，现在显示的是第二个单元。

图 3-35　新建元件列表

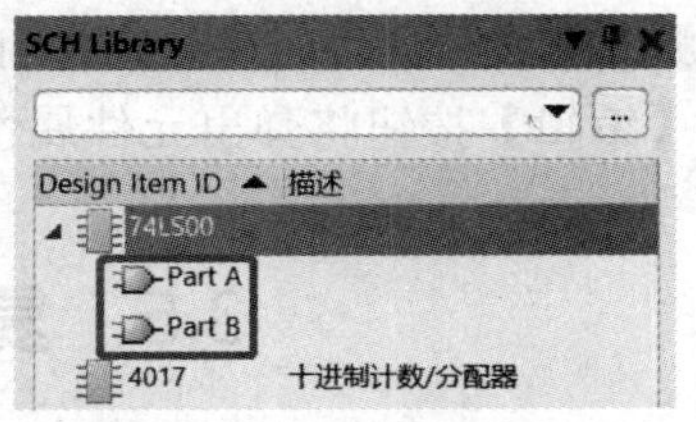

图 3-36　74LS00 的第二个单元

由于每个 74LS00 元件中包含四个相同功能的单元，因此为了提高效率，可以采用复制的方法。

① 选中：单击 Part A，选择复合式元件的第一个单元。执行菜单命令“编辑”→“选择”→“全部”，或在图 3-37 所示的窗口菜单中，右键单击，在出现的各种选择方式中单击任意一种方式，选中 Part A 所绘制的元件，这时所有元件均处于选中状态，如图 3-38 所示。

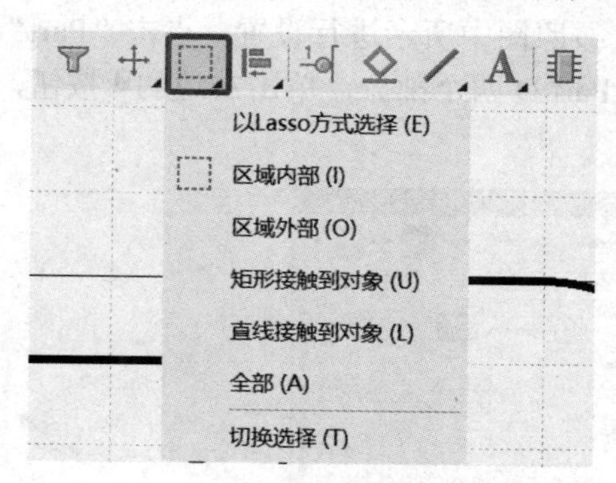

图 3-37　屏幕菜单

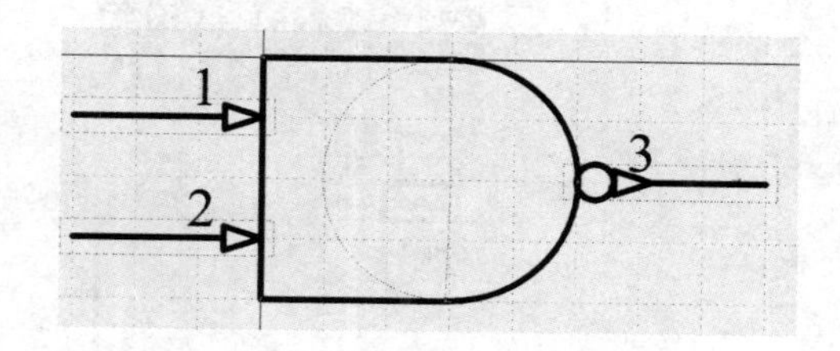

图 3-38　处于选中状态的元件

② 复制：执行菜单命令“编辑”→“复制”，或在设计区域空白处点击鼠标右键，在屏幕快捷菜单(见图 3-16)中点击 复制 (C)，所有元件均被复制入剪切板中。

③ 粘贴：单击 Part B，选择复合式元件的第二个单元，执行菜单“编辑”→“粘贴”命令，或点击鼠标右键，在屏幕快捷菜单中点击 粘贴 (P)，此时光标上将出现一个与 Part A 完全一样的元件，移动光标，将元件放到坐标原点附近第四象限位置(见图 3-34)。

④ 编辑管脚：双击管脚，改变管脚序号分别为 4、5、6，如图 3-31 所示。

(5) 重复第(4)步，绘制第三个、第四个单元(Part C、Part D)。此时 74LS00 元件下面出现四个部分，如图 3-39 所示。

(6) 全部单元符号绘制完毕后，单击 Part A，切换到元件的第一个单元，按图 3-40 放置 VCC 和 GND 管脚。

图 3-39　74LS00 完整子元件

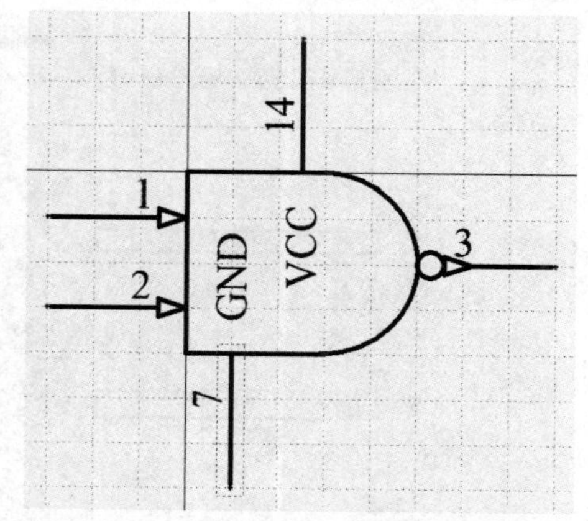

图 3-40　放置 VCC 和 GND 管脚

接地管脚的设置：

Name：GND

Designator：7

Electrical Type：Power

VCC 管脚的设置：

Name：VCC

Designator：14

Electrical Type：Power

Pin：300　　　　　　　　Pin：300

其他：无符号(No Symbol)

(7) 放置好以后，编辑元件属性，并将 7、14 号管脚隐藏。

① 在总元件 74LS00 上双击，出现如图 3-41(a)所示的元件属性设置对话框。在General选项卡下设置元件名称、标号、注释及描述等信息。按照图中所示进行设置。点击“Part”后面的下拉菜单，可以看到 Part A、Part B、Part C、Part D 四个部分，单击右边的按钮，可以锁定某一单元。

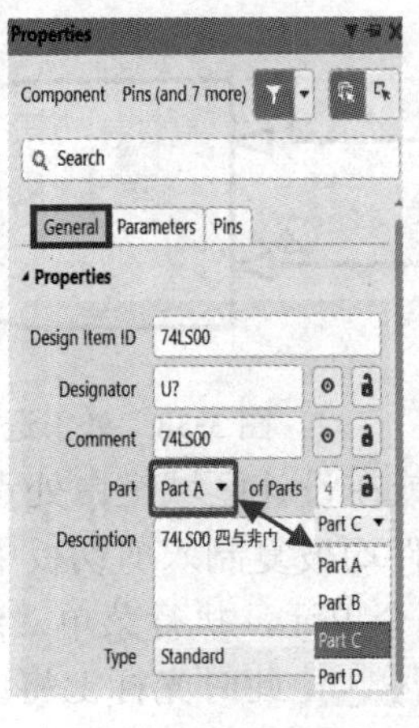

(a) General 选项卡

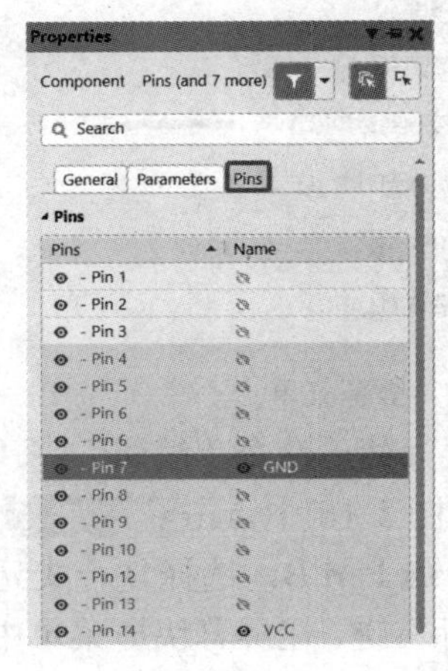

(b) Pins 选项卡

图 3-41　74LS00 属性设置对话框

② 点击图 3-41(a)中的Pins选项卡，出现如图 3-41(b)所示的对话框，在任意管脚上双击，弹出如图 3-42 所示的元件管脚编辑器对话框，将 GND、VCC 右侧“Show”下面的“√”去掉，点击【确定】按钮即可将其隐藏，其显示结果与图 3-31 一样。单击【确定】按钮退出。恢复显示方法与此相反。

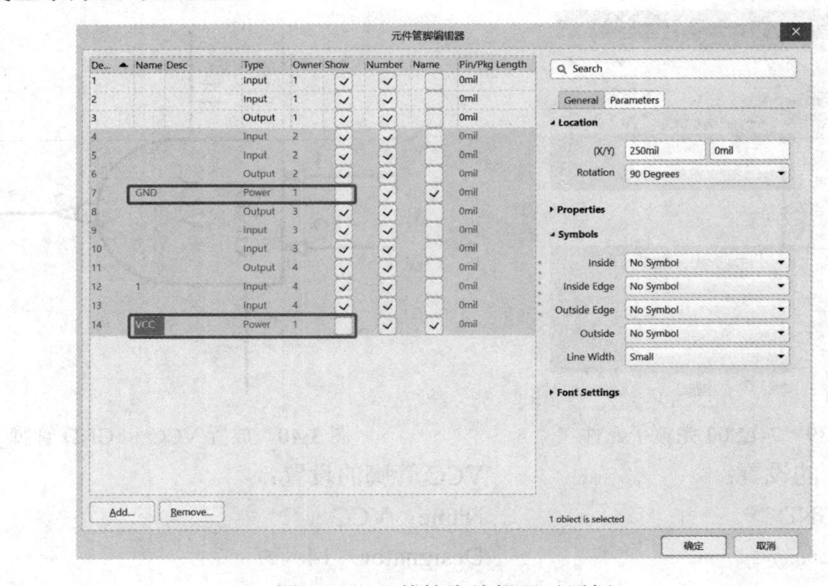

图 3-42　元件管脚编辑器对话框

(8) 添加元件封装 Footprint。切换到属性对话框的 General 选项卡，在下面的 Footprint 选项区(如图 3-43 所示)单击【Add】按钮，将弹出“PCB 模型”设置对话框，如图 3-44 所示。

图 3-43　Footprint 选项区

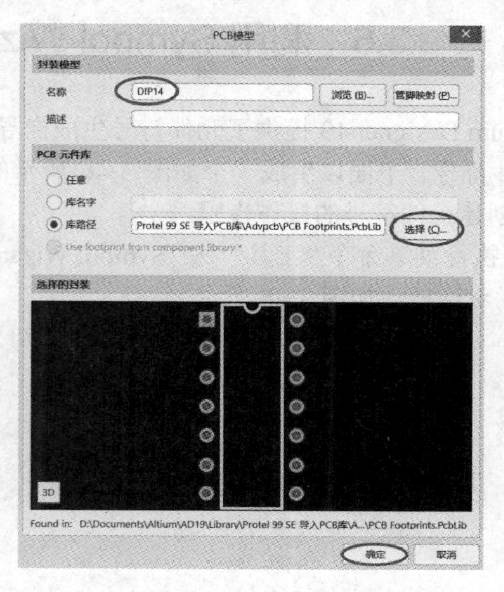

图 3-44　“PCB 模型”设置对话框

封装模型：在“名称”右侧框输入“DIP14”。

PCB 元件库：选择“库路径”选项，再单击【选择】按钮，查找 PCB 元件封装库路径。

选择的封装：如果所选元件库有对应名称的封装，则在该区出现元件封装图形。

(9) 设置完成后，单击【确定】按钮，在元件属性对话框下面的“Footprint”选项区就会显示元件的封装，如图 3-45 所示。

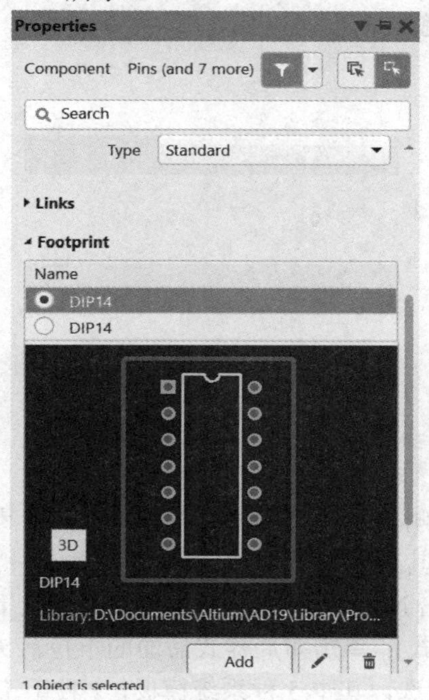

图 3-45　增加的元件 Footprint

(10) 单击主工具栏上的【保存】按钮，保存该元件即可。

3.6 利用 Symbol Wizard 创建元件符号

Altium Designer 19 提供了元件符号生成向导，可根据设计者的要求，由系统很方便地生成元件符号。下面以生成一个如图 3-46 所示的 JK 触发器符号为例，讲解利用 Symbol Wizard 创建元件符号的操作步骤。

(1) 执行菜单命令“工具”→“Symbol Wizard”，如图 3-47 所示，系统将弹出“Symbol Wizard”对话框，如图 3-48 所示。

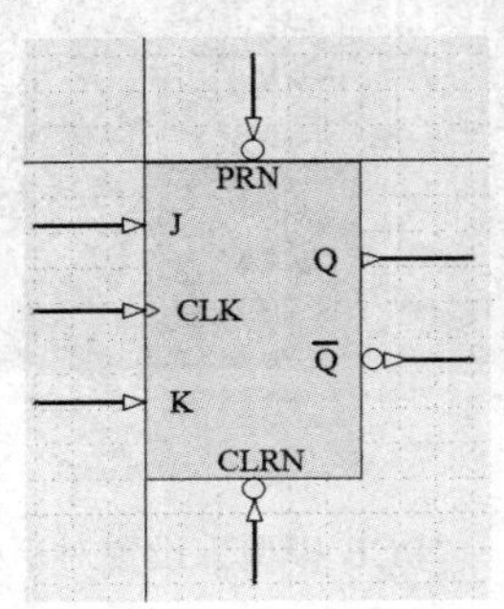

图 3-46　JK 触发器

图 3-47　“Symbol Wizard”菜单

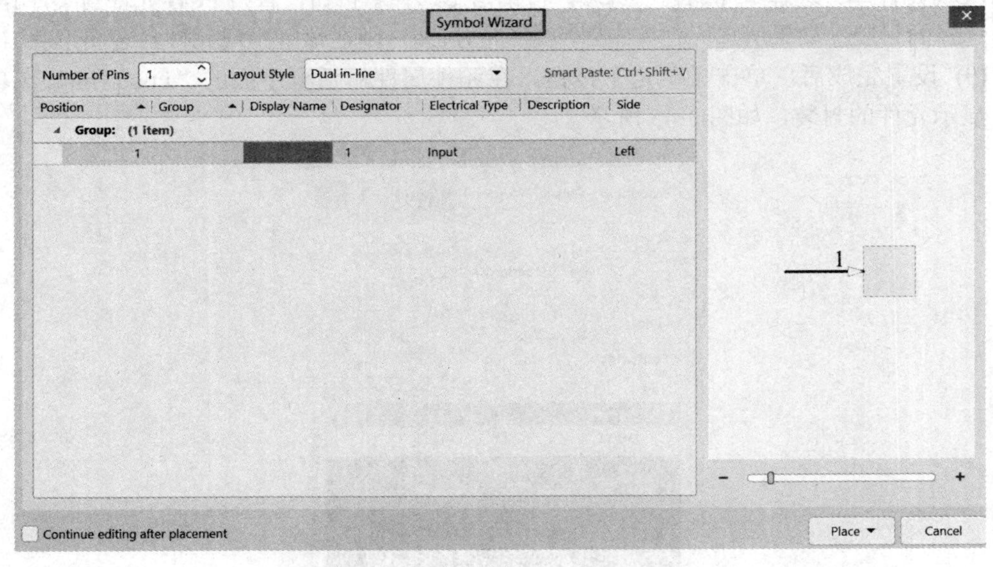

图 3-48　“Symbol Wizard”对话框

向导对话框分成左右两侧，左侧用来设计符号的管脚及其属性，右侧显示符号外形。下面详细说明每项的含义及其功能。

① Number of Pins：单击 Number of Pins 后面空格里的上下箭头，可以增减管脚数量。

② Layout Style(布局样式)：单击布局样式后面的下拉箭头，将弹出符号样式选项，如图 3-49 所示。有 6 种样式可选，其中 5 种系统模板，1 种手工样式，用户可根据自己设计

的元件符号的大致外形选择接近的样式。在此选择“Manual”手工样式。

③ Position：管脚的位置。

④ Group：管脚分组。

⑤ Display Name：输入管脚名称。

⑥ Designator：管脚标号。管脚标号和名称可以一样。

⑦ Electrical Type：管脚的电气特性。在某一管脚上单击鼠标左键，单击▼，将弹出管脚电气特性的相应选项，如图 3-50 所示。

⑧ Description：管脚描述，可以对管脚含义进一步说明。

⑨ Side：管脚摆放的位置。在某个需要变更方位的管脚上单击，将出现▼按钮，单击▼，将弹出管脚方位选项，如图 3-51 所示，可选择任意一种来调整管脚方位。

⑩ 在左侧任何一个需要操作的地方单击右键，都会弹出如图 3-52 所示的对象操作菜单，可以进行管脚的上下位置移动、复制、粘贴、清除等操作。

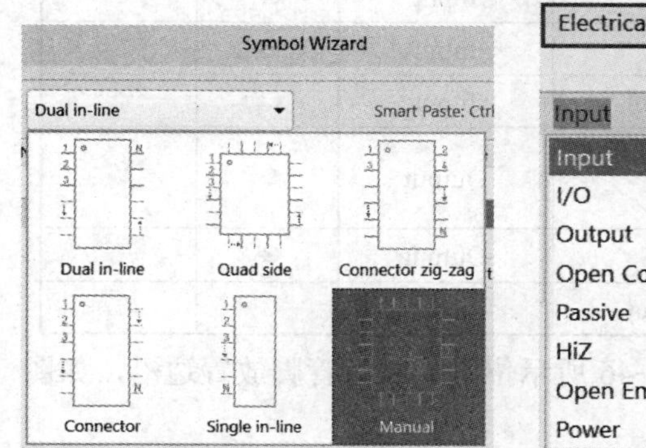

图 3-49　Layout Style 样式选项

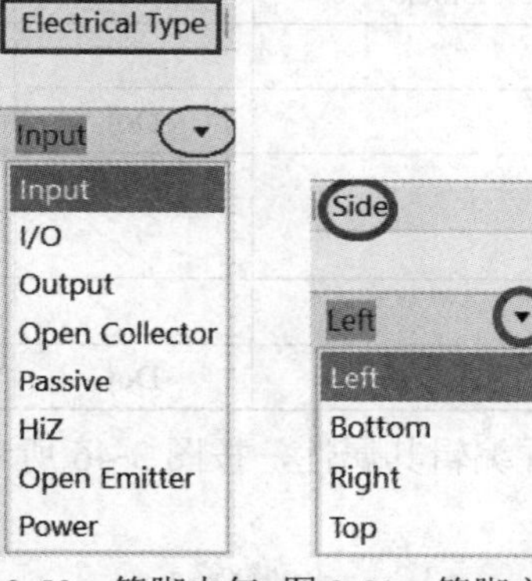

图 3-50　管脚电气特性选项

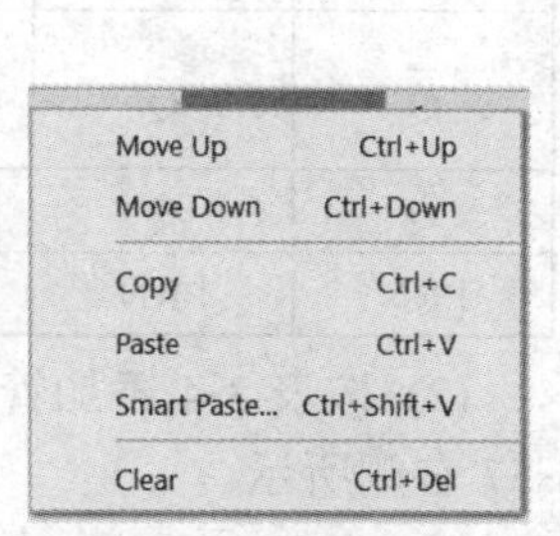

图 3-51　管脚方位选择项

图 3-52　对象操作菜单

⑪ Continue editing after placement：选中该项，当放置一个元件后将继续编辑下一个元件。

⑫ Place ▼：放置操作，有三种方式，如图 3-53 所示。用户可以进行放置符号、放置新符号、放置新部件操作。

- Place Symbol：选择此项，即把所修改元件放回到原理图编辑器中，相当于修改更新了原来的元件符号。选择此项将弹出如图 3-54 所示的确认对话框，单击【Yes】按钮替代原来的符号，单击【No】按钮取消操作。
- Place New Symbol：选择此项，将以新元件的方式放到元件符号编辑器中。
- Place New Part：选择此项，将产生一个复合式元件，如图 3-55 所示。

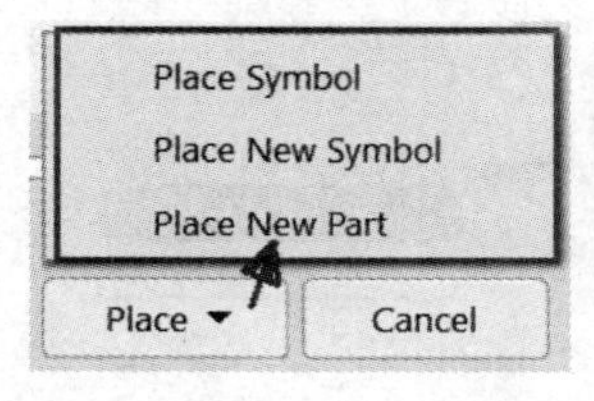

图 3-53　放置操作菜单

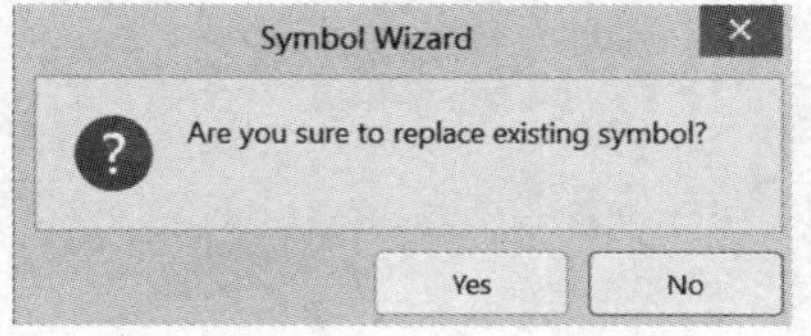

图 3-54　确认替代元件对话框

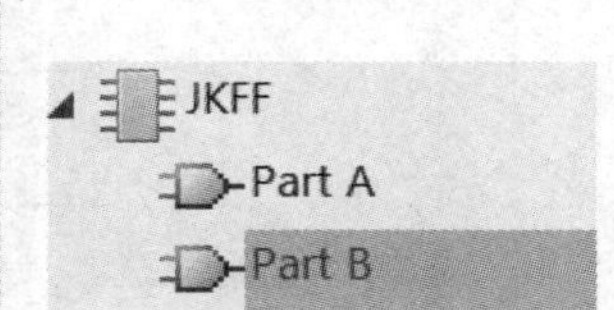

图 3-55　复合式元件

⑬ Cancel：单击此按钮，将弹出如图 3-56 所示的确认对话框，此时单击【Yes】按钮放置更改的元件，单击【No】按钮不放置更改的元件，单击【Cancel】按钮取消操作。

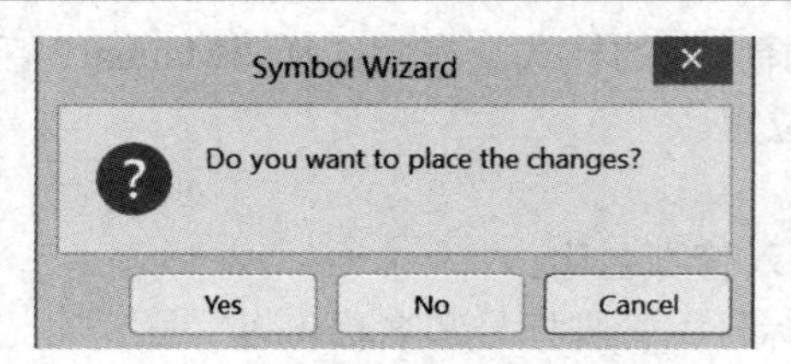

图 3-56　确认对话框

图 3-46 所示 JK 触发器的管脚属性如表 3-4 所示。

表 3-4　图 3-46 所示 JK 触发器符号的管脚属性

Name (管脚名称)	Designator (管脚标号)	Inside Edge (管脚内部边沿符号)	Outside Edge (管脚外部边沿符号)	Electrical Type (管脚电气特性)	Name (名称) 是否可见	Designator (标号) 是否可见
J	J			Input		
CLK	CLK	Clock		Input		
K	K			Input		
CLRN	CLRN		Dot	Input		
$\overline{Q}$	$\overline{Q}$			Output		
Q	Q			Output		
PRN	PRN		Dot	Input		

(2) 按表 3-4 添加管脚并编辑其属性，按图 3-46 所示位置调整各管脚放置边沿，如图 3-57 右侧所示。

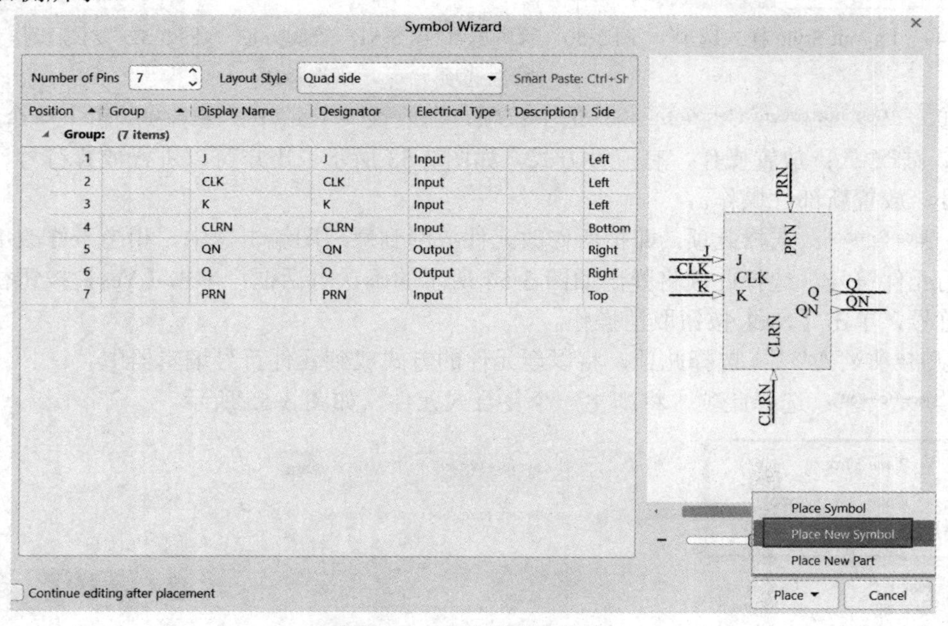

图 3-57　完成的元件符号

(3) 单击 Place New Symbol，即可将所设计元件放到原理图元件符号编辑器中，如图 3-58 所示。

从图 3-58 中可以看出，元件外形及管脚排列还不是十分完美，个别管脚的属性与表 3-4 中的也有所区别，还需要进一步编辑。

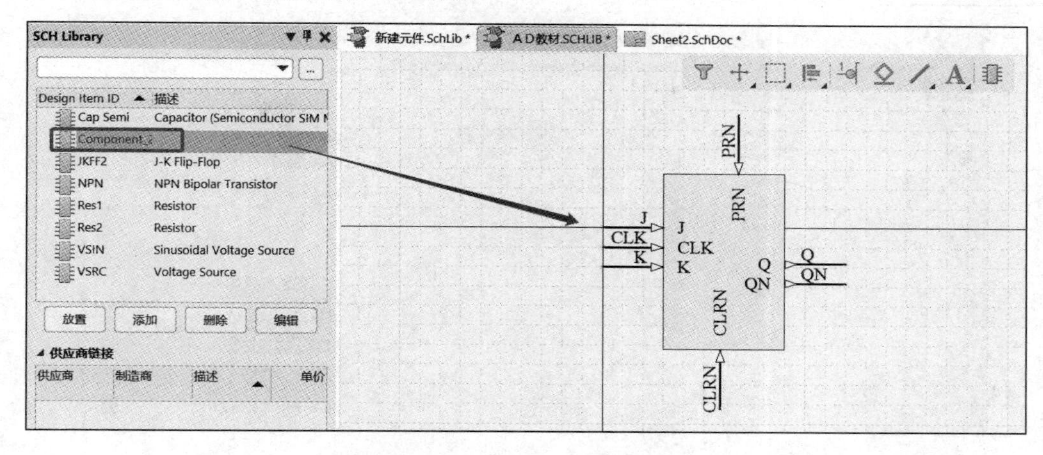

图 3-58　Symbol Wizard 完成的元件符号

(4) 管脚属性再编辑。

① 用鼠标拖动管脚调整管脚位置，如图 3-46 所示。单击 SCH Library 面板中的【编辑】按钮，弹出元件属性设置对话框，如图 3-59 所示，在 General 选项卡下设置元件名称、标号、注释及描述等信息。

② 单击 Pins 选项卡，弹出管脚属性设置对话框，如图 3-60 所示。单击和，设置元件管脚及名称是否显示(按表 3-4 进行设置)。

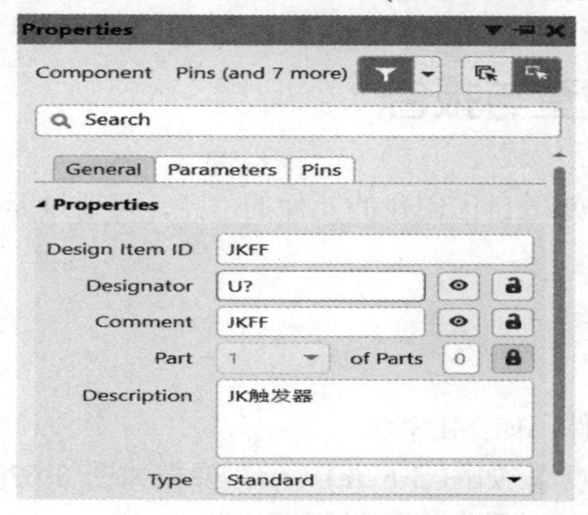

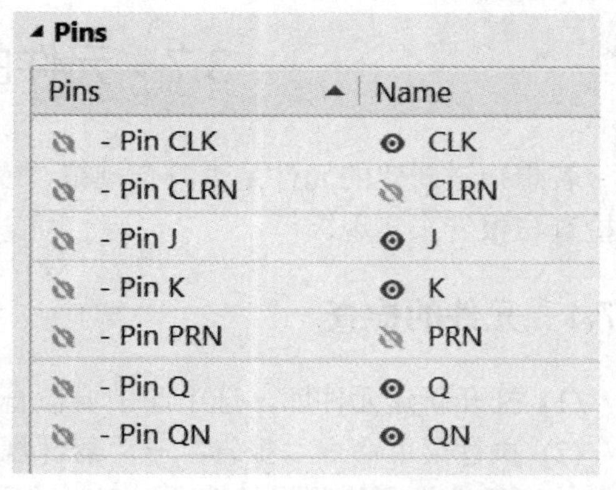

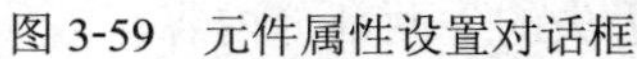
图 3-59　元件属性设置对话框　　　　图 3-60　元件管脚属性设置对话框

③ 在图 3-60 中单击鼠标右键，在弹出的快捷菜单中选择 Edit Pin，弹出如图 3-61 所示的元件管脚属性设置对话框。将“CLK”的 Inside Edge 设置为“Clock”，将 CLRN、PRN 的 Outside Edge 依次设置为“Dot”。在“QN”的【Name】后输入“Q\”，将“QN”名称改为 $\overline{Q}$，如图 3-46 所示。单击【确定】按钮退出。

(5) 单击窗口菜单中的 A 放置文字 CLRN、PRN，结果如图 3-46 所示。

至此，用 Symbol Wizard 设计元件符号的过程就结束了。

注意：管脚负信号输入参考图 2-33，是否选中 单一\'符号代表负信号 (S) 项，选中此项，表示在字母前面加上斜线后，显示时带有“非”符号，在对象上面有一横线，表示低电平有效。如放置$\overline{\text{ENA}}$，只要在其第一个字母前加一个“\”(\ENA)，即显示$\overline{\text{ENA}}$。如果不选中单一'\'符号代表负信号(S)，则在每个字母后面依次输入“\”(E\N\A\)，才能显示$\overline{\text{ENA}}$。

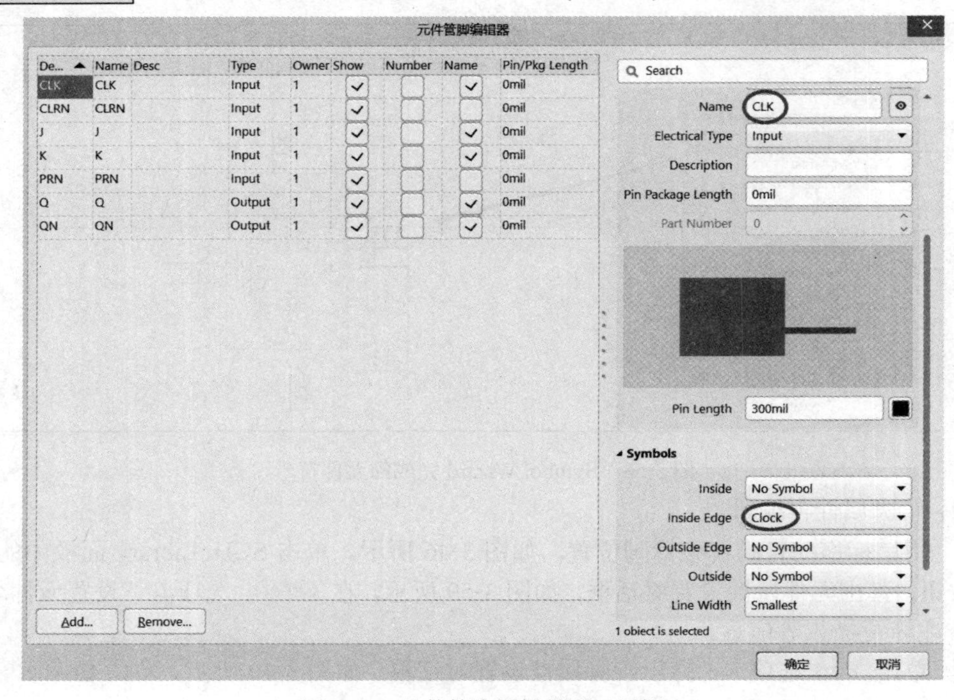

图 3-61　元件管脚属性设置对话框

3.7　元件的检查与报告

若想知道新建的元件是否符合规范，或者想知道自己创建的元件的信息，可通过元件的检查与报告来实现。

3.7.1　元件的检查

(1) 打开新建元件库，选中库中要检查的元件，如 74LS00。

(2) 执行菜单命令“报告”→“器件规则检查”，如图 3-62(a)所示，弹出如图 3-62(b)所示的库元件规则检测报告选项，包括“重复”与“丢失的”两部分内容：

① 重复-元件名称：是否有重复的元件名称。

② 重复-管脚：是否有重复的元件管脚。

③ 丢失的-描述：元件描述未填写。

④ 丢失的-管脚名：元件管脚名称未填写。

⑤ 丢失的-封装：元件封装未填写。

⑥ 丢失的-管脚号：元件管脚标号未填写。

⑦ 丢失的-默认标识：元件管脚位号未填写。

⑧ 丢失的-序列中丢失管脚：在一个序列的管脚号码中缺少某个号码。

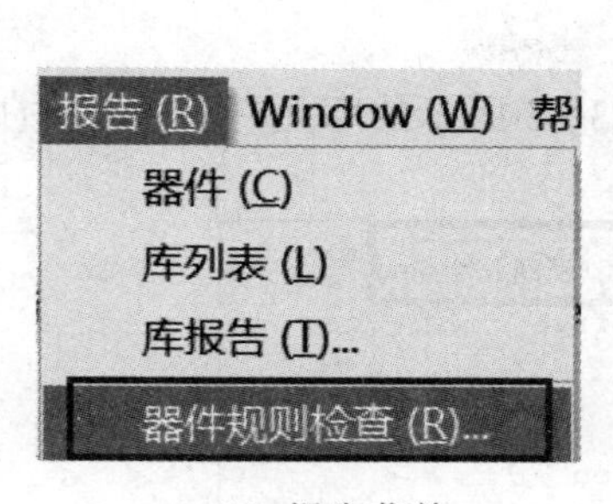

(a) 报告菜单

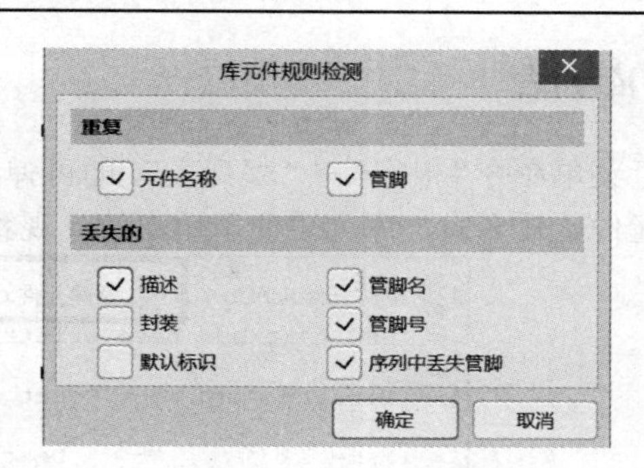

(b) 库元件规则检测选项

图 3-62　元件检查报告选项

注意：不是必须选中所有选项，应依据设计情形而定！

选中需要检查的选项后，点击图 3-62(b)中的【确定】按钮，弹出如图 3-63 所示的检测结果报告，所有的错误都列在“Errors”下面。图中显示：重复了 6 管脚，丢失了 11 管脚，丢失了管脚名称(起始设计时就没有对元件进行命名，元件名称可有可无)。将出现的错误进行修改，反复检查，直到“Errors”下面没有错误信息为止。

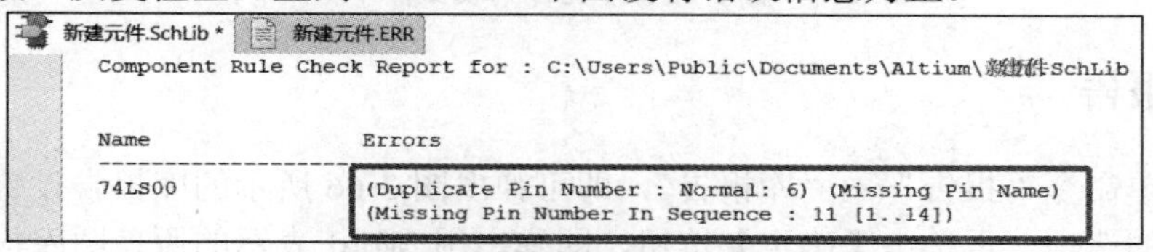


```
Component Rule Check Report for : C:\Users\Public\Documents\Altium\新建元件.SchLib

Name                Errors
-------------------------------------------
74LS00              (Duplicate Pin Number : Normal: 6) (Missing Pin Name)
                    (Missing Pin Number In Sequence : 11 [1..14])
```

图 3-63　元件检测结果报告

3.7.2　元件的报告

(1) 打开新建元件库，选中库中要检查的元件，如 74LS00。

(2) 执行菜单命令“报告”→“器件”，如图 3-62(a)所示，将弹出如图 3-64 所示的元件信息报告文件。据此用户可以再次检查元件各管脚信息的设置情况。

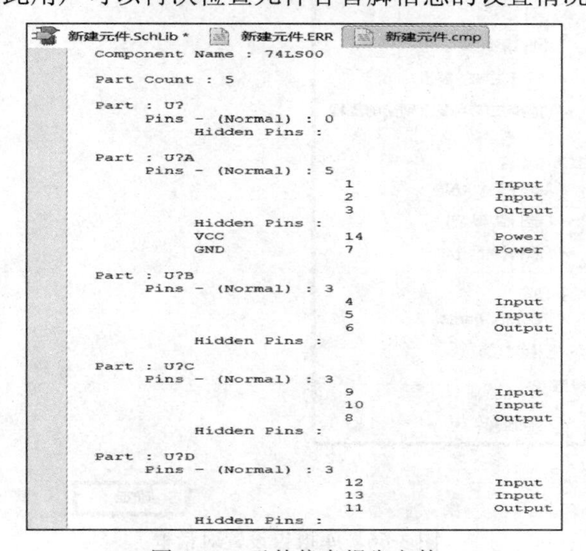


```
Component Name : 74LS00

Part Count : 5

Part : U?
     Pins - (Normal) : 0
          Hidden Pins :

Part : U?A
     Pins - (Normal) : 5
                         1               Input
                         2               Input
                         3               Output
          Hidden Pins :
          VCC            14              Power
          GND            7               Power

Part : U?B
     Pins - (Normal) : 3
                         4               Input
                         5               Input
                         6               Output
          Hidden Pins :

Part : U?C
     Pins - (Normal) : 3
                         9               Input
                         10              Input
                         8               Output
          Hidden Pins :

Part : U?D
     Pins - (Normal) : 3
                         12              Input
                         13              Input
                         11              Output
          Hidden Pins :
```

图 3-64　元件信息报告文件

3.7.3　库列表

执行菜单命令“报告”→“库列表”，即可弹出图 3-65 所示的库元件列表文件(库列表)。当库中元件比较多时，库列表便于用户统计观察。

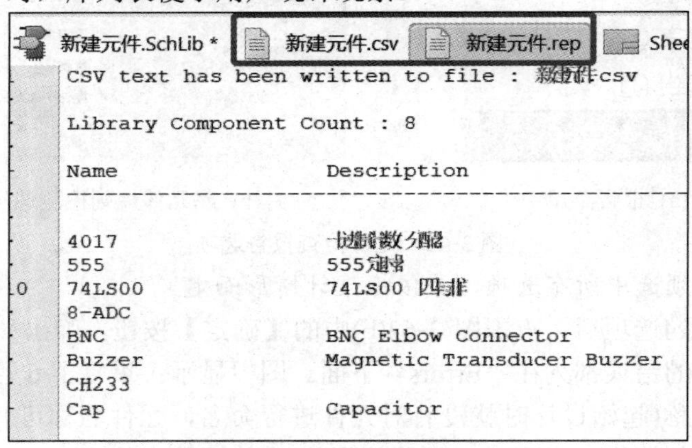

图 3-65　库元件列表文件

3.7.4　库报告

执行菜单命令“报告”→“库报告”，即可弹出图 3-66 所示的库报告设置对话框。选中需要报告的选项，再单击【确定】按钮，即弹出用 Word 表示的原理图库报告文件，如图 3-67 所示。文件中列出了每个元件的名称、创建时间、管脚数量、电气特性、尺寸大小及其封装等信息，用户可以根据此报告进一步了解元件的安装信息与空间大小。

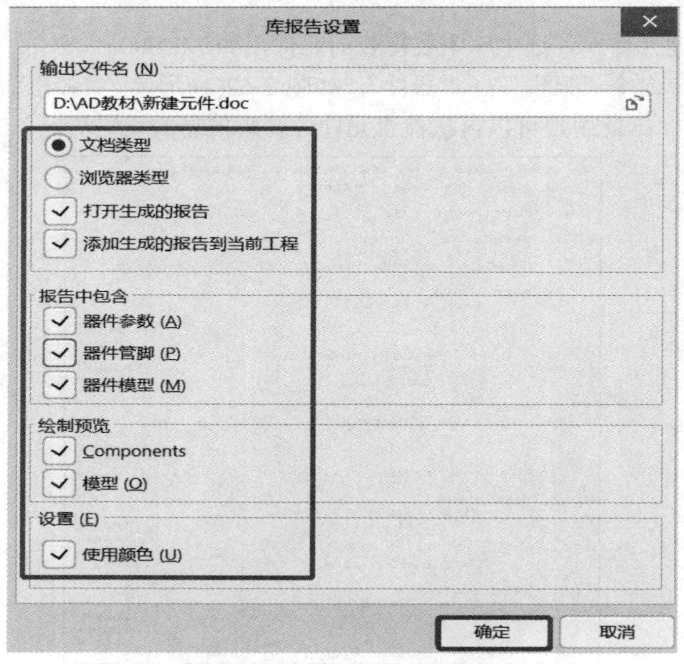

图 3-66　库报告设置对话框

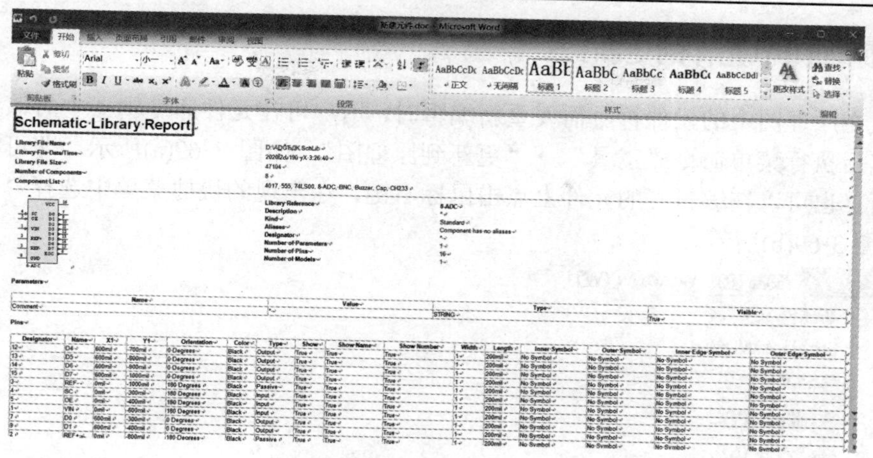

图 3-67　库报告文件

3.8　新建元件的使用

在元件库文件中绘制好元件符号以后，用户就可以很方便地将之用到原理图文件中了。

3.8.1　新元件的放置

方法一：

(1) 打开原理图文件，用加载元件库的方法，加载“新建元件.SchLib”(参考 2.6.1 节)。

(2) 选择图 3-68 中的“新建元件.SchLib”，该库中的元件就出现在“Design Item ID”下面的列表中，选择要放置的元件，即可将设计的新元件放在原理图编辑窗口中。

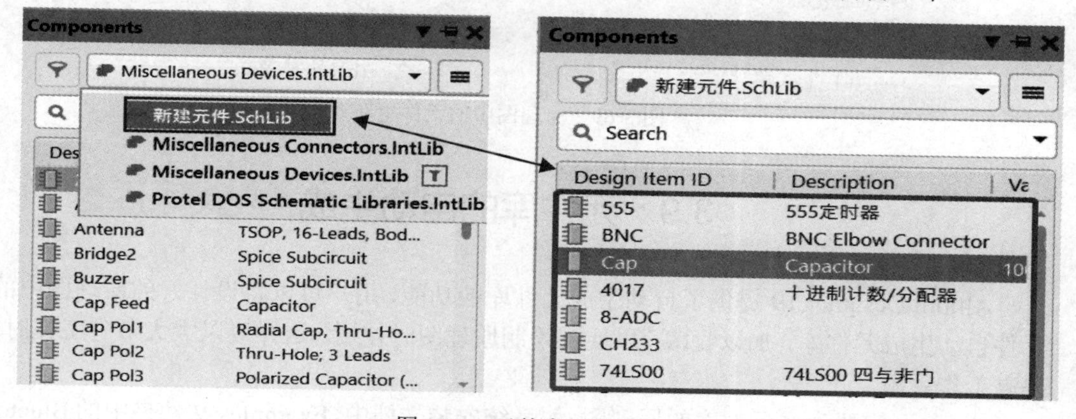

图 3-68　元件库列表

方法二：

(1) 在“SCH Library”面板中找到新建的元件，如图 3-4(a)所示。

(2) 单击【放置】按钮，系统会自动新建并打开一个原理图文件，且选中的元件被放置到这个原理图设计区域中。

3.8.2　原理图中元件的更新

当放在原理图中的元件符号需要重新编辑时，用户可在元件库编辑器中对该元件进行编辑，然后执行菜单命令“工具”→“更新到原理图”，如图 3-69(a)所示，即可将编辑的元件更新；也可以在编辑好的元件上点击鼠标右键，在出现的快捷菜单中选择“更新原理图”，如图 3-69(b)所示。

(a) 主菜单　　(b) 快捷菜单

图 3-69　原理图中的元件更新

3.9　元件库的自动生成

Altium Designer 19 提供了自动生成元件库的功能，用户可以将设计好的原理图中的各元件自动生成元件库，加以收藏，以便在绘制原理图时使用。这样可以大大节省工作时间，提高工作效率。

(1) 打开需要生成元件库的原理图，如系统安装文档中，Examples 文件夹中的 Bluetooth Sentinel 下面的 Microcontroller_STM32F101.SchDoc。

(2) 执行菜单命令“设计”→“生成原理图库”，如图 3-70 所示。系统将弹出新创建的元件库信息，如图 3-71 所示。

(3) 单击【OK】按钮，即可自动生成元件库，并在 SCH Library 面板上列出新增加的库元件名称，如图 3-72 所示。

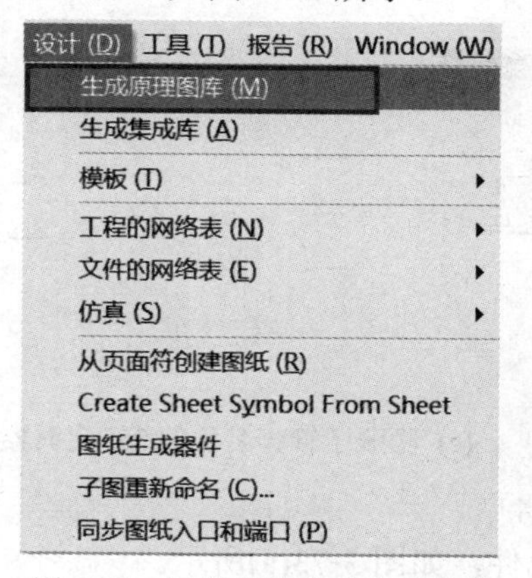

图 3-70　元件库的自动生成菜单

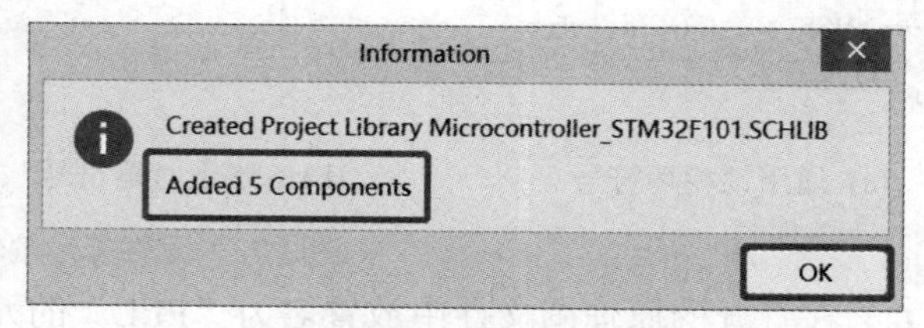

图 3-71　新创建的元件库信息

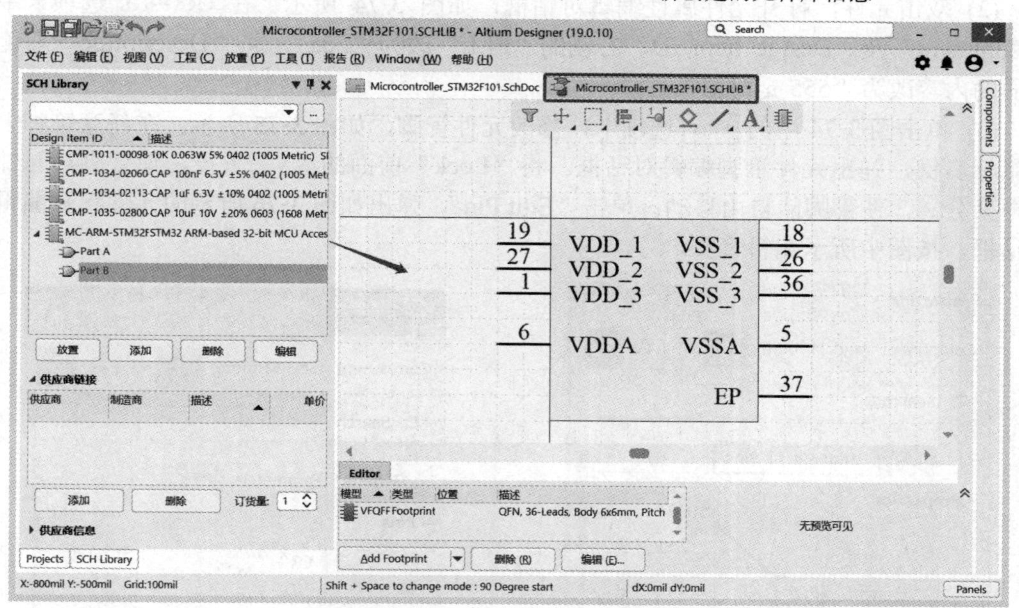

图 3-72　自动生成的元件库

3.10　原理图中元件符号的编辑

在绘制原理图时，有时为了便于导线之间的连接，使图形看起来更加美观而不影响元件功能，用户可以对元件管脚位置及名称等属性进行修改，得到所需的元件，也可以将某个原理图中的元件修改成为一个新元件来使用，然后将原理图中的元件生成原理图库，加以保存，方便日后使用。

3.10.1　直接在原理图中编辑元件符号

下面用一个例子来说明编辑过程。将图 3-73(a)所示的通用锁相环符号修改成图

3-73(b)、(c)所示的 555 定时器符号。

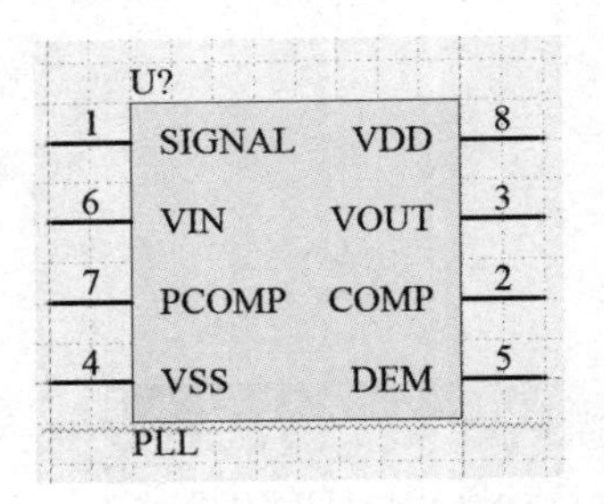

(a) 通用锁相环符号

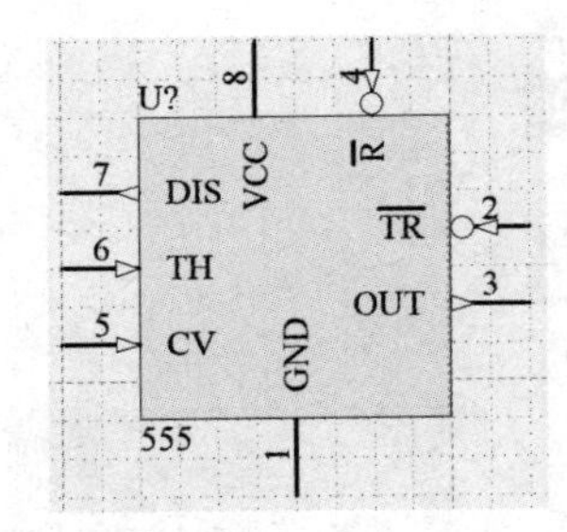

(b) 555 定时器符号

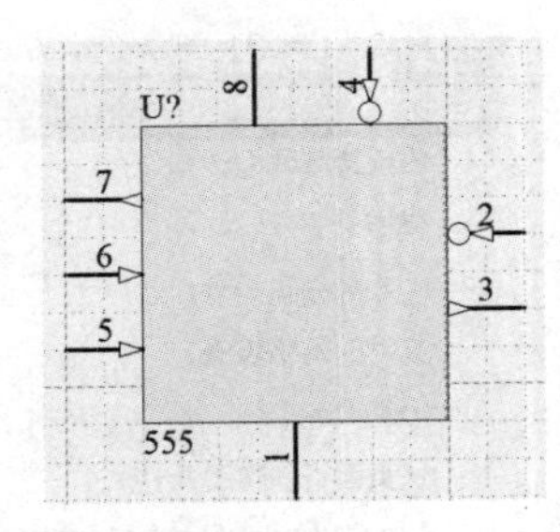

(c) 隐藏了管脚名称的 555 定时器符号

图 3-73　元件符号编辑

(1) 在打开的原理图文件中放置名为“PLL”的元件，如图 3-73(a)所示。

(2) 双击元件，打开元件属性编辑对话框，如图 3-74 所示。在 General 选项卡中将“Comment”及“Desige Item ID”右侧的“PLL”改为“555”，将“Description”右侧框里面的内容改为“555 定时器”。

(3) 单击图 3-74 中的 Pins 选项卡，修改元件管脚，如图 3-75 所示。在任意管脚上单击鼠标右键，弹出元件管脚编辑对话框。将“Lock”前面的“√”去掉，使管脚与元件矩形框架分离，使管脚能自由移动；单击“Edit Pin”，弹出如图 3-76 所示的元件管脚编辑器对话框，按图中所示编辑管脚。

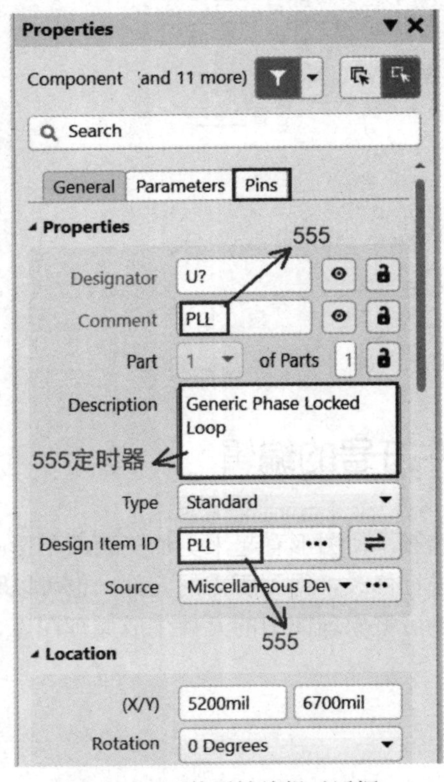

图 3-74　元件属性编辑对话框

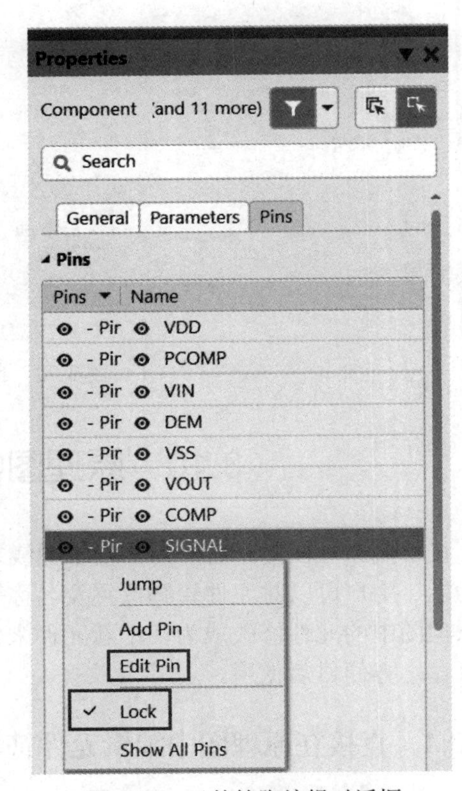

图 3-75　元件管脚编辑对话框

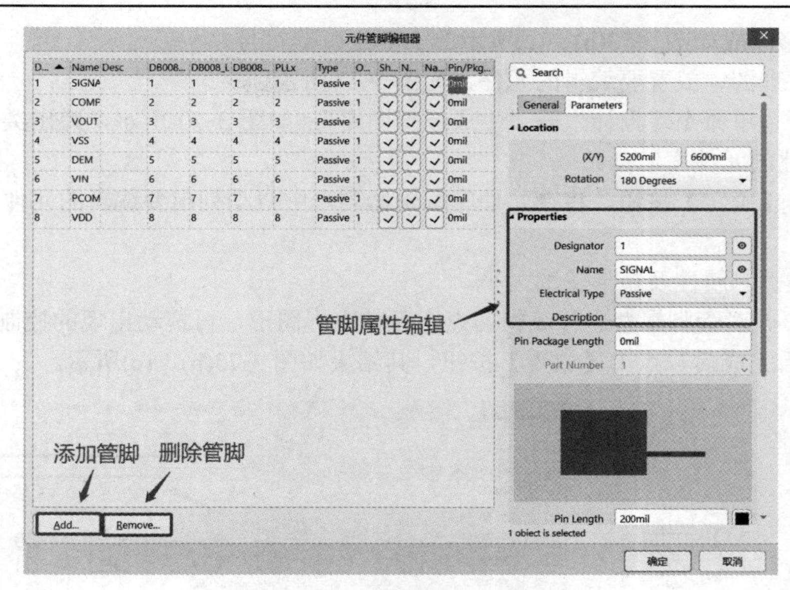

图 3-76　元件管脚编辑器对话框

(4) 表 3-5 所示是 555 定时器的管脚属性。依据各管脚属性修改 555 定时器符号，修改后的符号如图 3-73(b)所示。

注意：*管脚修改完成后，在如图 3-75 所示的对话框中，应将“Lock”前面的“√”选中，以使管脚与元件矩形框架成为一体。*

表 3-5　555 定时器的管脚属性

Name (管脚名称)	Designator (管脚标号)	Outside Edge (管脚外部边沿符号)	Electrical Type (管脚电气特性)	Name (名称) 是否可见	Designator (标号) 是否可见	Pin Length (管脚长度)
GND	1		Power			200
T\R\	2	Dot	Input			200
OUT	3		Output			200
R\	4	Dot	Input			200
CV	5		Input			200
TH	6		Input			200
DIS	7		Output			200
VCC	8		Power			200

(5) 将管脚名称隐藏，此时就得到如图 3-73(c)所示的 555 图形符号。

上述方法只能编辑管脚属性与管脚位置，而不能编辑符号尺寸。如何才能既编辑管脚属性又能改变图形符号的尺寸大小呢？下面我们继续讲解。

3.10.2　在原理图元件库中编辑元件符号

本节介绍利用元件库的自动生成功能，将原理图中的元件生成元件库(在元件库编辑器中既可以修改管脚属性，又可以修改元件符号大小)。例如，可将图 3-77 所示的 8 位 A/D

转换器符号修改成如图 3-73(b)、(c)所示的 555 定时器符号。

(1) 在原理图中放置要编辑的元件，如图 3-77 所示。

(2) 执行菜单命令“设计”→“生成原理图库”，如图 3-70 所示，弹出类似于图 3-71 所示的新创建的元件库信息。

(3) 单击【确定】按钮，将在元件库编辑器列表中自动列出要编辑的元件，如图 3-78 所示。

(4) 修改管脚属性及矩形轮廓大小。

按照表 3-5 对管脚属性进行编辑；点击元件矩形图形，再拖动出现的控制点以改变矩形大小。编辑完成后，点击【放置】按钮，其结果如图 3-73(b)、(c)所示。

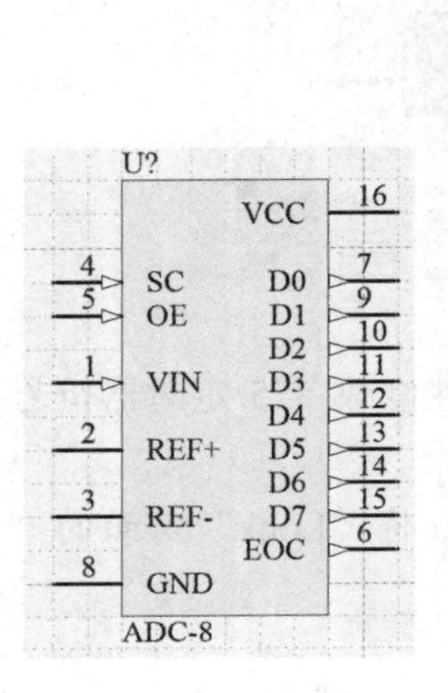

图 3-77　8 位 A/D 转换器符号

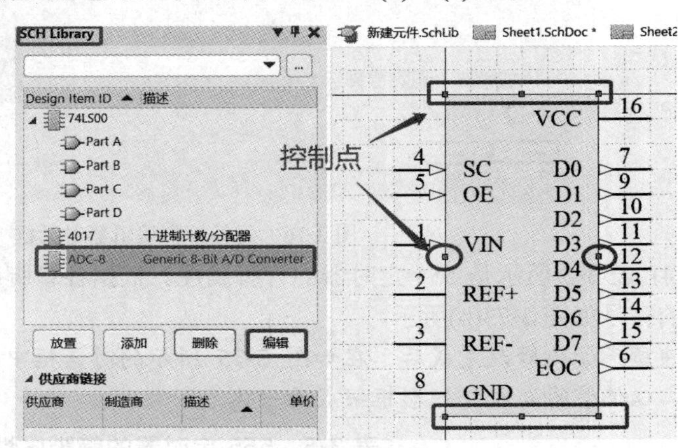

图 3-78　出现在元件库列表中的 ADC-8 元件

注意：对于新建元件库元件，可以在如图 3-79(a)所示的对话框的元件列表“Design Item ID”下面任意处单击鼠标右键，选择“Edit…”选项，直接打开元件库编辑器，对其进行编辑；对于系统自带库元件，就必须采用上述方法，因为其“Edit…”选项是灰色的，不能直接编辑，如图 3-79(b)所示。

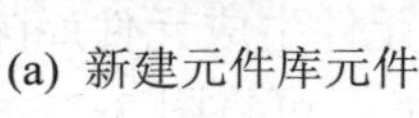
(a) 新建元件库元件　　　　(b) 系统自带库元件

图 3-79　元件编辑对话框

3.11　原理图元件库管理工具

在元件库编辑器主菜单的工具菜单中，提供了很多管理元件库的命令。本节我们主要介绍工具菜单中的一些常用命令。图 3-69(a)所示为工具菜单，一些常用选项说明如下：

- 新器件：创建新元件。
- 移除器件：删除元件，如果是复合式元件，则连同其各部件一同被删除。
- 复制器件：复制库中的元件，目的地包括被复制的库。
- 移动器件：将一个库中的元件移动到另一个库中，相当于剪切和复制。
- 新部件：新建复合式元件中的一个单元。
- 移除部件：删除复合式元件中的某个单元符号。
- 参数管理器：可以编辑元件属性参数，参数选项如图 3-80 所示。

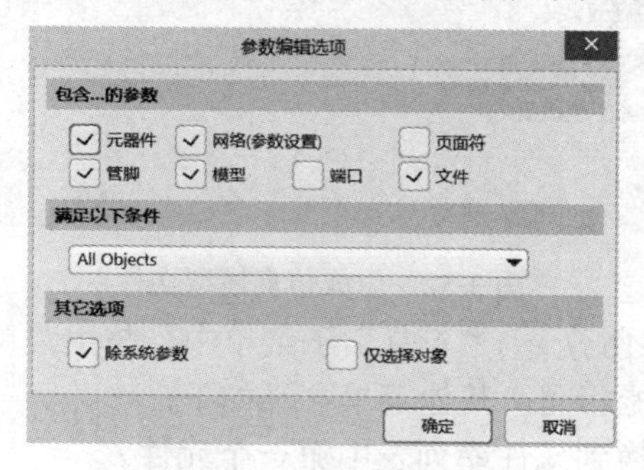

图 3-80　元件属性参数选项

- 符号管理器：可以编辑元件封装等信息，点击该项将弹出如图 3-81 所示的模型管理器窗口。

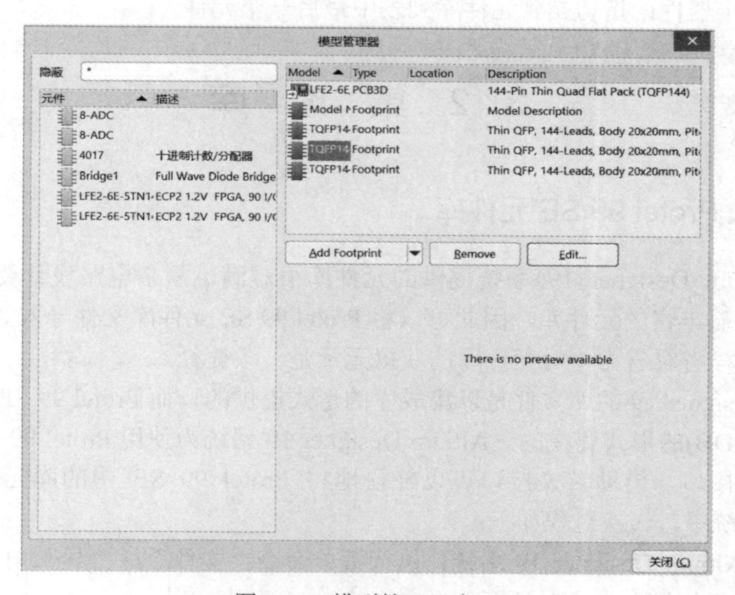

图 3-81　模型管理器窗口

- 更新到原理图：使用库中新编辑的元件更新原理图中的同名元件。
- 生成 SimModel 文件：生成仿真模型文件，如图 3-82 所示。
- Symbol Wizard：符号向导。可参考 3.6 节，此处不再赘述。

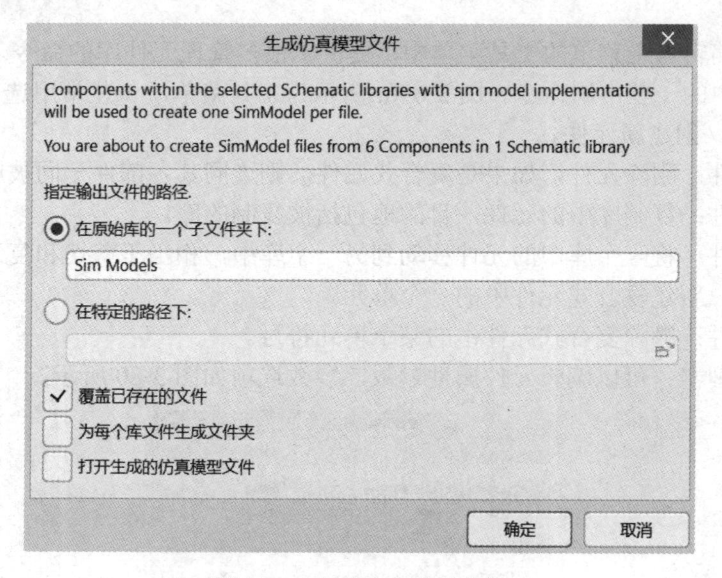

图 3-82　生成仿真模型文件

在右键快捷菜单(图 3-16 所示)“工具”子菜单中，与主菜单“工具”中对应相同名称的菜单，其含义与上述功能相同，其他菜单含义如下：

- 第一个器件：指切换到元件库列表中第一个元件。
- 下一个器件：指切换到当前鼠标所指的下面一个元件。
- 前一个器件：指切换到当前鼠标所指的前面一个元件。
- 最后一个器件：指切换到元件库列表中最后一个元件。

3.12　集　成　库

3.12.1　导入 Protel 99 SE 元件库

由于 Altium Designer 19 系统提供的元件库很难满足复杂电路设计要求，而老版本 Protel 99 SE 有着丰富的元件库，因此可以将 Protel 99 SE 元件库文件导入 Altium Designer 19 中使用，这样省时省力，对元件库的获得无疑是一条捷径。

Altium Designer 19 的库文件是以集成库的形式提供的，而 Protel 99 SE 的库文件是以设计数据库(.DDB)的形式存在的。Altium Designer 19 系统为使用 Protel 99 SE 老版本的用户提供了转换接口，借助转换接口可以轻松地将 Protel 99 SE 中的库元件导入 Altium Designer 19 系统中。转换过程如下：

(1) 启动 Altium Designer 19 系统，执行菜单命令“文件”→“导入向导”，系统将出现如图 3-83 所示的导入向导对话框。

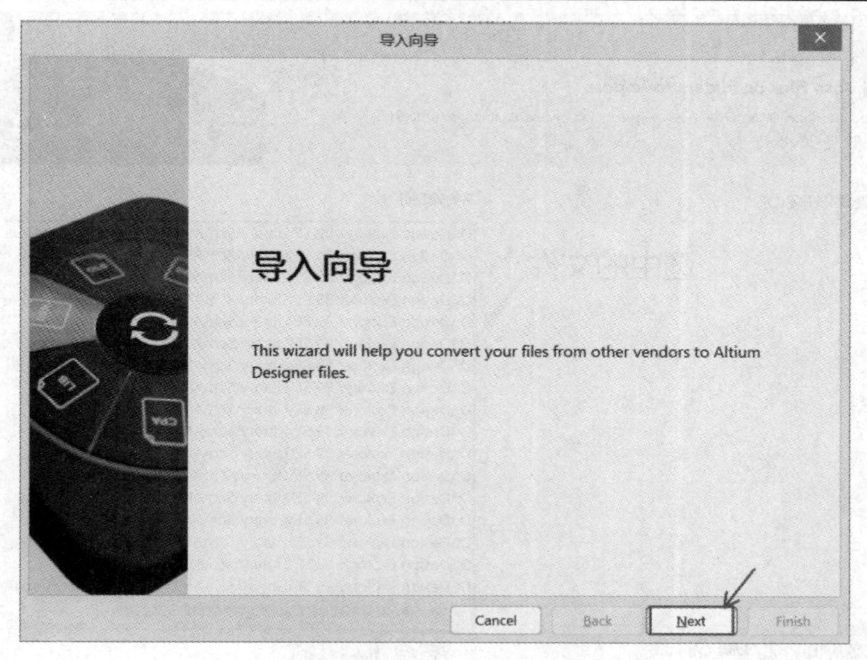

图 3-83　“导入向导”对话框

(2) 单击图 3-83 中的【Next】按钮，弹出如图 3-84 所示的选择导入文件类型对话框，这里选择“99 SE DDB Files”。

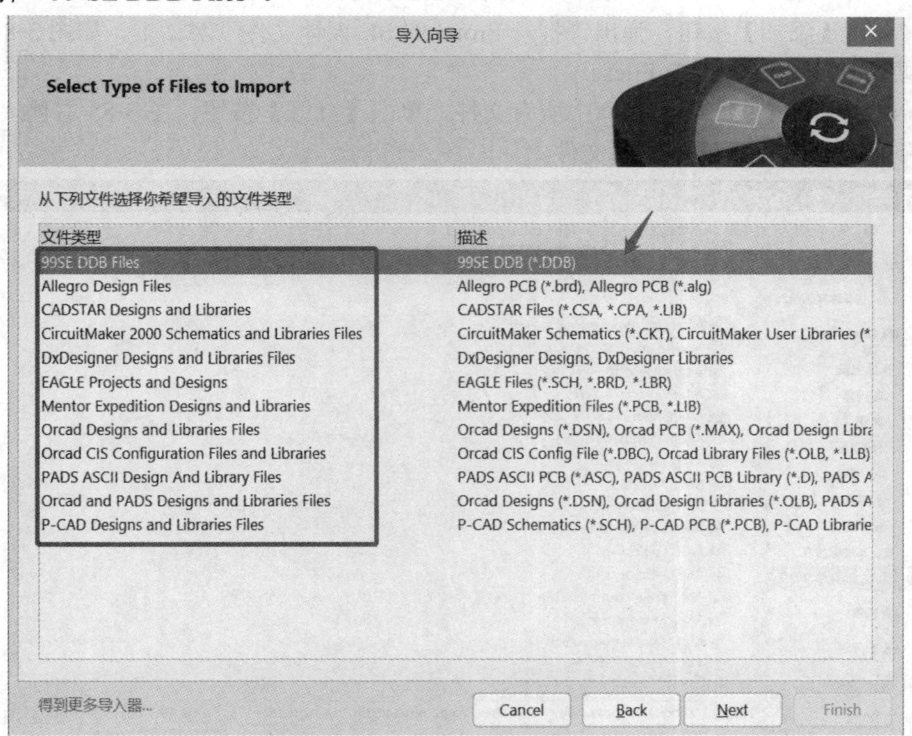

图 3-84　选择导入文件类型对话框

(3) 单击图 3-84 中的【Next】按钮，弹出如图 3-85 所示的选择导入文件对话框。

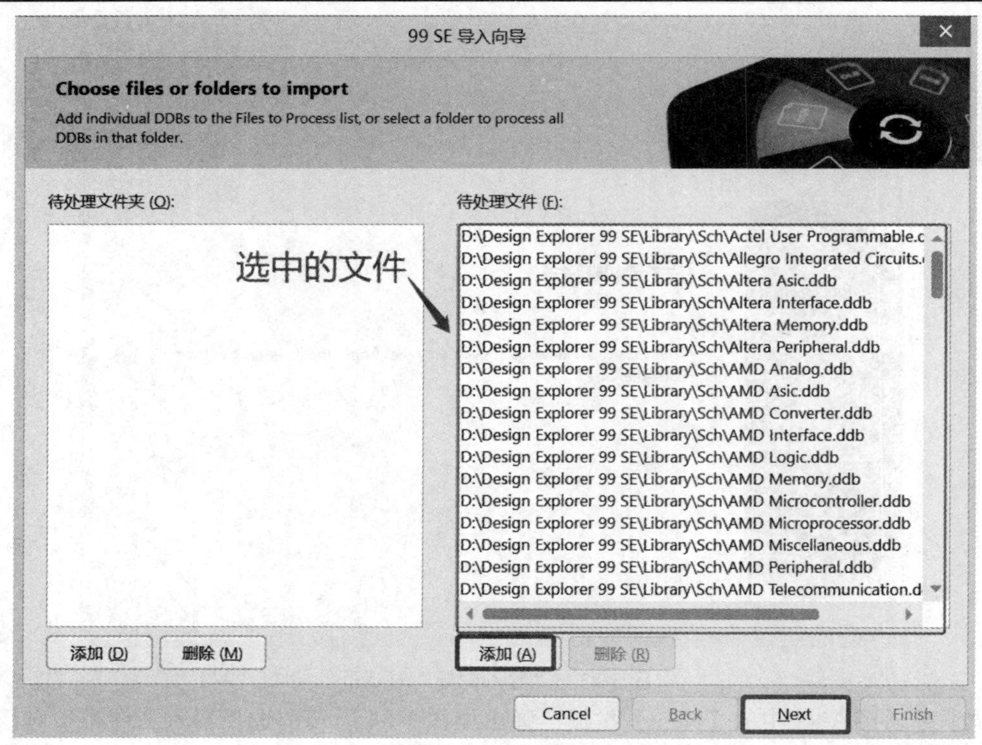

图 3-85　选择导入文件对话框

(4) 单击【添加】按钮，弹出“打开 Protel 99 SE 设计文件”对话框，如图 3-86 所示。查找需要转换的 99 SE DDB Files。

(5) 选中 Protel 99 SE(Sch)库中所有文件，单击【打开】按钮，图 3-85 右侧“待处理文件”下面就添加了所选中的库文件。

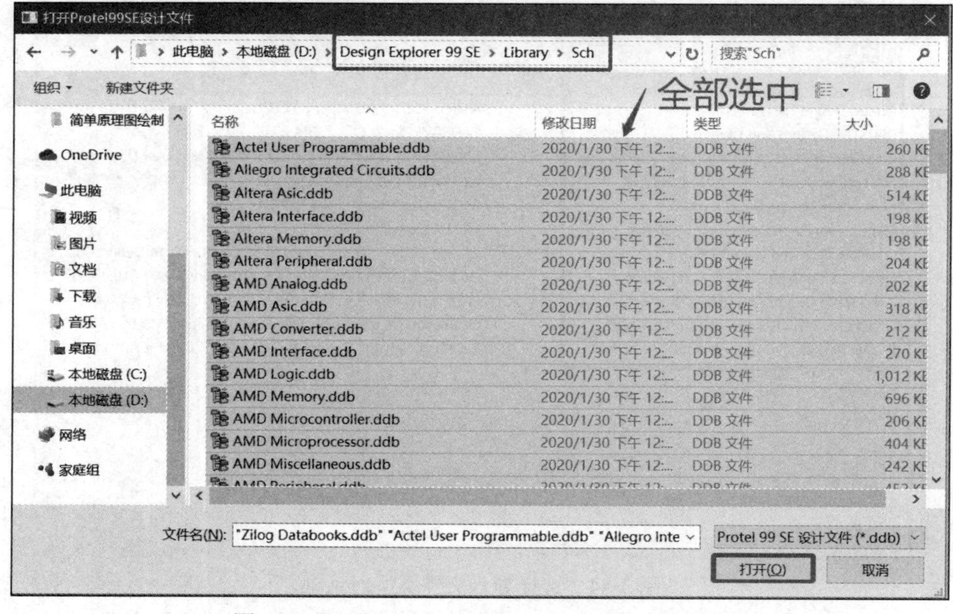

图 3-86　“打开 Protel 99 SE 设计文件”对话框

(6) 单击图 3-85 中的【Next】按钮，弹出如图 3-87 所示的选择输出文件路径对话框。找到目标路径，如 › 此电脑 › 本地磁盘 (D:) › Documents › Altium › AD19 › Library › Protel 99 SE 导入 › (安装软件时所选的共享文件夹)。

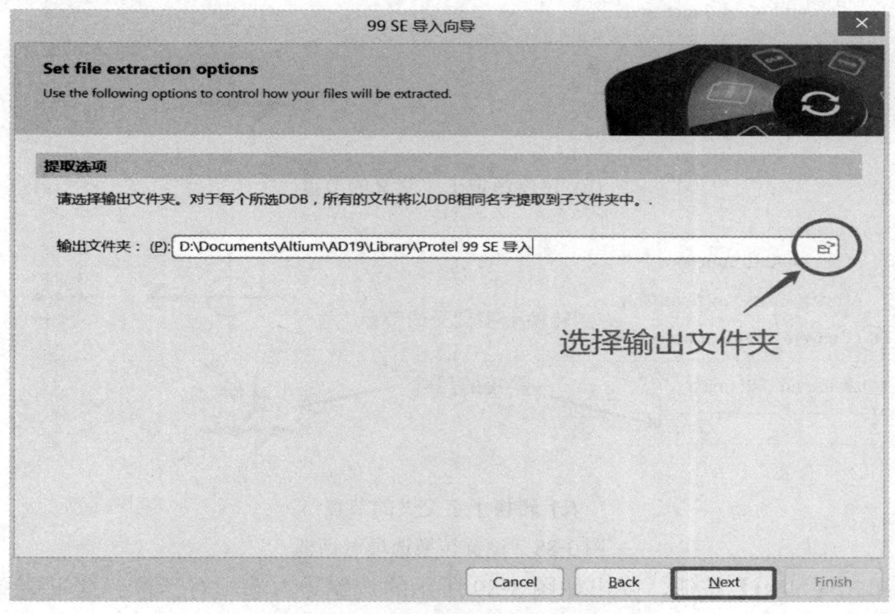

图 3-87　选择输出文件路径对话框

(7) 单击图 3-87 中的【Next】按钮，弹出如图 3-88 所示的设置转换选项对话框。选项包括三种节点类型：锁定所有自动添加的节点、仅仅锁定十字交叉的节点和转换十字交叉节点。这里选择仅仅锁定十字交叉的节点，即图 3-88(b)。

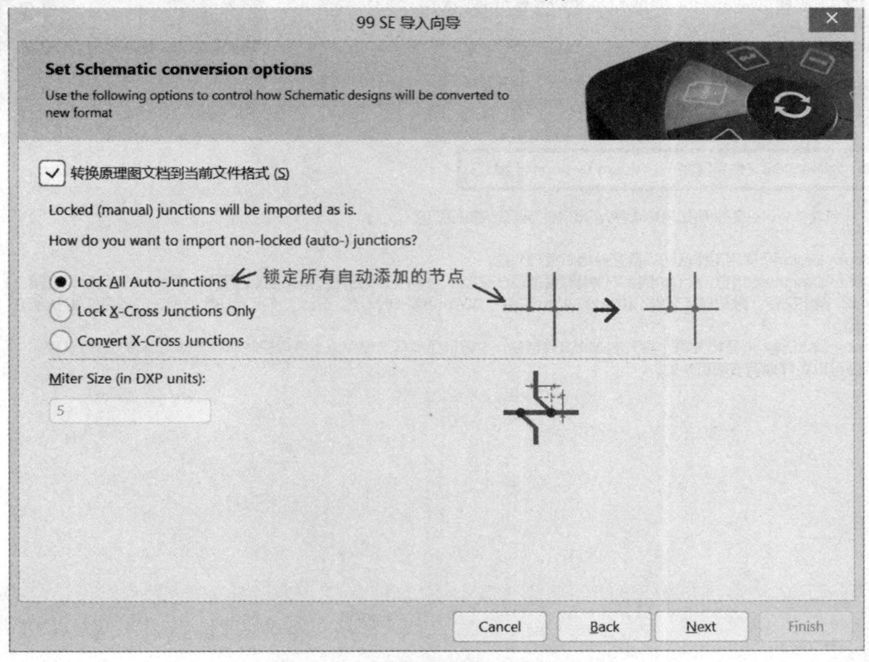

(a) 锁定所有自动添加的节点

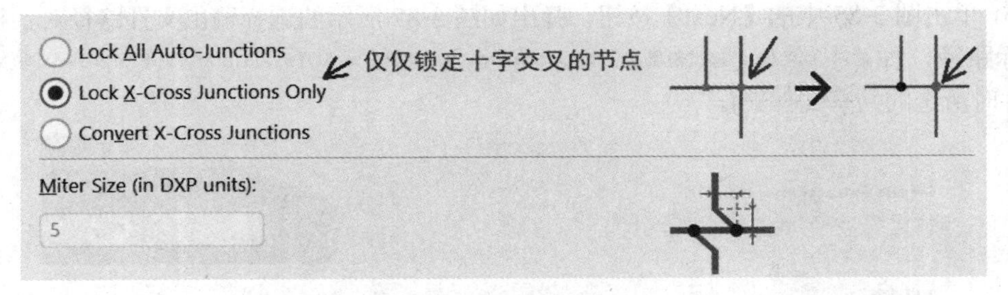

(b) 仅仅锁定十字交叉的节点

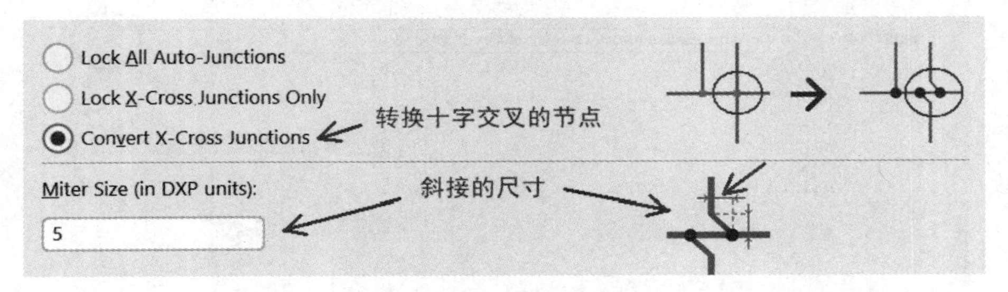

(c) 转换十字交叉的节点

图 3-88　设置转换选项对话框

(8) 单击【Next】按钮，弹出如图 3-89 所示的设置导入选项对话框。这里选择“为每个 DDB 文件夹创建一个 Altium Designer 工程”。

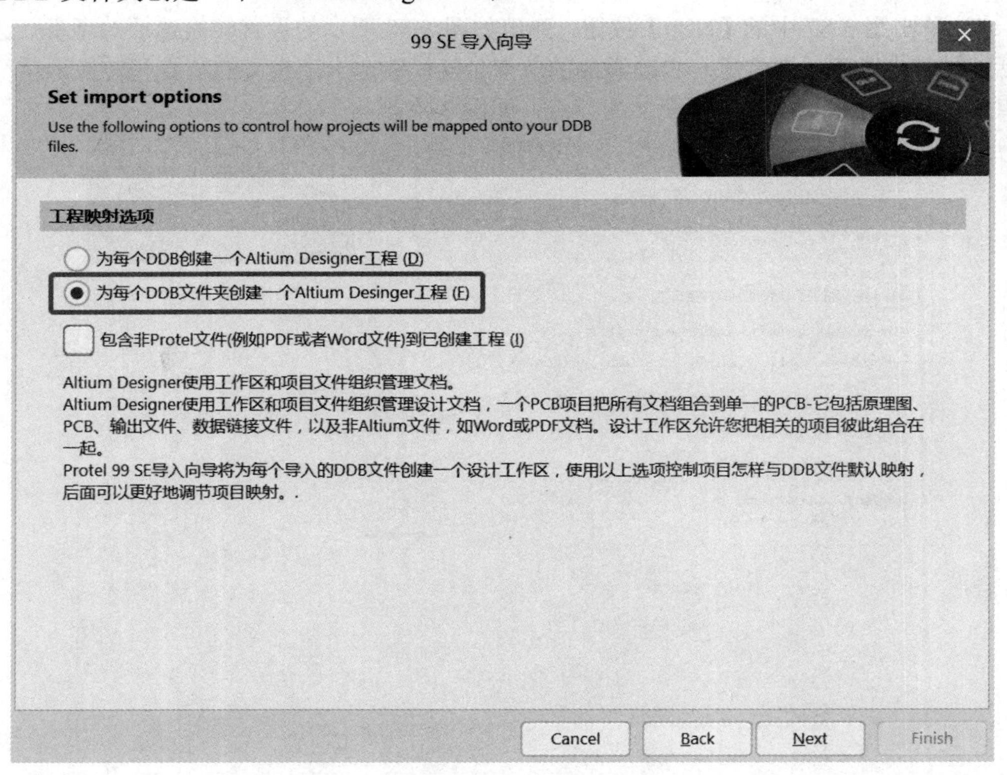

图 3-89　设置导入选项对话框

(9) 单击图 3-89 中的【Next】按钮，弹出系统正在分析你的 DDB 设计内容对话框，如图 3-90 所示。

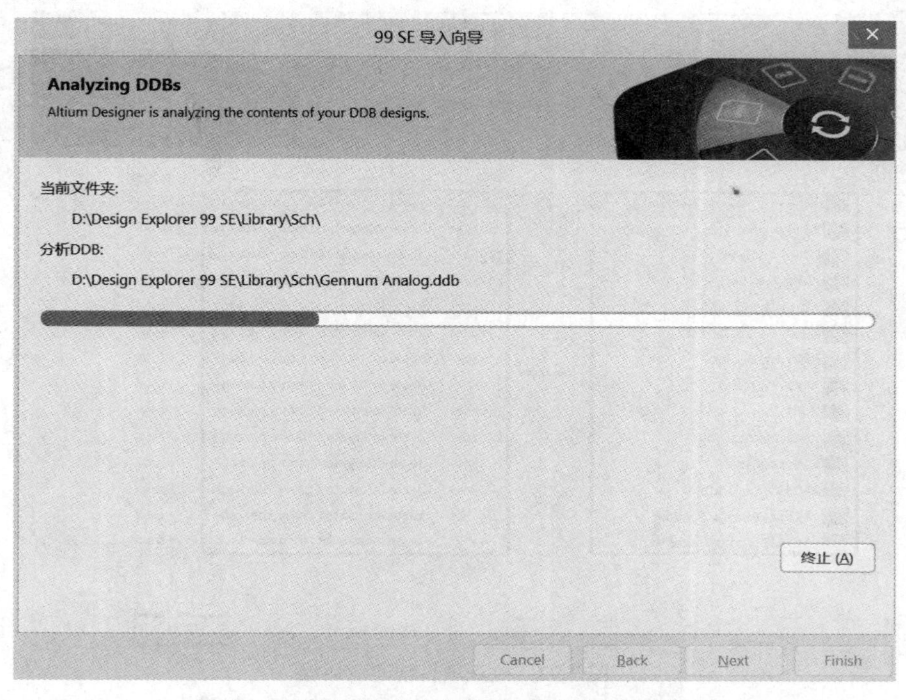

图 3-90　系统正在分析你的 DDB 设计内容对话框

(10) 分析完成，弹出选择导入文件选项对话框，如图 3-91 所示。这里选择“全部导入”。

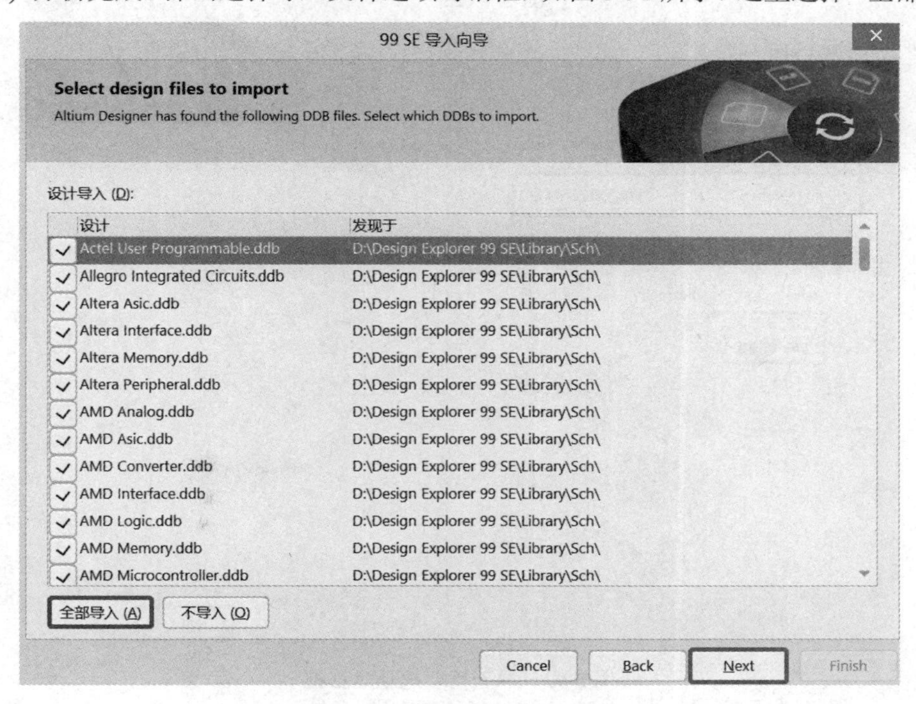

图 3-91　选择导入文件选项对话框

(11) 单击图 3-91 中的【Next】按钮，弹出如图 3-92 所示的检查项目创建对话框。进行再次确认。

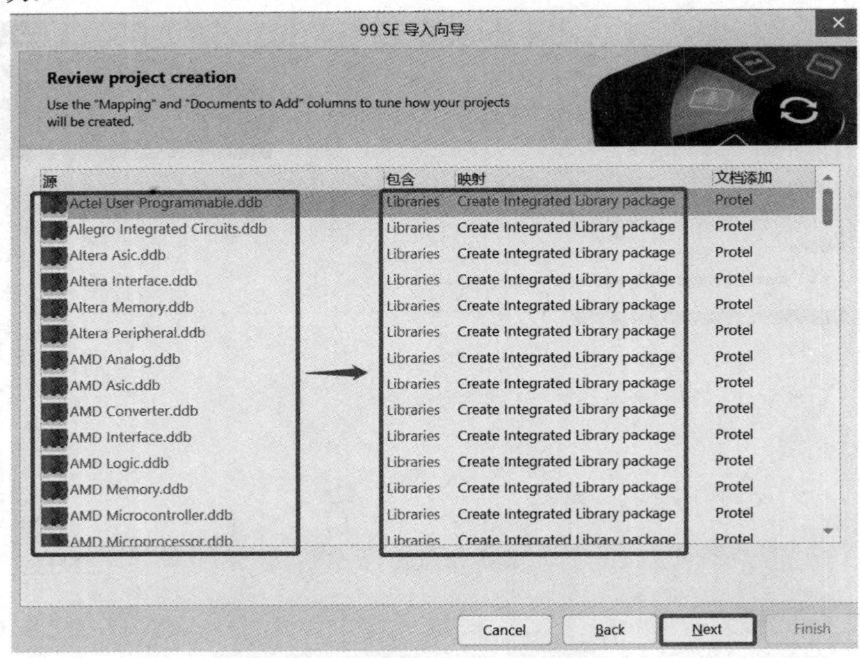

图 3-92　检查项目创建对话框

(12) 单击图 3-92 中的【Next】按钮，弹出如图 3-93 所示的导入摘要选项对话框。

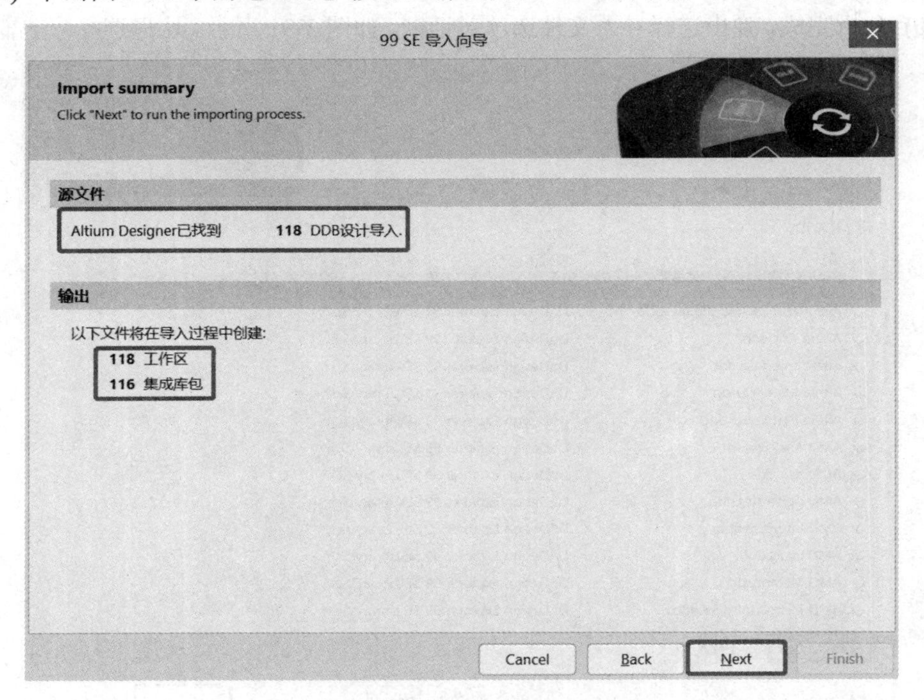

图 3-93　导入摘要选项对话框

(13) 单击图 3-93 中的【Next】按钮，弹出如图 3-94 所示的导入进行中窗口。此时可单击【终止】按钮，停止导入。

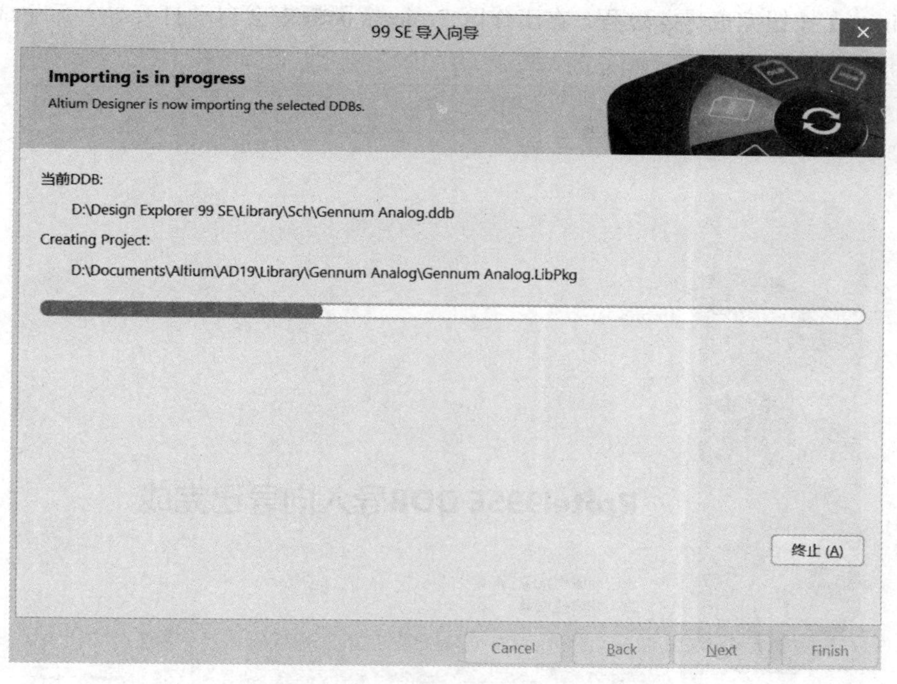

图 3-94　导入进行中窗口

(14) 等待数秒，导入完成，弹出如图 3-95 所示的选择工作区是否打开对话框。这里选择打开。

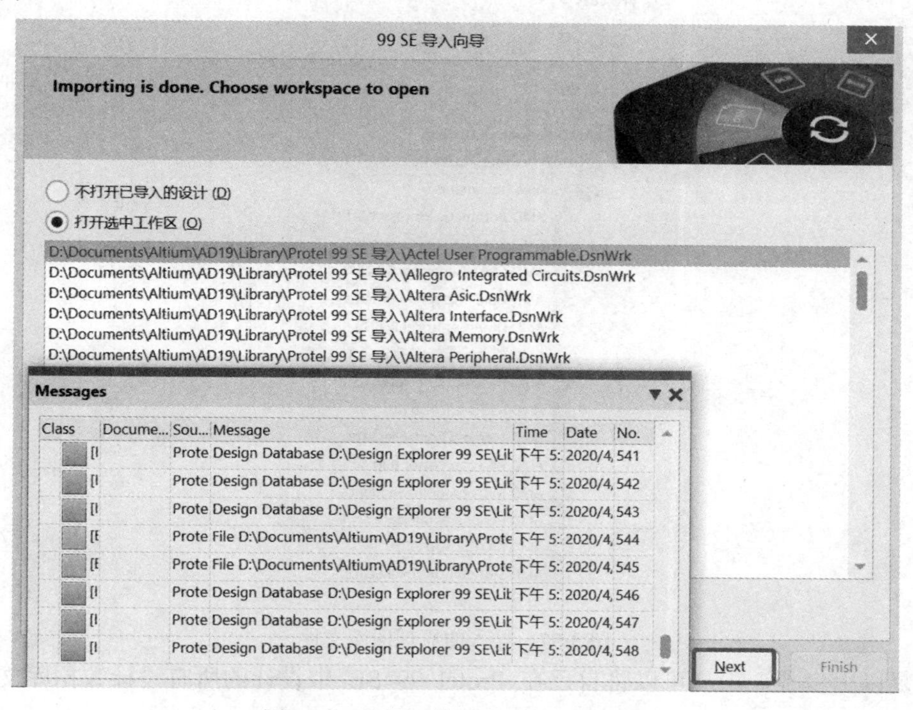

图 3-95　选择工作区是否打开对话框

(15) 单击图 3-95 中的【Next】按钮，弹出如图 3-96 所示的导入向导完成选项对话框。单击【Finish】按钮完成导入过程。在工作区 Projects 面板上会自动打开导入后生成的原理图库文件，如图 3-97 所示。

图 3-96　导入向导完成选项对话框

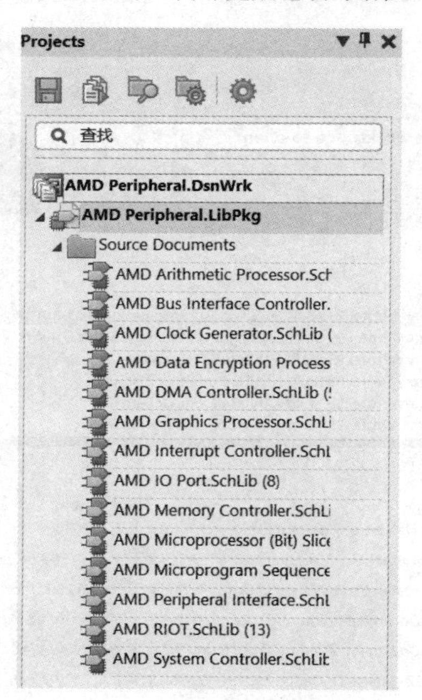

图 3-97　导入的原理图库文件

重复以上步骤，用户可以将自己在 Protel 99 SE 中设计的所有设计数据库文件导入 Altium Designer 19 中。

3.12.2　集成库的创建

集成库的创建是在原理图元件库和 PCB 封装库的基础上进行的。集成库可以关联原理图的元件与 PCB 封装、电路仿真模块、信号完整性模块、3 D 模型等文件，方便设计者直接调用和存储。集成库具有很好的共享性，特别适合项目设计者集中管理。下面我们讲解如何将导入的 Protel 99 SE 库文件生成 Altium Designer 19 的集成库文件(以导入的“Protel DOS Schematic Libraries.ddb” 为例进行讲解)。

(1) 打开 Altium Designer 19 系统。

(2) 执行菜单命令“文件”→“打开”，弹出查找文件对话框，如图 3-98 所示。

(3) 选中 Protel DOS Schematic Libraries.LibPkg，单击【打开】按钮。此时，被选中的文件出现在“Projects”面板中，如图 3-99 所示。

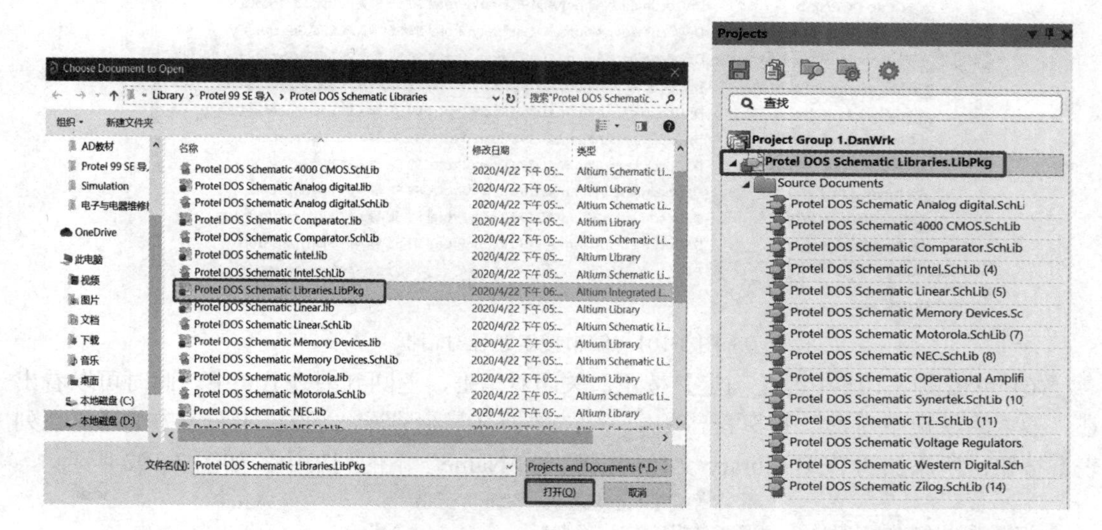

图 3-98　查找文件对话框　　　　图 3-99　添加了导入的原理图库文件

(4) 执行菜单命令“项目”→“工程选项”，弹出如图 3-100 所示的集成库选项对话框，选择【Search Paths】选项卡。

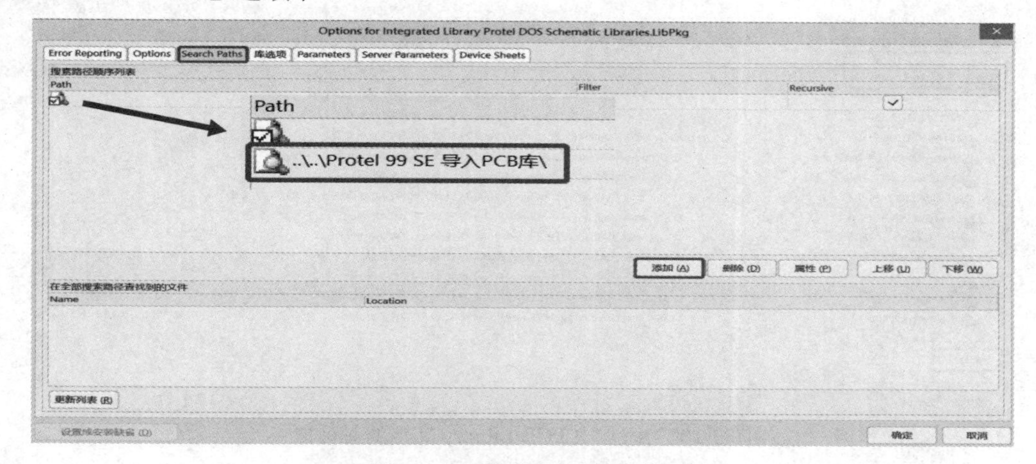

图 3-100　集成库选项对话框

(5) 单击【添加】按钮，弹出如图 3-101 所示的编辑搜索路径对话框，点击图中【…】按钮，在弹出的对话框中选择“.PcbLib”后缀的文件夹，再单击【更新列表】按钮，所添加的 PCB Library 文件即出现在“Name”下的列表中。

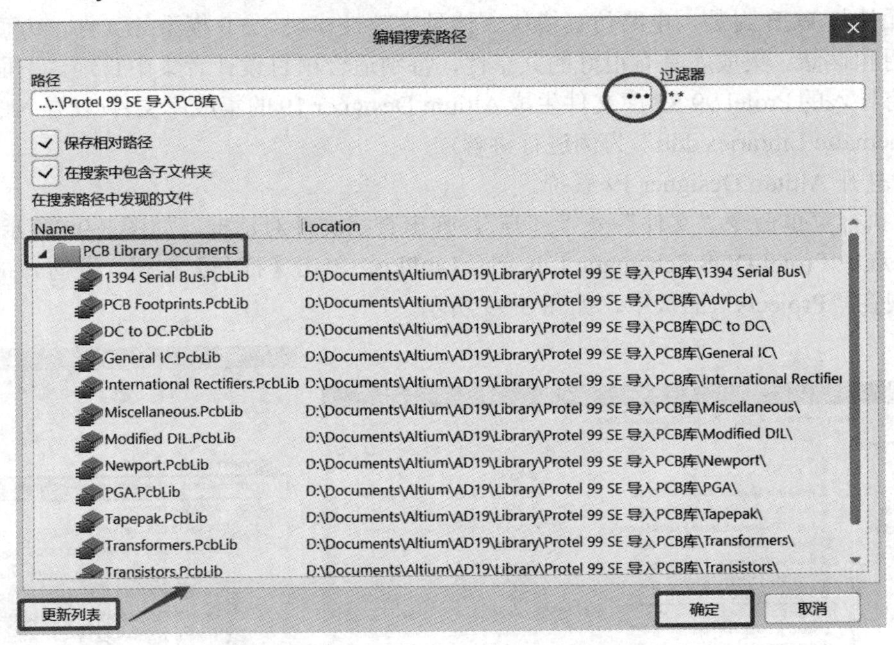

图 3-101　编辑搜索路径对话框

(6) 单击图 3-101 中的【确定】按钮，关闭对话框，返回到图 3-100 中。此时可以看出在“搜索路径顺序列表”中多了一项 ..\..\Protel 99 SE 导入PCB库\ 。再单击左下方的【更新列表】按钮，所添加的 PCB Library 文档即出现在“Name”下的列表中，如图 3-102 所示。

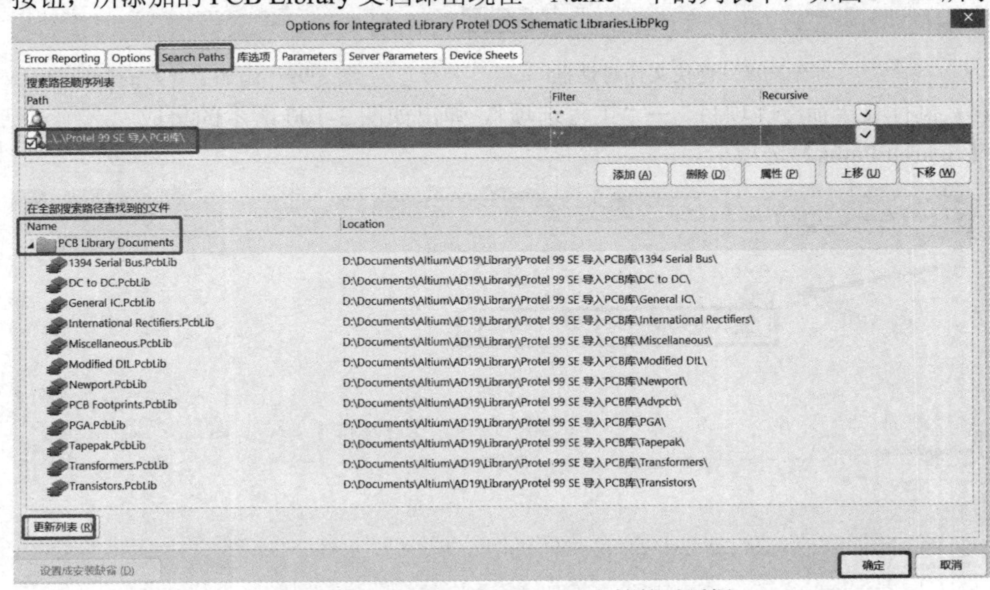

图 3-102　添加上 PCB Library 文档的对话框

(7) 单击图 3-102 中的【确定】按钮，返回图 3-99 中。

(8) 执行菜单命令“工程”→“Compile Integrated Library Protel DOS Schematic Libraries.LibPkg”，或在项目面板工程项目文件上单击鼠标右键，选择“Compile Integrated Library×××”，如图 3-103 所示，对其进行编译。

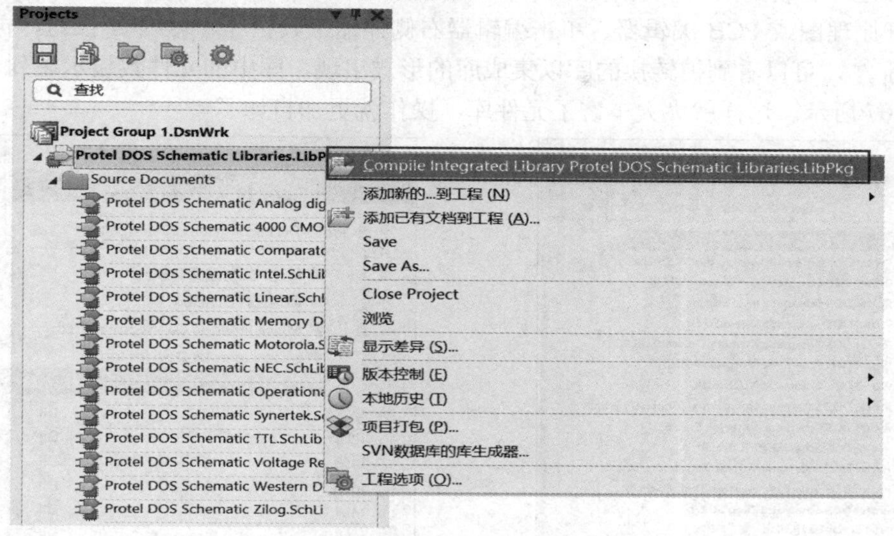

图 3-103　编译菜单

(9) 大概十几秒后，编译结束，弹出如图 3-104 所示的编译信息列表对话框。

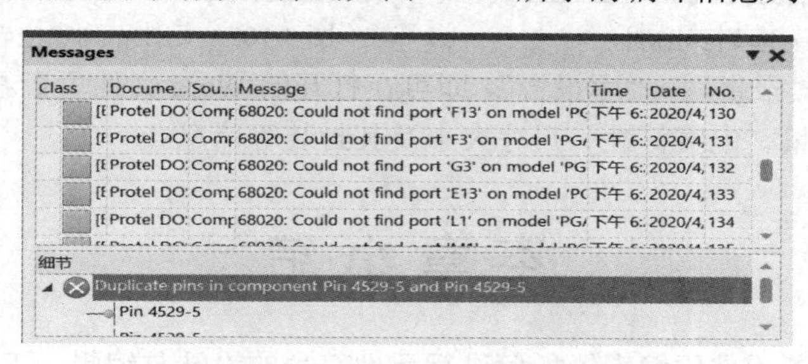

图 3-104　编译信息列表对话框

(10) 关闭图 3-104 所示的编译信息列表，选择工程面板中的 SCH Library 选项，即可看到所转换库列表下的每个元件，其对应封装也显示在右下角，如图 3-105 所示。点击【2D】、【3D】按钮可以切换其封装显示模式。

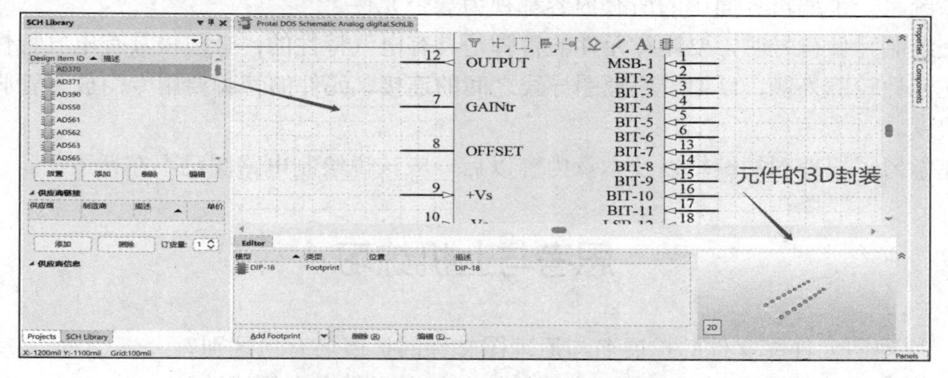

图 3-105　Protel 99 SE 库文件转换的集成库

至此转换过程就结束了，其他导入的元件库，也可以照此方法转换成集成库。

单击编辑器右侧伸缩工具栏 Components 按钮，再点击库选择图标 ▼，可以看到被转换的库都已经加载到列表中了，如图 3-106 所示。

打开原理图或 PCB 编辑器，单击编辑器右侧伸缩工具栏 Components 按钮，再点击库选择图标 ▼，可以看到被转换的库以集成库的形式出现，库中的元件数显示在列表下面，如图 3-107 所示。这样就大大丰富了元件库，操作就更加自如了。

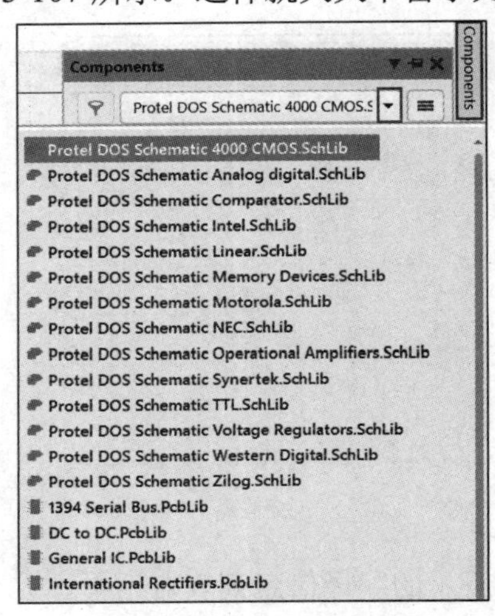

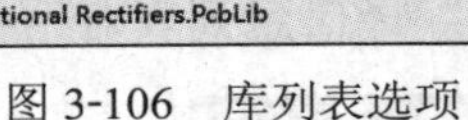
图 3-106　库列表选项

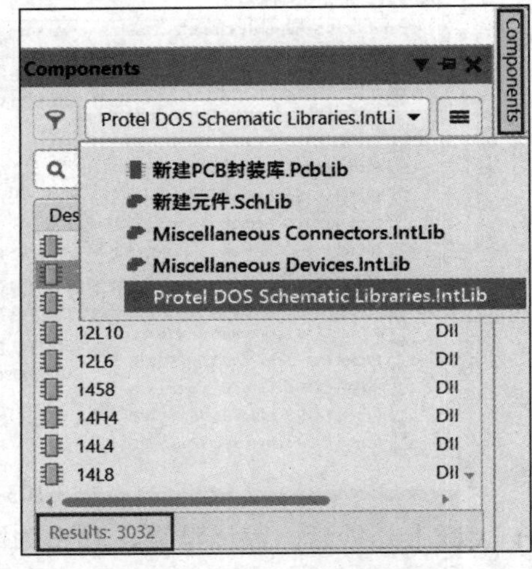

图 3-107　元件库列表中转换的集成库

执行菜单命令“报告”→“库报告”，即可在打开的 Word 文件里查看每个元件的名称、创建时间、管脚数量、电气特性、尺寸大小及其封装等信息。

本章小结

本章主要介绍了元件库编辑器如何进行元件符号的设计与编辑、工具栏的使用、创建元件符号的方法、元件符号的检查与报告、新建元件的使用、原理图元件库的自动生成、原理图中元件符号的编辑、原理图元件库的管理工具以及集成库的创建等内容。

在使用元件库编辑器创建新元件时，要注意一个编辑界面上只能绘制一个元件符号，因为系统将一个编辑界面中的所有内容都视为一个元件。

在绘制元件符号时，要注意元件的管脚是具有电气特性的，必须将具有电气特性的一端放在元件轮廓外侧，以便于原理图导线之间的连接。元件的管脚要用专门放置管脚的命令来放置。

在学习了原理图的编辑以及本章内容以后，应该说绘制电路图已不在话下了。

思考与上机练习

1. 原理图元件库文件的扩展名与原理图文件的扩展名有何区别？
2. 在窗口菜单工具栏中，哪一个按钮绘制的图形具有电气特性？

3. 复合式元件的含义是什么？
4. 将自己绘制的元件符号用到原理图中，你会几种方法？
5. 如何将其他原理图中的元件符号加到元件库中？
6. 系统元件库中的元件能编辑成为自己想要的元件符号吗？如何进行？
7. 用 Symbol Wizard 能绘制复合式元件吗？其操作步骤是什么？
8. 绘制如图 3-108 所示的七段数码管显示电路图，各元件的属性如表 3-6 所示。

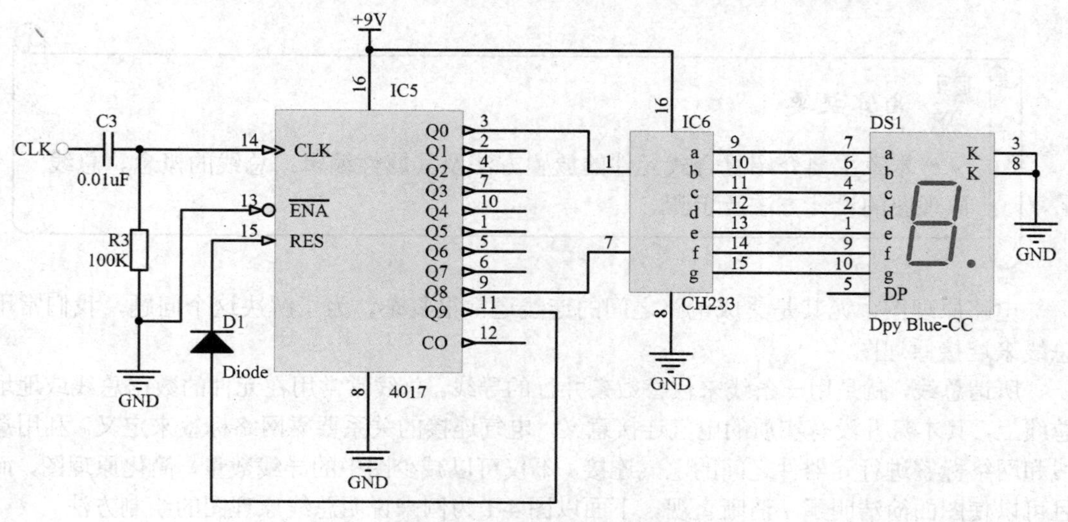

图 3-108　七段数码管显示电路

表 3-6　图 3-108 所示电路各元件的属性列表(管脚注释或标称值)

管脚名称	Designator(管脚标号)	Part Type(管脚注释或标称值)
Cap	C3	0.01μF
Res2	R3	100K
4017	IC5	4017
Diode	D1	Diode
Dpy Blue-CC	DS1	Dpy Blue-CC
IC5 为手工新建元件、IC6 为使用 Symbol Wizard 产生的元件		

第 4 章 总线原理图设计

内容提要

本章主要介绍复合式元件的放置方法及其属性编辑；总线的概念、总线原理图的设计方法及步骤。

电路原理图，尤其是集成电路之间的连线通常很复杂，为了解决这个问题，我们常用总线来连接原理图。

所谓总线，就是用一条线来代替数条并行的导线。总线常常用在元件的数据总线或地址总线上，其本身并没有实质的电气连接意义，电气连接的关系要靠网络标签来定义。利用总线和网络标签进行元器件之间的电气连接，不仅可以减少图中的导线数量，简化原理图，而且可以使图面简洁明了，清晰直观。下面以图 4-1 为例来说明总线原理图的绘制方法。

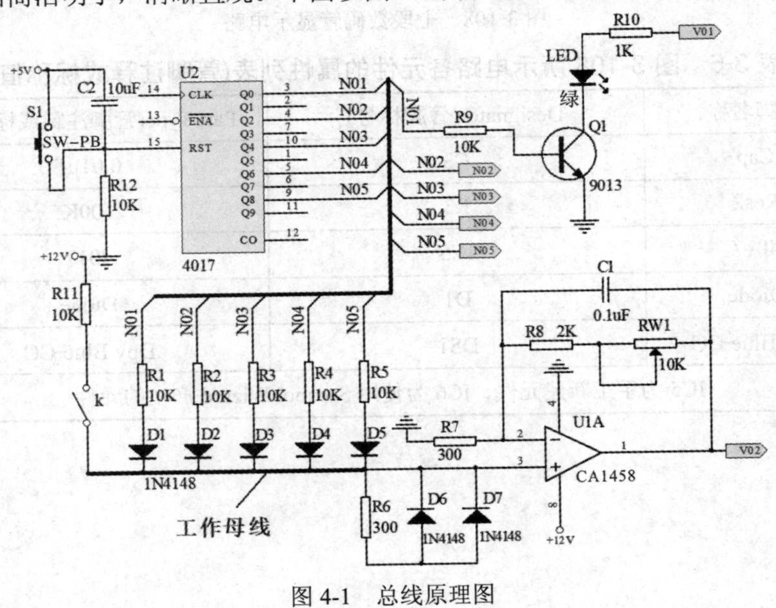

图 4-1 总线原理图

4.1 工程项目的创建、原理图文件的添加

创建新的工程项目，并命名为“总线原理图.PrjPcb”，添加原理图文件，保存为“总

线原理图.SchDoc”。

图 4-1 中元件的属性如表 4-1 所示。除了 CA1458、4017 是利用外部库导入的元件(也可以在元件库编辑器中创建)外，其他所有元件都取自 Miscellaneous Devices.IntLib 集成库中。元件的放置、属性的编辑与布局等可参考 2.6 节。

表 4-1　图 4-1 总线原理图中各元件的属性列表

元件在库中的名称	元件在图中的标号(Designator)	元件注释或标称值
RES2	R1、R2、R3、R4、R5、R9、R11、R12	10K
RES2	R6、R7	300
RES2	R8	2K
RES2	R10	1K
4017	U2	4017
CAP	C1	0.1 μF
CAP	C2	10 μF
NPN	Q1	9013
LED0	LED	绿
1N4148	D1、D2、D3、D4、D5、D6、D7	1N4148
SPST	k	SW-SPST
SW-PB	S1	SW-PB
RPot	RW1	10K
CA1458	U1A	CA1458

下面主要就复合式元件(CA1458)的放置方法及属性的编辑加以说明。

4.1.1　复合式元件的放置

对于集成电路，在一个芯片上往往有多个相同的单元电路。如运算放大器芯片 1458，它有 8 个管脚，在一个芯片上包含两个运算放大器(简称运放)，这两个运放元件名一样，只是管脚号不同，如图 4-2 中的 U1A、U1B。管脚为 1、2、3 并有接地和电源管脚 4、8 的图形称为第一单元，对于第一单元，系统会在元件标号的后面自动加上 A；管脚为 5、6、7 的图形称为第二单元，对于第二单元，系统会在元件标号的后面自动加上 B。其余同理。

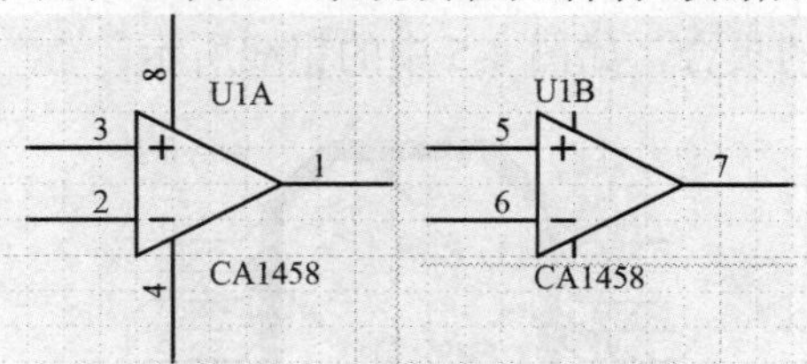

图 4-2　CA1458 集成芯片管脚

在放置复合式元件时，系统默认第一个放置的元件是第一单元，连续放置时系统自动按顺序放置其他单元。下面介绍选择性放置其他单元的方法。

4.1.2 复合式元件的属性设置

方法一：

(1) 在元件处于浮动状态时按“Tab”键，弹出元件属性对话框，如图 4-3 所示。

(2) 在 Designator(元件标号)文本框中输入元件标号 U1，在 Part 文本框的下拉列表中选中 Part B。

(3) 单击鼠标左键放置该元件，此时放置的是 1458 中的第二个单元，如图 4-2 中的 U1B。元件标号 U1B 中的 B 表示第二个单元，是系统自动加上的。若放置的是第一个单元，则系统在 U1 后面自动加上 A。以此类推。

注意：放置复合式元件时千万不要在元件标号后(Designator 文本框中)加字母 A 或 B 等，否则就相当于放了多个复合式元件。

方法二：双击已放置好的元件，其余操作同上。

方法三：在元件符号上单击鼠标右键，在弹出的快捷菜单中选择 Properties。

如在原理图中放置 74LS00 与非门，元件的标号设置为 U1，则与非门的四个单元显示如图 4-4 所示。

图 4-3　元件属性对话框

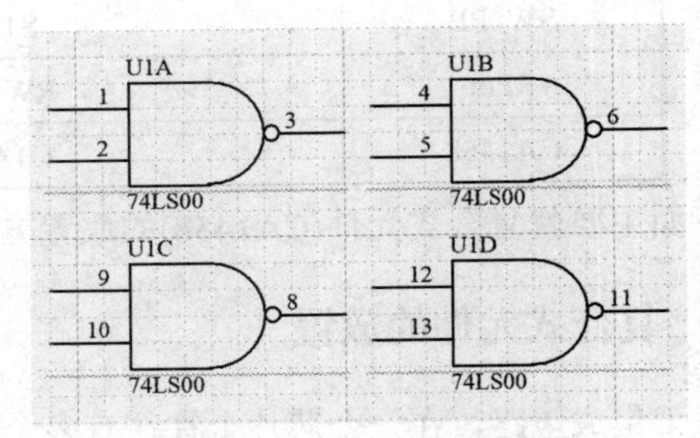

图 4-4　74LS00 元件符号

4.2 总线的绘制与属性设置

总线是多条并行导线的集合，如图 4-5 中的粗线所示。

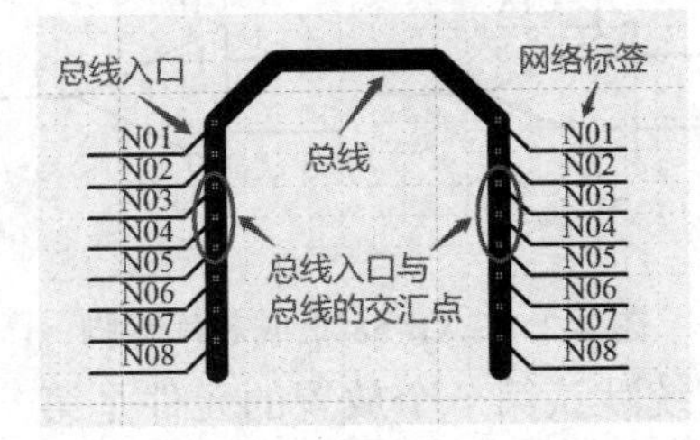

图 4-5　总线、总线入口、网络标签

1. 总线的绘制

方法一：右键单击窗口主工具栏中的图标，在其下拉子菜单中选择 总线(B)。

方法二：执行菜单命令“放置”→“总线”。

方法三：在英文输入状态下，依次单击快捷键“P”“B”。

总线的绘制方法同导线的绘制，这里不再赘述。

2. 总线的属性设置

方法一：当系统处于画总线状态时，按下“Tab”键，将弹出“Bus”(总线)属性设置对话框，如图 4-6 所示。

图 4-6　“Bus”(总线)属性设置对话框

方法二：双击已经画好的总线，也可弹出 Bus(总线)属性对话框。

Bus(总线)属性设置对话框的设置与导线的设置基本相同，此处不再赘述。

3. 改变总线的走线模式(即拐弯样式)

在光标处于画线状态时，按下“Shift”+“空格”键可自动转换总线的拐弯样式。总线的走线模式有 45°转角模式、90°转角模式、任意角度模式等，与导线拐弯样式相同。

4. 改变已画总线的长短

单击已画好的总线，总线上会出现绿色的控制点，拖动控制点可改变总线的长短及总线的方向，与改变已画导线长短的方法相同。

4.3 总线入口的放置

总线入口是总线和导线、元件管脚引出线的连接点。总线入口是 45°或 135°倾斜的短线段，如图 4-5 中的斜线。

1. 总线入口的放置

方法一：右键单击窗口主工具栏中的图标，在其下拉子菜单中选择 总线入口(U)。

方法二：执行菜单命令“放置”→“总线入口”。

方法三：在英文输入状态下，依次单击快捷键“P”“U”。

执行上述命令后，光标将变成十字形，并带着一个小短线随鼠标移动，如图 4-7 所示。

此时可按“空格”键、“X”键、“Y”键改变方向，在总线适当位置单击鼠标左键，即可放置一个总线入口。连接好的总线入口在总线上出现热点，如图 4-5 所示。此后可继续放置，最后单击鼠标右键退出放置状态。

注意：总线入口的两个端点是两个独立的电气节点，相互没有联系，中间的小短线部分没有电气特性，这是和导线最大的区别。放置时某一端和总线连接，另一端可以直接和元件管脚连接，也可以和导线连接。

2．总线入口的属性设置

方法一：当系统处于画总线入口状态时，按下“Tab”键，系统将弹出 Bus Entry(总线入口)属性设置对话框，如图 4-8 所示。

方法二：双击已经画好的总线入口，也可弹出 Bus Entry(总线入口)属性对话框。

Bus Entry(总线入口)属性设置对话框的设置与导线的设置基本相同。

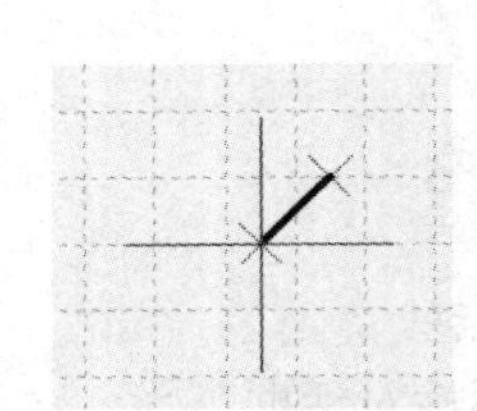

图 4-7　总线入口的放置

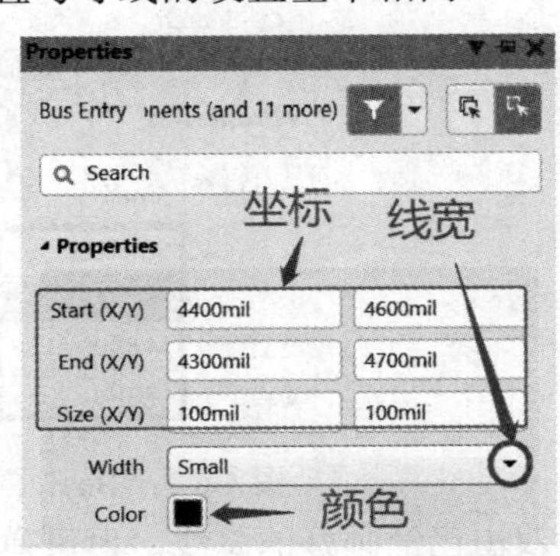

图 4-8　Bus Entry(总线入口)属性设置对话框

4.4　网络标签的放置

在总线中聚集了多条并行导线，怎样表示这些导线之间的具体连接关系呢？在比较复杂的原理图中，有时两个需要连接的电路(或元件)距离很远，甚至不在同一张图纸上，该怎样进行电气连接呢？这些都要用网络标签来表示。

网络标签的物理意义是电气连接点。在电路图上具有相同网络标签的电气连线是连在一起的，即在两个以上没有相互连接的网络中，把应该连接在一起的电气连接点定义成相同的网络标签，使它们在电气含义上属于真正的同一网络，如图 4-5 中的 N01、N02 等(图中标有 N01 的两条导线在电气上是连在一起的，其他同理)。这个功能在将电路原理图转换成印制电路板的过程中十分重要。

网络标签多用于层次式电路、多重式电路各模块电路之间的连接和具有总线结构的电路图中。

网络标签的作用范围可以是一张电路图，也可以是一个项目中的所有电路图。

1．网络标签的放置

方法一：右键单击窗口主工具栏中的 图标，在其下拉子菜单中选择 Net 网络标签 (N)。

方法二：执行菜单命令“放置”→“网络标签”。

方法三：在英文输入状态下，依次单击快捷键“P”和“N”。

执行上述命令后光标将变成十字形，并带着一个网络标签随光标浮动。此时按“空格”键、“X”键、“Y”键可改变其方向。在导线上的适当位置单击鼠标左键，放置好网络标签。单击鼠标左键继续放置，单击鼠标右键退出放置状态。

注意：

(1) 网络标签不能直接放在元件的管脚上，一定要放置在连接管脚与总线入口的连线上，待出现红色的电气连接点“×”时，再单击鼠标左键放置，如图 4-9 所示。

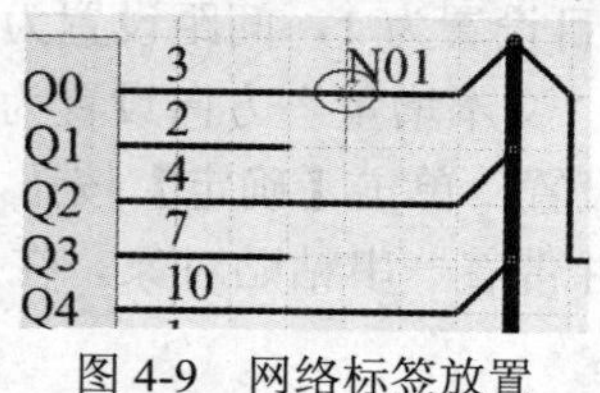

图 4-9　网络标签放置

(2) 如果定义的网络标签最后一位是数字，则在下一次放置时，网络标签的数字将自动加 1。

(3) 网络标签是有电气意义的，千万不能用任何字符串代替。

2．网络标签的属性设置

方法一：在放置过程中按“Tab”键，系统将弹出“Net Label”(网络标签)属性设置对话框，如图 4-10 所示。在该对话框中设置网络标签的方向、名称、字体大小、颜色等信息。

方法二：双击已放置好的网络标签，将弹出同样的属性设置对话框。

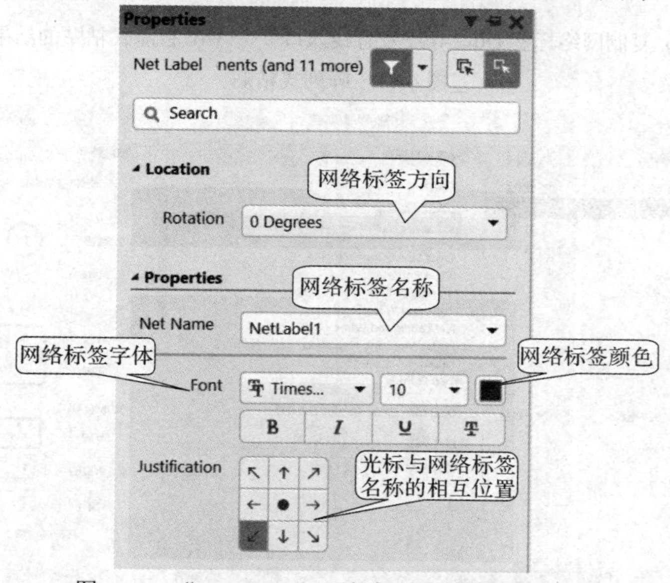

图 4-10　“Net Label”(网络标签)属性设置对话框

3．网络标签、总线入口的智能粘贴

在绘制复杂原理图、总线原理图时，总线入口、网络标签、重复性元件等需要重复多次放置，占用时间较长，如果采用智能粘贴，就可以一次完成重复性操作，大大提高绘图的效率。

第 2 章我们讲了元件的智能粘贴，网络标签及总线入口等的智能粘贴操作与之类似，具体操作如下：

(1) 放置一个总线入口并连接导线。

(2) 在导线上放置网络标签，如 D0，选中导线、总线入口及网络标签并复制，如图 4-11(a)所示。

(3) 执行菜单命令“编辑”→“智能粘贴”，将弹出如图 4-12 所示的“智能粘贴”对话框。

(4) 选择粘贴操作中的“Net Labels”。

(5) 设置粘贴阵列：“列”数目设置为 1，间距设置为 0；“行”数目设置为 8 (依据网络标签个数)，间距设置为−100；“文本增量”方向设置为“Vertical First”。

(6) 其他参数采用系统默认设置，单击【确定】按钮。

(7) 此时光标变成十字形，并带着一串粘贴对象。在总线适当位置单击鼠标左键，完成粘贴。结果如图 4-11(b)所示。

此时仍处于粘贴状态，可以继续粘贴，也可以单击鼠标右键结束命令。

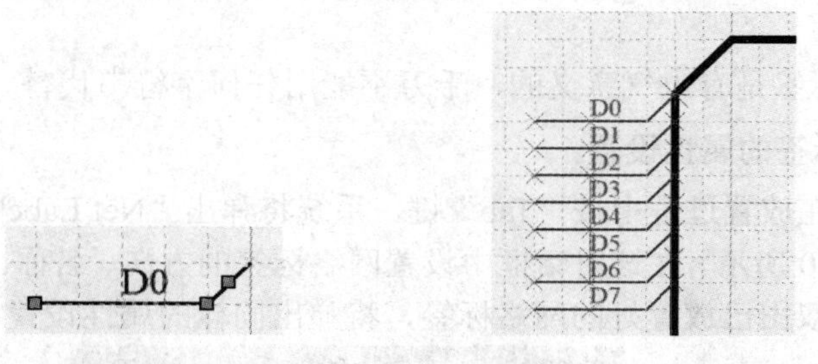

(a) 复制网络标签 D0、导线及总线入口　　(b) 智能式粘贴的结果

图 4-11　阵列式粘贴

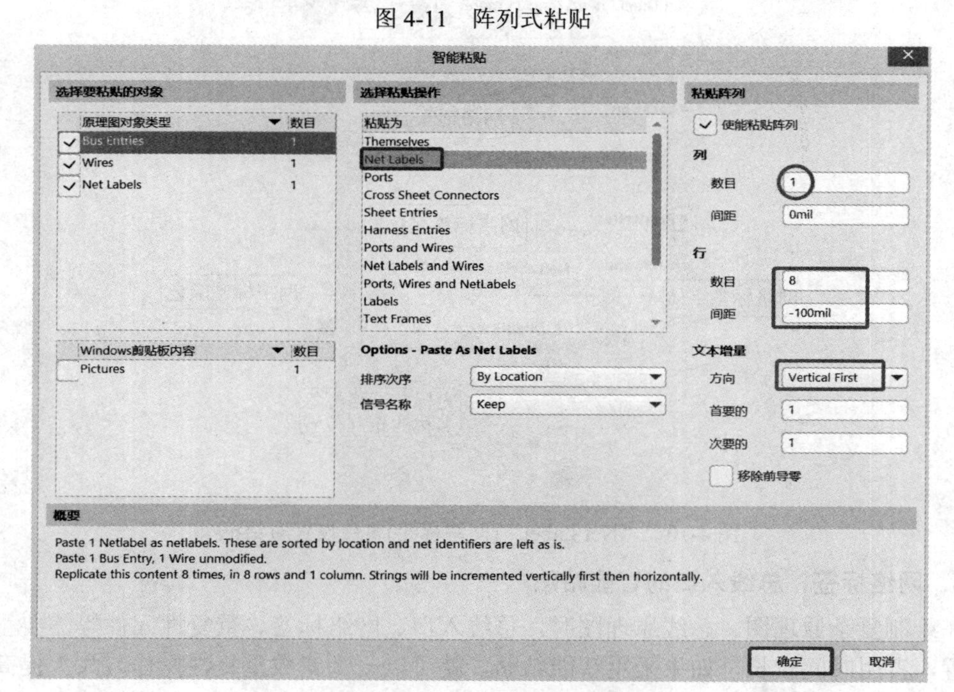

图 4-12　“智能粘贴”设置对话框

4.5　端口、电源符号及连接导线的放置

如前所述，用户可以通过设置相同的网络标签，使两个电路具有电气连接关系。此外，用户还可以通过放置I/O端口，并且使某些I/O端口具有相同的名称，从而使它们被视为同一网络，在电气上具有连接关系。

1. 端口的放置

(1) 单击窗口主工具栏中的图标，或执行菜单命令“放置”→“端口”，或依次单击快捷键“P”和“R”。

(2) 此时光标变成十字形，且一个浮动的端口粘在光标上随光标移动，如图4-13(a)所示。按“空格”键、“X”键、“Y”键可改变端口方向。单击鼠标左键确定端口的左边界；拖动鼠标，在适当位置再单击鼠标左键，确定端口右边界，如图4-13(b)所示。

此时仍为放置端口状态，单击鼠标左键继续放置，单击鼠标右键退出放置状态。

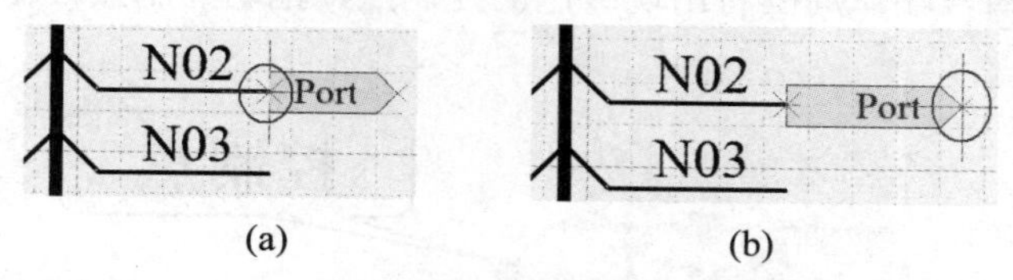

图4-13　放置端口

2. 端口的属性设置

端口属性设置包括端口名称、端口电气特性、端口名称的字体及颜色、端口名称的对齐方式、边框颜色及填充颜色等内容的设置。

方法一：在放置过程中按下“Tab”键，系统将弹出“Port”(端口)属性设置对话框，如图4-14所示。

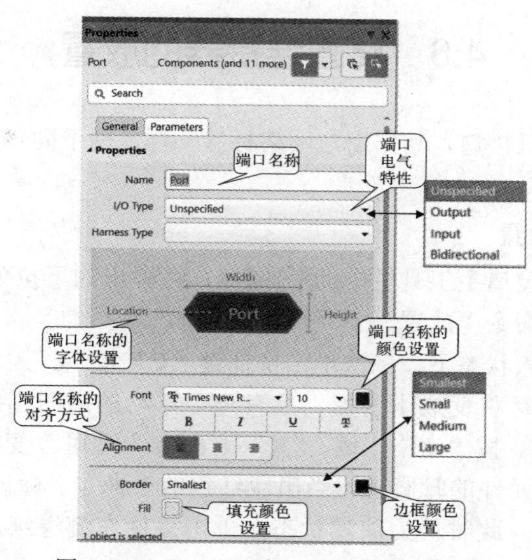

图4-14　“Port”(端口)属性设置对话框

方法二：双击已放置好的端口，将弹出同样的 Port(端口)属性设置对话框。

端口属性设置对话框中各项含义如下：

- Name：端口名称。
- I/O Type：I/O 端口的电气特性。这里共设置了 4 种电气特性：Unspecified，无指定端口；Output，输出端口；Input，输入端口；Bidirectional，双向端口。
- Font：端口名称的字体设置，包括字体、字号及颜色。
- Alignment：端口名称的对齐方式。Center，中心对齐；Left，左对齐；Right，右对齐。
- Border：端口边界宽度及颜色。
- Fill：端口内的填充颜色。

设置完毕，在设计窗口单击鼠标左键放置端口。

3．改变已放置好端口的大小

对于已经放置好的端口，用户可以不通过属性对话框直接改变其大小，操作步骤是：单击已放置好的端口，端口周围将出现绿色的控制点，拖动控制点，即可改变其大小，如图 4-15 所示。

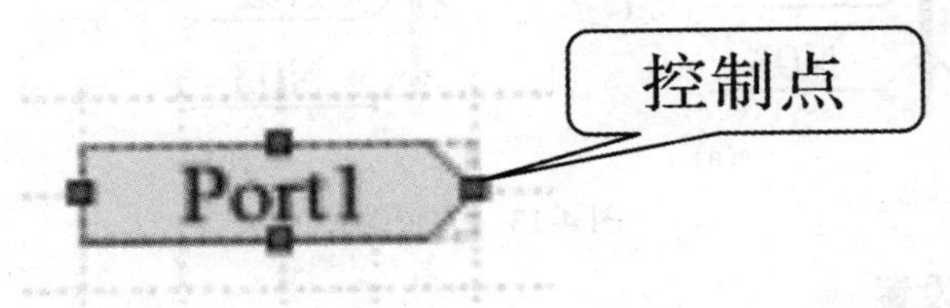

图 4-15　拖动控制点改变端口大小

4．电源符号、连接导线的放置

电源符号的放置及元件间的电气连接请参考 2.6 节，在此不再赘述。

4.6　离图连接器的放置

离图连接器是跨图纸接口，其作用与网络标签一样，用于同一工程项目中不同原理图之间的电气连接。

1．离图连接器的放置

方法一：右键单击窗口主工具栏中的图标，在弹出的下拉菜单中选择离图连接器 (C)。

方法二：执行菜单命令“放置”→“离图连接器”。

方法三：在英文输入状态下，依次单击快捷键“P”和“C”。

执行上述命令，光标将变成十字形，且有一个浮动的离图连接器粘在光标上随光标移动，如图 4-16(a)所示。按“空格”键、“X”键、“Y”键可改变离图连接器的方向。移动鼠标到导线的端点或元件的管脚上，当出现红色的“米”字标记(如图 4-16(b)所示)时，单击鼠标左键即可放置。此时仍为放置状态，单击鼠标左键继续放置，单击鼠标右键退出放置状态。

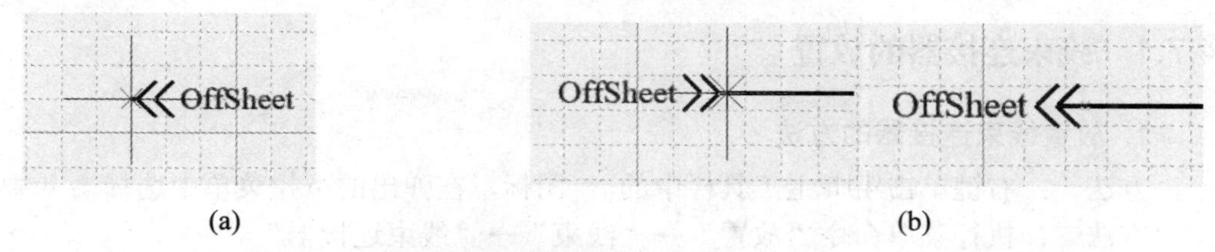

图 4-16　离图连接器的放置

2. 离图连接器的属性设置

离图连接器的属性设置包括方位、网络名称、外观样式及颜色等。

方法一：在放置过程中按下“Tab”键，系统将弹出离图连接器属性设置对话框，如图 4-17 所示。

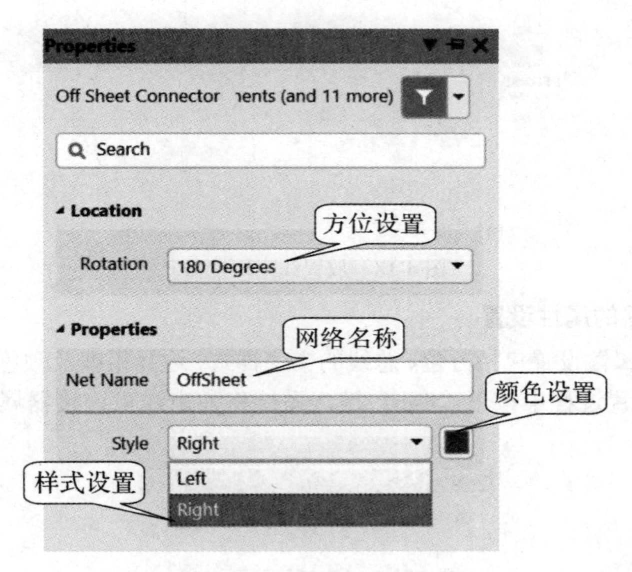

图 4-17　离图连接器属性设置对话框

方法二：双击已放置好的离图连接器，将弹出同样的属性设置对话框。

(1) Net Name：网络名称，这是最主要的属性，具有相同名称的网络在电气上是连接在一起的！

(2) Style：样式，有两种，如图 4-16(b)所示。

- Left：信号从到右。
- Right：信号从右到左。

4.7　线束的放置

线束载有多个信号，可包含总线和导线。这些线束经过分组，统称为单一实体。信号线束既可以在同一个原理图中使用，又可以通过输入/输出端口与其他的原理图建立电气连接关系。用户可以把单条走线和总线汇集在一起进行连接，这样可大大简化电路原理图总体设计的复杂性，提高电路图可读行。

4.7.1　线束连接器的放置

1. 放置线束连接器的方法

方法一：右键单击窗口主工具栏中的图标，在弹出的下拉菜单中选择线束连接器(C)。

方法二：执行菜单命令“放置”→“线束”→“线束连接器”。

执行上述命令，光标将变成十字形，且有一个浮动的线束连接器粘在光标上随光标移动，如图 4-18(a)所示。按“空格”键、“X”键、“Y”键可改变其方向。移动鼠标到合适的位置，单击鼠标左键确定连接器的初始位置；拖动鼠标可以改变连接器的大小，如图 4-18(b)所示；再单击鼠标左键即可放置一个线束连接器。此时仍为放置状态，单击鼠标左键继续放置，单击鼠标右键退出放置状态。

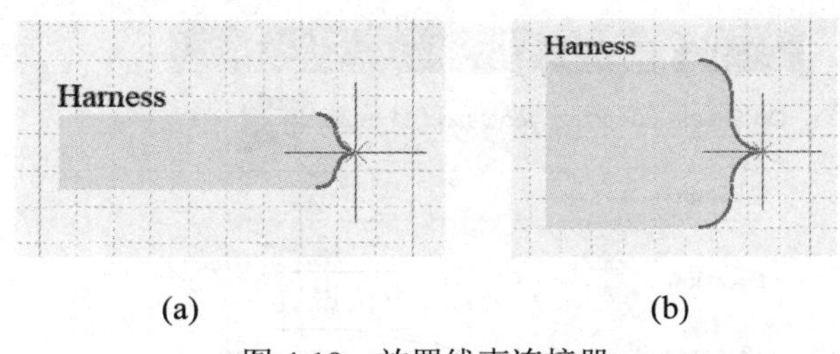

(a)　　(b)

图 4-18　放置线束连接器

2. 线束连接器的属性设置

线束连接器的属性设置包括方位、总线的文字样式、边界粗细及颜色、填充颜色等设置。

方法一：在放置过程中按下“Tab”键，系统将弹出线束连接器属性设置对话框，如图 4-19 所示。

图 4-19　线束连接器属性设置对话框

方法二：双击已放置好的线束连接器，也将弹出同样的属性设置对话框。

按需要进行设置即可。

4.7.2　线束入口的放置

线束通过“线束入口”的名称来识别每个网络或总线。

1. 放置线束入口的方法

方法一：右键单击窗口主工具栏中的图标，在弹出的下拉菜单中选择 线束入口 (E)。

方法二：执行菜单命令“放置”→“线束”→“线束入口”。

执行上述命令，光标将变成十字形，并有一个线束入口随光标移动。移动鼠标到线束连接器内部，如图 4-20 所示，在合适的位置单击鼠标左键，即可放置一个线束入口。此时仍为放置状态，单击鼠标左键继续放置，单击鼠标右键退出放置状态。

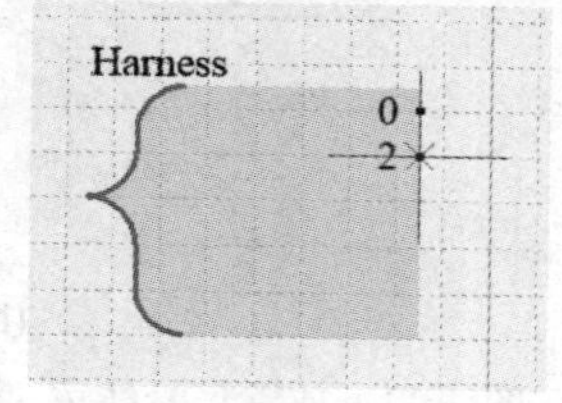

图 4-20　放置线束入口

2. 线束入口的属性设置

线束入口的属性设置包括线束入口名称、文字样式、文字颜色等设置。

方法一：在放置过程中按下“Tab”键，系统将弹出线束入口属性设置对话框，如图 4-21 所示。

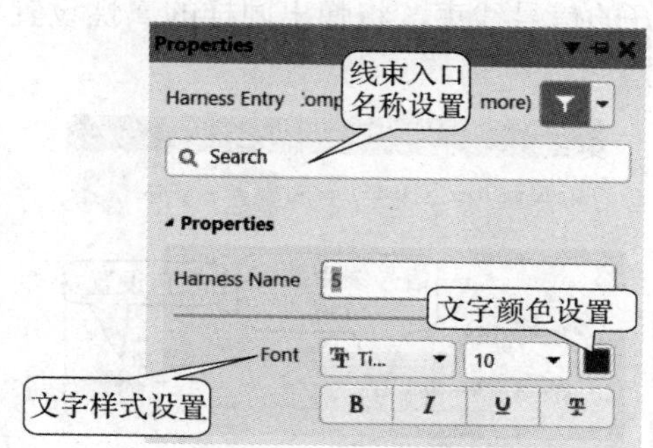

图 4-21　线束入口属性设置对话框

方法二：双击已放置好的线束入口，将弹出同样的属性设置对话框。

按需要进行设置即可。

4.7.3　信号线束的放置

信号线束是一组具有相同性质的并行信号线的组合。用户可以通过信号线束线路连接到同一电路图上的另一个线束接头，或者连接到电路图入口或端口，以使信号连接到另一个原理图中。

1. 放置信号线束的方法

方法一：右键单击窗口主工具栏中的图标，在弹出的下拉菜单中选择 信号线束 (H)。

方法二：执行菜单命令“放置”→“线束”→“信号线束”。

执行上述命令，光标将变成十字形，并有一个信号线束随光标移动。移动鼠标到导线端点、管脚端点、线束入口或线束连接器括号箭头部分，鼠标箭头变成红色米字形，如图4-22(a)所示。单击鼠标左键放置信号线束起点，再移动鼠标，多次单击鼠标左键，确定多个固定点，最后单击鼠标左键确定信号线束终点，即可放置好一条信号线束，如图4-22(b)所示。此时仍为放置状态，单击鼠标左键继续放置，单击鼠标右键退出放置状态。

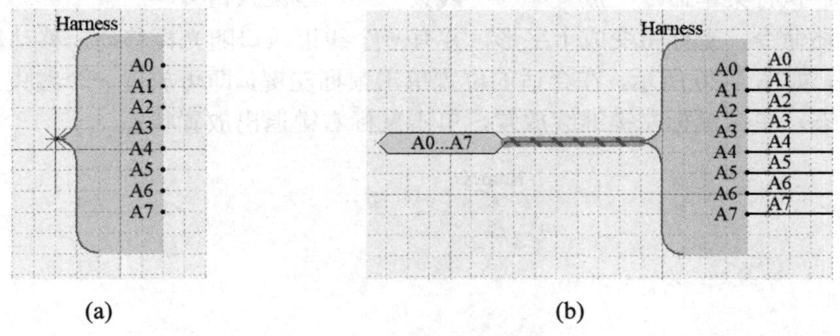

图 4-22　放置信号线束

2. 信号线束的属性设置

信号线束的属性设置主要包括线束线宽及颜色设置。

方法一：在放置过程中按下“Tab”键，系统将弹出信号线束属性设置对话框，如图4-23所示。

方法二：双击已放置好的信号线束，将弹出同样的属性设置对话框。

按需要进行设置即可。

图 4-23　信号线束属性设置对话框

4.8　No ERC 标号的放置

在绘制电路图过程中，可能会出现一些人为的错误。有些错误可以忽略，有些错误却是致命的，如 VCC 和 GND 短路。Altium Designer 19 提供了对电路的 ERC 检查，利用软件测试用户设计的电路，以便找出人为的疏忽。

No ERC 检查即忽略 ERC(电气规则)检查，指在进行电气规则检查时，有 No ERC 标志的管脚出现的错误将被忽略。因为我们在绘制电路原理图时，往往一些元件的管脚处于悬空状态，而系统在检查时，会将这些处于悬空状态的管脚都当作错误的信息来报告，造成了时间浪费。当我们给这些管脚放置 No ERC 标号时，这些错误即被忽略。

1. 放置 No ERC 标号的方法

(1) 执行菜单命令“放置”→“指示”→“通用 No ERC 标号”。

(2) 此时光标变成十字形，并有一个“×”随光标移动。移动鼠标到管脚端点，红色的“×”变成米字形，如图 4-24(a)所示，此时即可单击鼠标左键放置一个 No ERC 标号，如图 4-24(b)所示。此时仍为放置状态，单击鼠标左键继续放置，单击鼠标右键退出放置状态。

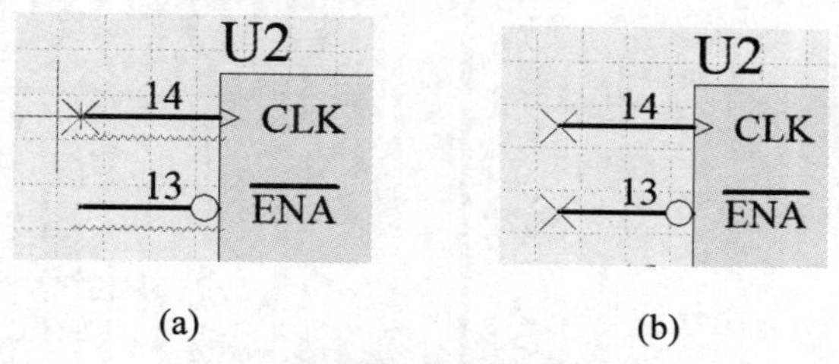

图 4-24　放置 No ERC 标号

2. No ERC 标号的属性设置

No ERC 标号的属性设置主要包括方位、符号样式及符号颜色等的设置。

方法一：在放置过程中按下“Tab”键，系统将弹出 No ERC 标号属性设置对话框，如图 4-25 所示。

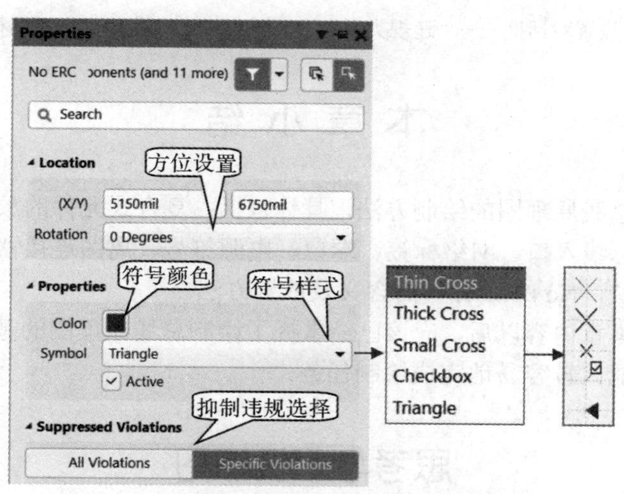

图 4-25　No ERC 标号属性设置对话框

方法二：双击已放置好的 No ERC 标号，将弹出同样的属性设置对话框。

按图示样式进行设置即可。

说明：

- Suppressed Violations(抑制违规)—All Violations：抑制所有违规，不管什么错误都不报告。
- Suppressed Violations—Specific Violations：选择性地抑制违规，单击 Specific Violations 按

钮，系统将弹出“不 ERC”设置对话框，如图 4-26 所示。

“不 ERC”显示方式有两种：一种显示“违规类型”，如图 4-26 所示；一种显示“连接关系”，如图 4-27 所示(用户可根据自己的需要，在方格里通过单击进行选择)。

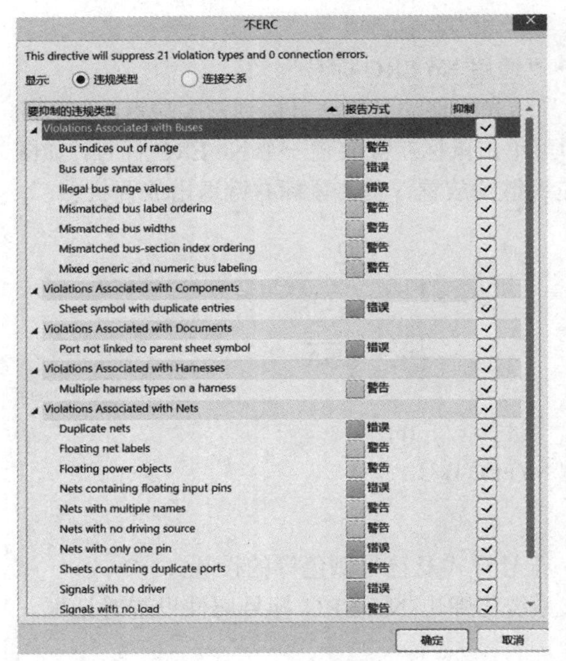

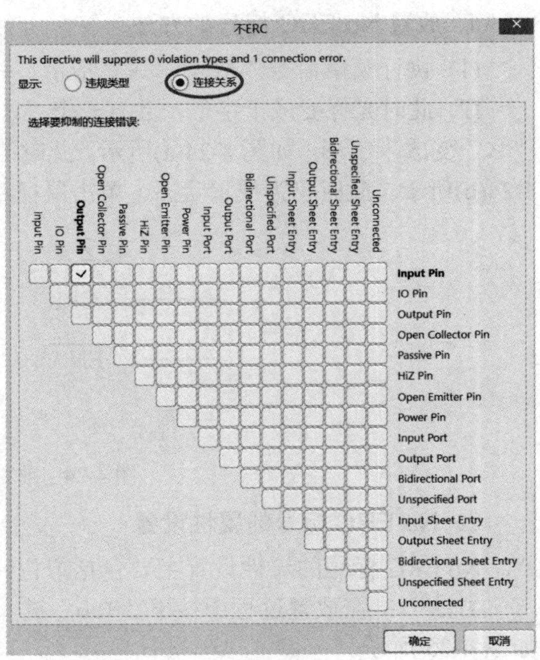

图 4-26　“不 ERC”设置对话框——“违规类型”　　图 4-27　“不 ERC”对话框——“连接关系”

本 章 小 结

本章主要介绍总线原理图的绘制方法，具体包括：复合式元件的放置方法及其属性的编辑方法，总线、总线入口、网络标签、端口、电源符号、离图连接器及线束等具有电气特性对象的放置方法，No ERC 标号的含义及放置方法。

读者在学习了本章内容以后，应该已经掌握了绘制总线原理图的基本方法，对于比较复杂的原理图，应能比较容易地完成绘制任务。

思考与上机练习

1. 放置网络标签，并采用全局编辑功能，统一更改字型和字号为 Times New Roman、斜体、18 号，并连续放置 N01～ N08 共 8 个网络标签，如图 4-28 所示。

N01　N02　N03　N04　N05　N06　N07　N08

图 4-28　网络标签

2. 从 TI Databook\TI TTL Logic 1988(Commercial).Lib 元件库(Protel 99SE 导入库)中取

出 SN74LS273 和 SN74LS373(用户也可以参考第 3 章内容，自己创建)，按照图 4-29 所示电路，练习总线入口、总线和网络标签的放置。

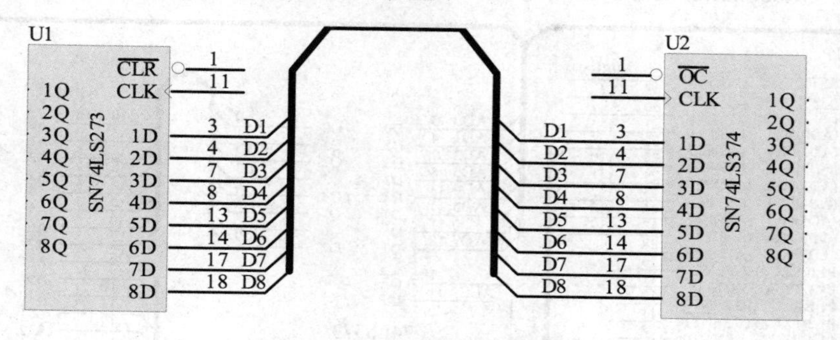

图 4-29　练习用总线原理图(1)

3. 按照图 4-30 所示电路，绘制带有总线的电路原理图，练习总线入口、总线和网络标签的放置。图中元件属性如表 4-2 所示。4040 元件用户可以自己创建。

表 4-2　图 4-30 中元件的属性列表

元件在库中的名称	元件在图中的标号(Designator)	元件注释或标称值
CAP	C9	0.1μF
XTAL	XTAL	4.915MHz
74LS04	U9	74LS04
RES2	R3	470
RES2	R4	470
4040	U12	4040
SW DIP-8	SW1	SW-DIP8

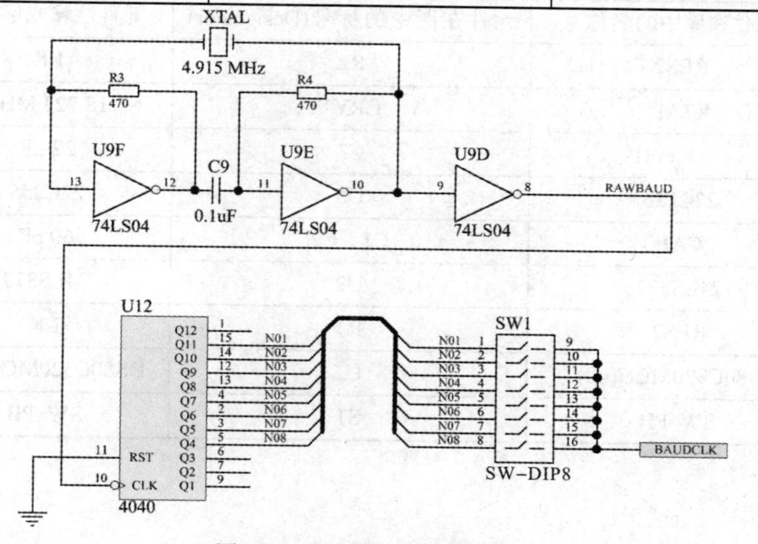

图 4-30　练习用总线原理图(2)

4. 绘制图 4-31 所示总线原理图电路，练习总线入口、总线、端口和网络标签的放置。图中元件的属性如表 4-3 所示。其中：U1 在 Dallas Microprocessor.Lib 库中、U2 在 Protel DOS

Schematic TTL.Lib 库中、U3 在 Intel Memory.Lib 库中。这三个都是 Protel 99SE 导入库。其余元件在 Miscellaneous Devices.IntLib 库中。

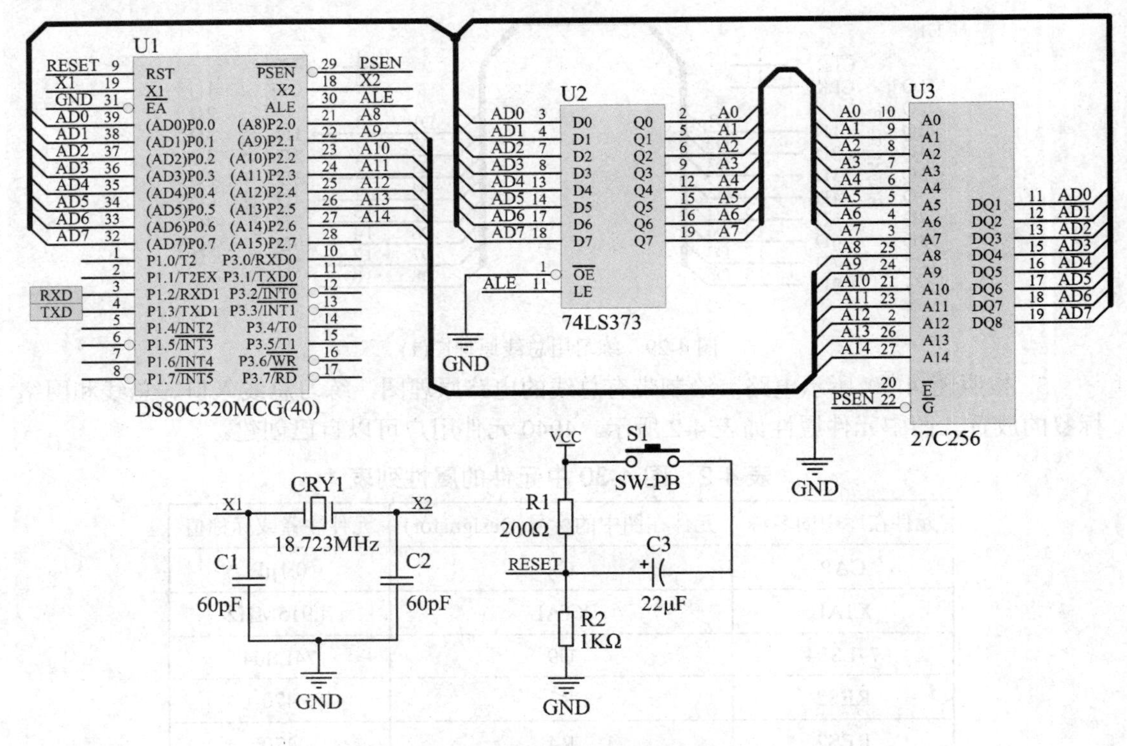

图 4-31　练习用总线原理图(3)

表 4-3　图 4-31 中元件的属性列表

元件在库中的名称	元件在图中的标号(Designator)	元件注释或标称值
RES2	R2	1 K
XTAL	CRY1	18.723 MHz
CAP Pol1	C3	22 μF
27C256	U3	27C256
CAP	C1、C2	60 pF
74LS373	U2	74LS373
RES2	R1	1 K
DS80C320MCG(40)	U1	DS80C320MCG(40)
SW-PB	S1	SW-PB

第 5 章　层次原理图设计

内容提要

本章主要介绍层次原理图的概念、结构及设计方法，主电路图与子电路图之间的关系，不同层次电路文件之间的切换方法等内容。

对于比较复杂的电路图，用一张电路图纸无法完成设计，需要多张原理图。Altium Designer 19 提供了将复杂电路图分解为多张电路图的设计方法，这就是层次原理图设计方法。采用层次型电路可以简化电路。层次型电路设计是将一个庞大的项目分成若干个模块，每个模块再分成几个基本模块。各个基本模块可以由工作组成员分工完成，这样可以大大提高设计效率。

层次型电路设计可采取自上而下或自下而上的设计方法。

5.1　层次原理图的结构

层次型电路设计是将一个大的电路分成几个功能块，再对每个功能块里的电路进行细分，以建立下一层模块，如此下去，形成树状结构。

层次型电路主要包括两大部分：主电路和子电路。主电路与子电路的关系类似于父与子的关系，在子电路中仍可包含下一级子电路。

下面以 Protel 99SE 提供的范例 Z80 Microprocessor.ddb 中的层次原理图为例，介绍层次原理图的结构。

首先导入 Z80 Microprocessor.ddb，导入方法可参考 3.12 节。

5.1.1　主电路图

Altium Designer 19 主电路图文件的扩展名与原理图相同，都是“.SchDoc”，而 Protel 99 SE 的项目文件的扩展名是“.Prj”，在此不做修改！

主电路图相当于整机电路图中的方框图，一个方框(方块图)相当于一个模块。图中的每一个模块都对应着一个具体的子电路图。与方框图不同的是，子电路图中的连接更具体。各方块图之间的每一个电气连接都是通过 I/O 端口和网络标签来实现的，并在主电路图中表示出来，如图 5-1 所示。

注意：与原理图相同，方块图之间的电气连接也要用具有电气性能的 Wire(导线)和

Bus(总线)来实现，如图 5-1 所示。

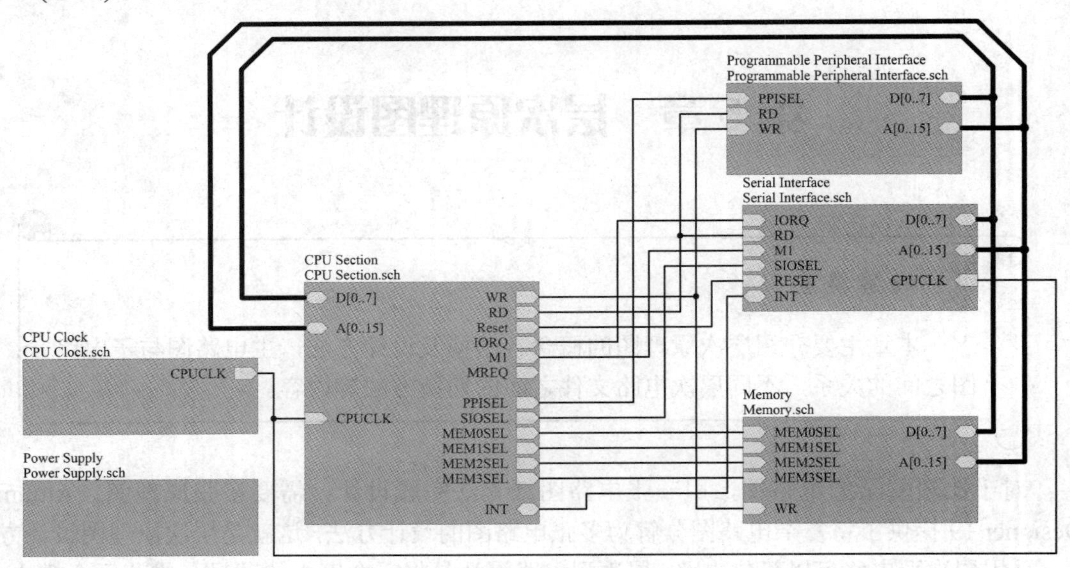

图 5-1　主电路图(Z80 Processor.Prj)

5.1.2　子电路图

子电路图文件的扩展名是“.Sch”(Protel 99 SE 格式)。

一般情况下，子电路图都是一些具体的电路原理图。子电路图与主电路图的连接是通过方块图中的端口实现的，如图 5-2 和图 5-3 所示。

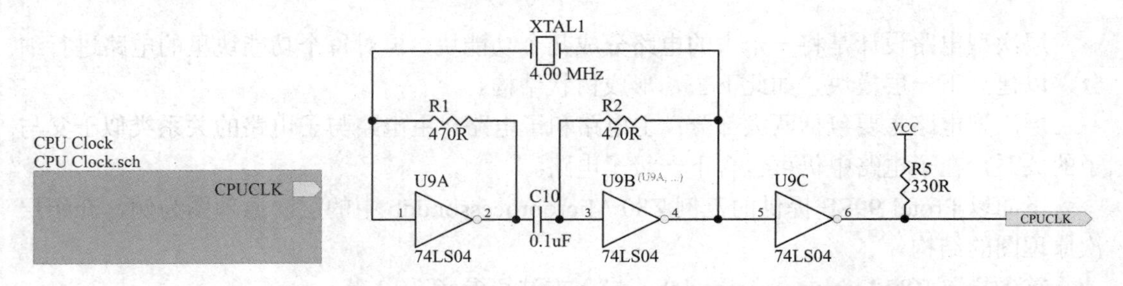

图 5-2　主电路图中的一个方块图　　图 5-3　图 5-2 所示方块图对应的子电路图“CPU CLOCK.Sch”

在图 5-2 所示的方块图中，只有一个端口 CPUCLK。在图 5-3 所示的子电路图中，也只有一个端口，这个端口就是 CPUCLK。所以方块图中的端口与子电路图中的端口是一一对应的。

注意：导入的原理图文件的扩展名为“.Sch”，而 Altium Designer 19 子电路图的扩展名为“.SchDoc”。为了与原文件对应，在此不做修改，请周知！

5.2　不同层次电路文件之间的切换

在编辑或查看层次原理图时，有时需要从主电路的某一方块图直接转到该方块图所对应的子电路图，或者反之。Altium Designer 19 为此提供了非常简便的切换功能。

5.2.1　利用项目(Projects 面板)导航树进行切换

打开 Z80 Processor.PrjPcb 工程项目，并展开设计导航树，如图 5-4 所示。其中，Z80 Processor.prj 是主电路图，也称为项目文件，Z80 Processor.prj 前面的◢表示该项目文件已被展开。主电路图下面扩展名为“.sch”的文件就是子电路图；子电路图文件名前面的▶表示该子电路图下面还有一级子电路图，如 Serial Interface.sch。

单击导航树中的文件名或文件名前面的图标，就可以很方便地打开相应的文件。

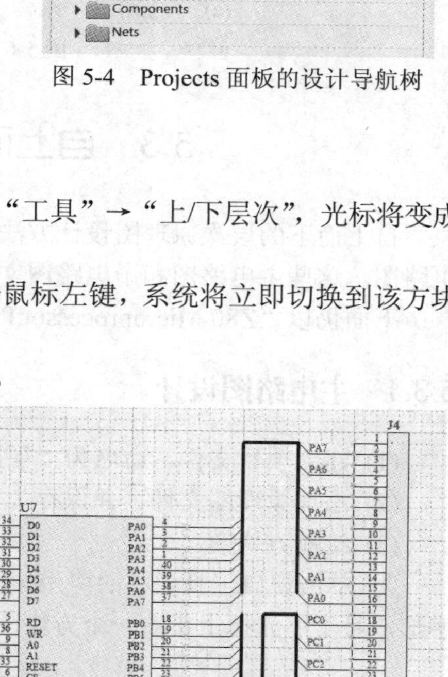

图 5-4　Projects 面板的设计导航树

5.2.2　利用导航按钮或命令进行切换

1．从方块图查看子电路图

(1) 打开主电路图文件。

(2) 单击主工具栏上的 图标，或执行菜单命令“工具”→“上/下层次”，光标将变成十字形。

(3) 在准备查看的方块图(如图 5-5(a)所示)上单击鼠标左键，系统将立即切换到该方块图对应的子电路图(如图 5-5(b)所示)上。

(4) 此时光标仍然是十字形，单击右键结束命令。

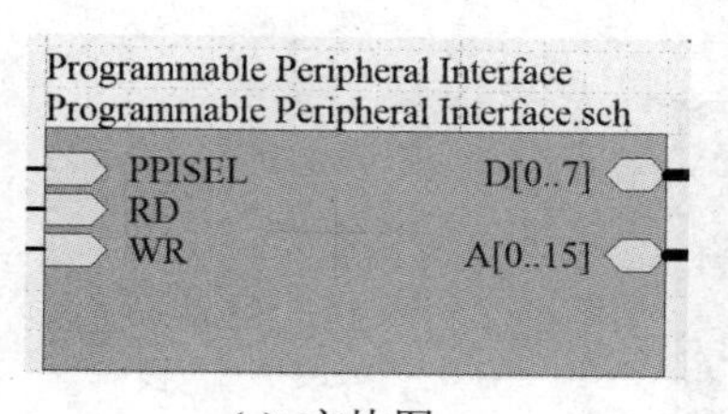

(a) 方块图

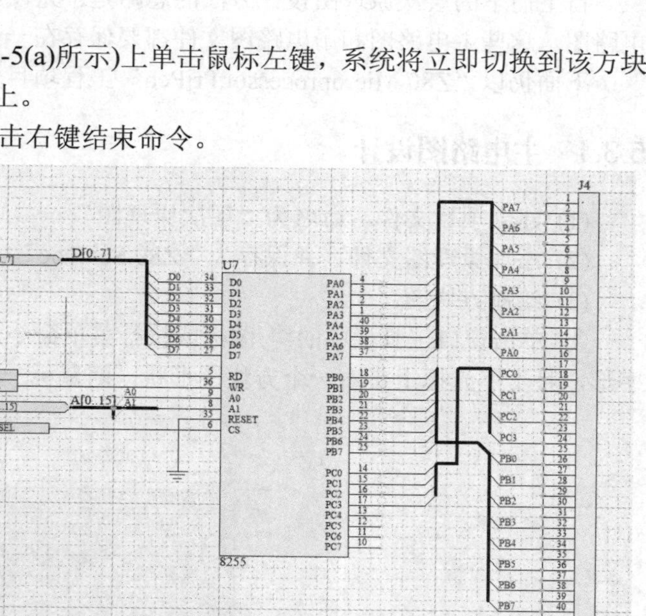

(b) 子电路图

图 5-5　从方块图查看子电路图

2．从子电路图查看方块图(主电路图)

(1) 打开子电路图文件。

(2) 单击主工具栏上的图标，或执行菜单命令“工具”→“上/下层次”，光标将变成十字形。

(3) 在子电路图的端口上单击鼠标左键，如图 5-6(a)所示，系统将立即切换到方块图，如图 5-6(b)所示。此时，该子电路图所对应的方块图将位于编辑窗口中央，且鼠标左键单击过的端口处于高亮显示状态。单击鼠标右键结束命令。

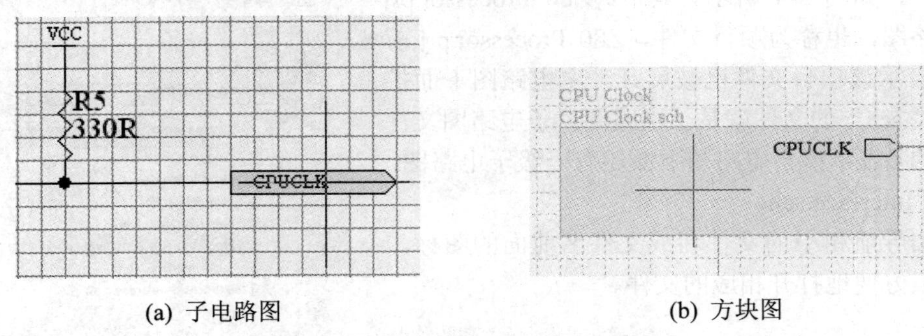

(a) 子电路图　　(b) 方块图

图 5-6　从子电路图查看方块图

5.3　自上而下的层次原理图设计

自上而下的层次原理图设计方法的思路是：先设计主电路图，再根据主电路图设计子电路图。这些主电路图和子电路图文件都要保存在一个专门的工程项目中。

下面仍以“Z80 Microprocessor.PrjPcb”工程项目为例，介绍设计方法。

5.3.1　主电路图设计

(1) 建立项目文件，命名为“层次原理图”。

(2) 添加原理图文件，并保存为“Z80.SchDoc”。

(3) 绘制方块图。

① 单击窗口工具栏中的图标或执行菜单命令“放置”→“页面符”，光标将变成十字形，且十字光标上带着一个方块图形状，随鼠标一起移动，如图 5-7 所示。

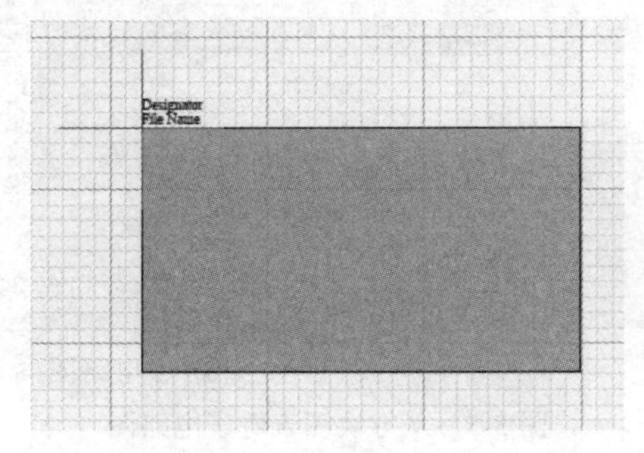

图 5-7　放置方块图

② 确定方块图的位置和大小。在适当的位置单击鼠标左键，确定方块图的左上角；移动光标，当方块图的大小合适时，在右下角单击鼠标左键，即放置好一个方块图。

此时仍处于放置方块图状态，可重复以上步骤继续放置，也可单击鼠标右键，退出放置状态。

(4) 设置方块图属性。在放置过程中，按“Tab”键，系统将弹出“Sheet Symbol”属性设置对话框，如图 5-8 所示。双击已放置好的方块图，也可弹出“Sheet Symbol”属性设置对话框。

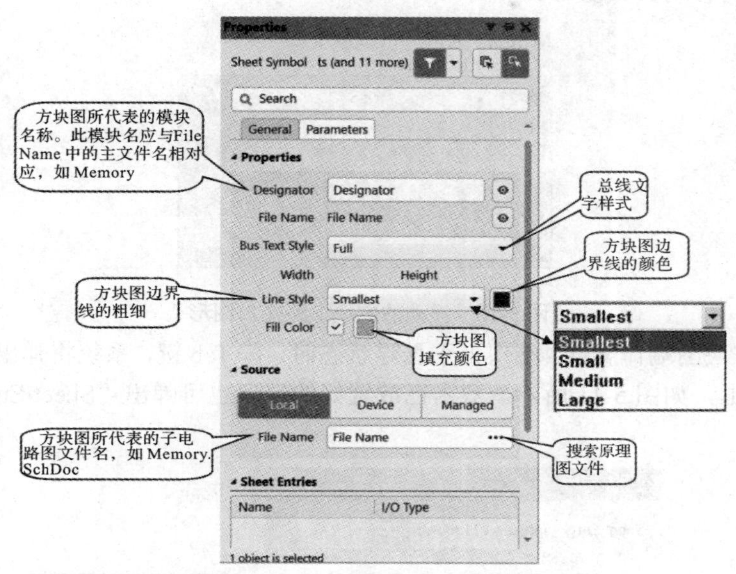

图 5-8　“Sheet Symbol”属性设置对话框

① 在“File Name”后填入该方块图所代表的子电路图文件名，如“Memory.SchDoc”。

② 在“Designator”后填入该方块图所代表的模块名称。此模块名应与“File Name”中的主文件名相对应，如 Memory。设置好后，在设计区域单击鼠标左键确认。放置好的方块图如图 5-9 所示。

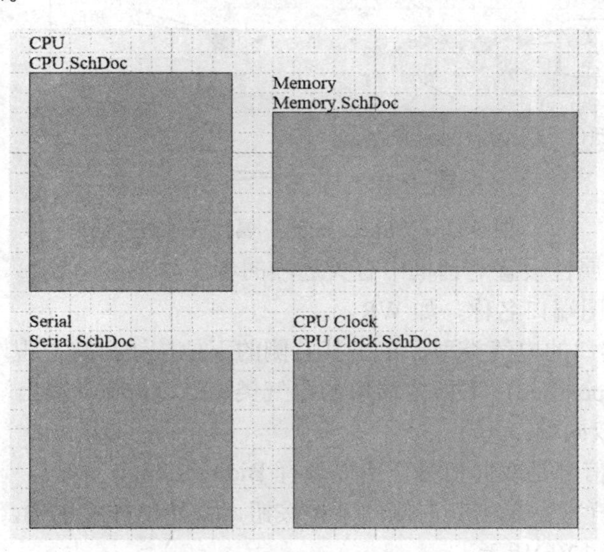

图 5-9　放置好的方块图

(5) 放置方块图端口。

① 右键单击窗口工具栏中的图标，在其下拉菜单中选择 添加图纸入口 (A)，或执行菜单命令"放置"→"添加图纸入口"，光标将变成十字形。

② 将十字光标移到方块图上单击鼠标左键，将出现一个浮动的方块图端口，此端口随光标的移动而移动，如图 5-10 所示。

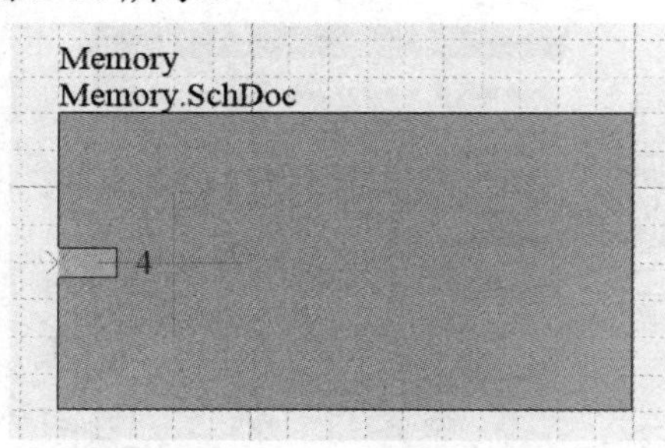

图 5-10　浮动的方块电路端口图形

③ 设置方块图端口属性。端口处于悬浮状态时，按 Tab 键，系统将弹出"Sheet Entry"属性设置对话框，如图 5-11 所示。双击已放置好的端口也可弹出"Sheet Entry"属性设置对话框。

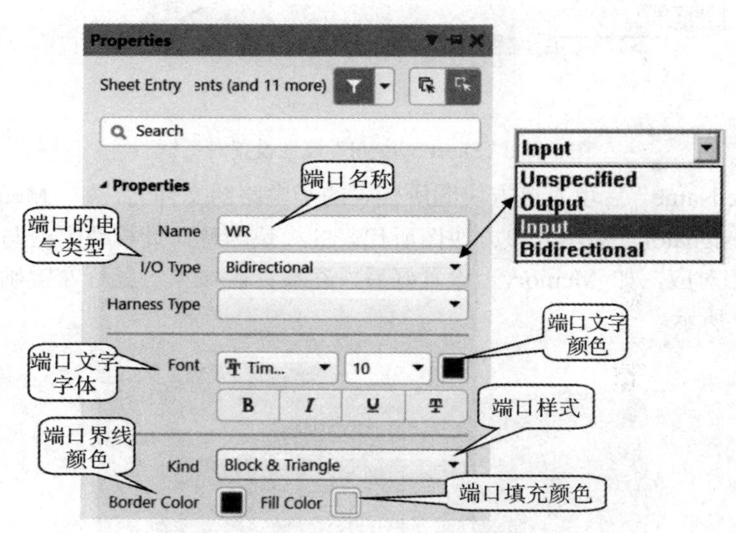

图 5-11　"Sheet Entry"属性设置对话框

"Sheet Entry"属性设置对话框中有关选项的含义如下：

• Name：方块图端口名称，如 WR。

• I/O Type：端口的电气类型。单击其右侧的下拉按钮，将出现端口电气类型选项。端口类型分为：Unspecified，不指定端口的电气类型；Output，输出端口；Input，输入端口；Bidirectional，双向端口。

因为 WR(写读)信号是双向信号，所以选择 Bidirectional。

• Kind：端口样式。单击其右侧的下拉按钮，将弹出样式选项，如图 5-12(a)所示，其对应的样式如图 5-12(b)所示。

注意：这些外形样式要结合 I/O 端口电气类型来设置。如果"I/O Type"都选择

“Unspecified”时，其对应样式如图 5-12(c)所示。

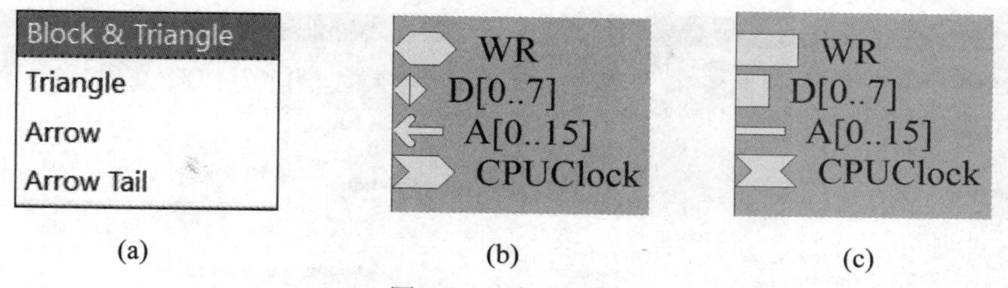

(a)　(b)　(c)

图 5-12　端口样式

设置完毕，在设计窗口单击鼠标左键，即可确认。

此时系统仍处于放置方块图端口的状态，重复以上步骤可放置方块图的其他端口，单击鼠标右键，可退出放置状态。

放置好端口的方块图如图 5-13 所示。

注意：此端口必须在方块图上放置，在其他位置是放不上端口的。

(6) 编辑已放置好的方块图和方块图端口。

① 移动方块图。在方块图上按住鼠标左键并拖动，可改变方块图的位置。

② 改变方块图的大小。在方块图上单击鼠标左键，将在方块图四周出现绿色的控制点，如图 5-14 所示，用鼠标左键拖动其中的控制点可改变方块图的大小。

注意：拖动时应尽量拖动右下侧来改变其大小，因为拖动左上侧时，其名称不会一起移动。

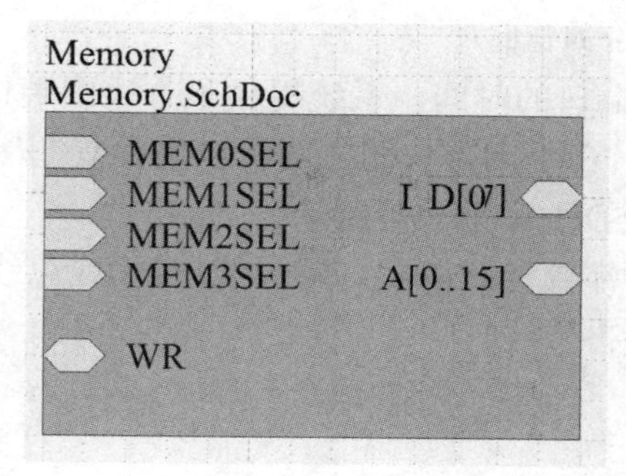

图 5-13　放置好端口的方块图

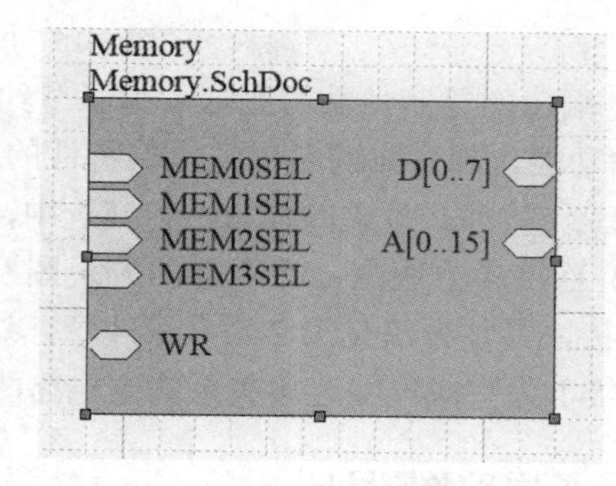

图 5-14　四周有控制点的方块图

③ 设置方块图的属性。用鼠标左键双击方块图，在弹出的如图 5-8 所示的 Sheet Symbol 属性设置对话框中进行修改。

④ 设置方块图名称(如 Memory)。用鼠标左键双击方块图名称 Memory，在弹出的如图 5-15(a)所示的 Parameter 对话框中进行修改。可以修改方块图的名称、名称的显示方向、名称的显示颜色、名称的显示字体及字号等内容。

⑤ 设置方块图对应的子电路图文件名(如 Memory.SchDoc)。在方块图上，用鼠标左键双击 Memory.SchDoc 文字，在弹出的如图 5-15(b)所示的 Parameter 对话框中进行修改。同时可以修改名称的显示方向、名称的显示颜色、名称的显示字体及字号等内容。

⑥ 修改方块图上端口的停靠位置。在方块图的端口上按住鼠标左键并拖动，可改变端口在方块图上的位置。

⑦ 设置方块图端口的属性。用鼠标左键双击方块图上已放置好的端口，在弹出的如

图 5-11 所示的 Sheet Entry 属性设置对话框中进行修改。

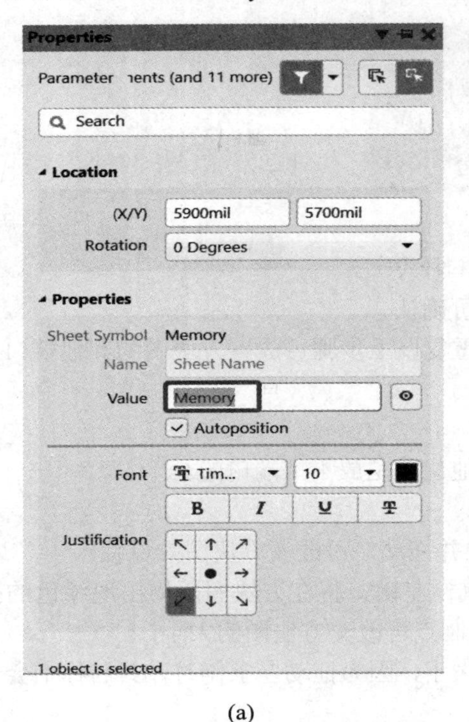

(a)

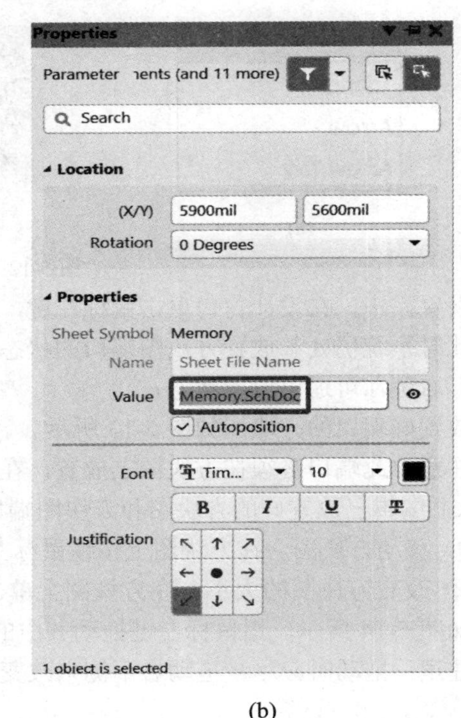

(b)

图 5-15　Parameter 对话框

⑧ 端口的复制粘贴与删除。为了节约放置端口的时间，系统提供了方块图端口的复制/粘贴功能，具有相同名称及电气特性的端口，在不同方块图之间可以进行复制/粘贴，以提高工作效率。多余的端口，将其选中，单击 Delete 键即可删除。

(7) 连接各方块图。在所有的方块图及端口都放置好以后，用导线(wire)或总线(Bus)进行连接，具体方法见第 2 章及第 4 章，这里不再赘述。

图 5-1 为完成电路连接关系的主电路图。

5.3.2　子电路图设计

子电路图是根据主电路图中的方块图，利用有关命令自动建立的，不能用建立新文件的方法建立。

下面以生成 Memory.sch 子电路图为例进行讲解。

(1) 在主电路图中执行菜单命令“设计”→“从页面符创建图纸”，如图 5-16 所示，光标将变成十字形。

(2) 将十字形光标移到名为 Memory 的方块图上，单击鼠标左键。系统自动生成名为 Memory 的子电路图，且自动切换并打开 Memory.SchDoc 子电路图，如图 5-17 所示。与此同时，在 Projects 面板的“层次原理图.PrjPcb”项目导航树的 Z80.SchDoc(1)* 下面

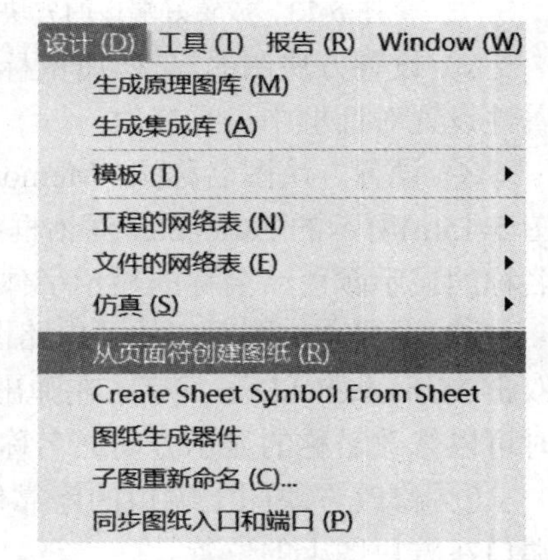

图 5-16　由主电路图产生子电路图命令

多了一个 Memory.SchDoc (2) * 原理图文档，与 Z80.SchDoc(1)* 形成层次关系，如图 5-18 所示。

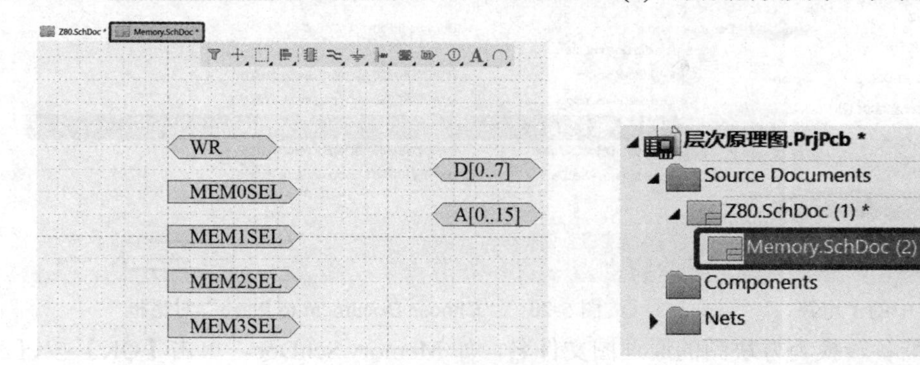

图 5-17　自动生成的 Memory.SchDoc 子电路图的端口　　　图 5-18　自上而下生成的子电路文档

从图 5-17 中可以看出，子电路图中包含了 Memory 方块图中的所有端口，并且其电气特性与方块图完全对应，无须自己再单独放置 I/O 端口。

(3) 绘制 Memory.SchDoc 的子电路图。绘制完后将端口移到电路图中相应的位置即可，无须再放置端口。

重复以上步骤，生成并绘制所有方块图所对应的子电路图，就完成了一个完整的层次电路图的设计。

5.4　自下而上的层次原理图设计

自下而上的层次原理图的设计思路是：先绘制各子电路图，再产生对应的方块图。

仍以 Z80 Microprocessor.PrjPcb 为例进行讲解。

5.4.1　子电路图设计

(1) 创建名为“Z80 Microprocessor.PrjPcb”的工程项目。

(2) 添加原理图文件。

(3) 将系统默认的文件名 Sheet1.SchDoc 保存为 Memory.SchDoc。

(4) 绘制子电路图，其中 I/O 端口利用 4.5 节中介绍的方法进行放置。

(5) 重复以上步骤，建立所有的子电路图。

5.4.2　根据子电路图设计方块图

(1) 在“Z80 Microprocessor.PrjPcb”下面再添加一个原理图文件，并将文件名改为 Z80.SchDoc，该原理图作为主电路图，如图 5-19 所示。目前所有的原理图处于一个层次中，平起平坐。

(2) 在打开的 Z80.SchDoc 文档中，执行菜单命令“设计”→“Create Symbol From Sheet”，系统将弹出“Choose Document to Place”对话框，如图 5-20 所示。该对话框中列出了当前项目中的所有原理图文件名。

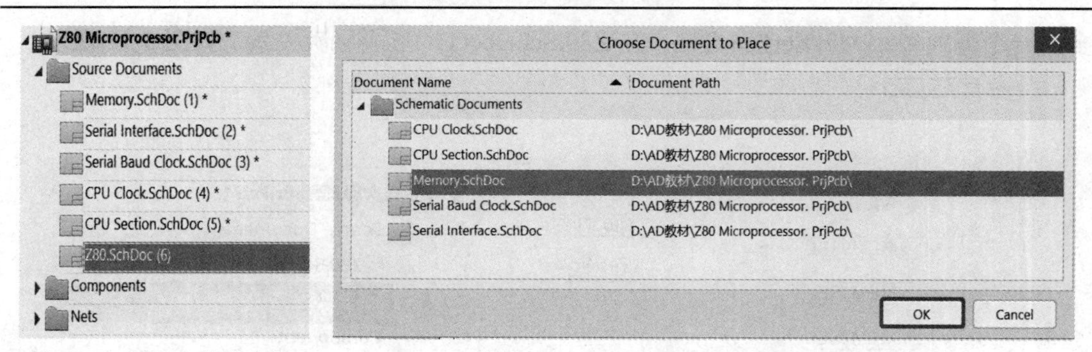

图 5-19　项目中的子电路　　　　图 5-20　"Choose Document to Place"对话框

(3) 选择准备转换为方块图的原理图文件名，如 Memory.SchDoc，单击【OK】按钮。此时光标变成十字形，且出现一个浮动的方块图形，随光标的移动而移动，如图 5-21 所示。

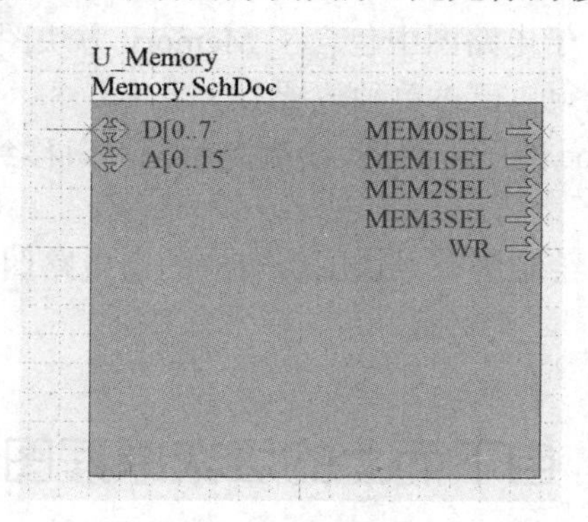

图 5-21　从子电路图转化的方块图

(4) 在合适的位置单击鼠标左键，即放置好 Memory.SchDoc 所对应的方块图。在该方块图中已包含 Memory.SchDoc 中所有的 I/O 端口，无须自己再进行放置。

(5) 重复以上步骤，产生所有子电路图对应的方块图。

(6) 单击主工具栏上的图标，或执行菜单命令"工具"→"上/下层次"，进行方块图与子电路图之间的查看。

此时，在 Projects 面板的"Z80 Microprocessor.PrjPcb"项目导航树中，Z80.SchDoc 下面的各原理图文档与 Z80.SchDoc 形成了层次关系，如图 5-22 所示。

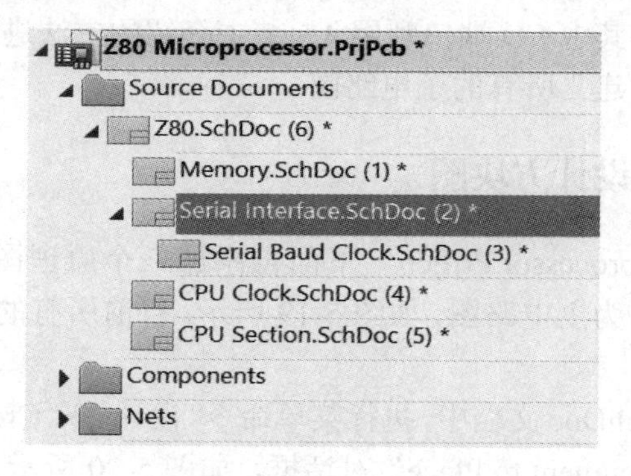

图 5-22　层次关系导航树

(7) 利用 5.3.1 节介绍的编辑方法，对已放置好的方块图进行编辑。

(8) 用导线和总线等工具进行连线，即依据子电路图设计出了方块图。

图 5-23 所示为带有方块图的子电路图，说明该电路图还有下一级子电路图。

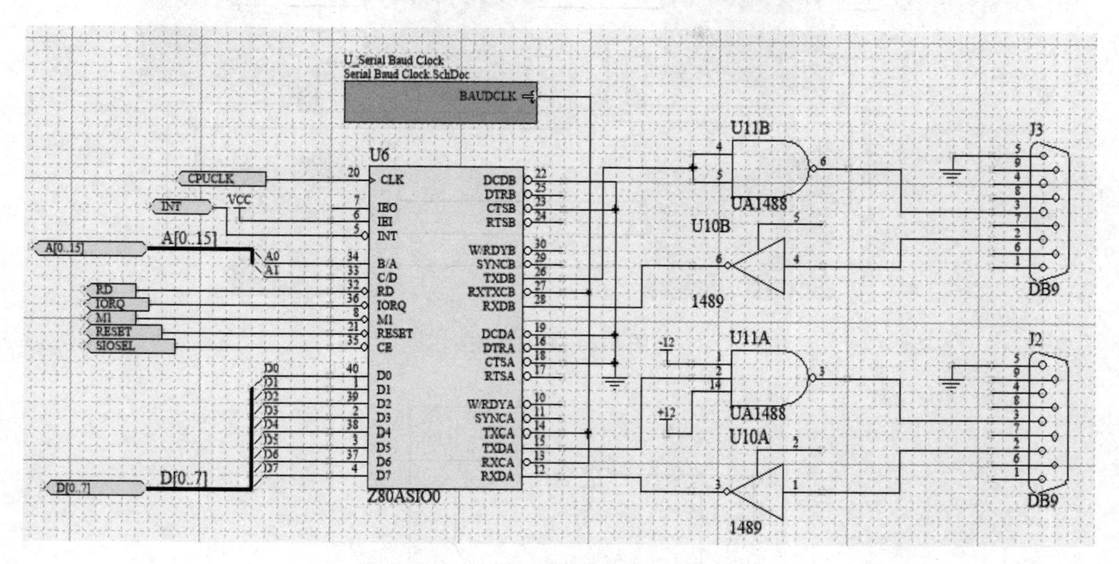

图 5-23　带有方块图的子电路图

本 章 小 结

本章主要介绍了层次原理图的概念、结构及其设计方法和不同层次电路文件之间的切换方法。

这一章的内容主要针对比较复杂的电路原理图。在学习这一章时，读者应牢记：方块图和子电路图是一一对应的，方块图中的端口与子电路图中的端口也是一一对应的。读者可以使用本章介绍的浏览方法在方块图与子电路图之间切换。层次原理图的设计方法主要有两种，自上而下和自下而上，读者可以根据需要进行练习。

思考与上机练习

1. 在自上而下的设计方法中，电路图是如何建立的？
2. 在自下而上的设计方法中，电路图是如何建立的？
3. 方块图和子电路图之间相互切换的方法有哪几种？
4. 绘制如图 5-24 所示的主电路图和该主电路图下面的一个子电路图 dianyuan.SchDoc，如图 5-25 所示。电路图元件属性列表如表 5-1 所示。

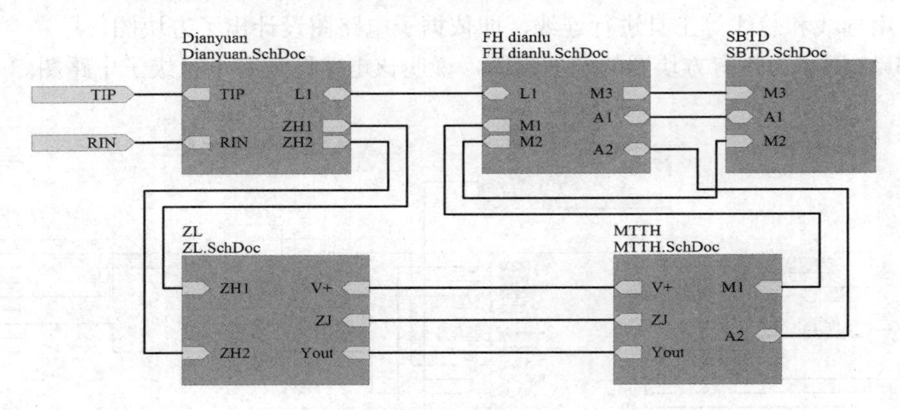

图 5-24 主电路图

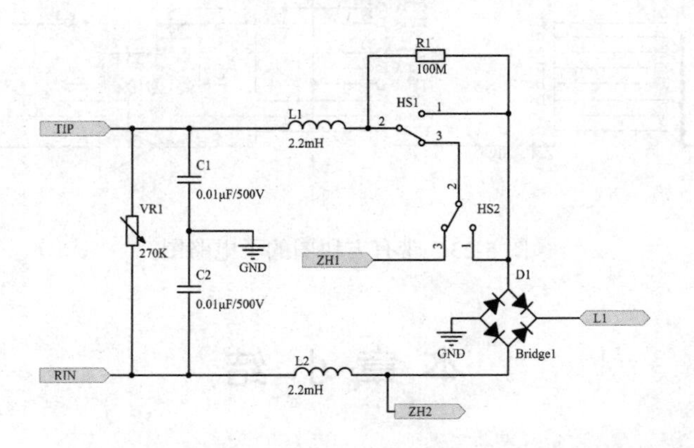

图 5-25 Dianyuan.SchDoc 子电路图

表 5-1 图 5-25 的元件属性列表

元件在库中的名称	元件在图中的标号 (Designator)	元件注释或标称值
CAP	C1	0.01 μF / 500 V
CAP	C2	0.01 μF / 500 V
RES2	R1	100M
Res Adj2	VR1	270K
INDUCTOR	L1	2.2mH
INDUCTOR	L2	2.2mH
SW-SPDT	HS1	HS1
SW-SPDT	HS2	HS2
BRIDGE1	D1	Bridge1

第 6 章　原理图的编译、输出和打印与报表文件的生成和输出

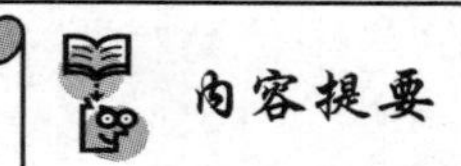

本章主要介绍原理图的编译与检查，原理图的导航与查看，各种报表文件的生成，原理图的输出与打印等内容。

为了满足生产和工艺上的要求，实现印制电路板图的自动布局和自动布线，在原理图设计完成后、PCB 设计之前，设计者需要对设计的原理图进行编译检查，以及时发现设计中存在的错误，进行及时修改，避免影响之后的 PCB 设计工作。

另外，Altium Designer 19 系统的原理图编辑器还具有丰富的报表功能，能够方便地生成各种不同类型的报表文件。在原理图设计完成并且通过编译之后，用户可以充分利用系统所提供的这种功能来生成各种报表，用以存放原理图的各种信息。借助这些报表，用户能够从不同的角度，更好地掌握详细的设计信息，以便为下一步的设计工作做好充足的准备。

6.1　原理图的编译与检查

工程编译是用来检查用户的设计文件是否符合电气规则的重要手段。由于在电路原理图中，各种元件之间的连接直接代表了实际电路系统中的电气连接，因此，所绘制的电路原理图应遵守电气规则，否则就失去了实际价值和指导意义。

所谓电气规则检查，就是查看电路原理图的电气特性是否一致，电气参数的设置是否合理等。Altium Designer 19 系统按照用户的设置进行编译后，会根据问题的严重性，分别以错误、警告、致命错误等信息来提请用户注意，帮助用户及时检查并排除相应错误。

6.1.1　原理图的编译设置

(1) 执行菜单命令“工程→工程选项”，或在 Projects 面板工程项目名称上，单击鼠标右键，在弹出的菜单中选择“工程选项”，如图 6-1 所示。注：下面以图 2-50 所示的整流

稳压电路为例进行说明。

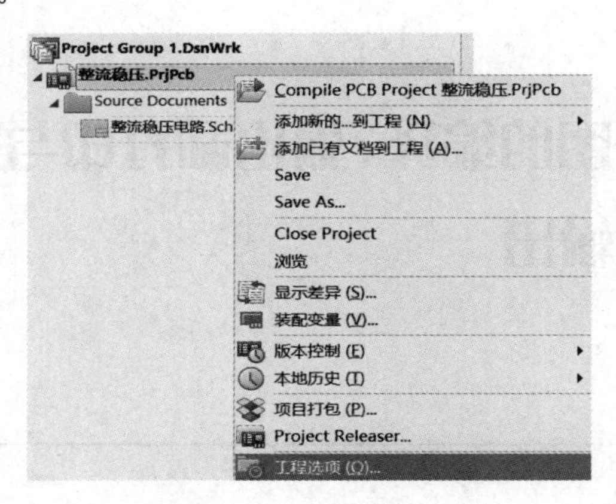

图 6-1　右键快捷菜单

(2) 系统弹出针对该项目的选项对话框，如图 6-2 所示。所有与工程有关的选项都可以在此对话框中设置。

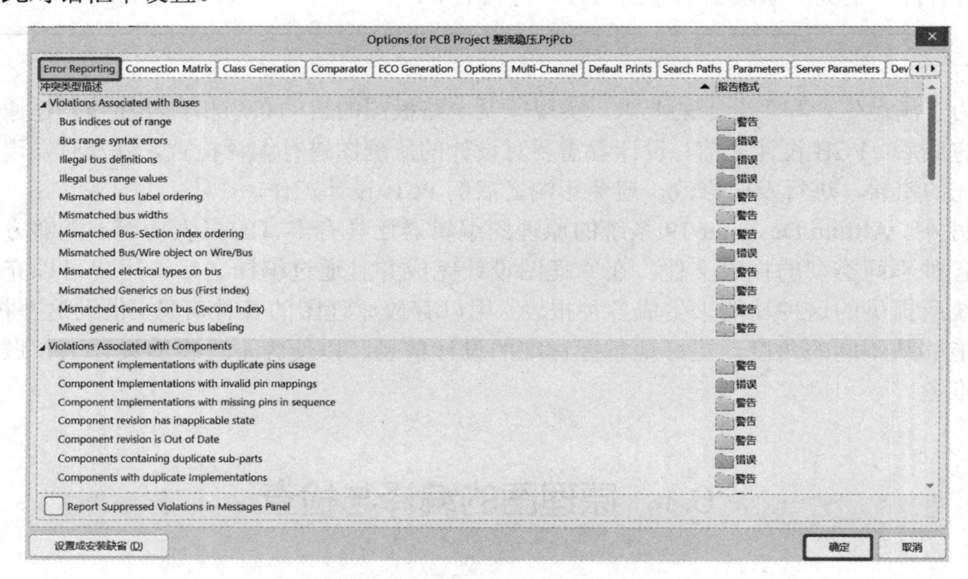

图 6-2　Error Reporting 选项卡

单击【Error Reporting】(错误报告)选项卡，可以对各种电气连接错误的等级进行设置。错误、警告、致命错误及不报告等用不同的颜色来表示。错误报告主要包括以下类别：

- Violations Associated with Buses：针对总线错误的检查，包括总线分支超出范围、总线定义非法、总线上放置了与总线不匹配的对象、总线网络名称出错等。
- Violations Associated with Components：针对元件电气连接错误的检查，包括元件管脚重复，元件标号、元件封装管脚重复非法，元件模型参数错误，端口重复等。
- Violations Associated with Documents：针对文档关联错误的检查，包括图纸标号重复、层次原理图出现重复的方块图、子电路的端口与主电路端口间的电气连接错误等。
- Violations Associated with Harnesses：针对线束错误的检查，包括线束定义冲突、线束连接错误、线束上丢失线束类型及线束类型未知等。

• Violations Associated with Nets：针对电气网络连接错误的检查，包括原理图中出现隐藏的网络、重复的网络，出现的悬空电源符号、网络参数未命名，有多种网络命名，信号没有驱动源，存在没有电气连接的导线等。

• Violations Associated with Others：针对其他电气连接错误的检查，包括未添加备用项、项目变量有不正确的链接、对象超出原理图的范围、对象未处在原理图格点位置上等。

• Violations Associated with Parameters：针对参数错误的检查，包括相同参数被设置了不同的类型，相同参数被设置了不同的值。

注意：Error Reporting(错误报告)选项一般采用系统默认设置。

单击图 6-2 所示的【Connection Matrix】选项卡，弹出如图 6-3 所示的对话框。

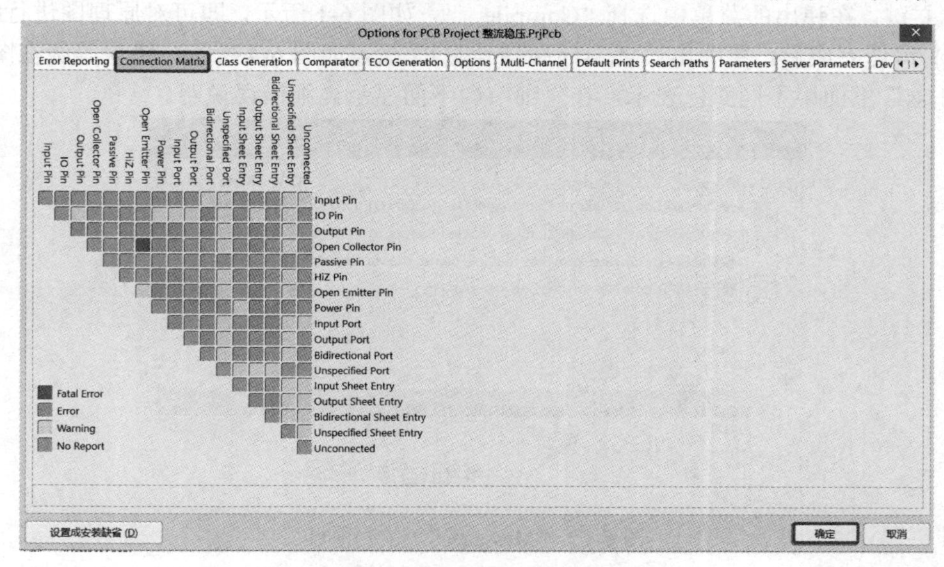

图 6-3　【Connection Matrix】选项卡

【Connection Matrix】选项卡主要用来定义各种管脚、输入/输出端口、图纸出入口彼此间的连接状态是否已构成错误(Error)或警告(Warning)等级的电气冲突，用不同颜色表示，便于在设计中应用电气规则检查电气连接。

矩阵中以彩色方块表示检查结果：

• 绿色方块：表示这种连接方式不会产生错误或警告信息，如某一输入管脚连接到某一输出管脚上。

• 黄色方块：表示这种连接方式会产生警告信息，如输入管脚未连接。

• 橘色方块：表示这种连接方式会产生错误信息，如两个输出管脚连接在一起。

• 红色方块：表示这种连接方式会产生致命错误，指电路中有严重违反电气规则的连线情况，如 VCC 和 GND 短路等。

警告是指某些轻微违反电路原理的连线情况，由于系统不能确定它们是否真正有误，所以用警告表示。

这个矩阵是以交叉接触的形式读入的。如要查看输入管脚接到输出管脚的检查条件，观察矩阵右边的 Input Pin 这一行和矩阵上方的 Output Pin 这一列之间的交叉点即可。交叉点以彩色方块来表示检查结果。

交叉点的检查条件可由用户自行修改，在矩阵方块上单击鼠标左键，即可在不同颜色的彩色方块之间进行切换，一般选择默认。

6.1.2 原理图的编译及错误修改

上述各项设置完成后，就可以进行编译工作了。为了说明编译过程出现的错误信息及其修改，在此专门加入一些错误，以使读者对其有充分认识。

1. 原理图的编译

(1) 执行菜单命令“工程”→“Compile…”，或在“Projects”面板工程项目名称上单击鼠标右键，在弹出的菜单中选择“Compile…”，如图 6-1 所示，即可对原理图进行编译。

(2) 编译完成后，将弹出“Messages”(信息)面板，如图 6-4 所示。错误等级在图左侧的“Class”下面用不同颜色表示，在“细节”下面显示详细错误说明。

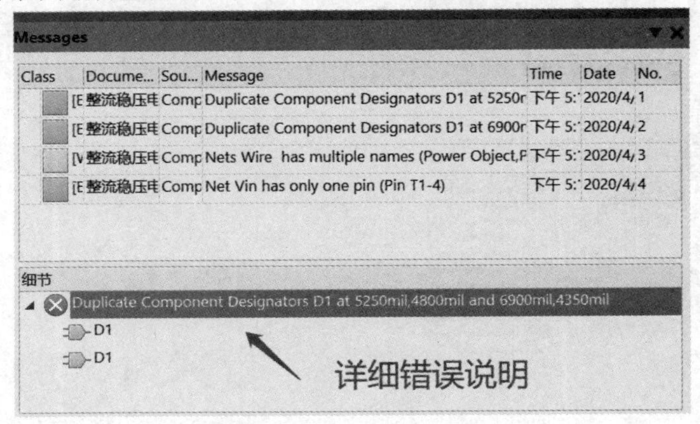

图 6-4　“Messages”(信息)面板

图 6-4 中“细节”下面显示的内容表示原理图中有两个相同标号的元件及其坐标位置。

2. 错误修改

对编译后出现的致命错误，必须进行修改，以避免 PCB 出现错误。

(1) 在图 6-4 所示的“Messages”面板中的“细节”显示区，双击错误对象，该对象即刻被定位，出现在原理图编辑区域中心，并高亮显示，如图 6-5 所示。

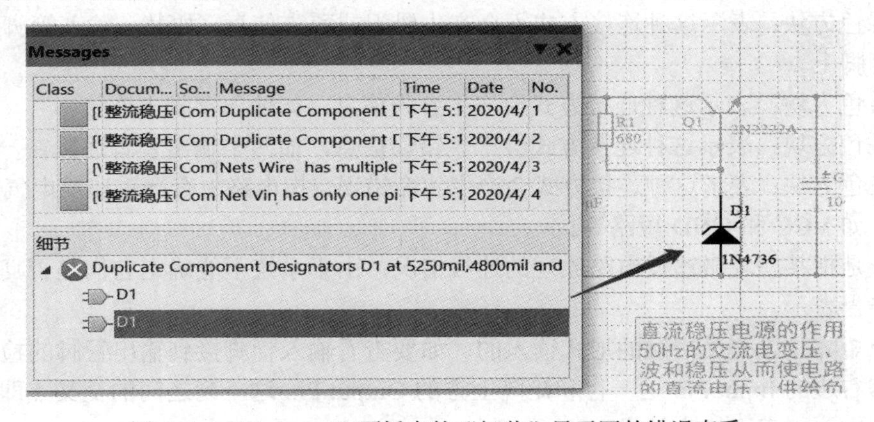

图 6-5　“Messages”面板中的“细节”显示区的错误查看

(2) 在原理图中修改错误。

(3) 对于不需要检查的对象，可放置 No ERC 标号。这样在进行编译时就会忽略标有 No ERC 标号的管脚或端口。

(4) 修改完成后，再次进行编译，直到不再弹出“Messages”面板为止。

注意：编译后的出错信息并不一定都必须修改，用户可根据自己的设计情况来判断，有时系统判断某处是错误的，但实际上设计是正确的，因为系统仅仅是依据设置来判断的。遇到这种情况，用户只需在这些地方放置 No ERC 标号即可。

6.2 原理图的导航与查看

在绘制原理图的过程中，有时需要分门别类地查看某些内容。例如，查看图中已经放置了哪些元件，这些元件的标号如何。对于这样的要求，如果在整张原理图中查看，尤其是复杂原理图，显然不现实。Altium Designer 19 中的 Navigator 面板和 SCH Filter 面板为此提供了快速、简单、有效的分类浏览、查看原理图的方法。

注意：用 Navigator 面板浏览原理图，要在编译完成后才能显示相关内容。

6.2.1 Navigator 面板

1. Navigator 面板的打开

(1) 编译原理图(见 6.1 节)。

(2) 执行菜单命令“视图”→“面板”，或单击右下角的【Panels】按钮，弹出常用面板选项菜单，如图 1-25 所示。

(3) 选中“Navigator”，在左侧 Projects 面板中将显示如图 6-6 所示的 Navigator 面板。

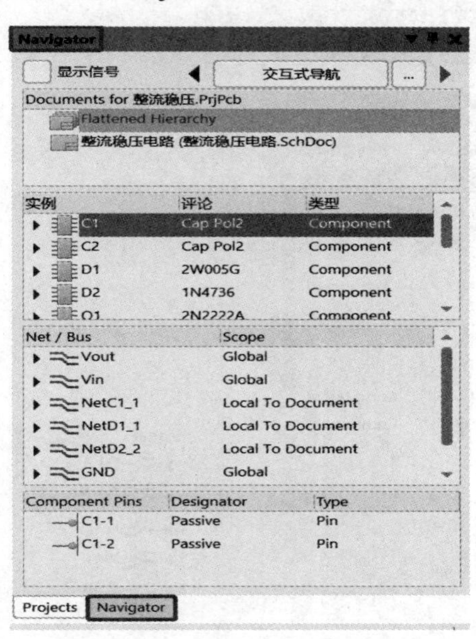

图 6-6　Navigator 面板

图中所显示的是图 2-50 中的有关内容。

2. Navigator 面板的组成

Navigator 面板由 4 个区域组成，从上到下分别为：

- 第 1 个区域：显示浏览中的原理图文件。
- 第 2 个区域：包括原理图文件中包含的所有元件信息(包括元件标号、参数、类型等)，单击某个元件，即可在编辑器窗口中心定位该元件，并高亮显示，类似于图 6-5，同时在第 4 个区域显示该元件对应的管脚信息。
- 第 3 个区域：列出了原理图文件中所有的电气网络名称及应用范围。单击某个网络，即可在编辑器窗口中心定位并高亮显示与该网络的连线和管脚。
- 第 4 个区域：显示第 2 个区域选中的元件管脚信息，或第 3 个区域选中的网络信息等内容。

3. Navigator 面板的其他功能

(1) 交互式导航。单击【交互式导航】按钮，鼠标变成十字形，移动鼠标到某个对象上单击，该对象即定位在编辑器窗口中心，并高亮显示。

如果单击某个元件，则在 Navigator 面板的第 2 个区域展开该元件的相关参数，单击▶符号，还可以继续展开相关信息，如图 6-7 所示。

单击【交互式导航】按钮左、右两边的箭头，可以依次查看第 2 区域各元件参数的详细信息。

(2) 显示信号。选中“显示信号”选项， Navigator 面板的第 3 个区域将显示图中所有信号，如图 6-8 所示。

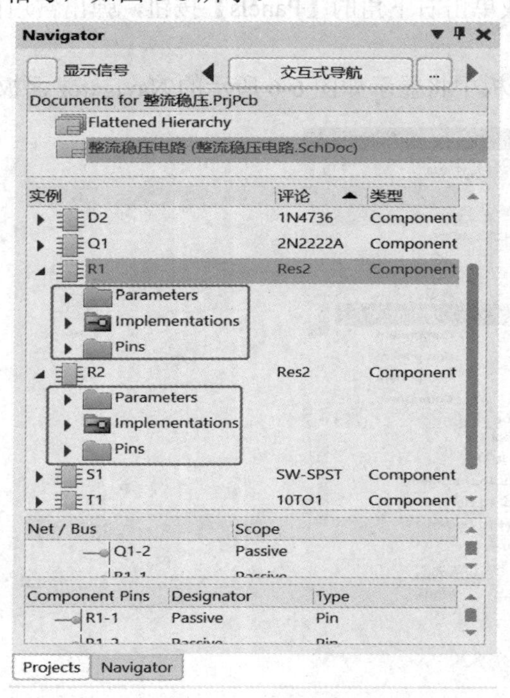

图 6-7　【交互式导航】按钮操作

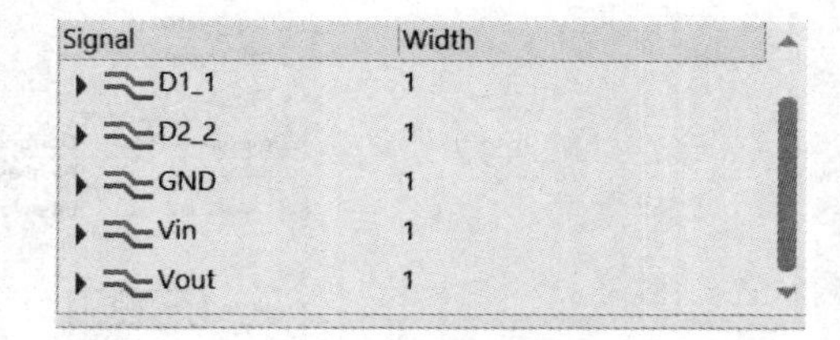

图 6-8　显示信号

6.2.2　SCH Filter 面板

如果选择的某项内容太多，浏览查询起来不方便，则用户可在 SCH Filter 面板过滤器中设置显示条件，以屏蔽掉不需要的信息。

1. SCH Filter 面板的打开

(1) 执行菜单命令“视图”→“面板”，或单击右下角的【Panels】按钮，弹出常用面板选项菜单，如图 1-25 所示。

(2) 选中“SCH Filter”，在 Projects 面板中将显示如图 6-9 所示的 SCH Filter 面板。

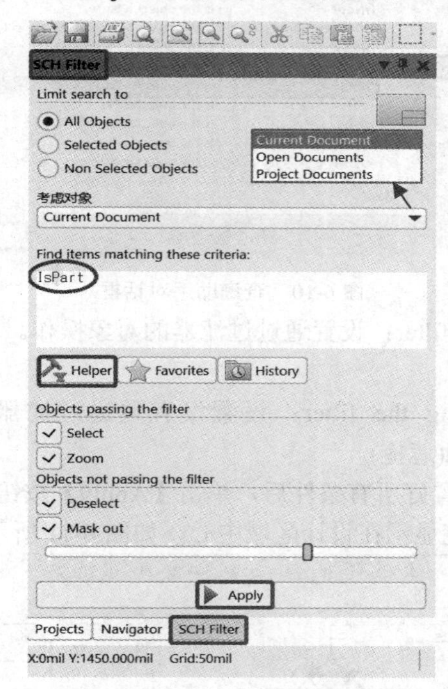

图 6-9　SCH Filter 面板

2. SCH Filter 面板的组成与功能

(1) Limit search to：设置搜索范围。可以设置所有对象、选中对象和没选中对象。

(2) 考虑对象：设定文档范围。单击右侧▼按钮，弹出下拉选项，可以选择 Current Document(当前文档)、Open Document(打开的文档)及 Project Documents(项目文档)。

(3) Find items matching these criteria：列出查找到的符合这些条件的项。

(4) Helper：助手。单击【Helper】按钮，将弹出如图 6-10 所示的查询助手对话框，在此对话框中可以输入详细的查询条件。例如，在“Categories”大类下面的“SCH Functions”中选择“Object Type Checks”，在其右侧的条件列表中选择“IsPart”并双击，“IsPart”条件语句就出现在“Query”区域。单击【OK】按钮，返回图 6-9 中，可以看到在“Find items matching these criteria:”下面的空白处出现了“IsPart”。

(5) Favorites：收藏夹查询。

(6) History：历史查询。

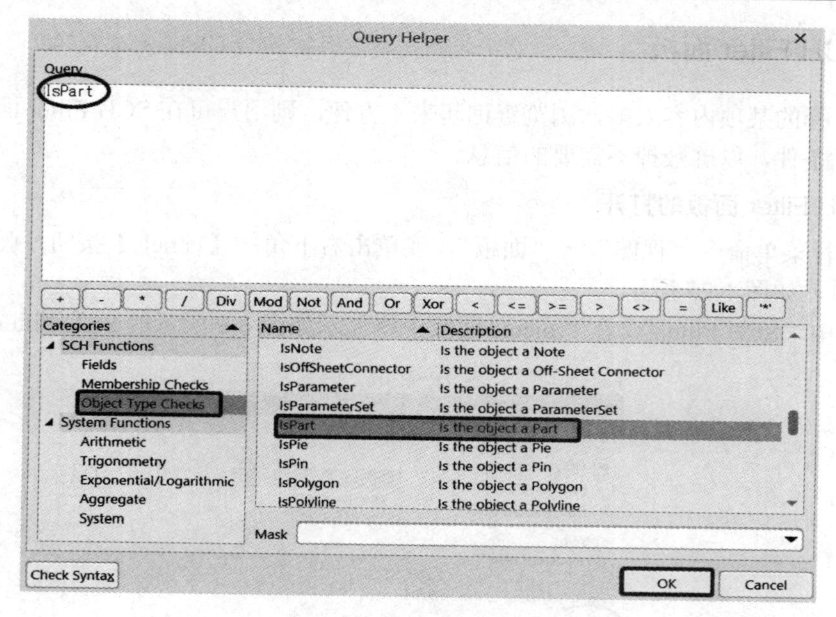

图 6-10　查询助手对话框

(7) Objects passing the filter：设置通过过滤器的对象操作。该项包括 Select(被选中)、Zoom(放大)。

(8) Objects not passing the filter：设置没有通过过滤器的对象操作。该项包括 Deselect(被删除)、Mask out(遮掩)。

(9) Apply：应用。设置好所有条件后，单击【Apply】按钮，符合条件的图中所有元件将被选中、放大，并高亮显示在设计区域中心，如图 6-11 所示。

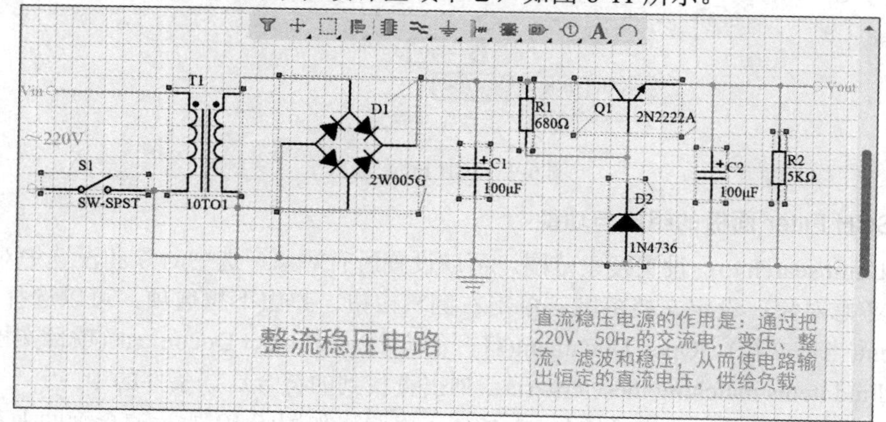

图 6-11　过滤查找结果

通过 SCH Filter，用户可以快速查找所有对象。

6.3　网络表的生成

网络表是表示电路原理图或印制电路板元件连接关系的文本文件。它是原理图编辑器

Schematic Editor 和印制电路板设计 PCB 的接口，是连接原理图与 PCB 板的桥梁，是 PCB 板的自动布局与布线的灵魂。

网络表文件的主文件名与原理图的主文件名相同，扩展名为 .NET。

在根据原理图产生的各种报表中，以网络表最为重要。

6.3.1　从原理图产生网络表

(1) 打开原理图文件。

(2) 执行菜单命令“设计”→“工程的网络表”(或“文件的网络表”)，只产生单个文件的网络表，弹出如图 6-12 所示的工程的网络表格式选择菜单。

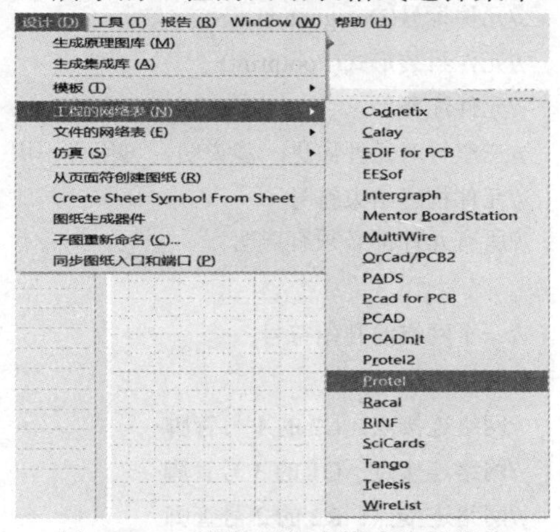

图 6-12　工程的网络表格式选择菜单

(3) 选中“Protel”格式，将在 Projects 面板的工程项目中增加“Generated”项，如图 6-13 所示。

(4) 单击“Generated”前面的▶，将其展开，可以看到产生的网络表文件，其扩展名为 .NET。

(5) 双击“整流稳压电路.NET”文件，将其打开，如图 6-14 所示。

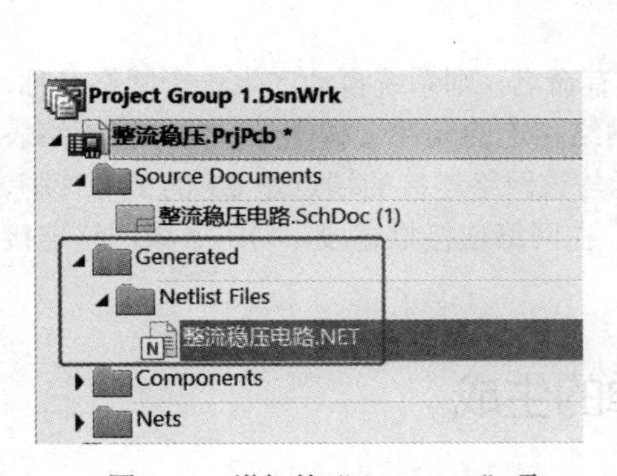

图 6-13　增加的“Generated”项

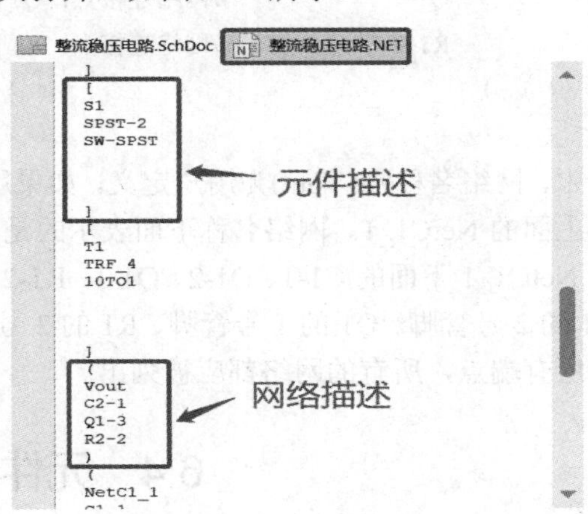

图 6-14　网络表文件

6.3.2 网络表的格式

Protel 格式的网络表是一种文本式文档，由两部分组成：第一部分为元件描述段，以“[”和“]”将每个元件单独归纳为一项，每项包括元件名称、封装形式和注释；第二部分为电路的网络连接描述段，以“(”和“)”把电气上相连的元件管脚归纳为一项，并定义一个网络名。

下面是一个网络表文件的部分内容。

1. 元件描述

```
[                  //元件描述开始符号
    R1             //元件标号(Designator)
    AXIAL0.4       //元件封装形式(Footprint)
    Res2           //元件注释
                   //三空行对元件做进一步说明，可用可不用
]                  //元件描述结束符号
                   //所有元件都必须有声明
```

2. 网络连接描述

```
(                  //一个网络的开始符号
    Vout           //网络名称
    C2-1           //网络连接点：C2 的 1 号管脚
    Q1-3           //网络连接点：Q1 的 3 号管脚
    R2-2           //网络连接点：R2 的 2 号管脚
)                  //一个网络的结束符号
(                  //一个网络的开始符号
    NetC1_1        //网络名称
    C1-1           //网络连接点：C1 的 1 号管脚
    D1-2           //网络连接点：D1 的 2 号管脚
    Q1-1           //网络连接点：Q1 的 1 号管脚
    R1-2           //网络连接点：R1 的 2 号管脚
)
...
```

其中，网络名称(如 Vout)为用户定义，如果用户没有命名，则系统自动产生一个网络名称，如上面的 NetC1_1。网络名称下面表示的是与该网络相连的元件管脚序号，如上面网络表中 NetC1_1 下面的 C1-1、D1-2、Q1-1、R1-2，表示与该网络连接的端点是 C1 的 1 号管脚、D1 的 2 号管脚、Q1 的 1 号管脚、R1 的 2 号管脚。在网络连接描述段，列出了该网络连接的所有端点，所有的网络都应被列出。

6.4 元件清单的生成

元件清单主要用于整理一个电路或一个项目文件中所有的元件。它给出电路图中所用

元件的数量、名称、标号、注释、封装形式等内容，以便于采购或装配。

元件清单文件的主文件名与原理图的主文件名相同，但格式可以有各种不同形式。不同格式的元件清单文件的扩展名不同。

(1) 打开一张电路原理图或一个项目中的所有文件。

(2) 执行菜单命令“报告”→“Bill of Materials”，如图 6-15 所示。此时弹出材料清单对话框，如图 6-16 所示。在对话框左侧列出了原理图中所有元件的注释、描述、标号、封装形式、所在库中的名称和数量等信息。

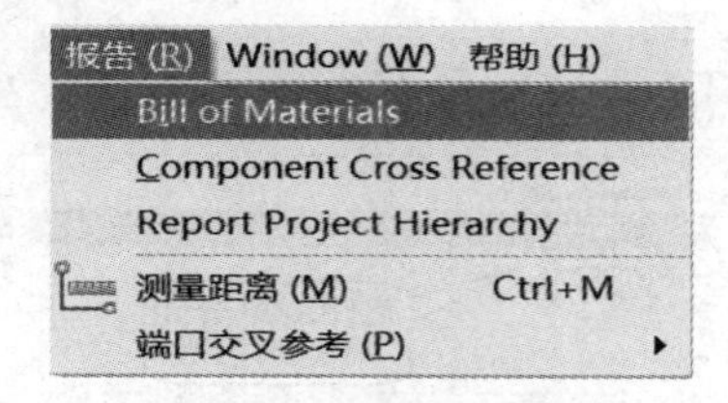

图 6-15　“报告”菜单

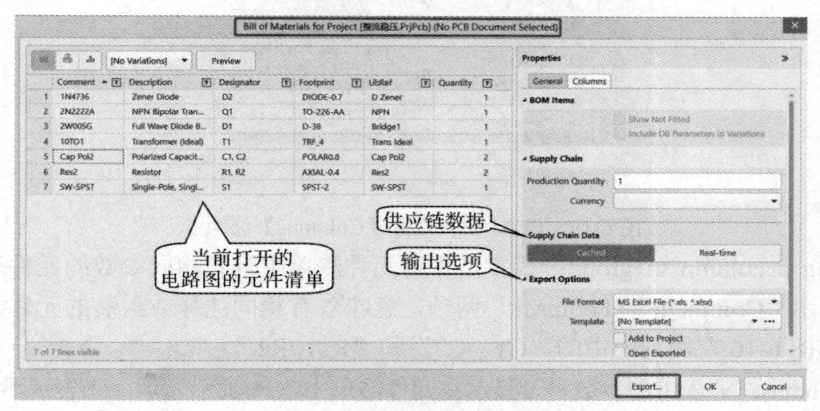

图 6-16　材料清单对话框

(3) 可在右侧 Properties 中的“General”选项中进行输出选项“Export Options”的设置。

① 单击“File Format”右侧的下拉箭头，将弹出输出格式选项，如图 6-17 所示，系统默认选择“Excel”格式，用户也可以根据需要选择其他输出格式。

② 单击“Template”右侧的下拉箭头，将弹出输出模板选项，如图 6-18 所示，用户可以选择各种输出模板。系统默认为“No Template”。

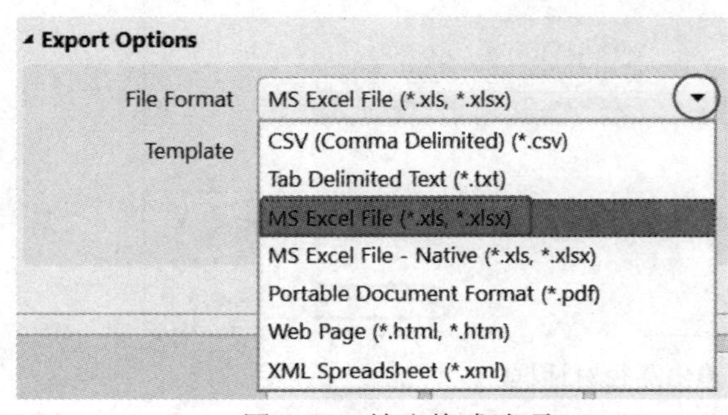

图 6-17　输出格式选项

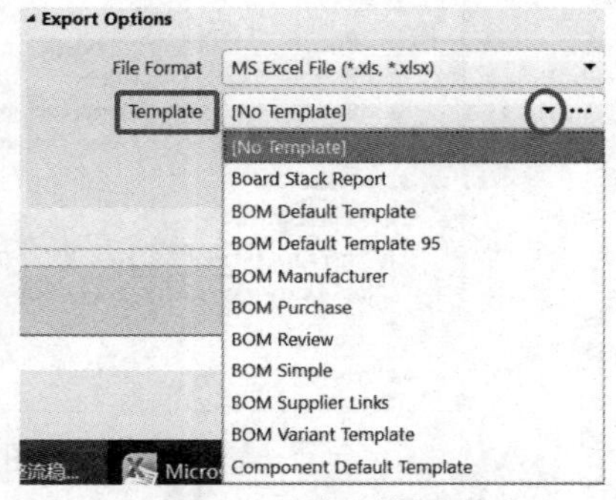

图 6-18　输出模板选项

③ 选中“Export Options”下面的“Add to project”，将在输出元件清单时，自动添加

到项目文件中。

④ 选中“Export Options”下面的“Open Exported”，将在输出元件清单时，自动打开清单文件。

(4) “Properties”中的【Columns】选项卡可以设置元件清单输出列表类别，如图 6-19 所示。

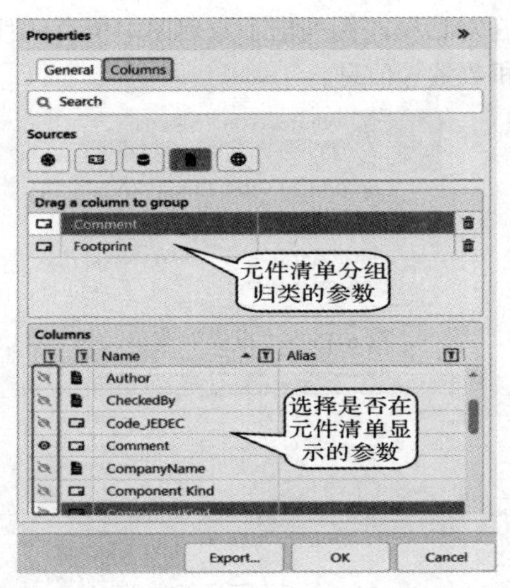

图 6-19　BOM 参数设置【Columns】选型卡

① Drag a column to group：设置是否将元件清单中具有相同参数的元件进行归类显示。目前显示“Comment”“Footprint”两项，意味着有相同注释或封装的元件合并分组归类显示，如图 6-16 左侧列表中的“C1，C2”和“R1，R2”。

② Columns：列表中的参数是否显示在元件清单中，◉表示显示，⊘表示不显示。单击◉、⊘即可进行切换。可以拖放某个参数到 Drag a column to group 区，进行分组归类显示。

③ 单击【Export】按钮，将弹出输出路径对话框，如图 6-20 所示，可以修改文件名称进行保存。

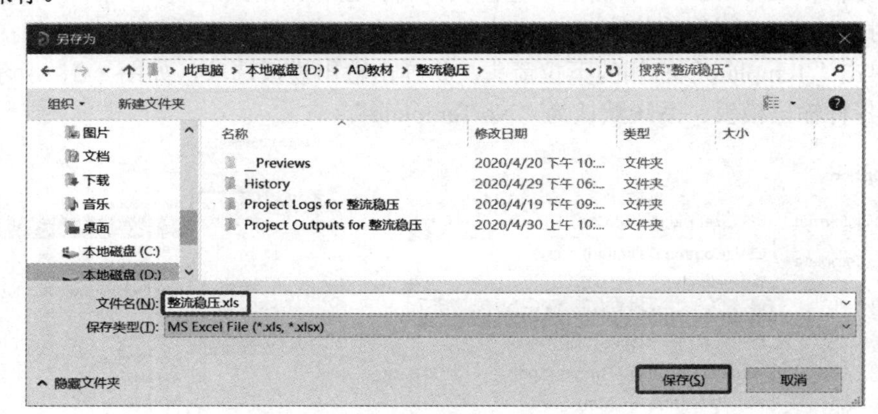

图 6-20　输出路径对话框

(5) 单击图 6-16 左侧的【Preview】按钮，可打开保存的 Excel 文件，如图 6-21 所示，可以预览文件。

若在“Export Options”下面选中了“Open Exported”，则在单击【Export】按钮时，将自动打开图 6-21 所示的元件清单文件。

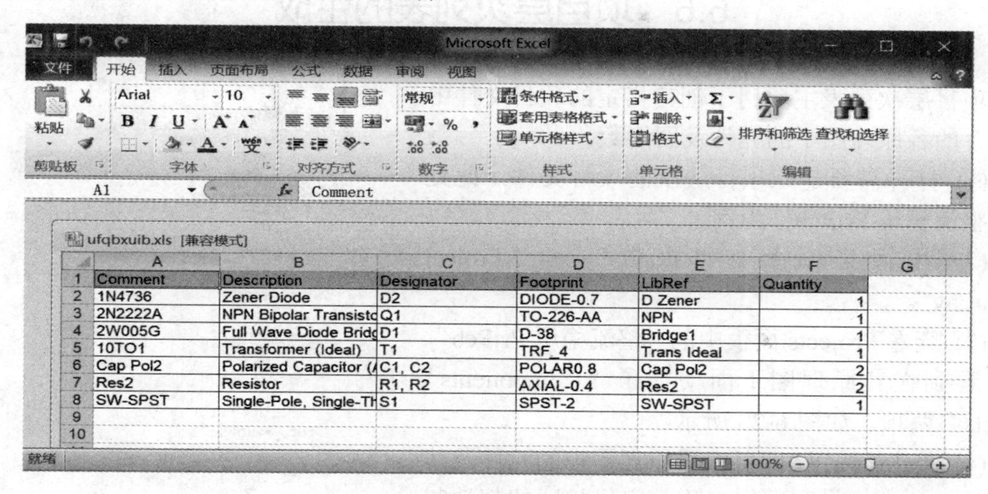

	A	B	C	D	E	F
1	Comment	Description	Designator	Footprint	LibRef	Quantity
2	1N4736	Zener Diode	D2	DIODE-0.7	D Zener	1
3	2N2222A	NPN Bipolar Transisto	Q1	TO-226-AA	NPN	1
4	2W005G	Full Wave Diode Bridg	D1	D-38	Bridge1	1
5	10TO1	Transformer (Ideal)	T1	TRF_4	Trans Ideal	1
6	Cap Pol2	Polarized Capacitor (A	C1, C2	POLAR0.8	Cap Pol2	2
7	Res2	Resistor	R1, R2	AXIAL-0.4	Res2	2
8	SW-SPST	Single-Pole, Single-Th	S1	SPST-2	SW-SPST	1

图 6-21　Preview 元件清单文件

6.5　交叉参考元件列表的生成

交叉参考元件列表可以为多张图纸中的每一个元件列出元件的标号、标注和元件所在的原理图文件名。交叉参考元件列表多用于层次原理图。

(1) 打开需要生成交叉参考元件列表的项目文件或原理图文件，如 Z80 Microprocessor.PrjPcb。

(2) 执行菜单命令“报告”→“Cross Reference”，系统自动产生交叉参考元件列表文件对话框，如图 6-22 所示。列表含义与材料清单类似，在此不再赘述。

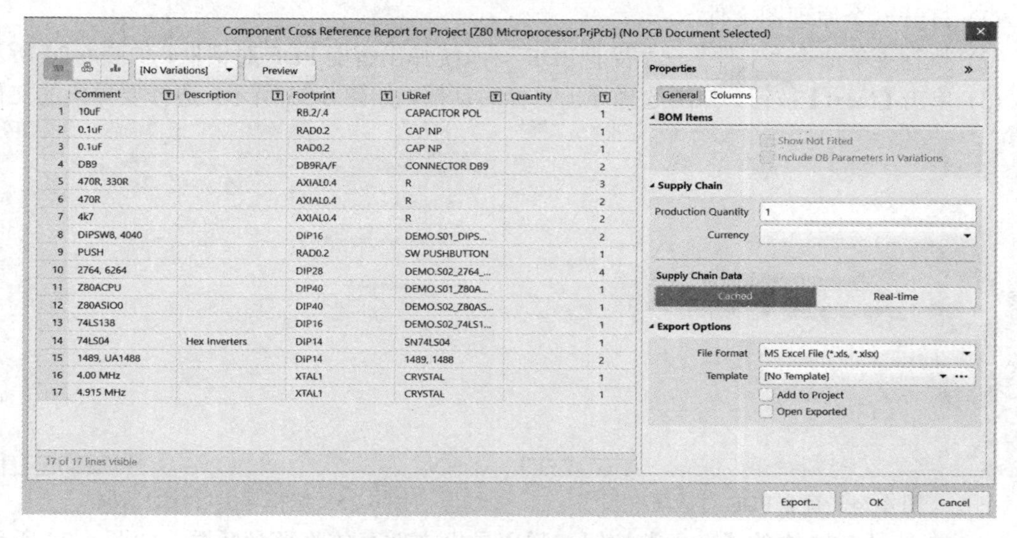

	Comment	Description	Footprint	LibRef	Quantity
1	10uF		RB.2/.4	CAPACITOR POL	1
2	0.1uF		RAD0.2	CAP NP	1
3	0.1uF		RAD0.2	CAP NP	1
4	DB9		DB9RA/F	CONNECTOR DB9	2
5	470R, 330R		AXIAL0.4	R	3
6	470R		AXIAL0.4	R	2
7	4k7		AXIAL0.4	R	2
8	DIPSW8, 4040		DIP16	DEMO.S01_DIPS...	2
9	PUSH		RAD0.2	SW PUSHBUTTON	1
10	2764, 6264		DIP28	DEMO.S02_2764_...	4
11	Z80ACPU		DIP40	DEMO.S01_Z80A...	1
12	Z80ASIO0		DIP40	DEMO.S02_Z80AS...	1
13	74LS138		DIP16	DEMO.S02_74LS1...	1
14	74LS04	Hex Inverters	DIP14	SN74LS04	1
15	1489, UA1488		DIP14	1489, 1488	2
16	4.00 MHz		XTAL1	CRYSTAL	1
17	4.915 MHz		XTAL1	CRYSTAL	1

图 6-22　Z80 Microprocessor.PrjPCB 生成的交叉参考元件列表

6.6　项目层次列表的生成

项目层次列表主要用于创建指定的项目文件中所包含的各原理图中的元件及网络数。

(1) 打开需要建立项目层次的项目文件，此处以“整流稳压.PrjPcb”为例。

(2) 执行菜单命令“报告”→“Project Hierarchy”。

(3) 查看 Projects 面板中的“整流稳压.PrjPcb”，可以看到在其原理图下面增加了“Components”“Nets”两项，如图 6-23 所示。

(4) 单击▸按钮，即可查看原理图中的元件及其网络数。元件标号和网络名称首字母相同的都被归为一类显示。有▸符号的，表示有子项，可以继续展开查看。

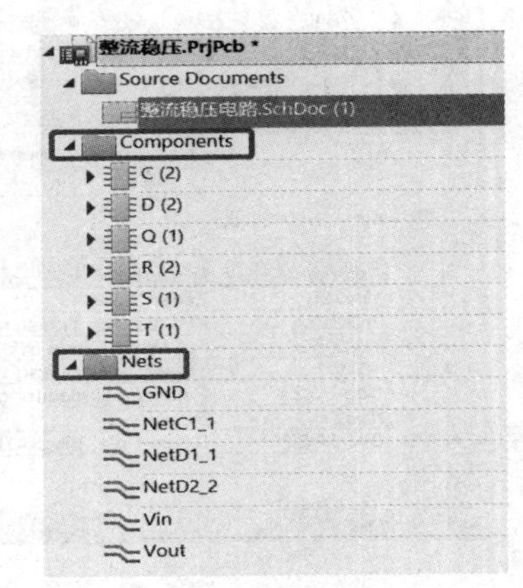

图 6-23　“Project Hierarchy”报告

6.7　原理图的输出与打印

6.7.1　原理图的输出——生成智能 PDF 文件

用户可以把绘制好的电路原理图以 PDF 的格式输出，发给别人阅读，这样就降低了直接被篡改的风险。具体操作如下：

(1) 打开一个原理图文件。

(2) 执行菜单命令“文件”→“智能 PDF”，系统弹出智能 PDF 对话框，如图 6-24 所示。

(3) 单击【Next】按钮，弹出选择导出目标对话框，如图 6-25 所示，选择要导出的文件。

图 6-24　智能 PDF 对话框

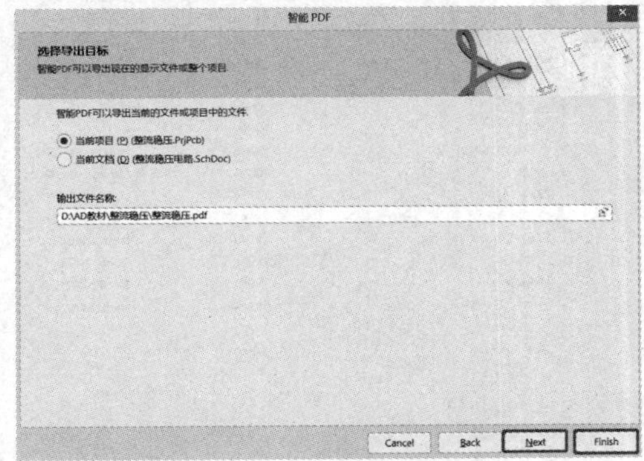

图 6-25　选择导出目标对话框

(4) 单击图 6-25 中的【Next】按钮，弹出导出文件存放路径对话框，如图 6-26 所示。

可以在此对话框中选择文件导出路径，也可以在图 6-25 中进行设置。

(5) 单击图 6-26 中的【Next】按钮，弹出是否导出 BOM 表及导出模板对话框，如图 6-27 所示。由于 BOM 表一般我们单独进行输出，所以这里可以不选此项。

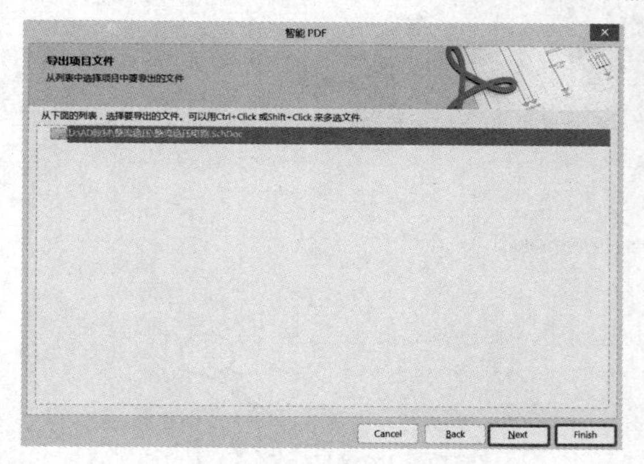

图 6-26　导出文件存放路径对话框

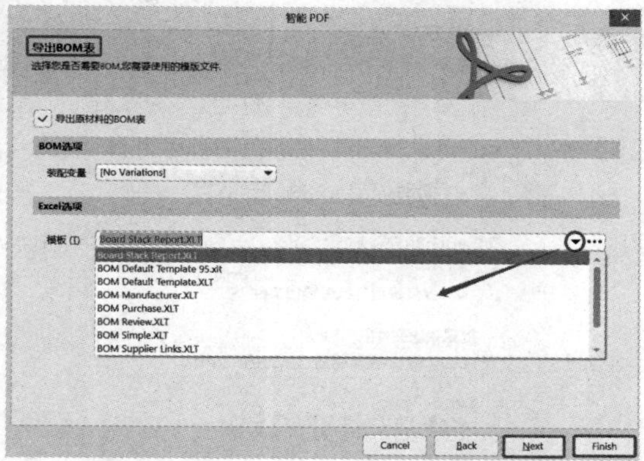

图 6-27　是否导出 BOM 表及导出模板对话框

(6) 单击图 6-27 中的【Next】按钮，弹出添加打印设置对话框，如图 6-28 所示，可以选择原理图打印颜色、打印质量等。

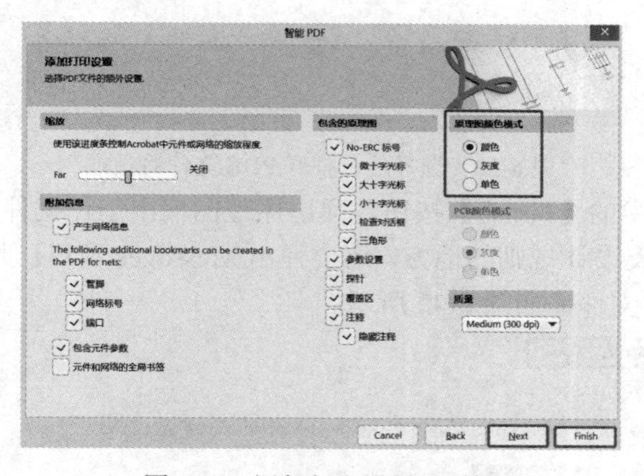

图 6-28　添加打印设置对话框

(7) 单击图 6-28 中的【Next】按钮，弹出选择 PDF 文件的结构对话框，如图 6-29 所示。

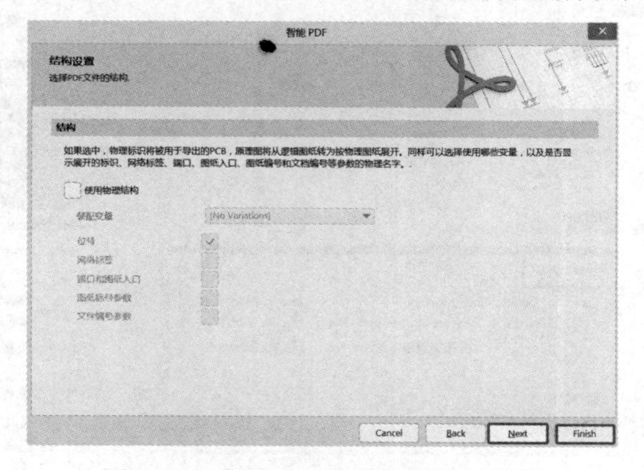

图 6-29　选择 PDF 文件的结构对话框

(8) 单击图 6-29 中的【Next】按钮，弹出选择是否打开 PDF 文件对话框，如图 6-30 所示。

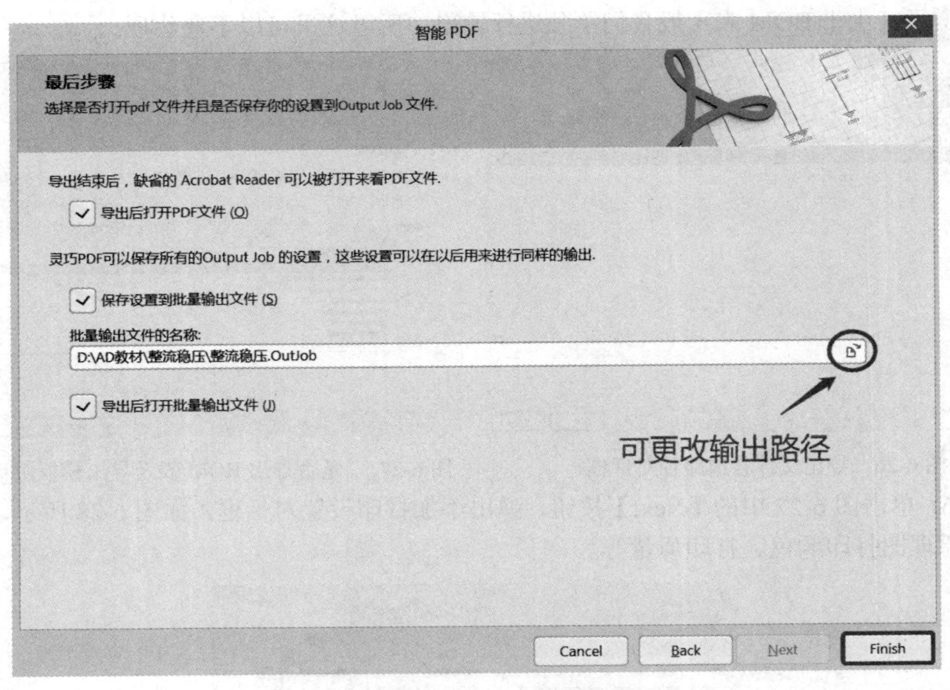

图 6-30　选择是否打开 PDF 文件对话框

(9) 单击图 6-30 中的【Finish】按钮，弹出原理图输出工作文件对话框，如图 6-31 所示。如果原理图有违反设计规则的地方，还会弹出 Messages 窗口。此时打开 PDF 阅读器，即可查看输出的 PDF 文件，如图 6-32 所示。

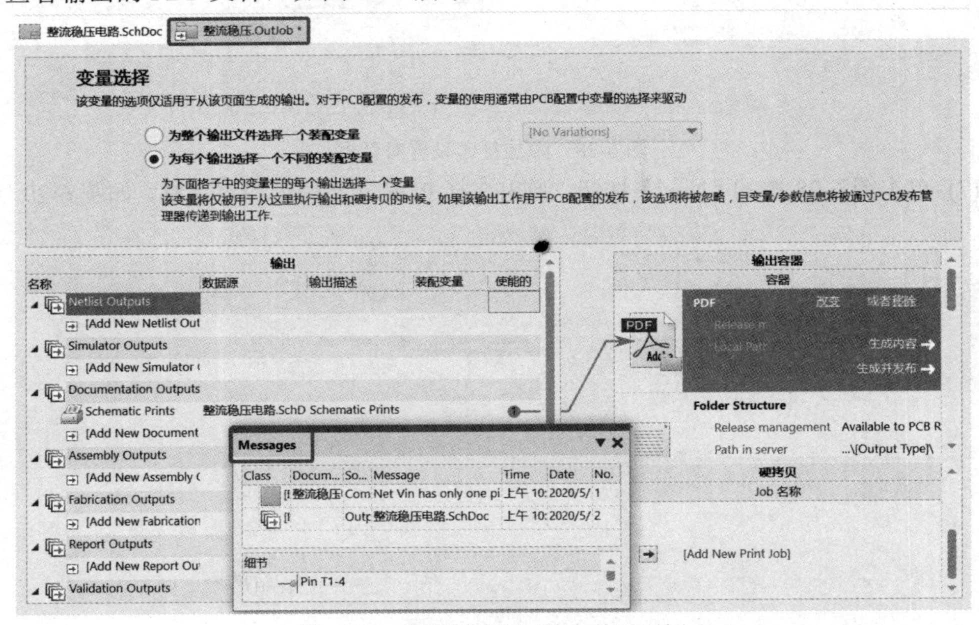

图 6-31　原理图输出工作文件对话框

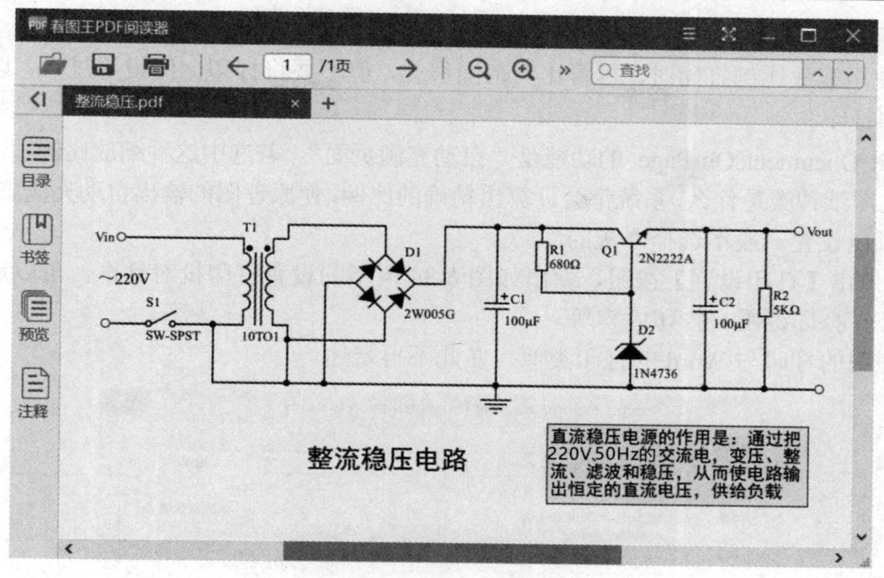

图 6-32　PDF 文件

注意：在上述各设置步骤中，随时可以单击【Finish】按钮，不经过设置，直接输出如图 6-31、图 6-32 所示的文件。系统会选择项目起初设置的输出路径进行输出。

6.7.2　原理图的打印

用户也可以直接将原理图打印出来进行阅读。Altium Designer 19 支持多种打印机，可以说 Windows 支持的打印机 Altium Designer 19 系统都支持。

(1) 打开一个原理图文件。

(2) 执行菜单命令“文件”→“设置页面”，系统弹出 Schematic Print Properties 对话框，如图 6-33 所示。

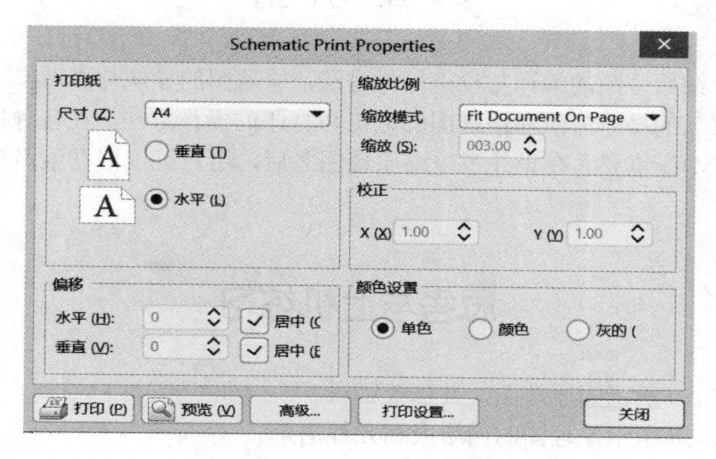

图 6-33　Schematic Print Properties 对话框

在图 6-33 所示对话框中可以设置打印纸张的大小、方向，缩放比例、打印颜色等。单击 预览 (V)，可以进行打印预览。

注意：

- 使用缩放比例打印时，尽管比例范围很大，但不要将打印比例设置过大，以免原理图被分割打印。
- Fit Document On Page 的功能是“自动充满页面”。若选中这种缩放比例项，则无论原理图的图纸种类是什么，系统都会计算出精确的比例，使原理图的输出自动充满整个页面。
- 颜色设置一般不选择“灰的”。

(3) 单击【打印设置】按钮，弹出如图 6-34 所示的设置打印机对话框，可以选择打印机的型号、打印范围、打印内容等。

原理图的打印与 Word 的打印类似，在此不再赘述。

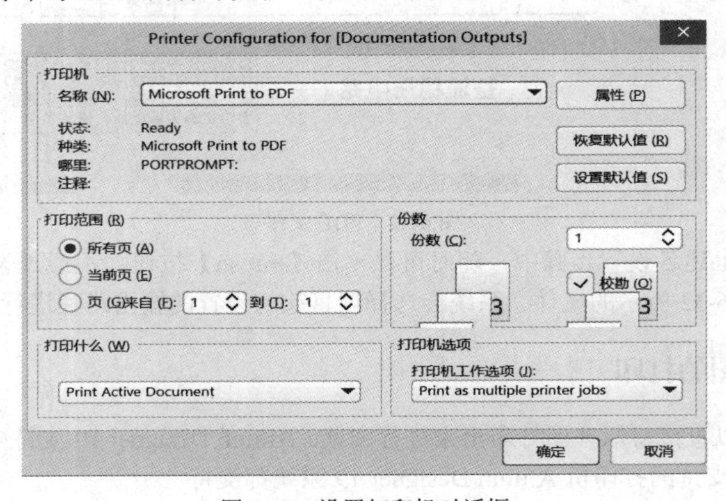

图 6-34　设置打印机对话框

本 章 小 结

本章主要介绍原理图的编译与检查操作方法，原理图的导航与查看操作方法，根据原理图生成各种报表的操作方法和原理图的输出与打印的操作方法。在各种报表中，网络表及元件清单(BOM)最重要。在设计了电路原理图之后，用户可以根据生产和工艺的需要生成所需的报表。

思考与上机练习

1. 编译图 2-50 所示的原理图，并修改错误。
2. 产生图 2-50 所示原理图的网络表和元件清单。
3. 将图 2-50 所示的图以 PDF 格式输出。
4. 打印图 2-50 所示的原理图和元件清单。(打印前将练习电路中的元件标号和元件标注的字号设置得大一些)，原理图分别按自动充满页面和 200%的比例打印出来。

第 7 章　印制电路板的基础知识

内容提要

本章主要讲解印制电路板的概念、结构和分类，印制电路板的设计步骤及文档管理，印制电路板的视图管理及常用工具栏的用法，印制电路板工作参数设置和规划等方面的内容。

印制电路板是电子设备中的重要部件之一。在电子设备中，印制电路板通常起三个作用：

(1) 为电路中的各种元器件提供必要的机械支撑。

(2) 提供电路的电气连接。

(3) 用标记符号将板上所安装的各个元器件标注出来，便于插装、检查及调试。

使用印制电路板有四大优点：

(1) 具有重复性。

(2) 具有可预测性。

(3) 所有信号都可以沿导线任意一点直接进行测试，不会因导线接触引起短路。

(4) 印制电路板的焊点可以在一次焊接过程中将大部分焊完。

正因为印制电路板有以上特点，所以从它面世的那天起，就得到了广泛的应用和发展，从收音机、电视机、手机、微机等民用产品到导弹、宇宙飞船，凡是存在电子元件的地方，它们之间的电气连接就要使用印制电路板。而印制电路板的设计和制造也是影响电子设备的质量、成本和市场竞争力的基本因素之一。现代印制电路板技术已经朝着多层、精细线条的方向发展。特别是 20 世纪 80 年代开始推广的 SMD(表面封装)技术，是高精度印制电路板技术与 VLSI(超大规模集成电路)技术的紧密结合，大大提高了系统安装密度与系统的可靠性。

在学习印制电路板设计之前，我们首先了解一下有关印制电路板的概念、结构、设计流程和系统参数设置。对于初学者，这些知识是十分必要的。

7.1　印制电路板的结构与分类

印制电路板(Printed Circuit Board， PCB)是指在绝缘基板上由印制导线和印制元件构成的电路。它能完成电子设备中大部分元器件之间的电气连接，是电子设备的核心，决定电子设备的质量和性能。

7.1.1　印制电路板的结构

目前的印制电路板一般以铜箔覆在绝缘板(基板)上，故亦称覆铜板。印制电路板的常见结构可以分为单层板(Single Layer PCB)、双层板(Double Layer PCB)和多层板(Multi Layer PCB)三种。

1. 单层板

单层板是只有一个面敷铜，另一面没有敷铜的电路板。元器件一般放置在没有敷铜的一面，敷铜的一面用于布线和元件焊接。单层板敷铜面在设计线路上有很多严格的要求，仅适用于比较简单的电路设计。

2. 双层板

双层板是一种双面敷铜的电路板，两个敷铜层通常被称为顶层和底层，两个面都可以布线，顶层一般为放置元件面，底层一般为元件焊接面，两个面之间的电路连接通过“过孔”实现。对于比较复杂的电路，双层板布线比单层板布线的布通率高，所以它是目前采用最广泛的电路板结构。

3. 多层板

多层板是包括多个工作层面的电路板，除了有顶层和底层外，还有中间层，顶层和底层主要用于放置元器件和焊接，中间层可以是导线层、信号层、电源层或接地层，层与层之间是相互绝缘的，层间线路连接通过“导孔”“埋孔”“盲孔”来实现。它主要应用于复杂的电路设计，如在微机中，主板和内存条的电路板设计。

7.1.2　印制电路板的分类

印制电路板的分类方式一般有三种：按用途分类、按基材分类、按结构分类。

1. 按用途分类

(1) 民用印制电路板：电视机、音响、电子玩具等消费类产品用的电路板。
(2) 工业用印制电路板：计算机、通信设备、仪器仪表等装备类用的电路板。
(3) 军用印制电路板。

2. 按基材分类

(1) 纸基印制电路板：酚醛纸基、环氧纸基印制电路板等。
(2) 玻璃布基印制电路板：环氧玻璃布基等。
(3) 合成纤维印制电路板：环氧合成纤维印制电路板等。
(4) 有机薄膜基材印制电路板：尼龙薄膜、聚酯薄膜印制电路板等。
(5) 金属基底、金属芯基和陶瓷基印制电路板。

3. 按结构分类

(1) 刚性印制电路板。
(2) 挠性印制电路板。
(3) 刚、挠结合印制电路板。

7.2　印制电路板设计步骤与文档管理

利用 Altium Designer 19 设计印制电路板一般有手工设计和自动设计两种方法。

7.2.1　印制电路板设计步骤

1. 手工设计印制电路板

手工设计印制电路板是指放置元件、布线等环节由人工完成，主要针对比较简单的电路。其基本步骤如下：

(1) 进入 PCB 编辑环境，初步规划电路板，主要完成电路板的尺寸设计、定义电气边界、放置安装定位孔。

(2) 选择元件面，添加所需的元件封装库，从中调出所要的元件封装，并放置到定义的电气范围内。

(3) 手工将元件封装拖放到合适的位置，修改元件标称、参数等说明性属性。

(4) 根据电路原理图，手工在元件封装的焊盘间连线。

(5) 适当修改电路板的走线、安装定位孔和边界，确认无误后保存 PCB 文件。

2. 自动设计印制电路板

自动设计印制电路板是指在设计中运用该软件的自动布局和自动布线等自动化功能来完成设计工作。这种方法比较节省时间，一般用在较复杂的电路板中。有时对于一些电路，设计者可以先手工设计某些关键线路，其他的由计算机自动完成。在同一设计项目下，该方法的基本步骤如下：

(1) 进入 SCH 编辑环境，绘制原理图，产生网络报表。

(2) 进入 PCB 编辑环境，设置工作参数规划电路板。这个步骤非常关键，主要来确定印制电路板的框架。

(3) 添加所需元件封装库。

(4) 在原理图编辑界面中，执行菜单命令“设计”→“Update PCB Document Demo.PcbDoc”或者在 PCB 设计界面中执行“设计”→“Import Changes From Demo.PrjPcb”，即可导入执行窗口，将元件封装导入 PCB 工作界面。

(5) 设置布局规则，进行自动布局，再适当手工调整个别元件位置。要求元件所放置的位置能使整个电路板看上去整齐美观，并有利于布线。

(6) 设置布线规则，确定自动布线时必须遵守的各种电气规范，完成自动布线。

(7) 手工适当调整部分电路元件，然后根据原理图检查布线结果有无错误，最后保存输出。

7.2.2　PCB 文档管理

通过原理图设计的学习，我们知道 Altium Designer 19 是用一个设计项目来管理各种设计文档的。对于 PCB 文档也不例外，PCB 文档管理的各项操作都是在设计项目中进行的。这样就要求在进行 PCB 文档管理之前，首先建立或打开一个设计项目，然后在设计项目中，进行 PCB 文档的管理。

PCB 文档的管理包括以下几种操作：创建工程项目，新建 PCB 文档，打开已有的 PCB 文档，修改、保存和关闭 PCB 文档。以下介绍这些操作方法。

1. 创建工程项目

新建一个设计项目，名称为“过压监视电路”，打开 Altium Designer 19 窗口，选择执行菜单命令“文件”→“新的”→“项目”，弹出对话框如图 7-1 所示，修改项目名称、保存路径，单击 Create 按钮，项目创建完成。

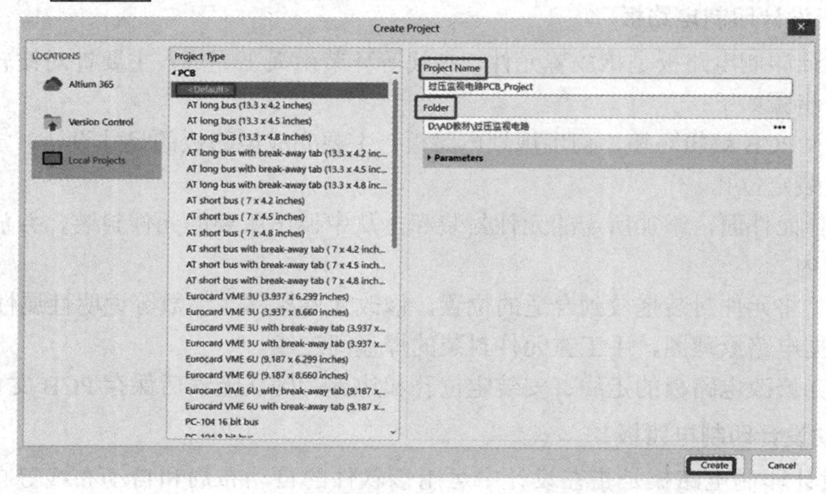

图 7-1　创建工程项目

2. 新建 PCB 文档

方法一：首先打开要存放 PCB 文档的设计项目，执行菜单命令“文件”→“New”→“PCB”，创建新的 PCB 文档，默认名称为“PCB1.PcbDoc”，如图 7-2 所示。

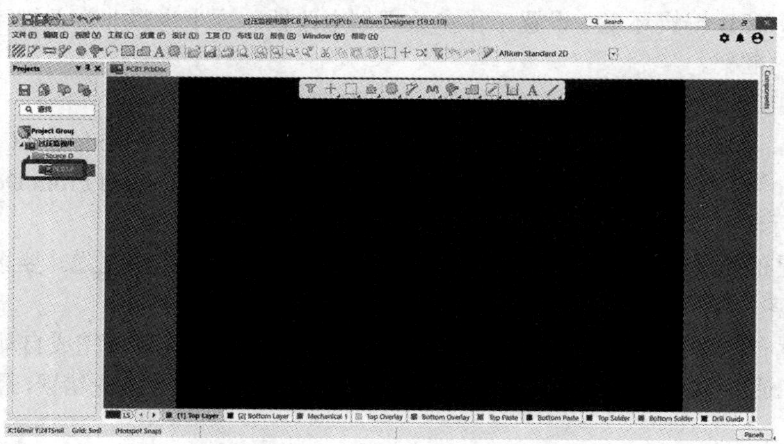

图 7-2　新建 PCB1.PcbDoc

方法二：新建项目后，在 Projects 面板，右键单击名为“过压监视电路”的项目文件，弹出对话框，如图 7-3 所示。单击 PCB 文件图标，生成如图 7-2 所示 PCB1.PcbDoc 的文档。一般将原理图文件、PCB 文件、原理图库文件、PCB 库文件放在同一个项目中。

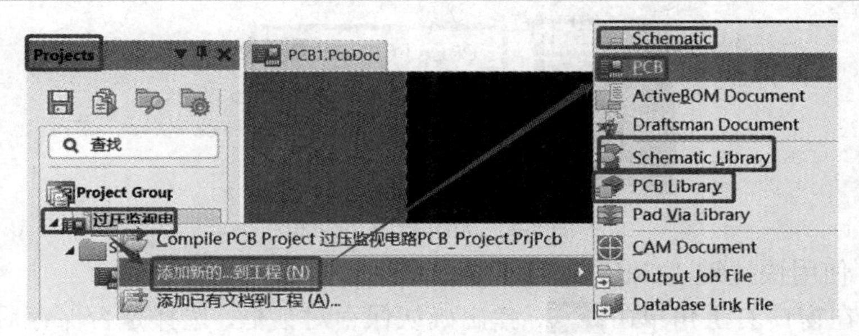

图 7-3　新建 PCB 文档

3. 打开 PCB 文档

打开 PCB 文档的方法有以下三种：

方法一：在工程项目窗口中，执行菜单命令“文件”→“打开”，弹出选择文件的对话框。

方法二：在图 7-3 中，单击“添加已有文档到工程”，弹出“选择已有 PCB 文件”的对话框，选择后单击打开。

方法三：使用快捷键“Ctrl”+“O”，弹出选择文件的对话框。

另外，Altium Designer 19 可以打开不同的电路板设计软件所产生的 PCB 文档。打开其他格式的 PCB 文档可以用导入方式，可按以下步骤操作：

首先，打开要存放的 PCB 设计文件夹。

然后，执行菜单命令“文件”→“导入”，屏幕会弹出“导入文件”对话框。在对话框中选择要打开的 PCB 文件，再单击【打开】按钮，即可打开不同格式的 PCB 文档。

4. 修改 PCB 文档名称

新建 PCB 文档默认名称为“PCB1.PcbDoc”，将其修改为“过压监视电路.PcbDoc”。在 Projects 面板，右键单击 PCB1.PcbDoc，选择“另存为”命令后，弹出存储对话框，修改其名称，点击保存。

5. 保存 PCB 文档

保存 PCB 文档的操作简单，通常有以下几种方法：

方法一：执行菜单命令“文件”→“保存”，或单击工具栏中的【保存】按钮。该方法保存当前正在编辑的 PCB 文档。

方法二：执行菜单命令“文件”→“全部保存”，保存工程项目中所有文档。

方法三：执行菜单命令“文件”→“另存为”，可以修改存储位置和文档名称。

另外，Altium Designer 19 还可以将文档存为其他格式的文档。存为其他格式的 PCB 文档可按以下步骤进行：执行菜单命令“文件”→“导出”，选择导出文件的格式，屏幕弹出“导出文件”路径对话框，单击【保存】按钮，即可存为其他格式的文档。

6. 关闭 PCB 文档

关闭 PCB 文档的方法有以下四种：

方法一：执行菜单命令“文件”→“关闭”。

方法二：将鼠标指针指向编辑窗口中要关闭的 PCB 文档标签，单击鼠标右键，弹出快捷菜单，选择关闭命令，如图 7-4 所示。

图 7-4　关闭 PCB 对话框

方法三：使用快捷键“Ctrl”+“F4”。

方法四：在窗口右上角单击 × ，弹出确认保存对话框，选择是否保存后，单击【OK】按钮完成，如图 7-5 所示。

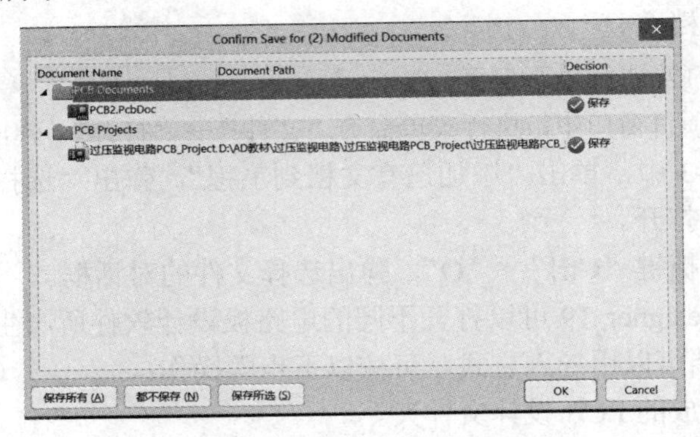

图 7-5　确认保存对话框

7.3　PCB 的视图管理及工具栏

印制电路板编辑器中的视图管理包括打开或关闭 PCB 文件、状态栏显示、命令状态栏以及缩放视图窗口等。

7.3.1　视图的打开

在 Projects 面板双击需要打开的 PCB 文件，或在 PCB 文件上单击鼠标右键，弹出对话框，选择“Open”，打开建好的 PCB 文档，如图 7-6 所示。在该 PCB 编辑器中，左边是 PCB 管理窗口(Projects 面板)，右边是工作窗口。启动 PCB 编辑器后，菜单栏和工具栏将发生变化，并添加几个浮动的工具栏。

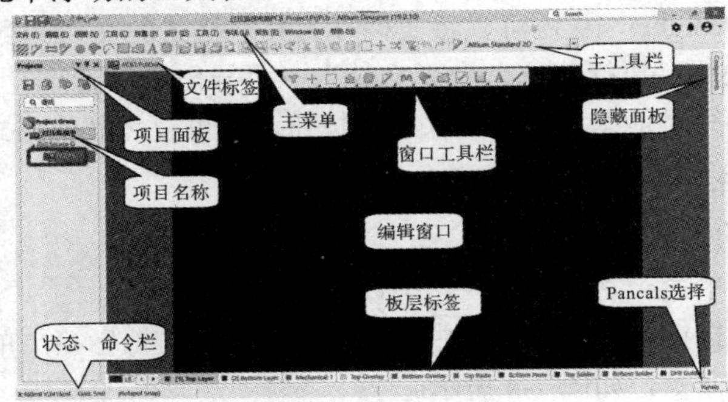

图 7-6　PCB 窗口

7.3.2　工具栏

工具栏主要是为用户操作方便而设计的，部分菜单命令的运行也可以通过工具栏按钮来实现，当光标指向某一按钮时，系统会显示该按钮的功能。将鼠标放在主菜单栏任意位置，点击右键，弹出如图 7-7 所示的对话框，可以关闭、打开或自定义工具栏。

报告 (R)
Window (W)
帮助 (H)
PCB 标准
过滤器
应用工具
布线
导航
Customize...
PCB1.PcbDoc

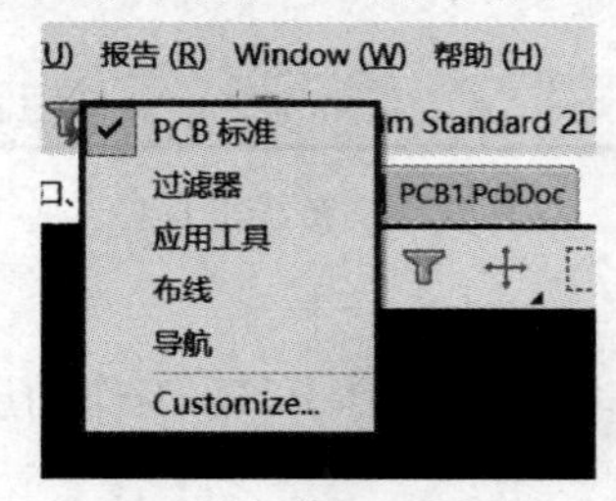

图 7-7　各类工具栏菜单

下面介绍常用工具栏的功能及板层标签。

1. 菜单栏

菜单栏提供了供用户使用的菜单命令，每一项下面都有相应的子菜单命令，如图 7-8 所示。在 PCB 设计过程中，使用菜单命令可以完成各项操作，每项命令后面的大写字母表示其快捷键。

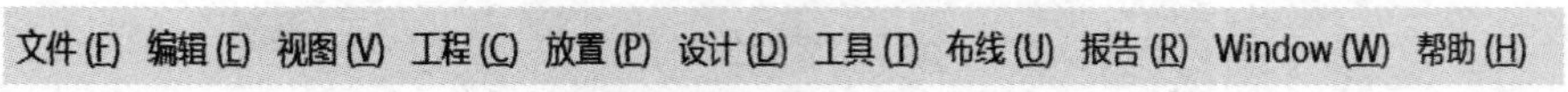

文件 (F)
编辑 (E)
视图 (V)
工程 (C)
放置 (P)
设计 (D)
工具 (T)
布线 (U)
报告 (R)
Window (W)
帮助 (H)

图 7-8　菜单命令

2. 窗口工具栏

窗口工具栏中提供了过滤、放置、焊盘等内容，带◢(小三角)图标的按钮，右键单击可以打开其下拉菜单。该菜单命令也可以在主菜单的“放置(P)”工具栏找到，如图 7-9 所示。

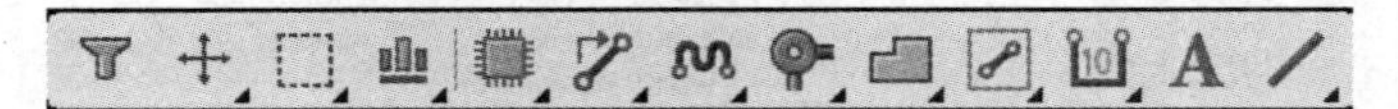

图 7-9　窗口工具栏

3. PCB 标准工具栏

PCB 标准工具栏主要完成文档的基本操作命令，如图 7-10 所示。

Altium Standard 2D

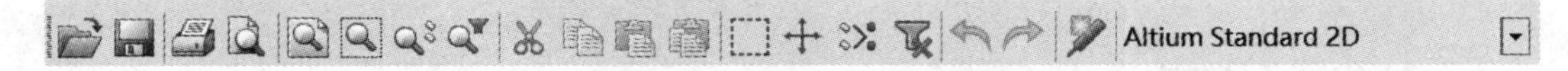

图 7-10　PCB 标准工具栏

4. 应用工具栏

应用工具栏主要完成线条设置、原点设置、排列方式、栅格设置等内容，如图 7-11 所示。使用时点击图标右边的▼ (黑三角图标)，在弹出的下拉菜单中进行选择。

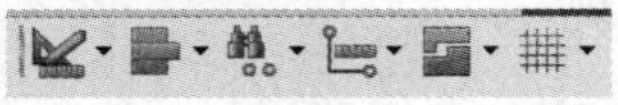

图 7-11　应用工具栏

5. 布线工具栏

布线工具栏如图 7-12 所示，主要完成对选中的对象自动布线、交互式布线连接、交互式布多根线连接、交互式布差分对连接、放置焊盘、放置过孔、通过边沿放置圆弧、放置填充、放置多边形平面、放置字符串、放置器件等操作。

图 7-12　布线工具栏

6. 板层标签

板层标签在工作窗口的下方，用于显示 PCB 工作的层面，不同的层用以不同颜色显示，如图 7-13 所示。

图 7-13　板层标签

7. Customizing 自定义工具栏

Customizing 工具栏中，系统已经设置了默认的命令及快捷方式，如图 7-14 所示，可以单击选中命令，再单击下方的【编辑】按钮，修改快捷方式；也可以单击【新的】按钮，新建命令。不建议用户修改系统默认设置。

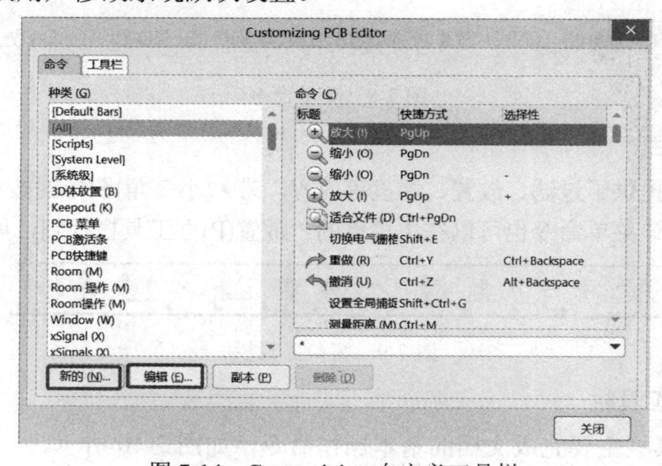

图 7-14　Customizing 自定义工具栏

7.3.3　编辑窗口调整

1. 画面显示

设计者在进行电路板图的设计时，经常需要对工作窗口中的画面进行放大、缩小、刷新或局部显示等操作，以方便设计者的工作。这些操作既可以使用主工具栏中的图标，也可以使用菜单命令或快捷键来实现。

(1) 放大画面的方法。

方法一：执行菜单命令“视图”→ 。

方法二：使用键盘上的“Pg Up”键。

方法三：使用快捷键“V”+“I”。

(2) 缩小画面的方法。

方法一：执行菜单命令“视图”→ 。

方法二：使用键盘上的“Page Down”键。

注意：有些笔记本电脑在用“Pg Up”“Pg Dn”键进行放大、缩小操作时，需要同时按下“Fn”键，才能达到操作效果。

(3) 放大选定区域的方法。

方法一：执行菜单命令“视图”→ 。

方法二：执行菜单命令“视图”→“点周围”，以单击点为中心，单击放大。

(4) 显示整个电路板/整个图形文件。

① 显示整个电路板：执行菜单命令“视图”→“适合板子”，在工作窗口显示整个电路板，包括没有绘图区域，能显示整个板子在编辑区内的位置。

② 显示整个图形文件：执行菜单命令“视图”→“适合文件”或单击图标 ，可将整个图形文件在工作窗口中显示。如果电路板边框外有图形，也同时显示出来。

(5) 采用上次显示比例显示，执行菜单命令“视图”→“上一次缩放”。

2. PCB 的状态栏、命令栏、Projects 面板的打开与关闭

(1) 状态栏与命令栏的打开与关闭。

① 执行菜单命令“视图”→“状态栏”，可打开与关闭状态栏。在状态栏将显示出当前光标的坐标位置。在窗口左下角显示 X:2870mil Y:3095mil　Grid: 5mil　(Flipped) 图标。

② 执行菜单命令“视图”→“命令栏”，可打开与关闭命令栏。在命令栏将显示当前正在执行的命令，在窗口左下角显示 Idle state - ready for command 图标。

注意：在菜单命令前有“√”，表示该栏已被打开。

(2) Projects 面板的打开与关闭。

方法一：在屏幕右下角单击 Panels 图标，弹出对话框，选择 Projects 项，即可打开。

方法二：执行菜单命令“视图”→“面板”，选择 Projects 项，也可以打开。可利用它的浏览功能实现快速查看 PCB 文件、查找和定位元件与网络等操作；关闭它，可以增加工作窗口的视图面积。

7.4　工作参数设置

一般用户在进行 PCB 绘制之前，需要对 PCB 编辑器的工作参数进行设置，使系统按照用户的要求工作。Altium Designer 19 提供了丰富的 PCB 工作参数，其打开方法如下：

方法一：执行主菜单命令“工具”→“优选项”。

方法二：在 PCB 编辑器窗口，单击鼠标右键，在弹出的菜单中选择优选项。

方法三：单击右上角 图标。

在优选项窗口中，PCB 部分有 12 个选项可供设计者设置，如图 7-15 所示。下面分别介绍每种参数的设置和使用方法。

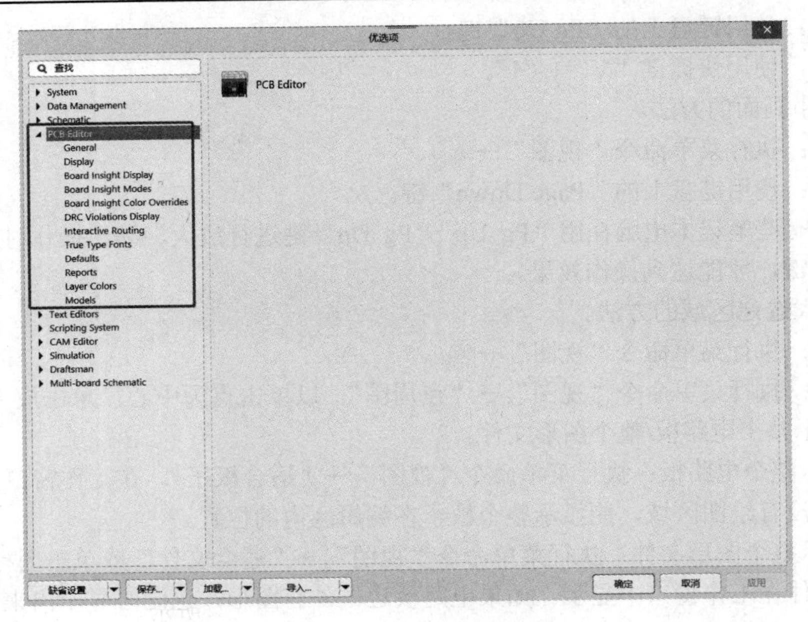

图 7-15　优选项窗口

7.4.1　General 参数设置

该参数主要用于设置 PCB 设计中各类操作模式，主要参数如图 7-16 所示。

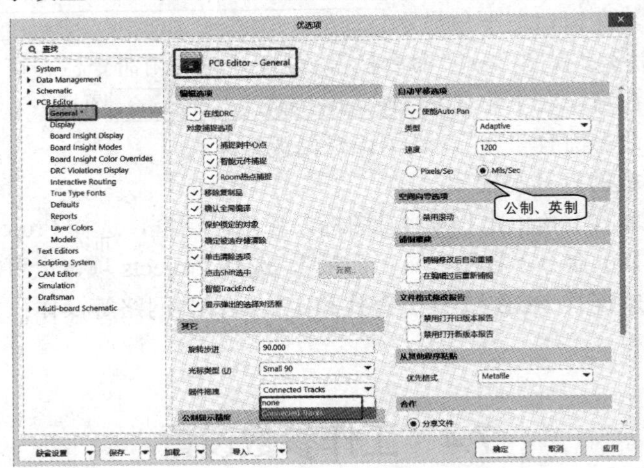

图 7-16　“General”对话框

下面将一些主要参数做一说明。

1. 编辑选项

(1) 在线 DRC：在选中状态下，当进行 PCB 设计时，实时进行在线的 DRC(设计规则)检查。

(2) 对象捕捉选项。

① 捕捉到中心点：在选中状态下，若用光标选取元件，则光标移动至元件的第 1 管

脚的位置上；若用光标移动字符串，则光标自动移至字符串的左下角。若没有选中该项，将以光标坐标所在位置选中对象。

② 智能元件捕捉：在选中状态下，若用光标选取元件，则鼠标指针将自动移到离单击处最近的焊盘上。

一般采用默认方式。

(3) 移除复制品。在选中状态下，表示系统将删除重复的元件，以保证电路图上没有元件标号完全相同的元件。该项系统默认选中。

(4) 确认全局编译。在选中状态下，当进行整体编译操作后，将出现要求确认的对话框。

(5) 保护锁定的对象。在选中状态下，表示在高速自动布线时保护先前放置的固定实体不变。该项系统默认不选。

2. 其他

(1) 旋转步进：设置在进行元件放置时，单击空格键可改变元件旋转的角度，默认是 90°，也可以自行定义大小。

(2) 光标类型：有三种类型可选，即 Large 90(大十字线)、Small 90(小十字线)、Small 45(小 45°)3 种光标形状。与原理图光标类型相似，如图 2-36 所示。

(3) 器件拖曳：选中 Connected Tracks，则在拖动元件时，与元件的连线也跟着一起移动。

3. 自动平移选项

(1) 类型：设置自动移动功能模式，共 6 种，单击下拉菜单，出现如图 7-17 所示选项。

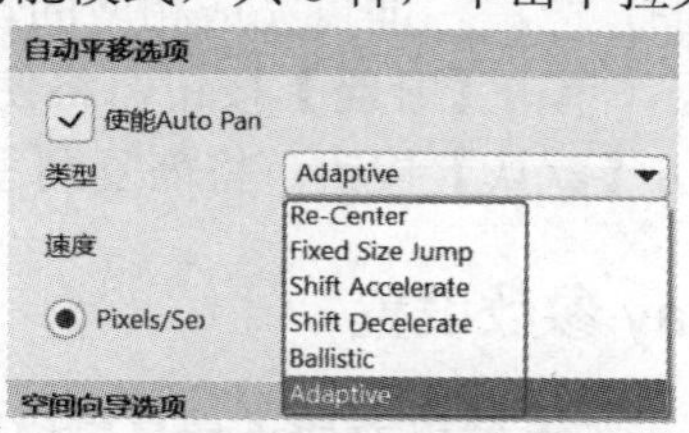

图 7-17　自动平移

① Adaptive：自适应模式，以“速度”下面的设定值来控制移动操作的速度。系统默认值为该选项。

② Re-Center：当光标移到编辑区域边界时，以光标所在位置为新的编辑区域中心。

③ Fixed Size Jump：当光标移到编辑区域边界时，系统将以“步长”文本框设定值移动。当按下 Shift 键后，系统将以“切换步进”文本框设定值移动。

④ Shift Accelerate：自动移动时，按住 Shift 键会加快移动速度。

⑤ Shift Decelerate：自动移动时，按住 Shift 键会减慢移动速度。

⑥ Ballistic：非定速自动移动，当光标越往编辑区域边界移动时，移动速度越快。

(2) 速度：移动速率，默认值为 1200。

① Mils/Sec：移动速率单位，mils/秒。

② Pixels/Sec：另一个移动速率单位，像素/秒。

7.4.2 Display 参数设置

该参数主要用于设置 PCB 编辑窗口的显示模式，如图 7-18 所示。

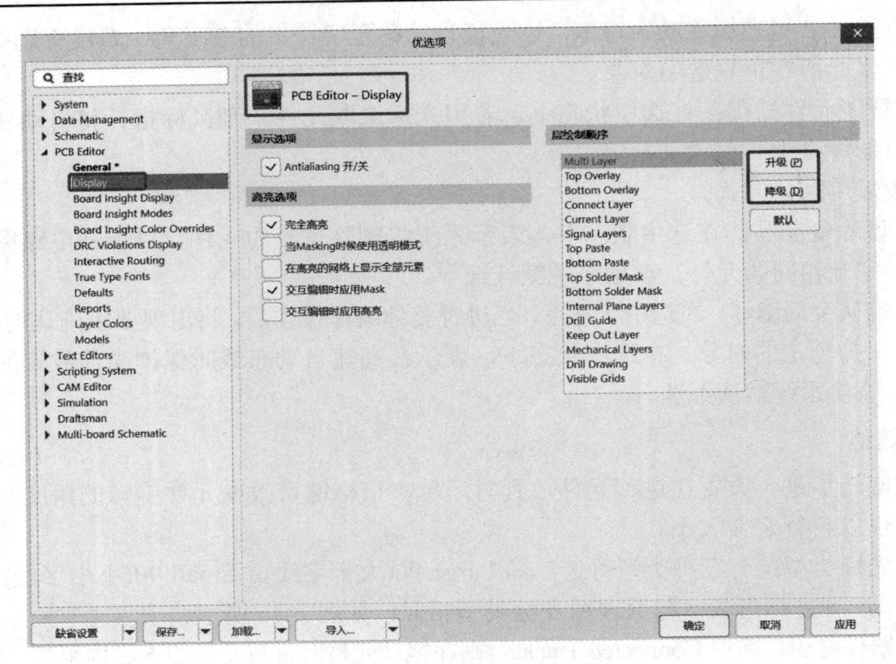

图 7-18　“Display”对话框

“Display”对话框中各选项参数的功能如下：

(1) 高亮选项：在选项前面打“√”，即可完成相应的设置。

(2) 层绘制顺序：选中某层，单击【升级】按钮，将使此层向上移动；单击【降级】按钮，将使此层向下移动。单击【默认】按钮，将恢复到系统默认的方式。

7.4.3　Board Insight Display 参数设置

该参数主要用于设置 PCB 文件在编辑窗口内的显示模式，如图 7-19 所示。

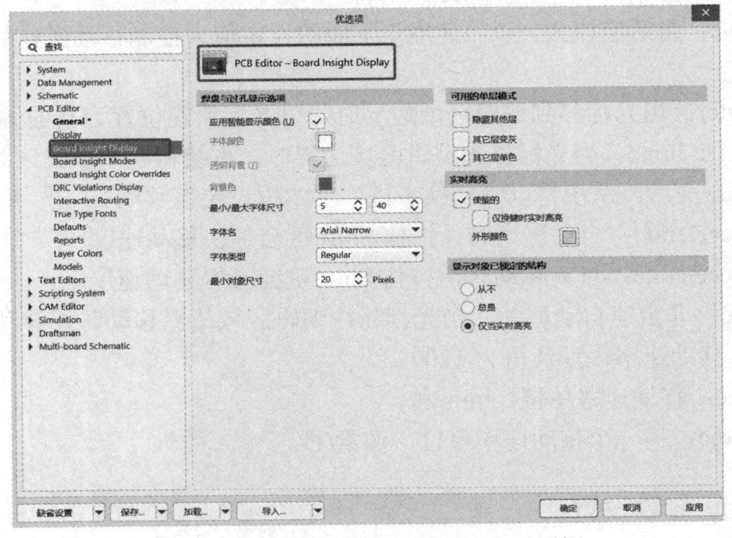

图 7-19　“Board Insight Display”对话框

7.4.4　Board Insight Modes 参数设置

该参数主要用于设置鼠标在移动操作时，是否在 PCB 编辑区域左上角显示各种信息。由于这些信息实时发生变化，不太精准，因此建议不要显示这些信息，以使设计区域显示更加简洁，如图 7-20 所示。

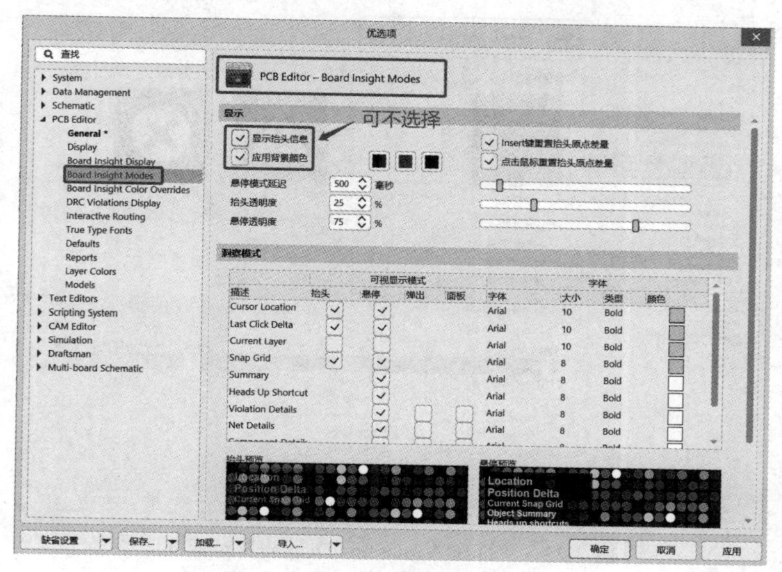

图 7-20　“Board Insight Modes”对话框

7.4.5　Board Insight Color Overrides 参数设置

该参数主要用于系统的 PCB 板布线网络覆盖色设置，如图 7-21 所示。建议采用系统默认设置，以防显示颜色不协调造成眼睛不适。

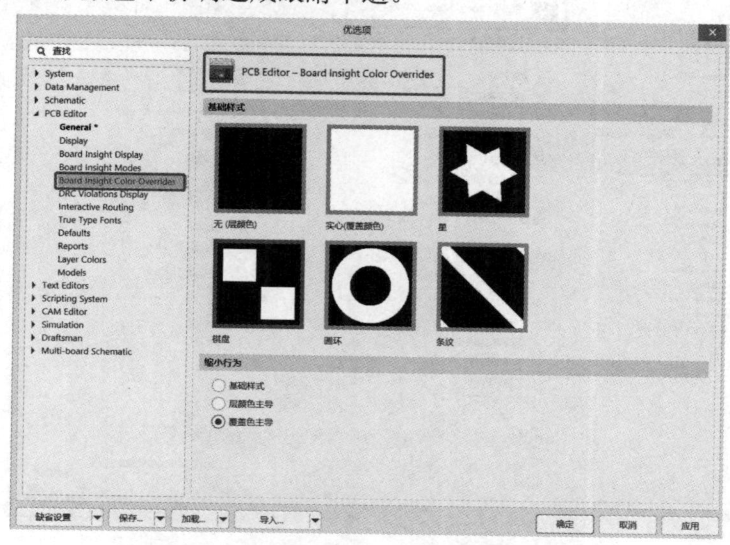

图 7-21　“Board Insight Color Overrides”对话框

7.4.6　DRC Violations Display 参数设置

该参数主要用于在线设计规则检查(DRC)冲突颜色显示的模式设置，如图 7-22 所示。建议采用系统默认色。

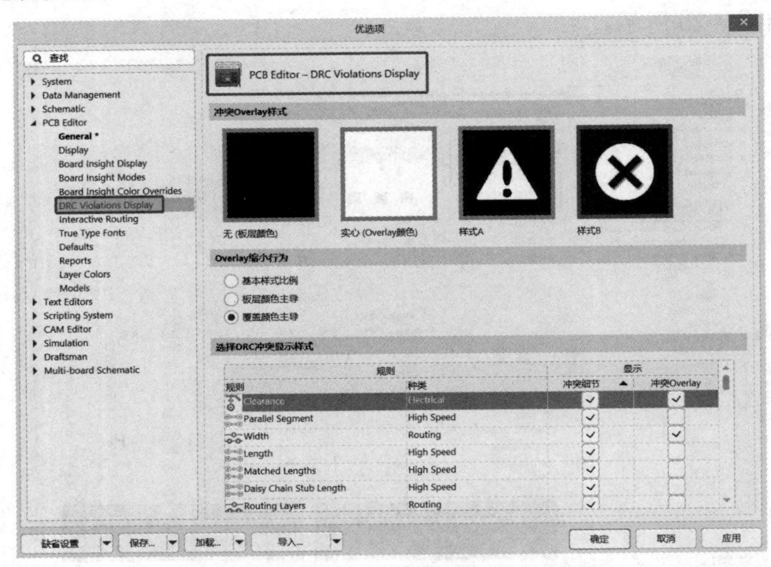

图 7-22　“DRC Violations Display”对话框

7.4.7　Interactive Routing 参数设置

该参数主要用于交互式布线操作的有关设置，如图 7-23 所示。

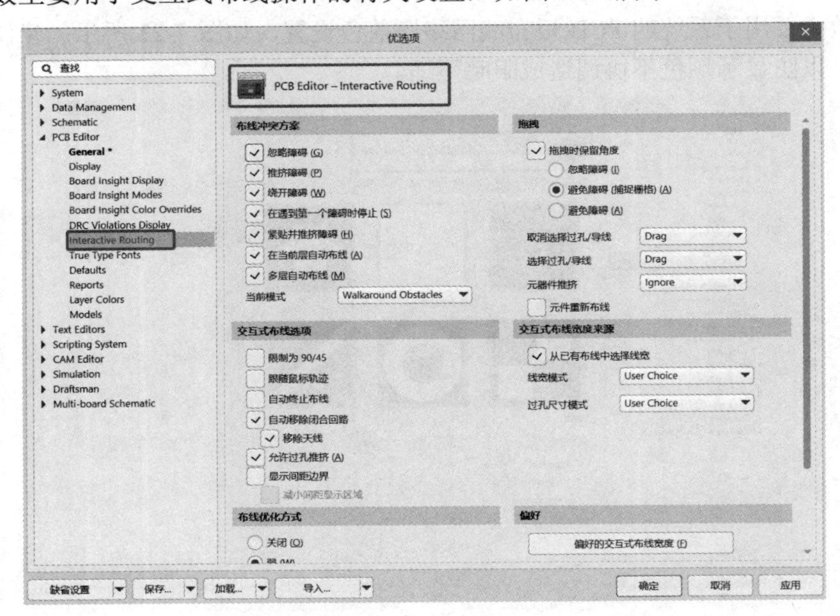

图 7-23　“Interactive Routing”对话框

1. 布线冲突方案

单击“当前模式”右侧的下拉菜单，可以看到各种冲突选项，如图 7-24 所示，与“布线冲突方案”各选项含义一致。

(1) Ignore Obstacles：忽略障碍，直接覆盖。

(2) Walkaround Obstacles：绕过障碍。

(3) Push Obstacles：推开障碍。

2. 拖曳

设置在移动、拖动元器件时的操作模式。

元器件推挤：单击其右侧下拉按钮，弹出推挤选项，如图 7-25 所示，可以选择 Ignore(忽略障碍)、Avoid(绕开障碍)、Push(推开障碍)。

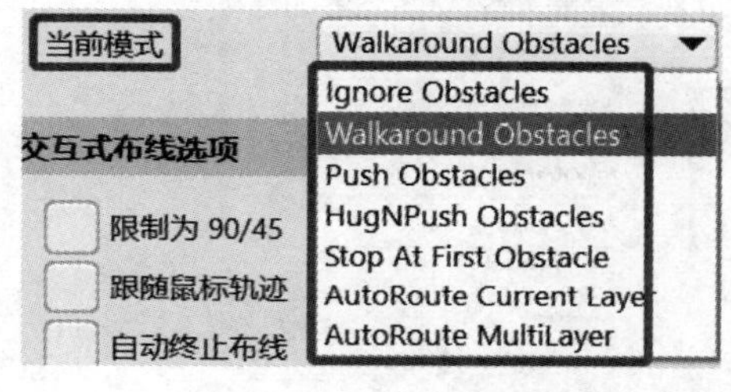

图 7-24　冲突选项

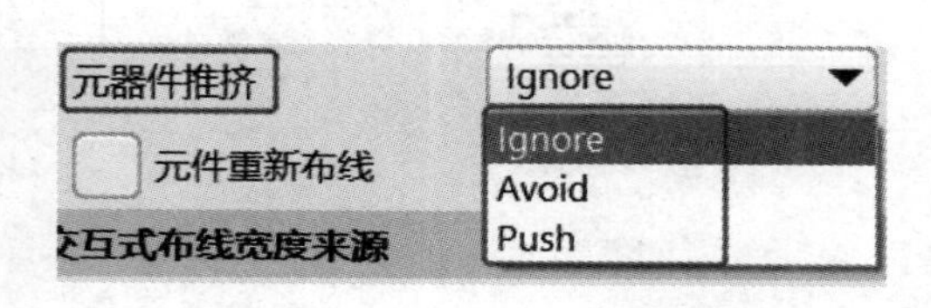

图 7-25　元器件推挤选项

7.4.8 True Type Fonts 参数设置

该参数主要用于选择设置 PCB 设计中所用的 True Type 字体，如图 7-26 所示。当希望 PCB 文件变小时，可以取消勾选“嵌入 True Type 字体到 PCB 文档”；当希望兼容导入文件的字体时，可以勾选该项，下方可以选择需要置换的字体。

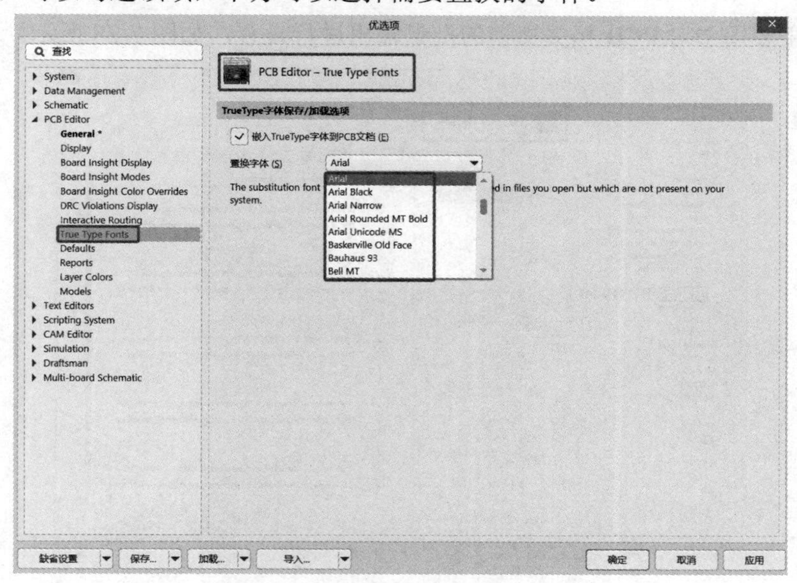

图 7-26　“True Type Fonts”对话框

7.4.9　Defaults 参数设置

该参数主要用于设置各电路板对象的默认属性值，如图 7-27 所示。各个图件包括 Arc(圆弧)、Component(元件封装)、Coordinate(坐标)、Dimensions(尺寸)、Fill(金属填充)、Pad(焊盘)、Polygon(多边形铺铜)、String(字符串)、Track(铜膜导线)、Via(过孔)、布线层颜色、箭头形状及尺寸、文字高度等参数。该参数与原理图 Defaults 参数设置类似(见图 2-48)。

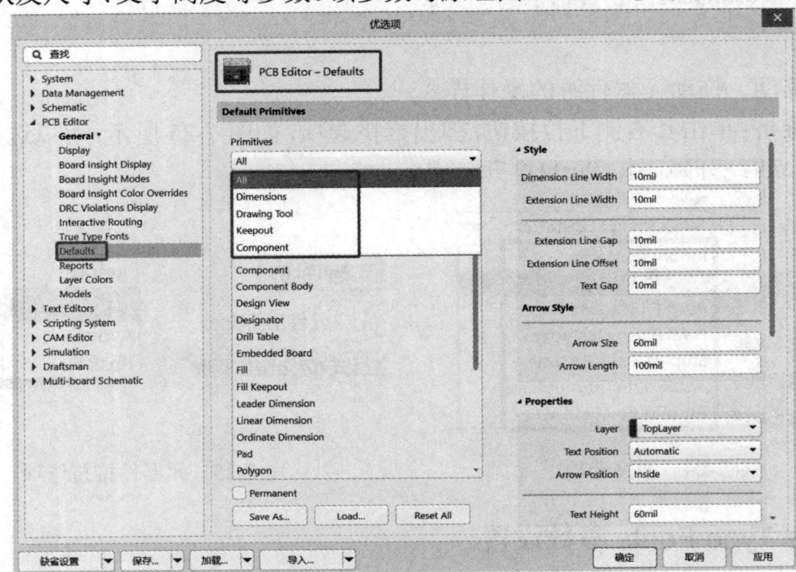

图 7-27　Defaults 对话框

7.4.10　Reports 参数设置

该参数主要用于对 PCB 相关文档的批量输出进行设置，如图 7-28 所示。

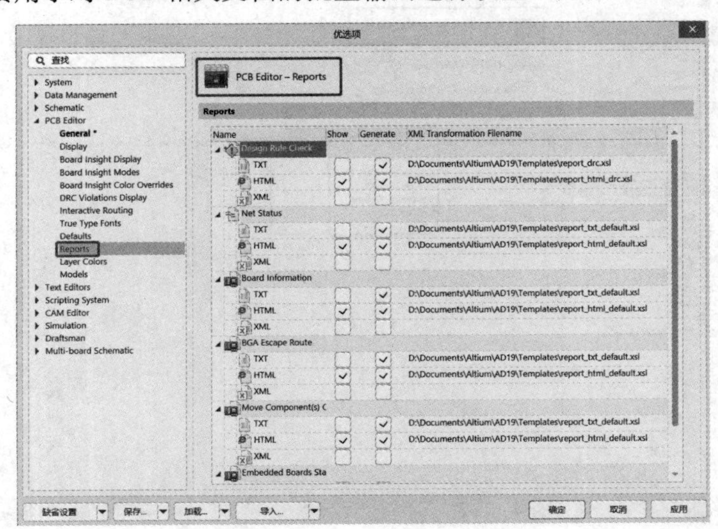

图 7-28　“Reports”对话框

7.4.11　Layer Colors 参数设置

该参数主要用于调整各板层和系统对象的显示颜色，如图 7-29 所示。颜色显示可以采用系统默认值，或自定义颜色。

注意：用户不要轻易修改各层显示的颜色，以免造成混乱。

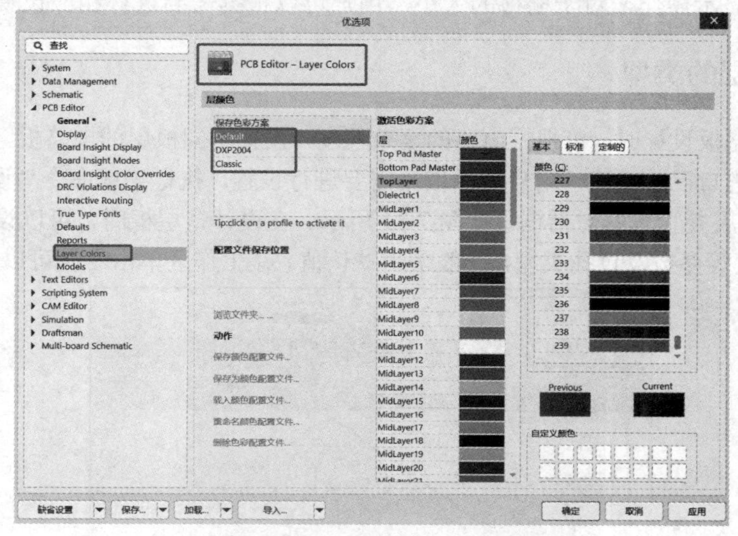

图 7-29　“Layer Colors”对话框

7.4.12　Models 参数设置

该参数主要用于设置模型搜索路径、临时文件保存路径及保存时间设置等内容，如图 7-30 所示。

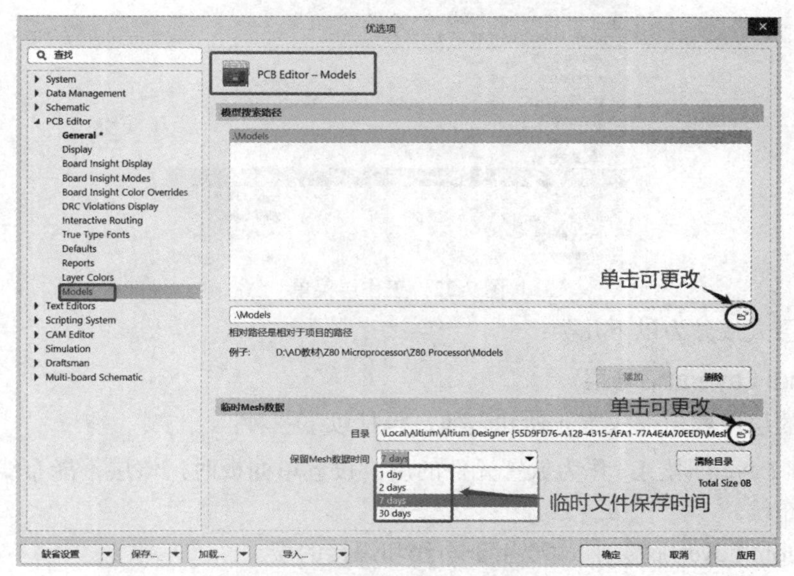

图 7-30　“Models”对话框

7.5　电路板的规划

在进行电路板设计之前，除了要进行相关参数设置外，还必须要进行电路板工作层的设置。为便于显示操作，对于栅格的大小，用户可以根据需要进行相应设置。

7.5.1　工作层的类型

在进行电路板设计时，可根据电路的复杂程度，设置不同板层的电路板。电路板上不同的工作板层有它自己的功能，用户可以根据需要进行设置。执行菜单命令“设计”→“层叠管理器”，弹出层叠管理器对话框，如图 7-31 所示。在设计多层板时，可以设置每一层的材料、类型、厚度等参数及过孔类型，一般采用默认值。在工作区单击右键可以添加、删除层。

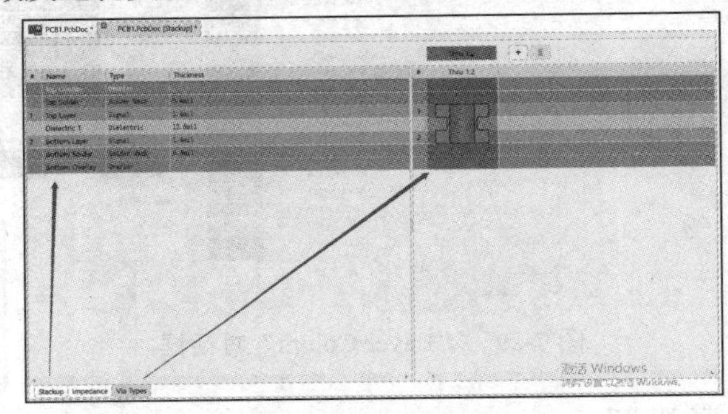

图 7-31　层叠管理器

执行菜单命令“设计”→“管理层设置”，其子菜单是板层的选项，如图 7-32 所示。选择某一项，则 PCB 就会显示该设置层的内容。

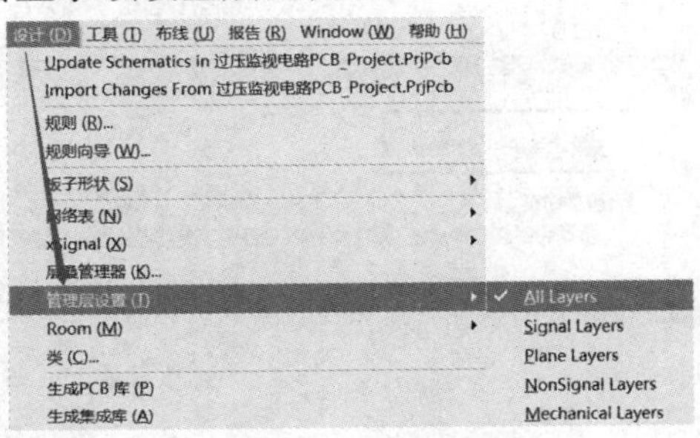

图 7-32　工作层菜单

工作板层大致分为以下几类：

1. Signal Layers(信号层)

该类型的层主要用于放置元件和走线，包括以下三种：

(1) Top Layer(顶层)：作为放置元件的层。设置单面板时，该层不能布线；在双面板中，该层能布线。

(2) Bottom Layer(底层)：主要用于布线和焊接的层。

(3) 30 个 Mid Layer(中间层)：中间层位于顶层与底层之间，在实际的电路板中是看不见的，主要用于在多层板中切换走线。

2. Plane Layers(内部电源/接地层)

Altium Designer 19 提供了 16 个内部电源/接地层。该类型的层仅用于多层板，主要用于布置电源线和接地线，通常为一块完整的锡箔，可以单独设置内部电源和地线，最大限度地减少电源与地之间连线的长度，对电路起到良好的屏蔽作用。我们称双层板、四层板、六层板，一般指信号层和内部电源/接地层的数目。

3. Mechanical Layers(机械层)

Altium Designer 19 提供了 16 个机械层，一般用于设置电路板的外形尺寸、装配说明以及其他的机械信息。另外，机械层可以附加在其他层上一起输出显示。

4. NonSignal Layers(无信号层)

NonSignal Layers 主要显示元件的轮廓和标注、各种注释字符外形和焊盘，无信号线和电源线显示。

无信号层主要包括以下几层：

(1) Masks Layers(面层)。该层主要用于对电路板表面进行特殊处理，包括以下四种：

① Top Solder：顶层元件面阻焊层。

② Bottom Solder：底层焊接面阻焊层。

③ Top Paste：顶层元件面焊锡膏层。

④ Bottom Paste：底层焊接面焊锡膏层。

阻焊层由阻焊剂构成，要求电路板上非焊接处的铜箔不能粘锡，所以在焊盘以外的各部位都要涂覆一层涂料，如防焊漆，用于阻止这些部位上锡。焊锡膏层主要用于产生表面安装所需要的专用锡膏层，用于粘贴表面安装元件。

(2) Silk Screen Layer(丝印层)。丝印层主要用于放置印制信息，如元件的轮廓和标注、各种注释字符等，有 Top Overlay 和 Bottom Overlay 两个丝印层。在印制电路板上放置元件时，该元件的编号和轮廓将自动地放置在丝印层。一般各种标注字符都在顶层丝印层，底层丝印层可关闭。

(3) Keep Out Layer(禁止布线层)。禁止布线层用于定义在电路板上能够有效放置元件和布线的区域。在该层绘制一个封闭区域作为布线有效区，该区域外是不能自动布局和布线的。自动布局和自动布线必须先选定好该层。

(4) Multi Layer(多层)。多层表示所有的信号层，在它上面放置的元件会自动地放到所有的信号层上。因此，电路板上的焊盘和穿透式过孔要穿透整个电路板，与不同的导电图形层建立电气连接关系，所以焊盘与过孔都要设置在多层上，如果关闭此层，焊盘与过孔就无法显示出来。

(5) Drill Guide(钻孔位置层)。该层主要用于指定钻孔的位置。

(6) Drill Drawing(钻孔层)。该层主要用于绘制钻孔图。

7.5.2 工作层的设置与操作

Altium Designer 19 以上版本的软件可以得到 32 层的信号层，即顶层、底层和 30 个中间层，可以得到 16 个内部板层和机械层，允许用户自行定义。

1. 板层顺序设置

在 PCB 窗口单击鼠标右键，选择优先选项，如图 7-33 所示。在“层绘制顺序”处选择某层，单击【升级】或【降级】按钮可以修改层的顺序。

图 7-33　板层顺序设置

2. 工作层设置

在 PCB 窗口下面是板层的显示区，可以看到当前 PCB 设置的工作层，图 7-34 所示为双层 PCB 必须具备的板层。

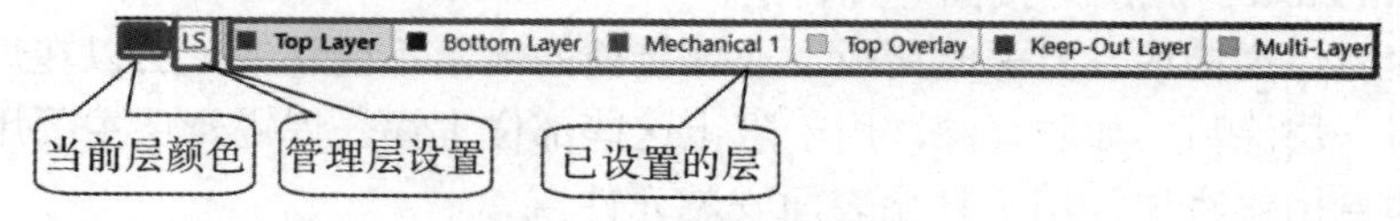

图 7-34　板层标签显示

(1) 鼠标左键单击“当前层颜色”区，出现如图 7-35 所示对话框，在对话框中可以设置板层、颜色及其他参数。

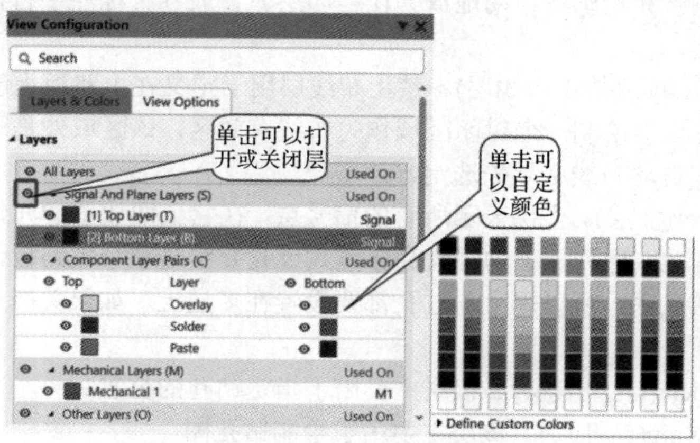

图 7-35　板层显示设置对话框

(2) 单击“管理层设置”，弹出板层选择对话框，如图 7-36 所示。可以选择需要显示的板层。

(3) 板层的显示与隐藏。要显示某一板层时，选择“显示层”，在其下拉列表中选择需要显示的板层即可。在任意板层标签上单击鼠标右键，弹出板层选项对话框，如图 7-37 所示。选中“Hide”即可隐藏该层，或者在“隐藏层”下拉列表中选择需要隐藏的层。

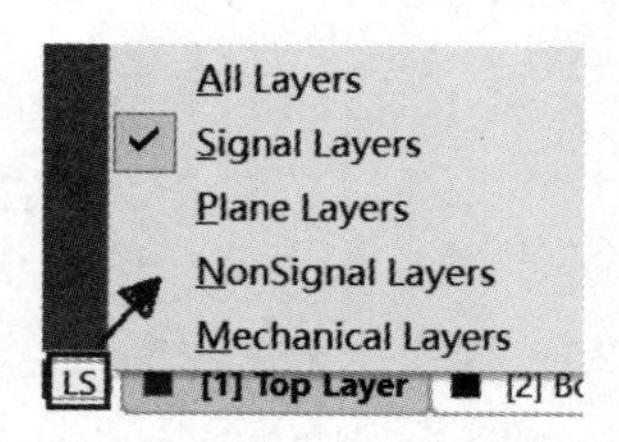

图 7-36　板层选择对话框

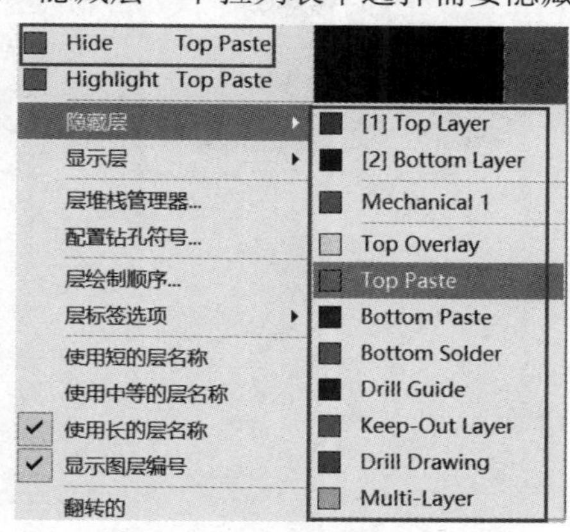

图 7-37　板层选项对话框

注意：板层越多，切换越复杂，尽量隐藏不需要的板层，以使界面更简洁，易操作。

7.5.3　栅格的设置

PCB 文件中的栅格设置比原理图文件中的栅格设置选项多，因为 PCB 文件中栅格的设置要求更精准。在 PCB 文件中，栅格的 X 值与 Y 值可以不同。这样有利于 PCB 中元件的放置操作。我们通常将 PCB 栅格设置成元件封装的管脚长度或管脚长度的一半。如在放置一个管脚长度为 100 mil 的元件时，可以将元件的栅格设置为 100 mil 或 50 mil，在该元件管脚间布线时，有利于捕捉到电气节点。合理设置栅格，不仅可以精确地放置元件，还可以提高布通率。调出栅格对话框方法如下：

在英文输入状态下，单击键盘上的“G“键，弹出栅格选择选项，如图 7-38 所示，可以直接选择所需的栅格。单击“栅格属性”，弹出栅格属性设置对话框，如图 7-39 所示，单击“Ctrl”+“G”键也能弹出同样的对话框。

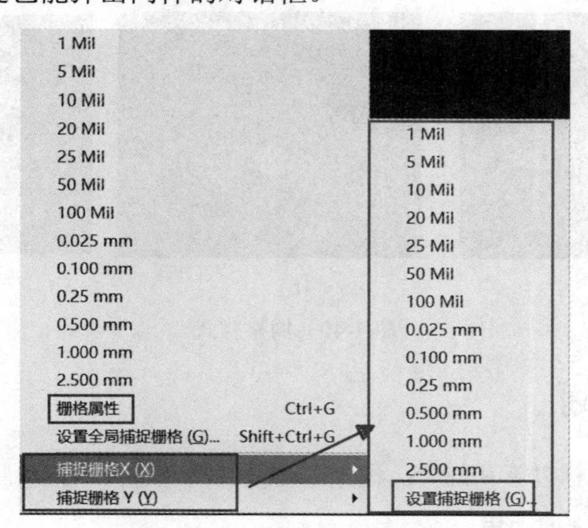

图 7-38　栅格选择选项

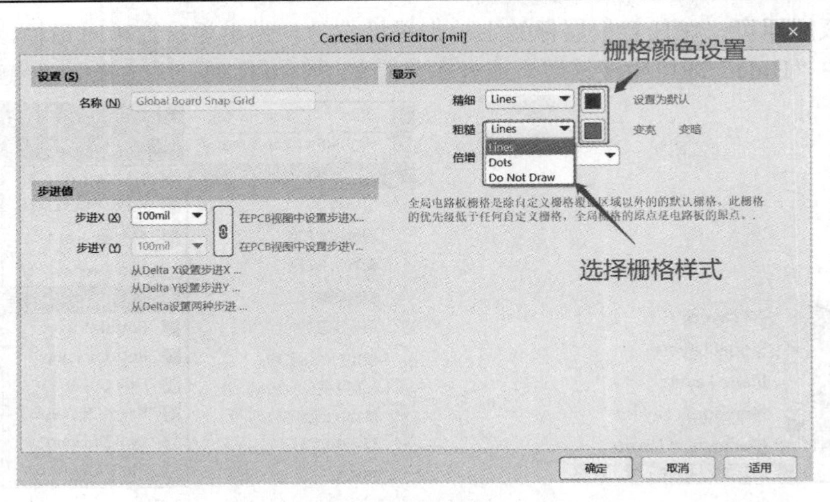

图 7-39　栅格属性设置对话框

栅格设置的相关参数介绍如下：

(1) 图 7-38 中的捕捉栅格 X、捕捉栅格 Y：设定光标每次在 X、Y 轴方向移动的最小间距。用户可以直接在图 7-38 所示的右边下拉菜单选择合适的值。

(2) 图 7-39 中：

① 步进值：设置 X、Y 轴方向的步进值，与捕捉栅格 X、捕捉栅格 Y 作用相同。

②“显示”区域：可以设置栅格的显示样式，有 Lines(线状)、Dots(点状)和 Do Not Draw(无显示栅格)三种选项，一般将“精细”设置为线状栅格，将“粗糙”设置为点状或无栅格。单击■按钮，可以设置栅格显示颜色。

如将捕捉栅格 X 设置为 100 mil、捕捉栅格 Y 设置为 50 mil，线状栅格，编辑区域将显示如图 7-40(a)所示长方形栅格；如将捕捉栅格 X 设置为 100 mil、捕捉栅格 Y 设置为 100 mil，线状栅格，编辑区域将显示如图 7-40(b)所示矩形栅格；如将捕捉栅格 X 设置为 100 mil、捕捉栅格 Y 设置为 100 mil，点状栅格，编辑区域将显示如图 7-40(c)所示点状矩形栅格。

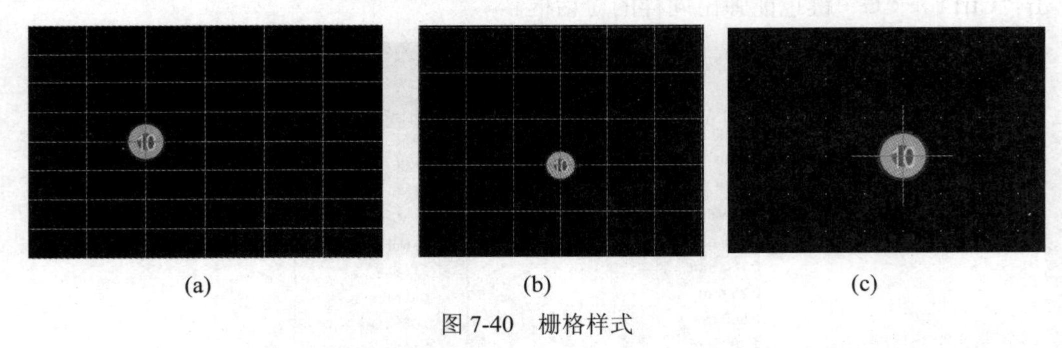

(a)　　(b)　　(c)

图 7-40　栅格样式

7.5.4　电路板的规划

电路板规划主要包括以下几部分：设定电路板的物理边界、形状和 PCB 板的电气边界。

1. 设定电路板的物理边界

一般设置 PCB 板时，要根据电路元器件的多少，以及元器件所占空间大小，自定义电路板的大小和形状。电路板的物理边界在机械层完成，以确定电路板的大小和形状。下面通过实例，介绍如何绘制电路板的形状和物理边界。如电路板的尺寸大小为 1200 mil × 700 mil。

(1) 添加一个 PCB 文档。观察窗口下面板层显示部分有无机械层。若没有，按照图 7-37 显示机械层 1，如图 7-41 所示，单击选中“Mechanical1”，使它成为当前工作层。

图 7-41　板层显示

(2) 放置原点，即确定相对坐标原点(X 为 0 mil，Y 为 0 mil)位置。执行菜单命令“编辑→原点→设置”，鼠标变为十字形，移动鼠标到编辑区域的合适位置，点击鼠标左键，放置原点图标。

(3) 绘制板层大小。设置栅格尺寸为 100 mil，执行菜单命令“放置→线条”或单击窗口工具栏中的图标，鼠标变为十字形，在编辑区域绘制一个闭合的矩形区域，即电路板大小，板长为 1200 mil，板宽为 700 mil，线条宽度采用系统默认设置，如图 7-42 所示。

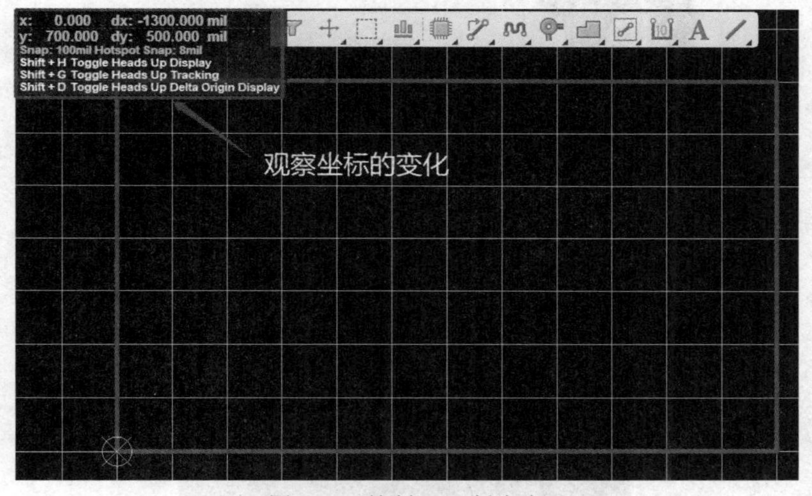

图 7-42　绘制 PCB 板大小

2. 设定电路板的形状

执行菜单命令“设计”→“板子形状”，弹出板子形状对话框，如图 7-43 所示，有 3 种形状可以选择。

图 7-43　选择板子形状对话框

(1) 按照选择对象定义：执行此命令的前提是，已经放置好元器件及连线。选中此功能，鼠标变为十字形，移动鼠标到 PCB 区域，框选绘制好的图形，生成的电路板如图 7-44 所示。这里以整流稳压电路为例。注意边框以外已为灰色。

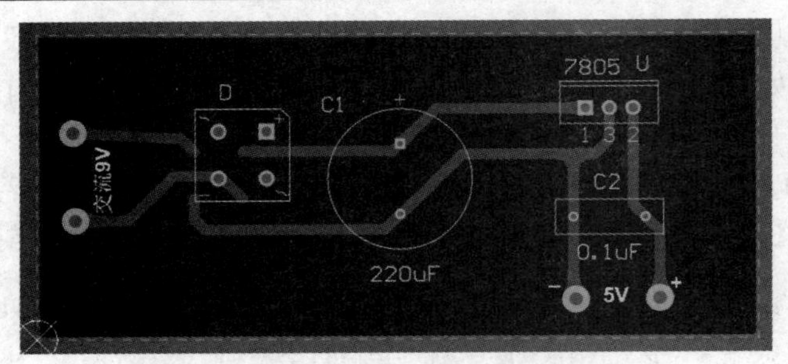

图 7-44　“按照选择对象定义”板子形状效果

(2) 根据板子外形生成线条：选中该操作命令后，弹出如图 7-45 所示对话框。单击【确定】按钮，整个 PCB 区域将被选中，可以移动 PCB 的最外围线，把板子调整到合适的位置，如图 7-46 所示。也可以在图 7-45 中设置勾选不同参数，观察板子的变化。

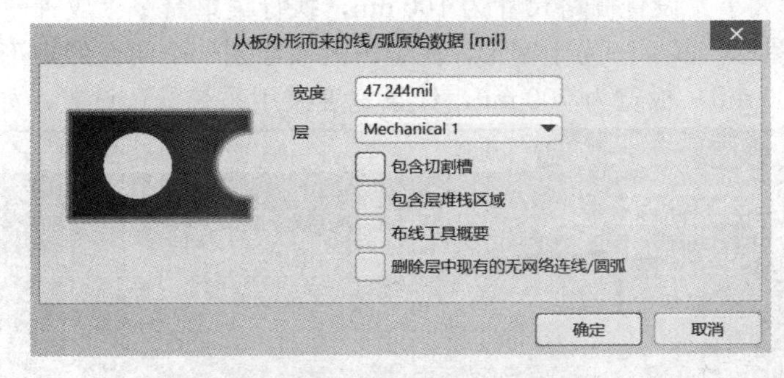

图 7-45　根据板子外形生成线条对话框

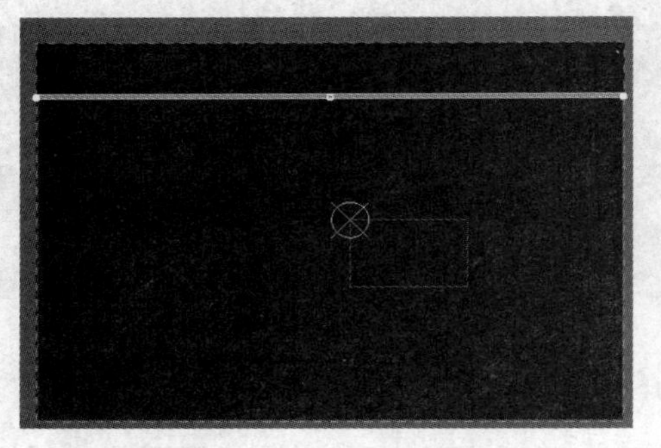

图 7-46　“根据板子外形生成线条”后 PCB 效果

(3) 定义板切割：选中此操作命令，鼠标变为十字形，移动鼠标到 PCB 区域，单击鼠标确定每一个点，切割成合适的板子，如图 7-47 所示。

图 7-47　“定义板切割”效果

注意：当 PCB 板尺寸及形状没有特殊要求时，可以完成布局布线后，再定义板框大小。

3. 设置电路板电气边界

电气边界用来限定布线和元件放置的范围，它通过在禁止布线层(Keep-Out Layer)绘制边界线来完成。禁止布线层是 PCB 工作空间中一个用来确定有效位置和布线区域的特殊工作层，所有信号层的目标对象和走线都被限制在电气边界之内。

(1) 单击编辑区域下方的 ■ Keep-Out Layer 标签，设置为当前工作层。

(2) 设置栅格尺寸为 50 mil，执行菜单命令“放置”→“Keepout”→“线径”，如图 7-48 所示。

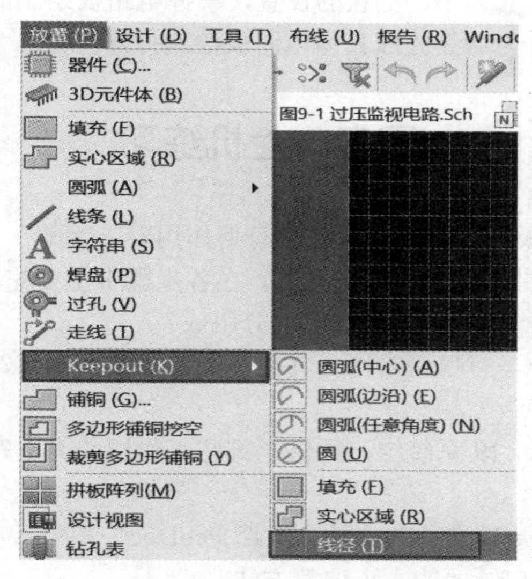

图 7-48　绘制电气边界命令

(3) 鼠标变为十字形，在距物理边界 50 mil(X、Y 坐标分别为 50 mil)的位置单击鼠标左键，确定电气边界的起点，移动鼠标绘制一个闭合的区域，其尺寸为：长 1100 mil，宽 600 mil，线条宽度采用系统默认设置。绘制完成的电路板尺寸如图 7-49 所示。

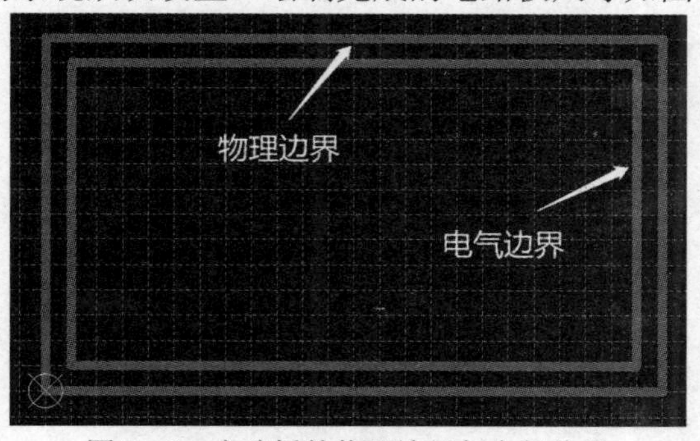

图 7-49　电路板的物理边界与电气边界

通常电气边界应该略小于物理边界，两层颜色设置相同，绘制方法和定义物理边框一样，但执行的命令不同。物理边界直接在机械层用“放置→线条”命令来完成，而电气边界需要执行菜单命令来完成。手动绘制电路板可以不设置电气边界，只在机械层绘制出 PCB 板的轮廓大小和外形，而在自动布局布线时必须设置电气边界。

本 章 小 结

本章主要介绍印制电路板的基础知识，包括电路板的结构与分类，电路板的设计步骤和有关文档的管理，印制电路板的视图管理及工具栏的用法，各类工作参数的设置，包括系统工作参数和其他参数。

读者在学习了本章以后，应该根据实际电路规划电路板的层数及掌握各层的区别及它们的功能，以及电路板尺寸大小、形状的设置，掌握电路板绘制前期的工作，熟悉板层的设置及其他参数的设置，为后续完成具体电路板绘制打好基础。

思考与上机练习

1. 什么是印制电路板？它在电子设备中有何作用？
2. 绘制印制电路板图一般包括哪些步骤？在各步骤中主要完成什么工作？
3. PCB 编辑器的工作界面主要由哪几部分组成？
4. 在 PCB 编辑器中，有哪些常用工具栏，能完成什么操作？状态栏和命令栏分别用于显示什么信息？
5. 在 Altium Designer 19 系统中，提供了哪些工作层的类型？各个工作层的主要功能是什么？
6. 添加 PCB 文件，更改名称为“放大电路.PcbDoc”。
7. 练习 PCB 工作窗口画面的大小调整方法。

第8章　全手工设计PCB板

内容提要

本章主要介绍元器件封装的概念，元器件封装库的加载/卸载方法，元器件封装的放置及属性编辑，各种实体的放置方法及属性编辑，有关工具栏中各实体的使用及手工完成简单PCB板的绘制方法等内容。

PCB的设计方法有手工布局、手工布线和自动布局、自动布线两种。对于简单的电路，采用手工操作效率更高。采用自动布局、布线后往往有些地方不够整齐，甚至不合理，还需要进行手工调整。本章将以一个简单电路的单面电路板设计为例，讲解印制电路板的手工布局与手工布线的操作，以及PCB设计的基本编辑方法。

手工设计PCB是指用户直接在PCB编辑器中根据原理图手工放置元器件封装、焊盘、过孔等，并进行线路连接的操作过程。手工设计的一般步骤如下：

(1) 加载元器件封装库。

(2) 放置元器件。

(3) 确定结构(板框的大小、形状)。

(4) 进行元器件布局。

(5) 设置布局基本规则。

(6) 手工布线。

(7) 进行DRC检查。

(8) 输出生产文件。

以下以图8-1所示的简单整流稳压电路为例，介绍手工布局、布线的方法。图中的元器件属性如表8-1所示。

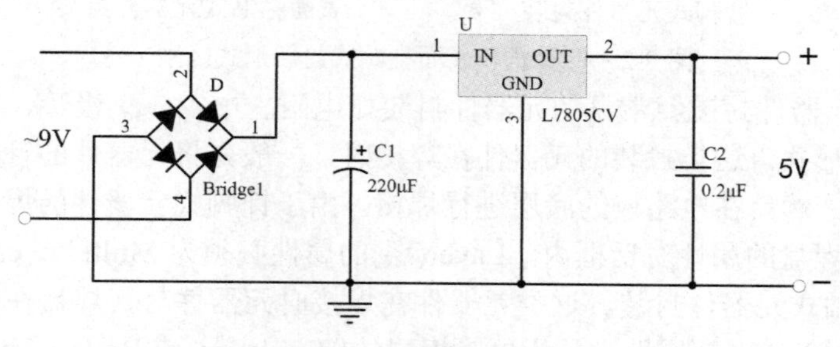

图8-1　整流稳压电路

表 8-1　元器件属性

元器件名称	元器件标号	元器件封装	元器件所属的 PCB 元器件封装库
Brige1	D	D-38	Miscellaneous Devices.IntLib
Cap Pol1	C1	RB7.6-15	
Cap	C2	RAD-0.3	
L7805CV	U	TO220ABN	ST Power Mgt Voltage Regulator.InLib

8.1　元器件封装概述

在绘制原理图时，需要从原理图库中选取元器件符号，并利用导线把这些元器件连接起来，构成原理图图形。而绘制 PCB 时选取的元器件符号属于元器件的封装形式，它和原理图元器件是有明显区别的。下面介绍元器件封装的概念、元器件封装库的加载/卸载、元器件封装的放置及属性设置。

8.1.1　元器件封装的概念

元器件封装是指实际的元器件焊接到电路板上时所显示的外形轮廓和焊点的位置，纯粹的元器件封装仅仅是空间的概念，一般由投影轮廓、管脚对应的焊盘、元器件标号和标注字符等组成。元器件品种繁多、外形复杂，因此不同的元器件可以共用一个元器件封装，同种元器件也可以有不同的封装。

另外，当电路板制作完成后，在进行元器件安装时，元器件封装能够保证所用的元器件管脚和印制电路板上的焊盘完全一致。

1. 元器件封装的分类

元器件封装可以分为两大类，即针脚式元器件封装和表面粘贴式元器件封装(SMD)，如图 8-2 所示。

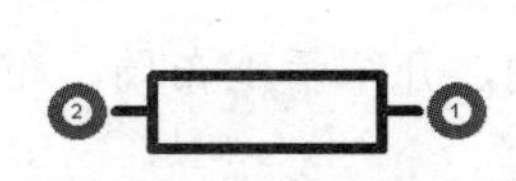

针脚式元器件封装

表面粘贴式元器件封装

图 8-2　针脚式和表面粘贴式封装形式区别

(1) 针脚式元器件封装。常见的元器件封装如电阻、电容、三极管、部分集成电路的封装就属于该类形式。这类封装的元器件在焊接时，一般先将元器件的管脚从电路板的顶层插入焊盘通孔，然后在电路板的底层进行焊接。由于针脚式元器件的焊盘通孔贯通整个电路板，故在其焊盘的属性对话框内，Layer(层)的属性必须为 Multi Layer(多层)。

(2) 表面粘贴式元器件封装。这类元器件在焊接时元器件与其焊盘在同一层，故在其焊盘属性对话框中，Layer 属性必须为单一板层(如 Top layer　或 Bottom layer)。

2. 元器件封装的编号

元器件封装规则一般为“元器件类型 + 焊盘距离(或焊盘数) + 元器件外形尺寸”。根据元器件封装编号可区别元器件封装的规格。例如，电阻封装 AXIAL0.4，表示元件封装为轴状，两焊盘间距为 400 mil(约为 100 mm)。

3. 常见元器件的封装

元器件封装的设置是 PCB 制作的关键，由于元器件各种各样，因此初学者很难掌握。常用的元器件封装形式如表 8-2 所示。

表 8-2　常用元器件封装

常用元器件	常用元器件封装形式
电阻类或无极性双端类	AXIAL0.3～AXIAL1.0
二极管类元件	DIODE0.4～DIODE0.7
扁平状电容	RAD0.1～RAD0.4
筒状电容	RB.2/.4～ RB.5/.1.0
可变电阻类	VR1～VR5
三极管、三端稳压器	TO-220、TO-95 等
集成电路封装	SIP5、DIP14、QFP24、QUIP32

(1) 电阻类或无极性双端类。常用 AXIAL 表示轴状的包装形式，后面的 0.3in 和其他数字表示两个焊盘间的距离。

(2) 二极管类元件。常用 DIODE 开头的封装，之后的数字表示焊盘间的距离。

(3) 扁平状电容。常用 RAD 作为无极性电容元器件封装，后面的 0.1in 和其他数字表示两个焊盘间的距离。

(4) 筒状电容。有极性电容常用此种封装，常用 RB 开头，后面的两个数字表示焊盘之间距离和圆筒的直径，如 RB.2/.4 表示焊盘间距 0.2 in，圆筒的外径 0.4 in。

(5) 可变电阻类。常用 VR 开头，后面的数字表示尺寸大小。

(6) 三极管、三端稳压器。常用 TO(Transistor Outline)开头，后面的数字为产品尺寸大小。通常，TO-220 为大功率晶体管、中小规模集成电路等常采用的一种单排直插式的封装形式；TO92 类似于塑封三极管的结构，体积较小。

(7) 集成电路封装。常见的有普通单列直插封装(SIP**)、普通双列直插封装(DIP**)、四面扁平封装(QFP**)、四列直插封装(QUIP**)等形式。字母后面的**为数字，代表管脚个数。如 SIP12，表示有 12 个管脚。

8.1.2　元器件封装库的加载/卸载

元器件封装的信息都储存在特定的元器件封装库中，如果没有这个库文件，系统就不能识别我们设置的关于元器件封装的信息。因此，在绘制印制电路板之前应该先加载所用到的元器件封装库文件。

1. 元器件封装库的加载

执行主菜单命令“放置”→“器件”，或左键单击窗口工具栏中的图标，弹出元器件对话框，如图 2-51 所示。此后的过程与原理图元件库加载方法一样，大家可参考 2.6 节。

因为 Altium Designer 19 元件库是以集成库的形式存在的，所以当我们加载了一个库时，即加载了原理图元件库，也加载了 PCB 元器件封装库。

2. 元器件封装库的卸载

在图 2-53 已安装的可用元件库中，选择需要删除的库，再单击 删除(R) 按钮，即可完成元器件封装库的卸载。

8.1.3　元器件封装的放置及属性设置

1. 元器件封装的放置

方法一：单击主菜单上的命令“放置”→“器件”，屏幕弹出如图 2-56 所示对话框，该对话框中显示元器件的多个参数，根据需要选择。单击右键选择放置功能，或双击元器件放置。

方法二：在 PCB 工作窗口单击鼠标右键，在弹出的快捷菜单中选择“放置”→“器件”，如图 8-3 所示。

方法三：在布线窗口工具栏，单击 图标，屏幕也弹出如图 2-56 所示对话框。

在放置过程中，单击空格键，可以进行旋转，按“X”键可以左右翻转；按“Y”键可以上下翻转，单击“L”键可以转换元器件放置的板层。

放置元器件对话框包含的内容较多，可以显示元器件模型，元器件 2D 或 3D 形状。

图 8-3　右键快捷菜单

2. 元器件属性的设置

调出元器件属性对话框的方法有 3 种：

方法一：元器件处于放置命令状态时，按下“Tab”键。

方法二：用鼠标左键双击已经放好的元器件。

方法三：用鼠标右键单击某元器件，在弹出的快捷菜单中，单击“Properties”。弹出的元器件属性对话框如图 8-4 所示，主要参数说明如下所述。

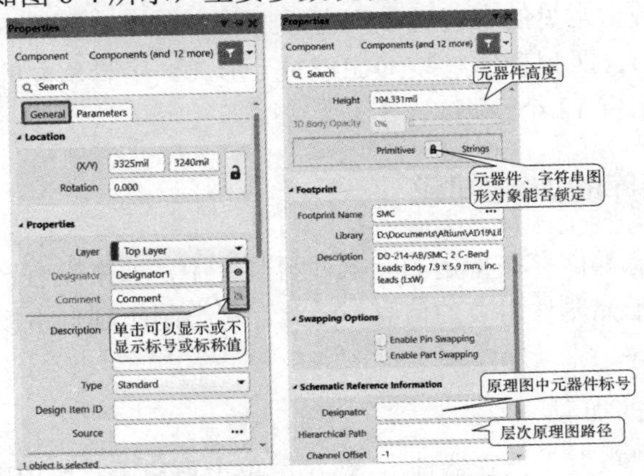

图 8-4　元器件属性设置对话框

① Location：元器件所在位置及放置方向，若元器件被锁住，则不能移动和旋转。

② Layer：设置元器件封装所在的层。点击右侧下拉按钮，选择元器件封装放置的层，如图8-5所示，一般把元器件放在Top Layer(顶层)或Bottom Layer(底层)。

③ Designator：设置元器件的标号，单击、，可选择是否显示。

④ Comment：设置元器件的型号或标称值。

⑤ Type：设置元器件类型。点击右侧下拉按钮，选择元器件的类型。如图8-6所示。一般选择Standard(标准)。

⑥ Height：设置元器件高度，用于PCB的3D仿真时的参考。

⑦ Primitives：表示该元器件封装图形不能被分解开；表示封装图形能被分解开。如放置一个电容，选择时，图形对象可以被分解移动，如图8-7所示。

⑧ Footprint：显示元器件封装名称、所在库及参数说明。

⑨ Schematic Reference Information：原理图涉及的信息，包含与PCB封装对应的原理图元器件的相关信息。

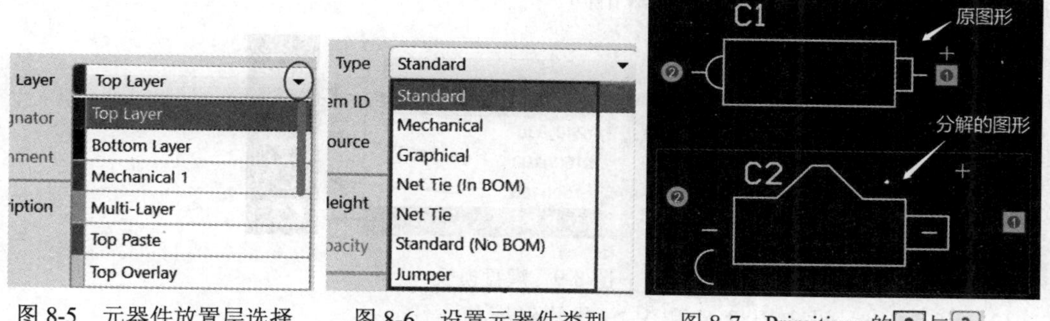

图8-5　元器件放置层选择　　图8-6　设置元器件类型　　图8-7　Primitives的与

8.2　实体的放置

8.2.1　焊盘的放置

虽然在元器件的封装上已经包含了焊盘，但有时要从电路板上引出一些输入输出线，可以通过放置焊盘来实现。

1．放置焊盘的操作步骤

(1) 单击窗口工具栏中的按钮；或执行菜单命令“放置”→“焊盘”；或在PCB编辑窗口单击右键，在弹出的快捷菜单中，选择“放置”→“焊盘”。

(2) 光标变成十字形，光标中心带着一个焊盘，将光标移到放置焊盘的位置，单击鼠标左键，便放置了一个焊盘。注意此时焊盘中心有序号。

(3) 光标仍处于放置命令状态，可继续放置焊盘。单击鼠标右键可结束命令状态。

2．设置焊盘的属性

在放置焊盘过程中按下“Tab”键，或用鼠标左键双击放置好的焊盘，均可弹出焊盘属性对话框，如图 8-8 所示，可以设置焊盘的有关参数。焊盘参数较多，下面分别介绍。

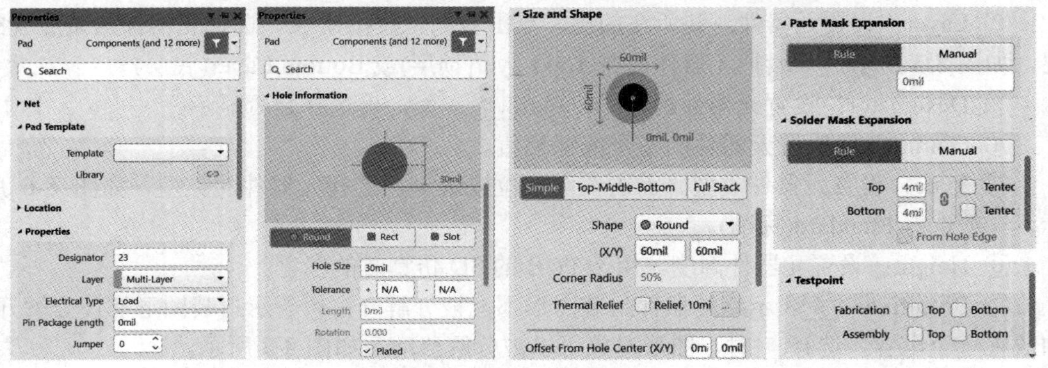

图 8-8　焊盘属性对话框

(1) Net：焊盘所在网络参数。

(2) Pad Template：焊盘模板参数，单击右侧下拉按钮可进行选择，如图 8-9 所示。不同模板对应的焊盘形状及尺寸也有所不同。

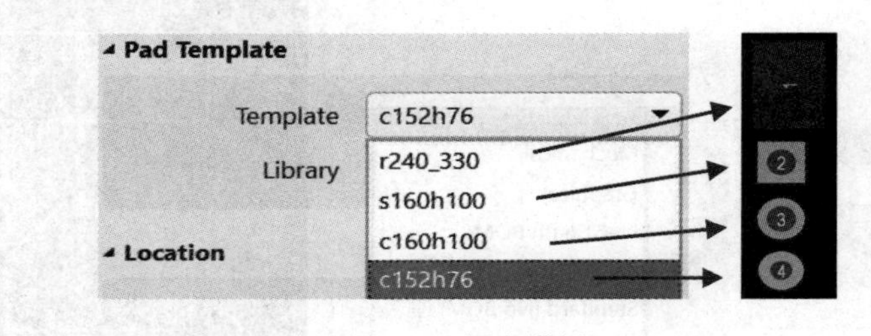

图 8-9　焊盘模板

(3) Location：设定焊盘 X 和 Y 方向的坐标值。

(4) Designator：设定焊盘的序号，从 0 开始。

(5) Layer：设定焊盘的所在层，通常在 Multi-Layer(多层)。

(6) Electrical type：设定焊盘在网络中的电气类型，包括 Load(负载焊盘)、Source(源点焊盘)和 Terminator(终止焊盘)。

(7) Hole Information：内孔径信息，大小和形状(圆形、方形、圆角方形)及公差，如图 8-10 所示。

图 8-10　内孔径信息

(8) Size and Shape：设置焊盘尺寸及形状。可以设置顶层、中间层、底层的不同参数。

① Simple：系统提供四种焊盘样式，Round(圆形)、Rectangular(正方形)、Octagonal(八边形)、Rounded Rectangle(圆角正方形)，如图 8-11 所示。这些焊盘都放在 Multi-Layer(多层)上，都是通孔。

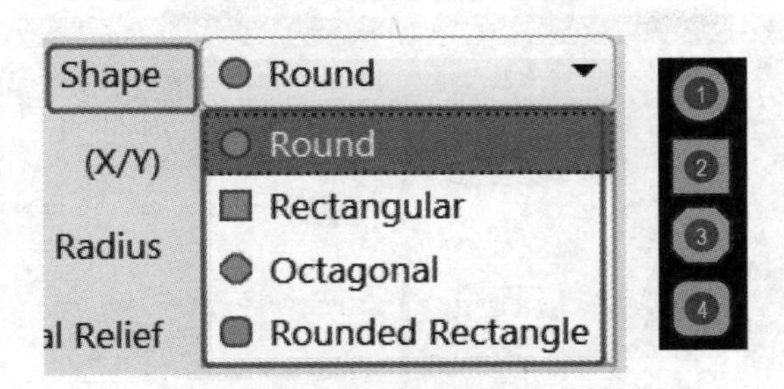

图 8-11　Simple 焊盘样式

② Top-Middle-Bottom：顶层-中间层-底层，如图 8-12 所示。焊盘的顶层、中间层和底层可以设置不同的形状。

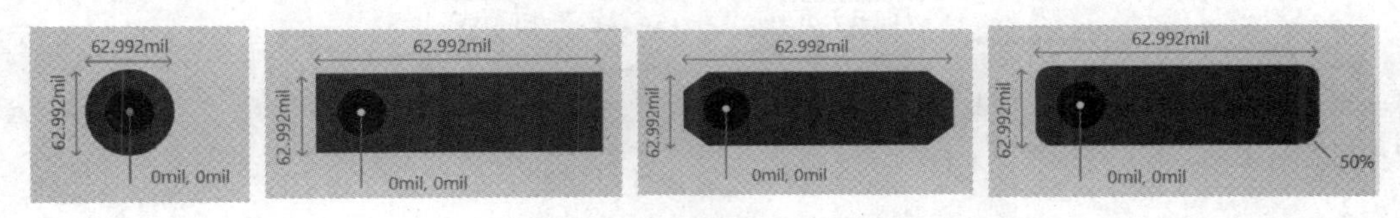

图 8-12　Top-Middle-Bottom 焊盘样式

③ Full Stack：完全堆栈。也可以将焊盘设置成长条形(俗称金手指)，放在顶层或底层，如图 8-13 所示。

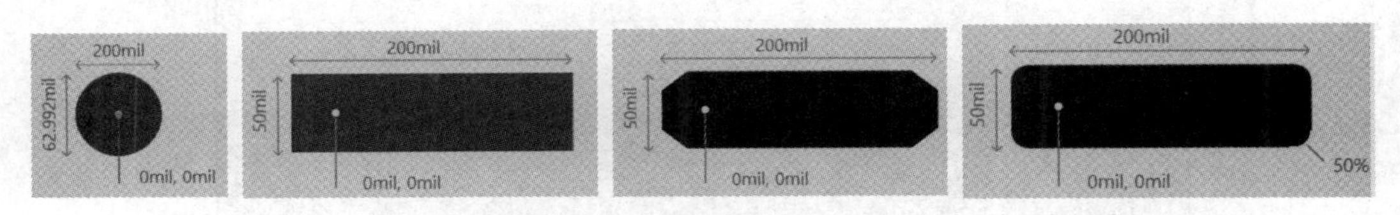

图 8-13　Full Stack 焊盘样式

(9) Paste Mask Expansion：设定助焊层中焊盘的延伸量。

(10) Solder Mask Expansion：设定阻焊层中焊盘的延伸量。

(11) Testpoint：将该焊盘设置为测试点。有两个选项，即 Top 和 Bottom。设为测试点后，在焊盘上会显示 Top Test-Point 或 Bottom Test-Point 文本。

8.2.2　过孔的放置

对于双面板或多层板，不同板层之间的电气连线是靠过孔来连接的。

1．放置过孔的操作步骤

(1) 单击窗口工具栏的 按钮，或执行菜单命令“放置”→“过孔”，或在 PCB 编辑窗口单击右键，选择“放置”→“过孔”。

(2) 光标变成十字形，将光标移到放置过孔的位置，单击鼠标左键，放置一个过孔。

(3) 此时可继续放置其他过孔，或单击鼠标右键，退出放置命令。

2．过孔属性的设置

在放置过孔过程中，单击“Tab”键，或用鼠标左键双击已放置好的过孔，弹出过孔属性对话框，如图 8-14 所示，可设置过孔的有关参数。

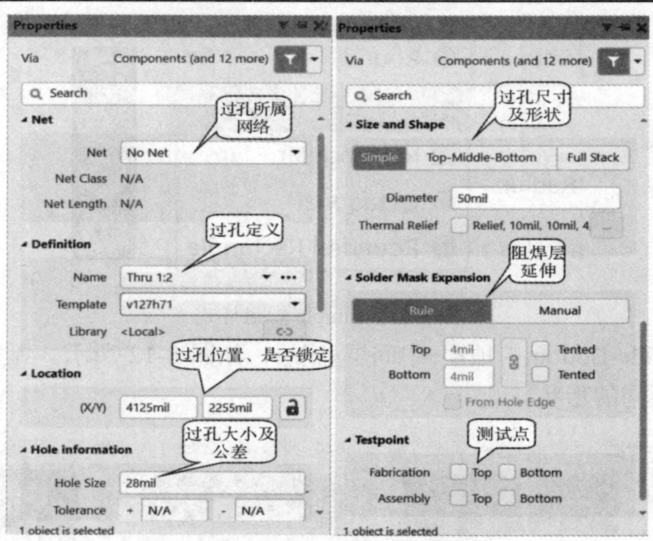

图 8-14　过孔属性对话框

单击 Name 右侧的“…”，弹出过孔样式对话框，如图 8-15 所示，可以逐层设置过孔尺寸，也可以添加和删除过孔。

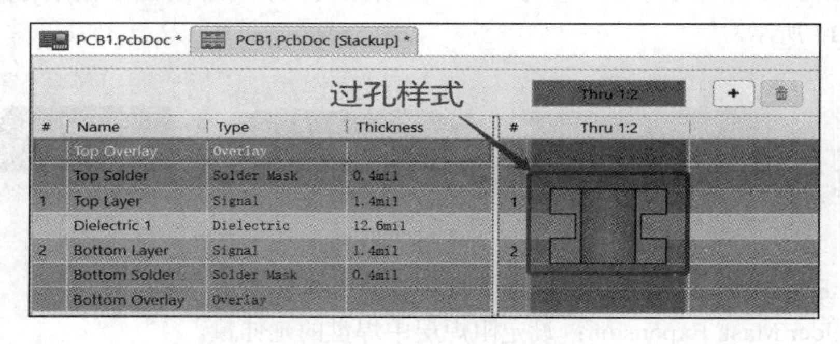

图 8-15　过孔样式对话框

8.2.3　导线的放置

1. 放置导线的操作步骤

(1) 单击窗口工具栏中的按钮，或执行菜单命令“放置”→“走线”，或在 PCB 编辑窗口单击右键，选择“放置”→“走线”。

(2) 放置直线：当光标变成十字形时，将光标移到导线的起点，单击鼠标左键；然后将光标移到导线的终点，再单击鼠标左键，一条直导线被绘制出来，单击鼠标右键，结束本次操作。

(3) 放置折线：与放置直线不同的是，当导线出现 90° 或 45° 转折时，在终点处要双击鼠标左键，或者在需要拐弯的地方单击鼠标左键，确定转折点，改变绘制方向，即可绘制折线。

(4) 系统提供了 5 种导线的放置模式，分别是 45° 转角、平滑圆弧、90° 转角、90° 圆弧转角、任意角转角，如图 8-16 所示。在绘制导线过程中，可以用“Shift”+“空格”键来切换导线的模式。另外，在放置导线过程中，使用空格键可切换导线的方向，如图 8-17 所示。

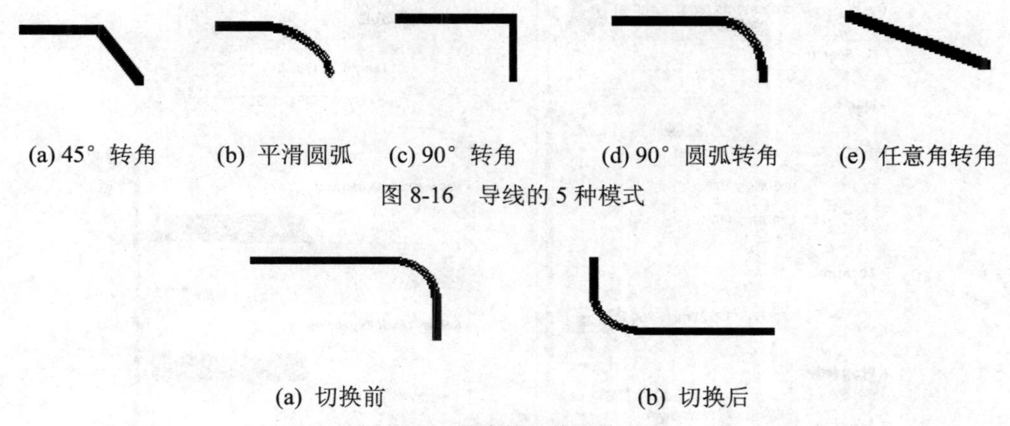

(a) 45° 转角　(b) 平滑圆弧　(c) 90° 转角　(d) 90° 圆弧转角　(e) 任意角转角

图 8-16　导线的 5 种模式

(a) 切换前　(b) 切换后

图 8-17　导线的切换操作对比

(5) 放置完一条导线后，光标仍处于十字形，将光标移到其他新的位置，再放置其他导线。

(6) 单击鼠标右键，光标变成箭头形状，退出该命令状态。

2. 设置导线的属性

在放置导线过程中按下“Tab”键，弹出“Interactive Routing”(交互式布线)设置对话框，如图 8-18 所示。在该对话框中可以设置导线宽度、所在层、过孔直径及过孔孔径、布线模式、拐弯模式，同时，还可以通过拖动设置布线宽度规则和过孔规则、帮助快捷键信息等，此设置将作为绘制下段导线的默认值。关于交互式布线的更多信息可参考图 7-23 “Interactive Routing”对话框设置。

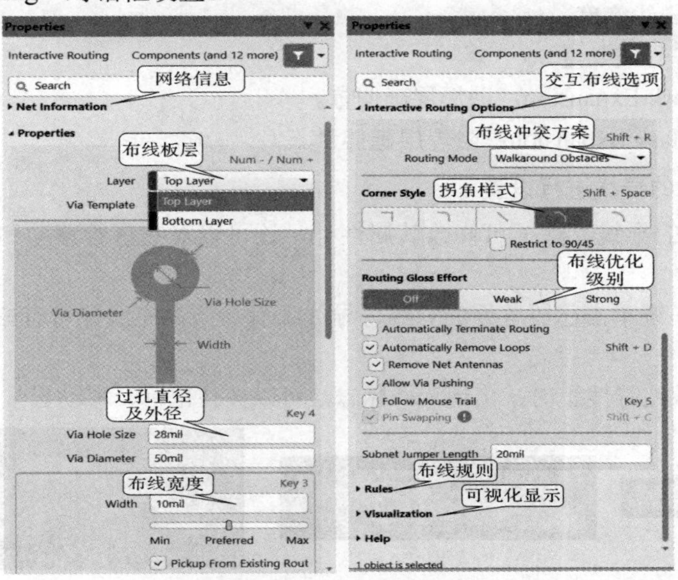

图 8-18　“Interactive Routing”(交互式布线)设置对话框

在放置导线完毕后，用鼠标左键双击该导线，则弹出如图 8-19 所示导线属性对话框。

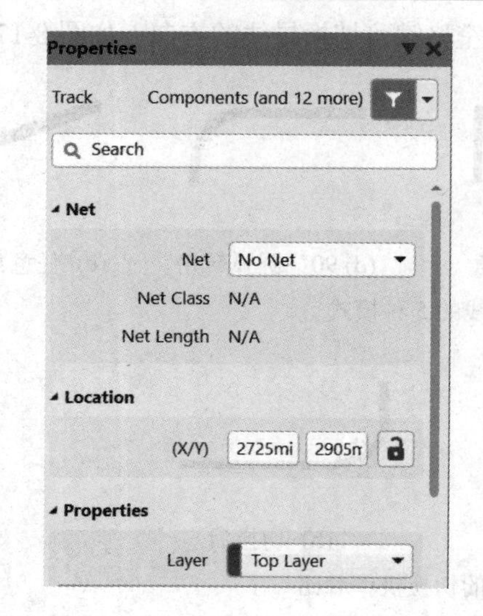

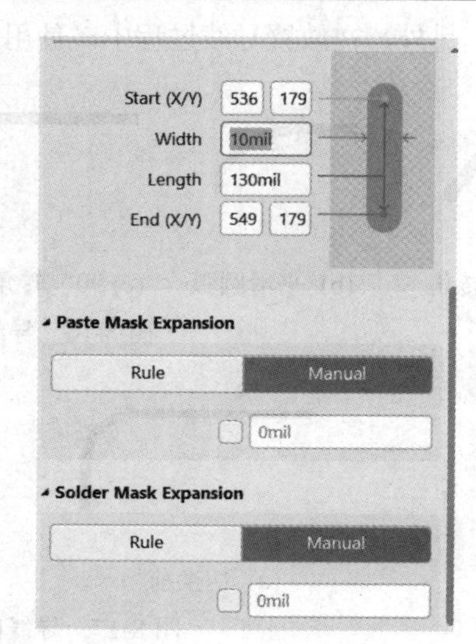

图 8-19　导线属性对话框

注意：在放置过程中，单击“Tab”键弹出的导线属性对话框与双击放置好的导线弹出的属性对话框有明显的区别，这是不同于其他参数的。

导线属性设置参数说明如下：

(1) Net：导线所在的网络名称及长度。

(2) Location：导线所在位置，单击🔒，位置锁住，不能移动。

(3) Properties：

① Layer：导线所在的层。单击下拉按钮▾进行选择。

② Start(X/Y)，Eed(X/Y)：导线起点和终点的 X 轴、Y 轴坐标。

③ Width：导线宽度。

(4) Length：导线长度。

(5) Paste Mask Expansion：助焊层延伸量。

(6) Solder Mask Expansion：阻焊层延伸量。

3. 对放置好的导线进行设置

对于放置好的导线，除了可修改其属性外，还可以对它进行移动和拆分，操作步骤如下：

(1) 用鼠标左键单击已放置好的导线，导线上有一条高亮线并带有三个高亮方块，如图 8-20(a)所示。

(2) 当鼠标放在导线上时，出现 ✥ 标志，可以按住鼠标，移动导线。

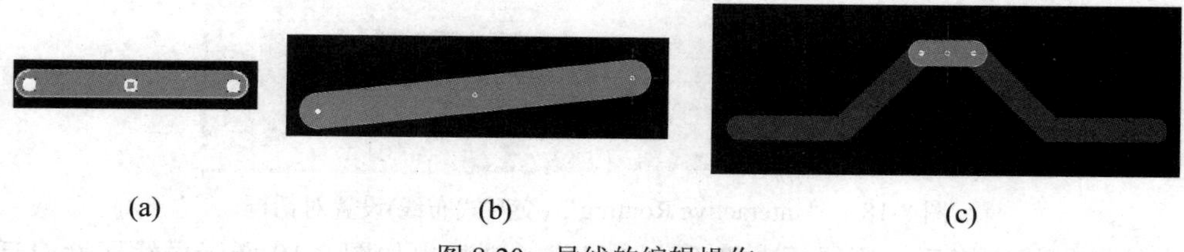

(a)　(b)　(c)

图 8-20　导线的编辑操作

(3) 用鼠标左键单击导线两端任一高亮方块，光标变成十字形。移动光标可任意拖动导线的端点，导线的方向即被改变，如图 8-20(b)所示。

(4) 用鼠标左键单击导线中间的高亮方块，光标变成十字形。按下鼠标左键移动光标可上下拖动导线，此时直导线变成了折线，并被分段，如图 8-20(c)所示。

4. 切换导线的层

如何在绘制导线的过程中，让一条导线位于两个不同的信号层呢？现以双面电路板为例来说明，操作步骤如下：

(1) 在顶层放置一条导线，在默认状态下，导线的颜色为红色。

(2) 在绘制导线过程中，按下数字“2”键，自动添加了一个过孔，如图 8-21(a)所示。移动鼠标，继续绘制导线时，发现只能在同一层绘制。

(3) 如果想切换布线层，可单击“Tab”键，选择另一个布线层，这样系统自动添加了一个过孔，并且在继续绘制导线时，导线的颜色发生了变化，从顶层切换到底层，或从底层切换到顶层了，如图 8-21(b)所示。

注意：带有小键盘的用户在绘制导线过程中可以单击右侧小键盘中的“*”键或“+”“-”键，进行顶层与底层之间的切换，并且可自动添加过孔。用户也可以单击小键盘上的数字“1”或“2”键，产生同样的结果，如图 8-21(b)所示。

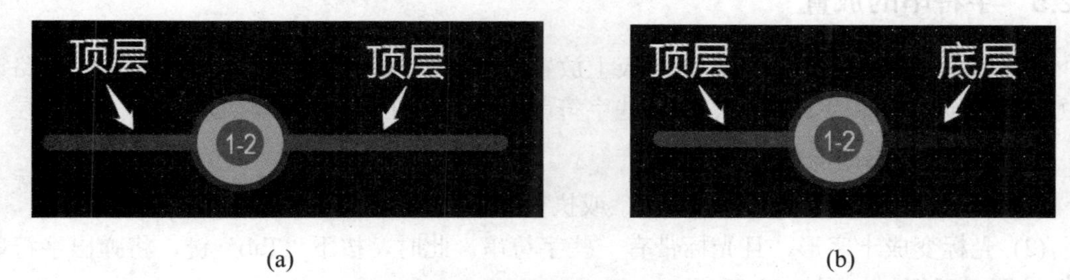

(a)　　　　(b)

图 8-21　将一条导线放置在两个信号层上

8.2.4　连线的放置

连线一般是在非电气层上绘制电路板的物理边界、元器件边界等，它不能连接到网络上，绘制时不遵循布线规则。而导线是在电气层上元器件的焊盘之间构成电气连接关系的连线，它能够连接到网络上。因此，导线与连线是有区别的。

1. 放置连线的操作步骤

(1) 单击窗口工具栏的按钮，或执行菜单命令“放置”→“线条”。

(2) 放置连线的方法与放置导线类似，不再赘述。

2. 设置连线的属性

在放置连线过程中按下“Tab”键，弹出“Line placement”(连线放置)属性设置对话框，如图 8-22 所示。设置完成后关闭属性对话框。

在绘制连线过程中，也可以单击小键盘的“*”键，进行顶层与底层间的切换，单击“+”“–”键，可以在各板层之间进行切换，只是不会自动添加过孔而已。

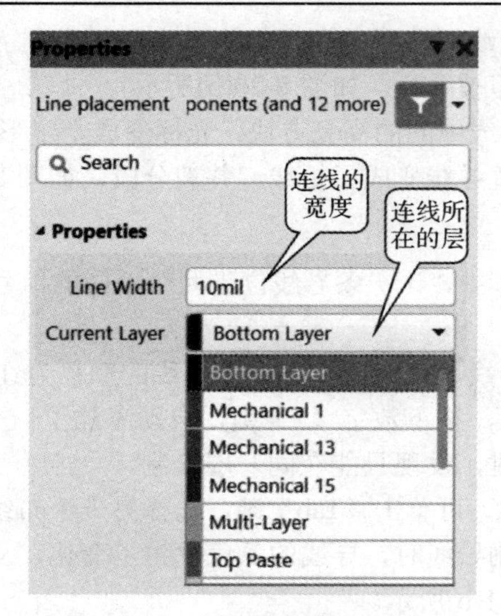

图 8-22　连线属性设置对话框

注意：连线如果放在顶层或底层，也能发挥导线的作用。

8.2.5　字符串的放置

在制作电路板时，常需要在电路板上放置一些字符串，说明本电路板的功能、电路设置方法、设计序号和生产时间等。这些字符串可以放置在机械层，也可以放置在丝印层。

1．放置字符串的操作步骤

(1) 单击窗口工具栏中的 **A** 按钮，或执行菜单命令“放置”→“字符串”。

(2) 光标变成十字形，且光标带有一些字符串。此时，按下“Tab”键，将弹出字符串属性设置对话框，如图 8-23 所示。

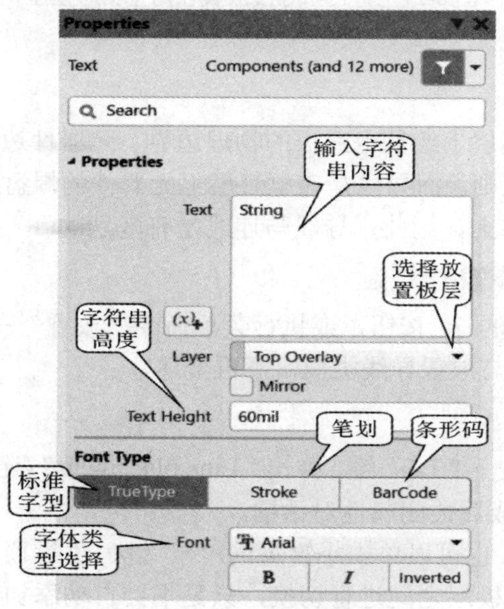

图 8-23　字符串属性设置对话框

(3) 直接在“Text”文本框右侧输入字符串即可。设置完毕后，关闭属性对话框，将光标移到相应的位置，单击鼠标左键确定，完成一次放置操作。

此时，光标还处于命令状态，可继续放置或单击右键结束命令状态。

2. 设置字符串的属性

当放置字符串后，用鼠标左键双击字符串，也弹出如图 8-23 所示的字符串属性设置对话框。在对话框中可设置字符串的内容(Text)、所在层(Layer)、是否镜像(Mirror)、字体类型(Font Type，有三种字体)等。

字符串的输入有两种方式：

(1) 在字符串属性设置对话框中，可以在 Text 文本框中直接输入要在电路板上显示的字符串的内容(仅单行)，再选择显示的字型。

(2) 也可以单击(x)按钮，在弹出的下拉列表框中选择系统设定好的特殊字符串，如图 8-24 所示。如当选择“‘.Pcb_File_Name_No_Path’”时，鼠标上就带着 PCB 文件的名称出现在编辑区域，如图 8-25(a)所示，即把特殊字符串转换成了具体的文字。如果选择“‘.Print_Time’”，则鼠标上即可显示当时的时间，如图 8-25(b)所示。

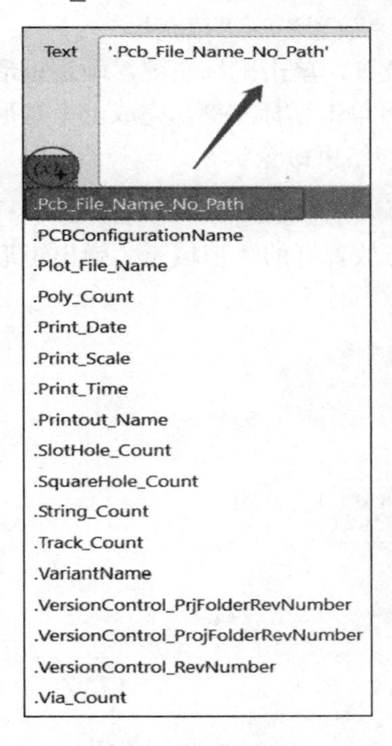

图 8-24　特殊字符串

整流稳压.PcbDoc

(a) ‘.Pcb_File_Name_No_Path’ ”

(b) ‘.Print_Time’

图 8-25　特殊字符串转化为文字

3. 字符串的选取、移动和旋转操作

(1) 字符串的选取操作：用鼠标左键单击字符串，该字符串就处于选取状态，在字符串的左下方出现一个“X”号，而在右下方字符串的外侧出现一个小圆圈，如图 8-26(a)所示。

(2) 字符串的移动操作：拖动字符串达到移动的目的。

(3) 字符串的旋转操作：首先选取字符串，然后用鼠标左键单击右边的小圆圈，该字符串以“左下角”为中心，做任意角度的旋转，如图 8-26(b)所示。

(a)　　　　(b)

图 8-26　字符串的选取与旋转操作

另外，用鼠标左键按住字符串不放，同时按下键盘的“X”键，字符串进行左右翻转；按下“Y”键，字符串进行上下翻转；按下空格键，字符串进行逆时针旋转。

8.2.6　填充(矩形填充)的放置

在完成电路板的布线工作之前，一般在顶层或底层会留有一些面积较大的空白区(没有走线、过孔和焊盘)，根据地线尽量加宽和利于元器件散热原则，应将空白区用实心的矩形覆铜区域来填充(Fill)。

1. 放置矩形填充的操作步骤

(1) 单击窗口工具栏中的 按钮，或执行菜单命令“放置”→“填充”。

(2) 光标变为十字形，将光标移到放置矩形填充的位置，单击鼠标左键，确定矩形填充的第一个顶点，然后拖动鼠标，拉出一个矩形区域，再单击鼠标左键，完成一个矩形填充的放置。此时可继续放置矩形填充，或单击鼠标右键，结束命令状态。

2. 设置矩形填充的属性

在放置矩形填充的过程中，按下“Tab”键，或双击放置好的矩形填充，弹出矩形填充属性对话框，如图 8-27 所示。

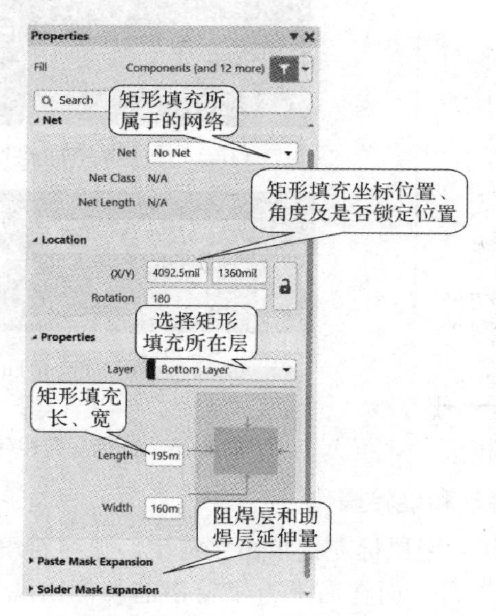

图 8-27　矩形填充属性对话框

3. 矩形填充的选取、移动、缩放和旋转操作

(1) 矩形填充的选取：直接用鼠标左键单击放置好的矩形填充，使其处于选取状态，

在矩形填充的周边出现控制点，中心出现一条直线和一个小圆圈，如图 8-28(a)所示。

(2) 矩形填充的移动：用鼠标左键直接拖动矩形填充，矩形填充可随鼠标任意移动。

(3) 矩形填充的缩放：在选取状态下，用鼠标左键单击四周某个控制点，光标变成十字形，再移动光标，可对矩形填充进行任意缩放，如图 8-28(b)所示。

(4) 矩形填充的旋转：在选取状态下，用鼠标左键单击小圆圈，光标变成十字形，再移动光标，矩形填充会绕中心点任意旋转，如图 8-28(c)所示。

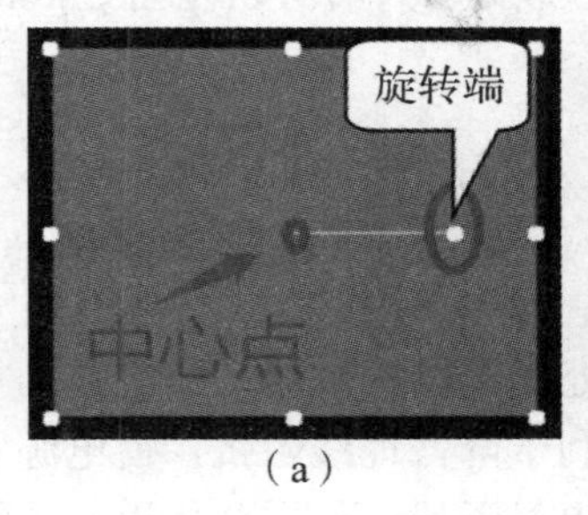

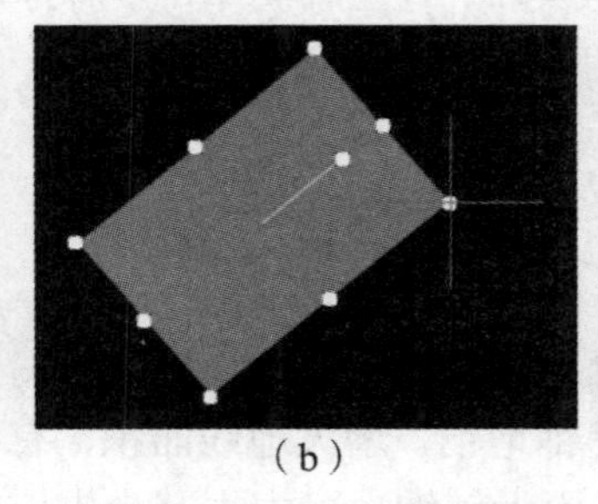

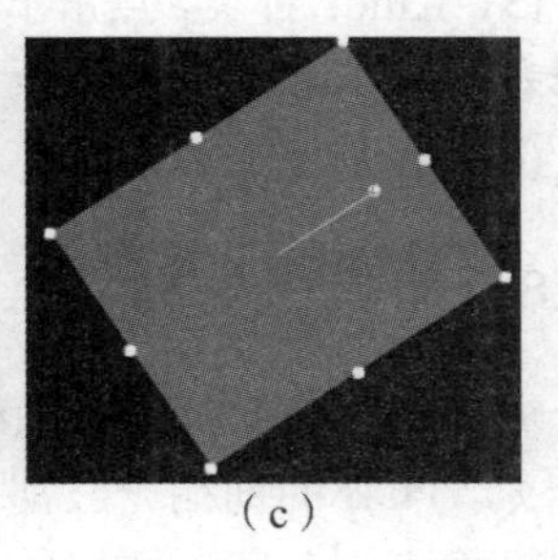

(a)　　(b)　　(c)

图 8-28　矩形填充的选取、缩放和旋转操作

8.2.7　实心区域的放置

为增强电路的抗干扰能力，一般在覆铜区域内整片覆盖成一个整体铜膜。该区域内不允许存在其他网络焊盘、过孔、铜膜走线，否则会造成短路。

1. 放置实心区域的操作步骤

(1) 单击窗口工具栏中的按钮，或执行菜单命令“放置”→“实心区域”。

(2) 在设计区域单击鼠标左键，确定实心区域的起点，移动鼠标，在需要的位置单击鼠标左键，确定实心区域的另一个点，继续同样的操作，绘制实心区域形状，如图 8-29 所示。

(3) 绘制过程中单击“Tab”键，弹出多边形实心区域的属性设置对话框，如图 8-30 所示。在对话框中设置有关参数后，光标变成十字形，进入放置多边形填充状态。

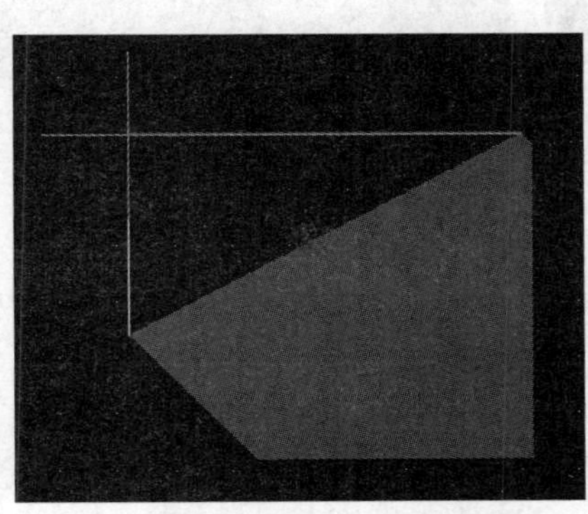

图 8-29　多边形实心区域

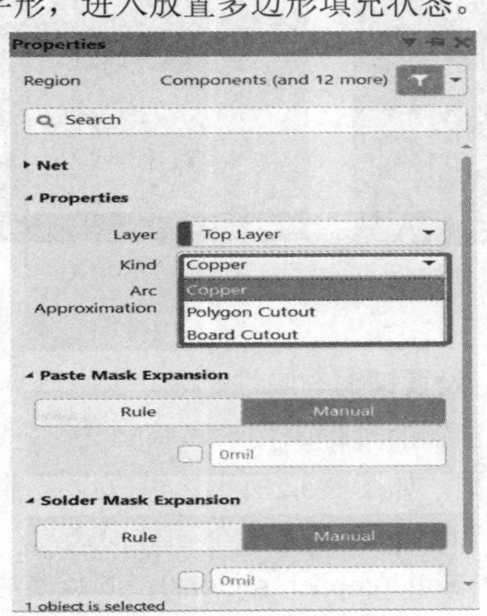

图 8-30　实心区域属性设置对话框

(4) 在多边形的每个拐点处单击鼠标左键，最后单击右键，系统自动将多边形的起点和终点连接起来，构成多边形平面并完成填充。

2. 设置实心区域的属性

(1) Net：在其下拉列表框中选择所隶属的网络名称。

(2) Layer：在其下拉列表框中选择所隶属的板层。

(3) Kind：种类，点击下拉菜单，有三种类型，分别为 Copper(覆铜)、Polygon Cutout(多边形裁剪)、Board Cutout(板切割)，如图 8-30 所示

(4) Arc：圆弧尺寸。

8.2.8 铺铜(多边形填充)

电路板上空余大量面积时，可以进行铺铜处理。铺铜处理可以有效地增强电路的抗干扰能力。PCB 的铺铜一般都是铺地铜，增大地线面积，有利于降低地线阻抗，使电源和信号传输稳定。在高频的信号线附近铺铜，可大大减少电磁辐射干扰，起屏蔽作用。铺铜增强了 PCB 的电磁兼容性，同时大片铜皮也有利于散热。

1. 放置铺铜的操作步骤

(1) 在菜单栏执行“放置”→“铺铜”命令，或在 PCB 工作区单击右键，选择“放置”→“铺铜”，或在窗口工具栏单击图标。

(2) 光标变成十字形，单击鼠标左键，确定铺铜区域的顶点；移动光标到图形的对角顶点，单击鼠标左键确定，就铺设了一块铜皮。如图 8-31(a)所示。

(3) 此时，可继续移动鼠标，铺铜区域将发生变化，如图 8-31(b)所示。如此下去，可以绘制不同形状的铺铜，单击鼠标右键，结束命令。结果如图 8-31(c)所示。

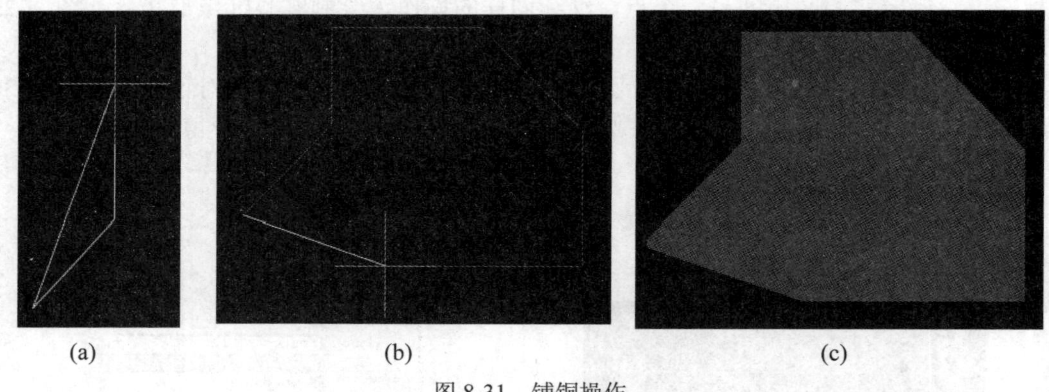

(a)　　(b)　　(c)

图 8-31　铺铜操作

2. 设置铺铜的属性

在铺铜的过程中按下“Tab”键，或用鼠标左键双击放置好的铺铜，弹出铺铜属性设置对话框，如图 8-32 所示。可以设置铺铜所在的网络、板层、类型等。

在 Fill Mode 中有以下三种模式。

(1) Solid(copper regions)：固体实心区域。铺铜区由多边形边界内的一个或几个实心铜皮区域对象组成，如图 8-33 所示。铜皮区域的数量取决于铺铜区域内存在的网络所组成

的独立区域的数量，如导线和焊盘。

(2) Hatched(Tracks/arcs)：网格填充。单击 Hatched (Tracks/Arcs) 按钮，弹出网格填充属性设置对话框，如图 8-34 所示。区域由多边形边界内的网格状导线，按水平、垂直或 45°、90° 角的样子组成，区域内的焊盘被圆弧或线条包围。

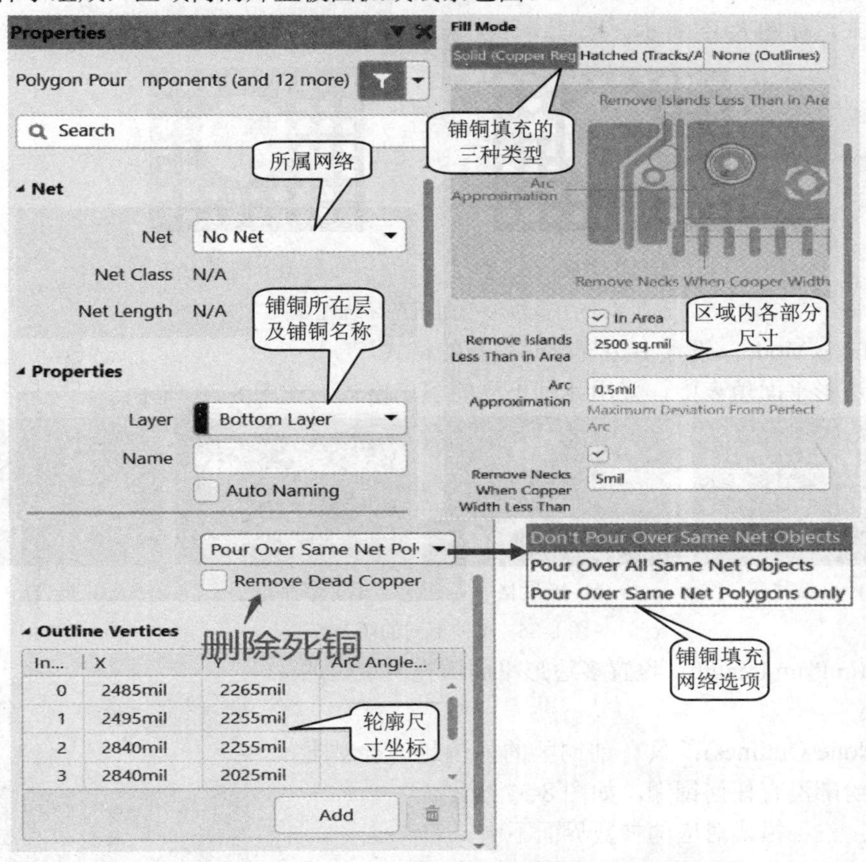

图 8-32　多边形铺铜属性设置对话框

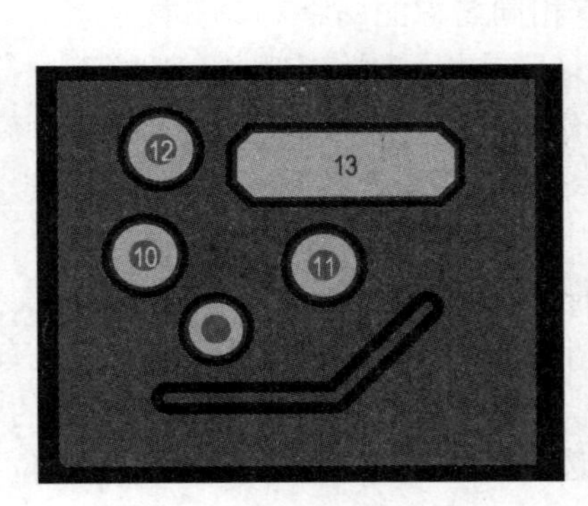

图 8-33　固体实心填充

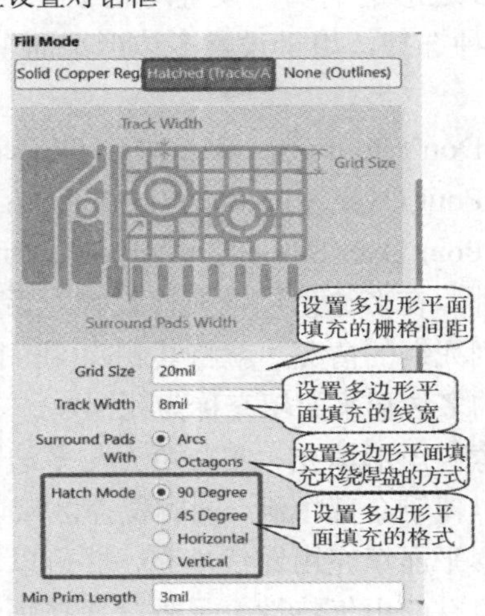

图 8-34　网格填充属性设置

① Grid Size：设置多边形平面填充的栅格间距。

② Track Width：设置多边形平面填充的线宽。

③ Surround Pads With：设置多边形平面填充环绕焊盘的方式。

在多边形填充属性对话框中，多边形平面填充环绕焊盘提供两种方式，即八边形方式和圆弧方式，如图 8-35 所示。

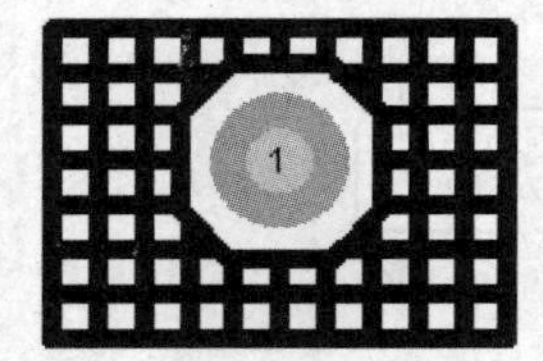

(a) 八边形方式

(b) 圆弧方式

图 8-35　多边形平面填充环绕焊盘的方式

④ Hatch Mode：设置多边形平面填充的格式。

在多边形平面填充中，采用 4 种不同的填充格式，如图 8-36 所示。

(a) 90 度格子

(b) 45 度格

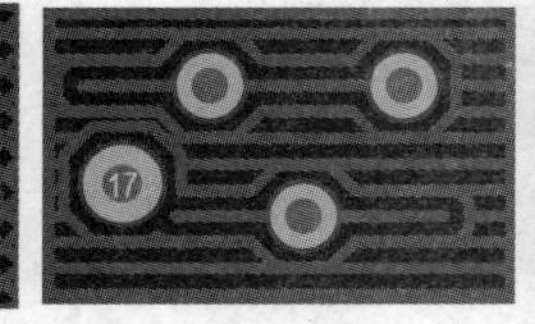

(c) 水平格子

(d) 垂直格子

图 8-36　4 种不同的填充格式

⑤ Min Prim Length：设置多边形平面填充内最短的走线长度。

(3) None(Outlines)：只有铺铜区的外围轮廓会被显示，区域内部没有任何铺铜，如图 8-37 所示。

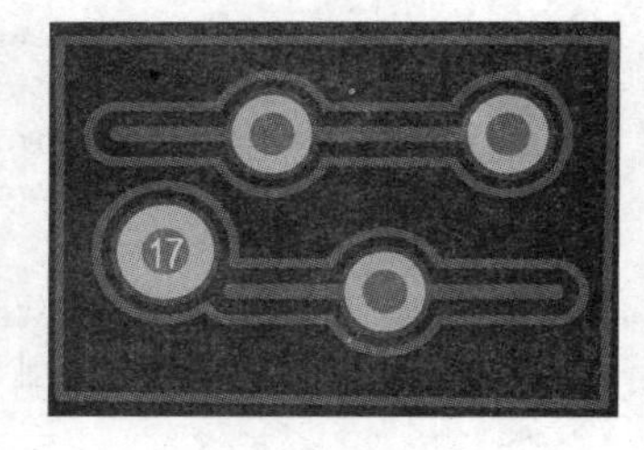

图 8-37　None(Outlines)模式

注意：三种模式对应的参数界面不同。

在多边形铺铜属性设置对话框中，网络选项下拉菜单有 3 种选择，用于设置多边形平面填充与电路网络间的关系。

① Don't Pour Over Same Net Objects：相同网络名称的对象不覆盖。

② Pour Over All Same Net Objects：所有相同名称的网络对象直接覆盖。

③ Pour Over Same Net Polygons Only：只覆盖相同网络名称的多边形。

另外，在多边形铺铜属性设置对话框中有 Remove Dead Copper 复选框，该项有效时，如果遇到死铜的情况，就将其删除(我们把已经设置与某个网络相连，而实际上没有与该网络相连的多边形平面填充称为死铜)。

注意：矩形填充、实心填充与多边形平面填充是有区别的。矩形填充、实心填充将整个区域以覆铜全部填满，同时覆盖区域内的所有导线、焊盘和过孔，使它们具有电气连接；而多边形平面填充用铜线填充，并可以设置绕过多边形区域内具有电气连接的对象，不改变它们原有的电气特性。另外，直接拖动多边形平面填充就可以调整其放置位置。

8.2.9　尺寸标注的放置

在 PCB 设置中，有时需要标注一些尺寸，如电路板的尺寸、特定元件外形间距等，以方便印制电路板的制造。一般尺寸标注放在机械层。

放置方法：执行菜单“放置”→“尺寸”命令；或鼠标右键单击窗口工具栏中的图标；或在编辑区域单击右键，在弹出的快捷菜单中选择“放置”→“尺寸”，均可弹出放置尺寸菜单，如图 8-38 所示。可以放置线性尺寸、径向尺寸、角度尺寸、坐标尺寸、领导(引线)尺寸、标准尺寸等。

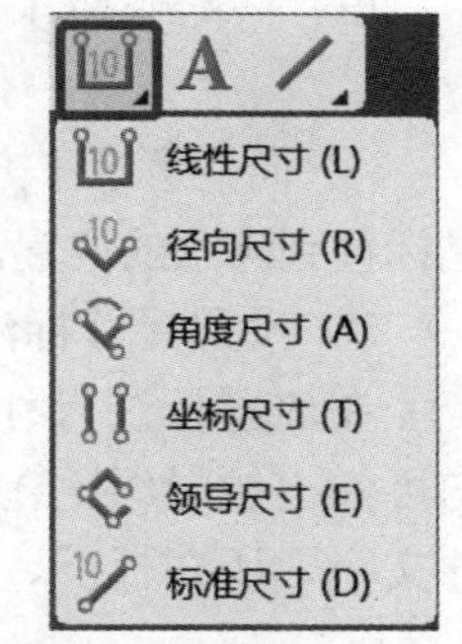

图 8-38　放置尺寸菜单

(1) 线性尺寸放置及属性设置。

① 单击窗口工具栏中的图标，或执行菜单命令“放置”→“尺寸”→“线性尺寸”。

② 光标变成十字形，移动光标到尺寸的起点，单击鼠标左键，确定标注尺寸起始位置。

③ 向水平方向移动光标，中间显示的尺寸随光标的移动而不断变化，到终点位置单击鼠标左键，确定尺寸大小，然后上下移动鼠标，单击确定尺寸界线长短及尺寸数据标注位置，再单击鼠标左键，完成一次尺寸标注，如图 8-39 所示。

④ 在放置尺寸的过程中，可以单击空格键，旋转尺寸标注方向。如不再放置，单击鼠标右键，结束尺寸放置操作。

⑤ 设置尺寸标注的属性。

在放置标注尺寸命令状态下按下“Tab”键，或用鼠标左键双击已放置的标注尺寸，均可弹出线性尺寸标注属性设置对话框，如图 8-40 所示，可以设置尺寸样式、所在板层、文字及箭头位置、文字高度、字体样式、标注单位、数值等参数。

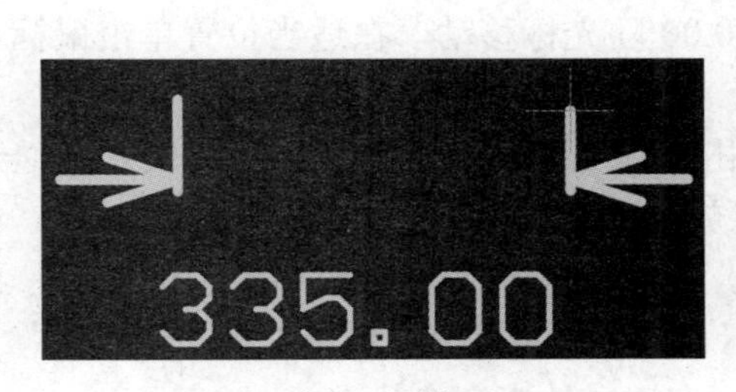

图 8-39　线性尺寸标注

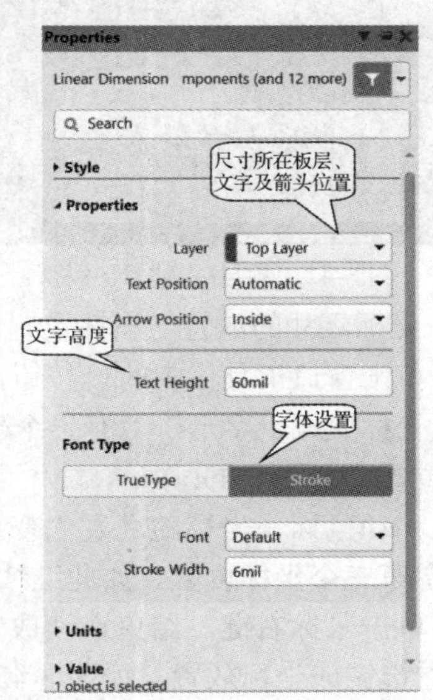

图 8-40　线性尺寸标注属性设置对话框

其他类型尺寸标注方法与线性标注方法类似，用户可自行放置。下面对领导(引线)尺寸做一说明。

(2) 领导(引线)尺寸放置及属性设置。

① 右键单击窗口工具栏中的图标，在下拉菜单中单击按钮，或执行菜单命令“放置”→“尺寸”→“领导尺寸”。

② 光标变成十字形，移动光标到尺寸的起点，单击鼠标左键，确定引线箭头起始位置。

③ 向任意水平方向移动光标，在相应的位置单击鼠标左键，确定中间点，可以继续移动鼠标直到满意的位置，然后单击鼠标左键，再单击右键，完成一次引线标注，如图 8-41 所示。

④ 设置尺寸标注的属性。

在放置标注尺寸命令状态下按下“Tab”键，或用鼠标左键双击已放置的标注尺寸，均可弹出领导(引线)尺寸标注属性设置对话框，如图 8-42 所示，可以设置尺寸样式、标注的文字、所在板层、标注方向、文字高度、字体样式等参数。

图 8-41　领导(引线)尺寸标注

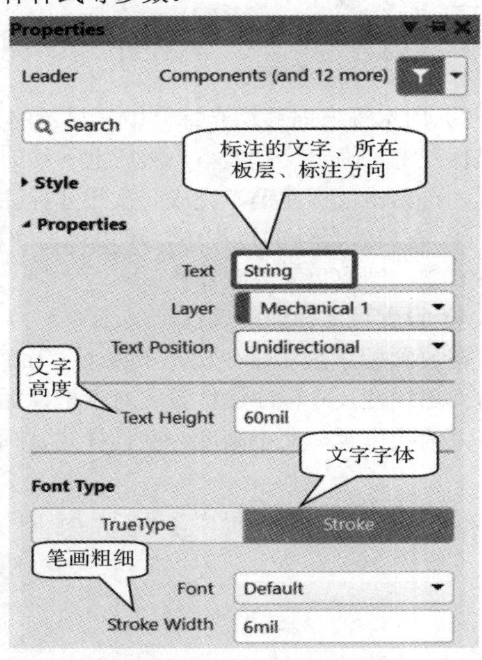

图 8-42　领导(引线)尺寸标注属性设置对话框

(3) 坐标尺寸的放置与属性设置。

① 单击窗口工具栏中的按钮，或执行菜单命令“放置”→“尺寸”→“基准”。

② 光标变成十字形，且有一个坐标值 0.00 随光标移动，在适当位置单击鼠标左键确定基准位置，如图 8-43(a)所示。

③ 移动鼠标，坐标随之发生变化，单击鼠标左键，确定第二个坐标位置；继续移动鼠标确定第三个坐标位置。如此继续，可以放置多个坐标。

④ 单击鼠标右键，结束连续放置坐标，移动鼠标确认坐标数字显示位置后，再次单击鼠标左键完成坐标放置，如图 8-43(b)所示。

⑤ 此时鼠标仍处于放置状态，单击鼠标右键，结束命令状态。

⑥ 设置尺寸标注的属性。

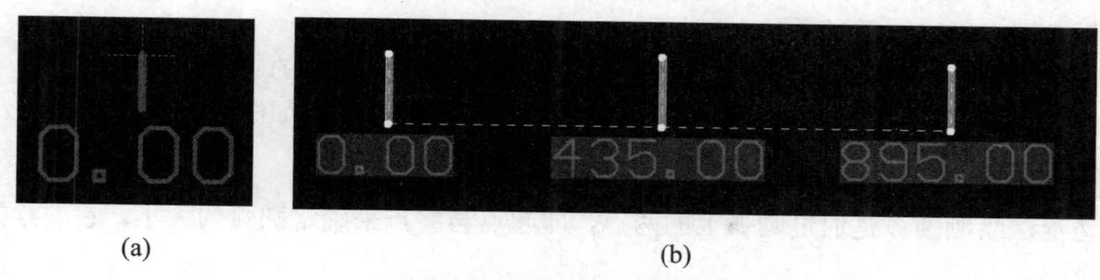

图 8-43　坐标尺寸的放置

在命令状态下按“Tab”键，或在放置坐标后用鼠标左键双击坐标，系统弹出坐标尺寸标注属性设置对话框，如图 8-44 所示。读者可以自行设置坐标样式、所在板层、文字方向、文字高度、字体样式、标注单位、数值等参数。

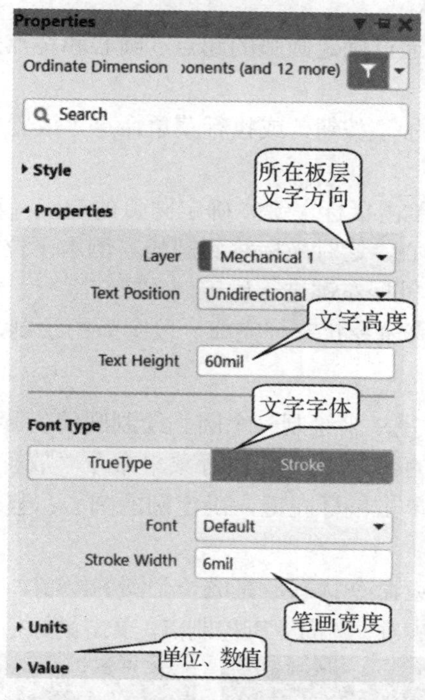

图 8-44　坐标尺寸标注属性设置对话框

8.2.10　圆弧的放置

放置圆弧有三种方法，主要区别在于起始点不一样。

选择菜单命令“放置”→“圆弧”，或在 PCB 编辑窗口单击右键，选择“放置”→“圆弧”；或单击窗口工具栏中的按钮。

1. 中心法绘制圆弧

中心法绘制圆弧是通过确定圆弧的中心、起点和终点来确定一个圆弧。它的绘制步骤如下：

(1) 单击放置工具栏的按钮，或执行菜单命令“放置”→“圆弧”→“圆弧(中心)”。

(2) 光标变成十字形，单击鼠标左键，确定圆弧的中心。移动光标拉出一个圆形，单击鼠标左键，确定圆弧半径。

(3) 沿圆周移动光标，在适当位置单击鼠标左键，确定圆弧的起点和终点。

(4) 单击鼠标右键，结束命令状态，完成一段圆弧的绘制，如图 8-45 所示。

2. 边沿法绘制圆弧

边沿法绘制圆弧是通过圆弧上的两点，即起点与终点来确定圆弧的大小，它的绘制步骤如下：

(1) 单击窗口工具栏中的按钮，或执行菜单命令“放置”→“圆弧”→“圆弧(边沿)”。

(2) 光标变成十字形，单击鼠标左键，确定圆弧的起点；移动光标到适当的位置，单击鼠标左键，确定圆弧的终点；单击鼠标右键，完成一段圆弧的绘制，如图 8-46 所示。

3. 任意角度法绘制圆弧

任意角度法绘制圆弧是通过确定圆弧的起点、圆心和终点来确定圆弧的，它的绘制步骤如下：

(1) 单击窗口工具栏中的按钮，或执行菜单命令“放置”→“圆弧”→“圆弧(任意角度)”。

(2) 光标变成十字形，单击鼠标左键，确定圆弧的起点；移动光标到适当的位置，单击鼠标左键，确定圆弧的圆心，这时光标跳到圆的右侧水平位置；沿圆弧移动光标，在圆弧的起点和终点处分别单击鼠标左键进行确定。

(3) 单击鼠标右键，结束命令状态，完成一段圆弧的绘制，如图 8-47 所示。

4. 绘制圆

它是通过确定圆心和半径，来绘制一个圆。绘制圆的步骤如下：

(1) 单击窗口工具栏中的按钮，或执行菜单命令“放置”→“圆弧”→“圆”。

(2) 光标变成十字形，单击鼠标左键，确定圆的圆心；移动光标，拉出一个圆，单击鼠标左键确认。

(3) 单击鼠标右键，结束命令状态，完成一个圆的绘制，如图 8-48 所示。

注意：单击鼠标左键选中圆，圆周上有控制点，单击鼠标拖动可以将圆分割，变为圆弧。

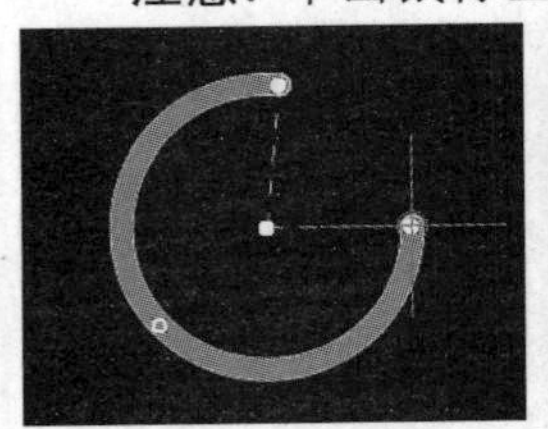

图 8-45　中心法绘制圆弧

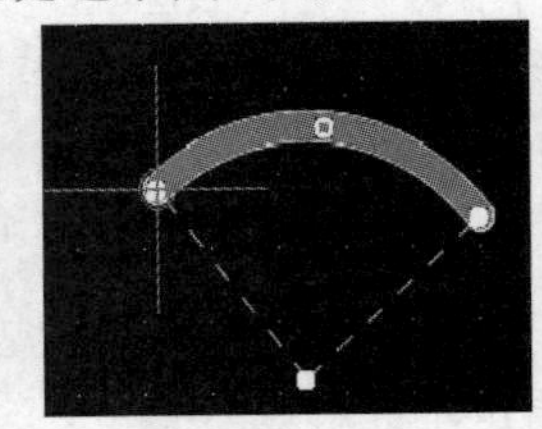

图 8-46　边沿法绘制圆弧

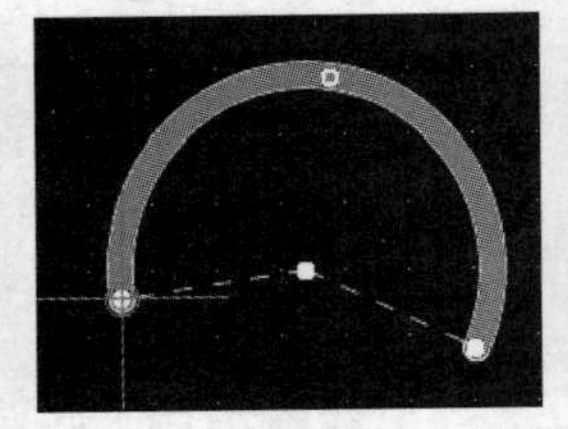

图 8-47　任意角度法绘制圆弧

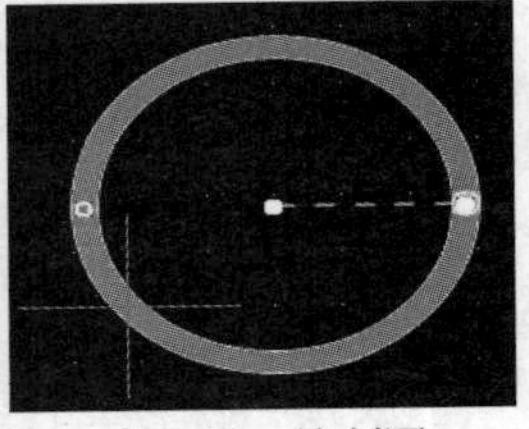

图 8-48　绘制圆

5. 设置圆弧属性

在绘制圆弧状态下，按下“Tab”键，或用鼠标左键双击绘制好的圆弧，系统将弹出圆弧属性设置对话框，如图 8-49 所示。设置圆弧的主要参数有：

(1) Net：设置圆弧所连接的网络。

(2) Location：圆弧所在位置，可以锁定。

(3) Layer：设置圆弧所在板层。

(4) Width：设置圆弧的线宽。

(5) Radius：设置圆弧的半径。

(6) Start Angle 和 End Angle：设置圆弧的起始角度和终止角度。

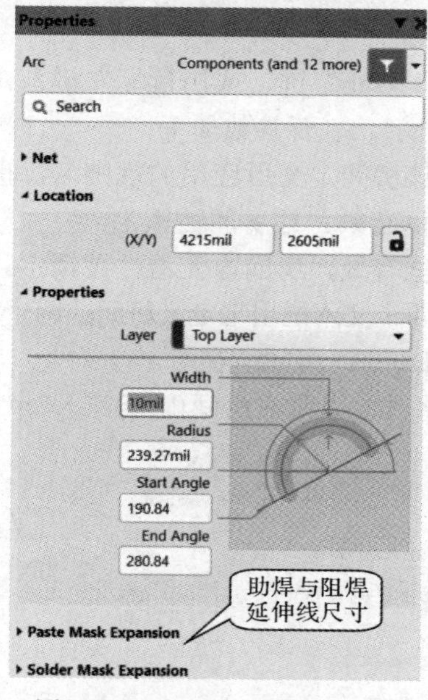

图 8-49　圆弧属性设置对话框

8.2.11　房间的放置

房间(Room)是可以帮助我们布局的长方形区域。我们可以将电路板所属的元器件按具体元器件、元器件类和封装，分门别类地归属于不同的房间并对它们的相对位置进行排列，然后在电路板上将这些房间放置好。当移动房间时，房间内的这些元器件也随之移动，并保证房间内元器件的相对位置不变。

1. 放置房间的操作步骤

(1) 执行菜单命令“设计”→“Room”，弹出下拉菜单，如图 8-50 所示，选择“放置矩形 Room”。

图 8-50　Room 对话框

(2) 光标变成十字形，单击鼠标左键，确定房间的顶点，再移动光标到房间的对角顶点，单击鼠标左键就放置了一个房间，房间的名称默认为“RoomDefinition_1”。

(3) 此时，可继续放置房间，则房间序号会自动增加，或单击鼠标右键，结束命令状态。

2. 设置房间的属性

在放置房间的过程中按下“Tab”键，或用鼠标左键双击放置好的房间，将弹出房间属性设置对话框，如图 8-51 所示，主要参数如下：

(1) 名称：用户可以设置该房间定义所应用的规则名，也可以自定义名称。

(2) Room 锁定：该复选框有效，该房间被锁定。

(3) 元器件锁定：该复选框有效，房间内元器件被锁定。

(4) X1、Y1、X2、Y2：这四个文本框用来定义房间的两个对顶点坐标，以确定房间大小。

(5) Top Layer 或 Bottom Layer：房间所在层。

(6) Keep Objects Inside(将对象限制在房间内部)或 Keep Objects Outside(将对象限制在房间外部)：适用条件。

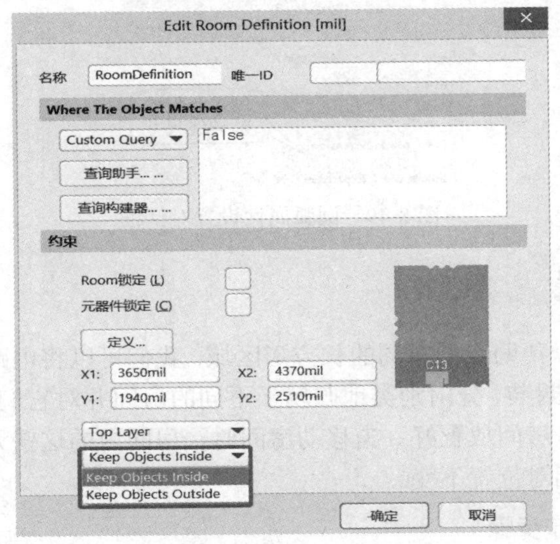

图 8-51　房间属性设置对话框

8.3　实战演练——全手工绘制 PCB 板

对于简单电路的印制电路板图的绘制，用户完全可以跳过绘制原理图阶段而直接进入手工绘制。PCB 板绘制之前首先要根据电路复杂程度决定采用板层的多少，一般简单电路采用单层板，复杂电路做成双层板或多层板。下面以图形 8-1 为例绘制单层电路板，单层板所需加载的板层及各层功能如图 8-52 所示。这也是一个电路板必须加载的板层。

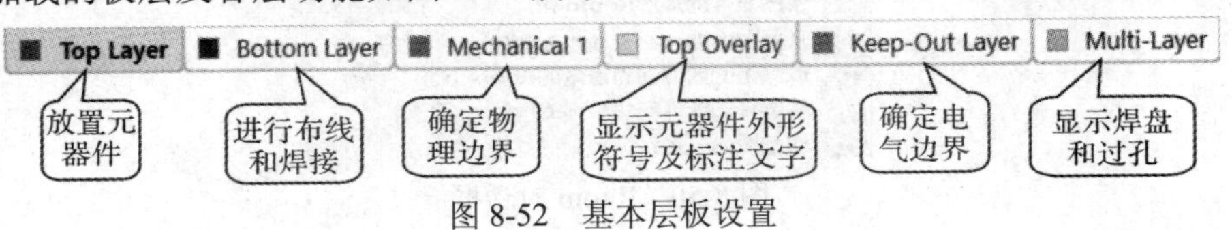

图 8-52　基本层板设置

8.3.1　项目文件的建立

(1) 执行主菜单命令“文件”→“新的...”→“项目”，新建工程项目，并命名为“整流稳压电路.PrjPcb”。

(2) 在工程项目 整流稳压电路.PrjPcb 中，添加 PCB 文件。

方法一：在“Projects”面板，鼠标右键单击 整流稳压电路.PrjPcb 图标，在弹出的菜单中选择“添加新的...到工程”→ PCB。

方法二：使用菜单命令“文件”→“新的...”→“PCB”。

(3) 右键单击 PCB1.PcbDc 图标，在弹出的菜单中选择“保存”，弹出保存对话框，设置保存路径，并将文件名改为“整流稳压电路.PcbDoc”。

(4) 打开 PCB 编辑界面，设置板层，如图 8-52 所示。

(5) 加载元器件库。本电路比较简单，选择两个元器件库 Miscellaneous Devices.IntLib、ST Power Mgt Voltage Regulator.IntLib(Protel 99 SE 导入库)。

8.3.2　PCB 板大小的设置

根据电路复杂程度和元器件体积大小设置电路板的形状和大小。

机械层可以设置电路板物理大小；禁止布线区内可以放置元器件和导线。手工布局和布线时可以不画禁止布线区，直接在机械层绘制电路板的大小和形状。自动布局和布线时可以将电路板的电气边界和物理边界规划成同一边界，并在禁止布线层绘制边界线。

(1) 单击 PCB 编辑区下面工作层栏中的 ■ Mechanical 1 标签，设为当前层。

(2) 选择菜单命令“编辑”→“原点”→ ，将光标移到设计区域的合适位置，单击鼠标左键，设置相对坐标原点(X 为 0 mil，Y 为 0 mil)。

(3) 设置栅格尺寸。参考 7.5.3 节，设置栅格尺寸为 100 mil。

(4) 在窗口工具栏中选择 按钮，移动鼠标，在编辑区内从相对坐标原点出发绘制一个封闭的矩形区域，绘制线条宽度设置为 10 mil，矩形区域长度为 3000 mil，宽度为 1300 mil。

8.3.3　元器件对象的放置及手工布局

根据图 8-1 所示的原理图和表 8-1 所列元器件清单放置元器件封装。

(1) 切换工作层。单击工作层栏中的 ■ [1] Top Layer 标签，将顶层切换到当前工作层。

(2) 放置元器件封装。采用 8.1.3 节元器件封装的放置及属性设置方法，参照表 8-1 放置图 8-1 中的元器件封装。

(3) 手工布局。虽然将元器件放置到电路板上，但元器件的位置未必合理，元器件的排列未必整齐美观，所以有必要对某些元器件的位置进行调整，以方便走线，主要操作包括对元器件的排列、移动和旋转等操作。

(4) 元器件的选取。

方法一：鼠标左键单击元器件即被激活。

方法二：框选，即画框选取元器件。移动鼠标指针到所要选取元器件的左上角，单击鼠标左键并拖动到元器件的右下角，矩形框内部的元器件即处于选中状态。

方法三：使用菜单命令选取元器件，执行菜单命令“编辑”→“选中”，弹出相应选中子菜单，如图 8-53 所示，根据需要进行选择。

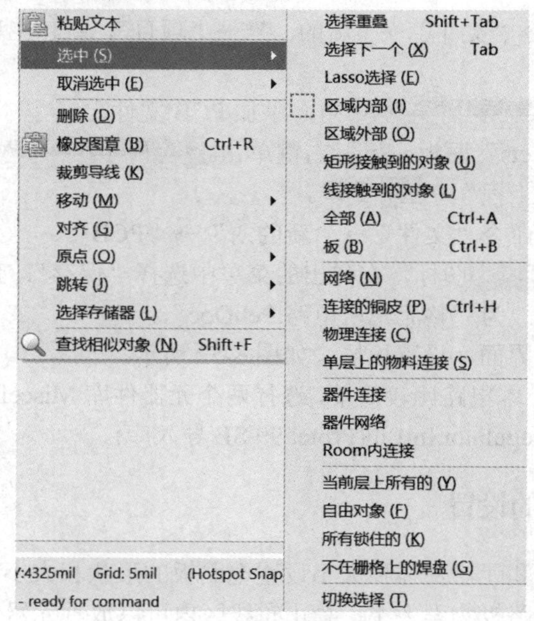

图 8-53　选择菜单

方法四：单击窗口工具栏中的□图标，或右键单击□图标，也会弹出类似图 8-53 所示的选择菜单。

注意：取消选取可单击主工具栏上的按钮或在设计区域空白处单击鼠标左键即可。

(5) 元器件的移动。

元器件移动有两种形式：一种是在移动的过程中，忽略元器件的原有电气连接，只移动该元器件，称为搬动；另外一种是在移动过程中，保持原有的电气连接，称为拖动，移动一个元器件时，与该元器件焊盘相连的铜膜线也会跟着被拖动。

方法一：直接用鼠标搬移元器件。鼠标指针指向元器件，按住左键并保持，移动鼠标，元器件会跟着移动。

方法二：执行菜单命令“编辑”→“移动”，弹出下拉菜单进行选择，如图 8-54(a)所示。

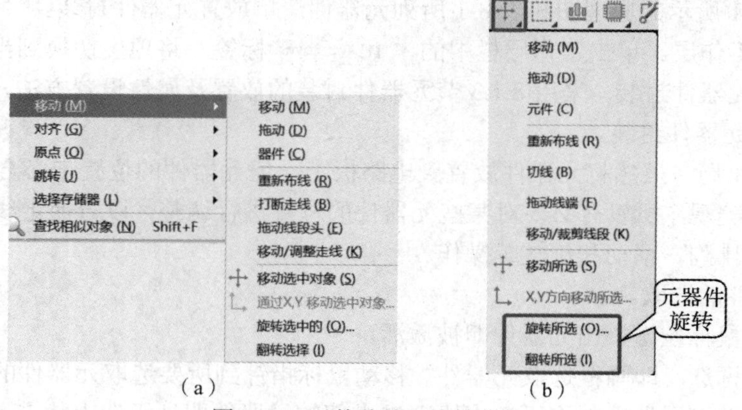

图 8-54　元件移动、旋转菜单

方法三：右键单击窗口工具栏中的图标，也能弹出移动菜单选项，如图 8-54(b)所示，可以根据需要选择移动方式。

(6) 元器件的旋转。

方法一：右键单击窗口工具栏中的图标，弹出如图 8-54(b)所示菜单，对元器件进行旋转。元器件选中后，单击“翻转所选”命令完成 180° 翻转；若选择“旋转所选”命令，弹出如图 8-55 所示旋转角度设置对话框，输入需要旋转的角度。

方法二：先选中需要旋转的元器件，按住鼠标左键并保持，此时鼠标指针变为十字形。按空格键可以完成 90° 旋转；按“X”键可以完成左右翻转；按“Y”键可以完成上下翻转。

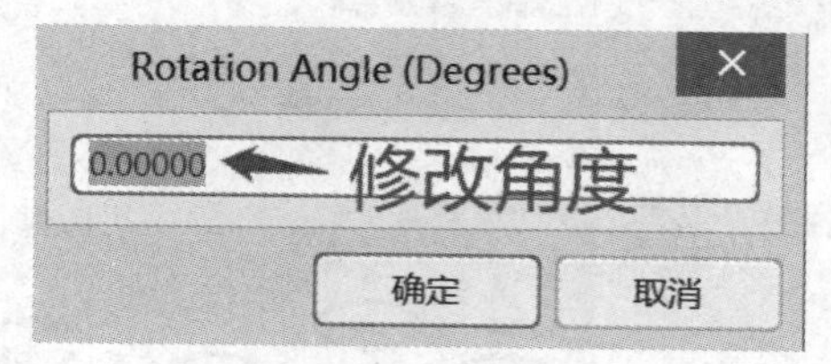

图 8-55　旋转角度设置对话框

(7) 元器件的删除与恢复。

方法一：先选取元器件，选择键盘上的 Delete 键，完成删除。

方法二：执行菜单命令“编辑”→“删除”，鼠标变为十字形，单击某个元器件，该元器件即被删除。

方法三：依次单击快捷键“E”“D”，也能执行删除命令。单击右键可结束命令。

注意：元器件的恢复可以使用“编辑”→“Undo”或单击主工具栏上的图标完成。

(8) 放置焊盘。

对于一些在电路中有表示，但是并未出现的部分，如图 8-56 中的 9 V 交流输入和 5 V 直流输出并没有实际电源，就可以用焊盘和标示性文字来表示。在多层放置 4 个焊盘，并调整焊盘位置。

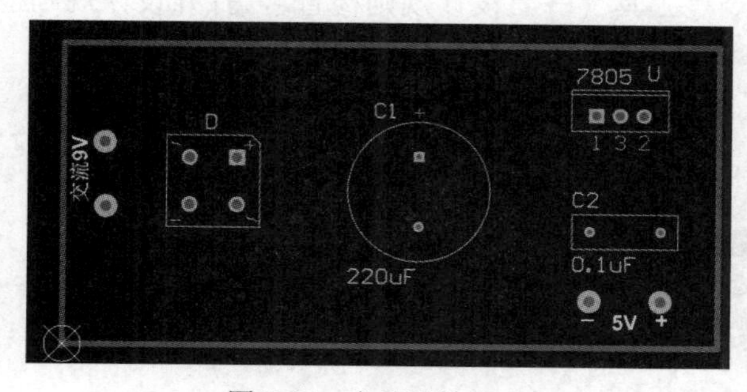

图 8-56　布局后的 PCB

(9) 放置文字。

在顶部层丝印层上用放置字符串的方法，在相应的焊盘处放置交流 9 V、5 V、+、– 等文字标注。

经过上面的操作，元器件布局如图 8-56 所示。

注意：元器件及其标注、文字标注在调整过程中可以随时通过设置栅格的尺寸来进行微调。

8.3.4　手工布线

1. 手工布线前的准备工作

布线前要先设置布线规则和在线设计规则检查。所谓在线设计规则检查，指用户在进行布线过程中，系统实时检查有关的设计规则。其具体操作如下：

(1) 执行菜单命令“设计”→“规则”，打开 PCB 规则及约束编辑器对话框，如图 8-57 所示。这里选择线宽 Width 设置。

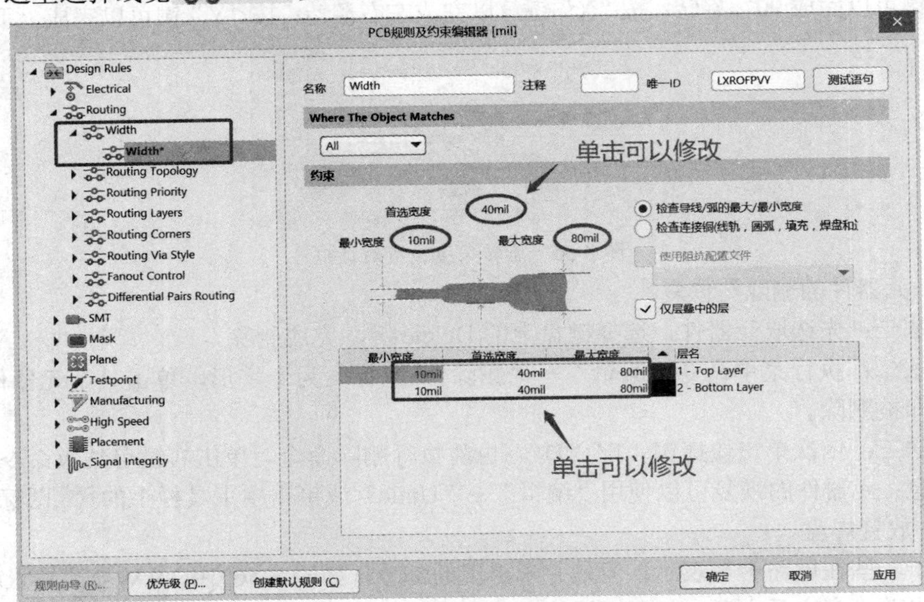

图 8-57　PCB 规则及约束编辑器对话框

(2) 执行菜单命令“工具”→“设计规则检查”，打开设计规则检查器对话框，如图 8-58 所示。

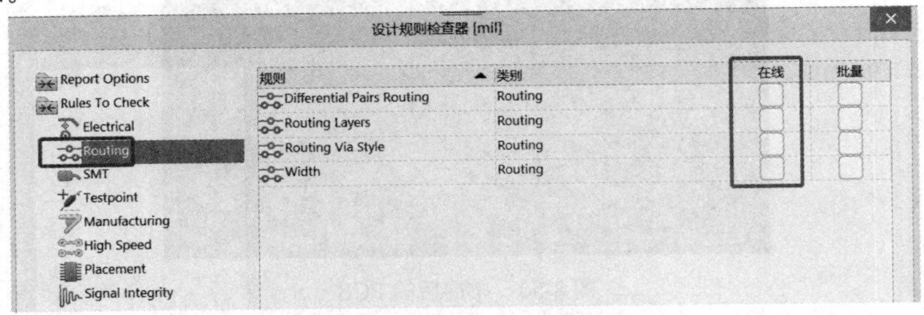

图 8-58　设计规则检查器对话框

一般可以采用默认参数，也可以根据实际电路需要进行修改，参数设置完成后单击 确定 按钮。手工布线时可取消设计规则检查器的在线复选框。

2. 选择布线层进行布线

(1) 切换布线工作层。单击工作层选择栏中的 ■ Bottom Layer 标签，设置底层为当前层。

(2) 布线。用鼠标单击布线工具栏中的按钮，或者执行菜单命令“放置”→“走线”。

光标变为十字形，移动鼠标到某个元器件焊盘上，当出现圆圈时，单击鼠标左键，确定导线的起点，继续移动鼠标到需要连接的元器件焊盘上，当出现圆圈时，再单击鼠标左键，两个焊盘就连接在了一起，如图 8-59 所示。单击鼠标右键完成一条导线布线。依次按照原理图的连接关系，完成各封装元器件之间的对应连接。

图 8-59　导线连接

注意：一定要观察在焊盘上是否出现了圆圈。若出现了圆圈，则说明导线端点和焊盘中心重合，捕捉到了电气热点，此时单击左键才能保证导线端点与焊盘相连。在连线过程中，可以用“Shift”+“空格键”来切换导线的走线模式，或使用空格键来切换导线的方向。完成布线的 PCB 如图 8-60 所示。

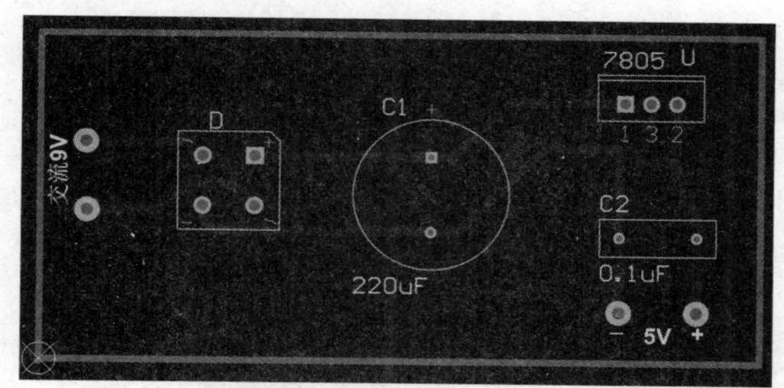

图 8-60　完成布线的 PCB

3. 电源和接地线加宽

为了提高抗干扰能力，增加系统的可靠性，往往需要将电源线、接地线和一些通过电流较大的导线加宽。其操作步骤如下：

(1) 鼠标左键双击需加宽的电源线，弹出如图 8-19 所示的导线属性对话框。

(2) 在对话框中的 Width 文本框中输入导线的宽度值即可，如将线宽从 30 mil 变为 50 mil。加宽之后的效果如图 8-61 所示。其他导线的加宽操作步骤与此相同。

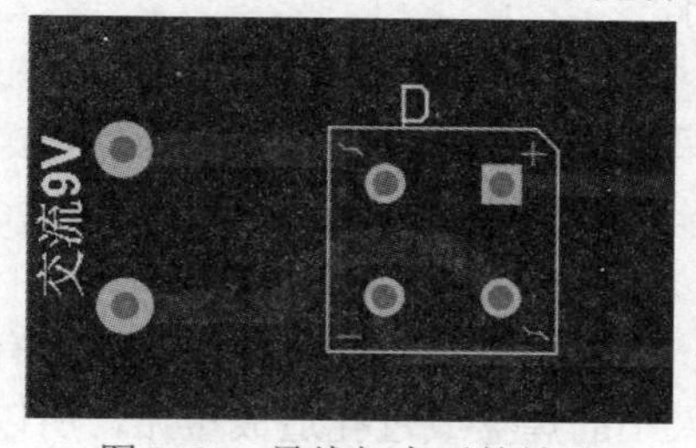

图 8-61　导线加宽后的效果

注意：这里设置的导线宽度值不能超过图 8-57 所设置的最大宽度，否则会出现错误。

因为导线是由许多线段组成的，采用这种方法来加宽导线，操作起来比较烦琐。在放置导线的过程中，按下“Tab”键，直接在弹出的属性设置对话框中设置导线的宽度，这样操作更方便。

4．调整元器件的标注

布线完成后，可能有的导线与元器件标注之间的位置不合适，仍须对标注进行调整。调整的方法与调整元器件的方法相同，不再赘述。

8.3.5　补泪滴

为了增强电路板上的铜膜导线与焊盘(或过孔)连接的牢固性，避免因钻孔而导致断线；信号传输时平滑阻抗，减少阻抗的急剧跳变等因素，需要将导线与焊盘(或过孔)连接处的导线宽度逐渐加宽，形状就像一颗泪滴，所以这样的操作称为补泪滴。

下面将 PCB 图中两个直流输出焊盘改为泪滴焊盘，具体的操作步骤如下：

(1) 使用选取命令，选取这两个焊盘。

(2) 执行菜单命令“工具”→“泪滴”，弹出泪滴属性设置对话框，如图 8-62 所示，主要设置参数如下：

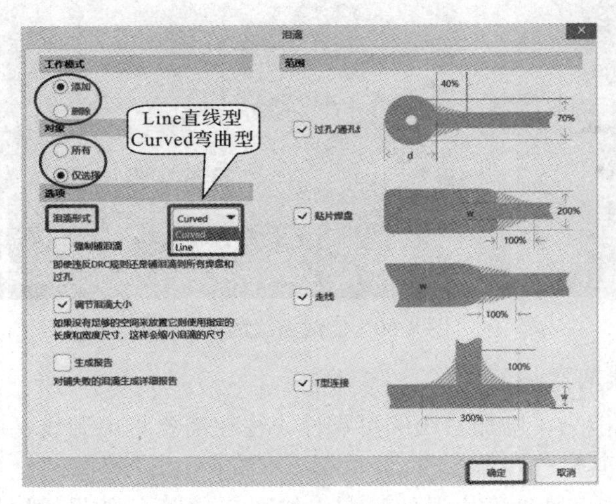

图 8-62　泪滴属性设置对话框

① “工作模式”选项区域：单击“添加”单选按钮，进行补泪滴操作；单击“删除”单选按钮，进行删除泪滴操作。

② “对象”区域：单击“所有”单选按钮，对符合条件的所有对象进行补泪滴操作；单击“仅选择”单选按钮，只对选取的对象进行补泪滴操作。

③ “选项”区域(泪滴形式)：选择 Curved，用圆弧导线进行补泪滴操作；选择 Line，用直线进行补泪滴操作。

强制补泪滴：该项有效，将强制进行补泪滴操作。这样有可能导致在 DRC 检查时出现错误，有可能对安全距离太小的焊盘或过孔造成短路，所以一般不选。

调节泪滴大小：该项有效，进行添加泪滴操作时，能根据对象间的间距大小自动调节泪滴大小。

生成报告：该项有效，把补泪滴操作数据存成一份“.Rep”报表文件，并显示在工作窗口。

④ 范围区域：可以选择补泪滴的对象范围。

(3) 因为仅对选中的焊盘进行补泪滴操作，按照图 8-62 对话框中的设置，单击【确定】按钮退出设置。补泪滴前后的效果如图 8-63 所示。

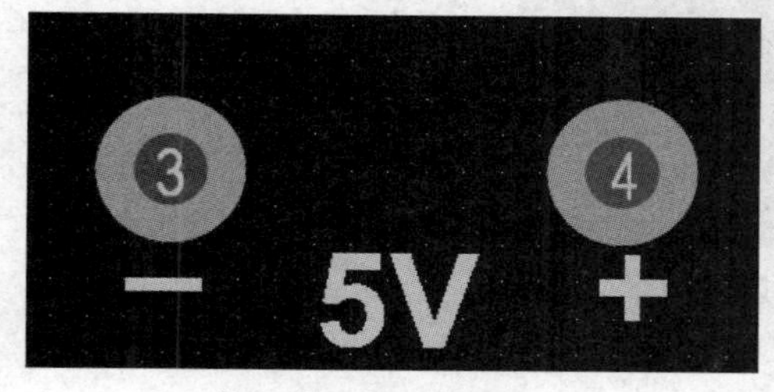

(a) 补泪滴操作前的效果

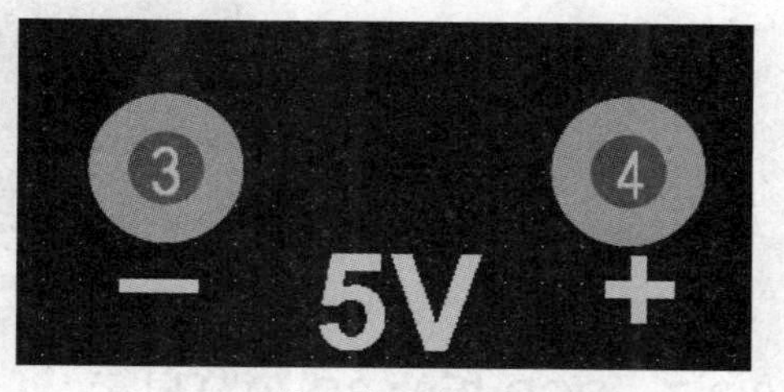

(b) 补泪滴操作后的效果

图 8-63　补泪滴操作

电路板对全部焊盘进行添加泪滴以及布线和调整操作后，该电路的印制电路板图的手工布局和布线结束，其效果如图 8-64 所示。

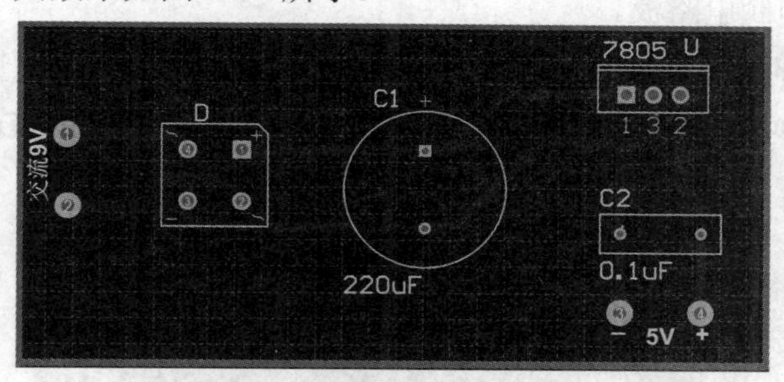

图 8-64　布线效果图

8.3.6　屏蔽导线的放置

屏蔽导线是为了防止相互干扰而将某些导线用接地线包住，故又称包地。一般来说，容易干扰其他线路的导线，或容易受其他线路干扰的导线需要屏蔽起来。下面主要介绍屏蔽导线的操作方法。

(1) 执行菜单“编辑”→“选中”→“连接的铜皮”命令，如图 8-53 所示。将光标指向所要屏蔽的连接导线，单击鼠标左键选取，如图 8-65 所示。

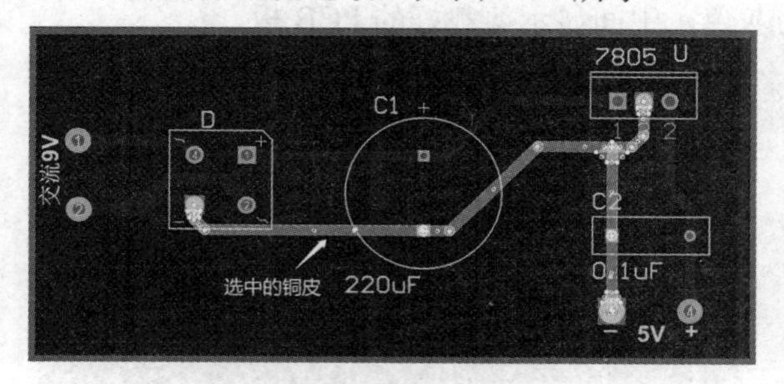

图 8-65　选取“连接的铜皮”

(2) 单击鼠标右键结束选取命令。再执行“工具”→“描画选择对象的外形”命令，则该连接的导线周围就放置了屏蔽导线，最后取消选取状态，恢复原来的导线，如图 8-66 所示。当不需要屏蔽导线时，单击删除即可。

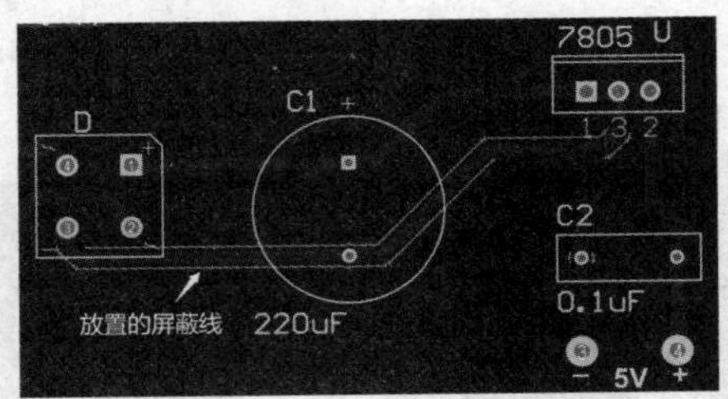

图 8-66　屏蔽导线的形状

8.3.7　PCB 板的 3D 预览显示

Altium Designer 19 系统提供了强大的 3D 预览功能。在放置元件时，在元件属性对话框中可以看到元件的 3D 显示效果。在完成电路板绘制时，用户可以很方便地看到绘制中和加工成型之后的印制电路板。

1. 绘制过程中的 3D 显示

在绘制 PCB 板的过程中，可以利用数字键“2”“3”，在 2D 和 3D 之间切换。2D 显示效果如图 8-66 所示，3D 显示效果如图 8-67 所示。

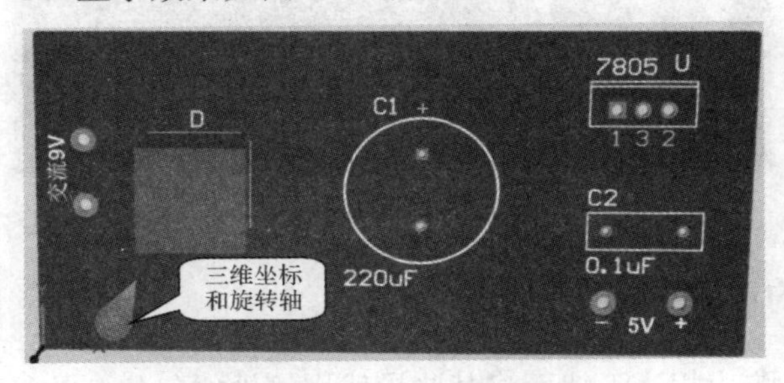

图 8-67　3D 显示效果

2. 板子裁剪后的 3D 显示

(1) 裁剪板子。首先选取整个电路板(包括机械层边框)，然后执行菜单命令“设计”→“板子形状”，最后选择“按照选择对象定义”命令，此时板子剪裁效果如图 8-68 所示，板子周围黑底色变为灰色，中间显示剪裁好的 PCB 板。

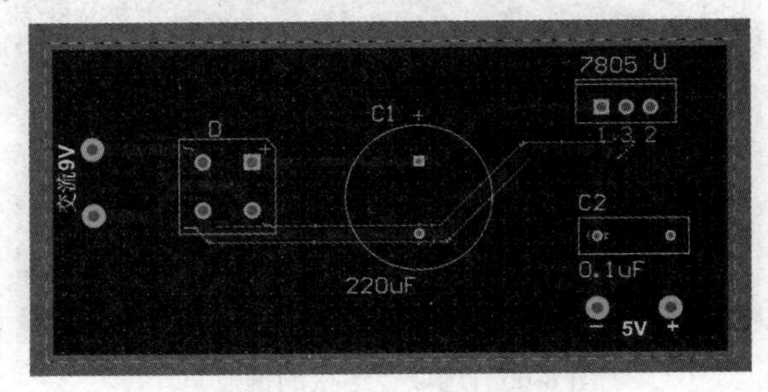

图 8-68　裁剪后的板子外形(注意看边框四周变化)

(2) 执行菜单命令“视图”，弹出如图 8-69 所示的下拉菜单，可以选择板子的三种模式或快捷键。选择“切换到 3 维模式”或直接按数字键“3”，即将图 8-68 切换到 3D 显示模式，如图 8-70 所示。裁剪后的 3D 显示可以显示元器件之间的连线。

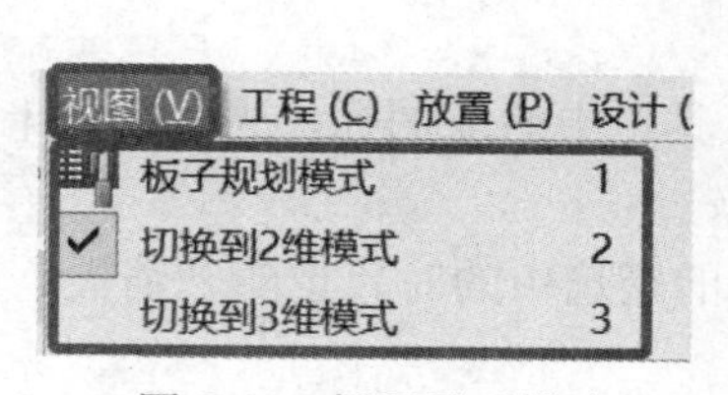

图 8-69　板子显示模式

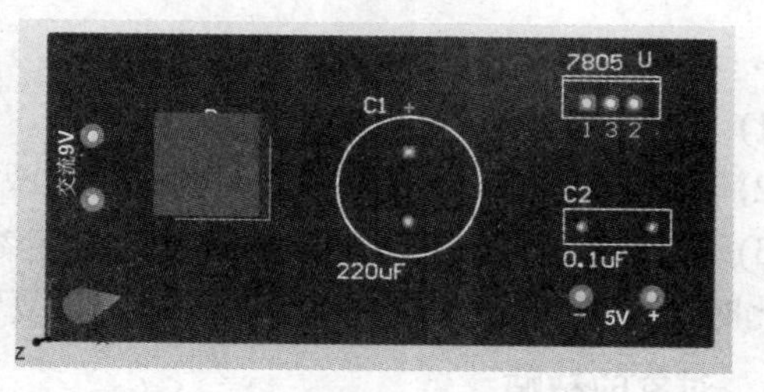

图 8-70　整流稳压电路 3D 显示效果

注意：在 3D 显示过程中，按住“Shift”键，在 3D 图形上出现一个圆球形的旋转坐标，如图 8-71 所示；按住鼠标右键，鼠标变成小手，拖动就可以旋转各种角度来观察 3D 效果图。图 8-71 是 PCB 板正面显示效果，图 8-72 是 PCB 板反面显示效果。

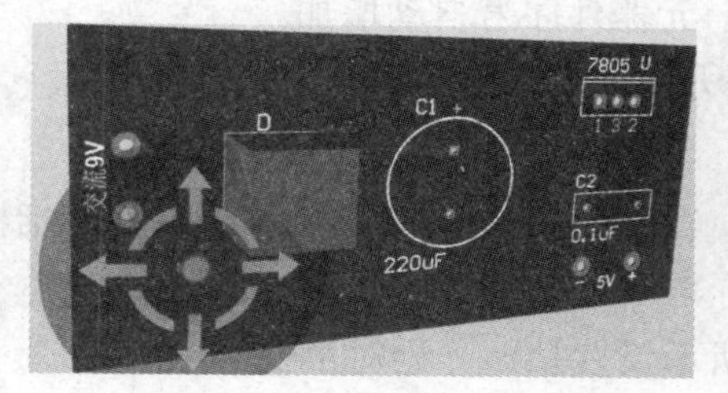

图 8-71　整流稳压电路 3D 显示效果(正面)

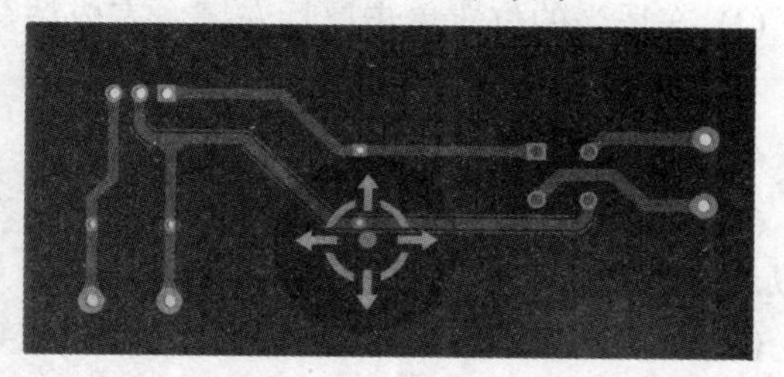

图 8-72　整流稳压电路 3D 显示效果(反面)

3. 对 PCB 的 3D 视图的其他操作

使用主工具栏的放大按钮或按下“Pg Up”键，可放大 3D 视图；使用主工具栏的缩小按钮或按下“Pg Dn”键，可缩小 3D 视图；按下“End”键，可刷新屏幕显示；在工作窗口按住鼠标右键，光标变成手形，可在屏幕上任意移动 3D 视图，以观察不同的部位。

4. 打印 3D 视图

执行菜单命令“文件”→“打印”，或单击 PCB 标准工具栏中的按钮，可把 3D 视图打印输出。

8.3.8　手工操作的其他技巧——阵列式粘贴

在手工绘制较复杂的 PCB 图时，对于重复性放置导线、焊盘和重复性的元器件，需要重复多次放置，占用时间较长，如果采用阵列式粘贴，就可以一次完成重复性操作，大大提高绘图的效率。

Altium Designer 19 提供了自己的剪贴板，对象的拷贝、剪切、粘贴都是在其内部的剪贴板上进行的。其具体操作步骤如下：

1. 对象的复制

(1) 选中要复制的对象。

(2) 执行菜单命令“编辑”→“复制”，或单击工具栏中的图标，光标变成十字形。

(3) 在选中的对象上单击鼠标左键，确定参考点(参考点的作用是在进行粘贴时以参考点为基准)。

此时选中的内容被复制到剪贴板上。

2．对象的剪切

(1) 选中要剪切的对象。

(2) 执行菜单命令“编辑”→“剪切”，或单击工具栏中的图标，光标变成十字形。

(3) 在选中的对象上单击鼠标左键，确定参考点。

此时选中的内容被复制到剪贴板上，与复制不同的是选中的对象也随之消失。

3．对象的粘贴

接复制或剪切操作。

(1) 单击主工具栏上的图标，或执行菜单命令“编辑”→“粘贴”，光标变成十字形，且被粘贴的对象处于浮动状态粘在光标上。

(2) 在适当的位置单击鼠标左键，完成粘贴。元器件序号自动增加。

这种粘贴方法一次只能粘贴一个对象，并且所粘贴的对象与原对象完全一样。

4．阵列式粘贴

(1) 执行菜单命令“编辑”→“特殊粘贴”，弹出如图 8-73 所示选择性粘贴对话框，可以选择粘贴属性。

(2) 单击图中**粘贴阵列...**按钮，弹出如图 8-74 所示设置粘贴阵列对话框。

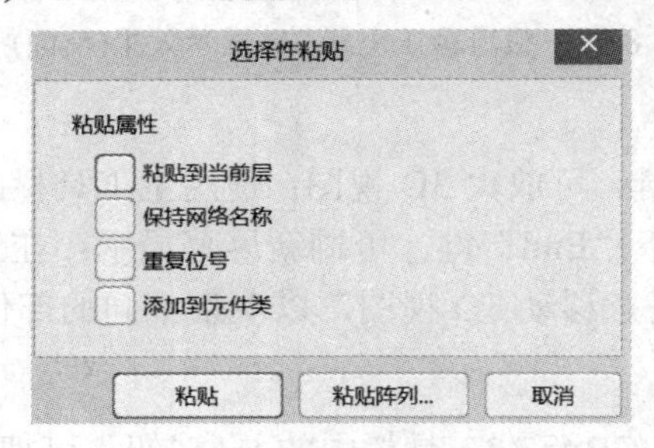

图 8-73　选择性粘贴对话框

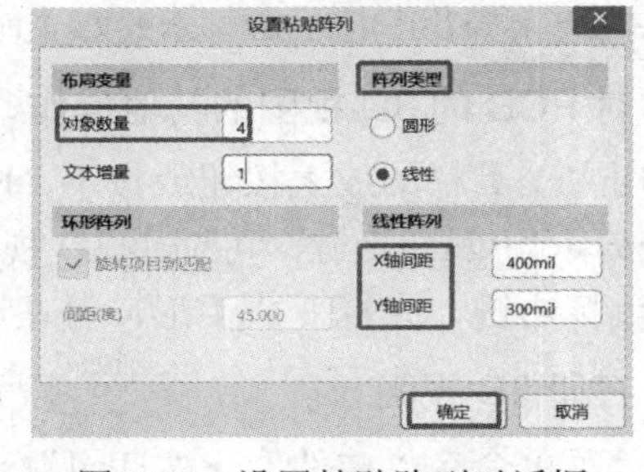

图 8-74　设置粘贴阵列对话框

(3) 设置粘贴的方式：在“布局变量”区域设置复制对象数量以及文本增量，在“阵列类型”区域设置粘贴的方式(圆形或线性)。

① 圆形阵列：在粘贴的位置点击鼠标左键，确定阵列的圆心，移动鼠标确定阵列圆的半径，粘贴效果如图 8-75 所示。

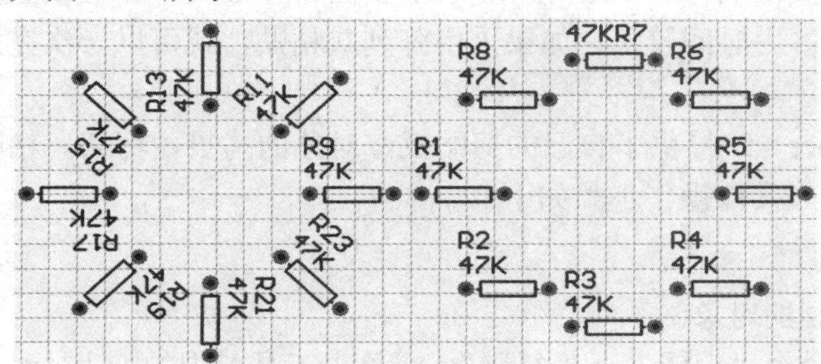

图 8-75　圆形阵列粘贴效果

② 线性阵列：选择“线性”，在线性阵列区域，设置X、Y轴方向的间距。在粘贴的位置点击鼠标左键确定粘贴起点，粘贴效果如图8-76所示。

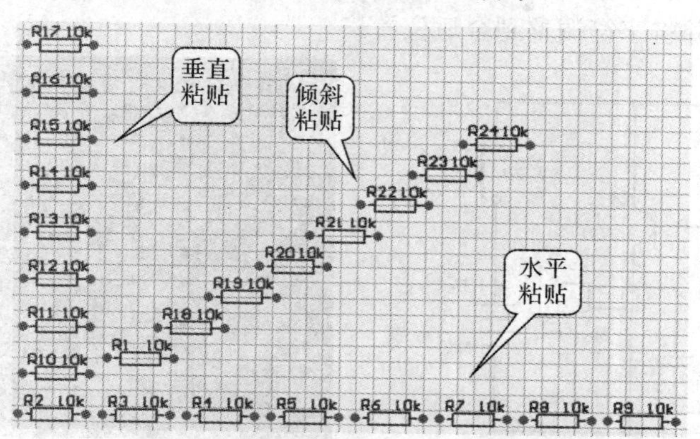

图8-76　线性阵列粘贴效果

上面我们介绍了使用纯手工的方式绘制单层PCB板，包括手工放置各种对象实体、手工布局和手工连接导线，如果是双层PCB板可以在底层和顶层放置元件。一般小型的少数元件放置在底层；布线可以在顶层和底层完成，上下层导线连接可以通过元器件或过孔完成。但是这种方法只适合简单的电路，对于较复杂的电路，绘制中很容易出错又不容易发现，此时可用自动布局与自动布线功能来完成。

本章小结

本章主要介绍元器件封装的概念，元器件封装的放置，以及各种实体的放置和属性的编辑方法，元器件封装库的基本操作、板层的设置，以一个简单的实例介绍手工绘制PCB板的过程及PCB板的3D显示等内容。

思考与上机练习

1. 在PCB文件中，放置电阻、电容、二极管、三极管、集成电路等元器件，并设置它们的属性。

2. 放置焊盘，在放置时，注意焊盘编号的变化并设置焊盘的形状等属性。

3. 放置过孔，仔细观察焊盘与过孔的区别，注意焊盘与过孔所在的层有何不同？

4. 导线的放置与属性的编辑。

(1) 放置导线后，在导线属性对话框中修改导线的宽度和所在的层，看一看有何变化？

(2) 练习对一条已放置的导线进行移动和拆分的操作。

(3) 练习将一条导线放置在顶层和底层的操作，注意添加的过孔和导线颜色的变化。

5. 定义一块宽为100 mm，长为200 mm的单面电路板。要求在禁止布线层和机械层画出电路板板框，在机械层标注尺寸。

6. 根据图8-77(a)所示的门铃电路电气原理图，手工绘制一块单层电路板图。电路板长 1450 mil，宽为 1140 mil，加载 Miscellaneous Devices.IntLib 元器件封装库。参照图 8-77(b)进行布局。布局后在底层进行手工布线，布线宽度为 20 mil。布线结束后，对全部焊盘进行补泪滴，并将字符调整到合适位置。

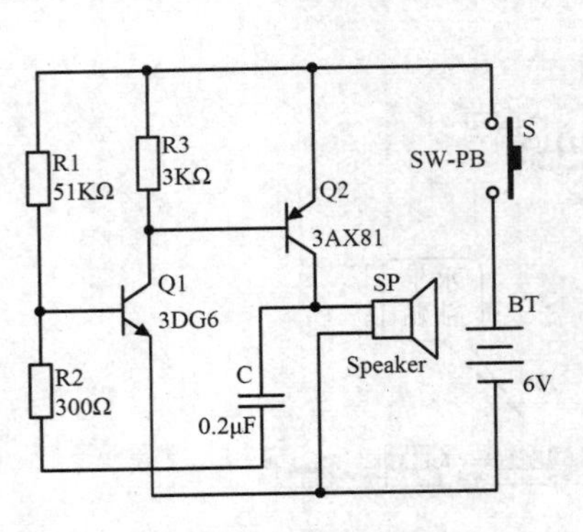

(a) 电气原理图

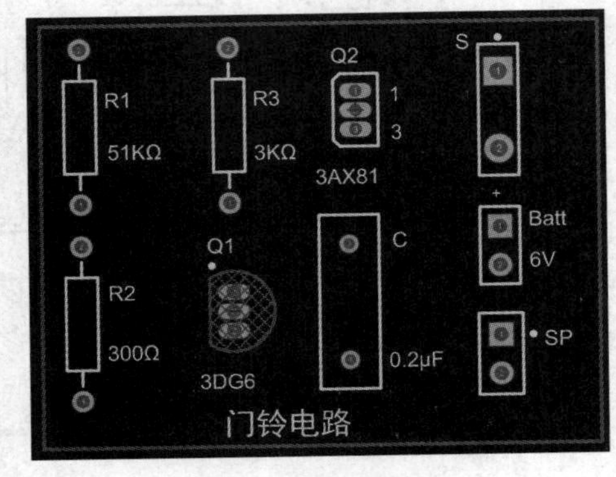

(b) 参考布局图

图 8-77　门铃电路的电气原理图与参考布局图

第 9 章　PCB 板的自动布局与自动布线

内容提要

本章主要介绍 PCB 板的自动布局和自动布线的规则设置，包括 PCB 板的自动布线流程，电路原理图的绘制、网络表的生成，印制电路板的规划，原理图网络表的加载，自动布局及手工布局调整，自动布线的规则设置，自动布线的策略设置，PCB 板的自动布线及 3D 显示等内容。

第 8 章我们介绍了使用纯手工的方式绘制单层 PCB 板的方法，熟悉了电路板的手工布局和手工布线的各种基本操作。但是这种方法只适合简单电路的绘制，而对于比较复杂的电路，手工布线费时费力，易产生差错。根据电路原理图生成网络表，进行电路板的自动布局和自动布线是绘制复杂 PCB 板的途径。下面以图 9-1 所示的过压监视电路为例，介绍 PCB 板的自动布局与自动布线操作，完成双层 PCB 板的绘制。

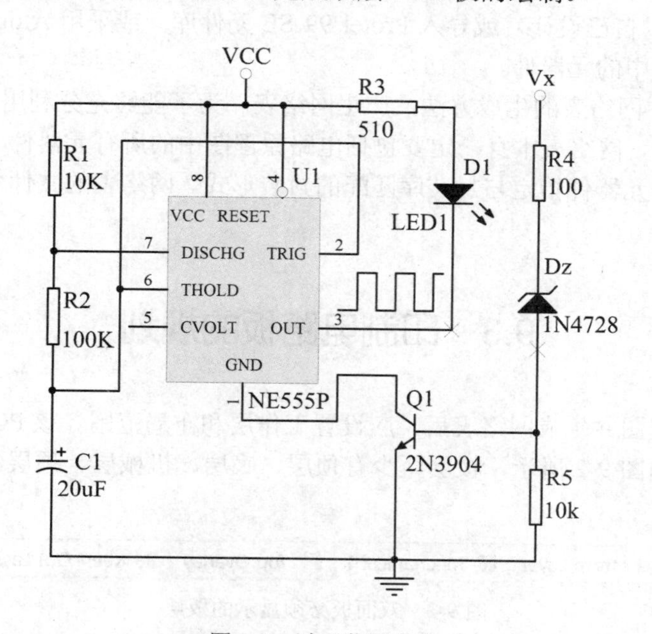

图 9-1　过压监视电路

9.1　PCB 板的自动布线流程

PCB 板的自动布线，就是通过计算机自动将原理图中元器件间的逻辑连接转换为 PCB 铜箔连接。PCB 板的自动化设计实际上是一种半自动化的设计过程，还需要人工的干预才能设计出合格的 PCB 板。

PCB 板自动布线的流程如下：

(1) 绘制电路原理图，生成网络表。
(2) 在 PCB 板中，规划印制电路板。
(3) 加载原理图网络表。
(4) 自动布局规则设置。
(5) 自动布局及手工布局调整。
(6) 自动布线规则设置。
(7) 自动布线。
(8) 手工布线调整及标注文字调整。
(9) 采用打印机或绘图仪输出电路板图。

9.2　电路原理图的绘制及网络表的生成

根据第 2 章“电路原理图设计”，绘制图 9-1 所示的过压监视电路原理图。

注意： 绘制的原理图中所有元器件属性中均应包括元器件封装形式。对于图中的 NE555P，用户可以自己设计，或导入 Protel 99 SE 元件库，或采用 Altium Designer 19 之前的老版本元件库中的元器件。

按照第 6 章中网络表的生成方法，产生网络表。为了能够充分利用 PCB 设计器的自动布局和布线功能，网络表本身一定要包括电路原理图中的所有元器件，而且在进行属性设置时必须为每个元器件指定与封装库匹配的封装形式。网络表的文件名为“过压监视电路.NET”。

9.3　印制电路板的规划

绘制电路原理图并生成网络表后，应设置工作层和布局范围。该 PCB 板采用双面板，需要加载的板层如图 9-2 所示，板层至少有顶层、底层、机械层、顶层丝印层、禁止布线层和多层。

Top Layer	Bottom Layer	Mechanical 1	Top Overlay	Keep-Out Layer	Multi-Layer

图 9-2　双面板必须显示的板层

元件布局范围属于 PCB 大小，在机械层绘制物理边界，在禁止布线层设置电气边界。

设置相对坐标原点，在禁止布线层绘制一个 2400 mil×1680 mil 的矩形框，在机械层绘制物理边界 2500 mil × 1780 mil。

9.4　原理图网络表的加载

网络表是连接原理图和 PCB 板的桥梁。在 PCB 编辑器中加载 PCB 元器件封装库后，就可以执行装入网络表的操作。装入网络表，实际上就是将原理图中元器件对应的封装和各个元器件之间的连接关系装入 PCB 设计系统中，用来实现电路板中元器件的自动放置、自动布局和自动布线。系统提供了两种网络表的装入方法：一种是在 PCB 编辑器中导入工程项目装入网络表文件，另一种是在原理图中直接更新 PCB 文件。

9.4.1　导入工程项目装入网络表文件

首先在原理图文件所在的项目中添加一个 PCB 文件，保证两个文件处于同一个项目中，如在“过压监视电路.PrjPcb”的工程项目中。保存原理图文件和 PCB 文件的名称为“过压监视电路.SchDoc”和“过压监视电路.PcbDoc”，再切换到 PCB 工作界面。

(1) 选择主菜单“设计”→“Import Change From 过压监视电路.PrjPcb”，打开工程变更指令对话框，如图 9-3 所示。该对话框中包括原理图中所有元器件和网络的名称、数量等内容。在左下方“警告”区查看是否出现未连接、无封装等问题。

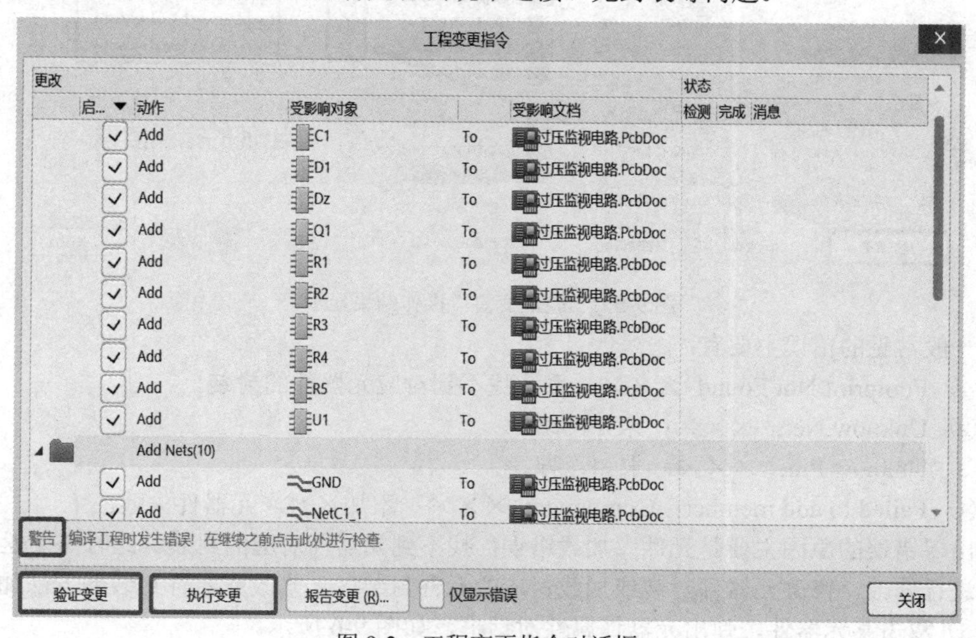

图 9-3　工程变更指令对话框

(2) 如“警告”区显示“编译工程时发生错误！”，则单击“警告”右侧的“在继续之前点击此处进行检查”，弹出如图 9-4 所示的编译信息对话框。查看错误情况，并进行修改。有些错误不是致命错误，可以放置“No ERC”标志，忽略检查。

注意：致命错误必须修改。

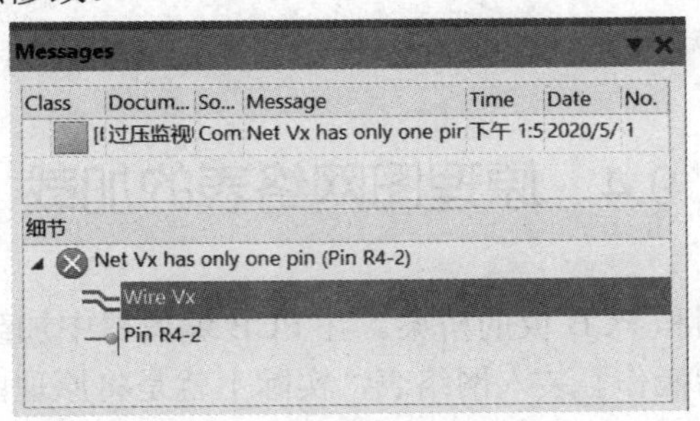

图 9-4　编译信息对话框

(3) 修改完成后，单击图 9-3 中的 验证变更 按钮，显示如图 9-5 所示的工程变更指令对话框。在该对话框的状态区域“检测”栏中将会显示检查结果，有✔标记的，表明对网络表和元器件封装的检查是正确的；若出现✖标记，表明检查有错误存在。查看状态区域“消息”栏显示的错误原因，进行修改。

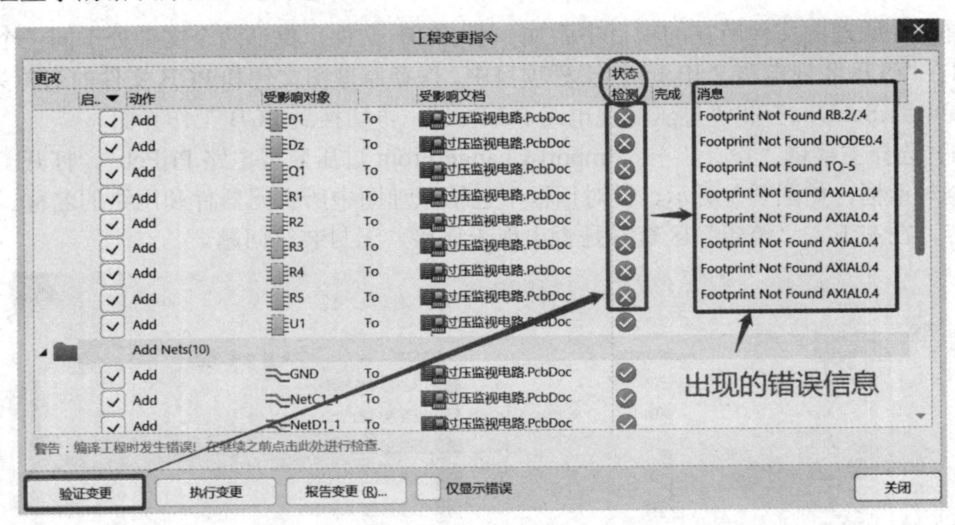

图 9-5　“验证变更”操作结果显示

一般常见的错误主要有：

① Footprint Not Found ×××：系统找不到对应元器件的封装。

② Unknow Net：×××：未知网络。

③ Unknow Pin：×××：未知管脚。

④ Failed to add member：Component ×××：添加×××元器件失败。

出现错误的原因主要是元件库加载错误，找不到元器件对应的封装。此时需要返回原理图进行修改，修改元器件封装或加载对应的元件封装库。修改元器件封装的方法如下：

① 双击某元器件，弹出元器件属性对话框，如图 9-6 所示。

② 在 Footprint 区域中心单击，预览元器件封装。如果元件库里有对应的元器件封装，则显示元器件封装的外形；如果元器件库里没有对应的元器件封装，则显示“Footprint is missing”。此时就必须添加元器件封装了。

③ 单击【Add】按钮，弹出 PCB 模型对话框，如图 9-7 所示。

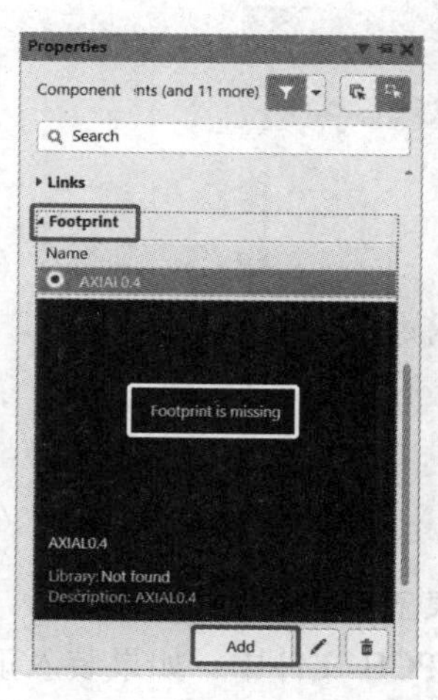

图 9-6 元器件属性对话框

图 9-7 PCB 模型对话框

④ 在“名称”右侧输入元器件封装名称，如果元件库里有对应的封装，其外形即可显示在下面的“选择的封装”区域，并说明此封装所在的元件库路径及名称。

⑤ 如果元件库里没有对应的封装，可单击 浏览 (B)... 按钮，弹出浏览库对话框，如图 9-8 所示。在所加载的库中浏览所需的元器件封装。如果找到对应的元器件封装，单击【确定】按钮，即可返回图 9-7。

⑥ 如果还没找到对应的元器件封装，可单击图 9-8 中的“…”，则弹出如图 2-53 所示“系统当前已安装的可用元件库”对话框。按照 2.6.1 节介绍的加载元件库的方法，加载元件库。

重复①～⑥步，修改所有元器件封装。

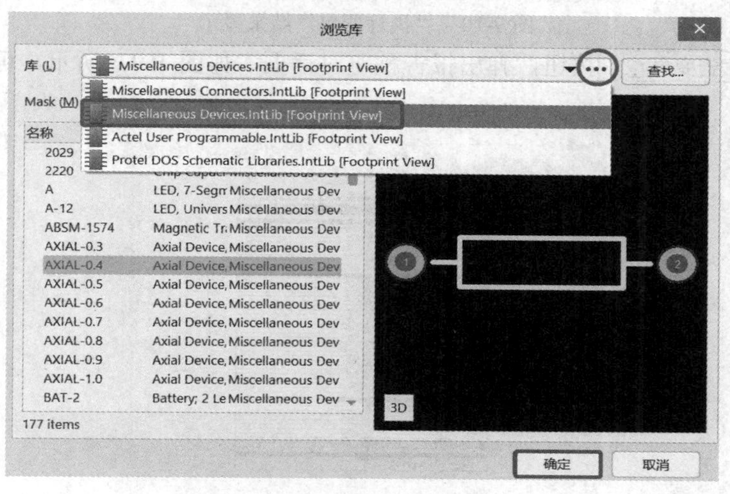

图 9-8 浏览库对话框

(4) 原理图修改之后，重新产生网络表。

(5) 再次执行主菜单命令“设计”→“Import Change From 过压监视电路.PrjPcb”，打开工程变更指令对话框，单击【验证变更】按钮，查看“检测”状态是否全部正确。

(1)～(5)过程反复进行，直到状态区域“检测”栏全部显示为✔为止，如图 9-9 所示。

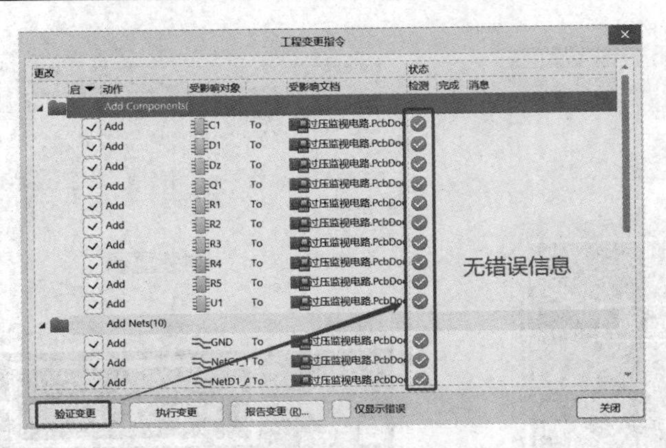

图 9-9　验证变更操作完全正确结果显示

(6) 单击 执行变更 按钮，将网络表及元器件封装装入 PCB 文件中。如果装入正确，则在状态区域的"完成"栏中显示绿色的对号标志，如图 9-10 所示。

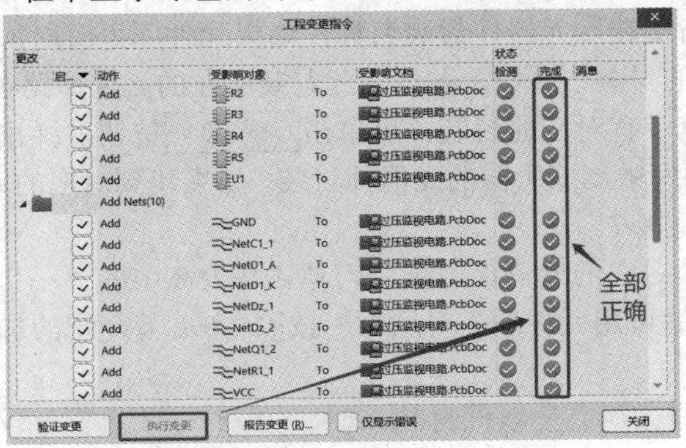

图 9-10　"执行变更"结果显示

(7) 单击 报告变更 (R)... 按钮，弹出报告预览对话框，如图 9-11 所示，可以导出、打印该报告。

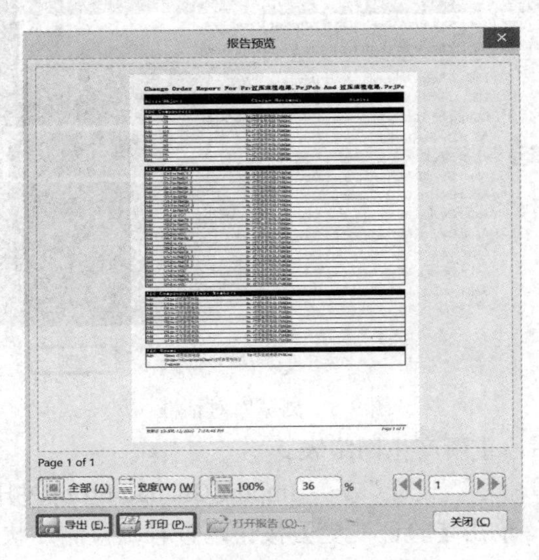

图 9-11　"报告预览"对话框

(8) 单击关闭按钮，退出工程变更指令对话框，可以发现所装入的网络表与元器件封装放置在 PCB 编辑器中规划的电气边界之外的“Room”中，并且以飞线的形式显示网络和元器件封装之间的连接关系。装入的网络表与元器件封装的效果如图 9-12 所示。

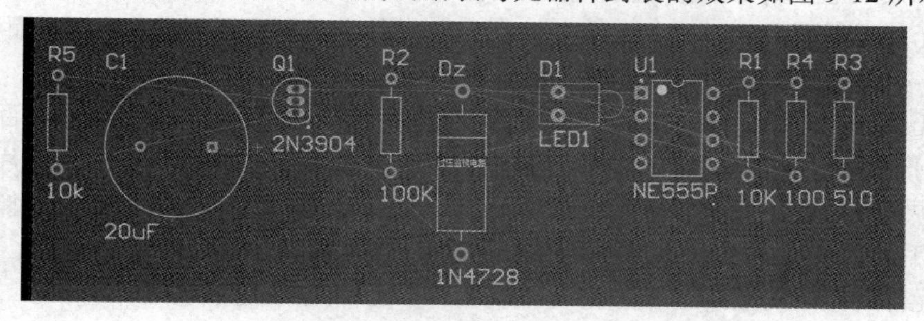

图 9-12　装入的网络表与元器件封装的效果

(9) 移动“Room”，元器件将随“Room”一起移动，放到编辑区域中心。

9.4.2　原理图中直接更新 PCB 文件并装入网络表

Altium Designer 19 提供了类似同步器的更新功能，它能很方便快捷地把原理图的网络表装入 PCB 编辑器中，且当原理图进行修改(如修改某元器件的封装或连线关系等)后，使用更新功能会自动更新该原理图所对应的 PCB 文件的信息。反之，如果改变了 PCB 文件中的信息，使用更新功能也会自动更新该 PCB 文件对应的原理图中的信息。

利用更新功能，由原理图更新 PCB，装入“过压监视电路”网络表的步骤如下：

(1) 在原理图所在的工程项目中，添加 PCB 文档，同样命名为“过压监视电路.PcbDoc”。

(2) 将工作界面切换到电路原理图编辑器，执行菜单命令“设计”→“Update PCB Document 过压监视电路.PcbDoc”，如图 9-13 所示，弹出工程变更指令对话框。之后的操作与错误修改和 9.4.1 节介绍的方法相同。

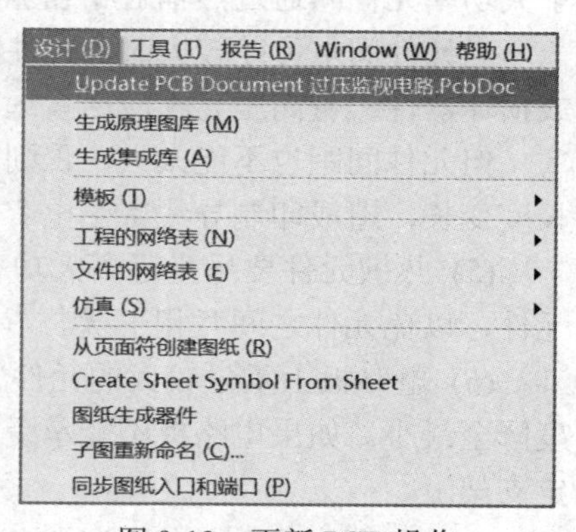

图 9-13　更新 PCB 操作

9.5　自动布局及手工布局调整

9.5.1　元件布局原则

在 PCB 电路单元中，元器件的位置安排称为元器件布局，合理的布局能够保证电路技术指标的实现和电路的稳定可靠工作。尽管印制板的形状及结构很多，功能各异，元器件数目、类型也各不相同，但印制板元器件布局还是有章可循的。下面介绍布局时应遵循的原则：

(1) 元器件位置的安排。在 PCB 设计中，如果电路系统同时存在数字电路、模拟电路以及大电流回路，则必须分开布局，使各系统之间的耦合达到最小。

在同一类型电路(指均数字电路或模拟电路)中，按信号流向及功能，分块、分区放置元器件。输入信号处理元件、输出信号驱动元件应尽量靠近印制电路板边框，使输入/输出信号的走线尽可能短，以减少输入/输出信号可能受到的干扰。

(2) 元件布局要有利于维修、安装和拆卸。元件离印制板机械边框的最小距离必须大于 2 mm，如果印制板安装空间允许，最好保留 5～10 mm。

(3) 元件放置方向。在印制板上，元件只能沿水平和垂直两个方向排列，否则不利于插件。对于竖直安装的印制电路板，当采用自然对流冷却方式时，集成电路芯片最好竖直放置，发热量大的元件要放在印制板的最上方；当采用散热风扇强制冷却时，集成电路芯片最好水平放置，发热量大的元件要放在风扇直接吹到的位置。

(4) 元件间距。对于中等布线密度印制板、小元件(如小功率电阻、电容、二极管、三极管等分立元件)，彼此间的间距与插件、焊接工艺有关，当采用自动插件和波峰焊接工艺时，元件之间的最小距离可以取 50～100 mil(1.27～2.54 mm)；而当采用手工插件或手工焊接时，元件间距要大一些，如取 100 mil 或以上，否则会因元件排列过于紧密，给插件、焊接操作带来不便，也不利于散热。对于大尺寸元件，如集成电路芯片，元件间距一般为 100～150 mil。对于高密度印制板，可适当减小元件间距。

对于发热量大的功率元件，元件间距要足够大，以利于大功率元件散热，同时也避免了大功率元件间通过热辐射相互加热，以保证电路系统的热稳定性。

当元件间电位差较大时，元件间距应足够大，以免发生放电现象，造成电路无法工作或损坏器件；带高压元件应尽量远离整机调试时手容易触及的部位，避免发生触电事故。

但元件间距也不能太大，否则印制板面积会迅速增大，除了增加成本外，还会使连线长度变长，造成印制导线寄生电容、电阻、电感等增大，使系统的抗干扰能力变差。

(5) 热敏元件要尽量远离大功率元件。具有磁场的铁芯器件、高压元件最好远离其他元件，以免元件之间互相干扰。

(6) 电路板上重量较大的元件应尽量靠近印制电路板的支撑点，使印制电路板的翘曲度降至最小。如果电路板不能承受，则可把这类元件移出印制板，安装到机箱内特制的固定支架上。

(7) 对于需要调节的元件，如电位器、微调电阻、可调电感等的安装位置，应充分考虑整机结构要求；对于需要机外调节的元件，其安装位置与调节旋钮在机箱面板上的位置要一致；对于机内调节的元件，其放置位置以打开机盖后可方便调节为原则。

(8) 在布局时，IC 去耦电容要尽量靠近 IC 芯片的电源和地线管脚，否则滤波效果会变差。在数字电路中，为保证数字电路系统工作可靠，在每一数字集成电路芯片(包括门电路和抗干扰能力较差的 CPU、RAM、ROM 芯片)的电源和地之间均需要放置 IC 去耦电容。

(9) 时钟电路元件应尽量靠近 CPU 时钟管脚。数字电路(尤其是单片机控制系统中的时钟电路)最容易产生电磁辐射，干扰系统内的其他元器件。因此，布局时，时钟电路元件应尽可能靠在一起，且尽可能靠近单片机芯片的时钟信号管脚，以减少时钟电路的连线长度。如果时钟信号需要接到电路板外，则时钟电路应尽可能靠近电路板边缘，使时钟信号引出线最短；如果不需引出，可将时钟电路放在印制板中心。

(10) 排列元件时，应注意其接地方法和接地点。元件需要接地时，应选择最短的路径就近焊接在较粗的地线上。

9.5.2　自动布局规则设置

如果加载网络表后直接进行自动布局，系统将使用默认设置规则。用户也可以根据实际电路，设置布局规则。自动布局规则设置的方法有两种：一种利用规则向导自己创建新的规则，另一种是系统默认的规则进行修改。自动布局设计规则操作如下：

在 PCB 设计环境下，执行菜单命令“设计”→“规则”，如图 9-14 所示。打开“PCB 规则及约束编辑器”对话框，如图 9-15 所示。合理设置选项可以使各项规则更加完善。该对话框的左边列表中“Design Rules”包含了 10 类设计规则，分别是“Electrical”(电气规则)、“Routing”(布线参数)、“SMT”(贴片式元件规则)、“Mask”(屏蔽层规则)、“Plane”(内层规则)、“Testpoint”(测试点规则)、“Manufacturing”(制板规则)、“High Speed”(高速驱动，主要用于高频电路设计)、“Placement”(布局规则)、“Signal Integrity”(信号完整性分析规则)。这里重点介绍“Placement”(布局规则)。

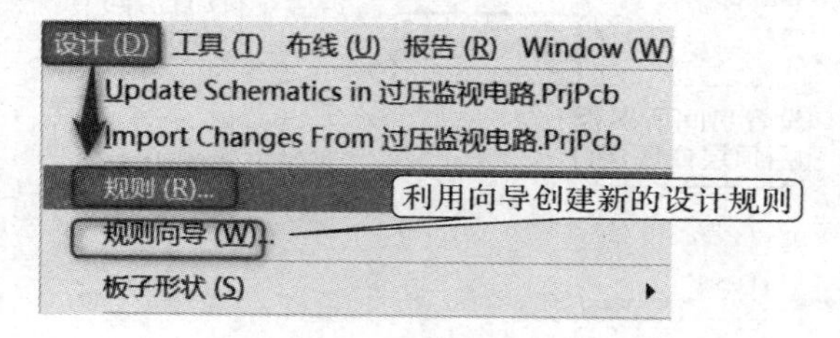

图 9-14　设计规则菜单命令

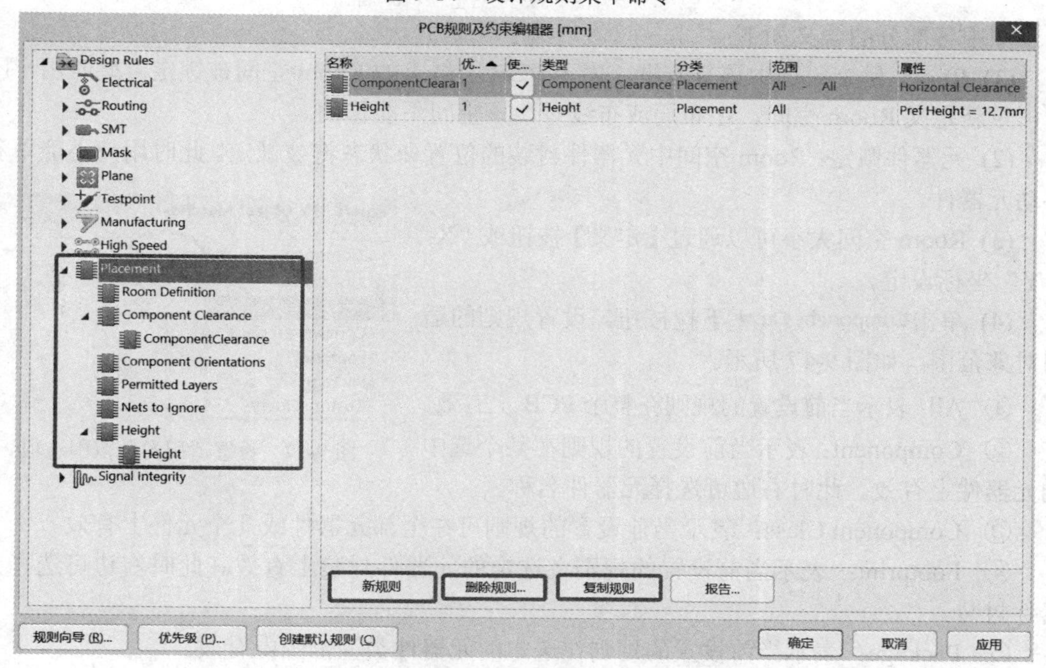

图 9-15　“PCB 规则及约束编辑器”对话框

单击图 9-15 中“Placement”前面的▶，可以展开它的 6 项子规则。子规则前面有▶标记的表示已激活，没有▶标记的表示未被激活，未激活的选项使用时可以通过添加新规则来完成。这部分仍然以“过压监视电路”为例进行说明。

1. Room Defintion(定义房间)规则

该项规则主要设置 Room 空间的尺寸，以及它在 PCB 中所在的工作层面。选择图 9-15 中的 ▸ Room Definition 图标，单击▸标记，再单击 过压监视电路，在右边对话框中将出现如图 9-16 所示的对话框。在图 9-16 中进行参数设置。

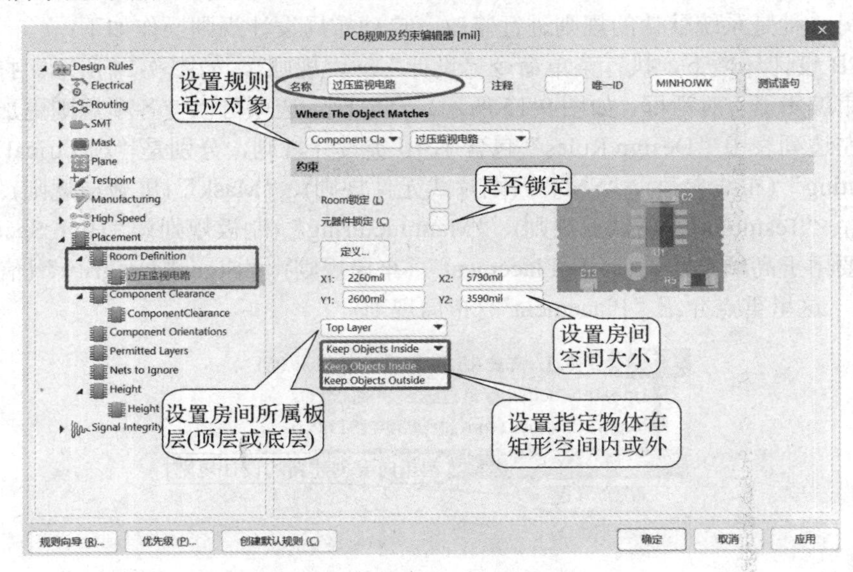

图 9-16 “Room Defintion”设置

图中各部分的含义如下：

(1) Room 锁定：选中该复选框，表示 PCB 图纸上的 Room 空间被锁定。此时用户不能再重新定义 Room 空间，在布局或布线时，该空间不能移动。

(2) 元器件锁定：Room 空间中元器件封装的位置和状态将被锁定。此时用户不能单独移动元器件。

(3) Room 空间大小可以通过【定义】按钮或“X”“Y”坐标设定。

(4) 单击 Component Cla ▾ 下拉按钮，设置规则的适用对象范围，如图 9-17 所示。

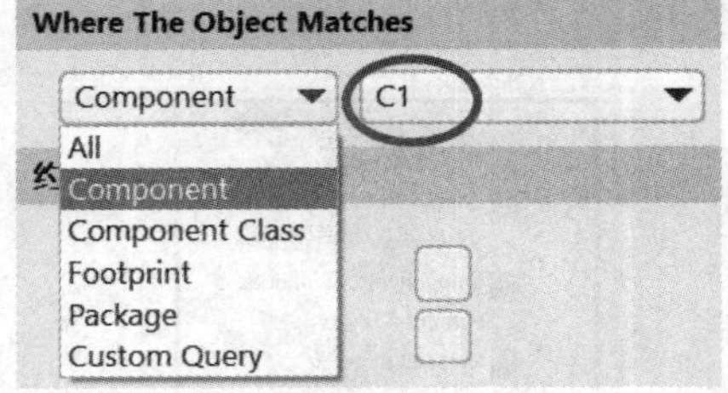

图 9-17 设置适用对象范围选项

① All：表示当前设置的规则在整个 PCB 上有效。

② Component：表示当前设置的规则在某个选中的元器件上有效。此时右边可选择元器件名称。

③ Component Class：表示当前设置的规则可在全部元器件或几个元件上有效。

④ Footprint：表示当前设置的规则在选定的元器件封装上有效。此时右边可选择元器件封装。

⑤ Package：表示当前设置的规则在选定的元器件类型范围内有效。

⑥ Custom Query：自定义规则的范围。

2. Component Clearance(元器件间距)规则

该项规则用于设置元器件之间的最小间距及元器件之间距离的计算方法。单击

▶ Component Clearance 前面的小三角，展开一个“Component Clearance”子规则，如图 9-18 所示。

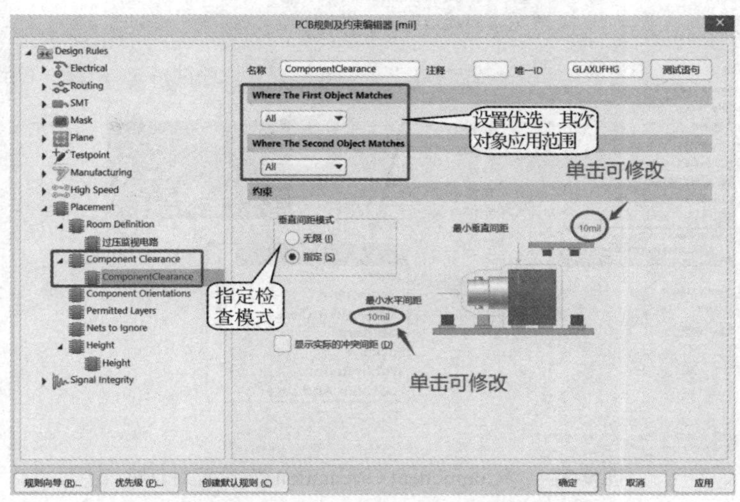

图 9-18　“Component Clearance”设置对话框

Where The First Object Matches、Where The Second Object Matches：设置优选、其次对象元器件间距约束的有效范围。默认情况下，两组的有效范围为 All(整个电路板)，也可以根据要求选择其他几类，类似于图 9-17 所示的选项。

约束区域的垂直间距模式有两种：

(1) 指定：以元器件本体图元为依据，忽略其他图元，设置最小水平间距和最小垂直间距。选中该模式，如图 9-18 所示。

(2) 无限：以元器件的外形尺寸为依据，选中该项，显示如图 9-19 所示，只需设置元器件间水平方向最小间距。

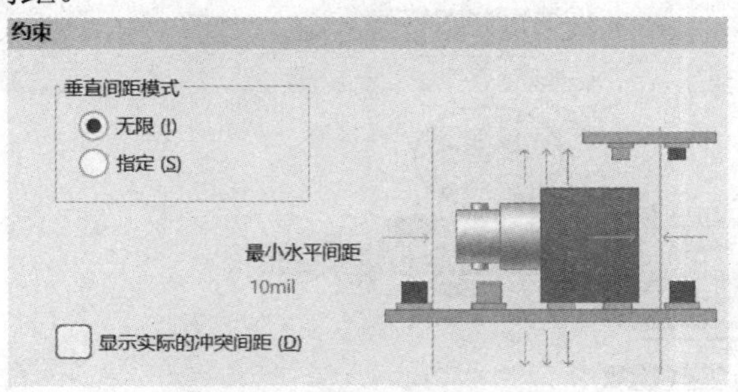

图 9-19　“无限”检测模式

3. Component Orientations (元器件放置方位)规则

该项规则用于设置元器件放置的角度或方位。右键单击 Component Orientations，出现如图 9-20 所示的选项，选择“新规则…”，或在右侧区域下面单击 新规则 按钮，即可在右侧对话框生成名为“Component Orientations”的规则。双击打开规则设置对话框，如图 9-21 所示。

对话框中提供了五种元器件旋转角度的复选框。

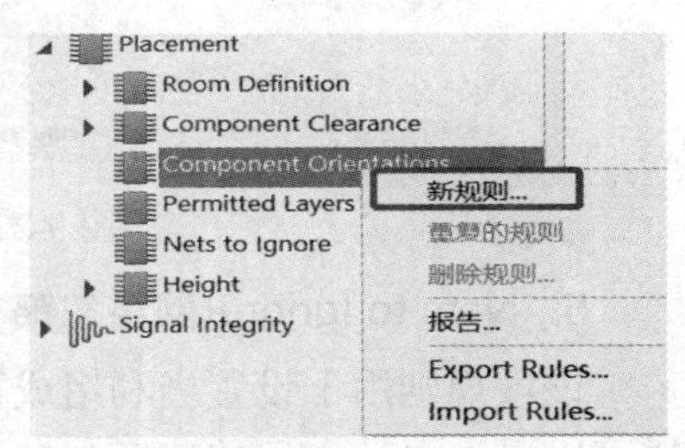

图 9-20　打开“新规则”对话框

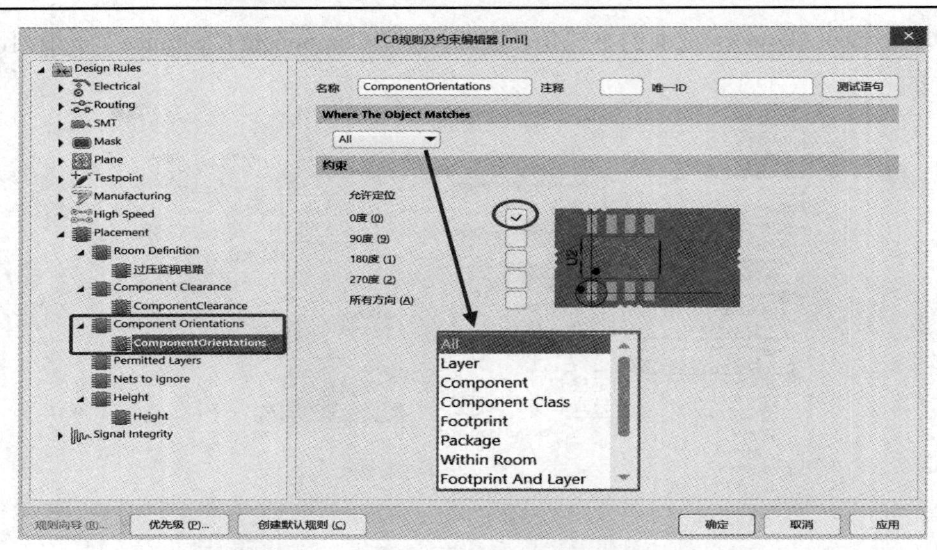

图 9-21　“Component Orientations”设置对话框

注意：“所有方向”指任意角度，当选中该选项框后，其他角度选项将不可选。一般选择 0 度。

4. Permitted Layer (允许元器件放置层)规则

该项规则用于设置允许元器件放置的电路板层。一般只有顶层和底层能够放置元器件。单击 Permitted Layers 图标，添加“新规则”，双击“Permitted Layers”，弹出如图 9-22 所示的对话框。若不允许哪层放置元器件，单击复选框取消即可。

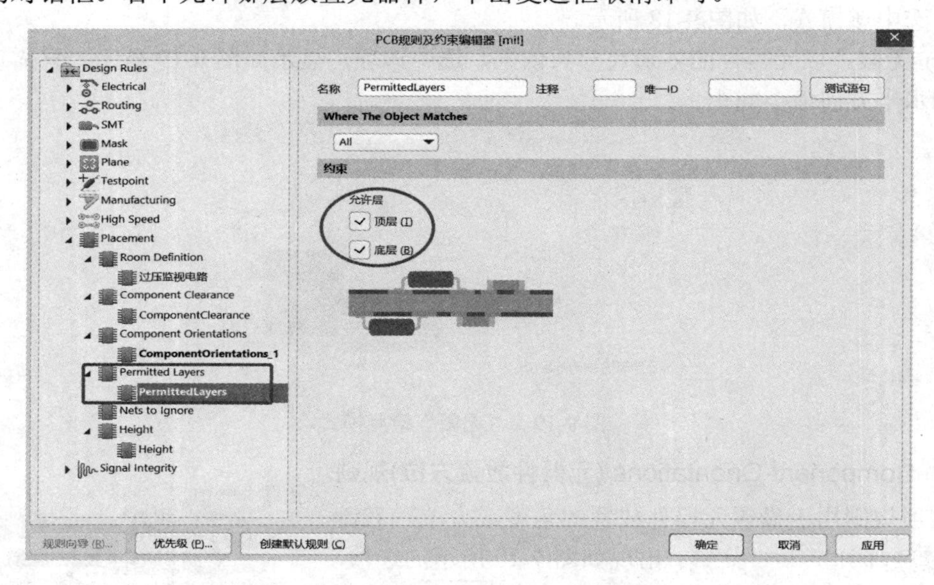

图 9-22　“Permitted Layers”设置对话框

5. Nets to Ignore(网络忽略)规则

该项规则用于设置当利用成群的放置方式进行元器件自动布局时可以忽略的网络，这样可以提高自动布局的速度与布局质量。用鼠标单击 Nets to Ignore 图标，添加“新规则”。

双击“NetsToIgnore”，弹出如图 9-23 所示的对话框。该对话框中的约束条件是通过设置对象匹配的适用范围来完成的，选择需要忽略的对象名称即可。

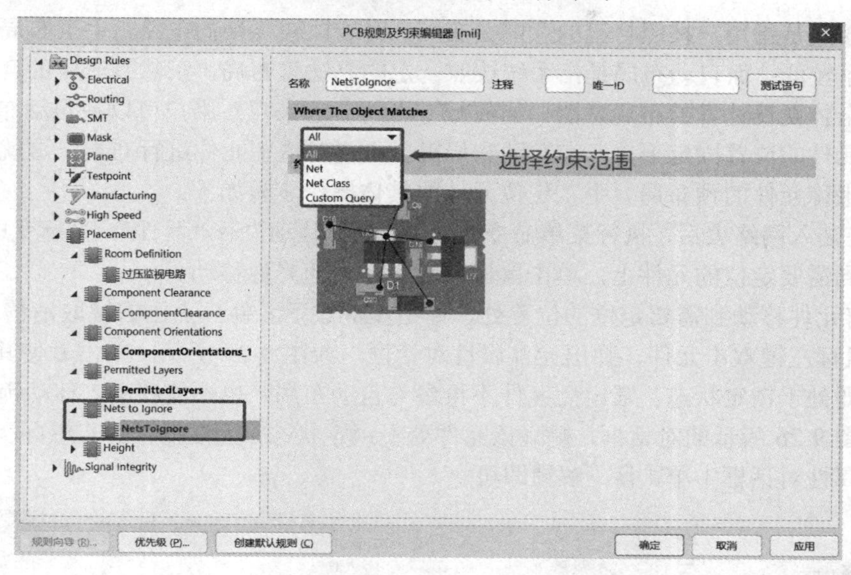

图 9-23　“Net to Ignore”设置对话框

若选中 Net Class，则其下面栏中为 All Nets；若选中 Net，则在右边栏中选中需要忽略的网络，一般将接地和电源网络忽略掉。

6. Height(高度)规则

该项规则主要用于设置元器件封装的高度范围。单击 Height 图标，展开该选项。单击“Height”，右边显示该规则设置对话框，如图 9-24 所示，根据需要选择相应的对象。设置完成后，单击【确定】按钮退出。

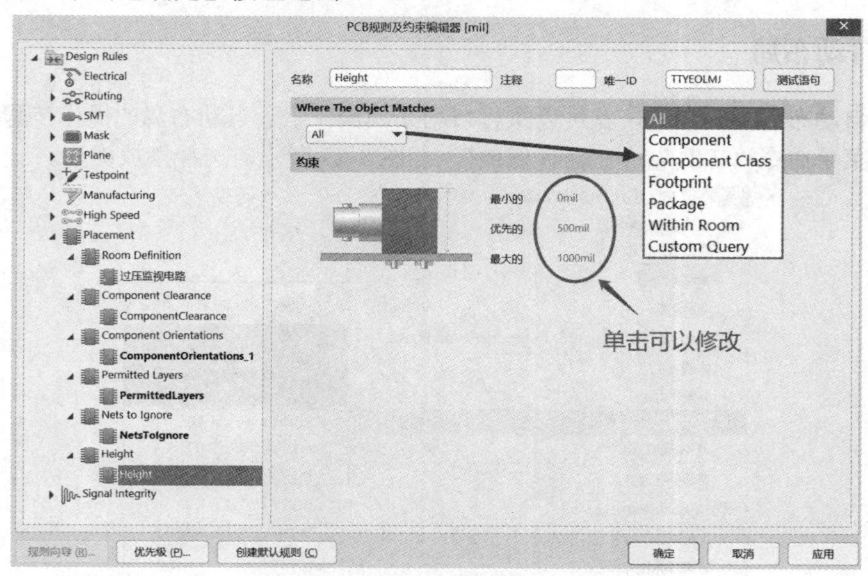

图 9-24　“Heigh”设置对话框

9.5.3　手工定位元件

手工布局是指用户按照自己的意图去布局，对于比较复杂的电路，手工布局不一定合理，且效率较低；而自动布局是指系统按照一定的算法去布局，虽然有一定的合理性，但总不能完全体现设计者的布局意图。如何把二者结合起来呢？用户可以在自动布局之前，先把一些元件的位置固定下来，在自动布局时，不再对这些元件进行布局，这就是手工定位元件，也称元件的预布局。手工定位元件的具体操作步骤如下：

(1) 在装入网络表后，执行菜单命令"编辑"→"移动"→"器件"，光标变成十字形，移动光标到需要定位的元件上，单击鼠标左键，元件随光标移动。

(2) 将元件移动到需要定位的位置处，单击左键放下元件；点击右键取消移动命令。

(3) 鼠标左键双击元件，弹出元件属性对话框，如图 9-25 所示。单击🔓使其变为🔒，此时元件即处于锁定状态。锁定后元件不再参与自动布局，也不能移动。移动锁定元件时将出现如图 9-26 所示的对话框，提醒该元件处于锁定状态，无法操作。若想再次移动，可以在元件属性对话框中单击🔒，解锁即可。

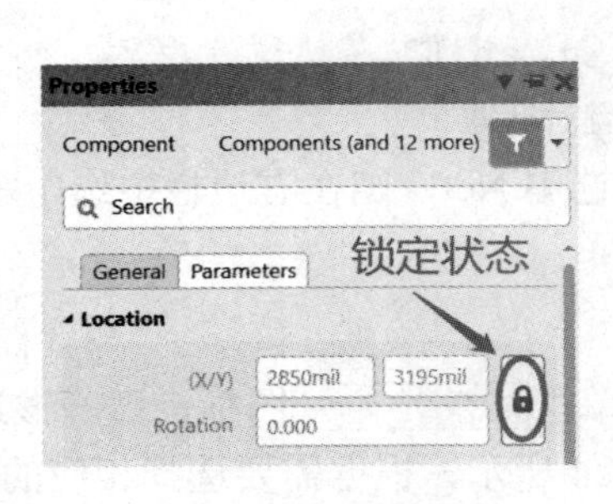

图 9-25　元件属性对话框

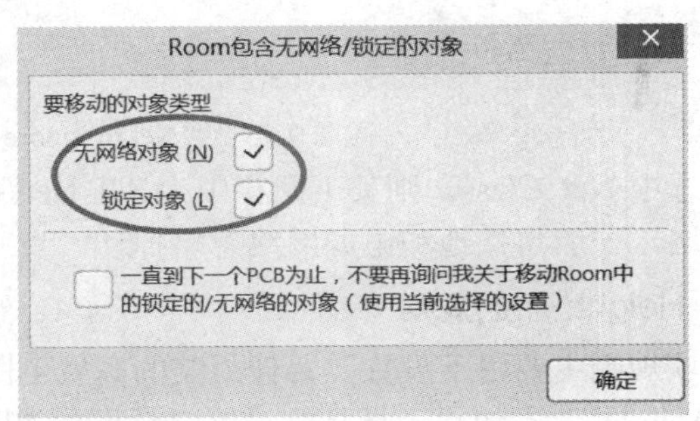

图 9-26　移动锁定对象时弹出的信息

9.5.4　自动布局

设置自动布局规则之后，就可以执行自动布局操作了。自动布局的操作步骤如下：

执行菜单命令"工具"→"器件摆放"，如图 9-27 所示，选择摆放类型。

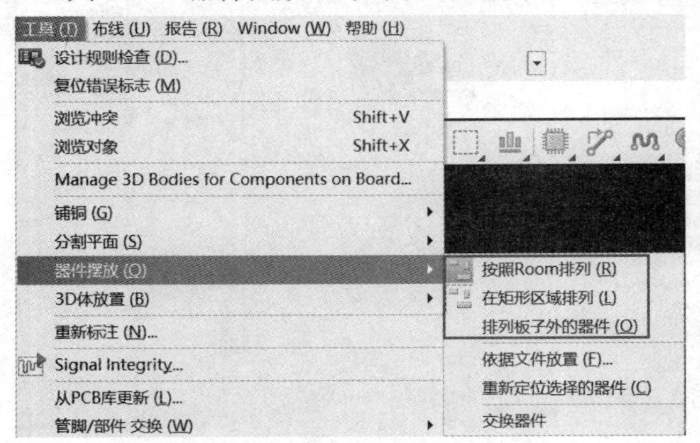

图 9-27　元件放置对话框

1. 按“按照 Room 排列”布局

(1) 将 Room 空间移到电路板规划区域。鼠标左键单击“过压监视电路”Room 空间，拖动光标，将其与元件一起移动到 PCB 设置的布线区域。

(2) 调整 Room 大小。拖动 Room 边框调整其大小，将其与电路板电气边界重合，如图 9-28 所示。

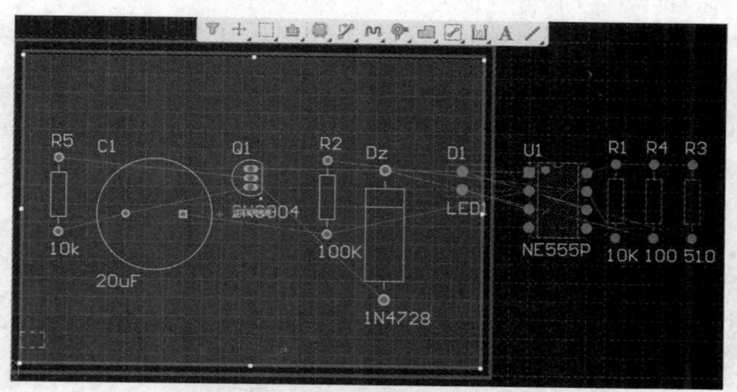

图 9-28　调整后的 Room 区域

(3) 执行菜单命令“工具”→“器件摆放”→“按照 Room 排列”，光标变为十字形，移动光标到 Room 空间区，单击鼠标左键，布局效果如图 9-29 所示。

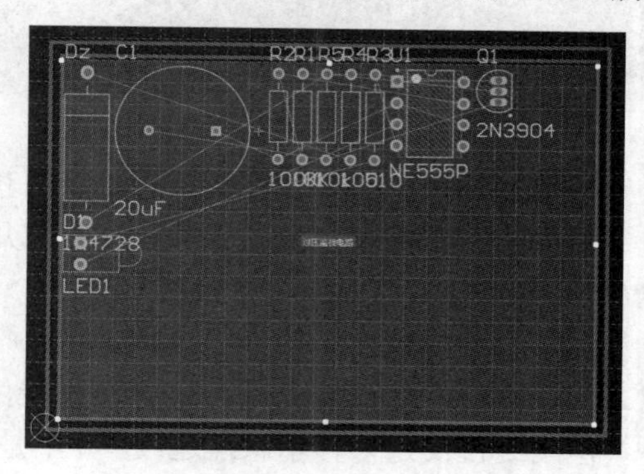

图 9-29　“按照 Room 排列”布局

2. 按“在矩形区域排列”布局

选中要布局的元件，执行菜单命令“工具”→“器件摆放”→“在矩形区域排列”，光标变为十字形，在编辑区域绘制矩形框，所选元件即开始在绘制的矩形区域中自动布局，布局效果如图 9-30 所示。

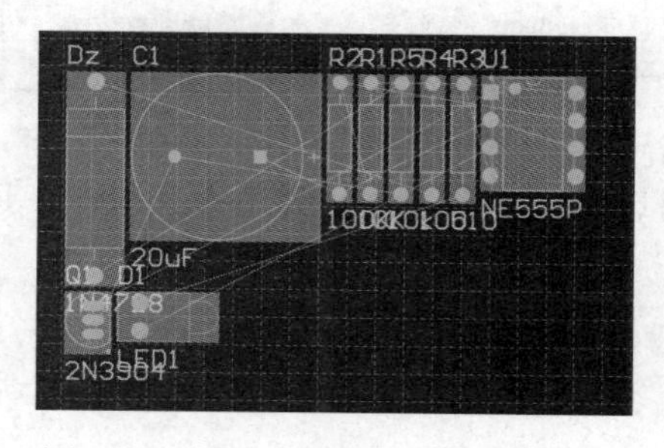

图 9-30　按“在矩形区域排列”布局

3. 按“排列板子外的器件”布局

在大规模集成电路设计中，自动布局涉及大量计算，执行起来往往需要花费一定的时间，用户可以分组进行布局。为防止元件过多影响排列，用户可将部分元件排列在板子外面，先对板子内部的元件进行排列，最后排列板子外部的元件。

首先选中需要排列在板子外部的器件，执行菜单命令“工具”→“器件摆放”→“排列板子外的器件”，系统自动将选中的元器件排列在板子外面，布局效果如图 9-31 所示。

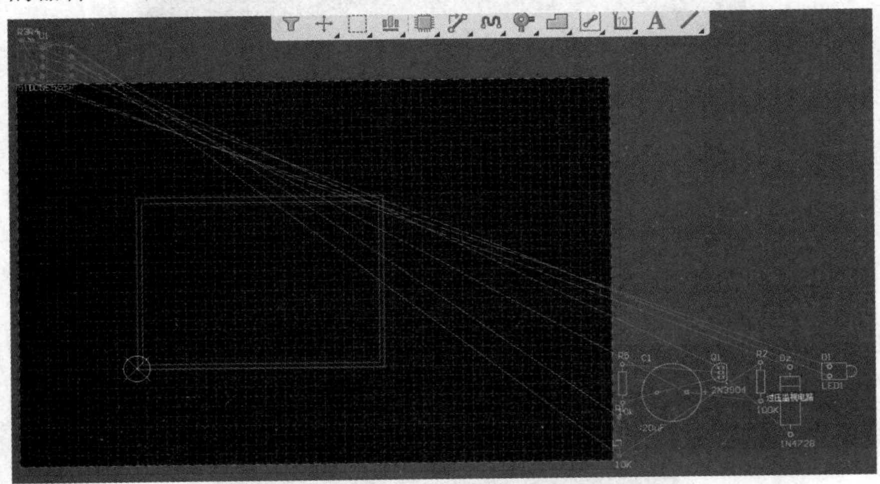

图 9-31　按“排列板子外的器件”布局

在自动布局过程中，系统将不断调整元件的摆放位置，以便获得最佳的布局效果。因此，在自动布局过程中，系统要进行大量而复杂的计算，耗时从几秒到几十分钟不等，要耐心等待(等待时间的长短与计算机的档次、原理图的复杂程度、元件的放置方式以及自动布局选项的设置有关)。

布局后，各元件焊盘之间已经存在连线(Connection)，这种线俗称飞线。在印制板中用飞线表示元件的连接关系，但飞线仅仅是一种示意性连线，并不是真正的印制导线。此外，飞线也不能删除，但可以通过执行菜单“视图”→“连接”系列命令隐藏与特定节点、元件相连的一组飞线或全部飞线，如图 9-32 所示。这里不做详细介绍，读者可自行操作。

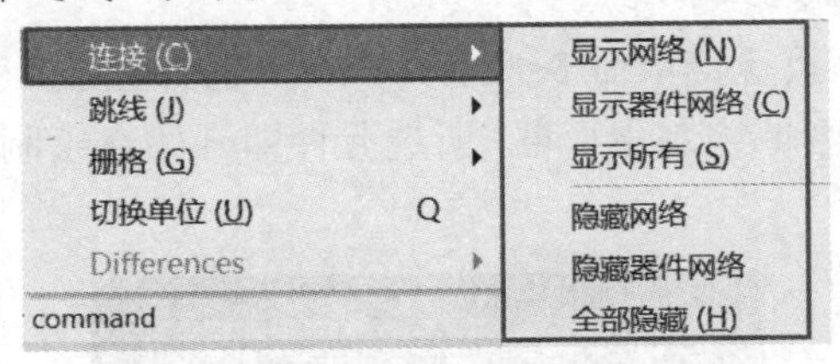

图 9-32　飞线的显示与隐藏命令

从上述三种布局结果可以看出，自动布局并不令人满意，还存在很多不合理的地方，需要进一步进行手工调整。

9.5.5　手工布局调整

自动布局完成后，一般不能完全符合电路板设计要求。例如，系统没有充分利用空间，元器件之间存在干扰，部分元件布置不合理等，用户可以进一步手工完成调整。调整方法如下：

1. 元件方位的调整

元件方位的调整参看 8.3.3 节，在此不做赘述。

2. 排列相同封装的元器件

在 PCB 板上，通常把相同封装的元器件排列在一起，如电阻、电容等。若 PCB 板上这类元器件比较多，依次调整比较麻烦，则可以采用各种技巧。具体操作如下：

(1) 执行菜单命令“编辑”→“查找相似对象”，鼠标变成十字形。

(2) 移动鼠标，选中一个元件，单击鼠标左键，系统弹出查找相似对象对话框，如图 9-33 所示。

(3) 在对话框中的 Footprint(封装)栏中右侧下拉选项中选中 Same。

(4) 单击 确定 按钮，此时 PCB 中相同封装的电阻都处于选中状态。

(5) 采用 9.5.4 节介绍的自动布局方法布置这些元件。

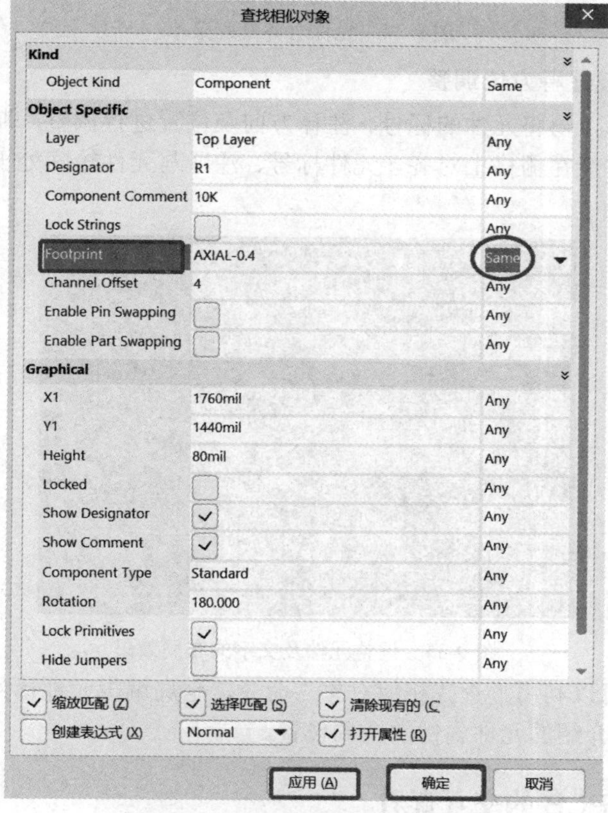

图 9-33　“查找相似对象”对话框

3. 多个元件对齐排列

在 PCB 中先选中需要对齐的元器件，执行菜单命令“编辑”→“对齐”，弹出如图 9-34 所示的对话框；或右键单击窗口工具栏中的图标，弹出同样的对齐命令菜单。元件对齐操作可以参考 2.7.5 节介绍的元器件的排列与对齐方法。

对齐 (A)...
定位器件文本 (P)...
左对齐 (L)　Shift+Ctrl+L
右对齐 (R)　Shift+Ctrl+R
向左排列（保持间距）(E)　Shift+Alt+L
向右排列（保持间距）(H)　Shift+Alt+R
水平中心对齐 (C)
水平分布 (D)　Shift+Ctrl+H
增加水平间距
减少水平间距
顶对齐 (T)　Shift+Ctrl+T
底对齐 (B)　Shift+Ctrl+B
向上排列（保持间距）(I)　Shift+Alt+I
向下排列（保持间距）(N)　Shift+Alt+N
垂直中心对齐 (V)
垂直分布 (S)　Shift+Ctrl+V
增加垂直间距
减少垂直间距
对齐到栅格上 (G)　Shift+Ctrl+D
移动所有器件原点到栅格上 (O)

图 9-34　元件对齐排列菜单

4. 元件的标号及注释方位调整

元件布局调整后，再将元件的标号、注释方向及位置进行调整，期间可以反复调整栅格的大小，以使元件能在栅格上对齐，元件标号、注释与元件轮廓处于合理位置。调整后的效果如图 9-35 所示。

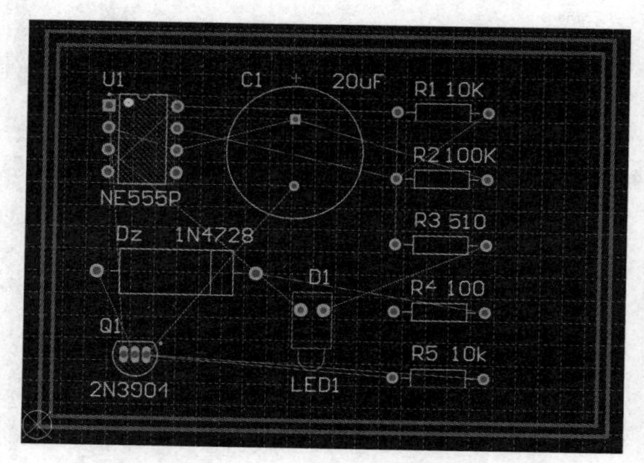

图 9-35　调整元件及文字的布局效果

注意：用户也可以利用“查找相似对象”命令，全局编辑元件标号、注释等的字体及大小，参考 2.7.9 节介绍的元件属性的全局设置。

9.5.6　原理图和 PCB 的交互查看

为了方便查看或修改元件，需要把原理图与 PCB 对应起来，使两者之间能相互映射。利用交互式布局可以比较快速地定位元件，从而缩短设计时间，提高工作效率。

(1) 分别在原理图编辑界面和 PCB 编辑界面执行菜单命令“工具”→“交叉选择模式”，也可以用快捷键 Shift+Ctrl+X，激活交叉选择模式，如图 9-36 所示。

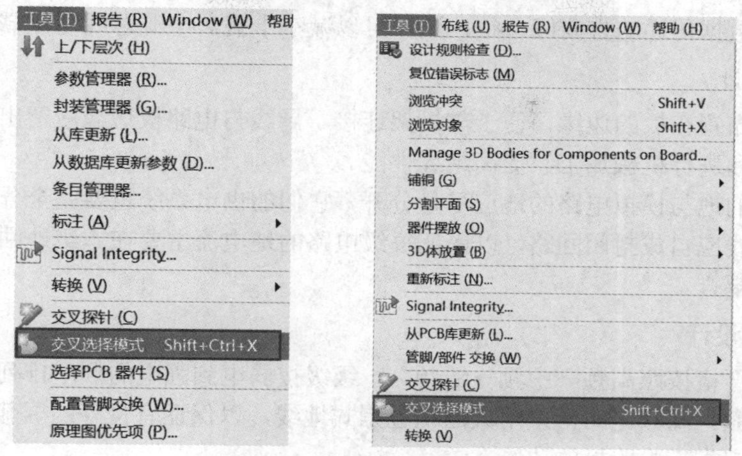

图 9-36　激活交叉选择模式

(2) 如果在原理图中选择某个元件(555)，PCB 界面相应的元件会被选中，如图 9-37 所示。反之，在 PCB 编辑器中选择某个元件，原理图上相对应的元件也会被选中。

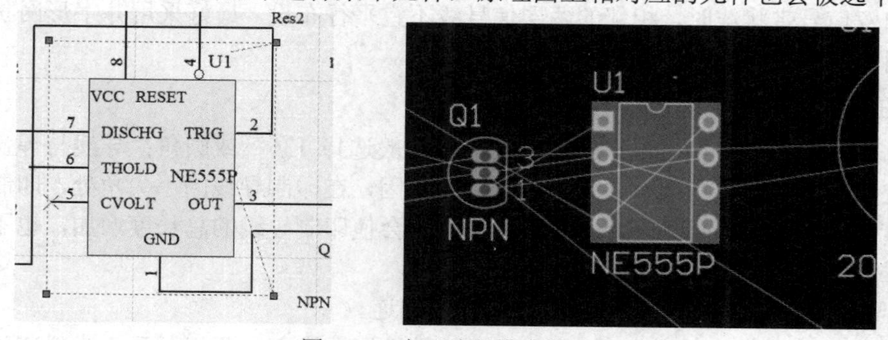

图 9-37　交叉选择模式效果

9.6　自动布线规则设置

自动布局及手工调整布局之后，就要进行自动布线的工作。自动布线是指系统根据用户设定的布线规则，依照网络表中各个元件之间的连线关系，按照一定的算法自动在各个元件之间进行布线。从图 9-12 中可以看出，各元件焊盘之间已经存在飞线连线(Connection)。飞线只是在逻辑上表示各元件焊盘间的电气连接关系，而布线是根据飞线指示的电气连接关系来放置铜膜导线。

布线过程包括设置自动布线规则、自动布线前的预处理、自动布线、手工修改等环节。其中，自动布线前的预处理是指利用布线规律，用手工或自动布线功能，优先放置有特殊要求的连线，如易受干扰的印制导线、承受大电流的电源线和地线等。

9.6.1　布线的一般原则

1. 电源线设计

根据电路板电流的大小，尽量加大电源线的宽度，减小环路电阻和电压降。电源线、地线的走向和数据传递的方向应一致，这样可以减小干扰。电源总线尽量靠近地线。

2. 地线设计

公共地线布置在板的边缘，便于与机架连接。导线与电路板边缘应留出一定的距离，便于安装导轨和进行机械加工，提高绝缘性能。

数字电路的地与模拟电路的地应尽量分开，它们的供电系统也要完全分开。电路板上每级电路的地线应自成封闭回路，以保证每级电路的地电流主要在本级地回路中流通，减少级间地电流耦合。

3. 信号线设计

总线必须严格按照高频→中频→低频，一级级按弱电到强电的顺序排列连接，如有不当容易引起自激。高频电路常采用大面积包围式地线，以保证有良好的屏蔽效果。

低频导线应靠近电路板的边沿布置。

高电位导线和低电位导线应尽量远离，使相邻的导线间电位差最小。

采用信号线和地线交错排列或地线包围信号线，以达到良好的抗干扰作用。

采用双信号带状线时，相邻的两层信号线不宜平行布设，最好采用井字形网状布线结构，或斜交、弯曲走线，避免相互平行走线。

4. 在布线过程中必须遵循的规律

(1) 印制导线转折点内角不能小于 90°，一般选择 135° 或圆角；导线与焊盘、过孔的连接处要圆滑，避免出现小尖角。由于工艺原因，在印制导线的小尖角处，印制导线的有效宽度小，电阻大。另外，小于 135° 的转角会使印制导线的总长度增加，也不利于减小印制导线的寄生电阻和寄生电感。

(2) 导线与焊盘、过孔必须以 45° 或 90° 相连。

(3) 在双面、多面印制板中，上下两层信号线的走线方向要相互垂直或斜交叉，尽量避免平行走线；对于数字、模拟混合系统来说，模拟信号走线和数字信号走线应分别位于不同面内，且走线方向垂直，以减少相互间的信号耦合。

(4) 在数据总线之间可以加信号地线来实现彼此的隔离；为了提高抗干扰能力，小信号线和模拟信号线应尽量靠近地线，远离大电流和电源线；数字信号既容易干扰小信号，又容易受大电流信号的干扰，布线时必须认真处理好数据总线的走线，必要时可加电磁屏蔽罩或屏蔽板；时钟信号管脚最容易产生电磁辐射，因此走线时，应尽量靠近地线，并设法减小回路长度。

(5) 连线应尽可能短，尤其是电子管与场效应管栅极、晶体管基极以及在高频回路中。

(6) 高压或大功率元件应尽量与低压小功率元件分开布线，即彼此电源线、地线分开走线，以避免高压大功率元件通过电源线、地线的寄生电阻(或电感)干扰小元件。

(7) 数字电路、模拟电路以及大电流电路的电源线、地线必须分开走线，再接到系统电源线、地线上，形成单点接地形式。

(8) 在高频电路中必须严格限制平行走线的最大长度。

(9) 在双面电路板中，由于没有地线层屏蔽，因此应尽量避免在时钟电路下方走线。例如，时钟电路在焊锡面连线时，信号线最好不要通过元件面的对应位置。解决方法是在自动布线前，在元件面内放置一个矩形填充区，然后将填充区接地，必要时可将晶振外壳接地。

(10) 选择合理的连线方式。为了便于比较，图 9-38 给出了合理及不合理的连线方式。

正确	不正确及原因	正确	不正确及原因
	焊盘直径与导线不成比例		布线角度小于135°
	导线起点不在焊盘中心		
	导线中心与焊盘中心不重合		
	连线长		连线长
	分支多		分支多连线长
	过孔距离太小		
元件面上的连线 焊锡面上的连线 上下面连线相互垂直	连线长 上下面走线平行		没有充分利用空间

图 9-38　连线举例

9.6.2　自动布线的 Electrical 规则设置

Electrical(电气)规则主要针对具有电气特性的对象，用于系统的 DRC 电气校验。当布线过程中违反电气特性规则时，DRC 校验器将自动提示用户。

执行菜单命令“设计”→“规则”，在弹出的 PCB 规则及约束编辑器对话框中，单击 Electrical 选项，弹出电气设计规则设置对话框，如图 9-39 所示，各项的含义如下所述：

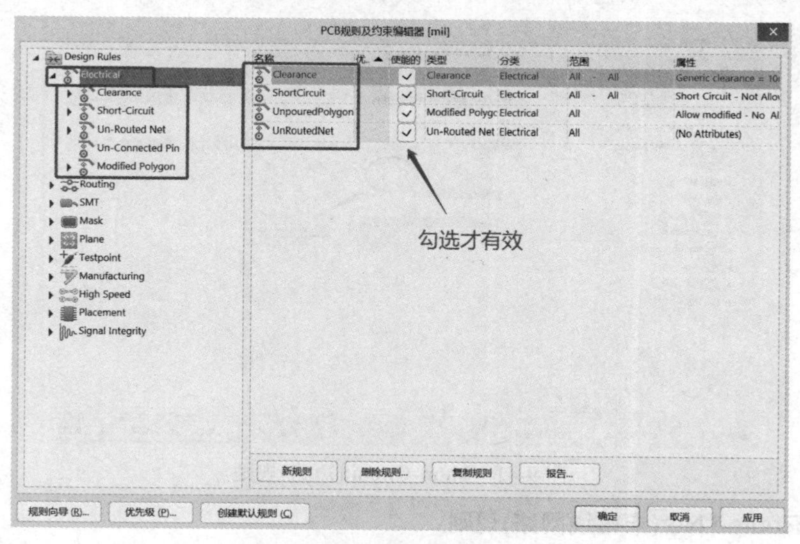

图 9-39　电气设计规则设置对话框

1. Clearance(走线间距约束)规则

该项规则主要用于设置 PCB 中导线与导线、导线与焊盘、焊盘与焊盘等电气对象之间的最小安全距离，如图 9-40 所示。一般在进行单面板、双面板设计时，安全距离选择 10～20 mil，最大安全距离没有限制。

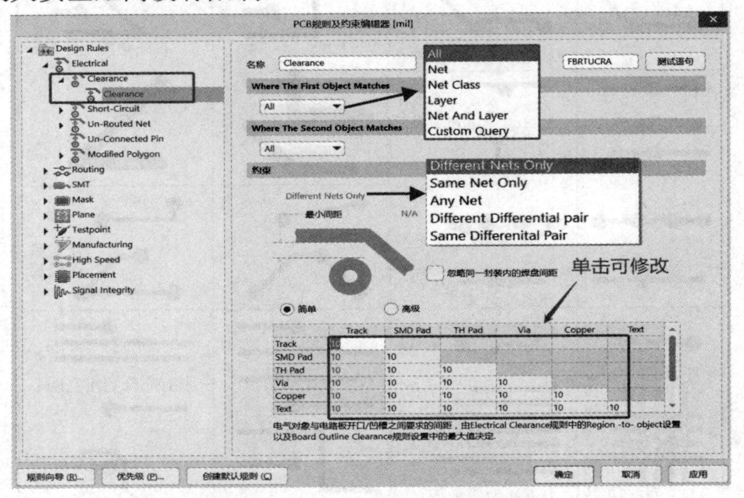

图 9-40　Clearance(走线间距约束)规则

Where The First Object Matches、Where The Second Object Matches：用于设置优选、其次对象适应间距约束的有效范围，默认情况下，两组的有效范围为 All(整个电路板)，也可以根据要求选择其他几类。

2. Short-Circuit(短路)规则

该项规则主要用于设置短路的导线是否允许出现在 PCB 中，如图 9-41 所示。通常情况下是不允许的。

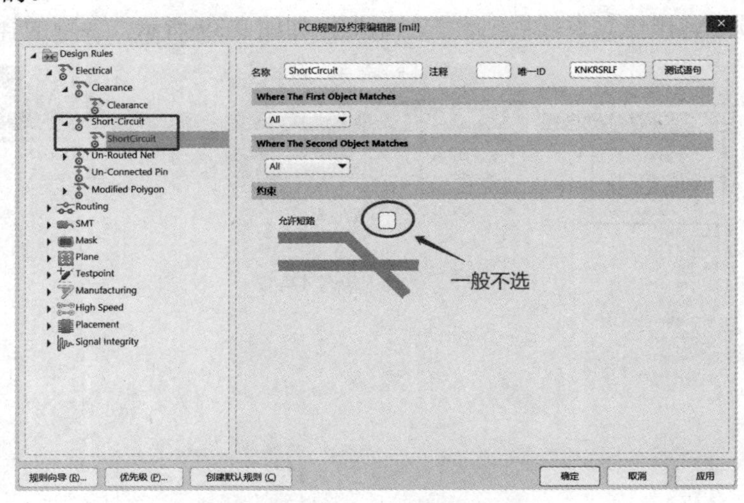

图 9-41　Short-Circuit(短路)规则

3. Un-Routed Net(未布线网络)规则

该项规则主要用于检查 PCB 中指定范围内的网络是否已经完成布线，若没有布线完成，则剩余布线以飞线的形式保持，如图 9-42 所示。

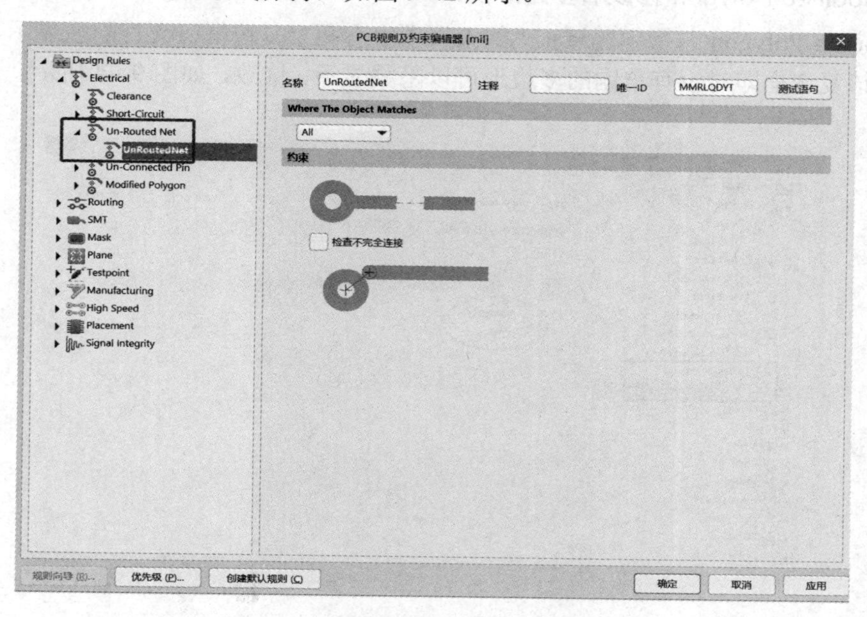

图 9-42　Un-Routed Net(未布线网络)规则

4. Un-Connected Pin(未连接管脚)规则

该项规则主要用于检查指定范围内的元器件管脚是否连接到网络上。如果有未连接的管脚，则给予警告提示。系统在默认设置中没有此规则。右键单击◢ Un-Connected Pin，可添加规则，如图 9-43 所示。

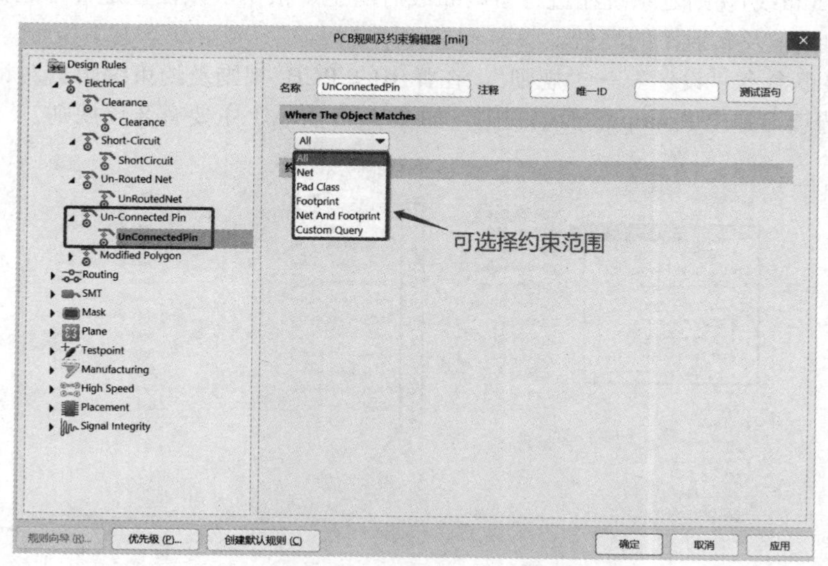

图 9-43　Un-Connected Pin(未连接管脚)规则

由于电路中通常都会有一些未连接的元器件管脚，如悬空的管脚等，因此该规则可以不设置。

5. Modified Polygon(修改后多边形)规则

Unpoured Polygon(未覆铜区域)。“约束”项中有两个复选框：允许隐藏显示、允许修改。选中该复选框即对没有覆铜的多边形可以隐藏显示、修改，如图 9-44 所示。一般选择默认设置。

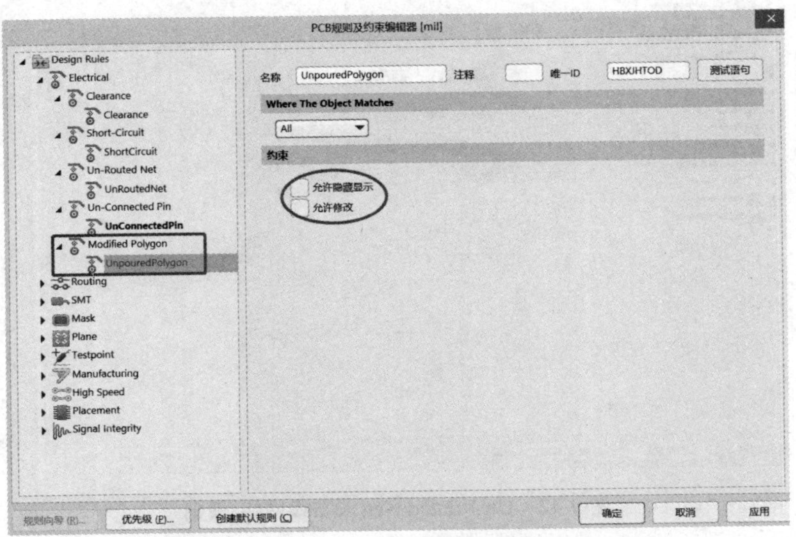

图 9-44　Modified Polygon(修改后多边形)规则

9.6.3　自动布线的 Routing 规则设置

Routing(布线)规则是系统在进行自动布线时的主要依据，该设置是否合理将直接影响自动布线的质量及布通率的高低。

执行菜单命令“设计”→“规则”，在弹出的 PCB 规则及约束编辑器对话框中单击 Routing 选项，弹出 Routing(布线)规则，如图 9-45 所示，主要有 8 项规则。

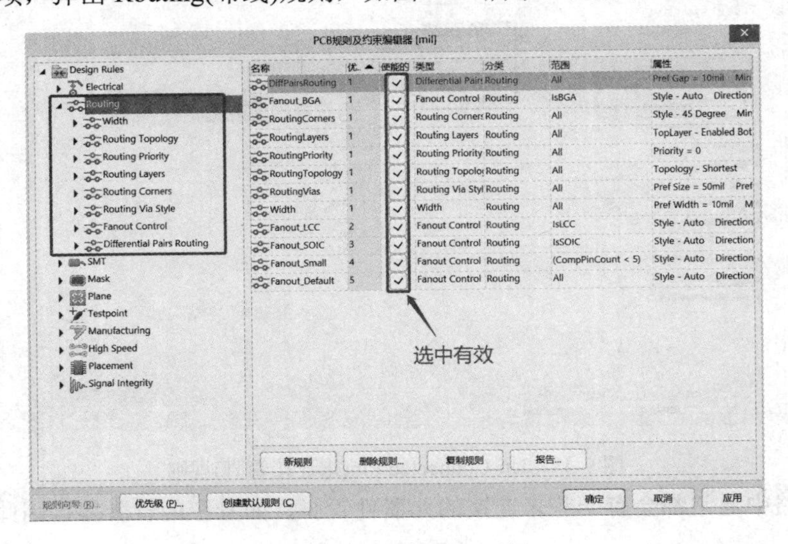

图 9-45　布线规则对话框

1. Width(布线宽度)规则

该项规则主要用于设置布线宽度。布线宽度指 PCB 上铜箔线的宽度。布线宽度要与流过它的电流大小成比例，大电流布线要宽，小电流布线要细。如果电流大，布线宽度细，则当大电流流过时导线就有可能温度过高，导致故障。单击图 9-45 中的 Width 图标，弹出如图 9-46 所示的布线宽度规则对话框。

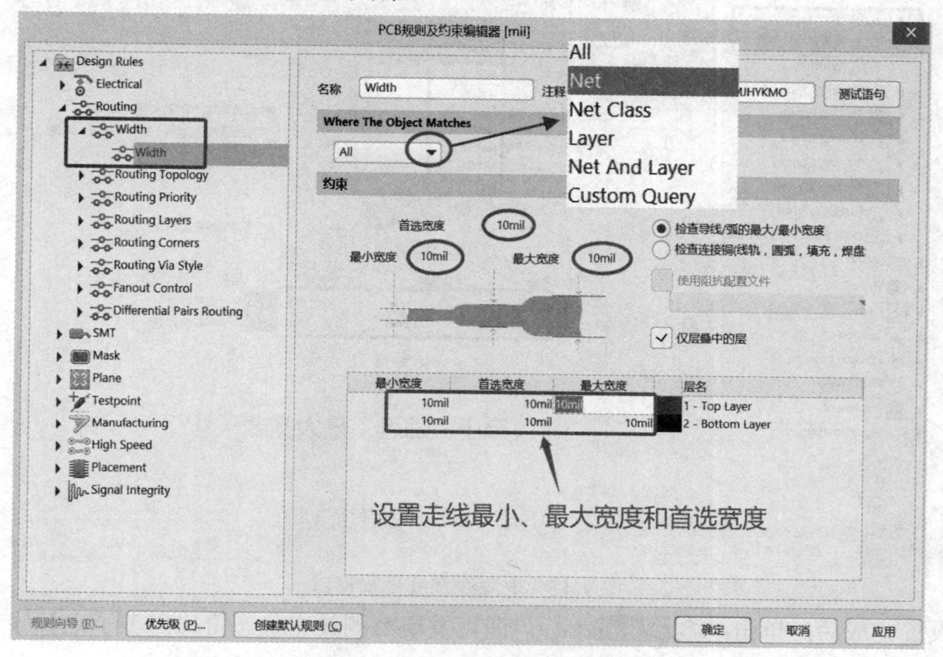

图 9-46　Width(布线宽度)规则

在自动布线前，一般均要指定整体布线宽度及特殊网络，如电源、地线网络的布线宽度。设置布线宽度的操作过程如下：

(1) 设置没有特殊要求的印制导线宽度。

图 9-46 所示为布线宽度规则对话框。设置自动布线时使用走线的最小和最大宽度。

在“Where The Object Matches”(适用范围)区域的下拉菜单中选择“All”(整个电路板)，然后在“约束”区域直接输入最小线宽和最大线宽。线宽选择的依据是流过导线的电流大小、布线密度以及电路板生产工艺。在安全间距许可的情况下，导线宽度越大越好。缺省时，最小、最大线宽均为 10 mil，这对于数字集成电路系统非常合理。对于 DIP 封装的集成电路芯片，为了能够在集成电路管脚焊盘间走线，当焊盘间距为 50 mil 时，线宽取 10～20 mil(安全间距为 15～20 mil)；当采用管脚间距更小的集成芯片，如管脚间距为 50 mil 的 SOJ、SOL 封装电路芯片时，最小线宽可以减到 6～8 mil。但对于以分立元件为主的电路系统，布线宽度可以取大一些，如 30～100 mil 等。

(2) 设置电源、地线等电流负荷较大的网络导线宽度。

在电路板中，电源线、地线等导线流过的电流较大。为了提高电路系统的可靠性，电源线、地线等导线宽度要大一些。自动布线前，最好预先设定，操作过程如下：

右键单击 Width 图标，添加新规则 Width_1，在“Where The Object Matches”(适用范围)区域的下拉菜单中选中“Net”(网络)，接着在右侧“Net”下拉列表中选中相应的网络名，如 VCC、GND(地线)等；在线宽窗口内直接输入最小、最大线宽，如图 9-47 所示。如此反复可以添加多个规则。

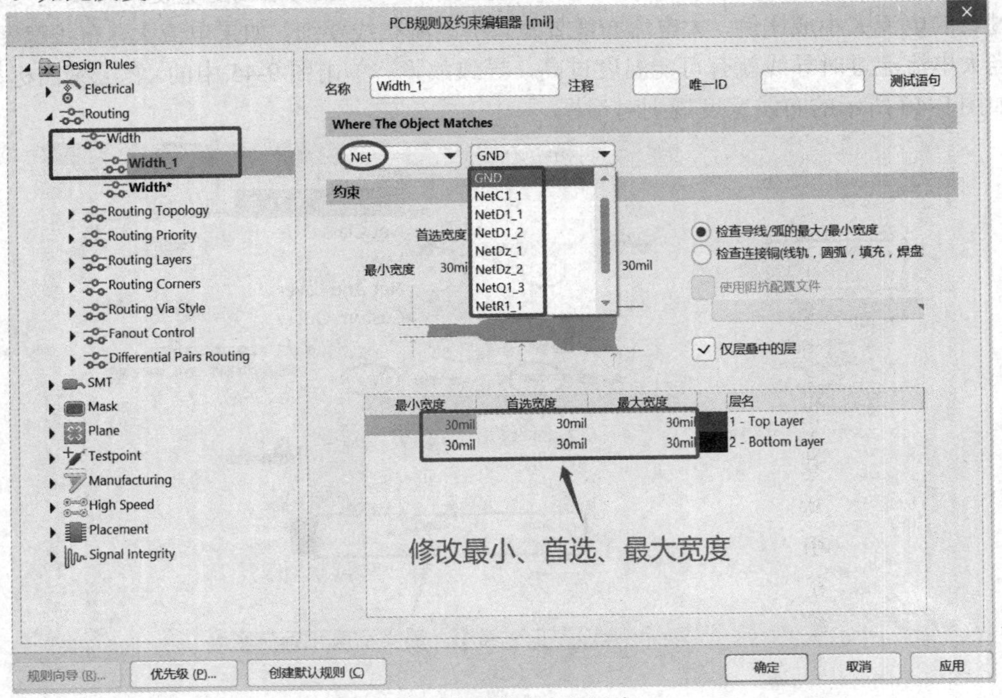

图 9-47　电源线宽度设置窗口

设置完成后，单击 Width 图标，即可发现右侧线宽状态窗口内多了电源线宽度信息，如图 9-48 所示。

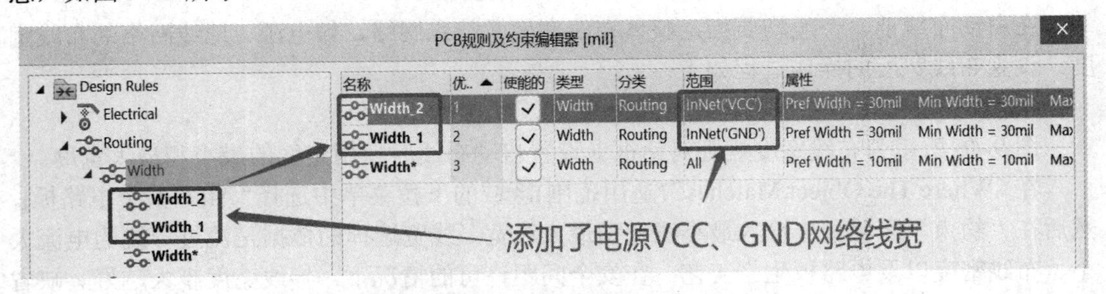

图 9-48　增加了电源线宽度后的线宽信息

2. Routing Topology(布线拓扑结构)规则

该项规则用来设置布线的拓扑结构。拓扑结构是指以焊盘为点，以连接各焊盘的导线为线，由点和线构成的几何图形。在 PCB 中，元件焊盘之间的飞线连接方式称为布线的拓扑结构。单击图 9-45 中的 RoutingTopology 图标，弹出如图 9-49 所示的 Routing Topology 布线拓扑结构设置对话框。在约束项下拉框中有 7 种拓扑结构可供选择，分别是 Shortest(最短连线)、Horizontal(水平连线)、Vertical(垂直连线)、Daisy-Simple(简单雏菊)、Daisy-MidDriven (雏菊中心)、Daisy-Balanced (雏菊平衡)、Starburst(星形)。系统默认的拓扑结构为 Shortest。

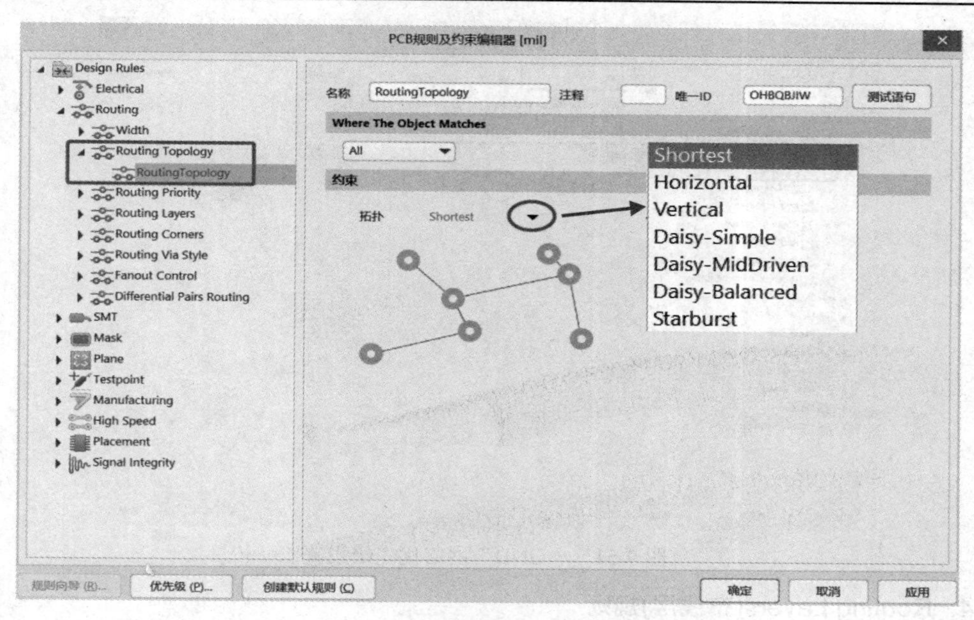

图 9-49　Routing Topology(布线拓扑结构)规则

3. Routing Priority(布线优先级)规则

该项规则用于设置各布线网络的优先级(布线的先后顺序)。单击图 9-45 中的 RoutingPriority 图标，弹出如图 9-50 所示的对话框。系统提供的优先级别比较多，数字 0 代表优先级最低，数字越大，优先级别越高。

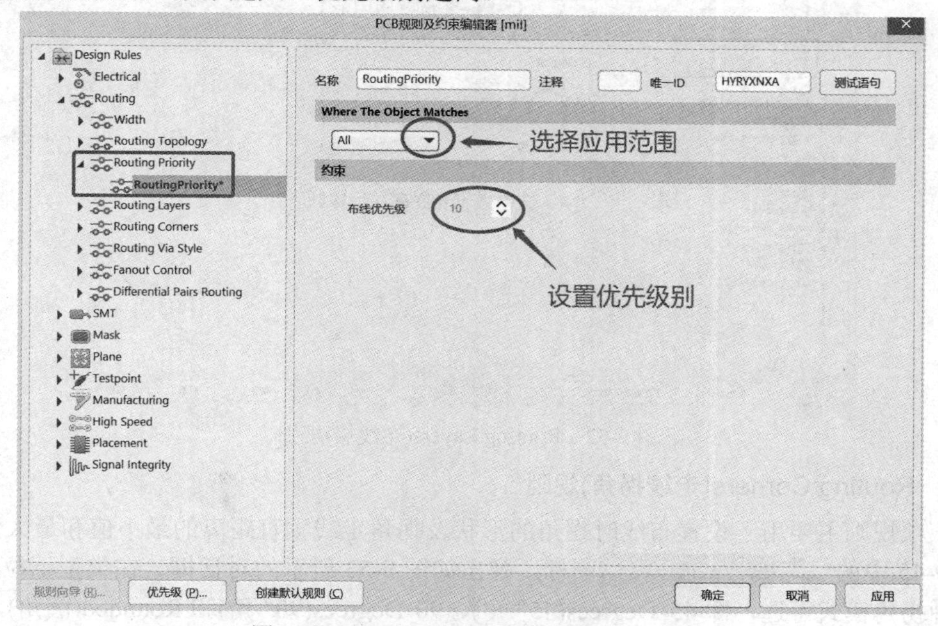

图 9-50　Routing Priority(布线优先级)规则

例如，将 GND 网络的优先级设置为 10，右键单击 Routing Priority 图标，添加“新规则”，名称改为 GND，优先级设置为 10，如图 9-51 所示。

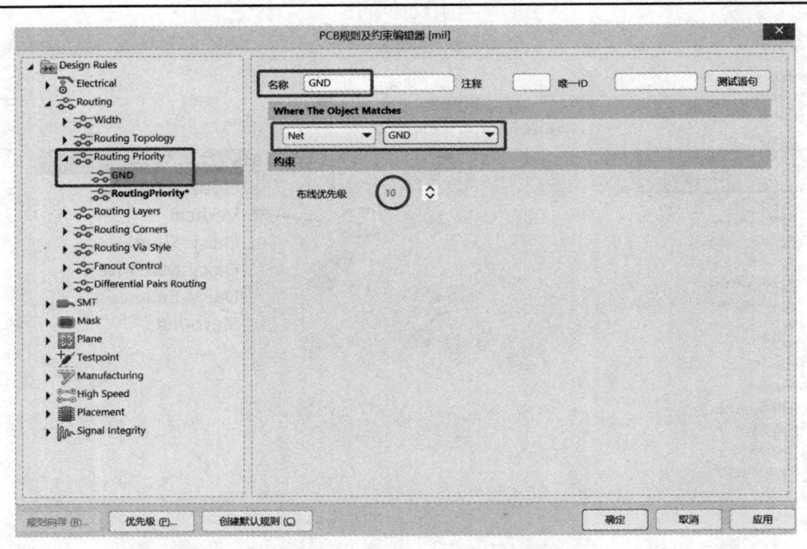

图 9-51　“GND”网络优先级设置

4. Routing Layers(布线层)规则

该项规则用于设置自动布线过程中各网络允许布线的工作层。单击图 9-45 中的 RoutingLayers 图标，弹出如图 9-52 所示的对话框。打钩(√)的表示允许在该层布线。

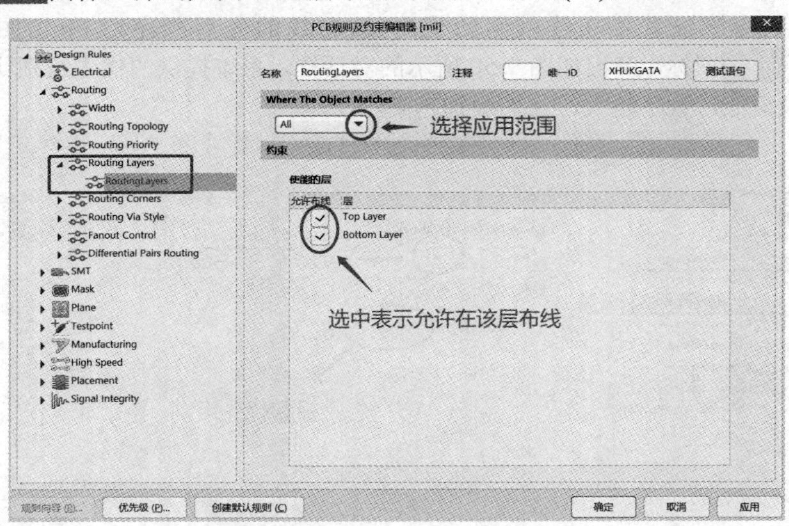

图 9-52　Routing Layers(布线层)规则

5. Routing Corners(走线拐角)规则

该项规则主要用于设置布线时拐角的形状及拐角走线垂直距离的最小值和最大值。单击图 9-45 中的 RoutingCorners 图标，弹出如图 9-53 所示的对话框。在类型下拉框中，有 3 种拐角模式可选，即 45 Degrees(45°角)、90 Degrees(90°角)和 Rounded(圆角)，如图 9-54 所示。

系统默认为 45°拐角模式。其中，45°和圆角这两种模式需要设置拐角的尺寸范围。90°角布线简单，因为有尖角，容易积累电荷，会接收或发射电磁波，所示该布线方式的电磁兼容性能差；45° 角的积累电荷效应降低，可以改善电路的抗干扰能力；圆角方式有较好的电磁兼容性能，比较适合高电压、大电流布线。

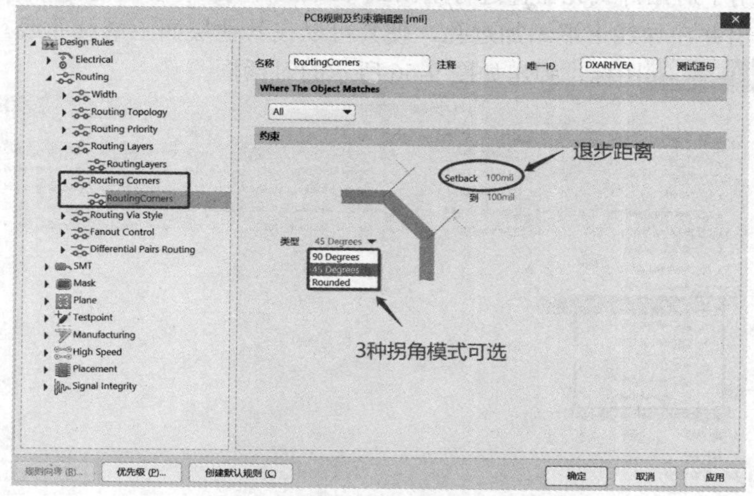

图 9-53　Routing Corners(走线拐角)规则

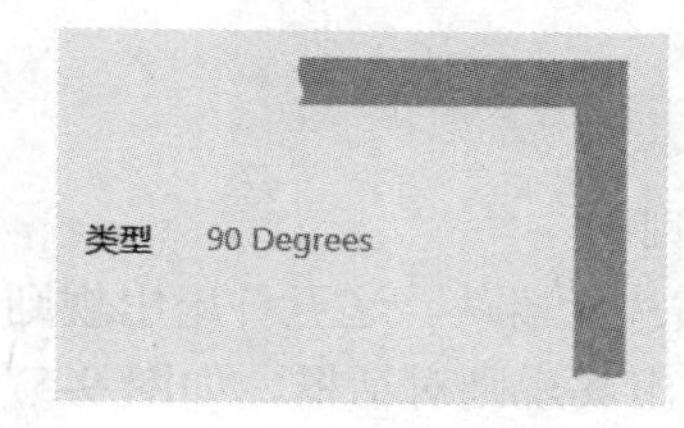
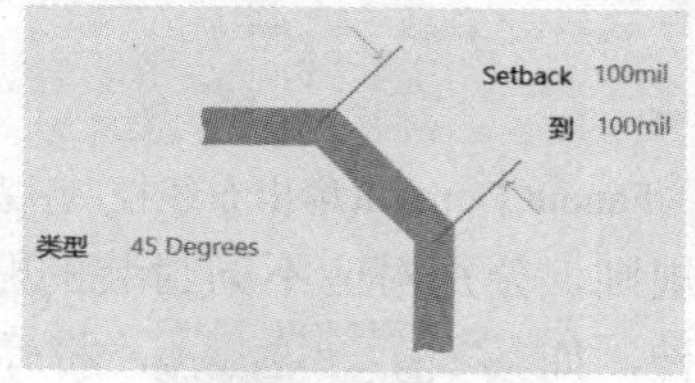
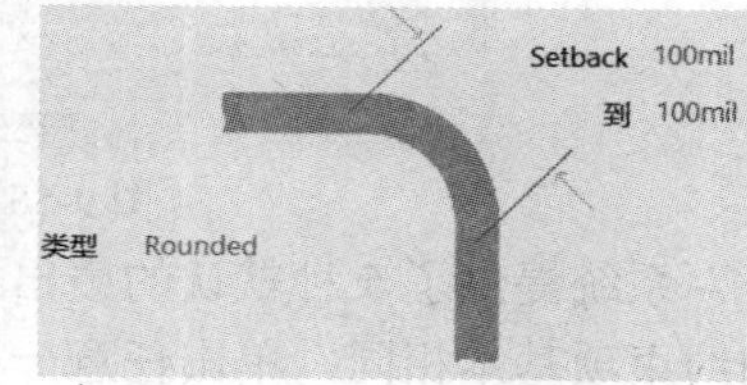

图 9-54　3 种拐角模式

6. Routing Via Style(布线过孔样式)规则

该项规则用于设置过孔的外径(Diameter)和内径(Hole Size)的尺寸。单击图 9-45 中的 RoutingVias 图标，弹出如图 9-55 所示的对话框。可以设置过孔的内、外孔直径的最大值、最小值和优选值。优选值为自动布线和手工布线过程中系统的默认尺寸。一般单面板、双面板的过孔直径设置为 40～60 mil，过孔孔径设置为 20～30 mil；4 层板及以上 PCB 的过孔直径的最小值设置为 20 mil，过孔孔径的最小值设置为 10 mil。

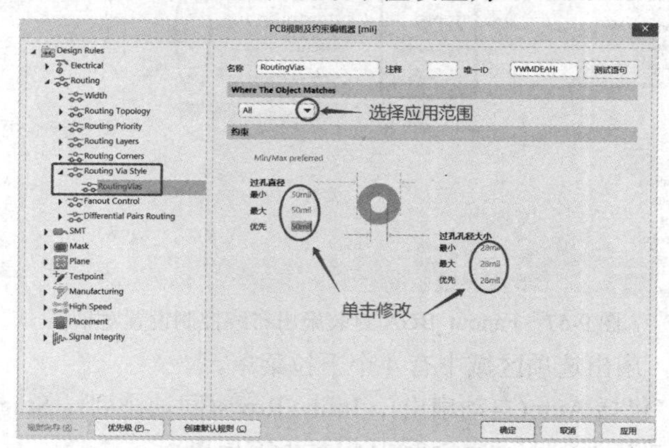

图 9-55　Routing Via Style(布线过孔样式)规则

7. Fanout Control(扇出布线控制)规则

该项规则用于对贴片式元器件进行扇出式布线控制设置。扇出是将贴片式元器件的焊盘通过导线引出并在导线末端添加过孔，使其可以在其他层面上继续布线。单击图 9-45 中的 Fanout Control 图标，弹出如图 9-56 所示的对话框。

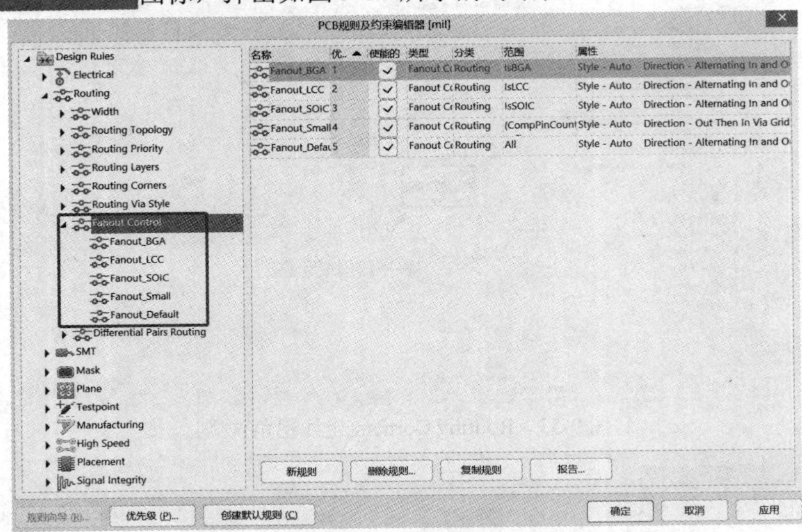

图 9-56　Fanout Control(扇出布线控制)规则

系统提供了 5 种默认的扇出规则，分别对应不同封装的贴片元器件。这五种扇出规则的约束项基本相同，单击任意一种，如 Fanout_BGA，将弹出其规则对话框，如图 9-57 所示。

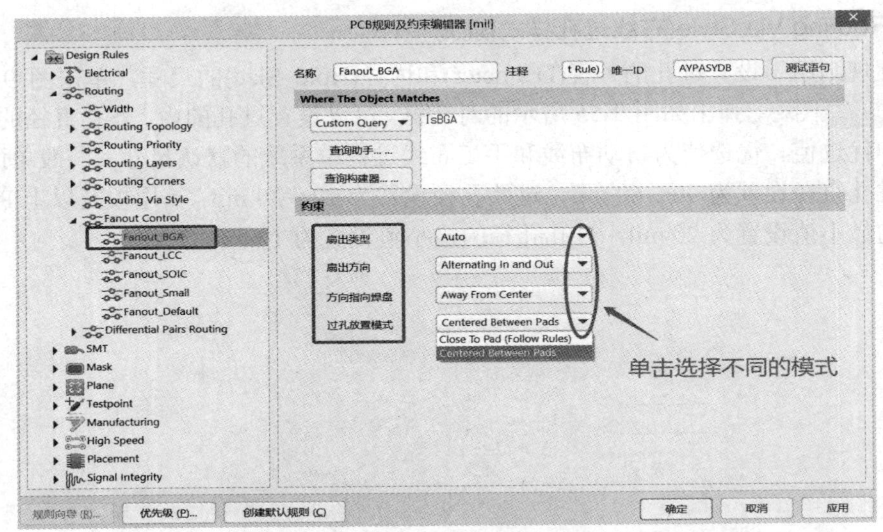

图 9-57　Fanout_BGA 封装扇出布线控制设置对话框

“约束”项中，扇出选项区域中有 4 个下拉菜单。

(1) 扇出类型：包括 Auto(自动扇出)，Inline Rows(同轴排列)，Staggered Rows(交错排列)，BGA(BGA 形式排列)，Under Pads(从焊盘下方扇出)。

(2) 扇出方向：包括 Disable(不设定扇出方向)，In Only(从输入方向扇出)，Out Only(从输出方向扇出)，In Then Out(先进后出方式扇出)，Out Then In(先出后进方式扇出)，Alternating In and Out(交互式进出方式扇出)。

(3) 方向指向焊盘：包括 Away From Center(偏离焊盘中心扇出)，North-East(从焊盘东北方向扇出)，South-East(从焊盘东南方向扇出)，South-West(从焊盘西南方向扇出)，North-West(从焊盘西北方向扇出)，Towards Center(从正对焊盘中心的方向扇出)。

(4) 过孔放置模式：包括 Close To Pad (过孔靠近焊盘放置)，Centered Between Pads(过孔放置在焊盘之间)。

8. Differential Pairs Routing(差分对布线)规则

该项规则主要用于对一组差分对设置相应的参数。单击图 9-45 中的 DiffPairsRouting 图标，弹出如图 9-58 所示的对话框，可以设置各类参数。

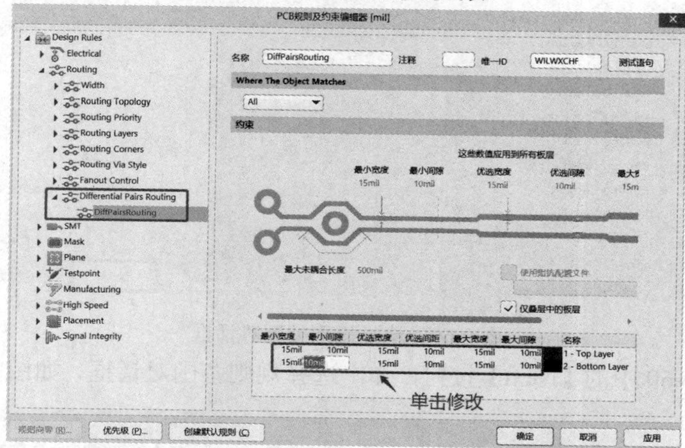

图 9-58　Differential Pairs Routing(差分对布线)规则

9.6.4　规则设置向导

在 PCB 编辑器中，执行菜单命令“布线”→“规则向导”，即可启动新建规则向导，如图 9-59 所示。

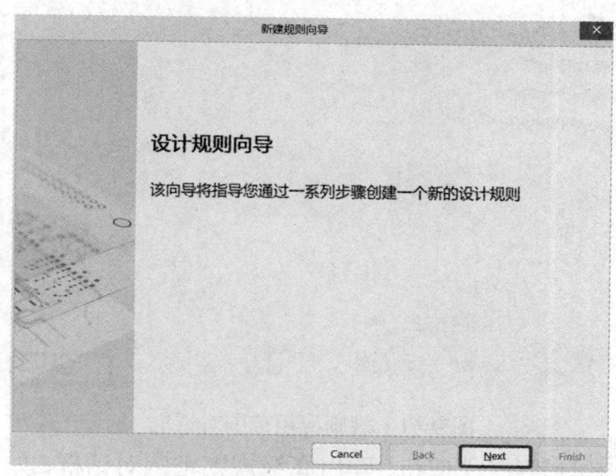

图 9-59　规则向导对话框

我们以设置 GND 网络的走线宽度为例介绍利用向导设置规则的方法。

(1) 单击图 9-59 中的【Next】按钮，弹出选择规则类型对话框，如图 9-60 所示。选择 Electrical 中的 Clearance Constraint(走线间距约束)项。在名称栏中输入 Clearance1。

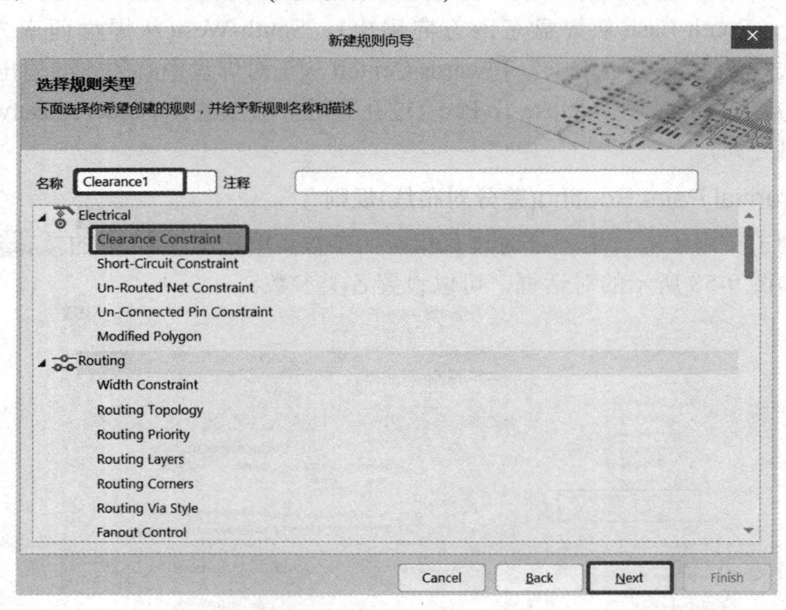

图 9-60 选择规则类型对话框

(2) 单击图 9-60 中的【Next】按钮，弹出选择规则范围对话框，如图 9-61 所示。选择“1 个网络”。

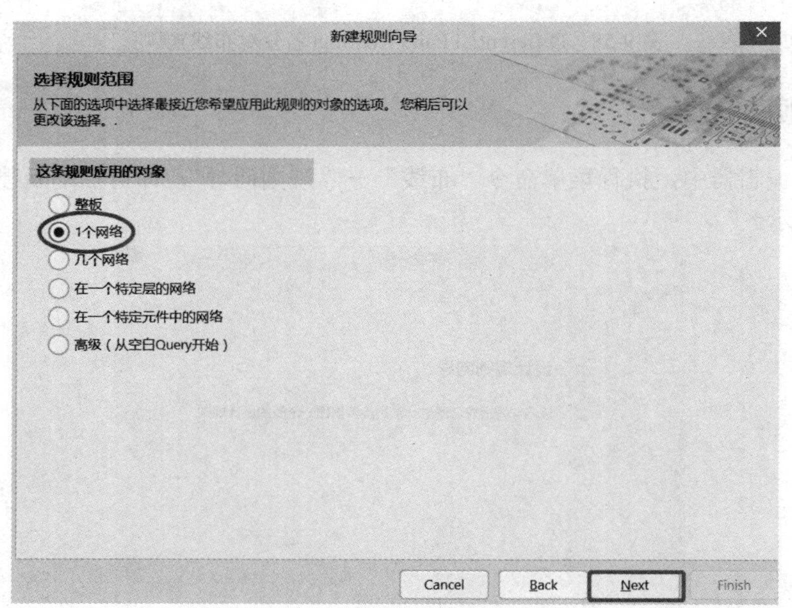

图 9-61 规则应用范围对话框

(3) 单击图 9-61 中的【Next】按钮，弹出高级规则范围对话框，如图 9-62 所示。在“条件值”下面选择“GND”。

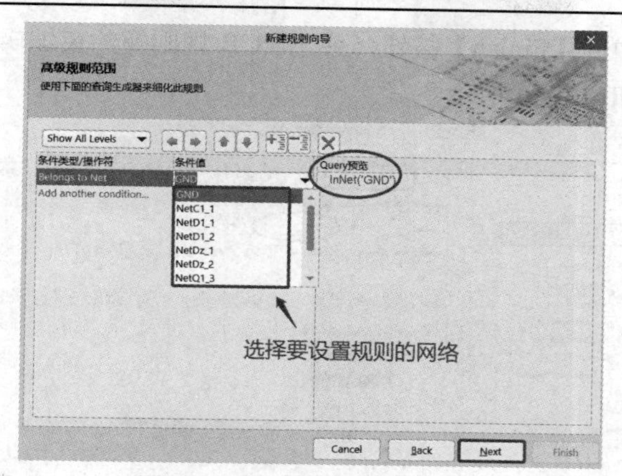

图 9-62　高级规则范围对话框

(4) 单击图 9-62 中的【Next】按钮，弹出选择规则优先权对话框，如图 9-63 所示。可以增加或降低优先级。

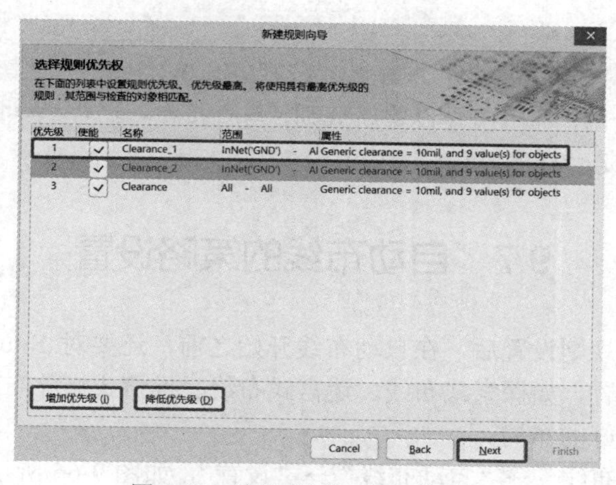

图 9-63　选择规则优先权对话框

(5) 单击图 9-63 中的【Next】按钮，弹出新规则完成对话框，如图 9-64 所示。选中开始主设计规则对话框。

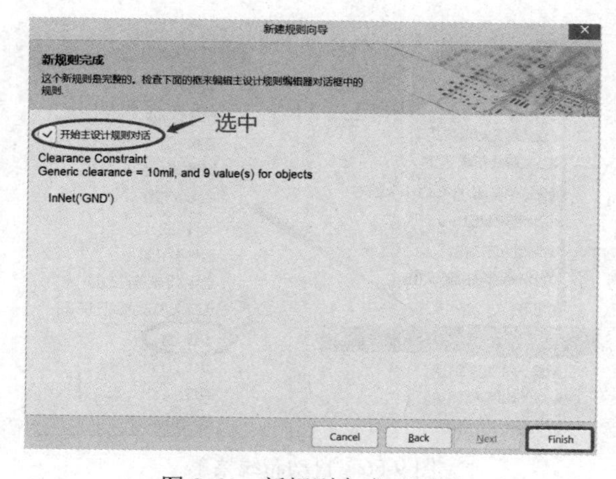

图 9-64　新规则完成对话框

(6) 单击图 9-64 中的【Finish】按钮，弹出 PCB 规则及约束编辑器对话框，在对话框中显示了新建规则，如图 9-65 所示。

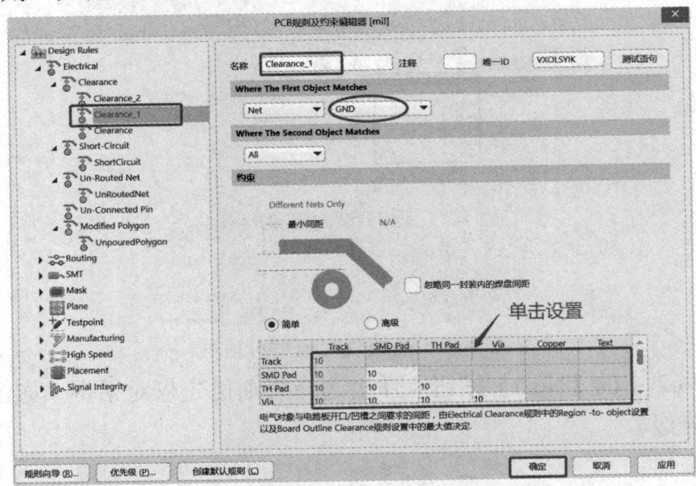

图 9-65　PCB 规则及约束编辑器对话框

从图 9-65 可以看出，利用向导设置新规则，与直接在 Clearance 图标上单击鼠标右键添加新规则，其结果是一样的。

9.7　自动布线的策略设置

完成了自动布线规则设置后，在自动布线开始之前，还要对 Situs 拓扑逻辑自动布线器的布线策略加以设置，如探索式布线、迷宫式布线、推挤式拓扑布线等。自动布线的布通率依赖于是否有良好的布局。

执行菜单命令“布线”→“自动布线”→“设置”，如图 9-66 所示。打开 Situs 布线策略对话框，如图 9-67 所示。该对话框分为上下两部分，分别是“布线设置报告目录”窗口和“布线策略”窗口。对话框中列出了 6 种默认的自动布线策略，对默认布线策略不能进行编辑和删除操作。

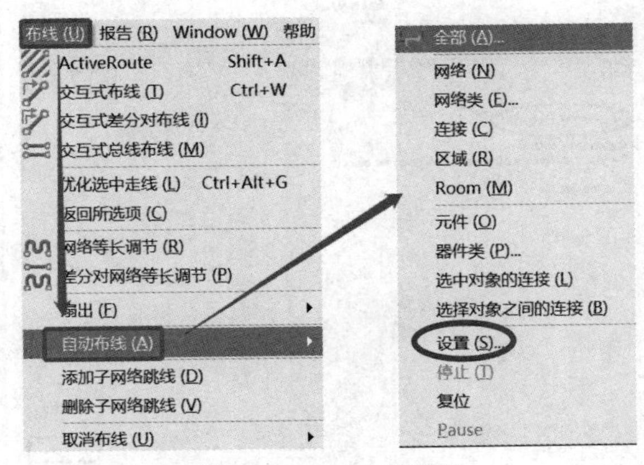

图 9-66　自动布线菜单

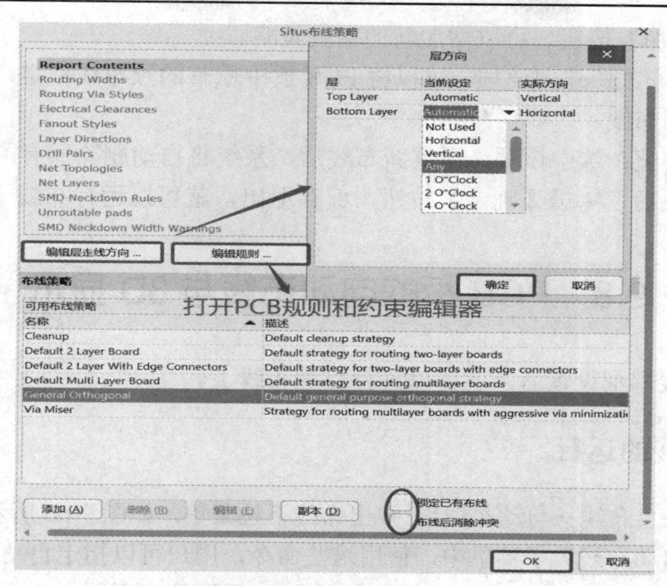

图 9-67　Situs 布线策略对话框

(1)“布线设置报告目录”区域。该区域用于对布线规则的设置及其受影响的对象进行汇总，并进行规则编辑。目录下列出了详细的布线规则，并以超链接的方式，将列表中的各项链接到规则设置栏，用户可以随时进行查看和修改。

① 单击【编辑层走线方向】按钮，弹出“层方向”对话框，可以设置各信号层的走线方向。其中：

Horizontal：表示该层上的布线以水平方向走线为主。

Vertical：表示该层上的布线以垂直方向走线为主。

Not Used：表示不在该信号层上走线。

Any：任意方向(即水平、垂直、斜 45° 等均可)。

对于双面板，顶层和底层走线方式必须一个选择 Horizontal，另一个选择 Vertical，以减小电路板产生的分布电容效应，提高布通率。如果是单层布线，可以设置顶层为 Not Used，底层的布线方向为 Any。

② 单击【编辑规则】按钮，则打开 PCB 规则和约束编辑器对话框，可重新设置布线规则。

③ 单击【报告另存为】按钮，可将规则报告导出并以“.hmt”格式保存。

(2)“布线策略”区域。该区域用于设置可用的布线策略，对话框中列出了 6 种默认的自动布线策略，对默认布线策略不能进行编辑和删除操作。

① Cleanup：默认的优选布线策略。

② Default 2 Layer Board：默认双面板布线策略。

③ Default 2 Layer With Edge Connectors：默认带有边缘连接器的双面板布线策略。

④ Default Multi Layer Board：默认多层板布线策略。

⑤ General Orthogonal：默认常规正交布线策略。

⑥ Via Miser：尽量减少过孔使用的多层板布线策略。

(3) 单击【添加】按钮，可以增加新的布线策略。

(4) 锁定已有布线：选中该项，可以将 PCB 板中原有的预布线锁定，重新布线时将不会改变这些部分的布线。

布线后消除冲突：选中该项，再重新布线后，系统将自动删除原有的布线，以避免布线重叠。设置完成后，单击【确定】按钮，保存退出，就可以运行布线了。

9.8 PCB 板的自动布线与 3D 显示

完成自动布线规则设置后，就可以进行自动布线了。

9.8.1 自动布线的运行

执行菜单命令“布线→自动布线”，弹出布线下拉菜单，如图 9-66 所示。自动布线的命令全部集中在“自动布线”子菜单中，使用这些命令，用户可以指定自动布线的不同范围，并且可以控制自动布线的有关进程，如终止、暂停、重置等。下面介绍菜单中各项的功能。

(1) 全部：对整个电路板进行自动布线。

(2) 网络：对选中的网络进行自动布线。执行该命令后，光标变成十字形，移动光标到 PCB 编辑区内，选择所要布通的网络(可以选择属于该网络的其中一条飞线或某个焊盘)，单击鼠标左键，则选中的网络被自动布线。

(3) 网络类：可对指定网络类进行自动布线。

(4) 连接：对所选中的飞线自动布线。执行菜单命令后，光标变成十字形，移动光标到要布线的飞线上，单击鼠标左键，仅对该飞线进行布线，而不是对该飞线所在的网络进行布线。

(5) 区域：对所选择的区域进行布线。执行该命令后，鼠标变成十字形，单击左键框选区域进行布线。对所选中的区域内所有的连接，只要该连接有一部分处于该区域即可对其进行布线(不管是焊盘还是飞线)。

(6) Room：对所选择的 Room 区域进行布线。

(7) 元件：对所选中的元件上所有的连接进行布线。

(8) 器件类：用于为指定的器件类进行布线，执行该命令，弹出对话框进行设置。

(9) 选中对象的连接：先选中需要布线的对象，执行该命令，与该对象相连接的所有线均可布通。

(10) 选择对象之间的连接：选中的对象之间布线连通。

(11) 设置：设置布线策略。单击弹出布线策略对话框，如图 9-67 所示，在 **Report Contents** 下方选择某一项后，单击“编辑规则”可以进行参数设置，设置完成后单击【OK】按钮。

(12) 停止：终止自动布线。

(13) 复位：重新设置自动布线规则及参数，对电路重新布线。

(14) Pause(暂停)：暂停自动布线进程。

对于比较简单的电路，自动布线的布通率可达 100%，如果布通率没有达到 100%，用户一定要分析原因，拆除所有或部分布线，并进一步调整布局，再重新自动布线，最终使布通率达到 100%。如果仅有少数几条线没有布通，也可以采用放置导线命令的方法，手工布线。

下面我们对本章举例的“过压监视电路.PCB”，采用全局自动布线方式完成布线。

(1) 执行菜单命令“布线”→“自动布线”→“全部”。

(2) 执行该命令后，系统弹出 Situs 布线策略对话框，选择“Default 2 Layer Board”布线策略，并选中“布线后消除冲突”复选框。

(3) 设置布线宽度。单击 Routing Widths ，再单击 编辑规则… 按钮，打开 PCB 规则和约束编辑器。

(4) 在 PCB 规则和约束编辑器中选择 Width 规则，如图 9-46 所示，将导线最小宽度、首选宽度、最大宽度均设为 20 mil，单击【确定】按钮返回。

(5) 查看 Routing Widths 选项，可以看到线宽发生了变化，如图 9-68 所示。其他参数采用系统默认设置。

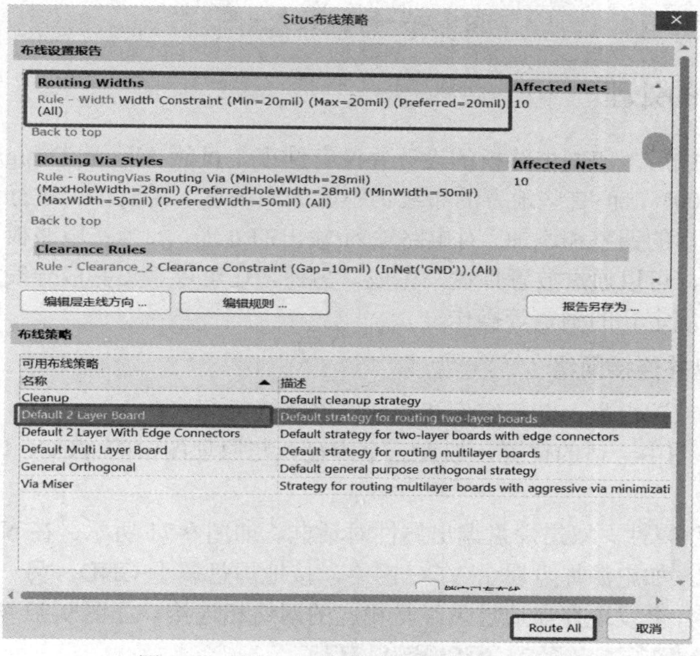

图 9-68　Situs 布线策略线宽设置对话框

(6) 单击 Route All 按钮，系统开始对电路板进行自动布线。布线结束后，弹出一个自动布线信息(Messages)对话框，如图 9-69 所示，显示布线情况。

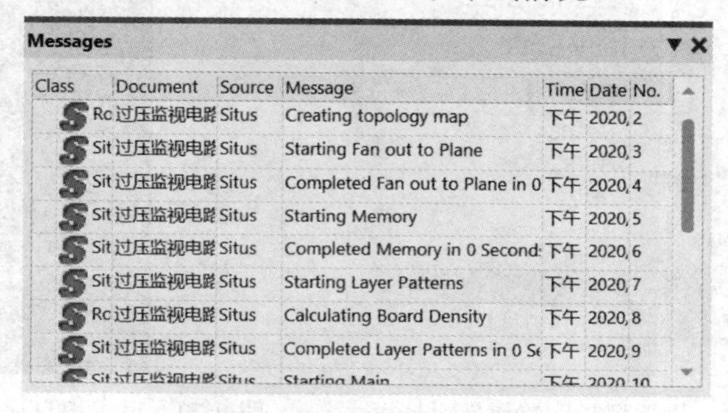

图 9-69　自动布线信息对话框

(7) 查看布线情况后关闭该布线信息对话框。全局布线效果如图 9-70 所示。如果发现图中走线不合理或出现未连接现象，这时需要后期的手工调整。

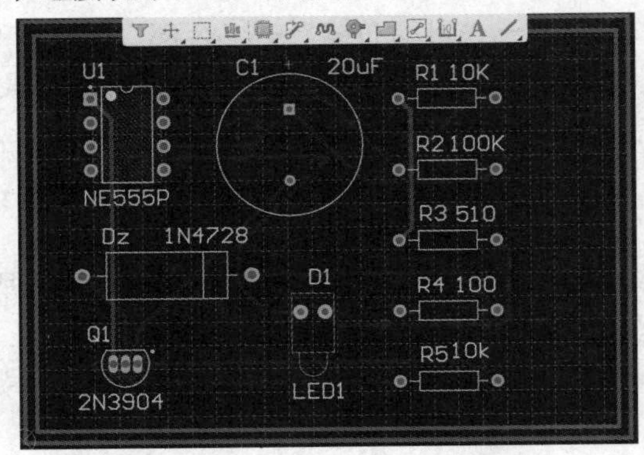

图 9-70　全局布线效果图

9.8.2　布线后的处理

自动布线完成后，印刷电路板的设计并没有结束。虽然 Altium Designer 19 自动布线的布通率可达 100%，但有些地方的布线仍不能令人满意，需要手工进行调整。可以手工完成对标注字符串的调整和添加、对电路输入/输出的处理，如当在电路板中需要外接电源或其他元部件时，可以通过放置焊盘来完成。另外，还可以手工完成导线的宽度调整、填充的放置和螺丝固定孔的确定等操作。

1. 放置焊盘并连接网络

在电路板上放置焊盘，并将它们和相应的网络连接起来。

(1) 在 PCB 图中合适的位置，放置三个焊盘，与原理图中的 VCC、GND 和 Vx(输入信号)对应。

(2) 设置焊盘属性。双击焊盘调出属性对话框，如图 9-71 所示，在 Net 下拉框中选择焊盘所在的网络，如电源焊盘属于 VCC 网络，接地焊盘属于 GND，另一个属于 Vx 网络焊盘。设置完毕，会发现焊盘通过飞线与相应的网络相连接，如图 9-72 所示。

图 9-71　设置焊盘网络属性对话框

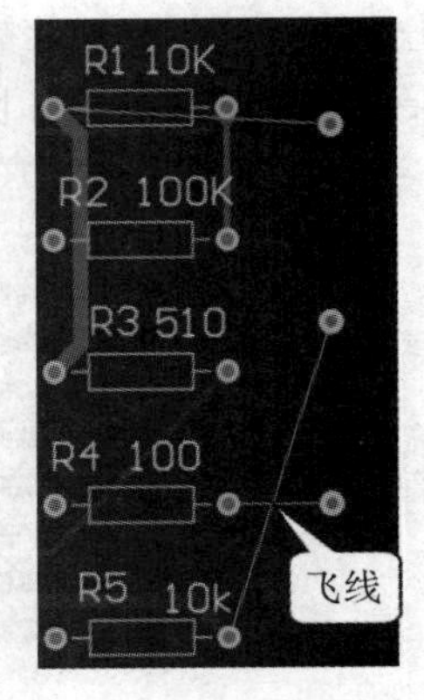

图 9-72　设置焊盘属性后的电气连接

(3) 执行自动布线命令“布线”→“自动布线”→“连线”，鼠标变成十字形，移动鼠标在连接焊盘的飞线上单击，即可完成连接；或执行手工布线命令“放置→交互布线”，完成焊盘与相应网络的布线连接。

2. 改变导线宽度

(1) 加粗电源线、地线。在自动布线时，设置电源网络(VCC)和接地网络(GND)的导线线宽为 40 mil，其他网络的线宽为 20 mil。具体操作步骤如下：

① 选择菜单命令“设计”→“规则”，弹出 PCB 规则及约束编辑器。

② 选择 Width 图标，建立新规则。在 Width 图标上单击右键，在弹出选项中选择“新规则”，或在下方选择“新规则”图标，如图 9-47 所示，添加新规则。

③ 分别单击 **Width_1** 和 **Width_2** 图标，选择 VCC 和 GND 网络，并设置线宽为 40 mil，如图 9-73 所示对话框。

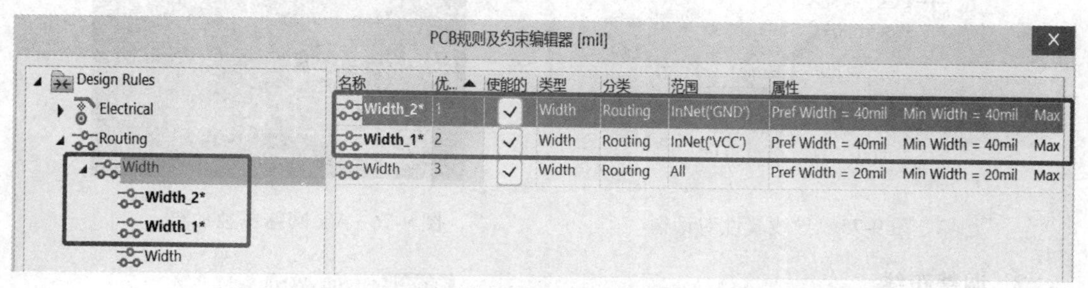

图 9-73　VCC 和 GND 网络导线的宽度规则设置

④ 线宽参数设置完成后，选择“自动布线”→“全部”。在执行“Route All”命令后，会发现 VCC 和 GND 网络导线的宽度与其他导线宽度不同，如图 9-74 所示。

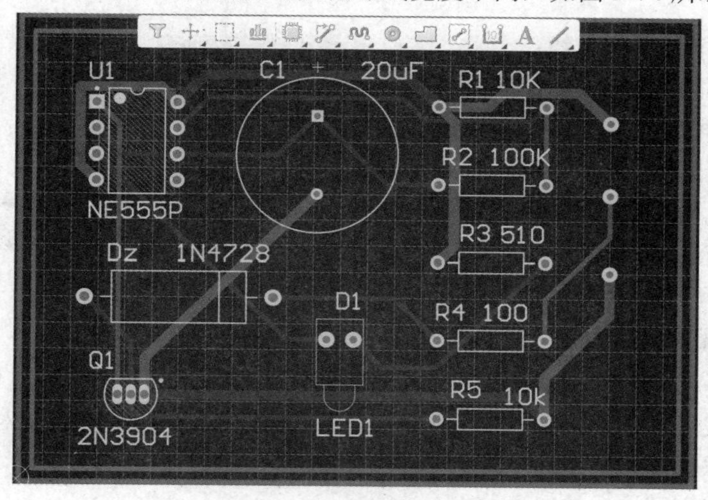

图 9-74　加宽后的电源线和接地线显示

(2) 修改单条导线宽度。修改信号线宽度为 35 mil。首先在 PCB 规则及约束编辑器中，将导线的最大宽度设置为 50 mil，如果最大宽度小于即将修改导线的宽度，则无法完成修改操作。再将光标移动到需要修改的导线上(Vx)，双击该导线，弹出如图 9-75 所示属性对话框，修改 Width 为 35 mil，关闭对话框，修改后的导线显示如图 9-76 所示。

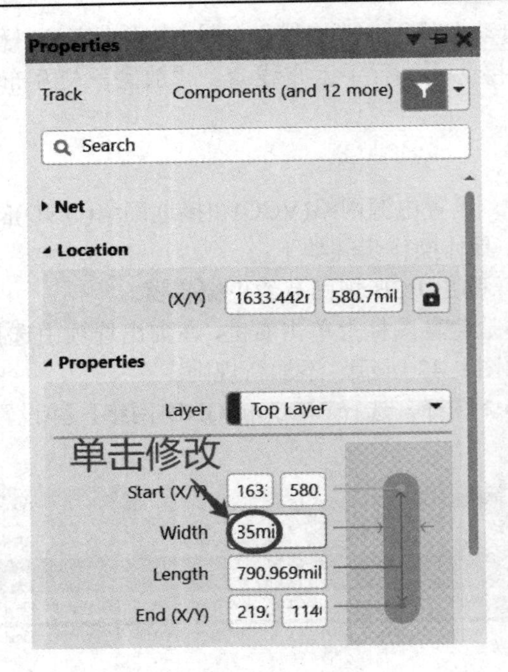

图 9-75　导线属性对话框

图 9-76　Vx 网络单独加粗

3. 调整布线

对自动布线的结果如果不太满意，可以取消以前的布线。系统提供 5 条取消布线的命令，如图 9-77 所示。

(1) 全部：取消所有布线；

(2) 网络：取消指定网络的布线。

(3) 连接：取消指定连接的布线。

(4) 器件：取消指定器件的布线。

(5) Room：取消指定 Room 的布线。

导线拆除后，可以采用手工布线的方法重新布线。

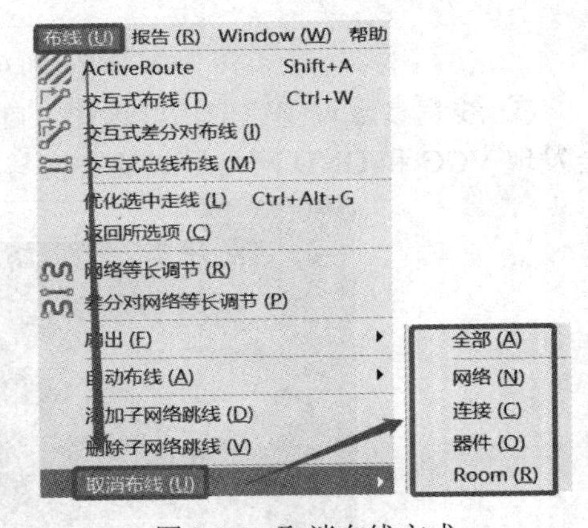

图 9-77　取消布线方式

4. 调整与添加文字标注

文字标注是指元件的标号、标称值和对电路板进行标示的字符串。在电路板进行自动布局和自动布线后，文字标注的位置可能不合理，整体显得较凌乱，需要对它们进行调整，并根据需要再添加一些文字标注。

(1) 调整文字标注。

① 移动文字标注的位置。用鼠标左键选取文字标注并拖动。

② 文字标注的内容、角度、大小和字体的调整。用鼠标左键双击文字标注，在弹出的属性对话框中，可对 Text(内容)、Height(高度)、Width(宽度)、Rotation(旋转角度)和 Font(字体)、Layer(所在层)等进行修改，如图 9-78 所示。

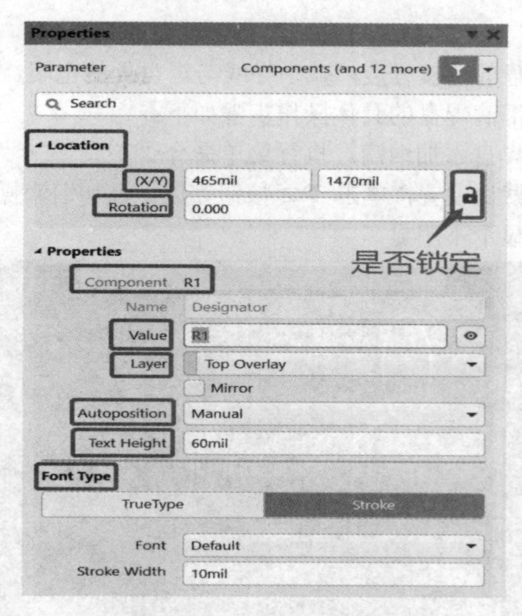

图 9-78　文字标注属性对话框

(2) 添加文字标注。

例如，对新添加的三个焊盘分别用 VCC、GND、Vx 加以标注，并添加电路板制作名称等信息，具体步骤如下：

① 将当前工作层切换为 Top Overlayer(顶层丝印层)。

② 执行菜单命令“放置”→“字符串”，或在窗口工具栏中选择**A**图标，光标变成十字形，按下 Tab 键，弹出字符串属性设置对话框，如图 9-79 所示。在 Text 文本框中分别输入 VCC、GND 或 Vx，字体高度设置为 100 mil。

③ 设置完毕后，移动光标到合适的位置，单击鼠标左键，放置一个文字标注，依次放置其他两个字符。单击鼠标右键，结束命令状态。图 9-80 所示为添加文字标注及调整后的效果。

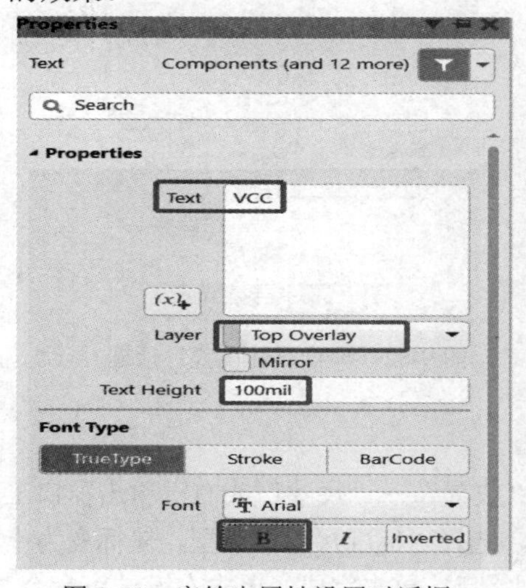

图 9-79　字符串属性设置对话框

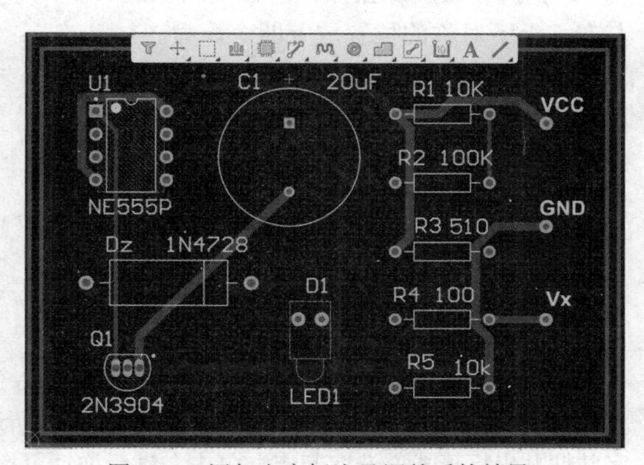

图 9-80　添加文字标注及调整后的效果

5. 设置泪滴焊盘

为了加固导线与焊盘的连接程度，减小导线与焊盘处的电阻，可以将特定区域的焊盘设置成泪滴焊盘。设置泪滴焊盘的具体操作步骤如下：

本例将全部过孔和焊盘添加泪滴。执行菜单命令“工具”→“泪滴”，弹出如图 8-62 所示对话框。采用系统默认设置，单击 确定 按钮完成。添加泪滴操作效果如图 9-81 所示。图中比较粗的导线泪滴显示不明显。

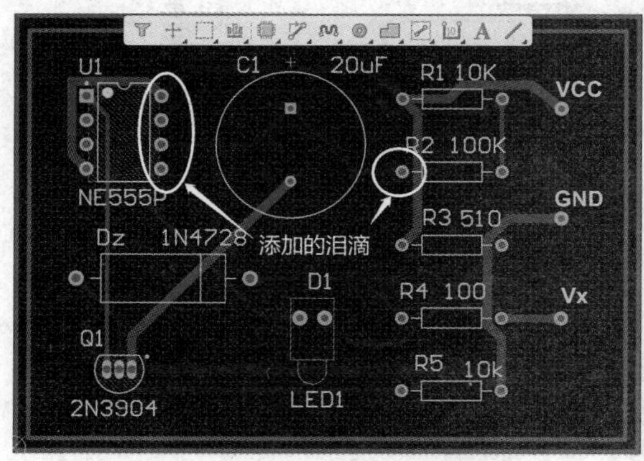

图 9-81　添加泪滴操作效果

6. 放置定位螺钉孔

在电路板上经常需要打出一些螺钉孔，以把电路板固定在机箱里，或将元件的散热片固定在电路板上。这些孔与焊盘不同，焊盘的中心是通孔，孔壁上有电镀，孔口周围是一圈铜箔。而螺钉孔一般不需要导电部分。我们可以利用放置焊盘的方法来制作螺钉孔。螺钉孔一般为 3 mm，现以在电路板的四个角各放置一个螺钉孔为例，说明具体操作步骤。

(1) 执行放置焊盘操作。在电路板的四个角左右、上下对称的位置放置四个焊盘。

(2) 设置焊盘的属性。在焊盘属性对话框中设置相关参数，如图 9-82 所示。选择圆形焊盘，并设置 X-Size、Y-Size 和 Hole-Size 文本框中的数据相同，目的是取消焊盘的孔口铜箔。孔的尺寸要与螺丝的直径相符。使 Plated 复选框无效，目的是取消通孔壁上的电镀。

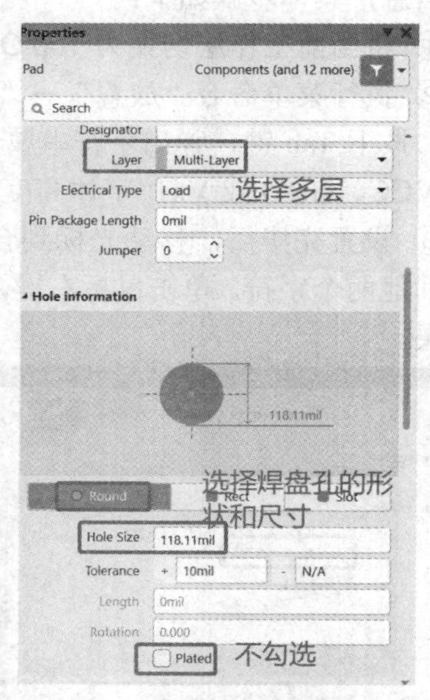

图 9-82　焊盘属性设置对话框

7. 放置尺寸标注

利用坐标完成电路板尺寸的标注，执行菜单命令“放置”→“尺寸”或右键单击窗口工具栏中的按钮，弹出放置尺寸菜单，如图 8-38 所示，选择“标准尺寸”类型，鼠标变为十字并粘贴坐标形式。选取起点，单击左键后拖动鼠标到终点，单击完成，单击右键结束命令。

注意：坐标处于选取状态时，按键盘“空格”键可以改变坐标方向，单击“Tab”键可以设置坐标属性。各项设置完成后，完整的电路板显示如图 9-83 所示。

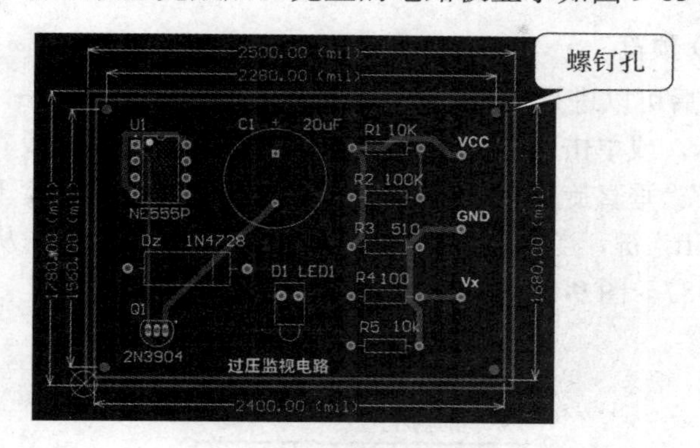

图 9-83　完整电路板显示

8. 设置插接板

为了使印制电路板在使用时检查维修方便，可将电路板制成即插即卸插接板形式，即将电路板的输入/输出及信号端设置成插接敷铜条焊盘(金手指)。设置插接板的具体操作步骤如下：

(1) 单击放置工具栏中的◎按钮，或执行菜单命令“放置”→“焊盘”，放置焊盘。

(2) 在放置焊盘过程中按下 Tab 键弹出焊盘属性设置对话框，如图 9-84 所示。

(3) 在 Properties 选项卡中设置焊盘：

X-Size 和 Y-Size 方向的尺寸分别设置为 180 mil、40 mil。

Layer (焊盘所在层)设置为 Top Layer(顶层)。

焊盘 Net(焊盘网络)分别设置为 GND、VCC、Vx。

(4) 执行自动布线命令“自动布线”→“连线”，或单击工具栏图标，完成焊盘与相应网络的布线连接。结果如图 9-85 所示。

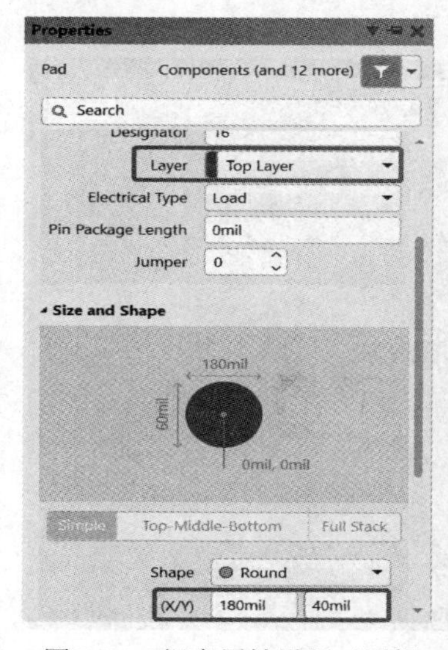

图 9-84　焊盘属性设置对话框

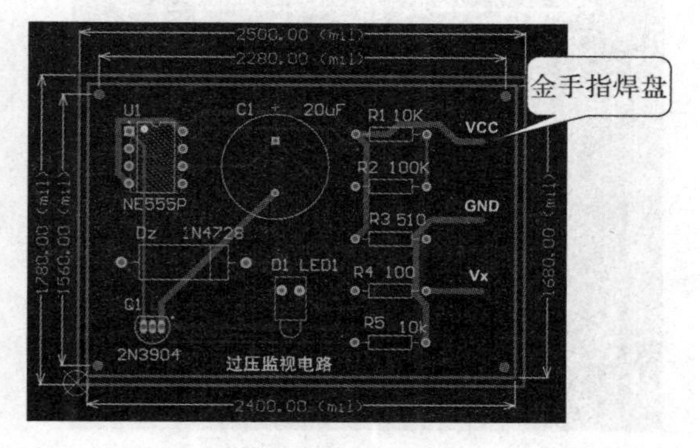

图 9-85　插接敷铜条焊盘完整电路板

9.8.3　PCB 板的 3D 显示

1. PCB 板的 3D 预览

完成电路板设计后可以进行 3D 预览，执行菜单命令“视图”→“切换到 3 维模式”命令，如图 9-86 所示，或单击键盘上的数字“3”，即可显示 PCB 板立体效果图。选择“0 度旋转”“90 度旋转”“垂直旋转”“翻转板子(B)”，即可在不同角度下观察 PCB 板立体效果图；也可按下“Shift”键，当出现旋转大圆球时，拖动鼠标右键，从任意方向进行观察。各种效果分别如图 9-87～图 9-91 所示。

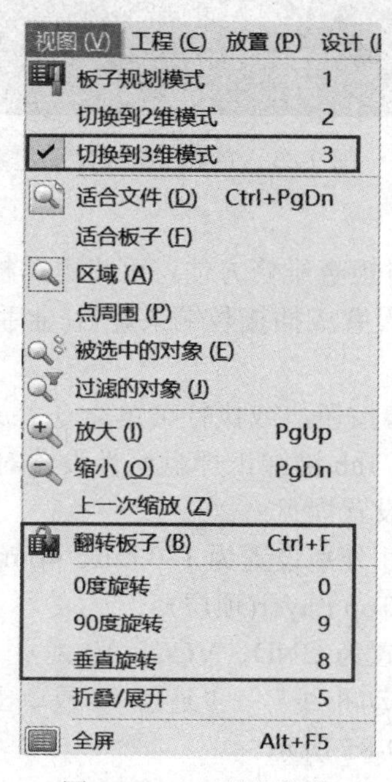

图 9-86　3D 预览菜单

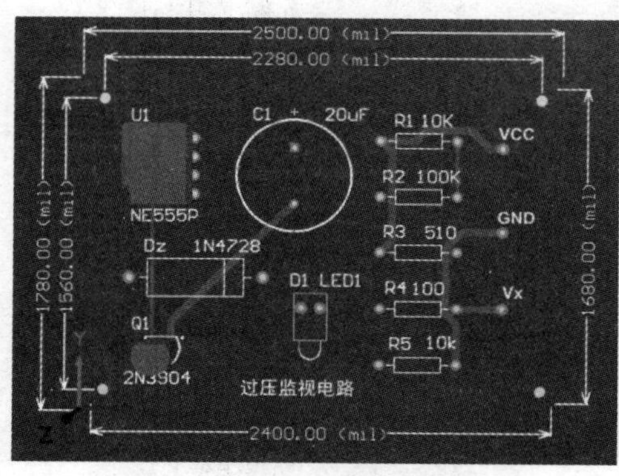

图 9-87　“0 度旋转”3D 效果

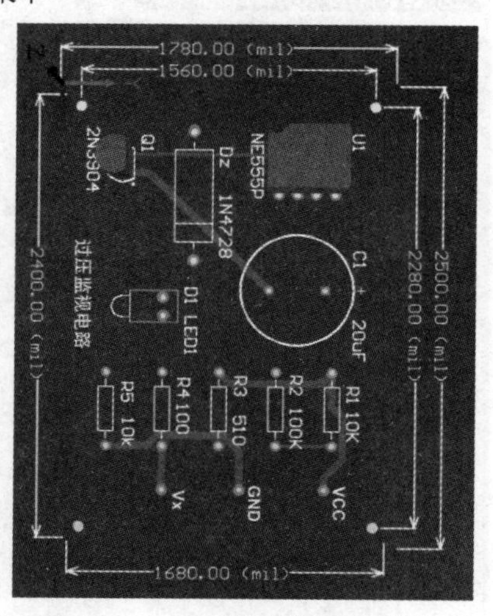

图 9-88　“90 度旋转”3D 效果

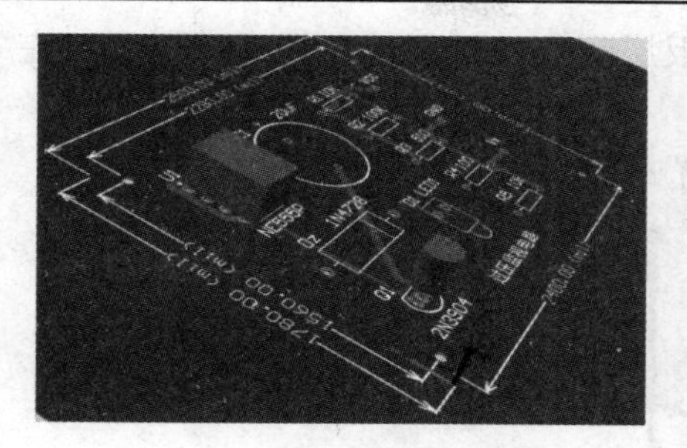

图 9-89　“垂直旋转”3D 效果

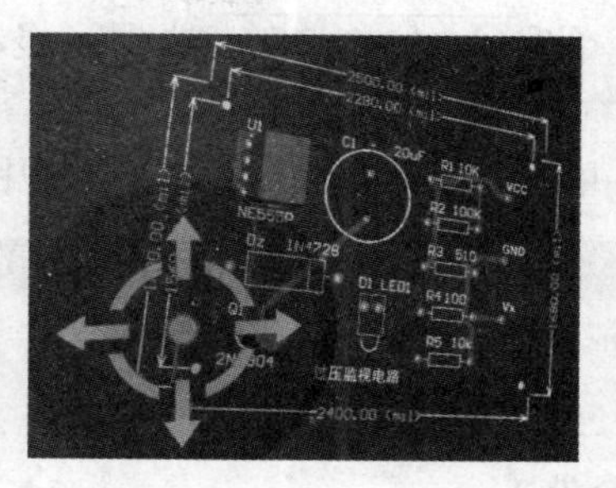

图 9-90　“任意角度”3D 效果

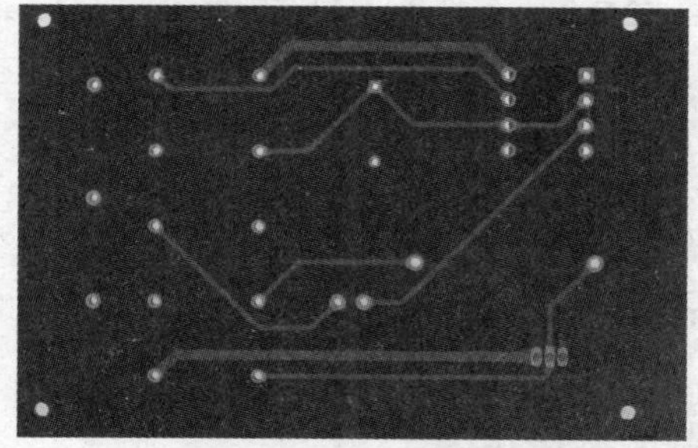

图 9-91　“翻转板子”(电路板底层)3D 效果

2. 单层显示

从图 9-85 中可以看出，电路板的各个层重叠在一起显示，系统以颜色来区分各层。对于复杂的 PCB 图，由于元件和布线的密度较大，查看图纸不方便，我们可以采用系统提供的单层显示功能分层显示，具体方法如下。

(1) 在 PCB 编辑区域，用鼠标左键单击右下角 Panels 图标，弹出面板选择对话框，如图 9-92 所示。选择“View Configuration(视图配置)”，弹出图 9-93 所示的“View Configuration(视图配置)”面板。

图 9-92　Panels 菜单

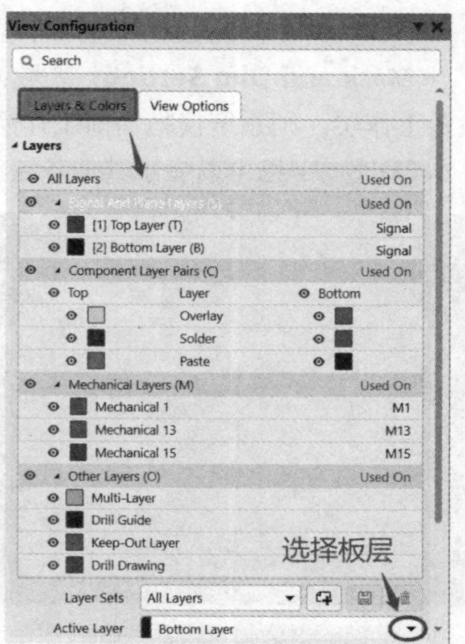

图 9-93　“View Configuration”(视图配置)面板

(2) 单击 Layers & Colors 选项，显示各板层颜色，需要单独显示的板层可在“Active Layer”右侧下拉选项中选取。

(3) 单击 View Options 选项，设置视图配置方案，如图 9-94 所示。

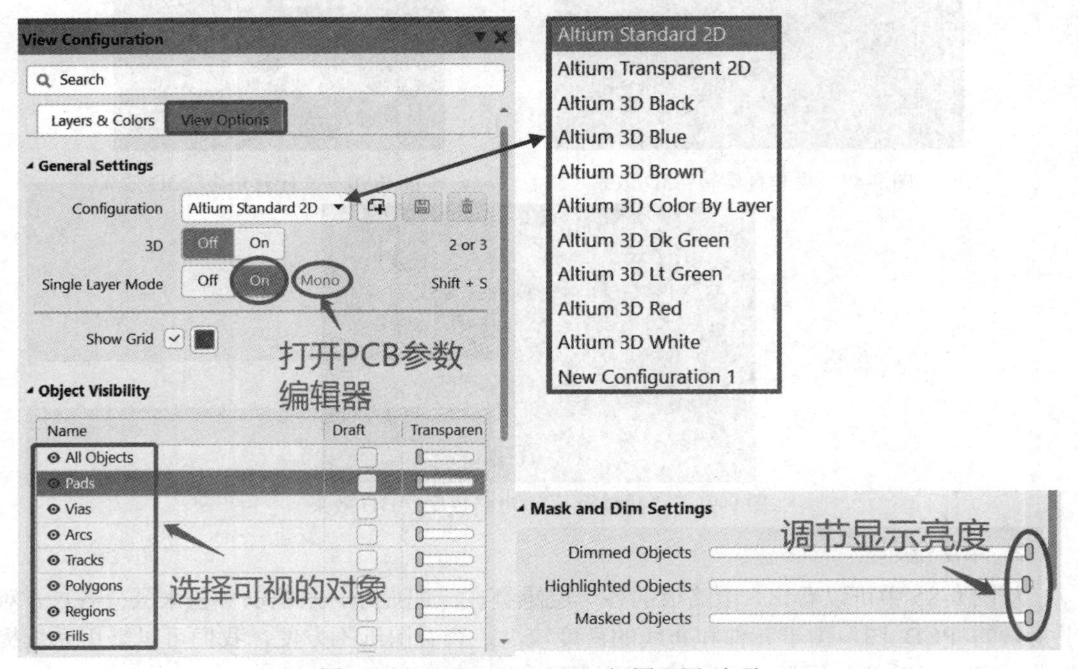

图 9-94　“View Options”(视图配置)选项

① General Settings 区域：可以选择视图的 2D、3D 显示，以及各种显示颜色。

② Single Layer Mode：切换信号层显示模式。单击【Mono】按钮，弹出图 7-19 所示的 Board Insight Display 对话框，可以设置各层颜色。

③ Object Visibility 区域：选择可视对象，如焊盘、过孔、圆弧、连线、多边形等。

④ Mask and Dim Settings 区域：设置图中对象的显示亮度。

切换各工作层，则系统仅把当前工作层的画面显示出来。如图 9-95 所示为顶层和底层的单层显示 3D 效果，也可以显示其他各层。图 9-96 所示为顶层和底层的单层显示 2D 效果。

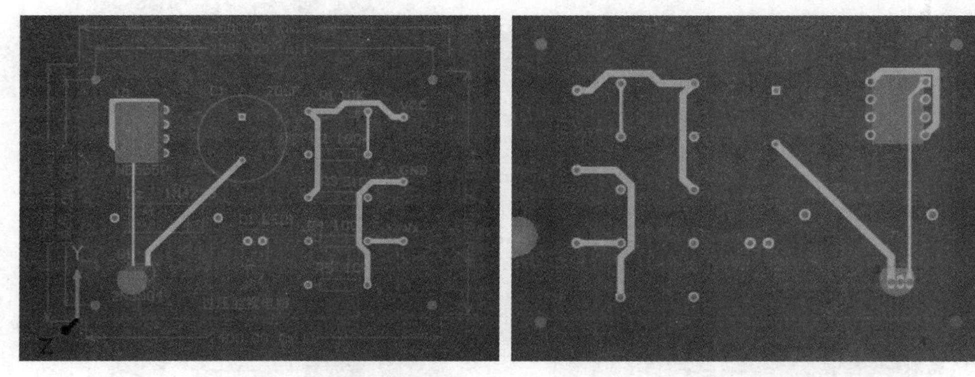

(a) 当前层为顶层的显示画面　　(b) 当前层为底层的显示画面

图 9-95　单层 3D 显示模式下的各层显示画面

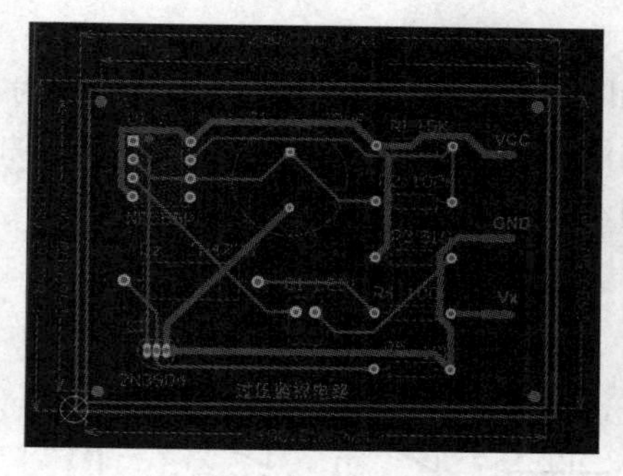

(a) 当前层为顶层的显示画面

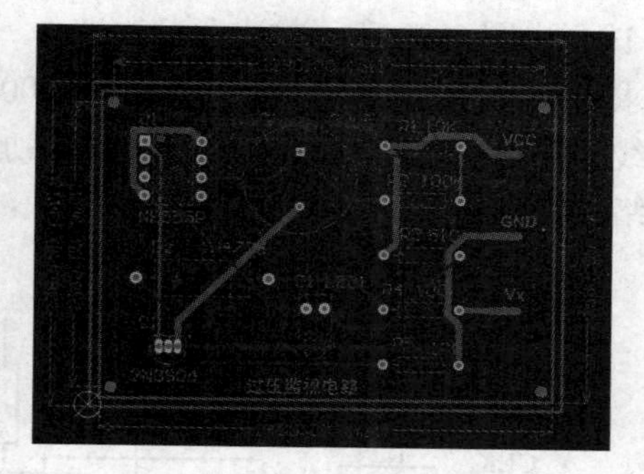

(b) 当前层为底层的显示画面

图 9-96　单层 2D 显示模式下的各层显示画面

本 章 小 结

本章主要介绍 PCB 板的自动布局与自动布线方法，主要包括：自动布局与自动布线的原则及规则设置，网络表的生成与加载方法及网络错误的修改方法，元件自动布局及手工布局调整的方法，自动布线完成后的后期处理及 PCB 板的 3D 显示等内容。

思考与上机练习

1. 自动布局和自动布线应注意哪些方面？
2. 执行自动布局和自动布线的命令有哪些？各有什么作用？如何操作？
3. 如何加载网络表？
4. 试画出图 9-97 所示的波形发生电路。

要求：绘制双面板，板子尺寸为 3000 mil × 1800 mil；最小铜膜线走线宽度 10 mil，电源地线的铜膜线宽度为 20 mil；画出原理图、建立网络表、自动布置元件，自动布线。

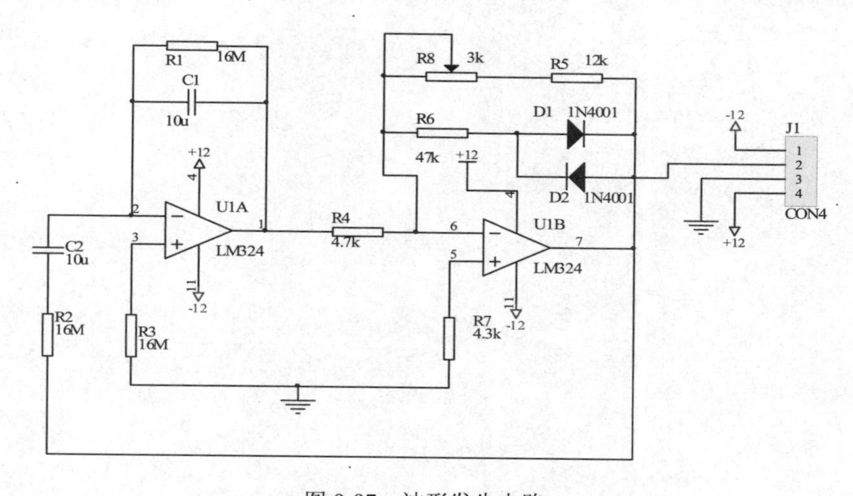

图 9-97　波形发生电路

5. 试画出图 9-98 所示的光隔离电路。

要求：绘制双层 PCB 板，板子尺寸为 2000 mil × 1500 mil；最小铜膜线走线宽度为 10 mil，电源地线的铜膜线宽度为 20 mil；对焊盘添加泪滴；对 PCB 进行单层显示。画出原理图、建立网络表、自动布局元件后手工调整合理，自动布线。

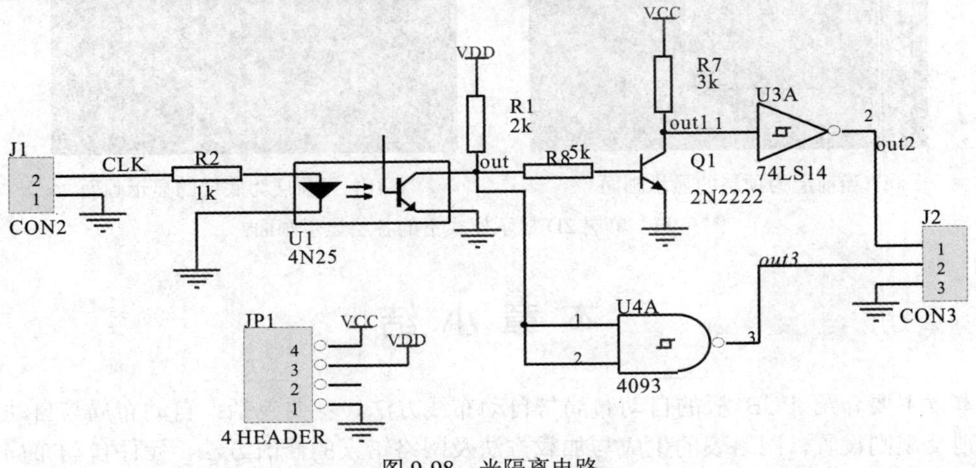

图 9-98　光隔离电路

第 10 章　PCB 的 DRC 检查与生产输出

内容提要

本章主要介绍 PCB 的 DRC 在线设计规则检查与各种报告文件的输出，PCB 文件的打印与输出、智能 PDF 文件的生成等内容。

第 9 章我们介绍了 PCB 板的自动布局与自动布线，完成双层 PCB 板的绘制操作。当一个 PCB 设计完成之后，通常要进行 DRC(Design Rule Check)设计规则检查，确保 PCB 设计正确无误，然后生成输出文件到 PCB 生产厂家进行制板。

10.1　PCB 的 DRC 检查与报告

在 PCB 设计前期虽然设置了许多约束规则，但是当 PCB 设计完成后，为了保证所进行的设计工作，比如组件的布局、布线等符合所定义的设计规则，Altium Designer 19 提供了设计规则检查功能 DRC，可对 PCB 板的完整性进行进一步检查，如对导线宽度、元件间距、开路及短路等的检查。

10.1.1　DRC 检查

DRC 就是检查 PCB 设计是否满足所设置的规则。需要检查什么项目，其实是和设置的规则相对应的，在检查某个选项时，注意查看对应的规则是否能打开。

执行菜单命令“工具”→“设计规则检查”(依次单击快捷键“T”“D”)，如图 10-1 所示，打开设计规则检查器对话框，如图 10-2 所示。对话框分左右两部分，左侧是检查器能检查的项目列表，右侧是具体项目对应的检查内容。

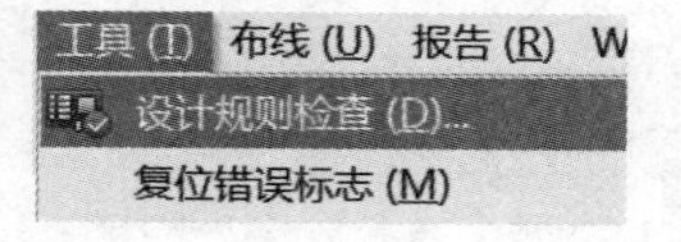

图 10-1　打开 DRC 命令

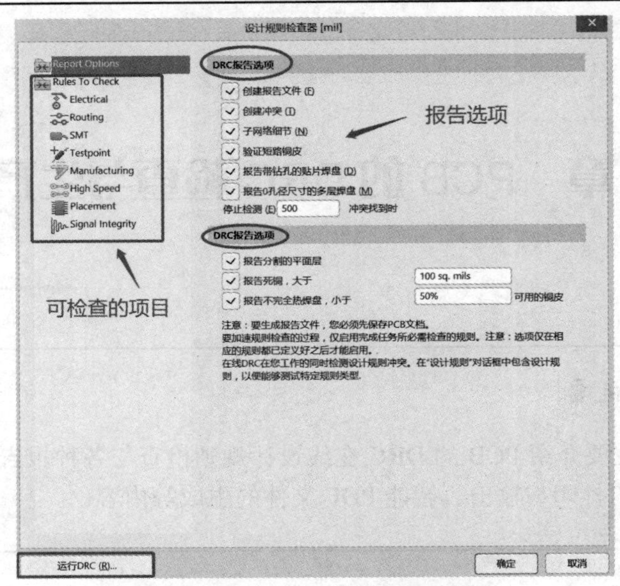

图 10-2　设计规则检查器对话框

1. DRC 报告选项

DRC 报告选项用于设置生成的 DRC 报表将包括哪些选项。希望报表中包括哪些内容，勾选哪项即可。

2. DRC 检查项目

DRC 检查项目类型与“PCB 规则及约束编辑器”设置内容相对应。

(1) Electrical：电气性能检查。电气性能检查主要包括 PCB 中导线与导线之间、导线与焊盘之间、焊盘与焊盘之间等电气对象之间的最小安全距离、短路、无连接的管脚、无连接的网络等检查。勾选相关项，即可对其进行检查，如图 10-3 所示。

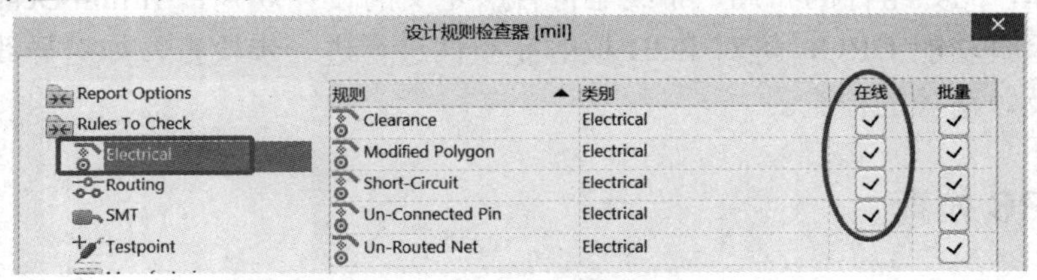

图 10-3　电气性能检查设置

(2) Routing：布线检查。布线检查包含阻抗线检查、过孔检查、差分线检查。当设置的线宽、过孔大小及差分线宽不满足规则约束要求时，系统会提示 DRC 出错，如图 10-4 所示。

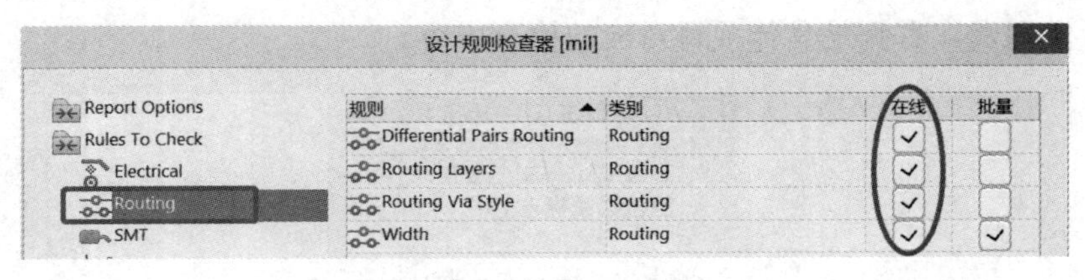

图 10-4　布线检查设置

(3) Placement：元件放置检查。元件放置检查主要检查元件间安全距离、高度、放置层及房间定义，如图 10-5 所示。

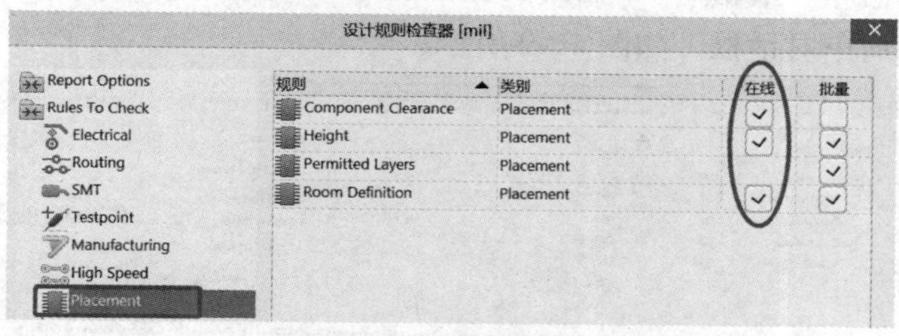

图 10-5　元件放置项检查设置

用户根据需要勾选相应的检查选项，设置完成后，单击 运行DRC (R)... 按钮，生成 Messages 对话框。图 10-6 所示是本章绘制的“过压监视电路”DRC 检查信息，同时生成 Design Rule Verification Report 报告，如图 10-7 所示。在弹出的报告里检查是否有错误，如果有，返回 PCB 板进行修改，直到检查没有错误为止。

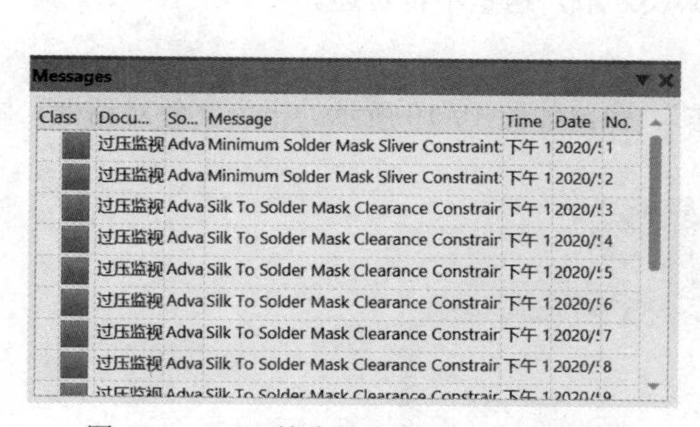

图 10-6　DRC 检查输出 Messages 对话框

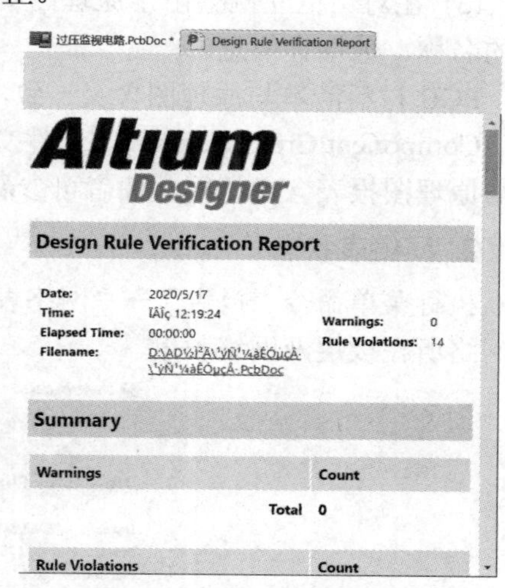

图 10-7　DRC 详细报告内容

10.1.2　PCB 报告

PCB 报告是为方便用户查阅和管理电路板而建立的。印制电路板详细信息可以记录在各种不同报表中，包括管脚信息、元件封装信息、网络信息、布线信息等。设计完成 PCB 板后，可以生成各种类型的 PCB 报告。

执行菜单命令“报告(R)”，弹出如图 10-8 所示菜单选项，可生成不同类型的报告。

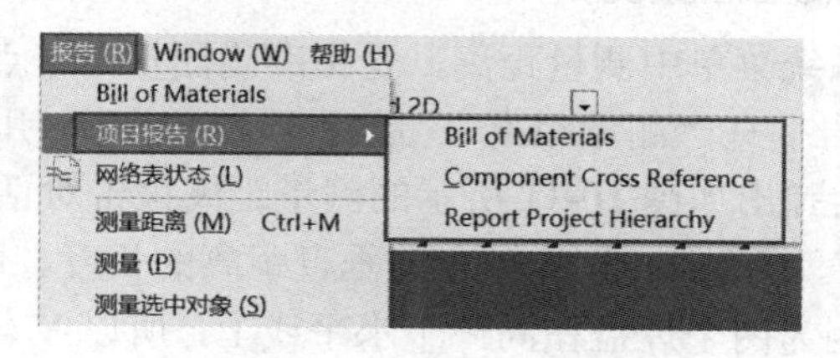

图 10-8　PCB 报告选项

1. Bill of Materials(材料清单)

(1) 执行菜单命令“报告”→“Bill of Materials”，如图 10-8 所示。

(2) 弹出材料清单对话框，如图 10-9 所示。

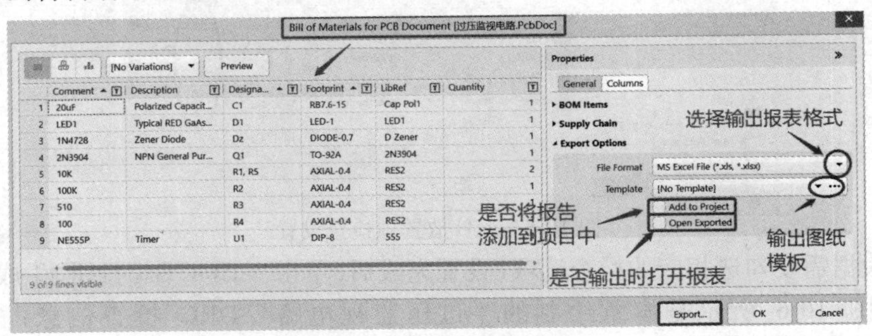

图 10-9　材料清单对话框

(3) 在对话框左侧列出了原理图中所有元件的注释、描述、标号、封装形式及所在库中的名称、数量等信息。

PCB 材料清单与原理图含义一致，读者可参考 6.4 节进行详细设置，这里不再赘述。

Component Cross Reference(元件交叉参考)、Report Project Hierarchy(项目层次列表)报告与原理图报表含义相同，读者可参看 6.5、6.6 节，这里不再赘述。

2. 网络表状态

执行菜单命令“报告”→“网络表状态”，弹出如图 10-10 所示的报告文件对话框，显示网络所在板层及网络长度。

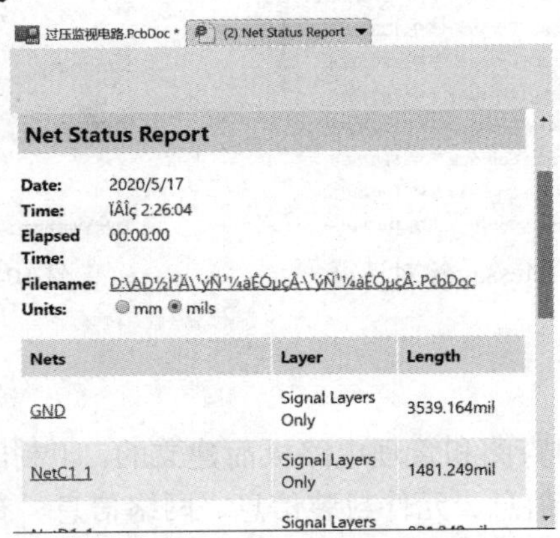

图 10-10　网络表状态对话框

3. 测量距离(Measure Distance)

Altium Designe 19 系统菜单中测量距离，是指准确测量两个点之间的直线长度。

执行菜单命令“报告”→“测量距离”，鼠标变为十字形，用鼠标左键分别点击需要测量距离的两个点，就会弹出如图 10-11 所示的测量距离报告对话框，X Distance 为 X 轴方向水平距离的长度，Y Distance 为 Y 轴方向垂直距离的长度。图 10-11(a)中测量了两个焊盘中心之间的距离，因为两个焊盘在同一个水平线上，所以 Y 轴方向坐标一样，距离也就显示为 0。图 10-11(b)中是测量元件矩形轮廓对角线的距离。

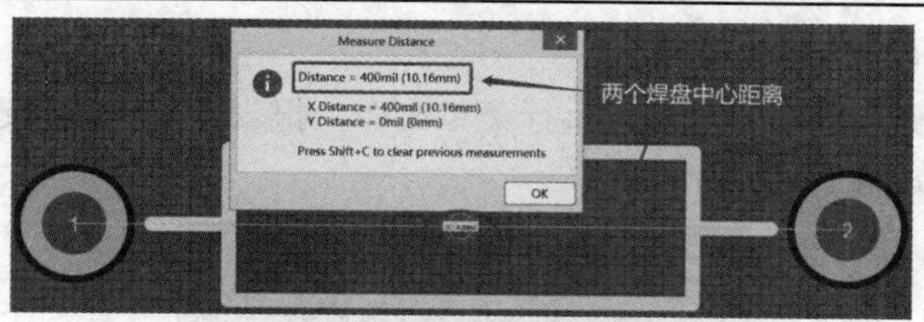

(a) 两个焊盘中心之间的距离

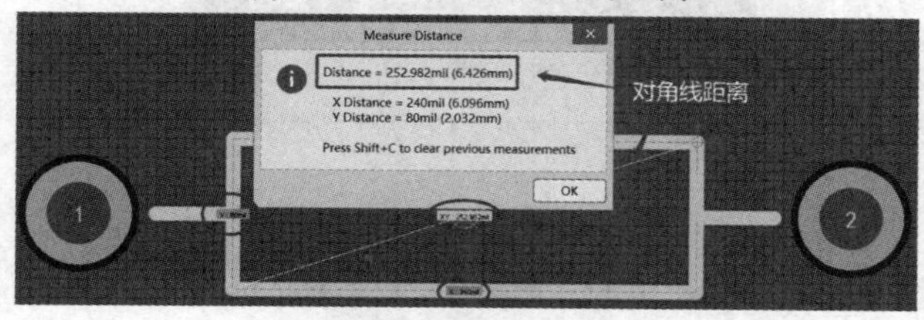

(b) 矩形对角线距离

图 10-11　测量距离报告对话框

4. 测量(Measure Primitives)

与测量距离不同的是，它是测量两个对象(图元)如焊盘、导线、标注文字等图元之间的间隙。

执行菜单命令“报告”→“测量”，鼠标变为十字形，分别点击图中某两个图元，弹出如图 10-12 所示的图元间隙测量对话框，并显示测量点的坐标、工作层信息。

图 10-12(a)与图 10-11(a)对比，虽然都是点击了相同的两个焊盘位置，但测量结果却不一样。大家一定要做出区别！图 10-12(a)是测量不同图元(两个焊盘)间隙，图 10-12(b)是测量同一图元间隙，因为同一图元之间不可能存在间隙，所以测量结果显示为 0。

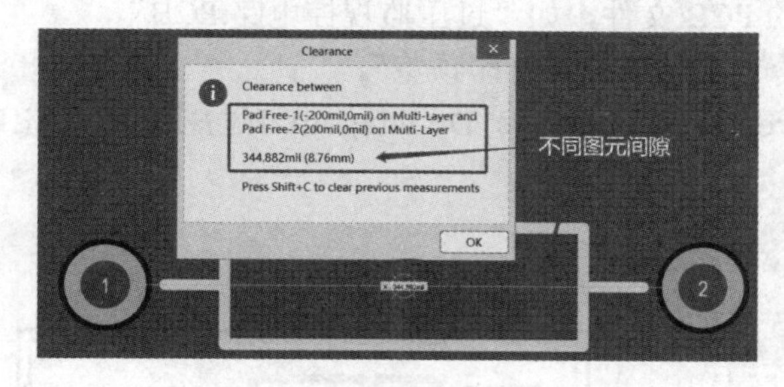

(a) 不同图元间隙测量

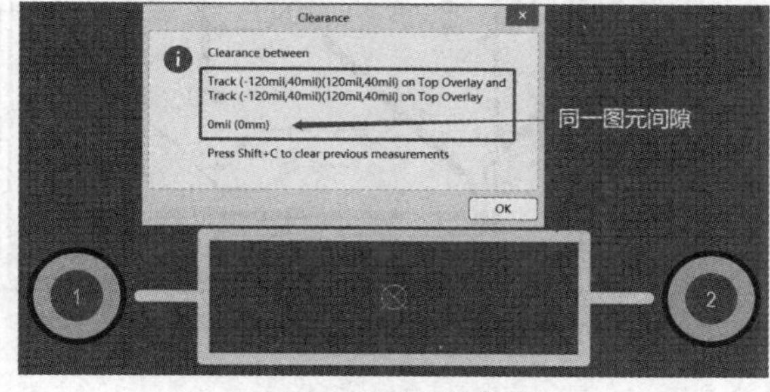

(b) 同一图元间隙测量

图 10-12　图元间隙测量报告对话框

5. 测量选中对象

选中图中需要测量距离的对象，执行菜单命令“报告”→“测量选中对象”，即弹出测量信息对话框，如图 10-13 所示。

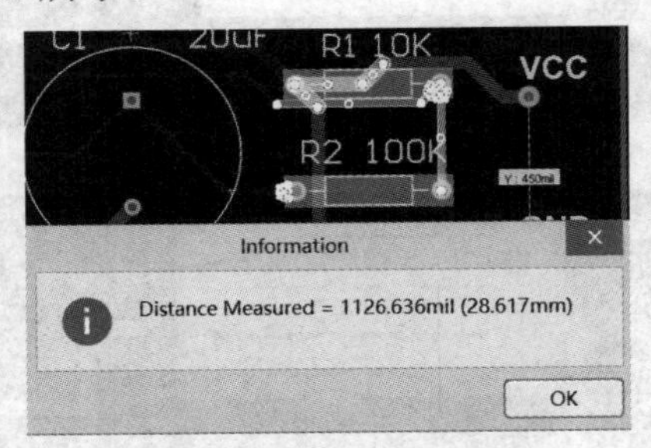

图 10-13　测量选中对象对话框

10.2　PCB 文件的打印与输出

电路板布线完成后，就可以打印输出电路板图，并将输出结果送往厂家进行制作。电路板图的输出比较复杂，Altium Designer 19 提供了一个全新而功能强大的打印/预览功能，可以进行纸张大小的设置、电路图纸等内容的设置，然后再进行打印输出。

10.2.1　PCB 文件的打印

打印机设置的操作步骤如下：

(1) 打开要打印的 PCB 文件，如“过压监视控电路.PCB”。

(2) 执行菜单命令“文件”→“打印预览”。

(3) 系统生成 Preview Composite Drawing of [过压监视电路.PcbDoc]文件，如图 10-14 所示。

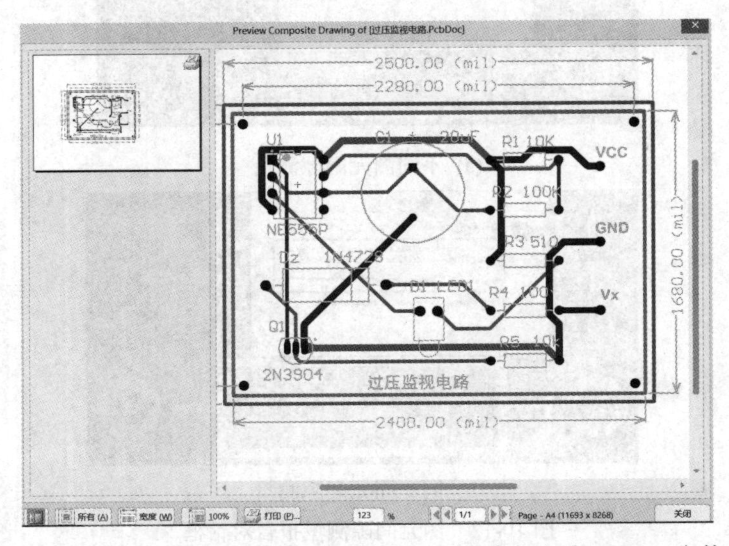

图 10-14　Preview Composite Drawing of [过压监视电路.PcbDoc]文件

(4) 在预览区域单击鼠标右键，弹出快捷菜单，如图 10-15 所示，可以进行预览文件的放大、缩小、页面设置等操作。

(5) 选择“设置打印机”选项，弹出如图 10-16 所示的打印机设置对话框，可以选择打印机类型、打印范围等。

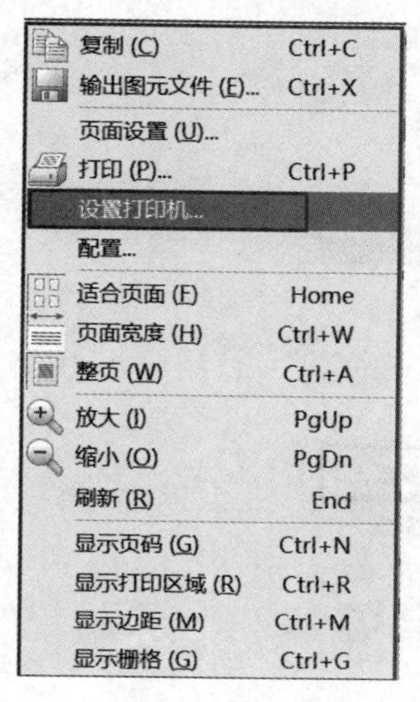

图 10-15　打印设置菜单

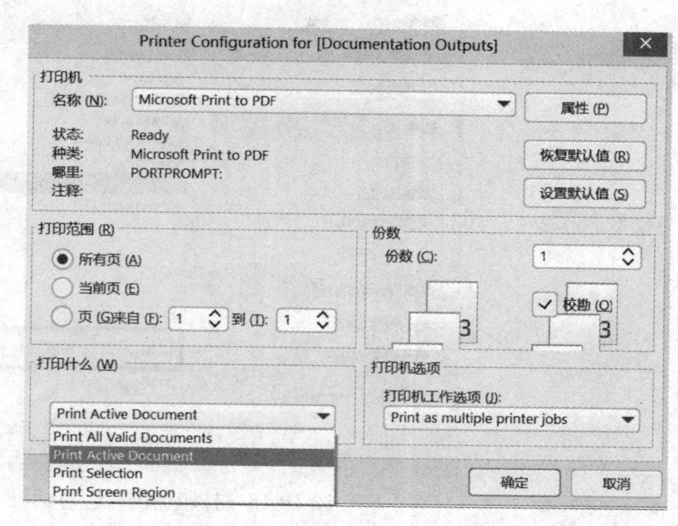

图 10-16　打印机设置对话框

(6) 选择图 10-15 中的“配置”选项，弹出如图 10-17 所示的 PCB 打印输出属性对话框，可以设置要打印的图层属性。

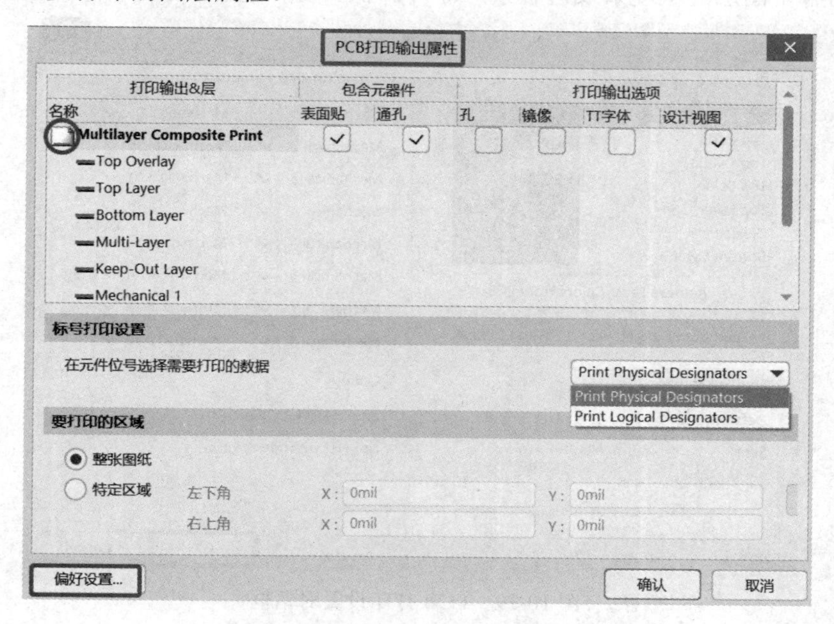

图 10-17　PCB 打印输出属性对话框

(7) 双击图 10-17 中的 Multilayer Composite Print(多层复合打印)前面的图标，弹出打印输出特性对话框，如图 10-18 所示。该对话框“层”列表框中列出即将打印的层面，系统默认列出所有图元的层面，通过底部的【添加】【移除】【编辑】按钮，可以对图层进行各种操作。

图 10-18　打印输出特性对话框

(8) 单击图 10-17 PCB 打印输出属性对话框中左下角的偏好设置...按钮，弹出 PCB 打印设置对话框，如图 10-19 所示，可以分别设置黑白打印和彩色打印时各图层的打印灰度和色彩，单击各个图层的灰度条或色彩条，即可调整灰度和色彩。

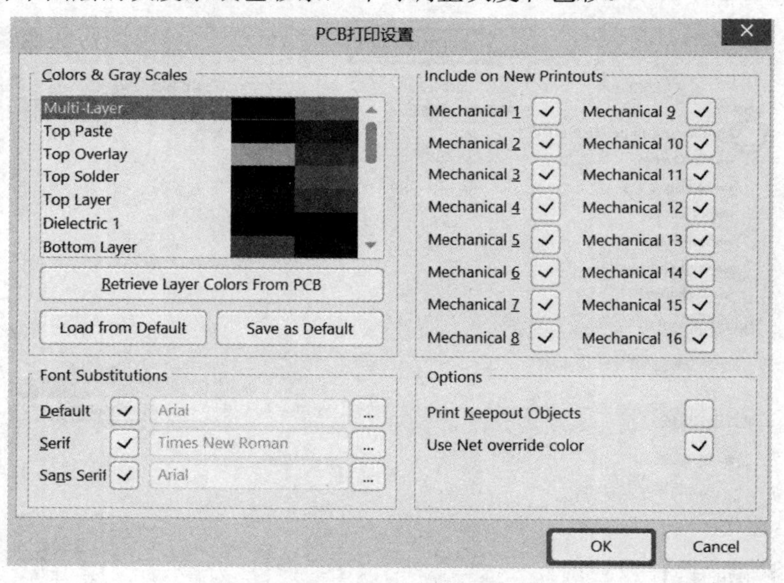

图 10-19　PCB 打印设置对话框

(9) PCB 打印设置对话框设置完成后，PCB 打印前的页面设置就完成了，单击【确认】按钮返回图 10-14 所示对话框。

(10) 单击图 10-14 下面的打印(P)...按钮，或关闭预览对话框，返回 PCB 编辑区域，再执行菜单命令“文件”→“打印”，即可打印设置好的 PCB 文件。

10.2.2　Gerber(光绘)文件的生成

Gerber 文件是一种用来把 PCB 图中的布线数据转换为胶片的光绘数据，使其可以被光绘图机处理的文件格式。由于该文件格式符合 EIA 标准，因此各种 PCB 设计软件都有支持生成该文件的功能，而一般的 PCB 生产厂商就用这种文件来进行 PCB 的制作。实际设计中，有经验的 PCB 设计者通常会将 PCB 文件按自己的要求生成 Gerber 文件，之后再交给 PCB 厂商制作，以确保制作出来的 PCB 符合个人定制的设计需要。生成 Gerber 文件的操作步骤如下：

(1) 打开已设计好的 PCB 文件，如“过压监视电路.PcbDoc”。

(2) 执行菜单命令“文件”→“制造输出”→“Gerber Files”，弹出“Gerber 设置”对话框，如图 10-20 所示。对话框中有 5 个设置选项。

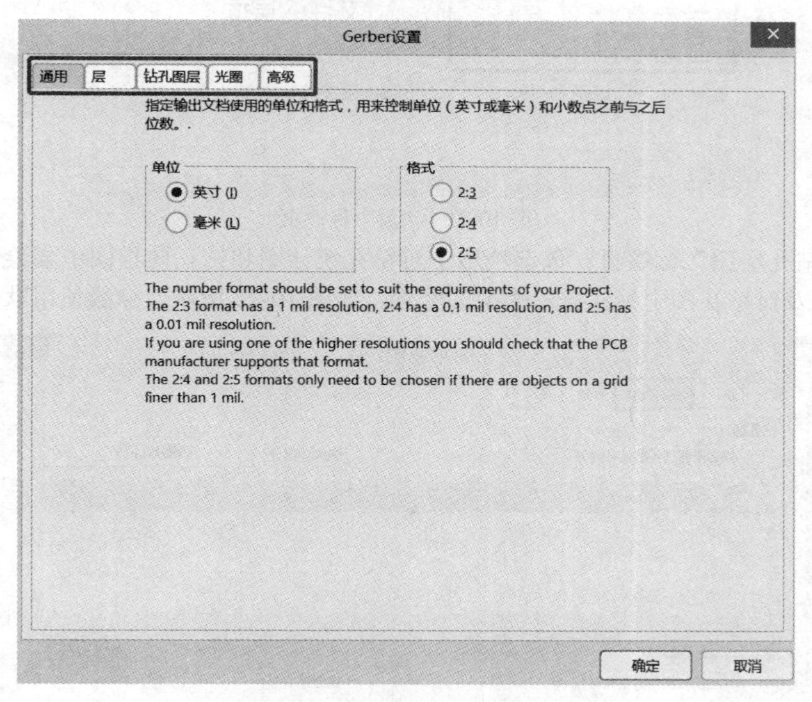

图 10-20　“Gerber 设置”对话框

① “通用”标签页。该选项用于设定输出的 Gerber 文件中使用的尺寸单位和格式，如图 10-20 所示。

- 单位：提供英制和公制两种单位。
- 格式：提供 2:3、2:4、2:5 三种格式。这三种格式分别代表了文件中使用的不同数据精度，例如，2:3 表示数据中含有 2 位整数、3 位小数。其他含义以此类推。设置的格式精度越高，对 PCB 制造设备的要求也就越高。

② “层”标签页。该选项主要用于设置需要生成的 Gerber 文件的层面，如图 10-21 所示。当板层需要翻转后记录时，则要在镜像层选择。右侧列表框中选择要加载到各个 Gerber 层的机械层尺寸。

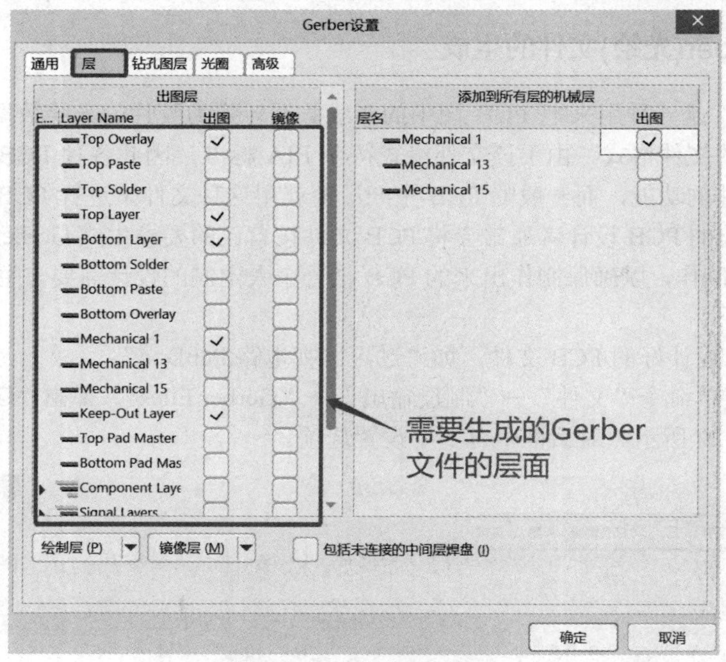

图 10-21　“层”标签页

③ “钻孔层图”标签页。该选项用于对钻孔统计图和钻孔向导图中要绘制的层对进行设置，以及对钻孔图中标注符号类型的配置，如图 10-22 所示，一般使用默认值。

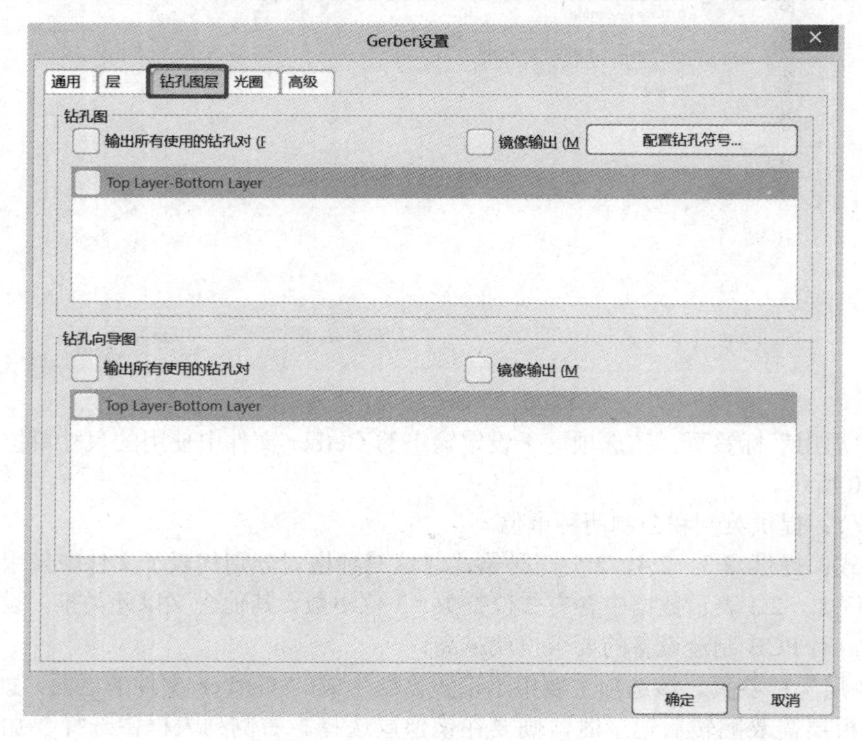

图 10-22　“钻孔图层”标签页

④ “光圈”标签页。该选项用于设置生成 Gerber 文件时创建的光圈选项，如图 10-23

所示，默认为嵌入的孔径(RS274X)格式。

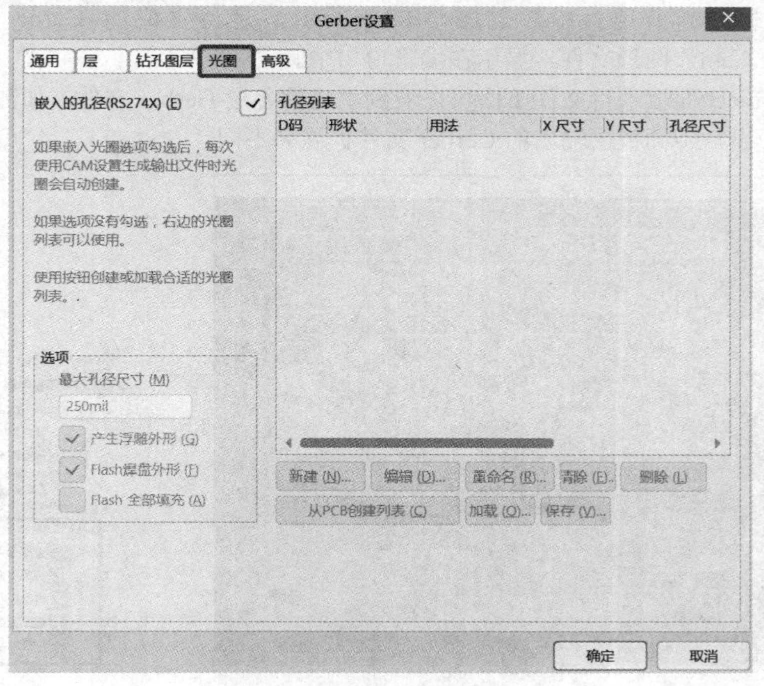

图 10-23　“光圈”标签页

⑤ “高级”标签页。该选项主要用于设置与光绘胶片相关的各个选项，如胶片的尺寸大小和边界尺寸、孔径匹配公差等参数，如图 10-24 所示，一般使用默认值。

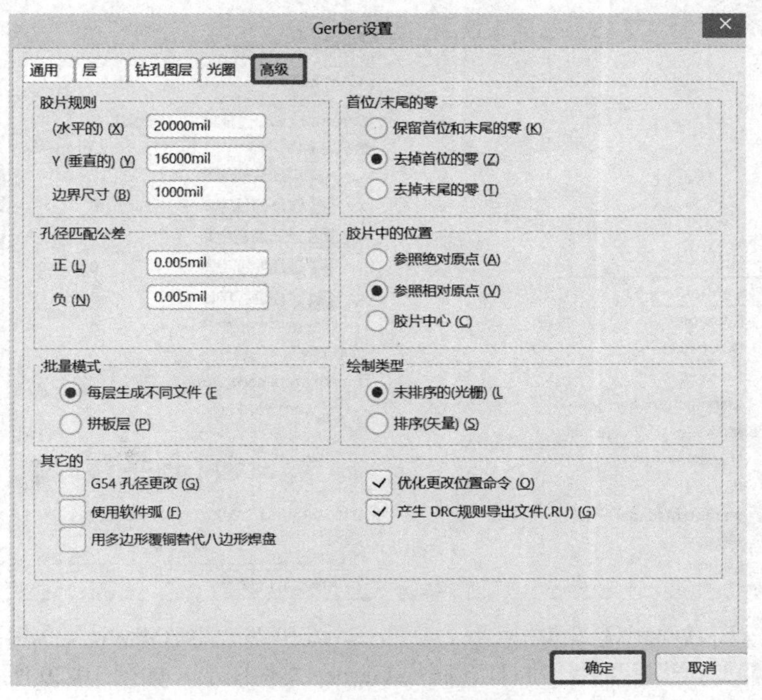

图 10-24　“高级”标签页

(3) 所有标签页设置完成后，单击【确定】按钮，系统即按照设置生成各个图层的 Gerber 文件，并加载到当前项目中。如图 10-25 所示，是将生成的 Gerber 文件集成为“CAMtastic1.Cam”图形文件，显示在编辑窗口中。

(4) 在 Project 面板项目文件下面可以看到生成的各层 Gerber 文件，如图 10-26 所示。从图中可以看出，不同板层输出的 Gerber 文件扩展名不同。

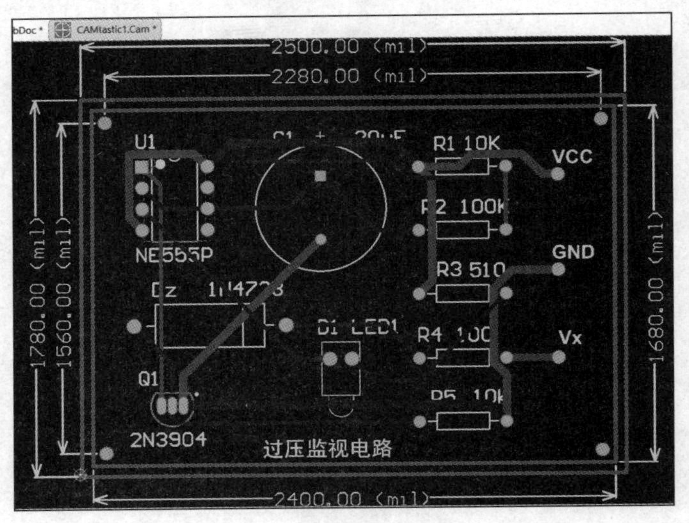

图 10-25　“CAMtastic1.Cam”图形文件

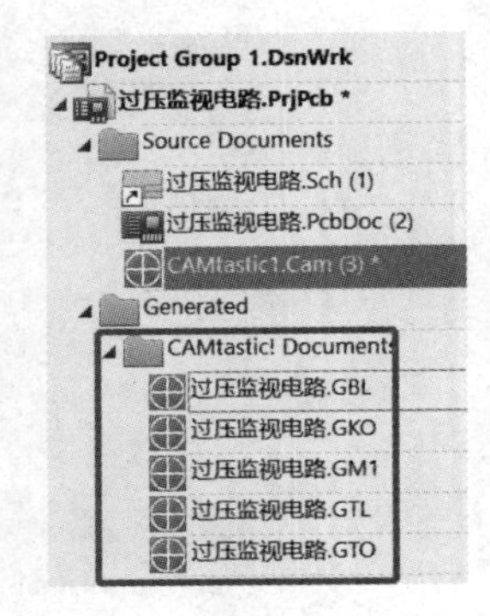

图 10-26　生成的各层 Gerber 文件

(5) 单击编辑器右下角的【Panels】按钮，在弹出的菜单中选择 CAMtastic，如图 10-27 所示，则在左侧打开“CAMtastic”编辑器，如图 10-28 所示。

图 10-27　【Panels】按钮菜单

图 10-28　“CAMtastic”编辑器

(6) 双击过压监视电路.GBL，即打开底层 Gerber 文件图形，如图 10-29 所示。

(7) 双击过压监视电路.GTL，即打开顶层 Gerber 文件图形，如图 10-30 所示。

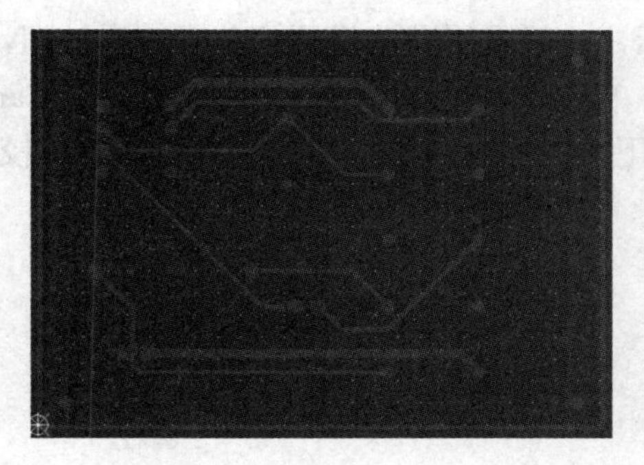

图 10-29　底层 Gerber 文件图形

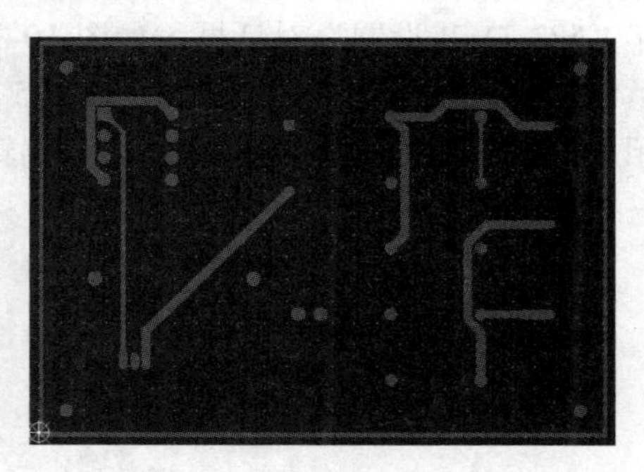

图 10-30　顶层 Gerber 文件图形

(8) 双击 过压监视电路.GTO ，即打开顶层丝印层 Gerber 文件图形，如图 10-31 所示。

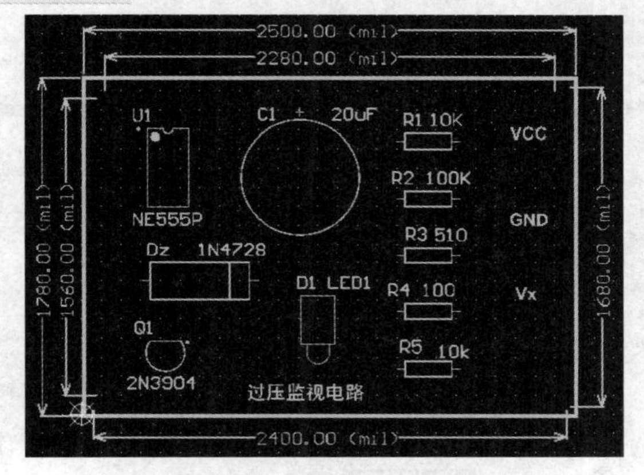

图 10-31　顶层丝印层 Gerber 文件图形

(9) 在 CAMtastic1.Cam 编辑界面，执行菜单命令“表格”→“光圈”，如图 10-32 所示，打开编辑光圈对话框，可以看到光圈表，即 D 码表，如图 10-33 所示，在这里可以编辑光绘机变换光圈的 D 码。

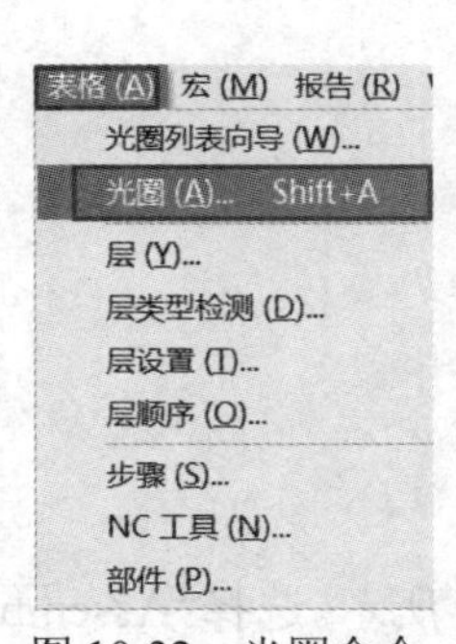

图 10-32　光圈命令

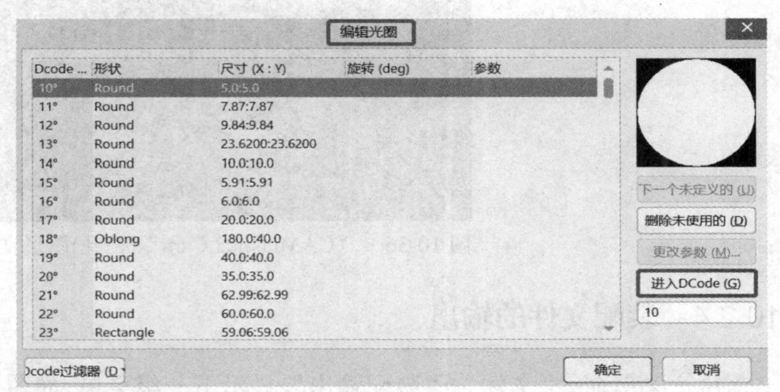

图 10-33　编辑光圈对话框

10.2.3　钻孔文件的生成

PCB 文件上放置的安装孔、元器件的焊盘孔和过孔，需要通过钻孔文件输出设置进行输出。在 PCB 编辑界面中，执行菜单命令“文件”→“制造输出”→“NC Drill Files”，打开“NC Drill 设置”对话框，如图 10-34 所示，一般采用默认设置。单击 确定 按钮，弹出“导入钻孔数据”对话框，如图 10-35 所示。单击 确定 按钮，生成“CAMtastic2.Cam”(钻孔)图形文件，如图 10-36 所示。该编辑窗口下，用户可以进行与钻孔有关的各种校验、修正和编辑工作。

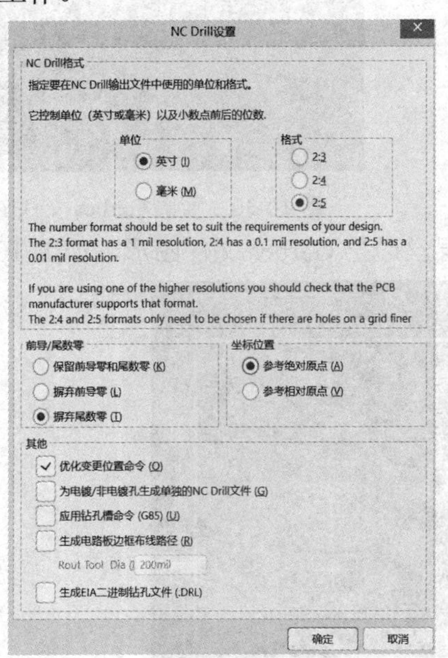

图 10-34　“NC Drill”设置对话框　　图 10-35　“导入钻孔数据”对话框

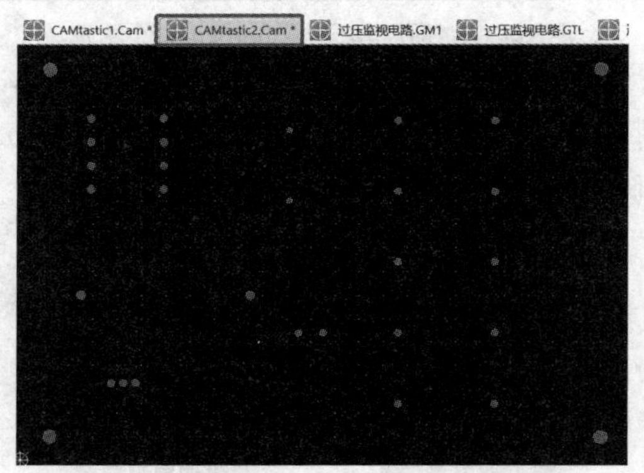

图 10-36　“CAMtastic2.Cam”(钻孔)图形文件

10.2.4　装配文件的输出

执行菜单命令“文件”→“装配输出”，显示下一级菜单，如图 10-37 所示。选择“Assembly Drawings”，生成装配图形文件预览，如图 10-38 所示。

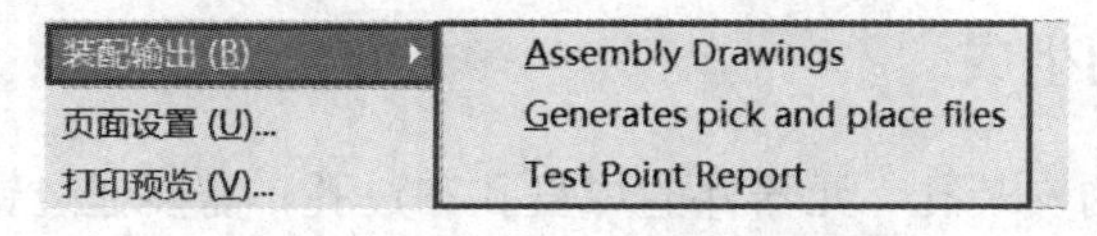

图 10-37　装配输出命令菜单

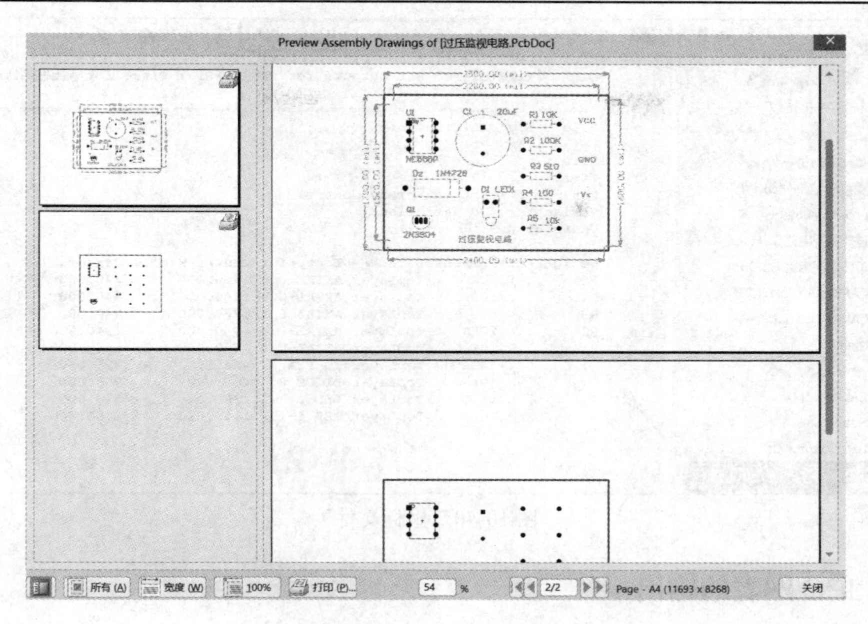

图 10-38　装配图形文件预览

10.2.5　贴片坐标文件的输出

如果设计的 PCB 板贴片元件比较多，对各元件进行贴片时，还需要各元件的坐标图，Altium Designer 19 通常输出 txt 文档类型的坐标文件。

(1) 执行菜单命令“文件”→“装配输出”→“Generates pick and place files”，如图 10-37 所示，弹出拾放文件设置对话框，进入贴片坐标文件的输出界面，选择输出的坐标格式和单位，如图 10-39 所示。

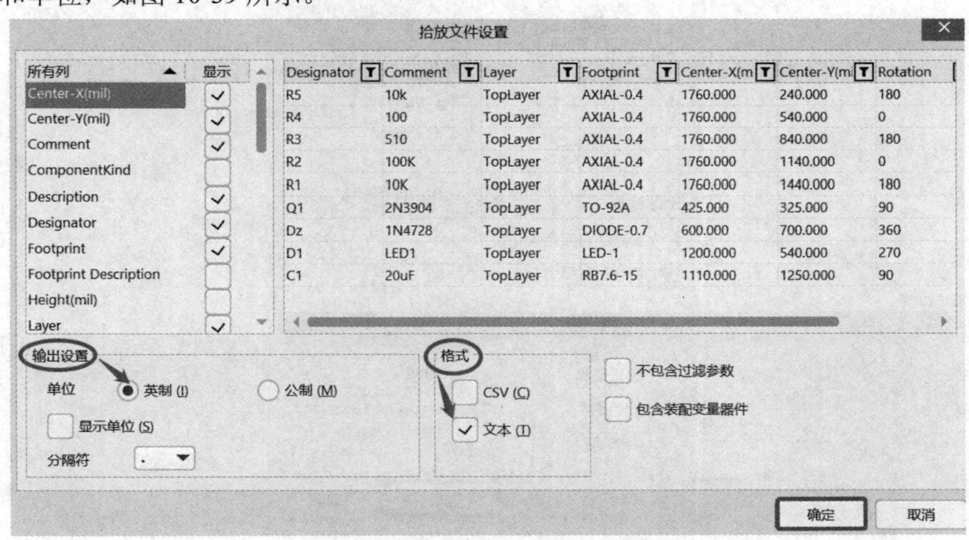

Designator	Comment	Layer	Footprint	Center-X(m	Center-Y(mi	Rotation
R5	10k	TopLayer	AXIAL-0.4	1760.000	240.000	180
R4	100	TopLayer	AXIAL-0.4	1760.000	540.000	0
R3	510	TopLayer	AXIAL-0.4	1760.000	840.000	180
R2	100K	TopLayer	AXIAL-0.4	1760.000	1140.000	0
R1	10K	TopLayer	AXIAL-0.4	1760.000	1440.000	180
Q1	2N3904	TopLayer	TO-92A	425.000	325.000	90
Dz	1N4728	TopLayer	DIODE-0.7	600.000	700.000	360
D1	LED1	TopLayer	LED-1	1200.000	540.000	270
C1	20uF	TopLayer	RB7.6-15	1110.000	1250.000	90

图 10-39　贴片坐标文件的输出设置

(2) 在 Projects 面板的项目文件目录中，打开生成的坐标文件，如图 10-40 所示。

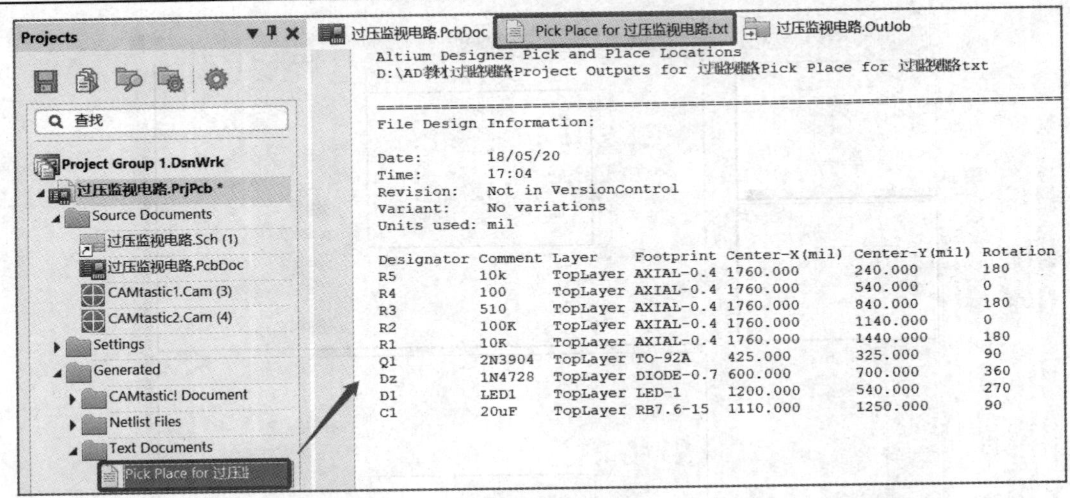

图 10-40　坐标文件

10.2.6　IPC 网表的输出

如果在提交 Gerber 文件给厂家时，同时提交 IPC 网表给厂家核对，那么在制板时就可以检查出一些常规问题，如开路、短路等，避免一些损失。

(1) 执行菜单命令“文件”→“装配输出”→“Test Point Report”，进入 IPC 网表输出设置对话框，如图 10-41 所示。

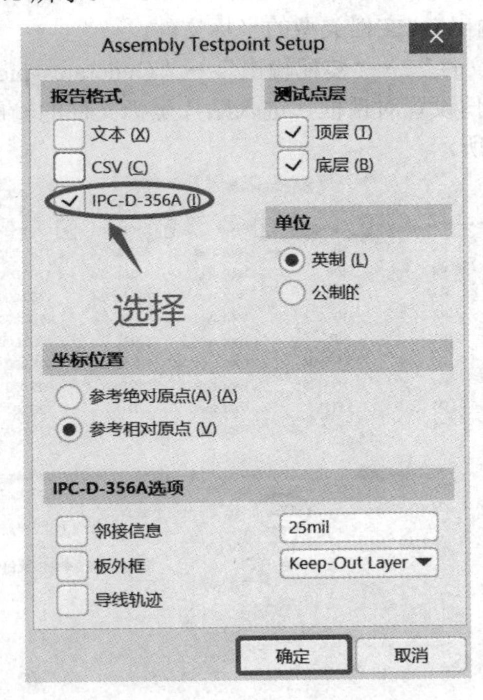

图 10-41　IPC 网表输出设置界面

(2) 在“报告格式”栏选中 ✓ IPC-D-356A (I) 复选框，其他按图中默认设置，单击【确定】

按钮，在打开的 CAMtastic3.Cam 文件中，弹出网表“导入钻孔数据”确认对话框，如图 10-42 所示。

(3) 单击【确定】按钮，显示 IPC 网表图形文件，如图 10-43 所示。此时焊盘孔颜色发生了变化。

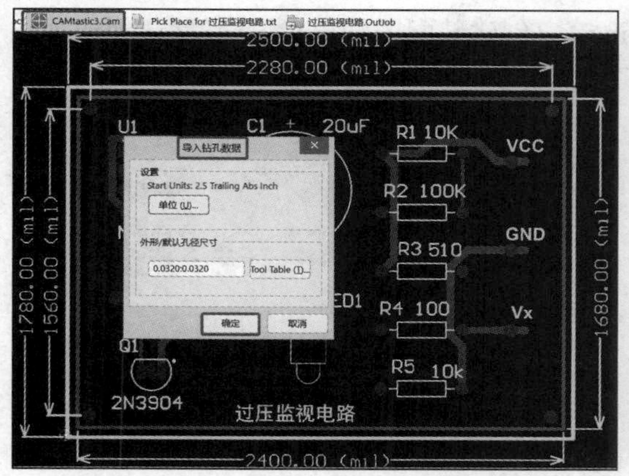

图 10-42　网表“导入钻孔数据”确认对话框

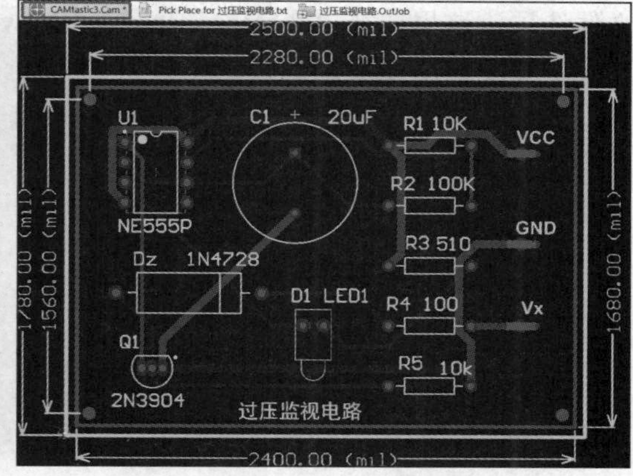

图 10-43　IPC 网表图形(CAMtastic3.Cam)文件

至此，所有的 Gerber 文件输出完毕，把工程项目下输出文件夹中的所有文件进行打包，即可发送给 PCB 加工厂家，进行加工。

10.3　智能 PDF 文件的生成

在 PCB 调试期间，为了方便查看文件或者查询相关元件信息，可把 PCB 设计文件转换成 PDF 文件。PCB 文件的 PDF 文件生成与原理图文件的 PDF 文件生成方法类似，仍以本章绘制的“过压监视电路”为例进行讲解，具体操作步骤如下：

(1) 打开“过压监视电路.PcbDoc”文件。

(2) 执行菜单命令“文件”→“智能 PDF”，系统弹出“智能 PDF”对话框，如图 10-44 所示。

(3) 单击【Next】按钮，弹出“选择导出目标”对话框，如图 10-45 所示。

图 10-44　“智能 PDF”对话框

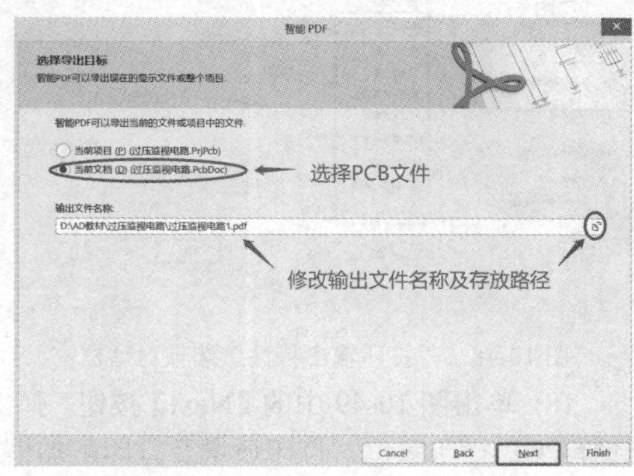

图 10-45　“选择导出目标”对话框

(4) 单击图 10-45 中的【Next】按钮，弹出“导出 BOM 表”对话框，如图 10-46 所示。由于 BOM 报表一般单独进行输出，所以这里可以不勾选此项。

(5) 单击图 10-46 中的【Next】按钮，弹出“PCB 打印设置”对话框，如图 10-47 所示。在输出栏“Name”下面的 Multilayer Composite Print 上，单击鼠标右键，弹出创建各种文件选项，这里选择“Create Assembly Drawings”(创建装配图输出)，一般默认创建顶层和底层装配输出元素。

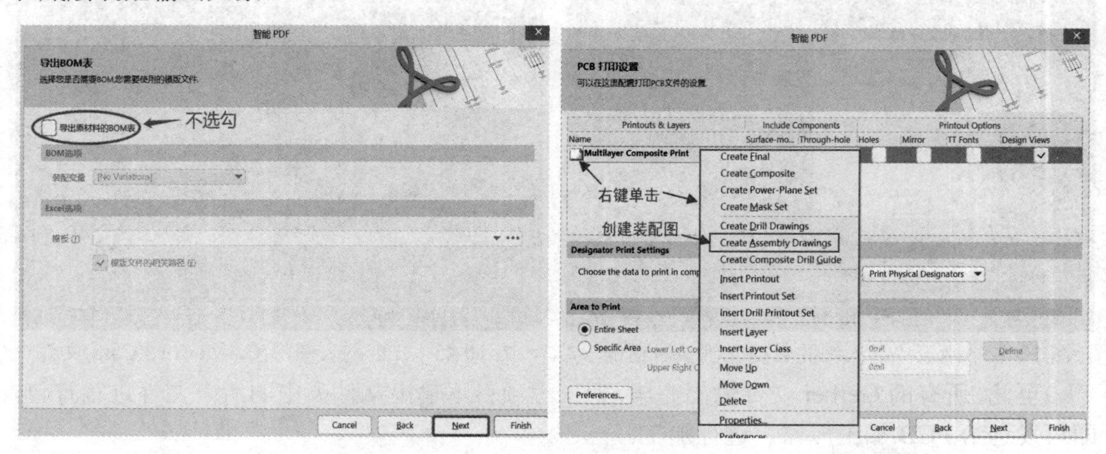

图 10-46　“导出 BOM 表”对话框　　　　图 10-47　“PCB 打印设置”对话框

(6) 选择“Create Assembly Drawings”后，“Name”下面即显示 Top LayerAssembly Drawing，双击 Top LayerAssembly Drawing，弹出打印输出特性选项对话框，选择顶层打印选项，如图 10-48 所示。

(7) 双击 Top Layer，弹出板层属性设置对话框，可以设置打印的基本元素是“全部”打印，还是“草图”打印，或者是“隐藏”，如图 10-49 所示。

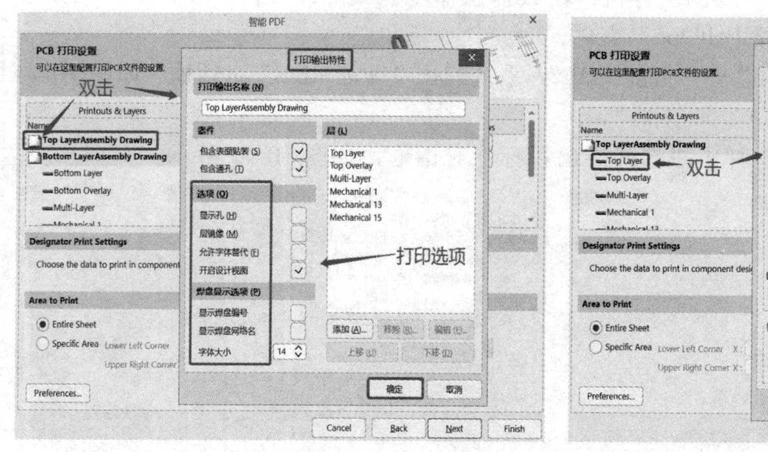

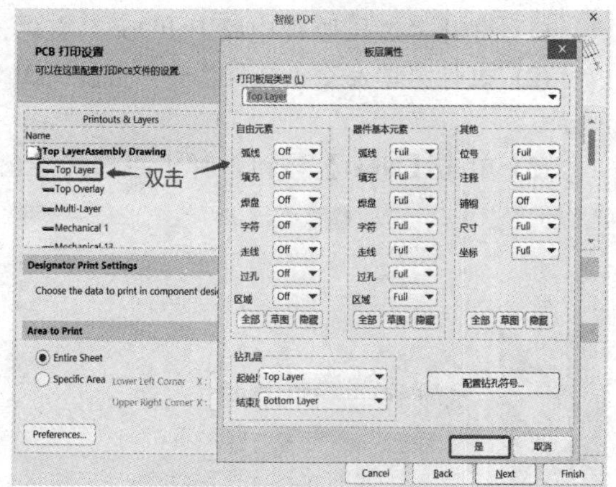

图 10-48　“打印输出特性”选项对话框　　　　图 10-49　“板层属性”设置对话框

(8) 单击图 10-49 中的【Next】按钮，弹出“添加打印设置”对话框，如图 10-50 所示。选择 PCB 打印颜色、打印质量及打印附加信息。

(9) 单击图 10-50 中的【Next】按钮，弹出“最后步骤”对话框，如图 10-51 所示，可选择导出后是否打开 PDF 文件以及对导出文件的保存等操作。

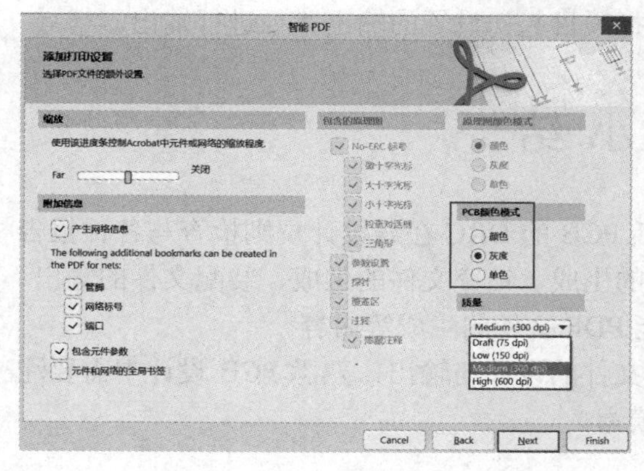

图 10-50　“添加打印设置”对话框

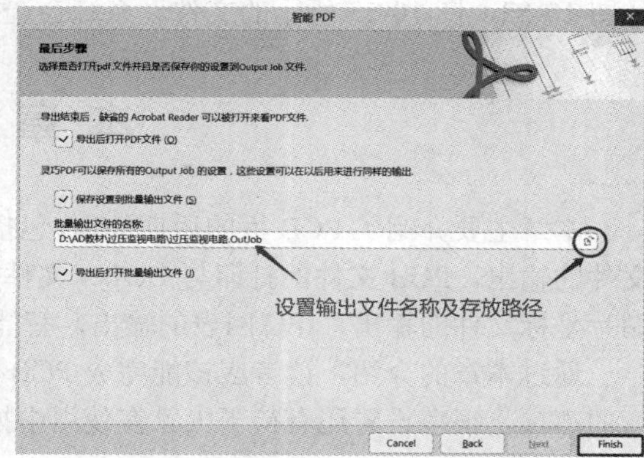

图 10-51　“最后步骤”对话框

(10) 单击图 10-51 中的【Finish】按钮，在工作中区域打开输出的“过压监视电路.OutJob”工作文件，如图 10-52 所示。打开 PDF 阅读器，查看输出的 PDF 文件，如图 10-53 所示。

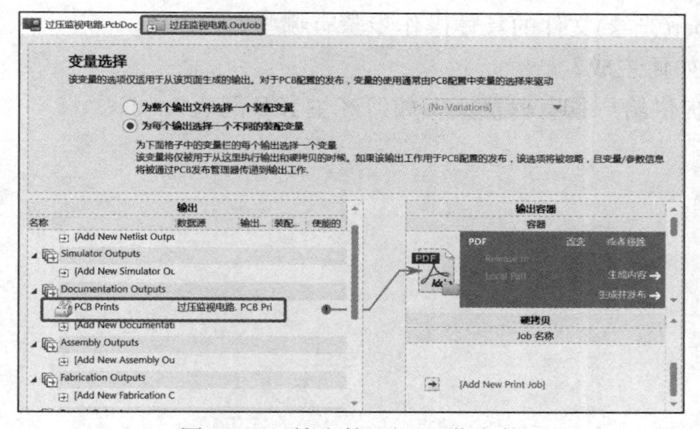

图 10-52　输出的 PCB 工作文件

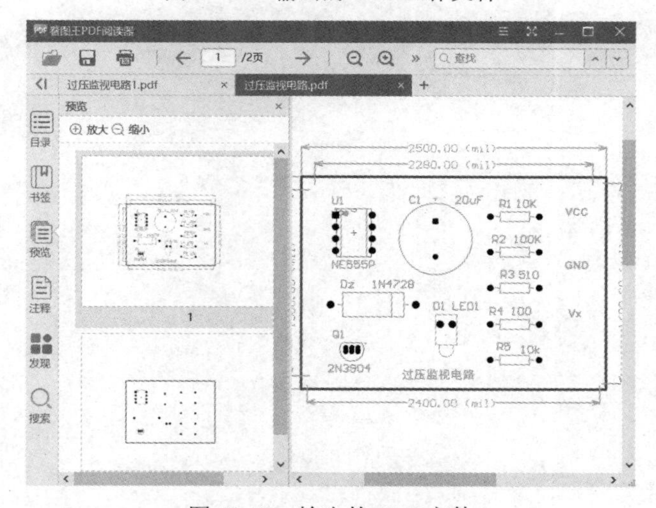

图 10-53　输出的 PDF 文件

注意：在上述各设置步骤中，随时可以单击【Finish】按钮，不经过设置，直接输出如图 10-52、图 10-53 所示的文件。系统会选择项目起初设置的输出路径进行输出。

本章小结

本章主要介绍了 PCB 板的后期处理，包括 PCB 的 DRC 在线设计规则检查与各种报告文件的输出，PCB 文件的打印与 Gerber 文件的生成、钻空文件的生成、装配文件的输出、贴片坐标文件的输出、IPC 网表的输出，智能 PDF 文件的生成等内容。

通过本章的介绍，读者应该能完成 PCB 文件的设计与输出，熟悉 PCB 设计中需要注意的事项。很多设置还有待于大家在使用中摸索。

思考与上机练习

1. 为什么要进行 DRC 检查？DRC 检查主要检查哪些项目？
2. 生成 Gerber(光绘)文件的具体操作步骤有哪些？
3. 装配文件如何生成？
4. IPC 网表提供给厂家有何意义？如何产生 IPC 网表？

第 11 章　PCB 元件封装设计

内容提要

本章主要介绍 PCB 元件封装的手工绘制和利用向导绘制的方法，元件封装的管理，PCB 元件封装的检查与各种报告的产生方法等内容。

随着电子技术的发展，新型的电子元件不断涌现，元件的封装形式也在不断发展。尽管 Altium Designer 19 系统内置的元件封装库很强大，但对于许多新型的元器件，在已有的元件封装库中找不到与之匹配的元件封装形式，或根本就不存在某元件的封装。因此需要自己绘制某些元件的封装。

Altium Designer 19 提供了一个功能强大的元件封装库编辑器，用它可以创建任意形状的元件封装，或者对已有的元件封装进行修改，以实现元件封装的编辑和管理。

11.1　绘制元件封装的准备工作

11.1.1　元件封装信息

在开始绘制元件封装之前，首先要做的工作是收集该元件的封装信息。封装信息的主要来源是生产厂家所提供的元器件手册，需要的信息可以在手册上查找，或者到厂家的网站查询。如果找不到元件封装信息，只能把元件买回后，用游标卡尺测量正确的尺寸。

一般在 PCB 板顶部丝印层上绘制元件外形轮廓。外形轮廓要求准确，预留量不要太大。元件的高度在安装时再考虑，同时要考虑元件管脚粗细和相对位置，还要注意元件外形和焊盘之间的相对位置。

焊盘的大小设置和管脚的粗细有关，一般焊盘中心孔要比器件引线直径稍大一些。焊盘太大，焊点不饱满易形成虚焊；焊盘太小，容易在焊接时粘断或剥落。一般焊盘外径 $D \geqslant d + 1.2$ mm，其中 d 为管脚直径。

11.1.2　元件封装库编辑器的启动

设计新元件封装和建立元件封装库，是在 Altium Designer 19 元件封装库编辑器中进行的，所以在设计具体元件之前我们首先熟悉一下元件封装库编辑器。

以打开 Altium Designer 19 系统中的元件封装库“Spirit_Level_Project.PcbLib”文件为例。

方法一：

(1) 点击桌面上的 图标，进入 Altium Designer 19 系统。

(2) 在主工具栏中单击 图标，按文件的存放路径 › 此电脑 › 本地磁盘 (D:) › Program Files › Altium › AD19 › Examples › SpiritLevel-SL1 › Libraries 找到“Spirit_Level_Project.PcbLib”文件，单击鼠标右键(或双击文件名)即可打开该文件，进入元件封装库编辑器，如图 11-1 所示。

方法二：

按文件的存放路径 › 此电脑 › 本地磁盘 (D:) › Program Files › Altium › AD19 › Examples › SpiritLevel-SL1 › Libraries 找到“Spirit_Level_Project.PcbLib”文件，直接双击打开，也可以进入如图 11-1 所示的元件封装库编辑器。

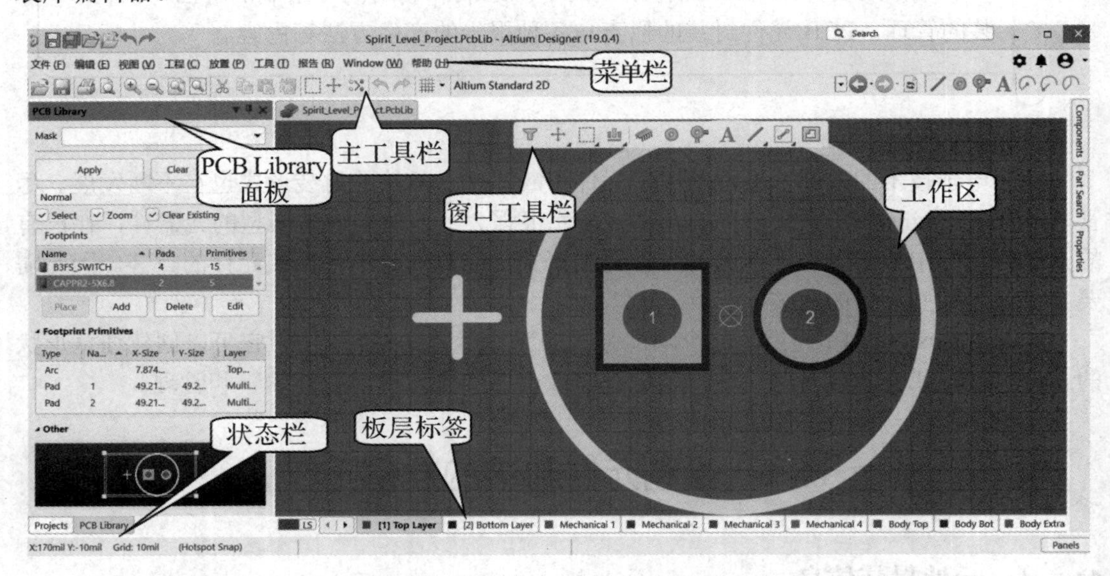

图 11-1　元件封装库编辑器界面(PCB Library Editor)

11.2　PCB 元件封装库编辑器界面的认识

PCB 元件封装库编辑器界面各部分主要功能如图 11-1 所示，与 PCB 编辑器界面相似，也可以通过菜单或按键进行放大屏幕、缩小屏幕的操作。不同的是在 PCB 元件封装库编辑区的中心有一个坐标原点，通常以坐标原点为中心绘制新元件。下面将主要部分做一详解。

11.2.1　PCB Library 面板

如图 11-2 所示为“PCB Library”面板图。“PCB Library”面板提供操作 PCB 器件的各种功能，各按钮的功能如图 11-2 中所示。

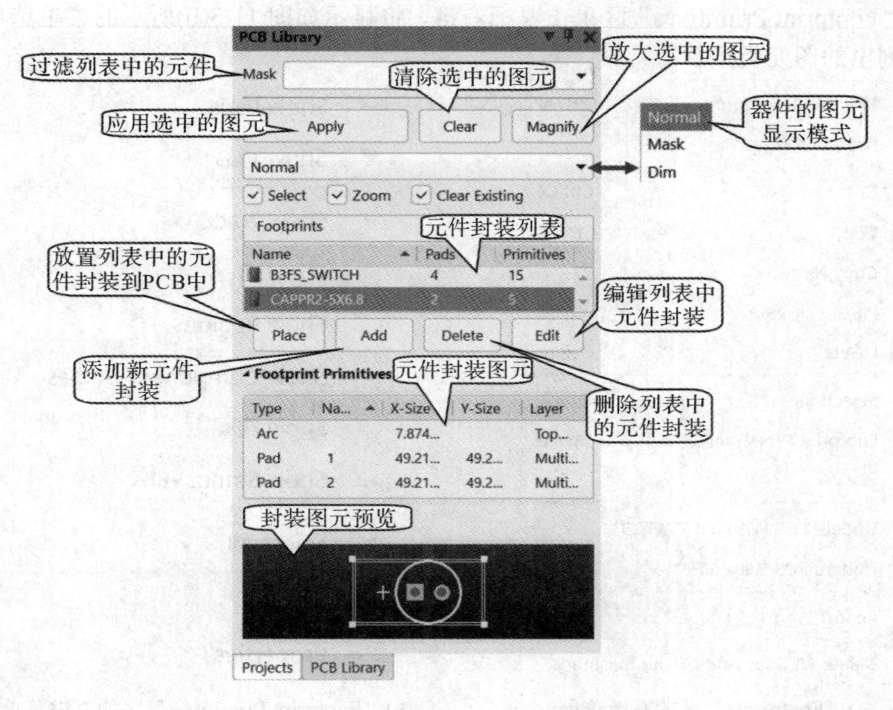

图 11-2　“PCB Library”面板图

(1) 面板的“Footprints”区列出了活动库中的所有器件，方便进行浏览查看。在“Footprints”区中单击鼠标右键，将显示如图 11-3(a)所示的菜单选项，可以进行新建元件封装、编辑封装属性、复制或粘贴选定元件封装、复制或粘贴元件封装名称、删除列表中某一封装、全选中、放置元件封装到 PCB 中或更新 PCB 的元件封装等操作。

请注意右键菜单的“Copy”和“Paste”命令可用于选中多个封装，并支持：

- 在库内部执行复制和粘贴操作。
- 从 PCB 复制器件粘贴到 PCB 库中进行编辑修改。
- 在 PCB 元件封装库之间执行复制和粘贴操作。

(2)“Footprint Primitives”(封装图元)区列出了属于当前选中器件的图元。单击列表中的图元，在设计窗口中会加亮显示。选中图元的加亮显示方式取决于图元显示模式选项：

- 选中“Normal”后，正常显示模式，选中的图元高亮显示，其他部分保持原有的颜色。
- 启用“Mask”后，只有点中的图元正常显示，其他图元将灰色显示。单击工作面板中的 Clear 按钮将删除过滤器并恢复显示。
- 选用“Dim”后，选中的图元高亮显示，其他部分颜色变暗。
- 选中“Select”后，单击的图元将被选中，便可以对它们进行编辑。
- 选中“Zoom”后，单击某个图元时将被聚焦，选中的图元高亮显示。
- 选中“Clear existing”后，单击某个图元时，选中的图元将被放大显示在设计区域中心。

在“Footprint Primitives”区单击鼠标右键，将显示如图 11-3(b)所示的菜单选项。可控制其中列出的图元类型。

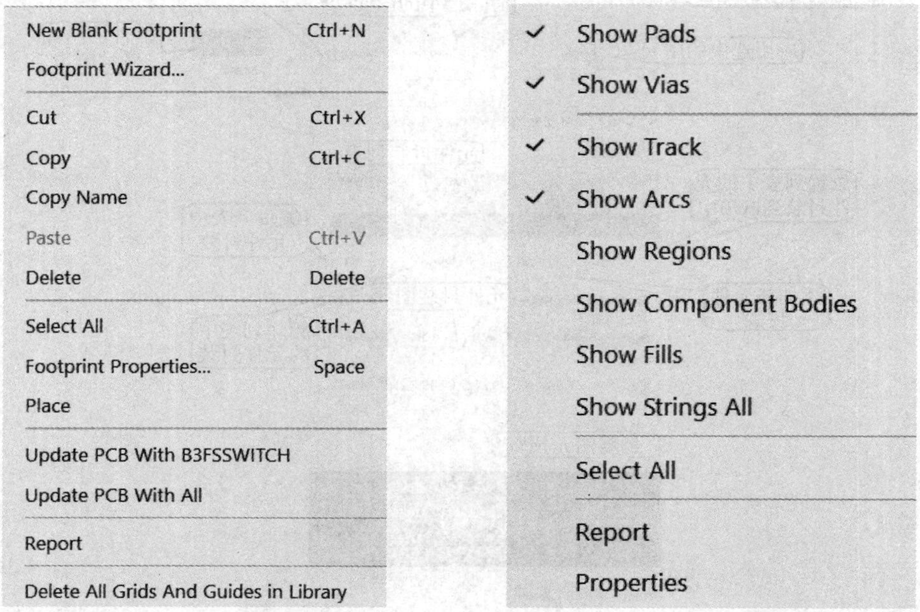

New Blank Footprint Ctrl+N
Footprint Wizard...
Cut Ctrl+X
Copy Ctrl+C
Copy Name
Paste Ctrl+V
Delete Delete
Select All Ctrl+A
Footprint Properties... Space
Place
Update PCB With B3FSSWITCH
Update PCB With All
Report
Delete All Grids And Guides in Library

(a)“Footprints”区的右键菜单

Show Pads
Show Vias
Show Track
Show Arcs
Show Regions
Show Component Bodies
Show Fills
Show Strings All
Select All
Report
Properties

(b)“Footprint Primitives”区的右键菜单

图 11-3 “PCB Library”面板右键菜单选项

11.2.2 主菜单

PCB 元件封装库编辑器的主菜单如图 11-1 所示，某些菜单下还有多级子菜单。各菜单功能如下：

- 文件：用于文件的管理、存储、输出、打印等。
- 编辑：用于各项编辑功能，如复制、删除、选中、移动、设置参考点等。
- 视图：用于画面管理、各种工具栏的打开与关闭等。
- 工程：用于编译工程、添加新的工程、删除工程等。
- 放置：用于执行绘图命令、在工作窗口中放置对象等。
- 工具：为用户在设计的过程中提供各种方便的工具，如新建元件封装、向导创建元件封装、删除封装、封装属性编辑等。
- 报告：用于产生各种报表。
- Window：用于调整已打开窗口的排列方式、切换当前工作窗口等。
- 帮助：用于提供各种帮助文件。

11.2.3 主工具栏

执行菜单命令“视图”→“工具栏”→“PCB 库标准(PCB 库放置、导航及自定义)”，可以调用和隐藏 PCB 库标准工具栏、PCB 库放置工具栏、导航工具栏等，如图 11-4 所示。

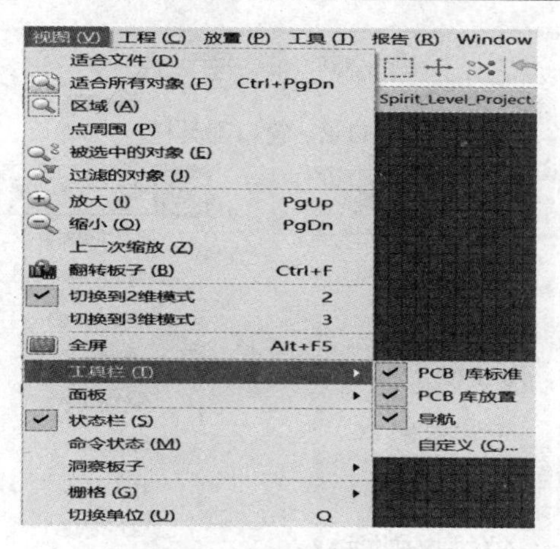

图 11-4　工具栏调用命令

选择后调出 PCB 库标准工具栏如图 11-5 所示，各按钮可以方便地执行各种命令或功能。各按钮功能基本和 PCB 主工具栏功能一样，▦按钮用于设置光标移动的间隔大小。

图 11-5　PCB 库标准工具栏

11.2.4　放置工具栏

PCB 元件封装库编辑器提供了一个放置工具栏，执行菜单命令“视图”→“工具栏”→“PCB 库放置”，可以调用和隐藏该工具栏，如图 11-6 所示。利用各按钮功能可以在编辑区放置各种对象，如线条、焊盘、过孔、文字、圆弧、圆、填充等。执行菜单命令“放置”，可以完成相同的操作，如图 11-7 所示。菜单放置工具栏的命令更丰富。另外屏幕窗口工具栏也提供了各种放置工具，如图 11-8 所示。右下角带有◢的工具，在其按钮上单击鼠标右键，将弹出更多的选项，如图 11-9 所示，大部分工具与 PCB 编辑器中的工具功能一样，在此不做赘述。

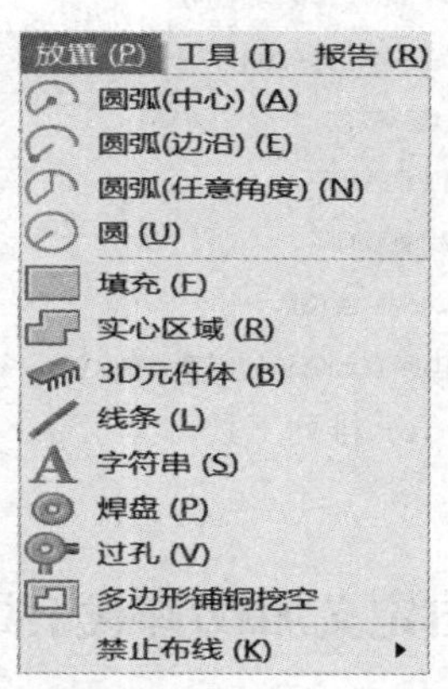

图 11-6　PCB 库放置工具栏　　图 11-7　菜单放置工具栏

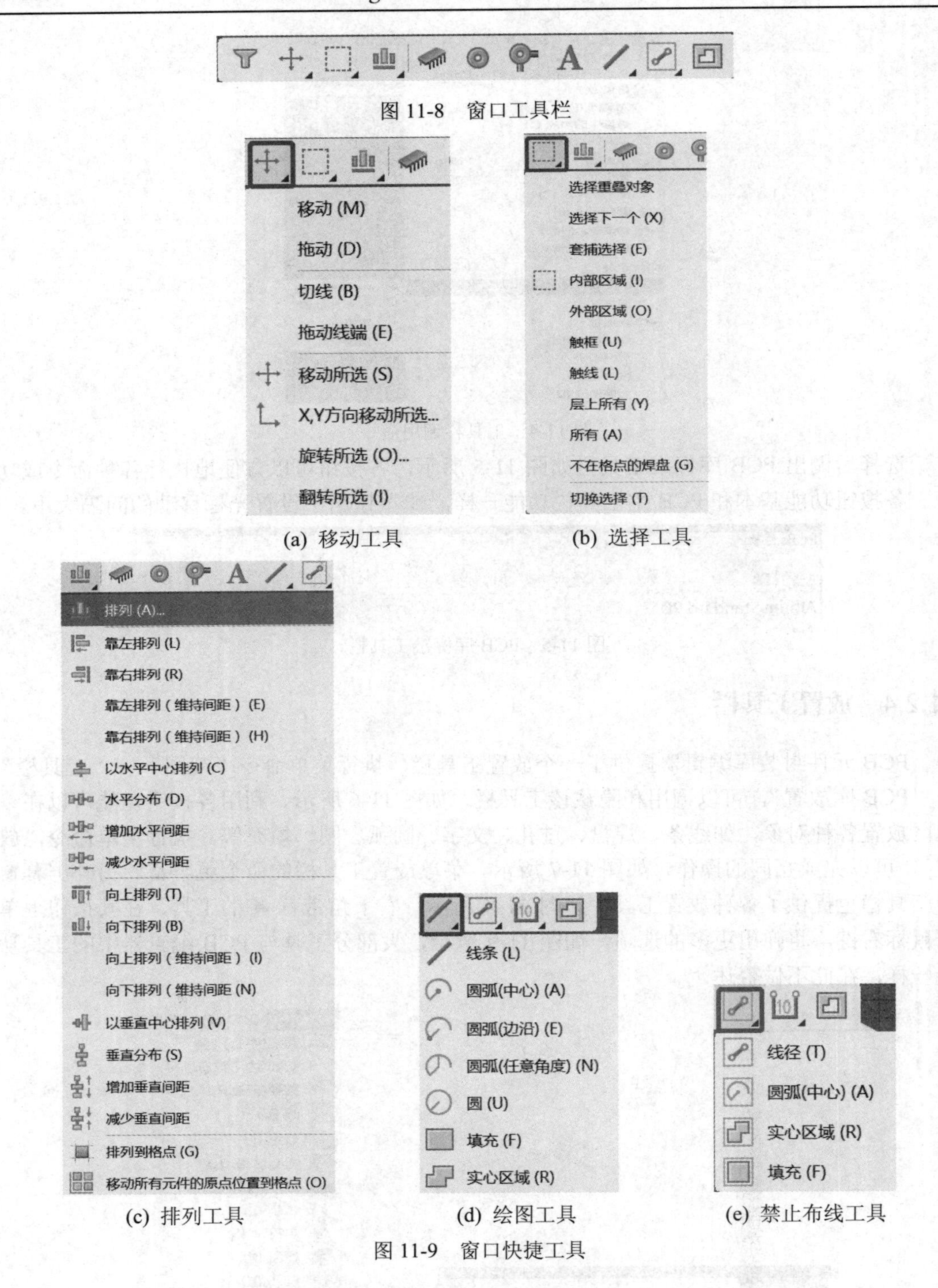

图 11-8　窗口工具栏

(a) 移动工具　(b) 选择工具

(c) 排列工具　(d) 绘图工具　(e) 禁止布线工具

图 11-9　窗口快捷工具

11.2.5　自定义加载/卸载工具栏

在图 11-4 中，可以完成常用工具的调用或隐藏。当所需的工具栏在列表中找不到时，采用自定义方式进行加载，点击图 11-4 中的“自定义”，出现如图 11-10 所示的自定义对话框，选择工具栏选项，在某个菜单后面点击即可调用或隐藏该工具栏。

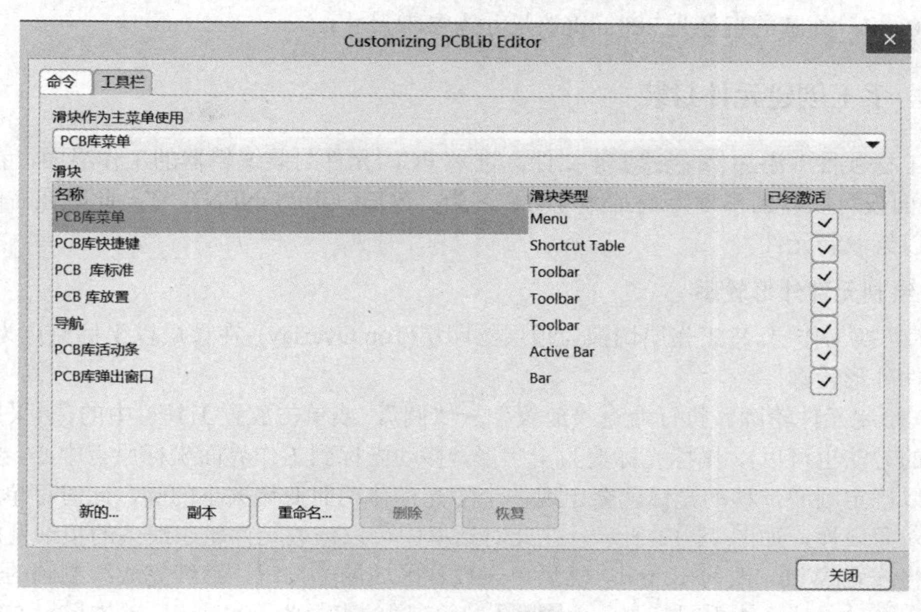

图 11-10　自定义对话框

11.2.6　快捷菜单

在编辑区域空白处单击鼠标右键，则会弹出如图 11-11 所示的快捷菜单，利用此快捷菜单同样可以完成各种操作。

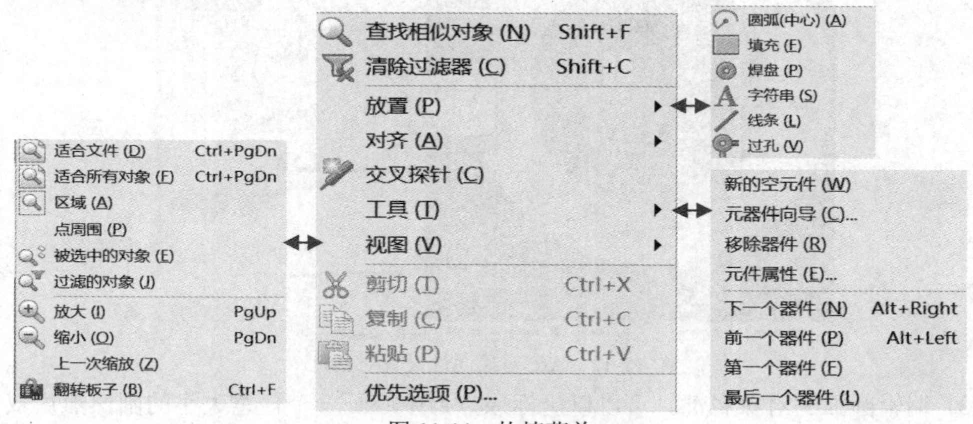

图 11-11　快捷菜单

11.3　创建新的元件封装

利用工具在编辑区创建元件封装通常有两种方法：手工创建和用向导创建。

使用手工创建元件封装，就是利用系统提供的绘图工具，按照元件的实际尺寸画出该元件的封装图形。下面我们通过创建电解电容元件封装来讲解手工创建元件封装的操作步骤。尺寸要求：焊盘的外环直径为 62 mil，内孔直径为 28 mil，两个焊盘对称并且垂直间距为 100 mil，外圆的直径为 200 mil(该尺寸为参考尺寸)。

11.3.1　手工创建元件封装

在工程项目中添加 PCB Library 文件，进入 PCB 元件封装编辑器的工作界面，在 PCB Library 面板可以看到系统为新元件自动命名为“PCBCOMPONENT_1”，此时在右侧设计窗口可以绘制新元件。

1. 绘制元件外形轮廓

(1) 切换工作层。将工作层切换为顶层丝印层(Top Overlay)，在该层以坐标原点为中心，绘制元件外形轮廓。

(2) 绘制元件轮廓。执行命令“放置”→“圆”，或单击放置工具栏中的 (采用其他绘制圆的方法也可以)，鼠标光标变为十字形，移动光标到工作界面坐标原点中心，单击鼠标左键以确定圆心，移动光标就会出现一个随光标移动而变化大小的圆，此时可单击 Tab 键修改对象属性，如图 11-12 所示。在此对话框中可以修改元件轮廓线条的粗细及放置的层，如将线宽(Width)改为 12 mil。然后单击设计区域的 按钮，继续完成绘制圆的命令。水平方向拉动鼠标，查看坐标显示为 100.000 0.000，确定圆的直径为 200 mil，单击鼠标右键，退出画圆功能。

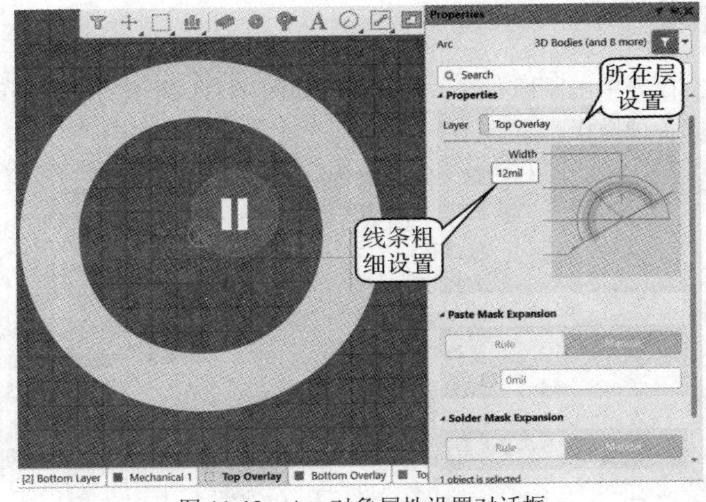

图 11-12　Arc 对象属性设置对话框

(3) 编辑圆弧的对象属性。可以以坐标原点为中心画一个任意大小的圆，然后双击圆的轮廓，即可弹出“Arc”(圆弧)对象属性对话框，如图 11-13 所示，对圆的参数进行修改。圆的半径(Radius)修改为 100 mil、线宽(Width)改为 12 mil 即可。

(4) 放置文字。单击窗口工具栏中的 A 按钮，在元件轮廓正中心左侧，用“+”号进行文字标注。放置过程中可单击“Tab”键修改对象属性，如图 11-14 所示，可以设置字形、字体大小、放置层、笔画粗细等。

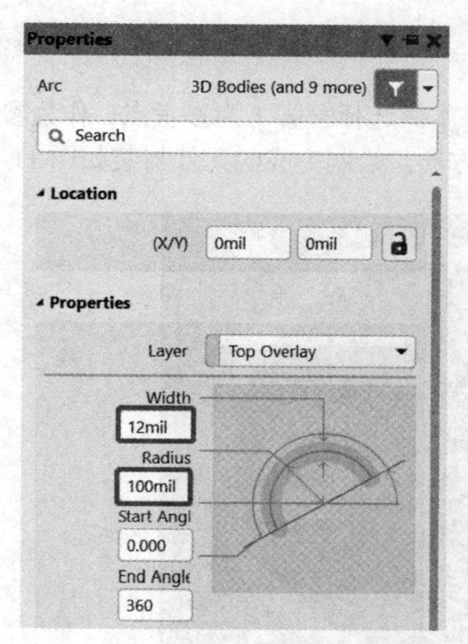

图 11-13　“Arc”属性设置对话框

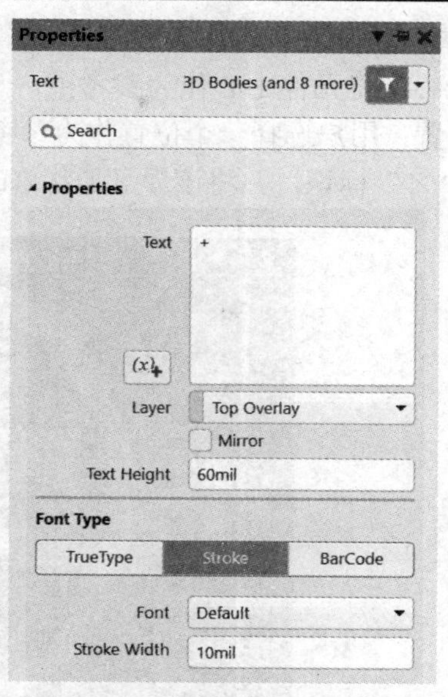

图 11-14　文字属性设置对话框

2. 放置焊盘

(1) 执行菜单命令“放置”→“焊盘”，或单击窗口工具栏中的◎按钮，移动鼠标到与中心坐标 50 mil 处单击鼠标左键，放置焊盘。用同样的方法放置另一个焊盘，两个焊盘在水平方向与坐标中心对称放置。

(2) 修改焊盘属性。放置过程中可单击“Tab”键修改对象属性，或放好后用鼠标左键双击焊盘，都可弹出如图 11-15 所示的焊盘属性设置对话框。设置焊盘孔径为 28 mil，外径为 62 mil。

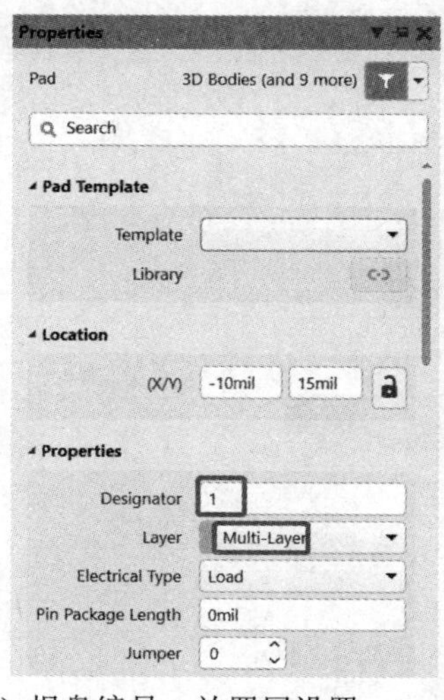

(a) 焊盘编号、放置层设置

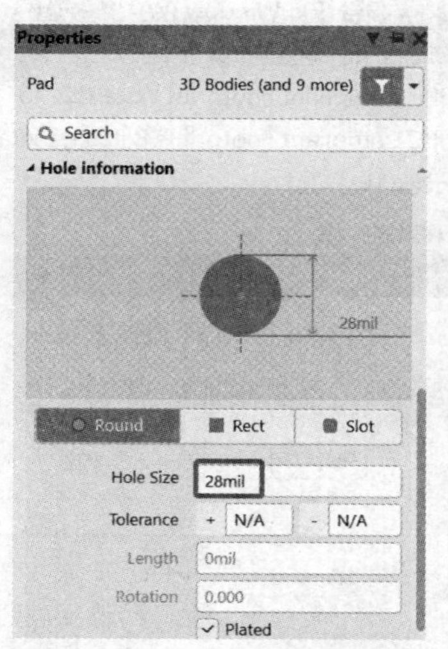

(b) 焊盘孔径、是否镀金设置

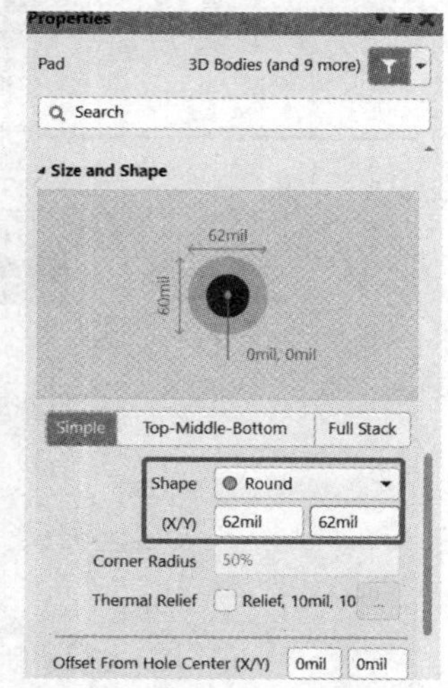

(c) 焊盘形状、外形尺寸设置

图 11-15　焊盘属性设置对话框

3. 设置元件参考坐标

在菜单“编辑”→“设置参考点”下，设置参考坐标的命令有以下三个：

(1) 1 脚：设置管脚 1 为参考点。

(2) 中心：将元件中心作为参考点。

(3) 位置：用户选择一个位置作为参考点。本例选择管脚 1 为参考点。作为参考点的焊盘上标有“×”标识，并将该焊盘形状修改为方形。绘制完成的元件封装如图 11-16 所示。

图 11-16　绘制完成的元件封装

4. 命名与保存

(1) 命名：选中要修改名字的元件，执行菜单“工具”→“元件属性”命令，如图 11-17 所示，弹出图 11-18 所示的 PCB 库封装对话框，将“PCBCOMPONENT_1”修改为“电解电容”，单击【确定】按钮即可。

图 11-17　元件属性菜单

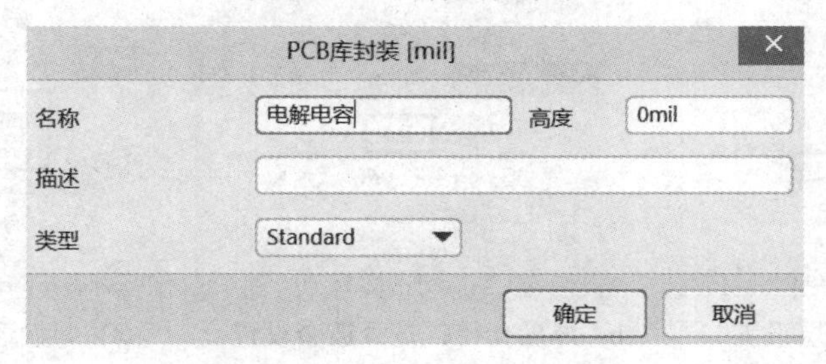

图 11-18　PCB 库封装对话框

(2) 保存：执行菜单命令“文件”→“保存”，或单击主工具栏上的按钮，可将新建元件封装保存在元件封装库中，在需要的时候可任意调用该元件。

5. 创建第二个元件封装

在“PCB Library”编辑器中继续创建新元件封装的方法有多种：

方法一：执行菜单命令“工具”→“新的空元件”，或单击图 11-2 所示“PCB Library”面板中的 Add 按钮，则在面板的“Footprints”区出现一个以 COMPONENT_1 为名称的新元件，并且打开一个空的设计区域，如图 11-19 所示。

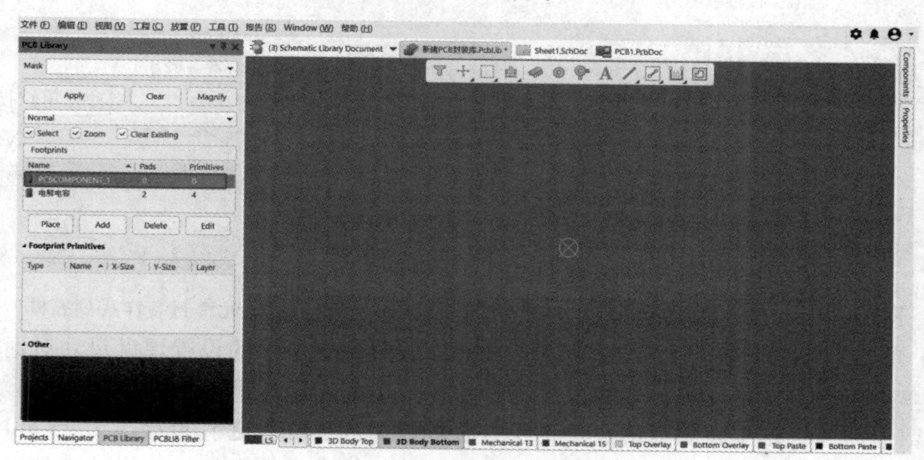

图 11-19　新建元件封装界面

方法二：在编辑区域单击鼠标右键，在弹出的快捷菜单(图 11-11 中)选择“工具→新的空元件”，同样能新建一个名为 COMPONENT_1 的元件。

方法三：在图 11-3(a)中选择 New Blank Footprint，出现同样的结果。

根据上述操作步骤，在设计区域绘制新的元件封装。

11.3.2　使用 Footprint Wizard 向导创建元件封装

元件封装库编辑器带有 Footprint Wizard 向导。通过此向导，用户可以选择不同的封装类型，填写相应的信息，然后将自动生成器件封装。下面以生成 DIP8 的封装来讲解利用向导创建元件封装的操作步骤。

(1) 启动 Footprints Wizard。右键单击 PCB Library 面板的“Footprints”区，选择 Footprint Wizard，或者选择“工具”→“元器件向导”，弹出如图 11-20 所示的元件封装向导对话框。

(2) 单击图 11-20 中的【Next】按钮，弹出如图 11-21 所示的元件封装样式列表框，单击【Back】按钮可以返回上一向导。系统提供了 12 种元件封装的样式供用户选择，包括 Ball Grid Arrays(BGA)(球栅阵列封装)、Capacitors(电容封装)、Diodes(二极管封装)、Dual In-line Package(DIP)(双列直插封装)、Edge Connectors(边缘连接器封装)、Leadless Chip Carrier(LCC)(无引线芯片载体封装)、Pin Grid Arrays(PGA)(管脚网格阵列封装)、Quad Packs(QUAD)(四边引出扁平封装)、Resistors(电阻封装)、Small Outline Packages(SOP)(小尺寸封装)、Staggered Pin Grid Array(SPGA)(交错管脚网格阵列封装)、Staggered Ball Grid Array(SBGA)(交错球栅阵列封装)。这里我们选择 DIP 封装类型，在对话框右下角，还可以选择计量单位，默认为英制单位。

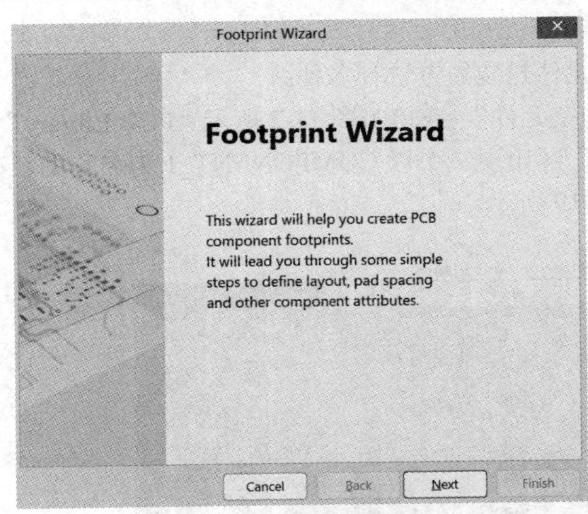

图 11-20　元件封装向导对话框

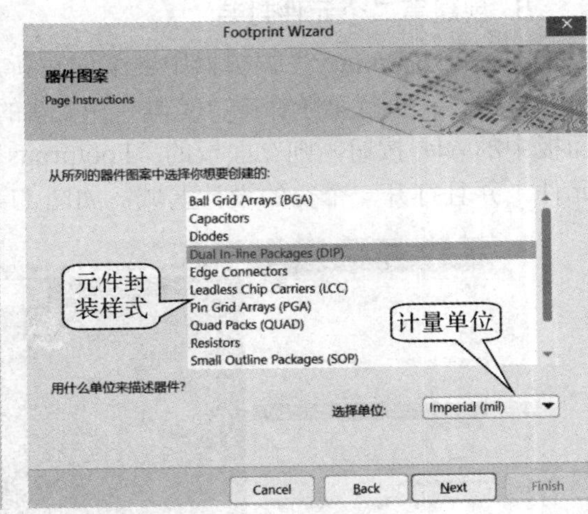

图 11-21　元件封装样式列表框

(3) 单击图 11-21 中的【Next】按钮，弹出如图 11-22 所示的设置焊盘尺寸对话框。在数值上单击鼠标左键拖动鼠标使数值变为蓝色，或单击左键后用键盘删除原数字，然后输入所需数值即可。这里将焊盘的上中下层外径均设为 50 mil，通孔直径改为 25 mil。一般焊盘的外径尺寸取为内径尺寸的 2 倍，而内径尺寸要稍大于管脚的尺寸，以便实际元件在电路板上安装和焊接。

(4) 单击图 11-22 中的【Next】按钮，弹出设置焊盘布局对话框，如图 11-23 所示。在数值上按压鼠标左键拖动鼠标使数值变为蓝色，或单击左键后用键盘删除原数字，然后输入所需数值即可。这里采用系统默认值，水平间距为 600 mil，垂直间距为 100 mil。

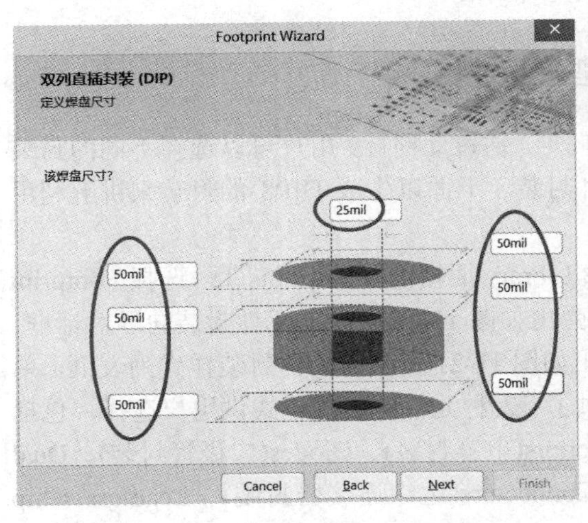

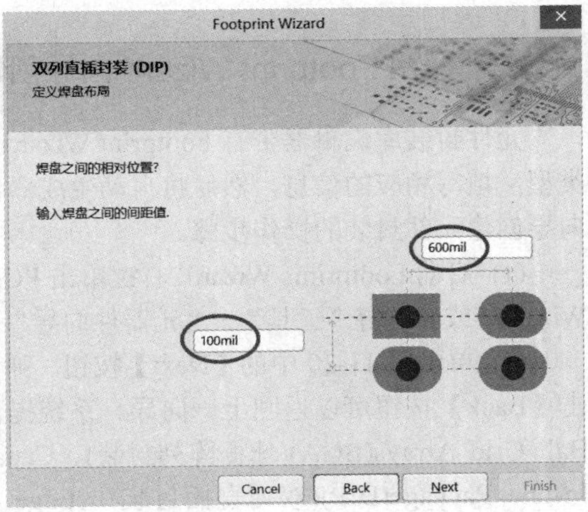

图 11-22　设置焊盘尺寸对话框

图 11-23　设置焊盘布局对话框

(5) 单击图 11-23 中的【Next】按钮，弹出设置元件外框宽度对话框，如图 11-24 所示。这里采用系统默认值 10 mil。

(6) 单击图 11-24 中的【Next】按钮，弹出设置元件管脚数量对话框，如图 11-25 所示。管脚数量设置为 8。

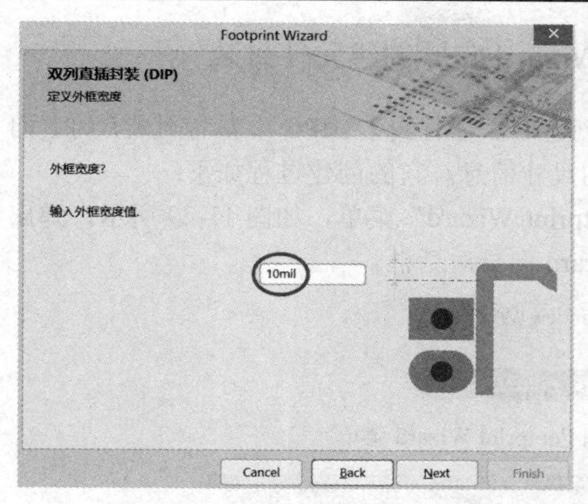

图 11-24　设置元件外框宽度对话框

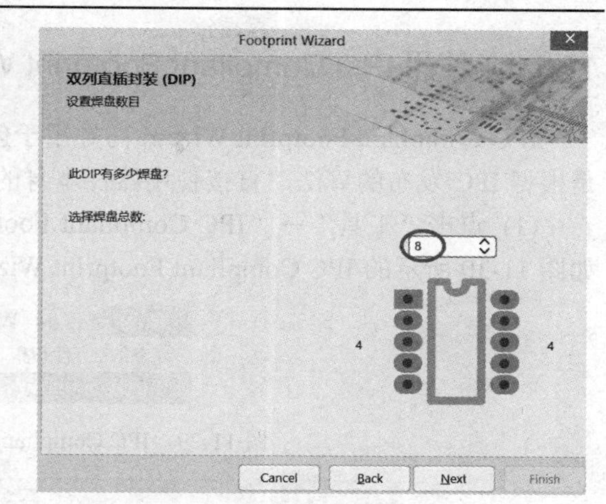

图 11-25　设置元件管脚数量对话框

(7) 单击图 11-25 中的【Next】按钮，弹出设置元件封装名称对话框，如图 11-26 所示。这里采用系统默认设置 DIP8。

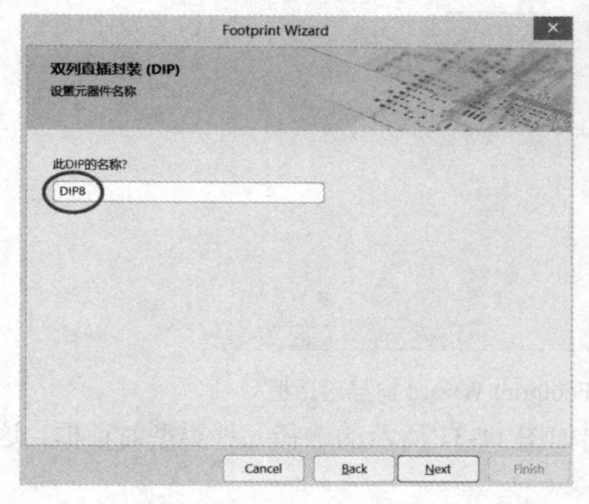

图 11-26　设置元件封装名称对话框

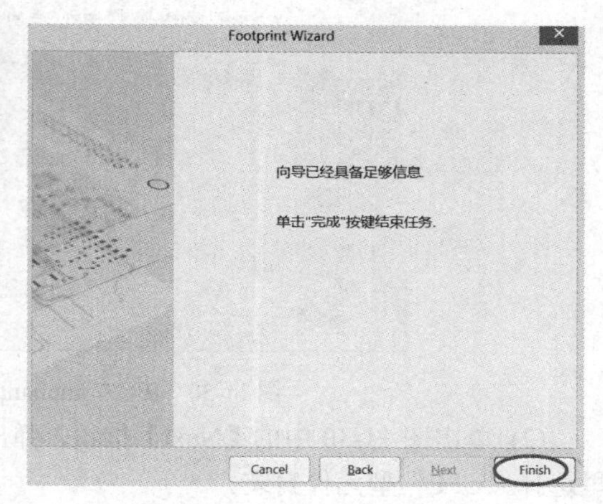

图 11-27　完成对话框

(8) 单击图 11-26 中的【Next】按钮，系统弹出图 11-27 所示的完成对话框，单击【Finish】按钮，生成的新元件封装如图 11-28 所示。

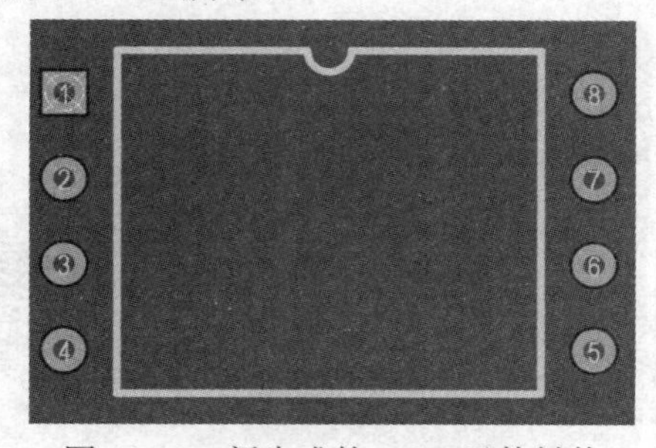

图 11-28　新生成的 DIP8 元件封装

(9) 如果绘制的外形轮廓不符合插接件的外形，可以进行手工调整，可以通过移动调节轮廓大小、焊盘位置、删除线条、重新绘制等，以达到符合实际元件外形尺寸。

(10) 修改完成，点击▢，保存设计元件，以便后期使用。

11.3.3　使用 IPC Compliant Footprint Wizard 向导创建元件封装

IPC Compliant Footprint Wizard 向导用于创建 IPC 器件封装。IPC 不参考封装尺寸，而是根据 IPC 发布的算法，直接使用器件本身的尺寸信息。它的创建过程如下：

(1) 点击“工具”→“IPC Compliant Footprint Wizard”菜单，如图 11-29 所示，弹出如图 11-30 所示的 IPC Compliant Footprint Wizard 向导对话框。

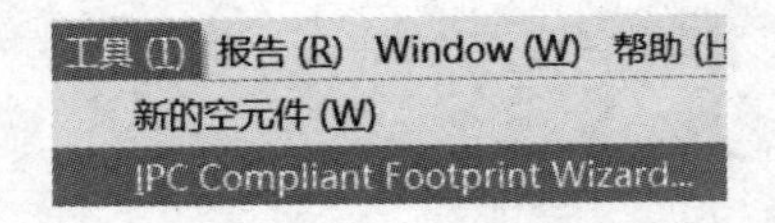

图 11-29　IPC Compliant Footprint Wizard 菜单

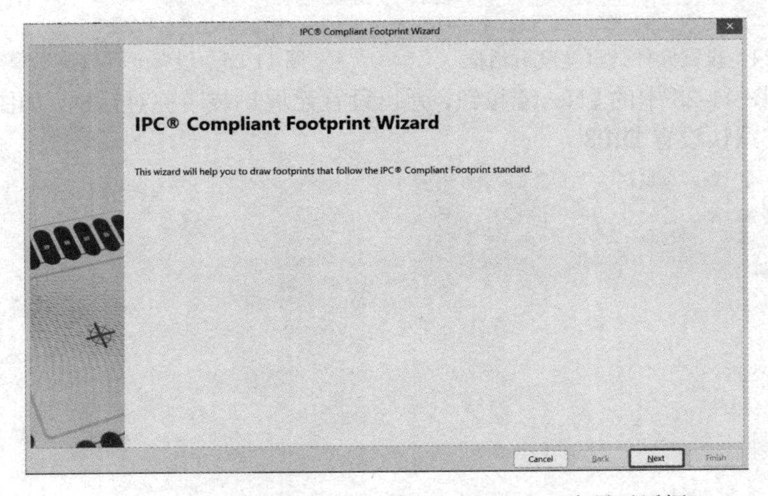

图 11-30　IPC Compliant Footprint Wizard 向导对话框

(2) 单击图 11-30 中的【Next】按钮，弹出如图 11-31 所示的选择元件类型对话框。这里选择“CFP”型元件封装。

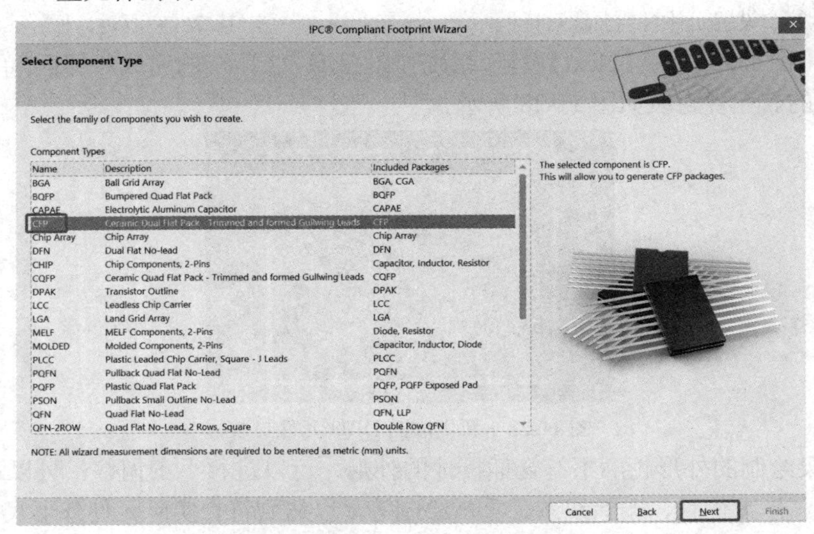

图 11-31　选择元件类型对话框

(3) 单击图 11-31 中的【Next】按钮，弹出如图 11-32 所示的封装外形尺寸对话框。这里采用系统默认数值。

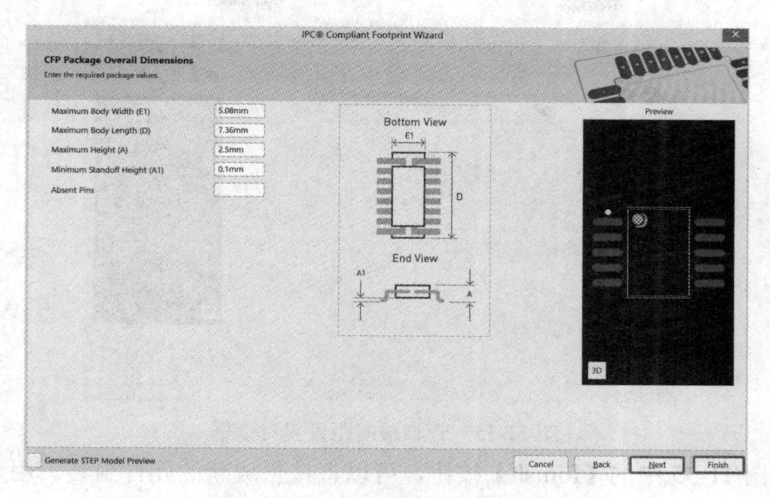

图 11-32　封装外形尺寸对话框

(4) 如果单击图 11-32 中的【Finish】按钮，可以直接生成新的元件封装，如图 11-33 所示。用户也可以继续单击【Next】按钮，进一步细化设置。如图 11-34 所示，设置管脚数量为 8，其他采用系统默认数值。

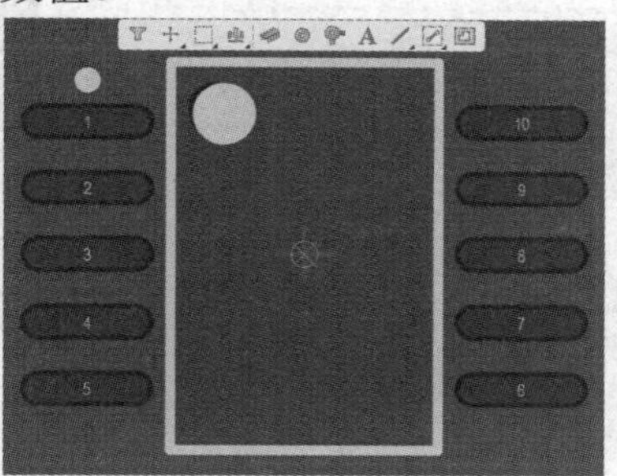

图 11-33　新建的 CFP 元件封装

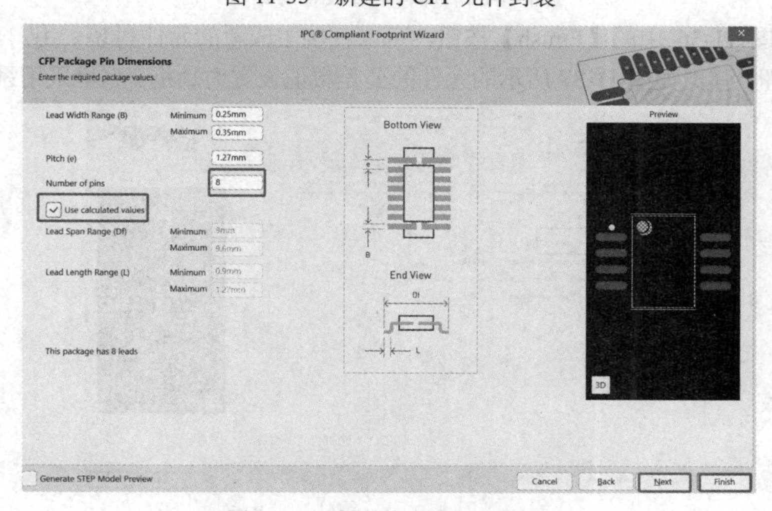

图 11-34　封装参数设置对话框

(5) 如果单击图 11-34 中的【Finish】按钮，可以直接生成新的元件封装。用户也可以继续单击【Next】按钮，弹出如图 11-35 所示的管脚跟间距设置对话框，采用系统默认数值。

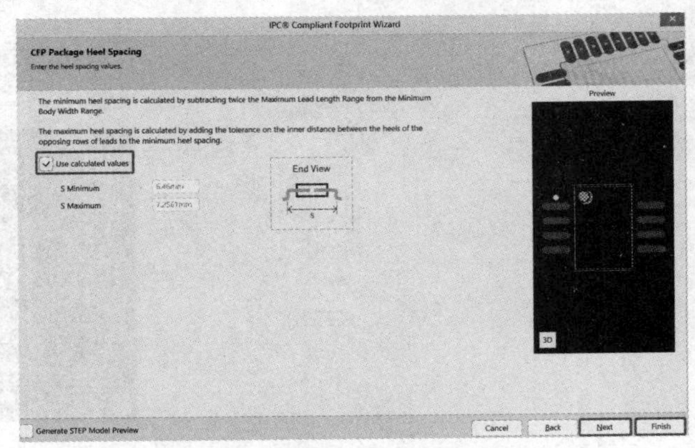

图 11-35　管脚跟间距设置对话框

(6) 单击图 11-35 中的【Finish】按钮，可以直接生成新的元件封装。用户也可以继续单击【Next】按钮，弹出如图 11-36 所示的焊料数值设置对话框。这里采用系统默认数值。

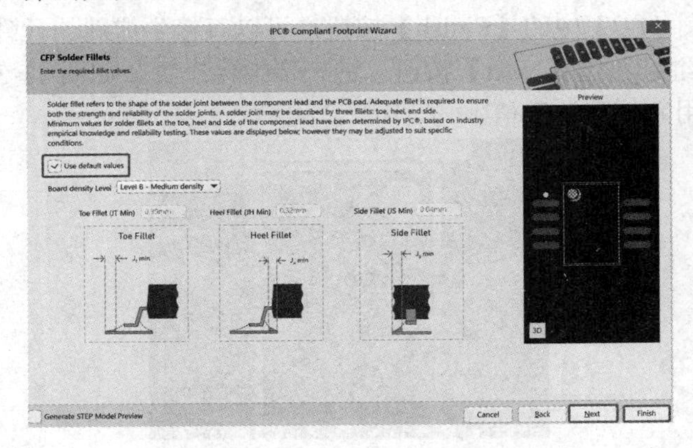

图 11-36　焊料数值设置对话框

(7) 单击图 11-36 中的【Finish】按钮，可以直接生成新的元件封装。用户也可以继续单击【Next】按钮，弹出如图 11-37 所示的元件的公差数值设置对话框。这里采用系统默认数值。

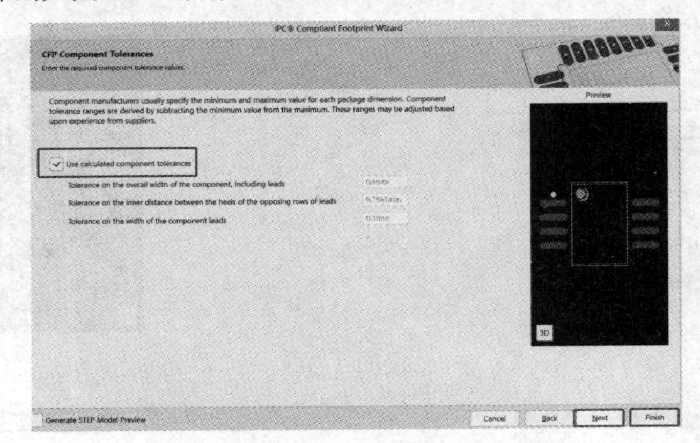

图 11-37　元件的公差数值设置对话框

(8) 单击图 11-37 中的【Finish】按钮，可以直接生成新的元件封装。用户也可以继续单击【Next】按钮，弹出如图 11-38 所示的元件的制造公差、放置公差等数值设置对话框。这里采用系统默认数值。

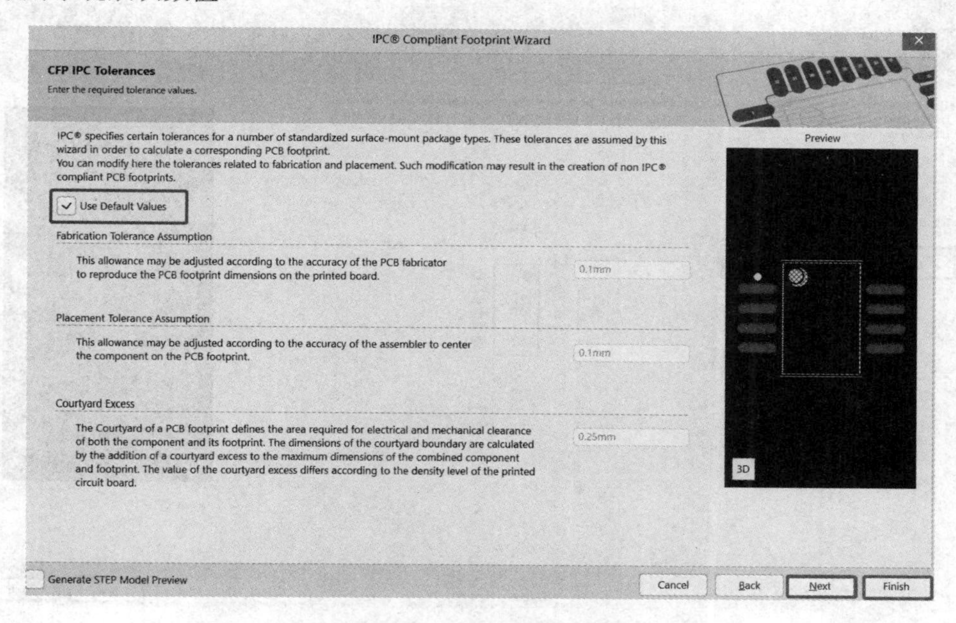

图 11-38　制造公差、放置公差等数值设置对话框

(9) 单击图 11-38 中的【Finish】按钮，可以直接生成新的元件封装。用户也可以继续单击【Next】按钮，弹出如图 11-39 所示的封装尺寸(包括焊盘间距、焊盘大小、焊盘形状等)设置对话框。这里采用系统默认数值。

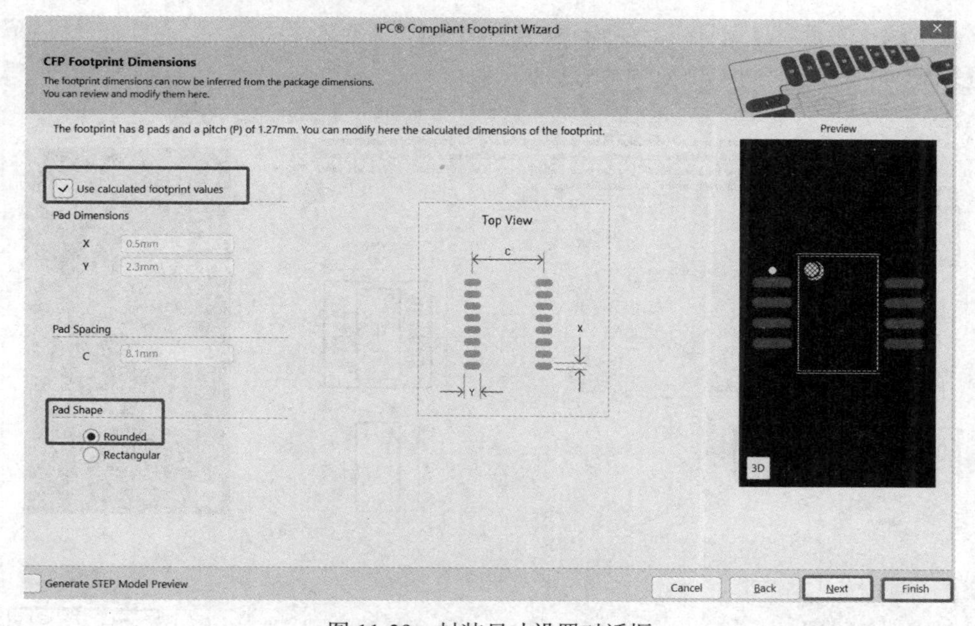

图 11-39　封装尺寸设置对话框

(10) 单击图 11-39 中的【Finish】按钮，可以直接生成新的元件封装。用户也可以继

续单击【Next】按钮，弹出如图 11-40 所示的丝印层(Silkscreen)尺寸设置对话框，可以设置元件轮廓尺寸。这里采用系统默认数值。

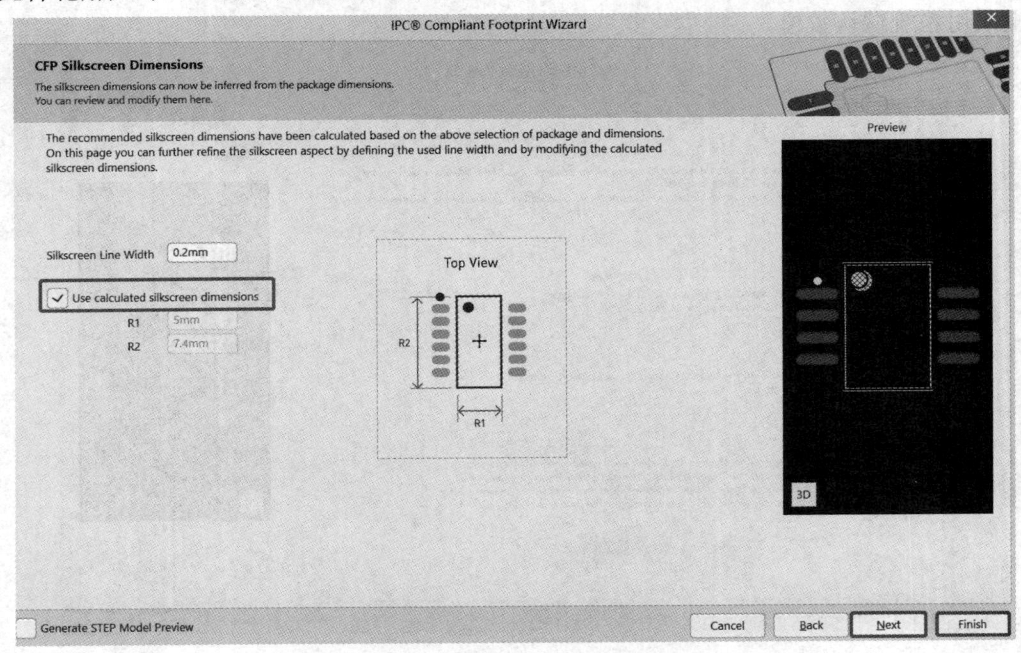

图 11-40　丝印层(Silkscreen)尺寸设置对话框

(11) 单击图 11-40 中的【Finish】按钮，可以直接生成新的元件封装。用户也可以继续单击【Next】按钮，弹出如图 11-41 所示的空间、装配及元件主体信息设置对话框。这里采用系统默认数值。

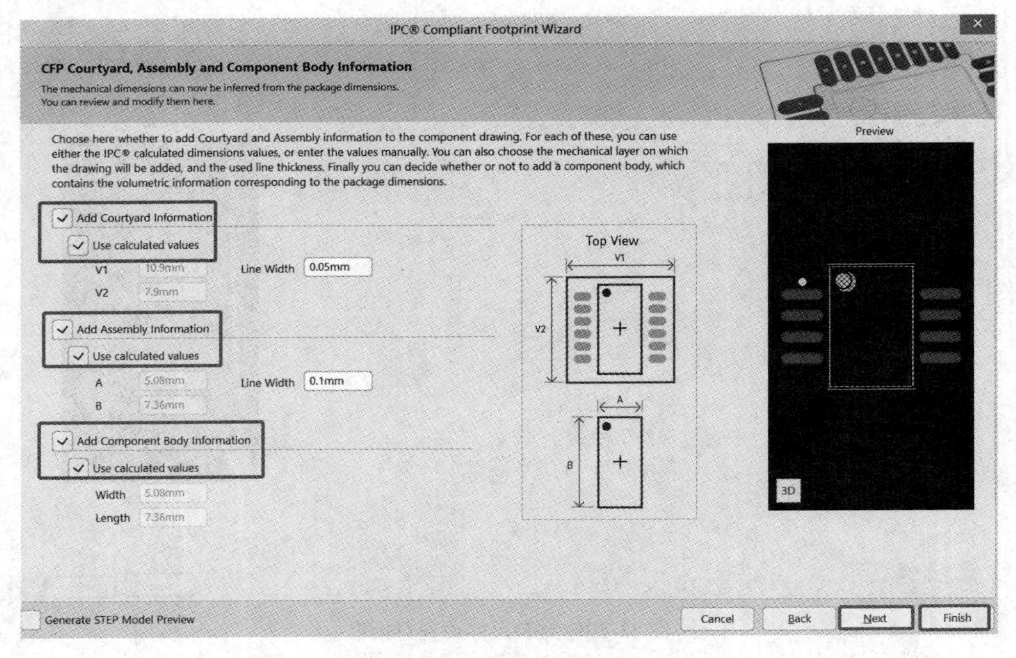

图 11-41　空间、装配及元件主体信息设置对话框

(12) 单击图 11-41 中的【Finish】按钮，可以直接生成新的元件封装。用户也可以继续单击【Next】按钮，弹出如图 11-42 所示的封装描述对话框(包括封装名称)。这里采用系统建议的描述。

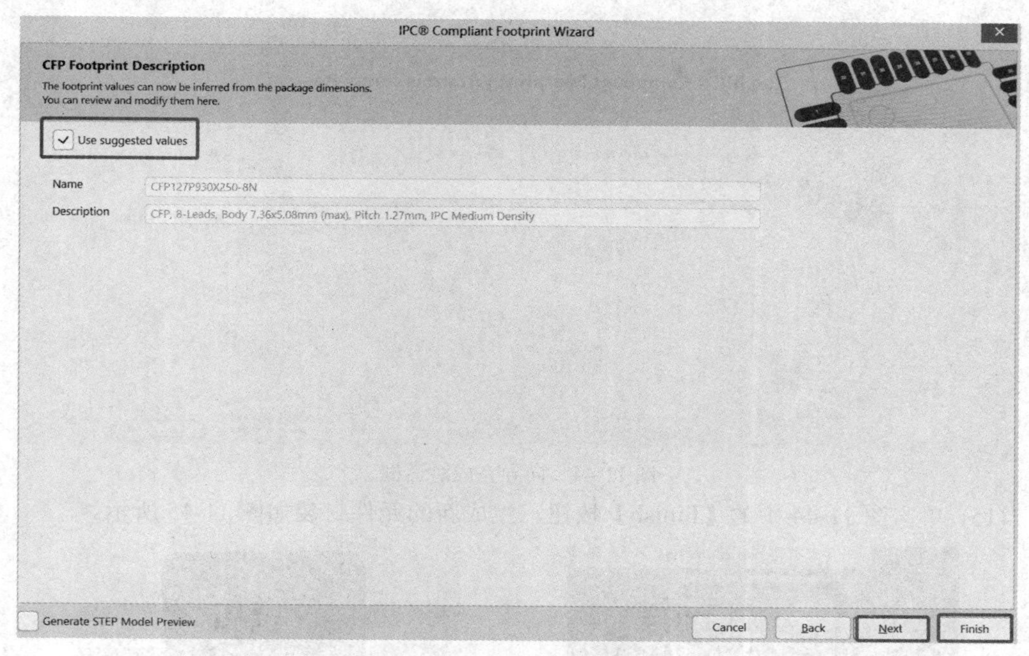

图 11-42　封装描述对话框

(13) 单击图 11-42 中的【Finish】按钮，直接生成新的元件封装。用户也可以继续单击【Next】按钮，弹出如图 11-43 所示的选择存放路径对话框。

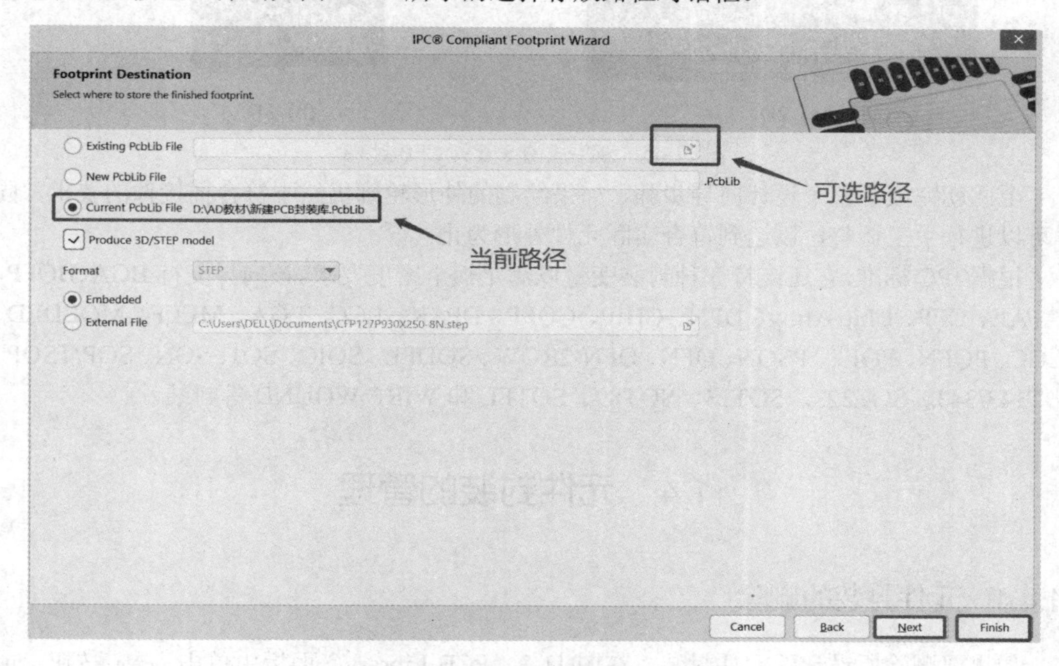

图 11-43　选择存放路径对话框

(14) 单击图 11-43 中的【Finish】按钮，直接生成新的元件封装。用户也可以继续单击【Next】按钮，弹出如图 11-44 所示的向导完成对话框。

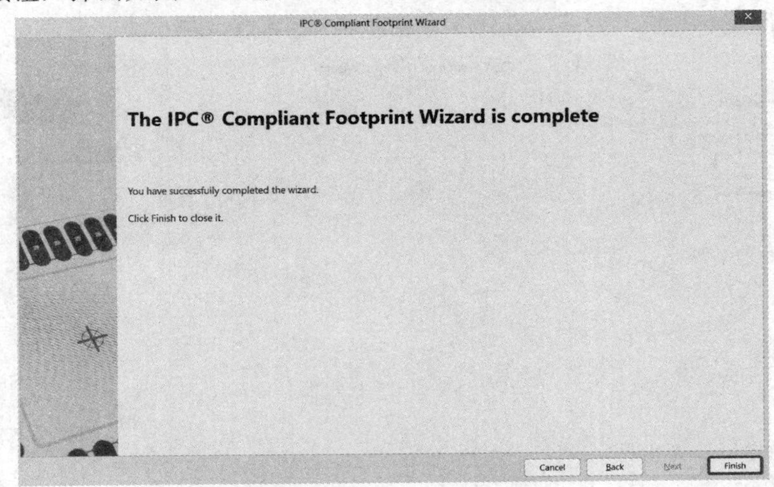

图 11-44　向导完成对话框

(15) 单击图 11-44 中的【Finish】按钮，生成新的元件封装如图 11-45 所示。

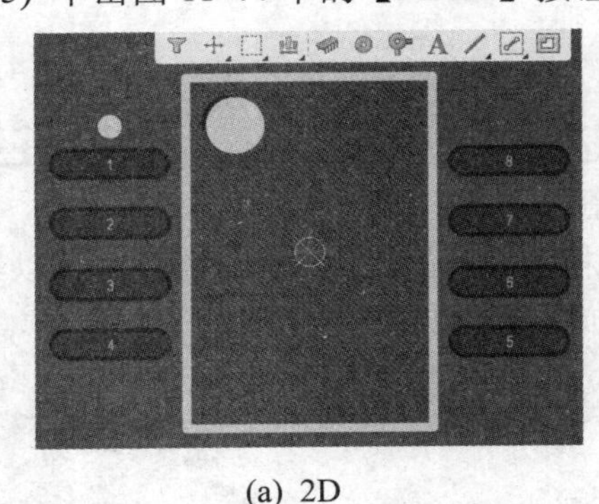

(a) 2D

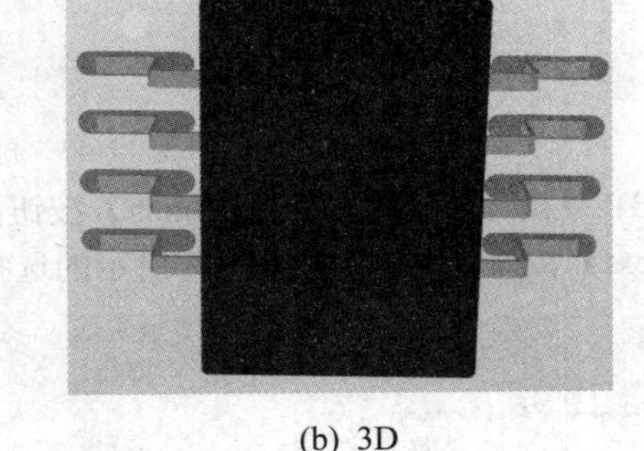

(b) 3D

图 11-45　新生成的 8 管脚 CFP 封装

至此就完成了整个设计向导步骤，如果绘制的外形轮廓仍然不符合插接件的要求，同样可以进行手工调整，以达到符合实际元件外形为止。

根据 IPC 标准，它还支持 3 种封装变量以满足板卡密度要求。该向导支持 BGA、BQFP、CAPAE、CFP、Chip Array、DFN、CHIP、CQFP、DPAK、LCC、LGA、MELF、MOLDED、PLCC、PQFN、PQFP、PSON、QFN、QFN-2ROW、SODFL、SOIC、SOJ、SON、SOP/TSOP、SOT143/343、SOT223、SOT23、SOT89、SOTFL 和 WIRE WOUND 等封装。

11.4　元件封装的管理

11.4.1　元件封装的删除

如果要删除所设计的元件封装，在图 11-2 "PCB Library" 面板中单击 Delete 按钮，或执行菜单命令“工具”→“移除元件”，或在图 11-3 中选择 Delete，均可弹出如图 11-46 所示的删除确认对话框，单击 Yes 按钮即可将所选对象删除。

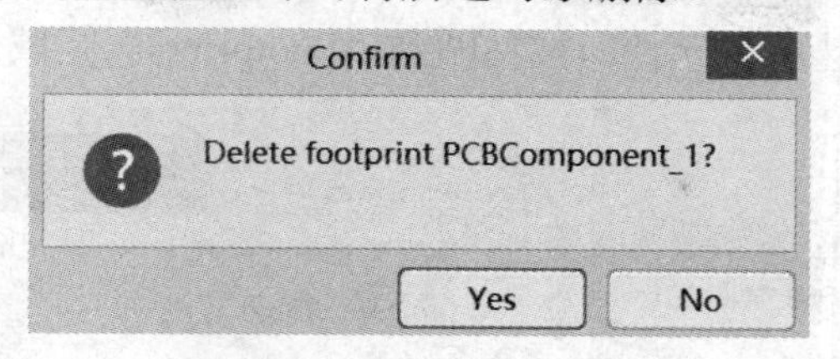

图 11-46　删除确认对话框

11.4.2　元件封装的属性设置

单击图 11-2“PCB Library”面板中的 Edit，或执行菜单命令“工具”→“元件属性”，则可弹出如图 11-18 所示对话框，对元件进行属性设置，元件的类型设置为标准类型。

11.4.3　元件封装的复制与粘贴

1.“PCB”库之间的复制与粘贴

Altium Designer 19 的 PCB Library 库中的元件封装可以在库与库之间进行复制与粘贴，用户可以通过各种渠道得到不同的元件封装，通过复制和粘贴操作放到自己的元件库中，方便自己使用。其具体操作步骤如下：

(1) 在 PCB Library 库中的“Footprints”区域，点击要复制的元件，如图 11-47 所示的 VO20，单击鼠标右键，在弹出的快捷菜单中(图 11-3)选择 Copy，或执行菜单命令“编辑”→“复制器件”，如图 11-48 所示，此时选中的元件即被复制。

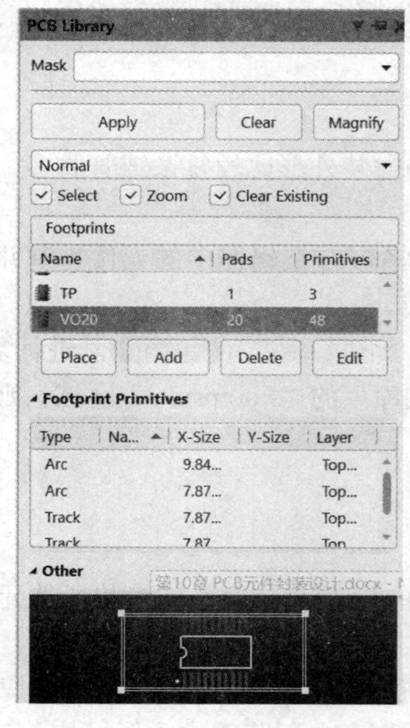

图 11-47　“Footprints”区域选择元件

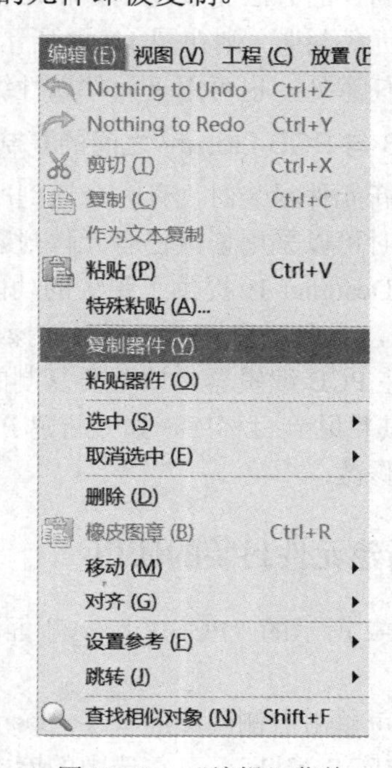

图 11-48　“编辑”菜单

(2) 打开目标库，如“新建 PCB 封装库”，在“Footprints”区域单击鼠标右键，在弹出的快捷菜单中选择 Paste 1 Components，如图 11-49 所示，或执行菜单命令“编辑→粘贴器件”(图 11-48)，此时选中的元件即被粘贴到“Footprints”区域。

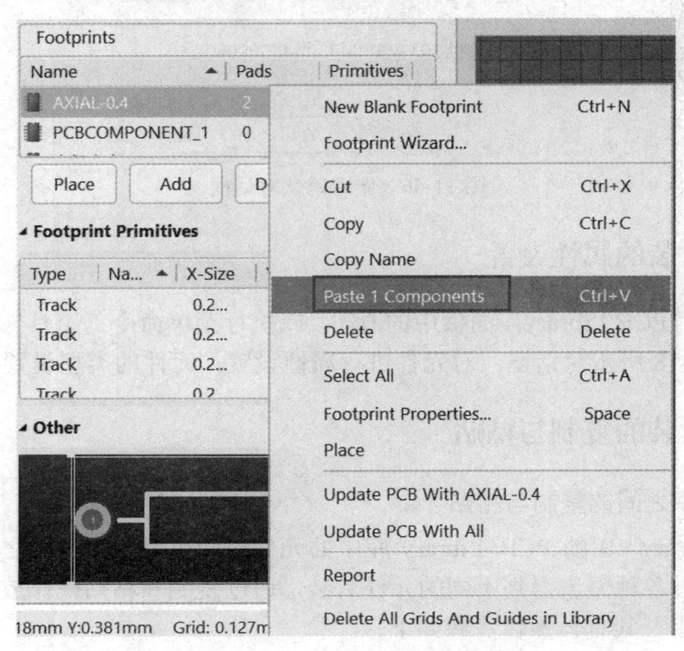

图 11-49　元件的复制和粘贴

注意：如果要复制和粘贴的元件数量比较多，则可按住键盘上的 Ctrl 键，同时选择多个元件，用同样的方法完成复制和粘贴任务，节省操作时间。如果仅仅复制和粘贴元件的名称而不是元件封装，则在图 11-49 所示菜单中选择 Copy Name 即可，被复制的名称可以放在设计区域任意处，也可用于元件属性编辑。

2. PCB 与 PCB Library 之间的复制和粘贴

在设计新元件封装时，有时会遇到所设计的封装外形比较复杂或管脚多，绘制就比较费时间，这时可以采用修改已有元件封装的方法。

Altium Designer 19 提供了强大的功能，可以将 PCB 编辑器中的元件复制并粘贴到 PCB Library 库中，方便用户修改。其具体操作步骤如下：

(1) 先在 PCB 编辑器中放置要复制的元件，如 Cap Pol2 ( )，进行复制。

(2) 将其粘贴到目标库，如“新建 PCB 封装库”的“Footprints”区域，则可在编辑区域对其进行修改。

11.4.4　新建元件封装的使用

在图 11-2 所示的“PCB Library”面板中，单击 Place 按钮，即可将所选元件放到 PCB 编辑器中。

另外也可单击右侧隐藏面板 Components 按钮，单击 ▾ 下拉菜单，在库列表中选中“新建 PCB 封装库.PcbLib”，可在选中的库文件下面列表中浏览新建元件封装，双击某一元件即可将其放在 PCB 编辑器中，如图 11-50 所示。

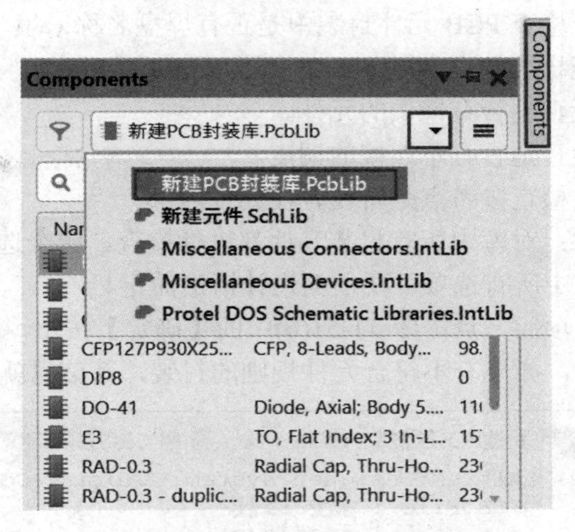

图 11-50　新建 PCB 封装库的加载

11.5　PCB 元件封装的检查与报告

要确定新建的元件封装是否符合规范，或者想知道自己创建的元件信息，就可通过元件的规则检查与报告来实现。

11.5.1　元件规则检查

(1) 打开新建元件封装库。

(2) 执行菜单命令“报告”→“元件规则检查”，如图 11-51(a)所示，弹出图 11-51(b)所示的元件规则检查报告选项。它包括重复的与约束两部分：

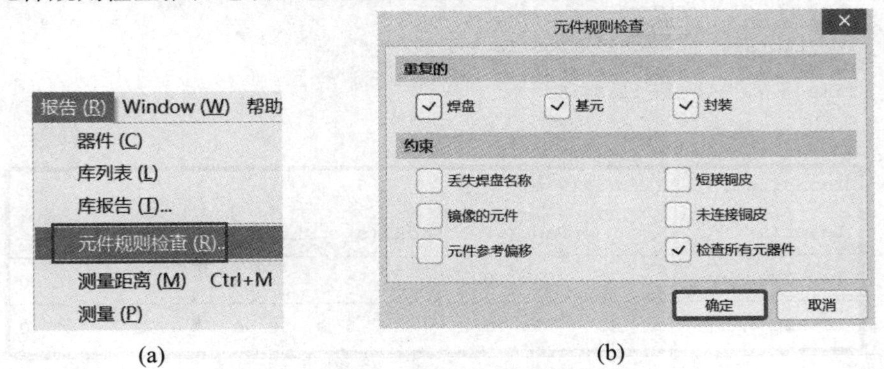

(a)　(b)

图 11-51　元件规则检查报告选项

① 重复的。

- 焊盘：检查是否有重复的焊盘。
- 基元：检查是否有重复的元素，包括丝印、填充等。
- 封装：检查是否有重复的封装。

② 约束。

- 丢失焊盘名称：检查 PCB 元件封装中是否有焊盘名称未填写。
- 短接铜皮：检查导线是否有短路。
- 镜像的元件：检查是否有镜像的元件。
- 未连接铜皮：检查是否有不连接的铜皮。
- 元件参考偏移：检查参考点是否设置在元件内部。
- 检查所有元器件：对库中所有封装元件都进行检查。这个选项一般必选。

注意：不是必须选中所有选项，要依据设计情形而定！

选中需要检查的选项后，点击图 11-51(b)中的【确定】按钮，弹出如图 11-52 所示的元件规则检查错误报告，如果有不符合元件规则的封装，其信息就会列在报告中。

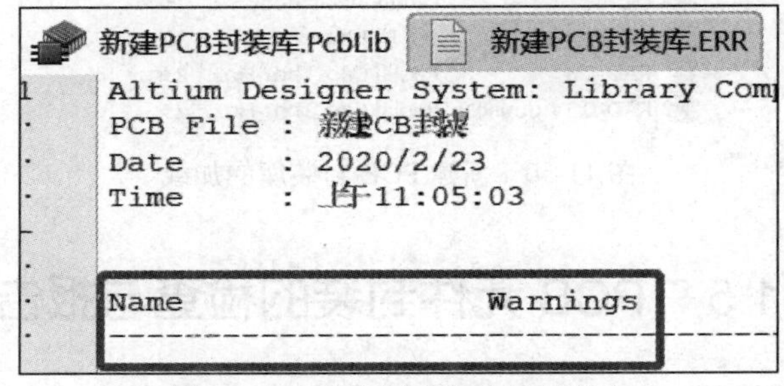

图 11-52　元件规则检查错误报告

11.5.2　元件报告

(1) 选中库中要检查的元件，如 VO20。

(2) 执行菜单命令“报告”→“器件”，如图 11-51(a)所示，即可出现如图 11-53 所示的元件信息报告文件，列出被报告元件的名称、封装尺寸大小、所在的层及图元数总和。

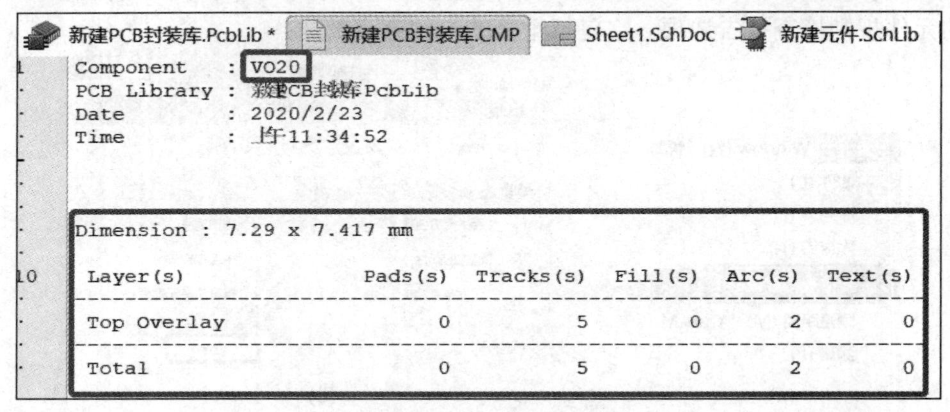

图 11-53　元件信息报告文件

11.5.3　库列表

执行菜单命令“报告”→“库列表”，即可出现图 11-54 所示的库元件列表文件，列表中统计了该库中总元件数、元件的名称，在库中元件比较多时便于统计观察。

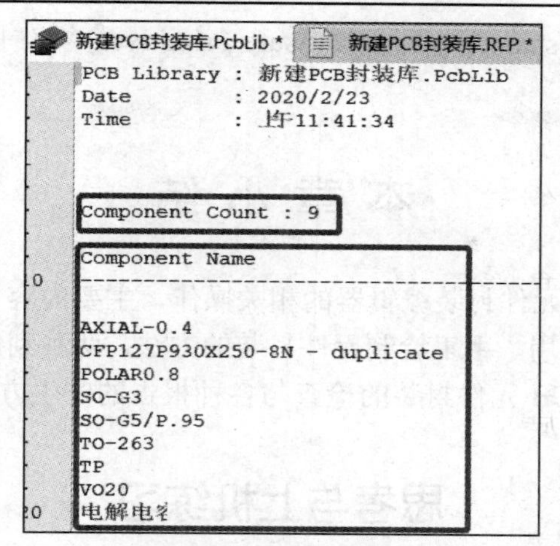

图 11-54　库元件列表文件

11.5.4　库报告

执行菜单命令“报告”→“库报告”，即可出现如图 11-55 所示的“库报告设置”对话框。在需要报告的选项前点击进行选择，单击【确定】按钮，即出现用“Word”表示的 PCB 库报告文件，如图 11-56 所示。浏览文件中的内容，可以得到每个元件在库中的名称、焊盘数量、元件尺寸大小等信息，用户可以进一步了解元件的安装信息与空间大小。

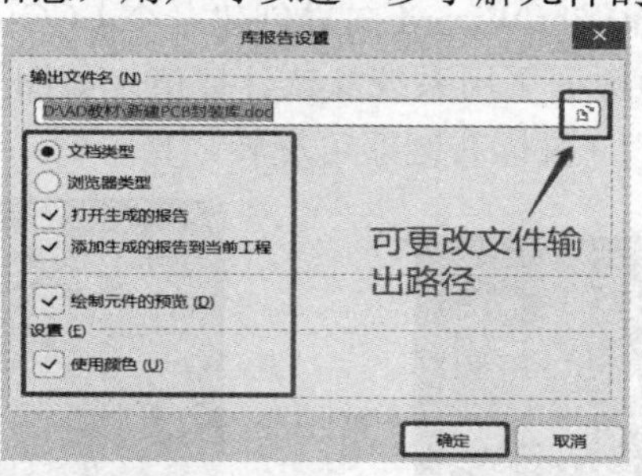

图 11-55　“库报告设置”对话框

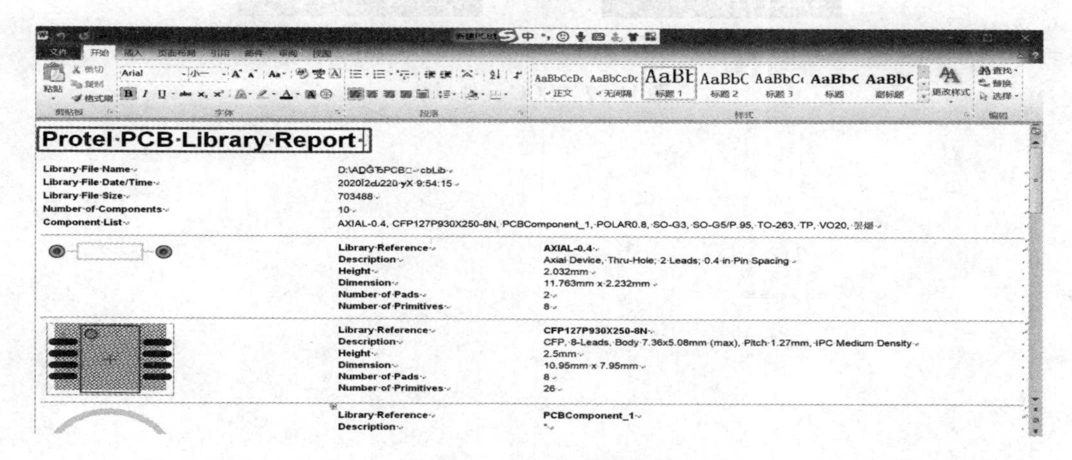

图 11-56　库报告文件

测量距离(Measure Distance)与测量(Measure Primitives)参照 10.1.2 节 PCB 报告中的相关参数。

本章小结

本章主要介绍 PCB 元件封装编辑器的相关操作，主要内容包括元件封装编辑器界面各主要部分的含义及其应用，手工绘制元件封装的方法，两种利用向导生成元件封装的方法，元件封装的管理，PCB 元件封装的检查与各种报告的产生方法及其含义等。

思考与上机练习

1. 创建 PCB 元件封装的方法有几种？

2. 利用 Footprint Wizard 向导创建 DIP10 元件封装。

3. 手工创建 DIP8 元件封装。

焊盘的垂直间距为 100 mil，水平间距为 300 mil，外形轮廓框长 400 mil，宽 200 mil，距焊盘 50 mil，圆弧半径为 25 mil。命名为 DIP8，并保存到封装库中。然后打开一个 PCB 文件，加载该元件封装库，并放置该元件。

4. 用 IPC Compliant Footprint Wizard 向导创建一个 LCC 封装器件。要求参考管脚是 1 脚，管脚数量是 4 × 6，其他数据采用系统默认计算值，如图 11-57 所示。(元件封装为 3D 显示，笔记本电脑用“Shift”+鼠标右键即可旋转。)

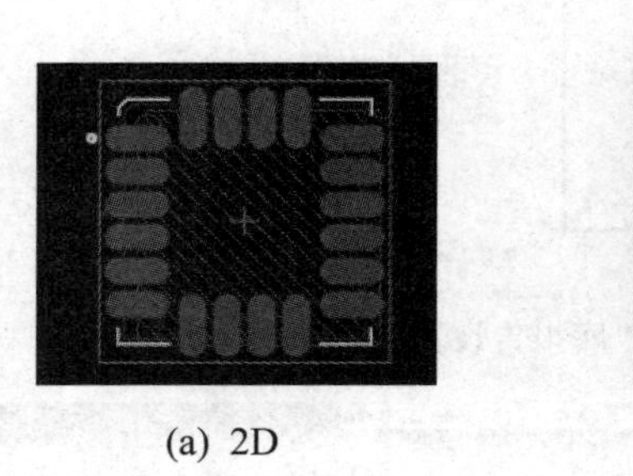

(a) 2D

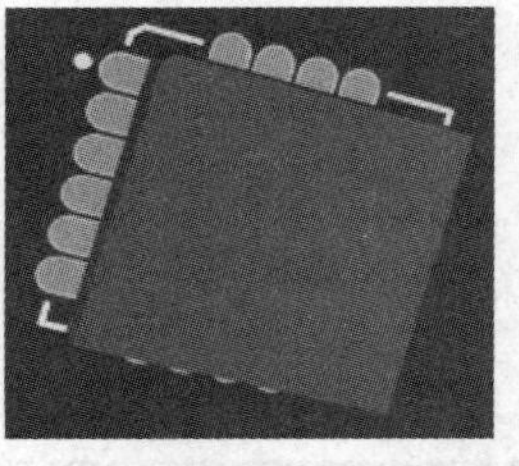

(b) 3D

图 11-57　LCC 元件封装

第 12 章　电路仿真与信号完整性分析

内容提要

本章主要介绍在 Altium Designer 19 环境下绘制一张仿真电路原理图的步骤，进行各种参数的仿真操作的步骤，信号完整性分析的各种操作设置，以及各种信号分析的方法。

12.1　概　　述

在电路设计的始末，用户总要对所设计的电路性能进行预测、判断和校验，过去常用的方法是数学和物理方法。这两种方法对设计规模较小的电路是可行的，但存在某些局限和致命的缺陷，并且随着电子技术的发展，构成电路的元器件类型和数量也在不断增多，对电路设计的要求(如可靠性、性价比)也越来越高，单纯的数学和物理方法已经不能满足要求，因而计算机辅助电路仿真分析已成为现代电路设计师的主要助手和工具。

所谓电路仿真，就是在电路模型上所进行的系统性能分析与研究方法，它所遵循的基本原则是相似原理。电路仿真按电路的类型不同，其分析的内容也不同。

Mixed Sim 是 Altium Designer 19 提供的一个功能强大的数/模混合信号电路仿真器，能提供连续的模拟信号和离散的数字信号仿真。它运行于 Altium Designer 19 集成环境下，与 Altium Designer Schematic 原理图输入程序协同工作，作为 Schematic 的扩展，为用户提供了一个完整的从设计到验证的仿真设计环境，能够很好地满足电路仿真的需要，为 PCB 的完美设计奠定了坚实的基础。

在 Altium Designer 19 中执行仿真，只需要用 Simulation 模型绘制元件并连接好原理图，加上激励源，然后单击仿真按钮即可自动开始。用户可以同时观察复杂的模拟信号和数字信号波形，可以得到整个电路性能的全部波形。

Altium Designer 19 中支持的电路仿真类型主要有交流小信号分析、瞬态分析、噪声分析、直流分析、参数扫描分析、温度扫描分析、傅里叶分析和蒙特卡罗分析等。

12.2 电路仿真设计的一般流程

用户进行仿真之前首先要完成一张可以用于仿真的电路原理图。这张电路原理图必须满足如下要求：

(1) 所有元器件必须有相应的 Simulation 模型；

(2) 必须要有激励源；

(3) 必须建立网络标签来识别所分析的节点；

(4) 如需要，应设定初始条件；

(5) 进行仿真分析时，设计的原理图文件必须在工程项目中。如果原理图文件是作为 Free Document 出现的，则运行仿真时会出现错误。

采用 Mixed Sim 进行混合电路仿真设计的一般流程如图 12-1 所示。

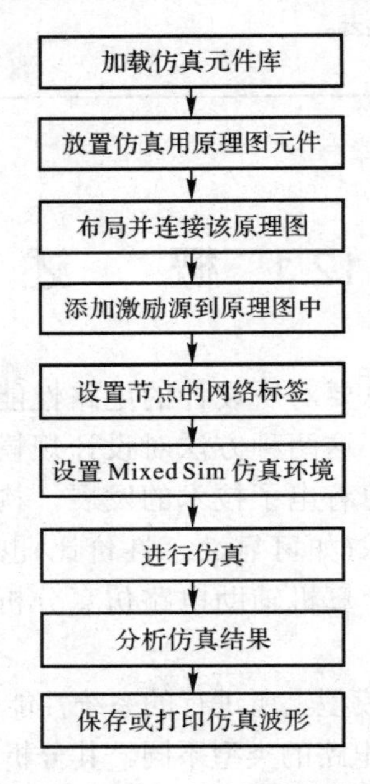

图 12-1 电路仿真设计的一般流程

12.3 电路仿真图的绘制

12.3.1 添加仿真元件库

利用原理图编辑器编辑仿真测试原理图时，在编辑原理图的过程中，除了导线、电源符号、接地符号外，原理图中所有元器件的电气图形符号必须要有相应的 Simulation 模型文件，否则不能进行仿真。Altium Designer 19 已经将元件符号、封装及其仿真模型以集成库的形式集成在“Miscellaneous Devices.IntLib”中了，放置元件时只需再次在元件属性对话框中确认其有没有 Simulation 模型即可，如图 12-2 所示。

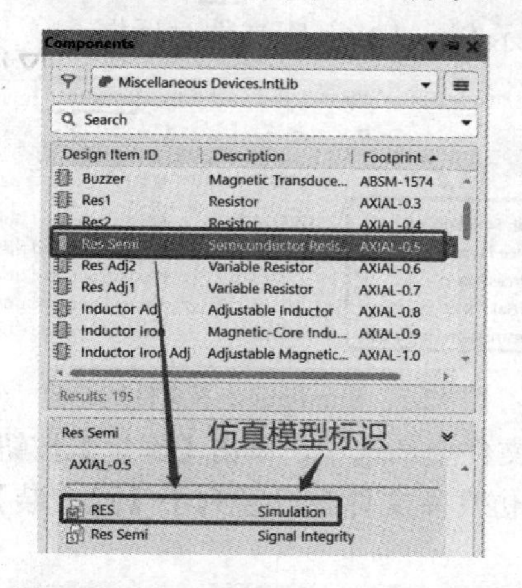

图 12-2　查看元件的 Simulation 模型

如果需要添加一些特殊用途的库，如仿真数学函数(Simulation Math Function)、通用电路分析程序仿真函数(Simulation Pspice Functions)、仿真激励源库(Simulation Sources)、仿真特殊函数(Simulation Special Function)、仿真传输线(Simulation Transmission Line)等，我们可采用下列方法。

Altium Designer 19 提供的特殊仿真元件库存放在安装目录下的*：\Program Files\Altium\AD19\Library\ Simulation 中(根据安装目录而定)。仿真库安装操作步骤如下：

(1) 在打开的电路原理图编辑器界面右边框，单击 Components 面板，弹出如图 12-3 所示的库文件选项对话框。

图 12-3　库文件选项对话框

(2) 单击图 12-3 中的 ☰ 按钮，在弹出的下拉菜单中选择 File-based Libraries Preferences... (基于文件的库首选项)，弹出如图 12-4 所示的可用库对话框。

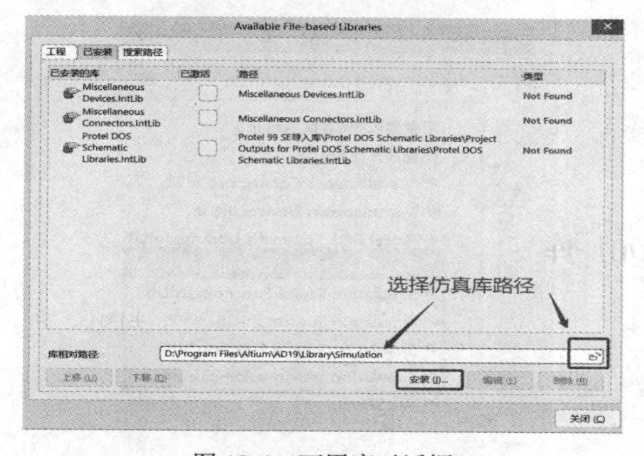

图 12-4　可用库对话框

(3) 单击图 12-4 中的选择仿真库路径按钮，找到 Simulation 库安装路径，点击【安装】按钮，弹出如图 12-5 所示 Simulation 库文件对话框。

图 12-5　Simulation 库文件对话框

(4) 将图 12-5 所示的库文件全部选中，单击【确定】按钮，再次弹出可获得的可用库对话框，此时可以看到所选仿真库文件都已经列于【已安装】选项卡下面了，如图 12-6 所示。

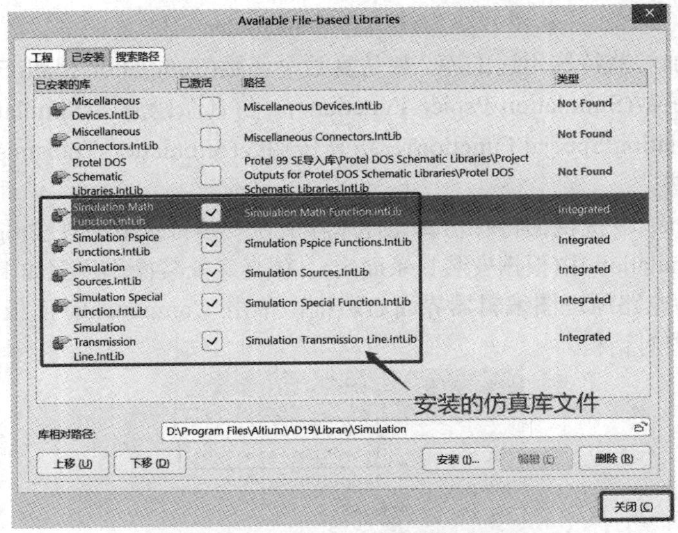

图 12-6　已安装仿真库文件的对话框

(5) 单击图 12-6 中的【关闭】按钮，在 Components 面板中选择下拉菜单便可见所加载的特殊仿真元件库文件了，如图 12-7 所示。

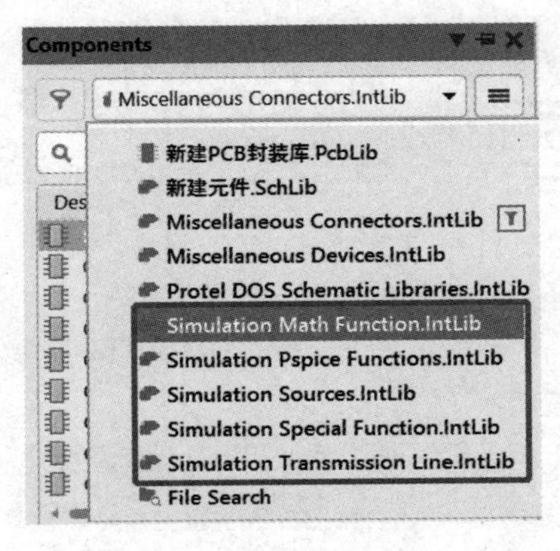

图 12-7　特殊仿真元件库

12.3.2　原理图的绘制与网络节点的标注

解决了如何使用仿真元件库的问题，现在开始绘制电路原理图。下面以图 12-8 所示的双结型晶体管放大电路为例，介绍仿真原理图的绘制方法。该电路的工作原理非常简单，因此电路的静态工作点等直流参数能够进行手算，同时能够根据三极管的工作原理，分析此电路的交流输出波形，可以将计算和分析结果与 Altium Designer19 的仿真结果进行比较。

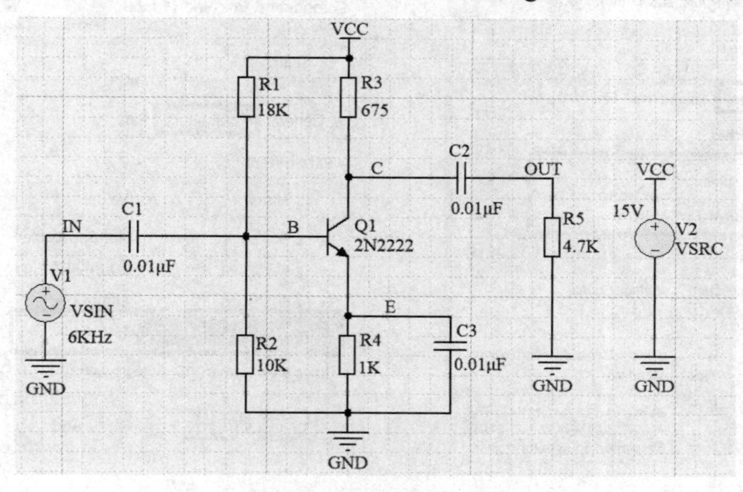

图 12-8　双结型晶体管放大电路

下面具体说明操作步骤：

(1) 运行 Altium Designer 19，在新建的工程项目下面添加原理图文档，按照图 12-8 绘制原理图。

(2) 放置正弦电压源。在 Simulation Sources.IntLib 中找到 VSIN，双击放置。按下“Tab”键打开如图 12-9 所示的元件属性设置对话框，设置元件标号及参数。

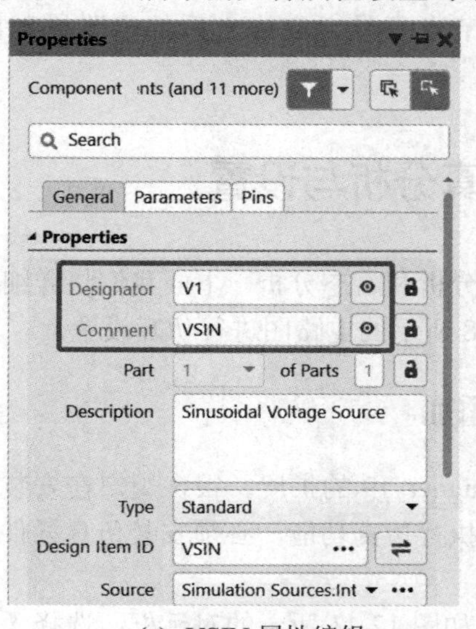

(a) VSIN 属性编辑

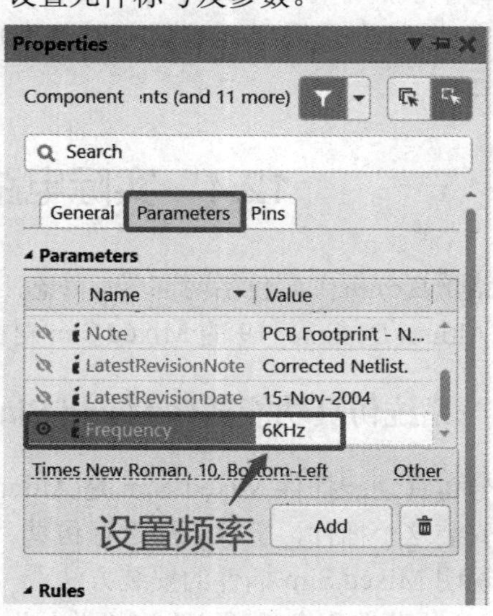

(b) Parameters 设置

图 12-9　正弦电压源属性设置对话框

(3) 放置直流电压源。在 Simulation Sources.IntLib 中找到 VSRC，双击放置，按下“Tab”键打开如图 12-10 所示元件属性设置对话框，在 General 选项卡中设置元件标号及参数，如图 12-10(a)所示。单击 Parameters 选项，在 Parameters 区域下列参数表中找到 Value，在其后面输入 15V，如图 12-10(b)所示。

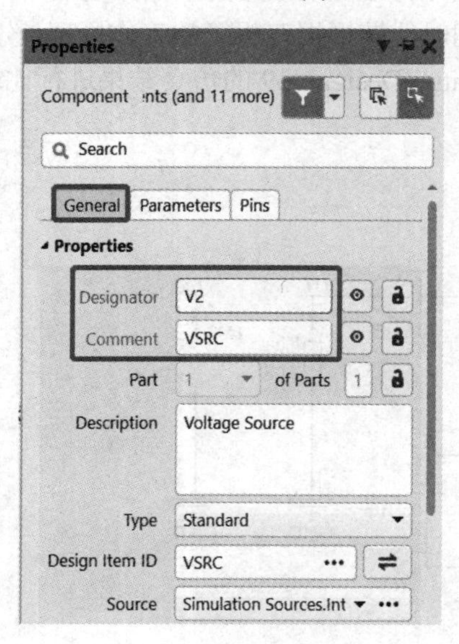

(a) VSRC 属性编辑

(b) Parameters 设置

图 12-10　VSRC 属性编辑与 Parameters 设置对话框

(4) 连接导线。单击，按照图 12-8 连接好导线。

(5) 加入网络节点。单击 Net 网络标签 (N)，在图中相应位置分别放置 IN、OUT、B、C、E。网络节点也称网络标签，它用于标示节点，以示区别。对于节点较少的简单电路，应该为每个节点都标上节点序号，增加整个电路的可读性。对于较大型的电路，至少要为重要节点(特别是需要观察信号的节点)标明节点序号。完成之后的电路原理图如图 12-8 所示。

12.4　实际电路仿真分析与设置

电路仿真分析主要包括两部分：静态工作点分析和瞬态分析。下面我们将详细介绍如何使用 Altium Designer 19 的 Mixed Sim 对图 12-8 所示的电路图进行仿真设置。

12.4.1　系统仿真功能插件 Mixed Sim 的添加

信号仿真功能插件 Mixed Sim 是 Altium Designer 19 的扩展，很多用户在安装软件时并没有安装这个插件，所以无法运行仿真。要想执行仿真功能，必须安装仿真插件，下面就详细说明 Mixed Sim 插件的安装方法。

(1) 执行菜单命令“帮助”→“关于”，弹出如图 12-11 所示的对话框，选择【扩展插件及更新】按钮，弹出如图 12-12 所示的“扩展更新”对话框。

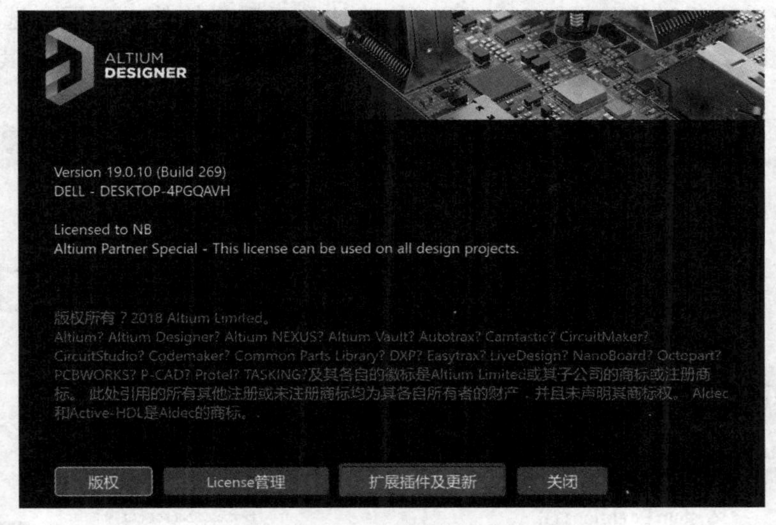

图 12-11　插件安装选项对话框

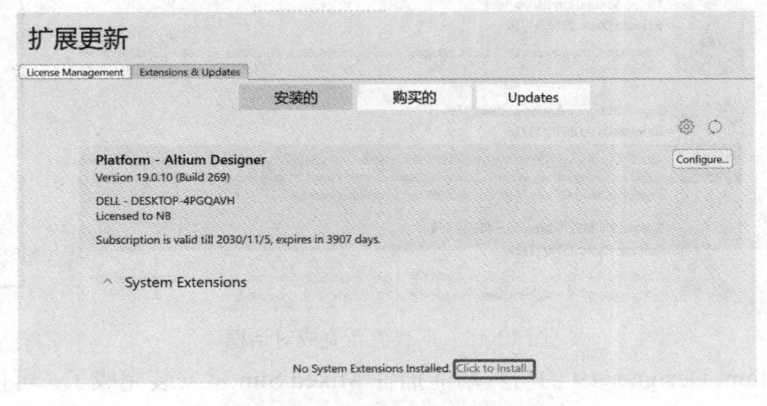

图 12-12　“扩展更新”对话框

(2) 单击图 12-12 中的【Click to Install】按钮，弹出如图 12-13 所示扩展更新选项。在每个选项的右上角点击下载。

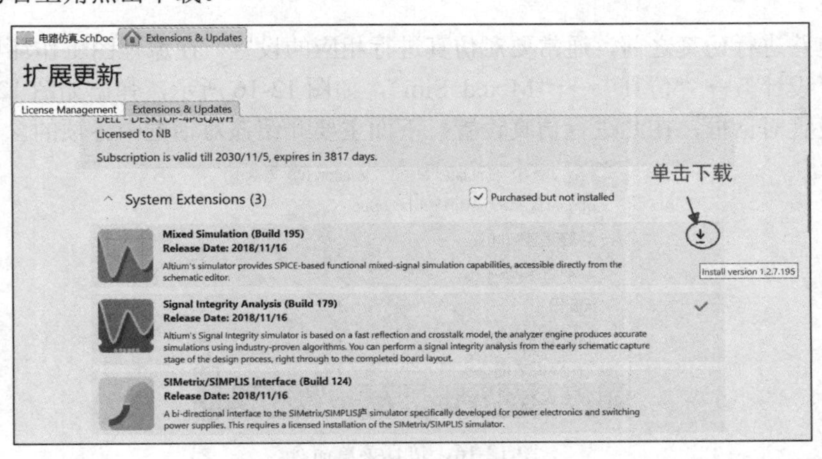

图 12-13　扩展更新选项

(3) 下载完成后弹出如图 12-14 所示的确认是否重启软件对话框，选择【No】按钮，弹出如图 12-15 所示的下载更新完成对话框。下载完成后的项目在其后面都有一个标志。

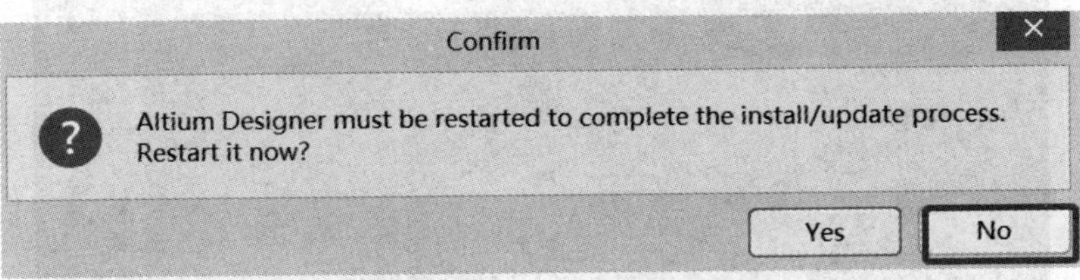

图 12-14　确认是否重启软件对话框

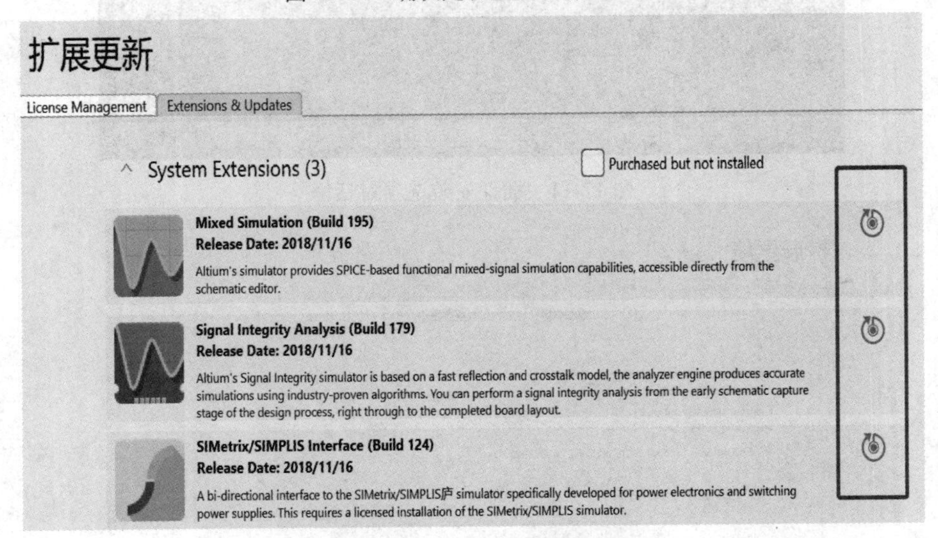

图 12-15　下载更新完成对话框

至此，Altium Designer 19 的仿真功能插件 Mixed Sim 就安装完成了，可以进行仿真设计及运行了。

12.4.2　仿真分析界面的认识

在对电路进行仿真之前，通常要对仿真进行相应的设置。在原理图工作环境下，执行菜单命令“设计”→“仿真”→“Mixed Sim”，如图 12-16 所示，弹出如图 12-17 所示的仿真分析设置对话框，在此进行仿真设置。下面主要介绍该对话框中各项的含义。

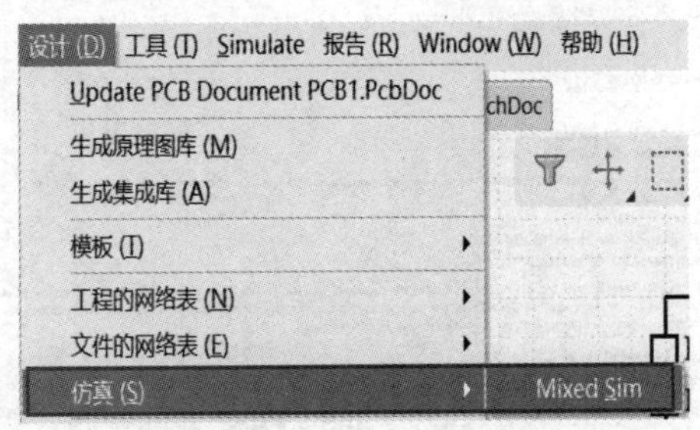

图 12-16　仿真菜单命令

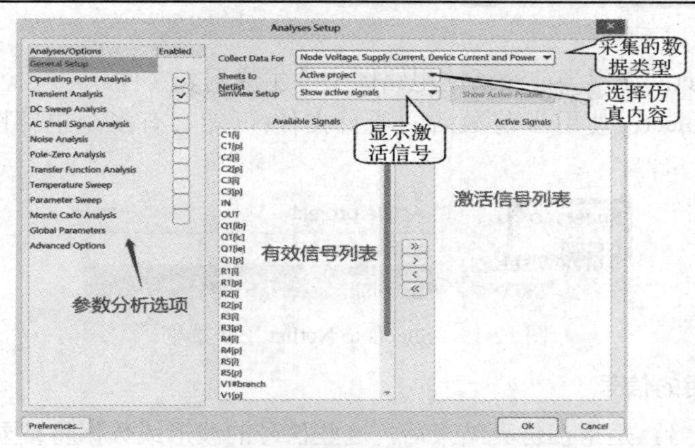

图 12-17　仿真分析设置对话框

1. 选择分析类型

图 12-17 是 Analyses Setup 对话框的 General Setup 选项。在 Analyses/Options 组中列出了 Altium Designer 19 所支持的分析类型：静态工作点分析、瞬态分析、直流扫描分析、交流小信号分析、噪声分析、极点零点分析、传递函数分析、温度扫描分析、参数扫描分析、蒙特卡罗分析等。用户可以根据需要选择其中一个或多个参数进行分析。

2. 选择所采集的数据类型

Altium Designer 19 在仿真过程中会产生大量的数据，用户可自由选择保存数据的类型，比如节点电压、节点电流、支路电流，以及流经器件的电流、功率等。在图 12-17 中，单击 Collect Data For 采集数据类型右边的下拉箭头，弹出如图 12-18 所示的下拉选项，在此可以选择保存何种数据到输出结果中。

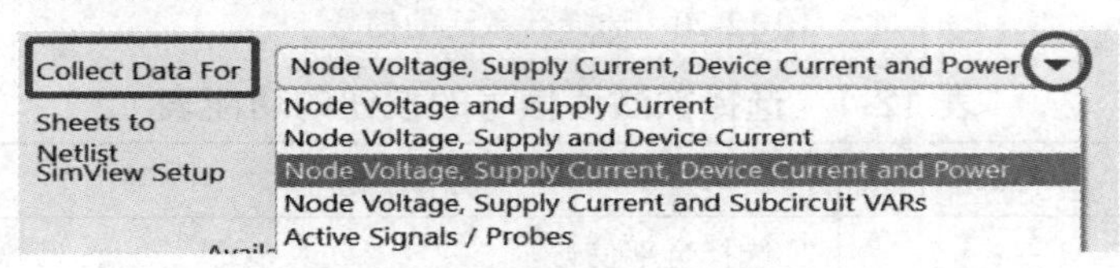

图 12-18　选择所收集的信号类型

以下是下拉选项中各项含义：

(1) Node Voltage and Supply Current：保存每个节点的电压和流经每个电源的电流。

(2) Node Voltage，Supply and Device Current：保存每个节点的电压及流经每个电源和器件的电流。

(3) Node Voltage，Supply Current，Device Current and Powers：保存每个节点的电压及流经每个电源的电流和流经每个器件的电流和功率。

(4) Node Voltage，Supply Current and Subcircuit VARs：保存每个节点的电压及流经每个电源的电流和子电路中变量的电流和电压。

(5) Active Signals/Probes：只收集与所选择的激活变量相关的数据。此选择针对性强，但所选择的变量只能是电路中的节点电压或电源电流等。

3. 选择仿真内容

Sheets to Netlist 的下拉选项用于确定仿真内容(如何生成网表文件)。图 12-19 中所示的是其选项，其含义如下：

(1) Active sheet：使用当前激活的电路图文件生成网表文件。

(2) Active project：使用当前激活的项目文件(可能会有多个电路图文件)生成网表文件。

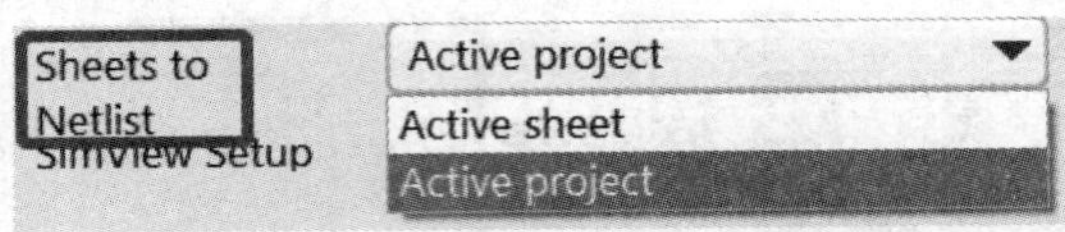

图 12-19　Sheets to Netlist 下拉选框

4. 选择欲激活的信号

所谓激活的信号，是指在仿真结束后，这些信号的波形或数据将被显示到相应的区域中，以供用户观察和分析。如图 12-20 所示，左边是所有可选的信号，右边是所选择的激活信号。在仿真时，用户可根据需要选择所要激活的信号。表 12-1 所示是中间那些按钮的功能，点击这些按钮就可选择或删除要激活的信号。

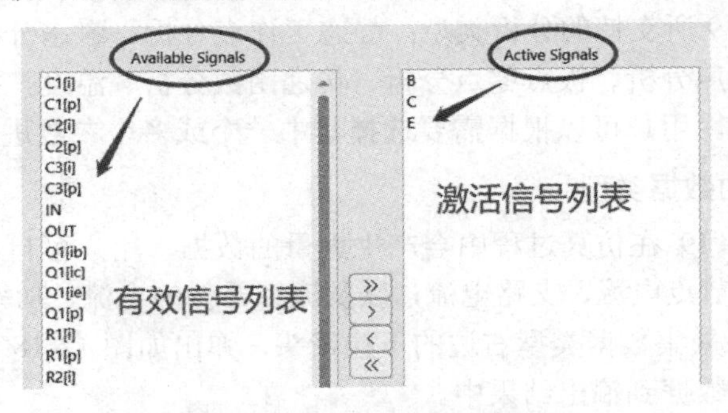

图 12-20　选择欲激活的信号

表 12-1　选择欲激活信号的按钮的功能表

按 钮	功 能
»	选择全部信号
›	选择一个要激活的信号
‹	删除一个已激活的信号
«	删除全部激活的信号

如果要把 C 作为激活信号，只需单击 Available Signals 下拉选框中的 C 信号，然后单击 › 按钮即可；如果要删除一个信号，只需单击 ‹ 即可；如果需要全部选中，则只需单击 » 按钮即可；如果需全部删除，则只需单击 « 按钮即可。

注意： 用鼠标双击某个信号变量，即可把其从一边移到另一边；也可以使用“Shift”键(连续选)或 Ctrl 键(不连续选)来同时选择多个信号。后面类似按钮的功能与此相似，用户可参考此处符号的含义。

5. 高级选项

单击图 12-17 中参数分析选项列表中最后一个 Advanced Options，可进行高级选项设置，如图 12-21 所示。

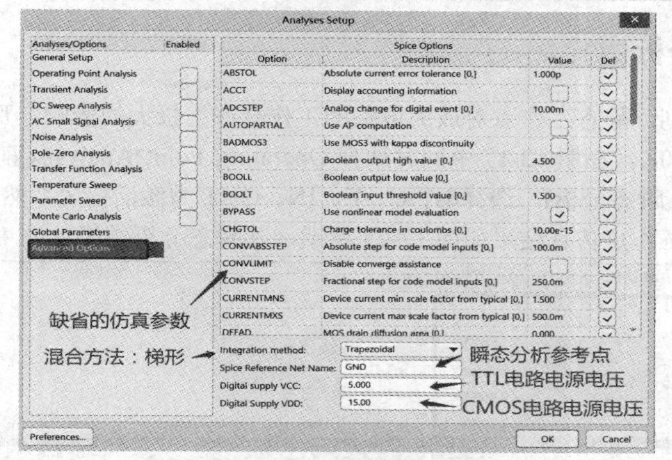

图 12-21　高级选项设置对话框

选择仿真计算模型、数字集成电路电源管脚对地参考电压、瞬态分析参考点、缺省的仿真参数等选项，可控制和限制电路分析的参量。比如电流绝对精度(ABSTOL)、所有分析结束后是否输出统计信息，在 ACCT 后空格里单击选中即可。但必须注意，一般并不需要修改高级选项设置，尤其是不熟悉 Spice 电路分析软件定义的器件参数含义、取值范围以及仿真算法的初学者，更不要随意修改高级选项设置，否则将引起不良后果。

12.4.3　静态工作点分析

静态工作点是在分析放大电路时提出来的，它是放大电路正常工作的重要条件。当放大器的输入信号短路，即将图 12-8 中的 IN 直接接地时，放大器处于无信号输入状态，称为静态。如果静态工作点选择不合适，则波形会失真，因此设置合适的静态工作点是放大电路正常工作的前提。在图 12-8 中，R1、R3 就是放大电路的偏置电路。静态工作点分析设置操作步骤如下：

(1) 在图 12-17 的 Available Signals 中，选中 B、C、E 三个信号将其激活。

(2) 参数分析选择 Operating Point Analysis 项(后面打钩)，其余不选，单击【OK】按钮，即可得到如图 12-22 所示的仿真结果，关闭 Messages 即可。

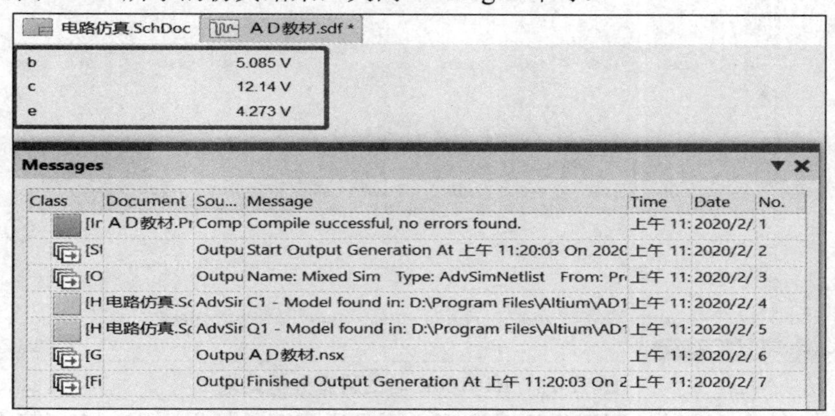

图 12-22　R1=18K 静态工作点分析结果

12.4.4 瞬态分析

前面已经提到，静态工作点对放大电路的工作会产生极大的影响，那么将 R1 的电阻值由 18K 改成 100K，在图 12-17 中同时选择 Operating Point Analysis(静态工作点分析)和 Transient Analysis(瞬态分析)，选择 B、C、E、IN、OUT 为激活信号，然后单击【OK】按钮，得到其静态工作点仿真结果如图 12-23 所示，其瞬态分析结果如图 12-24 所示。

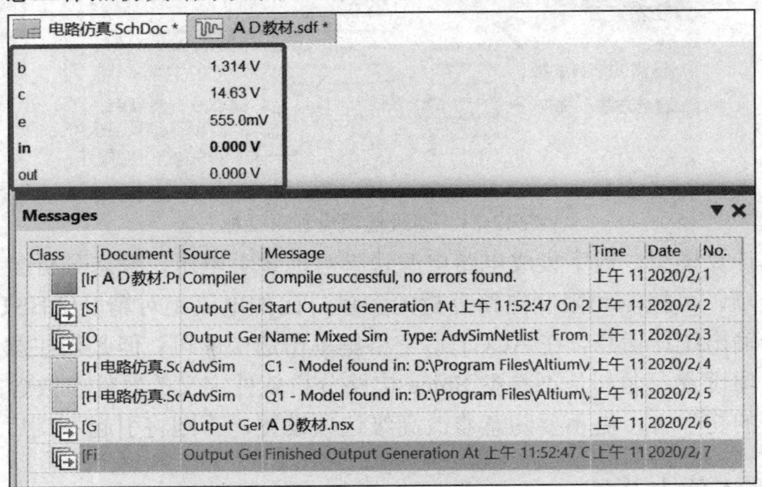

图 12-23　R1=100K 时的静态工作点分析结果

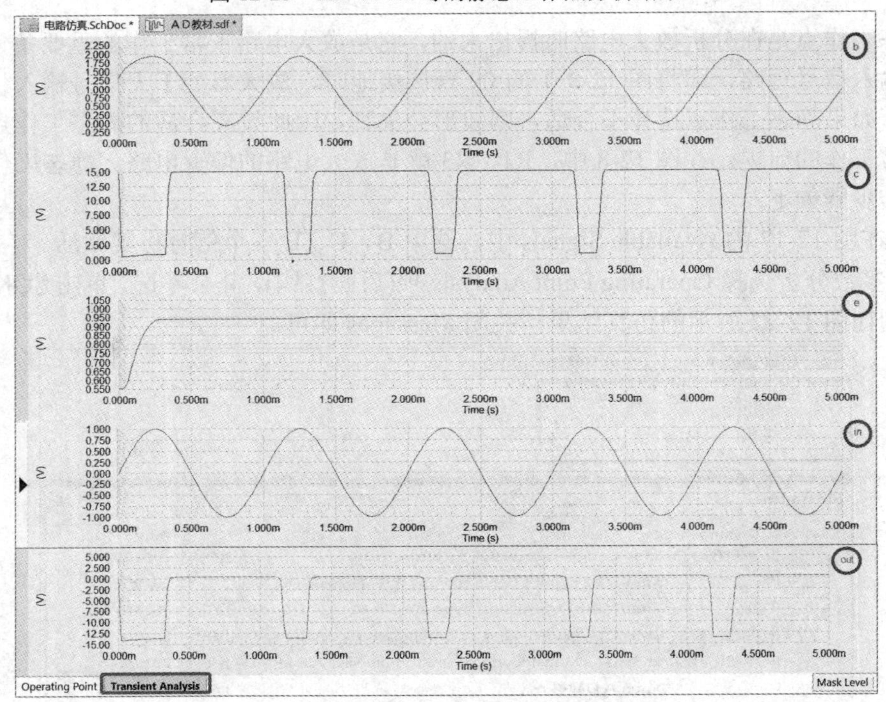

图 12-24　R1=100K 时的瞬态分析结果

注意：很明显，这种波形已经严重变形，不是所需要的结果。用户应用静态工作点及放大电路动态分析特性的相关知识，改变电路的相关参数，即可得到截止失真和饱和失真的结果。

12.4.5　直流扫描分析

直流扫描分析就是直流转移特性分析，输入可在一定范围内变化，例如某个电压从 1V 变化到 20V，步长可自己设定，每一个输入电压都将计算出一组输出参数，并用于显示。

下面来分析图 12-8 中的电源电压。当 V2 从 1V 变化到 20V，步长为 1V 时，观察 R1(重新设置阻值 18K)上的电流和功率。其操作步骤如下：

(1) 在图 12-17 所示的对话框中，先激活 R1[I]、R1[P]两个信号。

(2) 参数分析只选择 DC Sweep Analysis(后面打钩)。在 DC Sweep Analysis Setup 右侧区域设置扫描参数，如图 12-25 所示，单击【OK】按钮，即得如图 12-26 所示的分析结果。

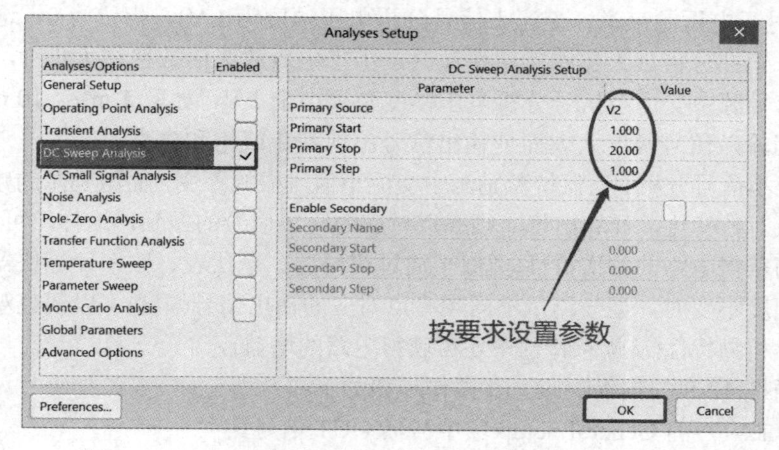

图 12-25　DC Sweep Analysis Setup(直流扫描分析参数设置)

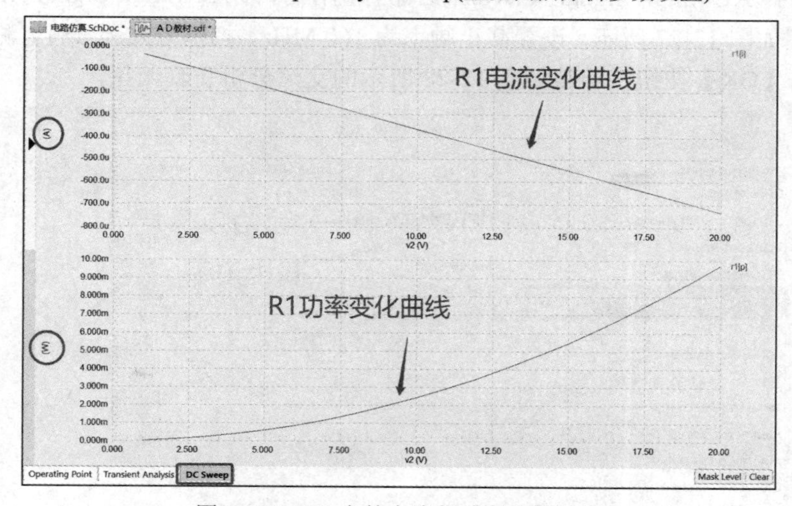

图 12-26　R1 上的电流与功率分析结果

12.4.6　交流小信号分析

交流小信号分析是在一定的频率范围内计算电路的频率响应，用于获得电路(如放大器、滤波器等)的幅频特性、相频特性曲线。一般来说，电路中的器件参数，如三极管共发射极电流放大倍数β并不是常数，而是随着工作频率的升高而下降的；另一方面，当输入信号频率较低时，耦合电容的影响不能忽略，而当输入信号频率较高时，三极管极间寄生电容、引线电感同样不能忽略，因此在输入信号幅度保持不变的情况下，输出信号的幅度或相位总是随着输入信号频率的变化而变化。

交流小信号分析属于线性频域分析，仿真程序首先计算电路的直流工作点，以确定电路中非线性器件的线性化模型参数。然后在设定的频率范围内，对已线性化的电路进行频率扫描分析，相当于用扫频仪观察电路的幅频特性。交流小信号分析能够计算出电路的幅频和相频特性或频域传递函数。在进行交流小信号分析时，输入信号源中至少给出一个信号源的交流小信号分析幅度及相位。一般情况下，激励源中交流小信号分析幅度设为 1 个单位(例如，对于电压源来说，交流小信号分析电压幅度为 1 V)，相位为 0，这样输出量就是传递函数。但在分析放大器的频率特性时，由于电压放大倍数往往大于 1，且电源电压有限，因此信号源中交流小信号分析电压幅度必须小于 1 V，如取 1 mV、10 mV 等，以保证放大器不因输入信号幅度太大而使输出信号出现截止或饱和失真。

进行交流小信号分析时，保持激励源中交流小信号振幅不变，而激励源的频率在指定范围内按线性或对数变化，计算出每一频率点对应的输出信号的振幅，这样即可获得频率-振幅曲线，从而获得电路的频谱特性(类似于通过信号源、毫伏表、频率计等仪器仪表，在保持输入信号幅度不变时，逐一测量不同频率点对应的输出信号幅度)，以便直观地了解电路的幅频特性、相频特性(从幅频特性中还可获得电路的增益)。

下面分析图 12-8 的频率响应。其操作步骤如下：

(1) 在图 12-17 的 General Setup 项中激活 OUT 信号。

(2) 只选择 AC Small Signal Analysis(后面打钩)，打开 AC Small Signal Analysis Setup 设置对话框，如图 12-27 所示，设置截止频率为 160 MHz，扫描方式为线性，测试点为 10。

(3) 单击【OK】按钮，即得如图 12-28 所示的交流分析仿真结果。

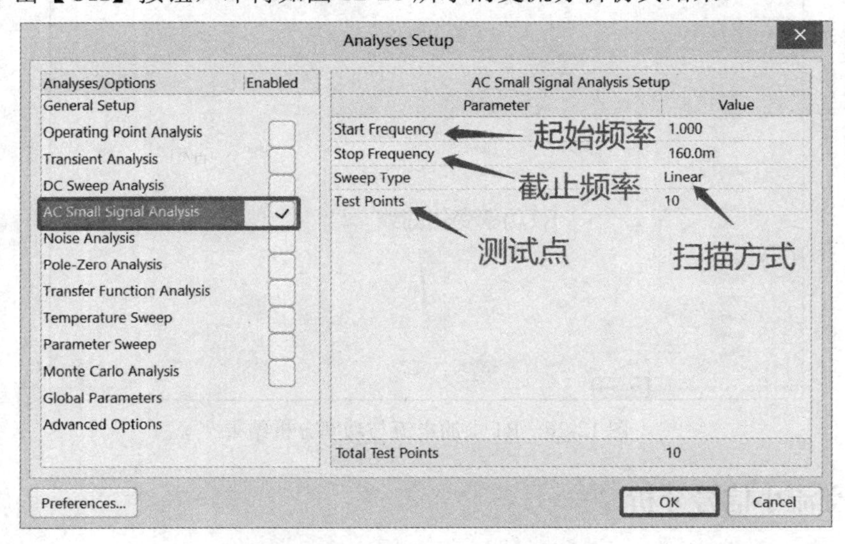

图 12-27　交流小信号设置对话框

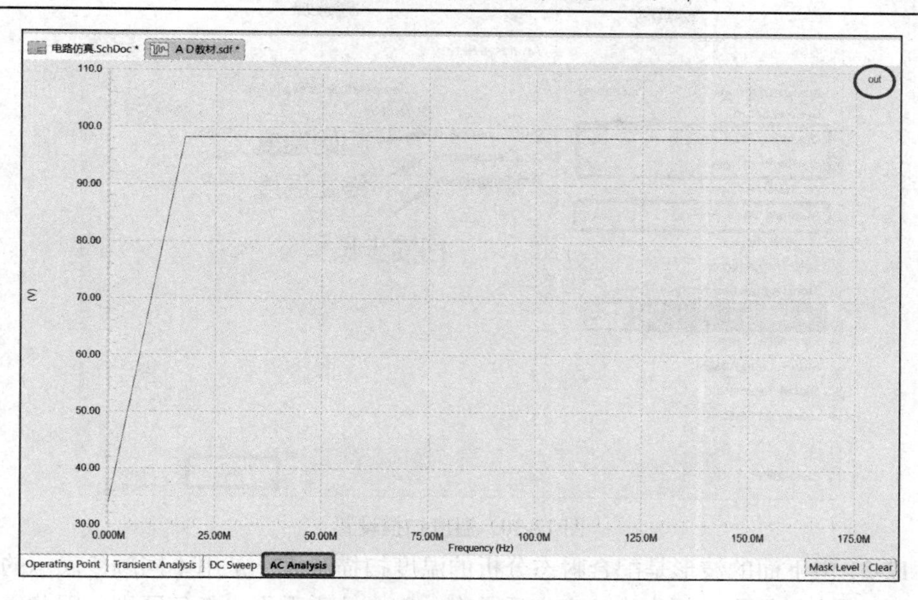

图 12-28　交流分析仿真结果

12.4.7　温度扫描分析

温度扫描是指在一定温度范围内进行电路参数计算，从而确定电路的温度漂移等性能指标。一般来说，电路中元器件的参数是随环境温度的变化而变化的，因此温度变化最终会影响电路的性能指标。温度扫描分析就是模拟环境温度变化时电路性能指标的变化情况，因此温度扫描分析也是一种常用的仿真方式，在瞬态分析、直流传输特性分析、交流小信号分析时，启用温度扫描分析即可获得电路中有关性能指标随温度变化的情况。下面以图 12-8 为例，当设置温度从 −10 ℃到 100 ℃变化，步长为 30 ℃时，观察电路的特性。其操作步骤如下：

(1) 在图 12-17 所示的 General Setup 页中激活 OUT 信号。

(2) 只选择 Temperature Sweep(后面打钩)。

(3) 设置扫描温度范围及变化规律。

(4) 单击【OK】按钮，弹出如图 12-29 所示的错误信息对话框。

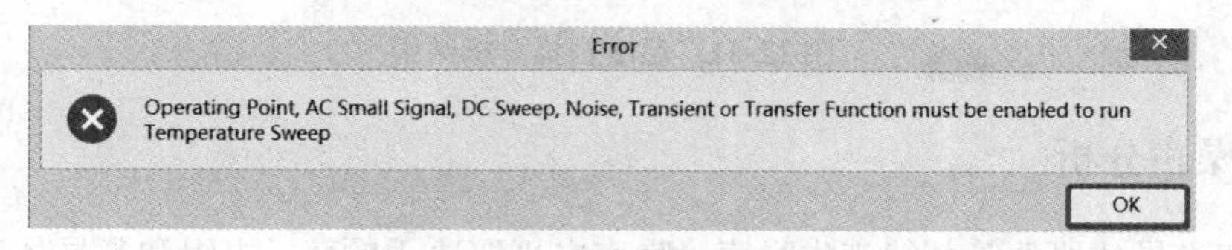

图 12-29　错误信息对话框

此对话框表明，温度扫描分析不能单独进行，必须在进行静态工作点分析、交流小信号分析、直流扫描分析、噪声分析、瞬态分析、传递函数分析时方可进行。

(5) 单击图 12-29 中的【OK】按钮，返回图 12-17 所示的仿真分析设置对话框，再选中静态工作点分析、瞬态分析、交流小信号分析中的任何一个，如图 12-30 所示。

(6) 单击【OK】按钮，弹出如图 12-31 所示的扫描结果。

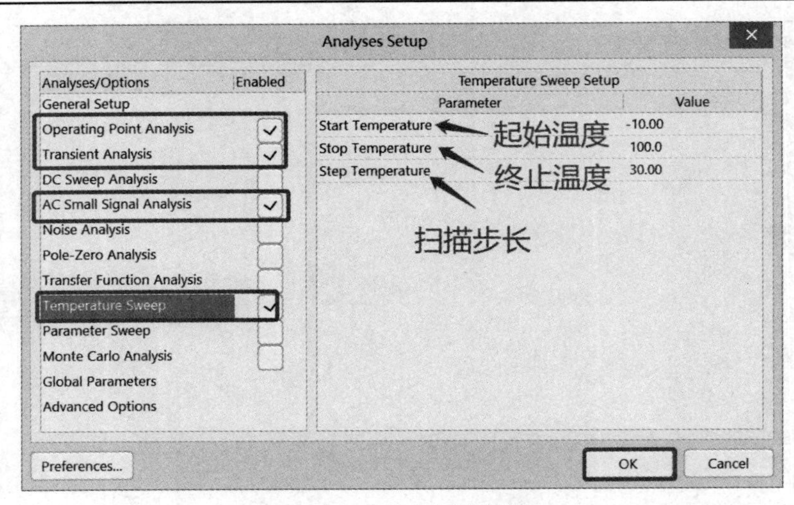

图 12-30　温度扫描设置

图 12-31 中下面的波形是配合瞬态分析的温度扫描结果，是用不同颜色表示的瞬态分析结果。但是由于显示比例太小，它们重叠在一起，几乎看不出任何区别，因此需要进行单独显示，并进行局部放大，方可清楚地看到温度对瞬态分析的影响。

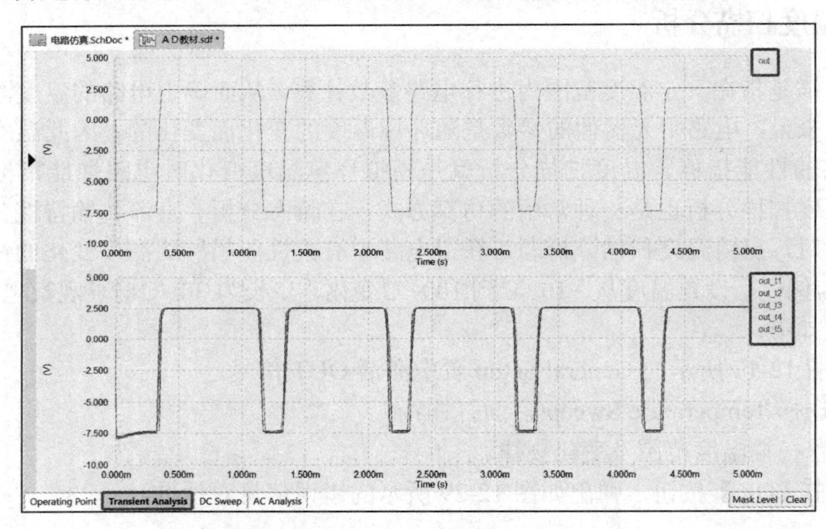

图 12-31　温度扫描分析结果

12.4.8　噪声分析

电阻和半导体器件等都能产生噪声，噪声电平取决于频率。电阻和半导体器件会产生不同类型的噪声。噪声分析在电路设计中较为常见。下面以图 12-8 为例，说明噪声分析的设置方法。其操作步骤如下：

(1) 在图 12-17 所示的 General Setup 页中，激活 OUT 信号。

(2) 只选择 Noise Analysis(后面打钩)。

(3) 按图 12-32 所示完成设置。

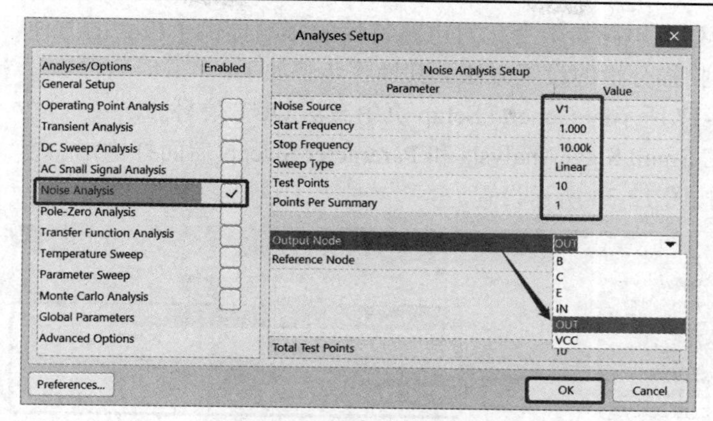

图 12-32　噪声分析设置

以下是对各设置参数的说明：

- Noise Source：选择一个用于计算噪声的参考信号源(独立电压源或独立电流源)。
- Start Frequency：指定起始频率。
- Stop Frequency：指定截止频率。
- Sweep Type：指定扫描类型。
- Test Points：指定扫描的点数。
- Points Per Summary：指定计算噪声范围。在此区域中如果输入 0，则只计算输入和输出噪声；如果输入 1，则同时计算各个器件噪声。后者适用于用户想单独查看某个器件的噪声并进行相应的处理时(比如某个器件的噪声较大，则考虑使用低噪声器件替换之)。
- Output Node：指定输出噪声节点。
- Reference Node：指定输出噪声参考节点，此节点一般为地(也即为 0 节点)。

(4) 设置完成后，单击【OK】按钮，即得如图 12-33 所示的噪声分析结果。

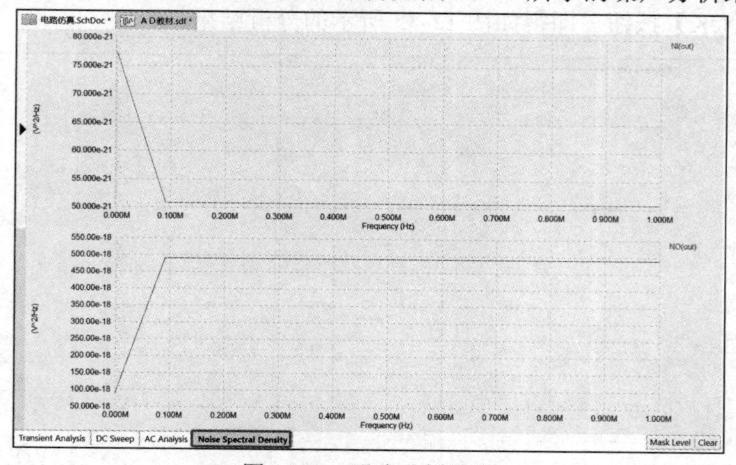

图 12-33　噪声分析结果

12.4.9　参数扫描分析

参数扫描分析可以与直流扫描分析、交流小信号分析或瞬态分析等分析类型混合使用，参数扫描为研究电路参数变化对电路特性的影响提供了极大的方便。下面以图 12-8 为例，说明参数扫描分析的设置方法。其操作步骤如下：

(1) 在图 12-17 所示的 General Setup 页中激活 OUT 信号。

(2) 选择 AC Small Sigal Analysis 和 Parameter Sweep(后面打钩)。

(3) 其余的按图 12-34 所示设置。

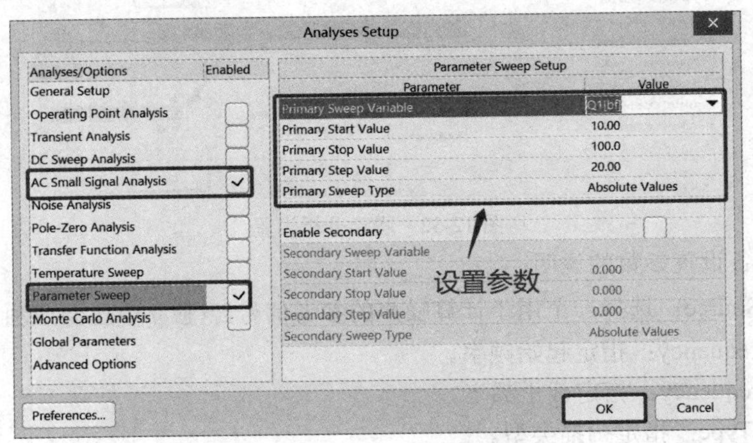

图 12-34　参数扫描分析设置

以下是对设置参数的说明：

- Parameter 区域列表：选择欲对其扫描分析的参数，本例中选择了晶体管的正向电流放大系数(BF)。
- Primary Sweep Type：基本扫描方式。有相对(Relative Values)和绝对(Absolute Values)两个选项。如果选择 Relative Values 选项，则在 Primary Start Value 和 Primary Stop Value 区域中所输入的只是一个相对值，而不是绝对值，也就是在器件参数或缺省的基础上变化。

(4) 单击【OK】按钮，即得如图 12-35 所示的分析结果。

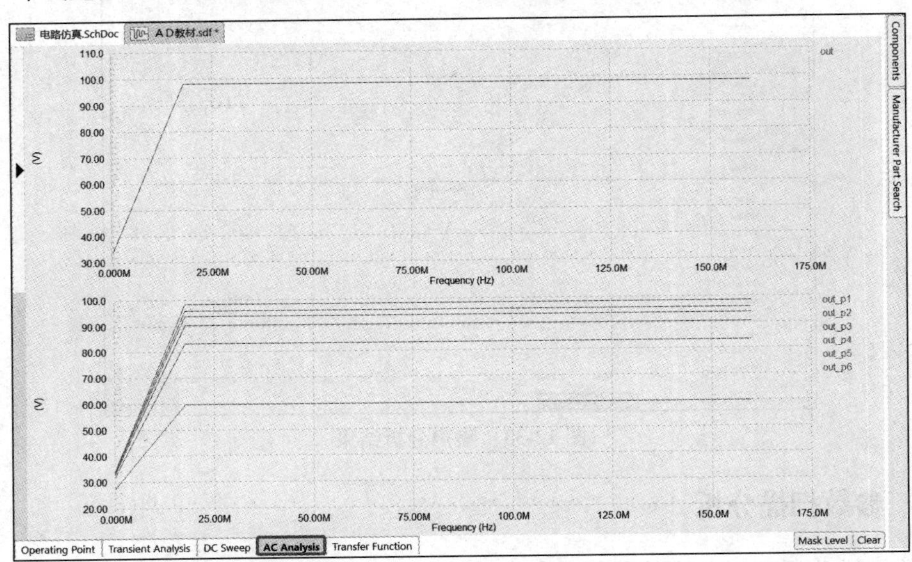

图 12-35　参数扫描分析与电路频率响应分析结果

12.4.10　蒙特卡罗分析

蒙特卡罗分析是一种统计方法。它是在给定电路元器件参数容差遵循统计分布规律的情况下，用一组伪随机数求得元器件参数的随机抽样序列，对这些随机抽样的电路进行直流、交流小信号和瞬态分析，并通过多次分析结果估算出电路性能的统计分布规律。下面以图 12-8 为例，说明蒙特卡罗分析的设置方法。其操作步骤如下：

(1) 在图 12-17 所示的 General Setup 页中激活 OUT 信号。

(2) 选择 AC Small Signal Analysis 和 Monte Carlo Analysis(后面打钩)。

(3) 其余的按图 12-36 所示设置。

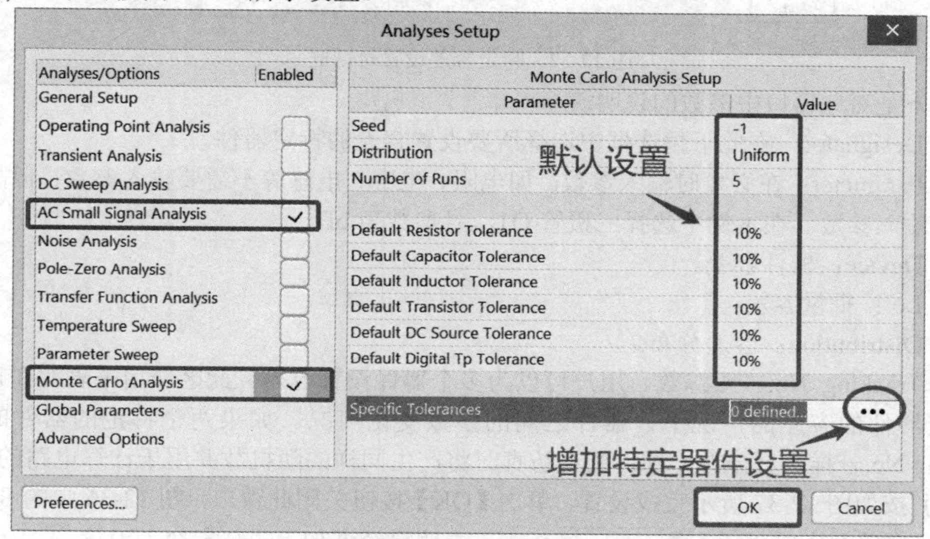

图 12-36　蒙特卡罗分析设置对话框

以下是对设置参数的说明：

- Default Tolerances：在 Altium Designer 19 中，用户可对 6 种器件进行容差设置，即电阻、电容、电感、晶体管、直流电源和数字器件的传播延迟(Propagation Delay for Digital Devices)。对这些器件的缺省容差为 10%，用户可以进行更改，同时可以设置百分比或绝对值。如一电阻的标称值为 1K，那么用户在电阻容差中输入 15 或 15%均可，但表示的意义不一样，前者表示此电阻将在 985 欧姆和 1015 欧姆之间变化，后者表示此电阻可在 850 欧姆和 1150 欧姆之间变化。
- Distribution：在蒙特卡罗分析中，有三种分布供选择，即均匀分布(Uniform)、高斯分布(Gaussian)和最坏情况分布(Worst Case)。
- Seed：在此可以设定随机数发生器的种子数。
- Number of Runs：设置运行次数。
- Specific Tolerances：可以为特定的器件单独设置容差。

(4) 如果想为特定的器件单独设置容差，单击 Specific Tolerances 后面的···按钮，打开如图 12-37 所示的对话框，单击【Add】按钮进行添加设置。

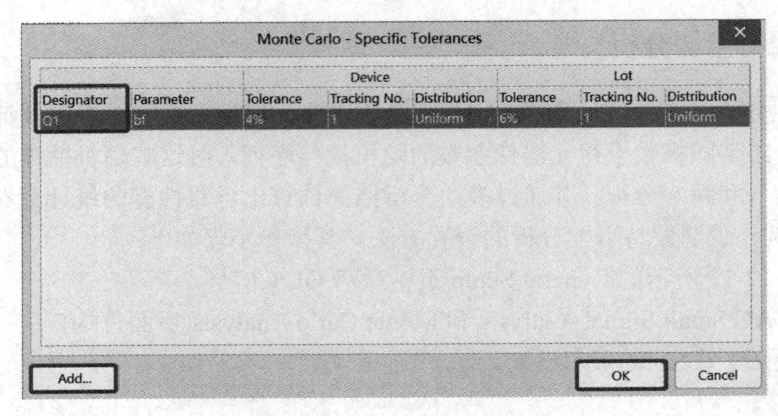

图 12-37　特定容差设置对话框

以下是对此窗口中参数的说明：

- Designator：在此下拉选框中选择所要设置容差的特定器件。
- Parameter：在必要时输入参数。如电阻、电容、电感等不需要输入参数，但晶体管则需要输入参数。在本例中选择三极管 Q1，且参数为 bf。
- Device：器件容差。
- Lot：批量容差。
- Distribution：容差分布。
- Tracking No.：跟踪数。用户可以为多个器件设置容差。此区域用来表明在设置多个特定器件的容差的情况下，器件之间的参数变化情况。如果两个特定的器件的容差 Tracking No.一样，且分布一样，则在仿真时将产生同样的随机数并用于计算电路的特性。

(5) 按如图 12-37 所示完成设置，单击【OK】按钮关闭此窗口，图 12-36 中的 Specific Tolerances 后面变成 1 defined... •••，表明已经添加上了特定容差设置。

(6) 单击【OK】按钮，即得如图 12-38 所示的分析结果。

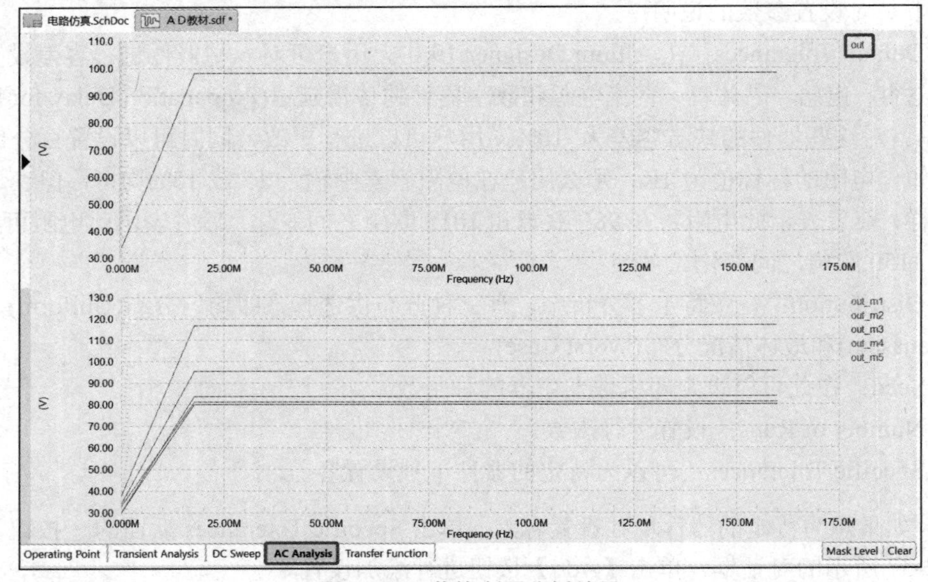

图 12-38　蒙特卡罗分析结果

12.5　Altium Designer 19 的信号完整性分析

Altium Designer 19 包含一个高级的信号完整性仿真器，能分析 PCB 设计和检查设计参数，测试过冲、下冲、阻抗和信号斜率。在 Altium Designer 19 设计环境下，用户既可以在原理图中又可以在 PCB 编辑器内实现信号完整性分析，并且能以波形的方式在图形界面下给出反射和串扰的分析结果。

无论是在 PCB 编辑环境下，还是在原理图环境下，进行信号完整性分析时，设计文件必须在工程项目中。如果设计文件是作为 Free Document 出现的，则不能进行信号完整性分析。

为了得到精确的结果，在运行信号完整性分析之前需要完成以下步骤：

(1) 电路中需要至少一块集成电路，因为集成电路的管脚可以作为激励源输出到被分析的网络上。像电阻、电容、电感等被动元件，如果没有源的驱动，是无法给出仿真结果的。

(2) 针对每个元件的信号完整性模型必须正确。

(3) 在规则中必须设定电源网络和地网络。

(4) 设定激励源。

下面以 4 Port Serial Interface.PrjPcb 为例，介绍在 PCB 编辑环境下信号完整性分析的步骤。

12.5.1　导入 4 Port Serial Interface.ddb

(1) 从 Protel 99 SE Example 中导入 4 Port Serial Interface.ddb 到 Altium Designer 19 中。导入结果如图 12-39 所示(导入步骤参见第 3 章)。在左侧 Projects 面板中可以看到导入的 4 Port Serial Interface.PrjPcb，双击两个原理图文档，可以直接将其打开，如图 12-40 所示。

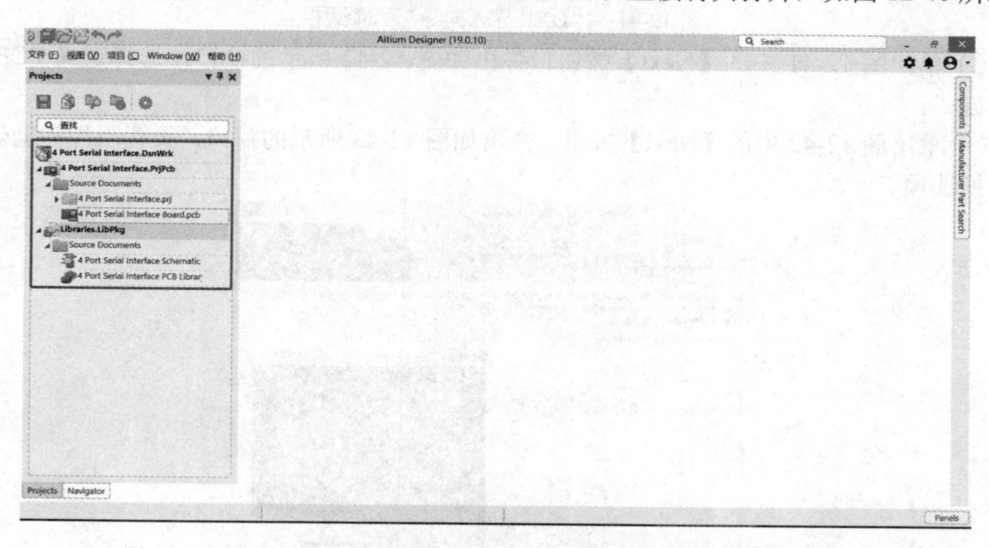

图 12-39　导入 4 Port Serial Interface.ddb 到 Altium Designer 19 中的结果

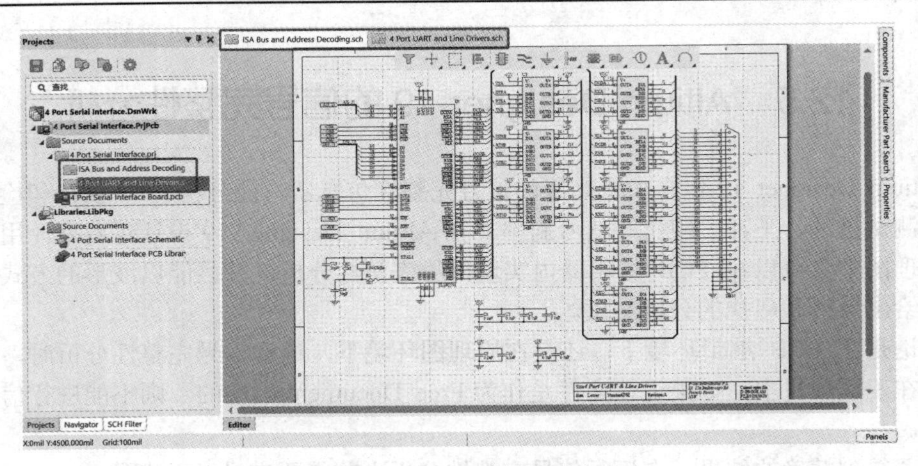

图 12-40　导入的原理图

(2) 导入 PCB 文件。

① 双击 4 Port Serial Interface Board.pcb，弹出“DXP 导入向导”对话框，如图 12-41 所示。

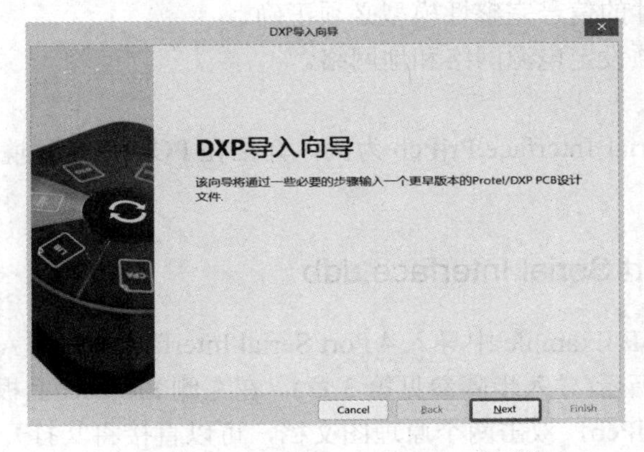

图 12-41　“DXP 导入向导” 对话框

② 单击图 12-41 中的【Next】按钮，弹出如图 12-42 所示的窗口，选择定义 PCB 板外形方式。

③ 单击图 12-42 中的【Next】按钮，弹出如图 12-43 所示的窗口，设置阻焊和助焊规则转换选项。

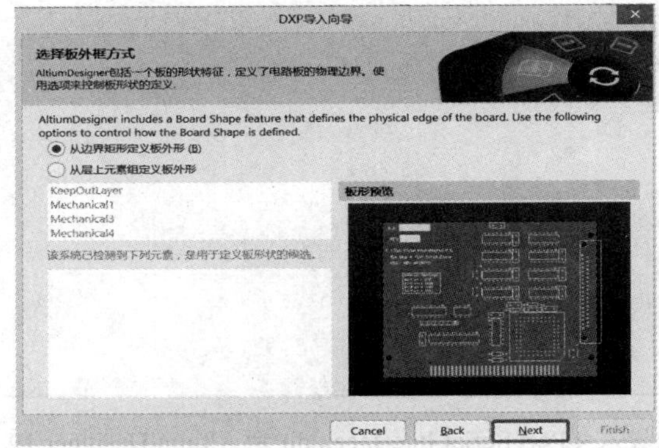

图 12-42　定义 PCB 板外形方式

④ 单击图 12-43 中的【Next】按钮，弹出如图 12-44 所示的窗口，设置 PCB 板平面选项。

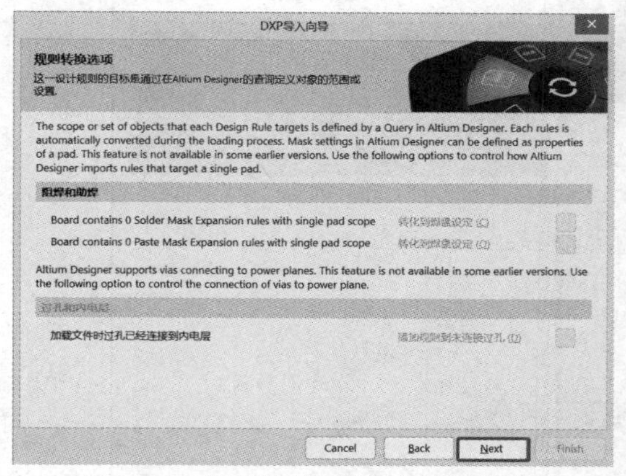

图 12-43　设置阻焊和助焊规则转换选项

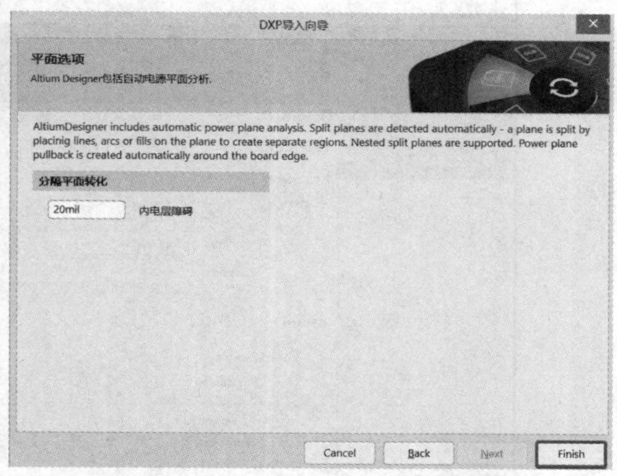

图 12-44　设置 PCB 板平面选项

⑤ 单击图 12-44 中的【Finish】按钮，弹出如图 12-45 所示的窗口，转换完成的 PCB 板显示在设计窗口中。

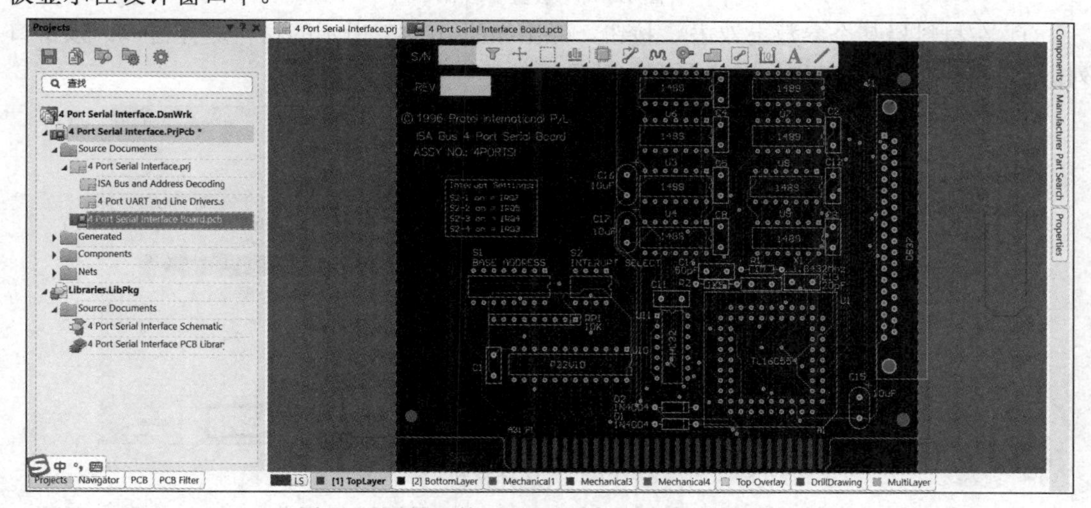

图 12-45　导入的 4 Port Serial Interface Board.pcb

至此，原理图与 PCB 文件导入完成。

12.5.2　PCB 板层堆栈设置

PCB 中的信号完整性分析是基于电路板的结构、各种板材的参数、铜层厚度、电路板结构含有的内部电源层、板上的布局/布线以及器件的信号完整性模型等基本情况进行的。

首先我们检查层堆栈设置。用于 PCB 的层堆栈必须设置正确，电源平面必须连续，分割电源平面将无法得到正确的分析结果。另外，要正确设置所有层的厚度，信号完整性分析才能够产生准确的仿真结果。

(1) 执行菜单命令“设计”→“层叠管理器”，弹出如图 12-46 所示的窗口。该窗口中显示了板层信息。

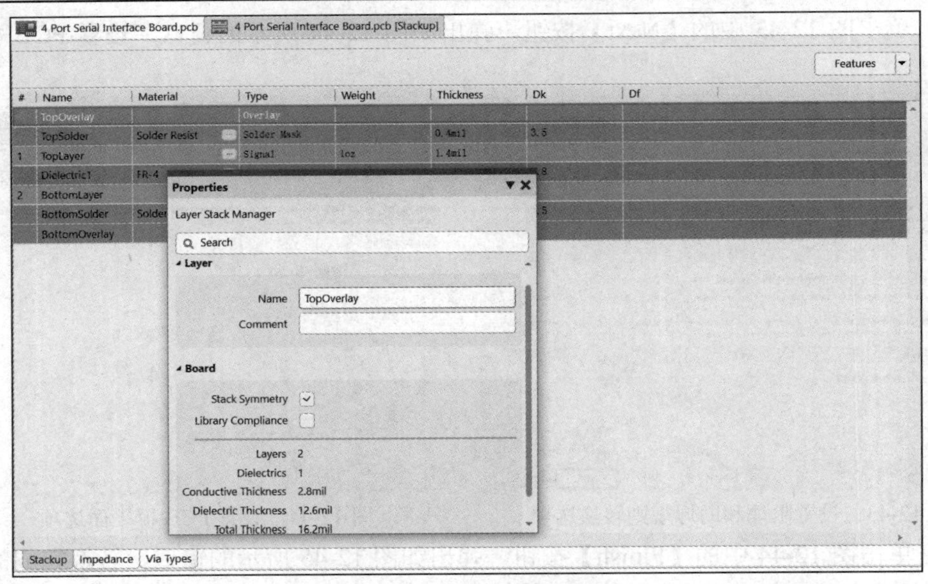

图 12-46　层叠管理器

① 在材料栏某个参数上双击 按钮，弹出如图 12-47 所示的材料选择窗口。该窗口列出了制造商、材料名称、对应厚度、颜色、频率等参数。

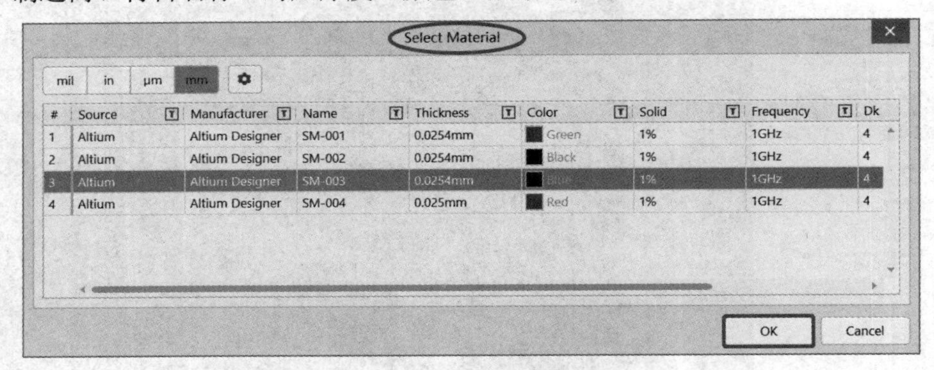

图 12-47　选择材料

② 在类别栏某个信号上单击鼠标右键，可以对信号层进行操作(如插入信号、平面、预浸、铜电镀等)，如图 12-48 所示。

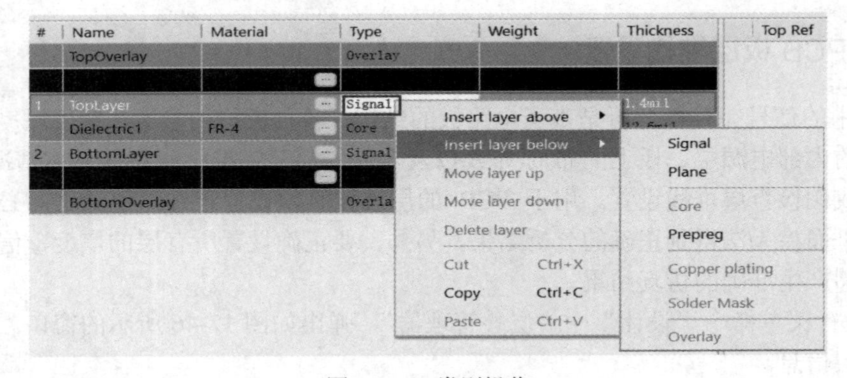

图 12-48　类别操作

(2) 选择图 12-46 左下方的【Impedance】选项卡，弹出右面窗口，如图 12-49 所示，单击 Add Impedance Profile ，配置阻抗的相应参数，如图 12-50 所示。

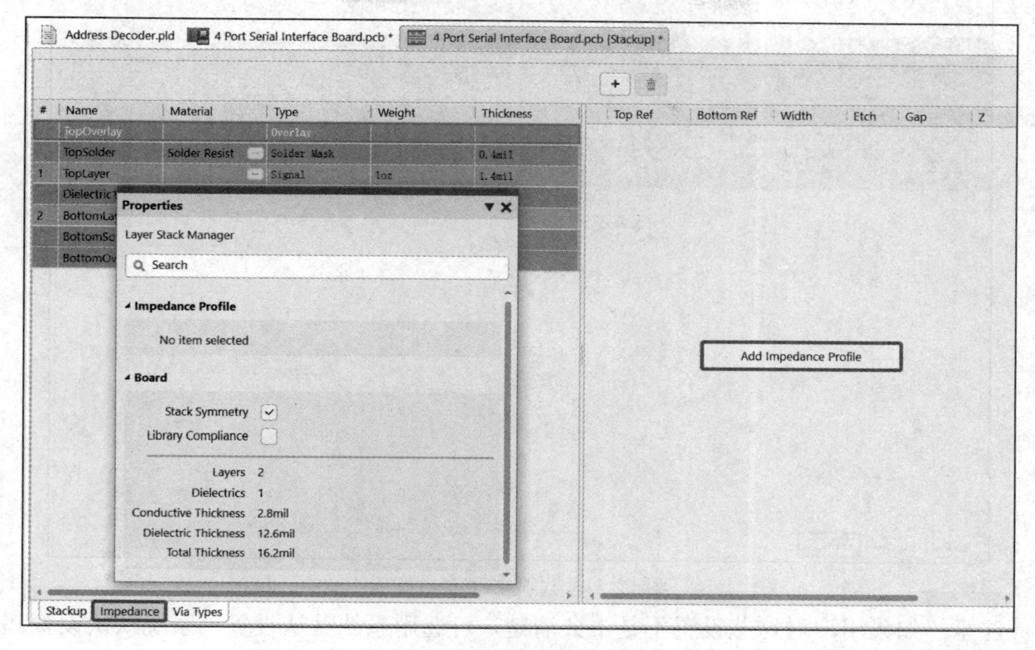

图 12-49　阻抗添加

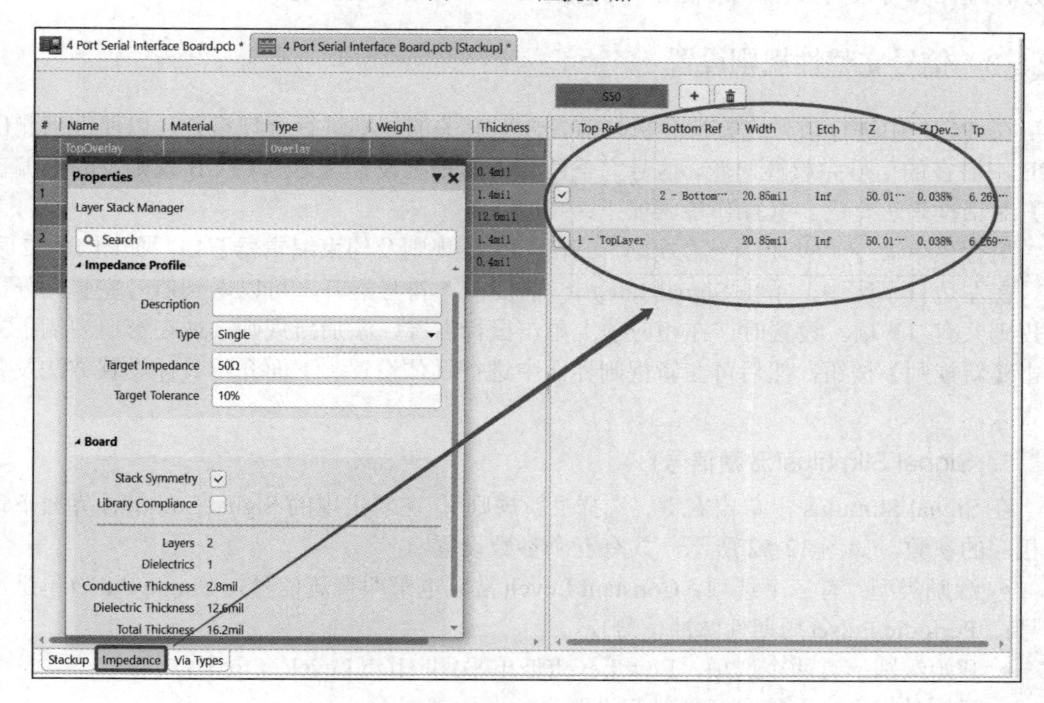

图 12-50　阻抗参数配置

(3) 选择图 12-46 左下方的【Via Types】选项卡，弹出如图 12-51 所示的过孔类型参数配置窗口。在此窗口中可以对其参数进行修改。

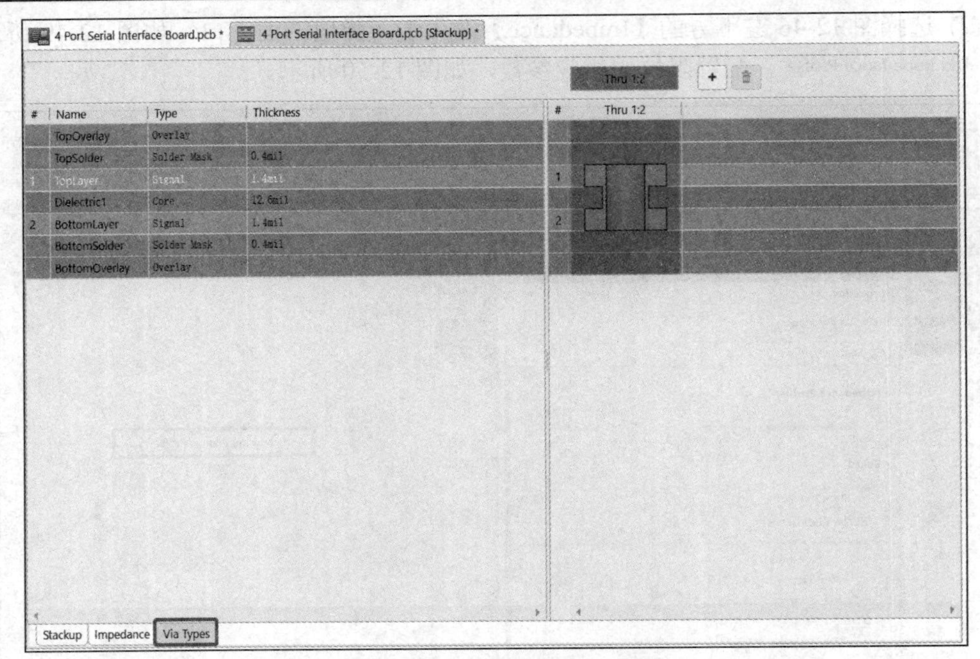

图 12-51　过孔类型参数配置

注意：如果用户对这些设置不是十分清楚，可选用系统默认设置。系统默认设置都是经过合理计算得来的数据，除非用户有特殊要求，否则一般都选默认设置。

12.5.3　信号完整性规则设置

在 PCB 中进行信号完整性分析之前，要对有关的规则进行合理设置，以便准确测出 PCB 中潜在的信号完整性问题。信号完整性分析的规则设置是通过【PCB 规则及约束编辑器】对话框来进行的。其操作步骤如下：

执行菜单命令“设计”→“规则”，弹出 PCB 规则及约束编辑器窗口，如图 12-52 所示。在左边目录区中，单击 Signal Integrity 前面的▶符号展开，可以看到信号完整性分析的规则共有 13 项。设置时，在相应项上单击鼠标右键，添加新规则，或在窗口右侧下方单击【新规则】按钮，然后可在新规则界面中进行具体设置。下面介绍具体设置方法及各项含义。

1. Signal Stimulus(激励信号)

在 Signal Stimulus 上单击右键，选择“新规则”，在新出现的 Signal Stimulus 界面下设置相应的参数，如图 12-52 所示，共有五个参数设置。

- 激励类型：有三个选项，Constant Level(常数电平即直流信号)、Single Pulse(单脉冲信号)、Periodic Pulse(周期性脉冲信号)。
- 开始级别：有两个选项，Low Level(低电平)和 High Level(高电平)。
- 开始时间：激励信号开始时间设置。
- 停止时间：激励信号停止时间设置。
- 时间周期：激励信号周期设置。在此选择缺省值。

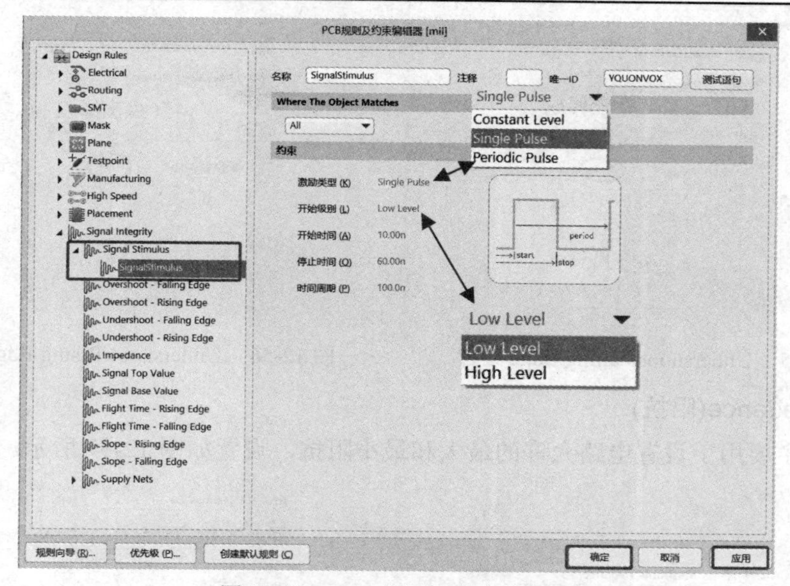

图 12-52　PCB 规则及约束编辑器

2. Overshoot-Falling Edge(信号过冲下降沿)

该规则主要用于设置信号下降边沿所允许的最大过冲量，即低于信号基准值的最大阻尼振荡，如图 12-53。

3. Overshoot-Rising Edge(信号过冲上升沿)

该规则与 Overshoot-Falling Edge 相对应，主要用于设置信号上升边沿所允许的最大过冲量，即高于信号基准值的最大阻尼振荡，设置如图 12-54 所示。

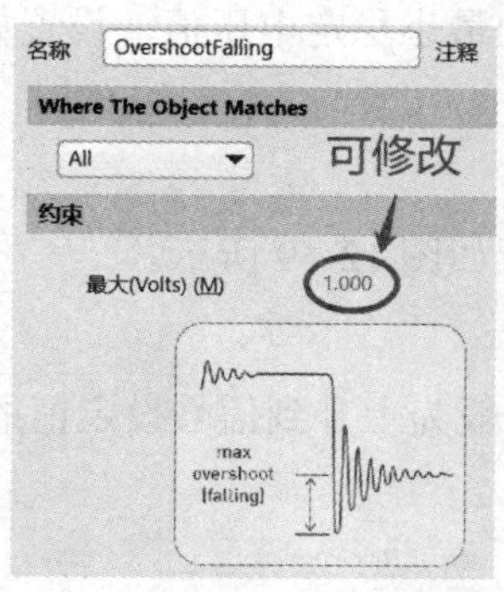

图 12-53　Overshoot-Falling Edge 设置

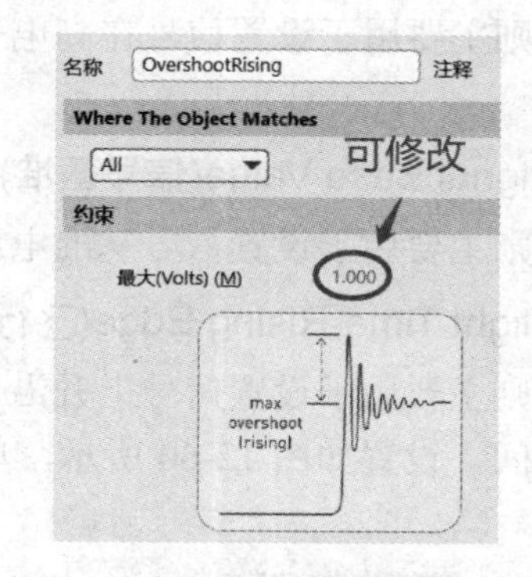

图 12-54　Overshoot-Rising Edge 设置

4. Undershoot-Falling Edge(信号下冲下降沿)

该规则主要用于设置信号下降边沿所允许的最大下冲值，即下降沿上高于信号基准值的最大阻尼振荡，如图 12-55 所示。

5. Undershoot-Rising Edge(信号下冲上升沿)

该规则与 Undershoot-Falling Edge 相对应，主要用于设置信号上升边沿所允许的最大下冲值，即上升沿上低于信号基准值的最大阻尼振荡，设置如图 12-56 所示。

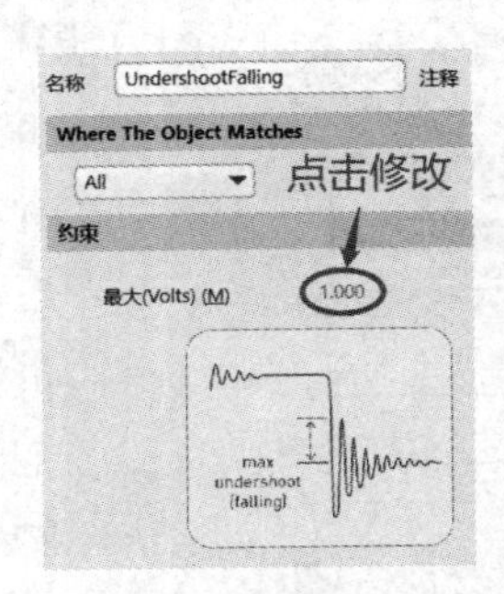

图 12-55　Undershoot-Falling Edge 设置

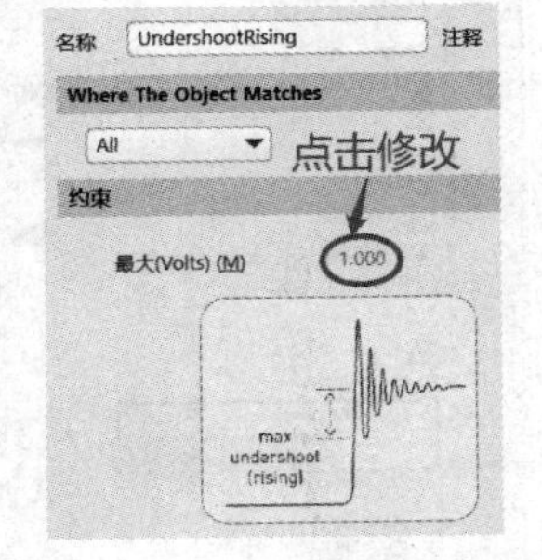

图 12-56　Undershoot-Rising Edge 设置

6. Impedance(阻抗)

该规则主要用于设置电路允许的最大和最小阻抗，设置如图 12-57 所示。

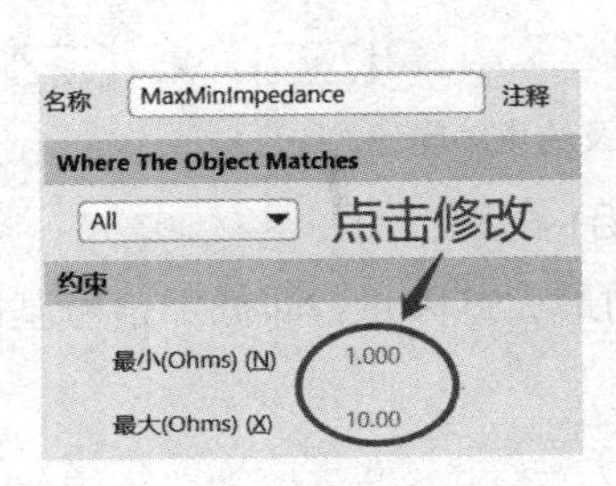

图 12-57　Impedance 设置

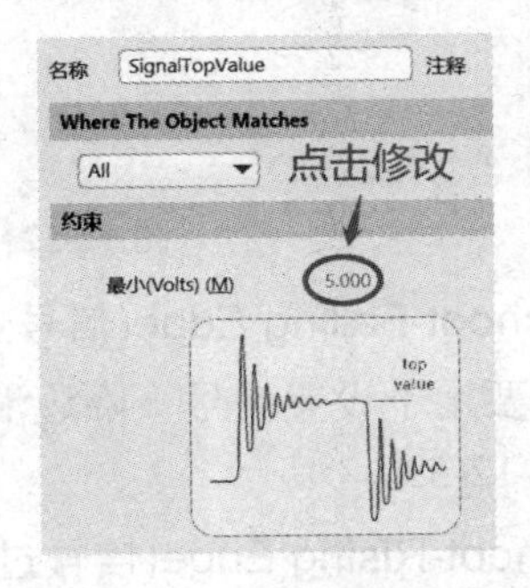

图 12-58　Signal Top Value 设置

7. Signal Top Value(信号高电平)

该规则主要用于设置信号在高电平状态下所允许的最小稳定电压值，设置如图 12-58 所示。

8. Signal Base Value(信号基准)

该规则主要用于设置信号基准电压的最大值，设置如图 12-59 所示。

9. Flight Time-Rising Edge(飞行时间上升沿)

该规则主要用于设置信号上升沿最大延迟时间，一般为上升到信号设定值的 50%时所需要的时间，设置如图 12-60 所示，单位为 ns。

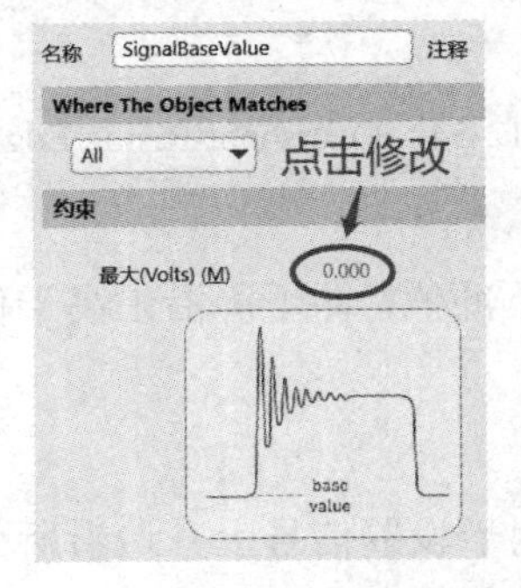

图 12-59　Signal Base Value 设置

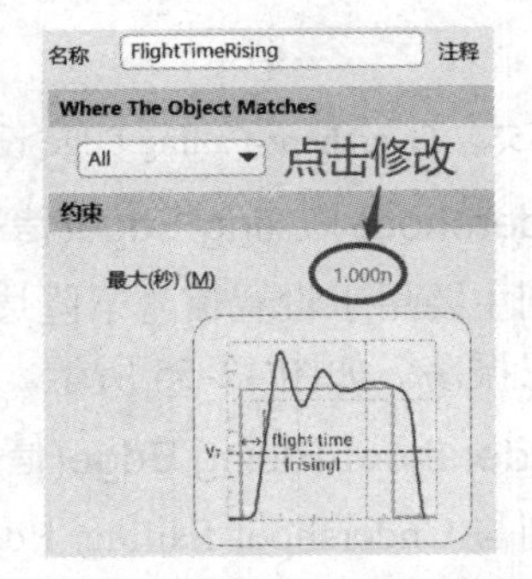

图 12-60　Flight Time-Rising Edge 设置

10. Flight Time-Falling Edge(飞行时间下降沿)

该规则主要用于设置信号下降沿最大延迟时间，一般为实际的输入电压到阈值电压之间的时间，设置如图 12-61 所示，单位为 ns。

11. Slope-Rising Edge(上升沿斜率)

该规则主要用于设置信号上升沿从阈值电压上升到高电平电压所允许的最大延迟时间，设置如图 12-62 所示，单位为 ns。

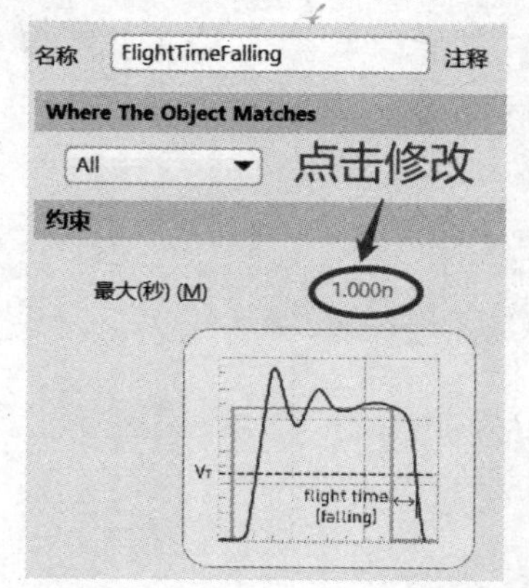

图 12-61　Flight Time-Falling Edge 设置

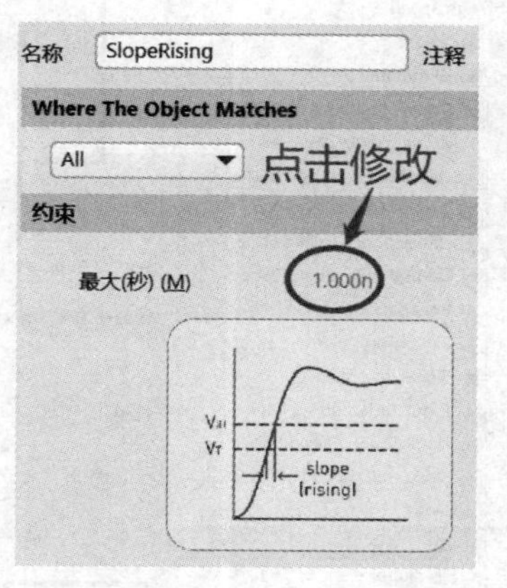

图 12-62　Slope-Rising Edge 设置

12. Slope-Falling Edge(下降沿斜率)

该规则主要用于设置信号下降沿从阈值电压下降到低电平电压所允许的最大延迟时间，设置如图 12-63 所示，单位为 ns。

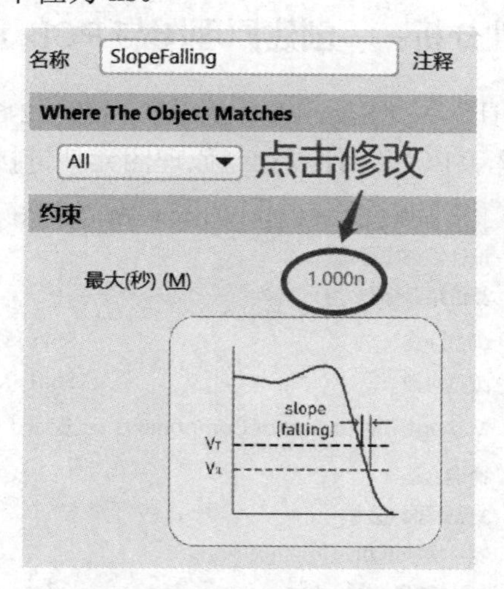

图 12-63　Slope-Falling Edge 设置

13. Supply Nets(电源网络)

右键点击 Supply Nets，选择【新规则】按钮，在新出现的 Supply Nets 界面下，将 GND 网络的 Voltage 设置为 0。按相同方法再添加规则，将 VCC 网络的 Voltage 设置为 5(电源 VCC 数值大小根据电路元器件供电参数而定！此处设置是针对 4 Port Serial Interface.PrjPcb 电路板元件的)，单位是 V，如图 12-64 所示。点击【确定】按钮退出。

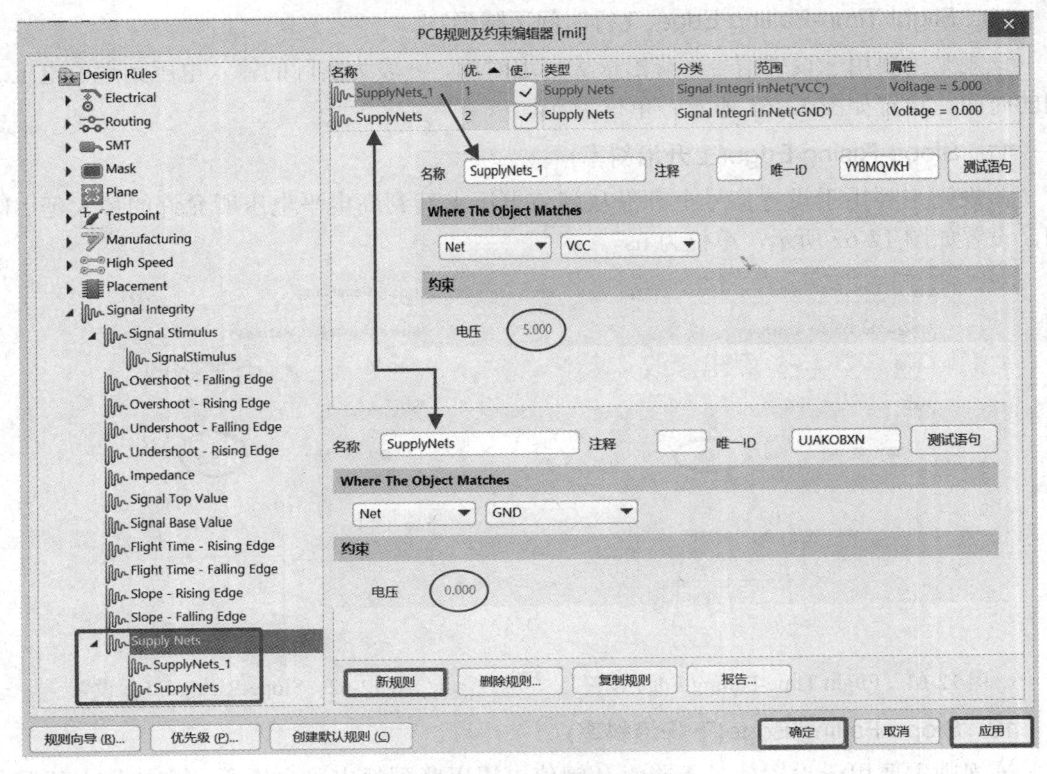

图 12-64　Supply Nets 规则设置

12.5.4　启动信号完整性分析——创建原理图与 PCB 元件链接

(1) 执行菜单命令“工具”→“Signal Integrity”，如图 12-65 所示，弹出如图 12-66 所示的错误信息提示窗口，提示 PCB 元件没有与原理图元件链接，单击【OK】按钮退出。

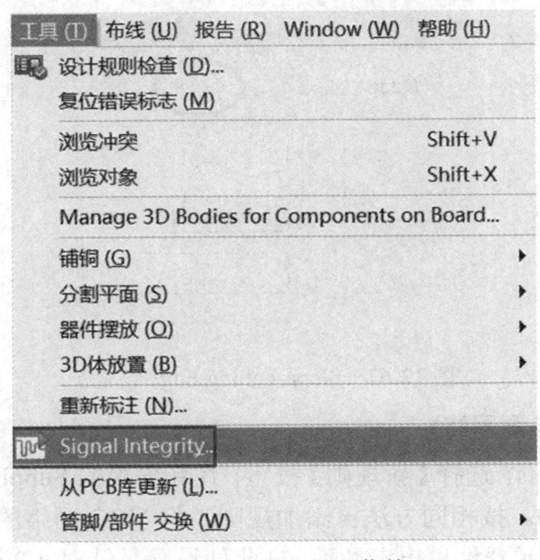

图 12-65　“工具”菜单

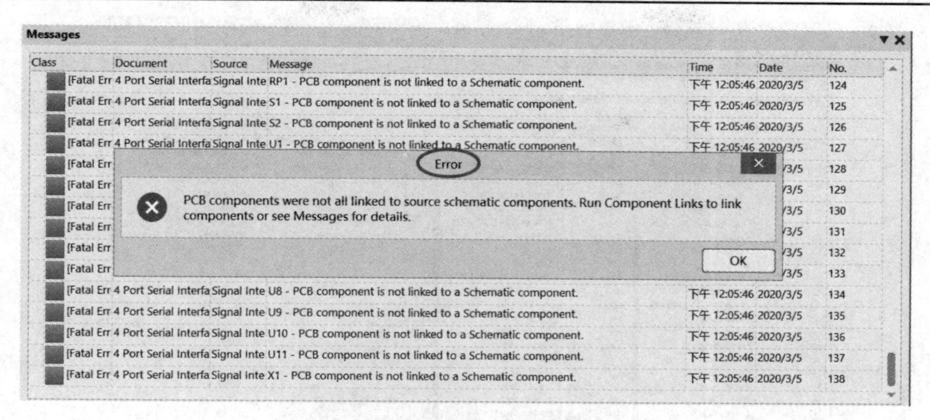

图 12-66　错误信息提示窗口

(2) 在原理图编辑器中，执行菜单命令“设计”→“Update PCB Document 4 Port Serial Interface Board.pcb”，如图 12-67(a)所示，或在 PCB 编辑器中执行菜单命令“设计”→“Update Schematices in 4 Port Serial Interface.PrjPcb”，如图 12-67(b)所示，弹出如图 12-68 所示的元件链接窗口。

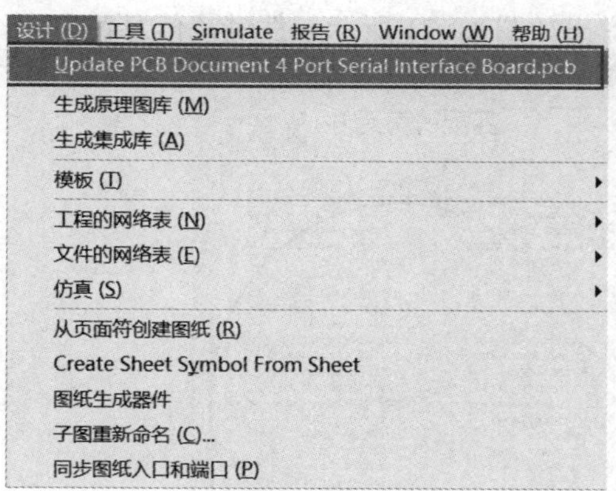

(a) 原理图编辑器中更新 PCB

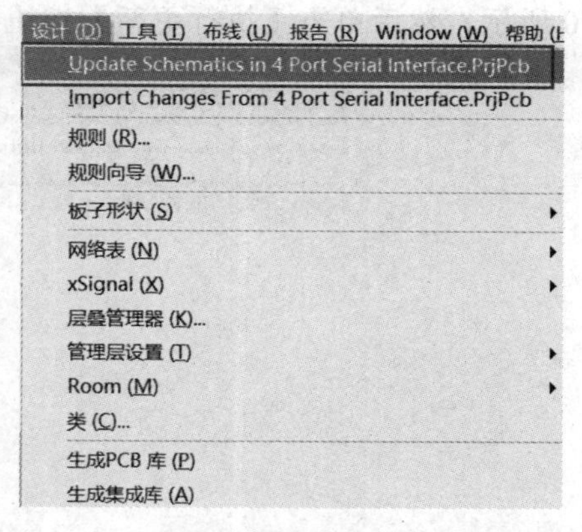

(b) PCB 编辑器中更新原理图

图 12-67　更新原理图(PCB)

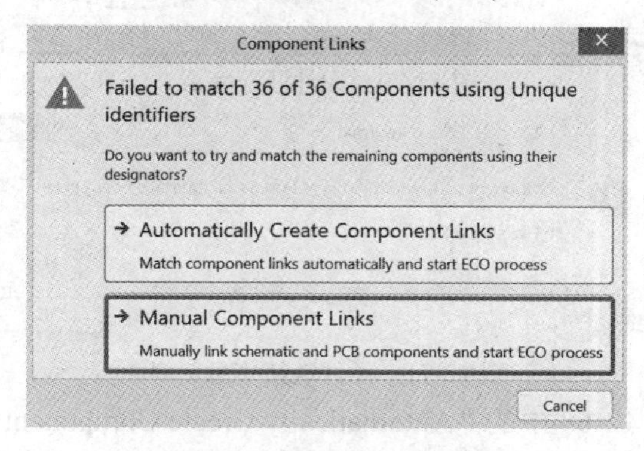

图 12-68　元件链接窗口

(3) 单击图 12-68 中的“Manual Component Links”(手动元件链接)选项，弹出编辑原理图与 PCB 之间的元件链接窗口，如图 12-69 所示。

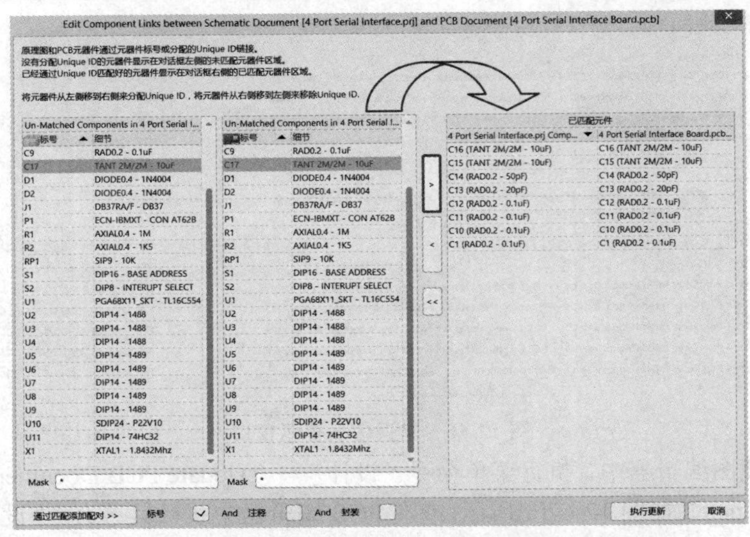

图 12-69　编辑原理图与 PCB 之间的元件链接窗口

(4) 单击图 12-69 中的>按钮，将窗口左边元件全部移到右边，匹配所有元件，如图 12-70 所示。然后单击【执行更新】按钮，弹出如图 12-71 所示元件链接信息窗口。

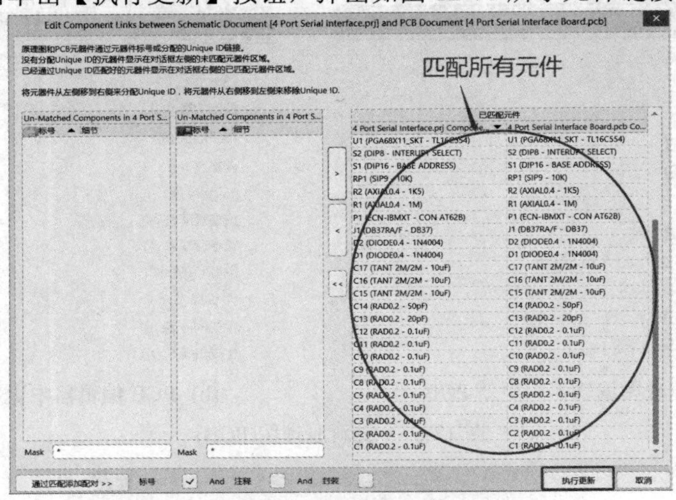

图 12-70　元件匹配完成

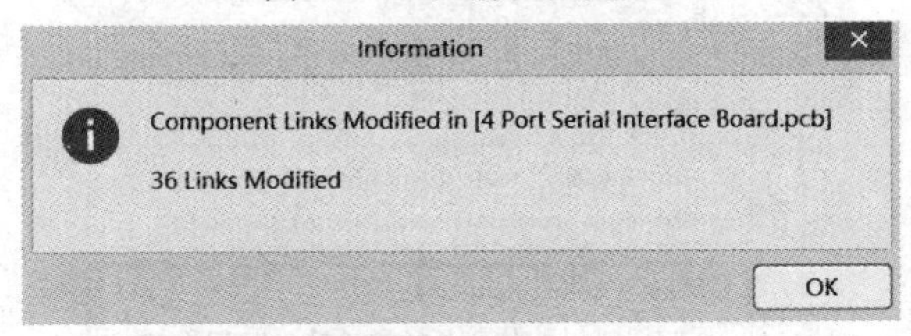

图 12-71　元件链接信息窗口

注意：直接单击图 12-68 中的“Automatically Create Component Links”(自动创建元件链接)，可以直接弹出图 12-71 所示窗口。

(5) 单击图 12-71 中的【OK】按钮，弹出如图 12-72 所示原理图文档与 PCB 文档比较结果窗口，提示是否查看差异。单击【Yes】按钮，弹出如图 12-73 所示原理图文档与 PCB

文档差异窗口，继续查看。

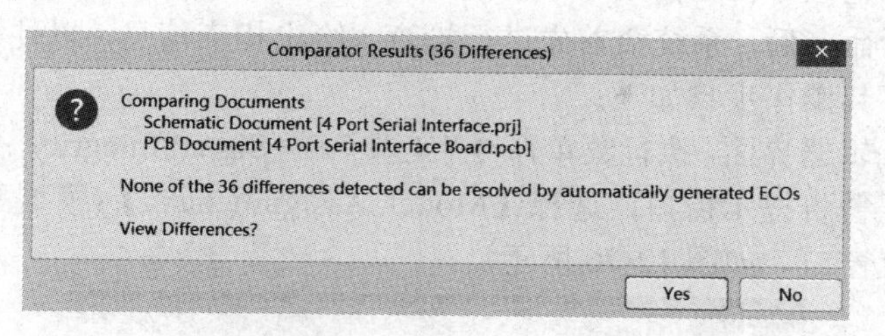

图 12-72　原理图文档与 PCB 文档比较结果窗口

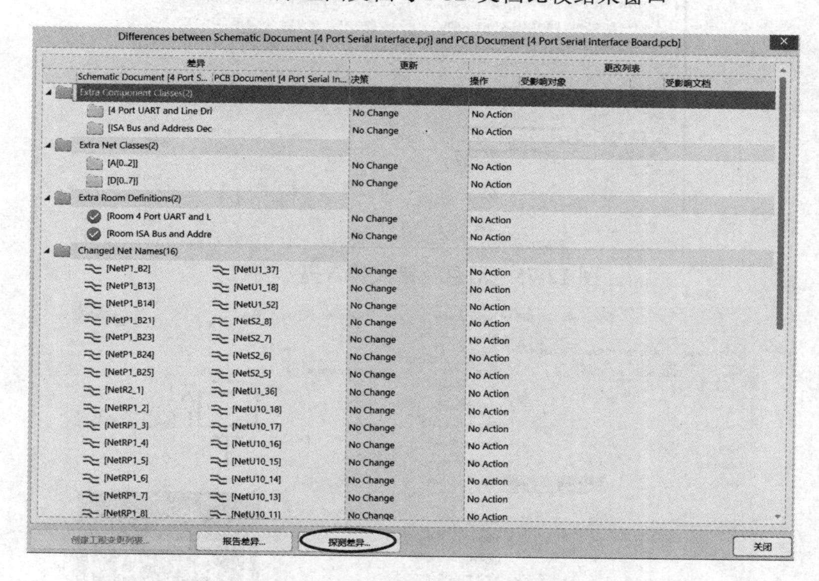

图 12-73　原理图文档与 PCB 文档差异窗口

(6) 单击图 12-73 中的【探测差异】按钮，弹出如图 12-74 所示的差异列表，可以查看差异。

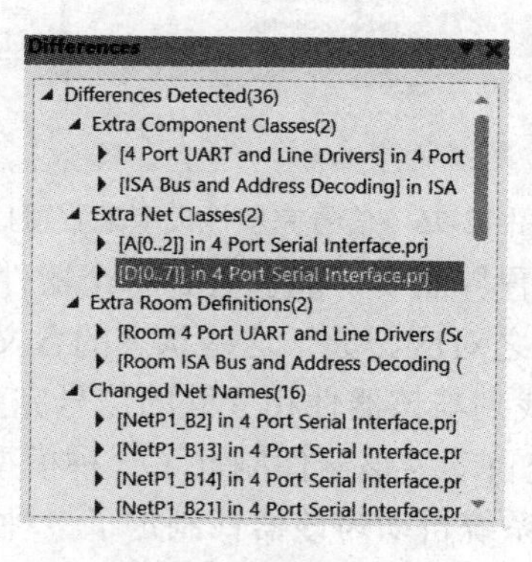

图 12-74　差异列表

12.5.5　信号完整性模型配置

在复杂高速的电路系统中，所用到的元器件数量以及种类都比较繁多，由于各种原因的限制，在信号完整性分析之前用户未必能逐一设置每个元件的 SI 模型，因此，当执行了信号完整性分析命名后，系统会首先进行检查，给出相应信息，以便用户完成必要的 SI 模型设定与分配。其操作步骤如下：

(1) 在 PCB 编辑器界面，执行菜单命令“工具”→“Signal Integrity…”，弹出如图 12-75 所示的消息及错误警告提示窗口，选择【Model Assignments...】(模型配置)按钮，弹出信号完整性模型配置窗口，如图 12-76 所示。

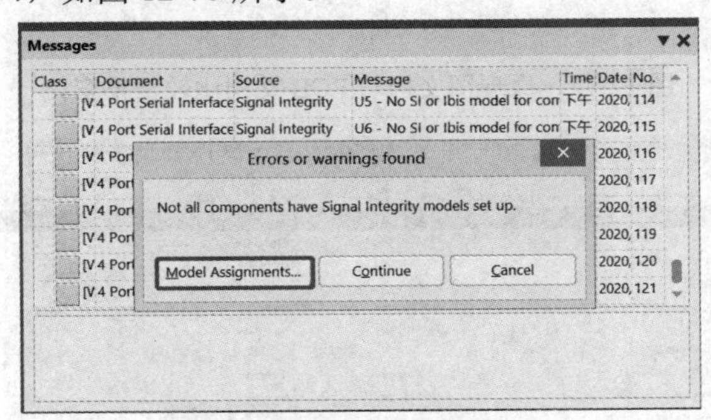

图 12-75　消息及错误警告提示窗口

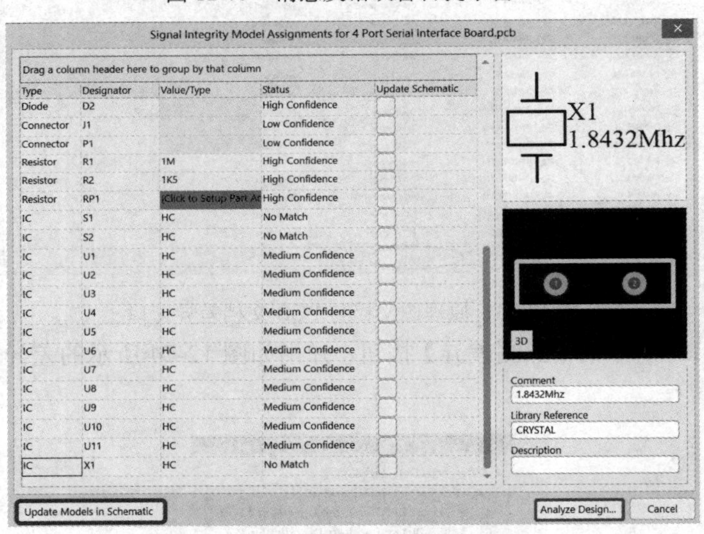

图 12-76　信号完整性模型配置窗口

在图 12-76 所示的模型配置界面下，能够看到每个器件所对应的信号完整性模型，并且每个器件都有相应的状态与之对应。关于这些状态的含义如下：

- No Match：目前没有找到与该器件相关联的信号完整性分析模型，需要人为设置。
- Low Confidence：系统自动为该器件制订了一种模型，置信度较低。
- Medium Confidence：系统自动为该器件制定了一种模型，置信度中等。
- High Confidence：系统自动为该器件制订了一种模型，置信度较高。
- Model Found：与器件相关联的模型已经存在。
- User modified：用户修改了模型的有关参数。
- Model added：用户创建了新的模型。

(2) 修改器件模型的步骤。

① 双击需要修改模型的器件(如 U1)，弹出信号完整性模型窗口，如图 12-77 所示。

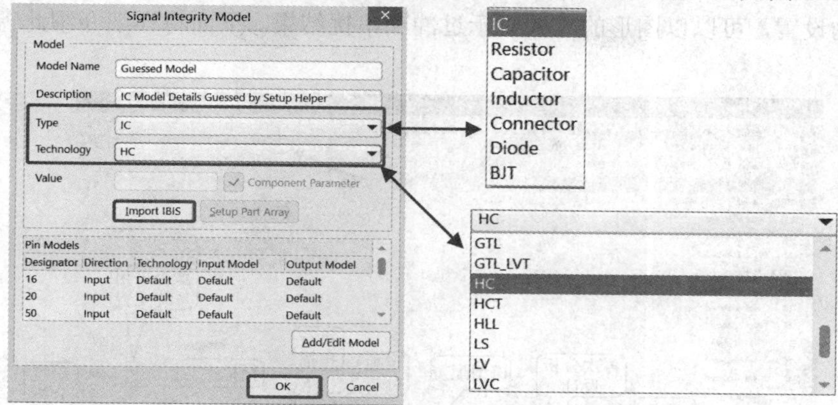

图 12-77　信号完整性模型窗口

② 在 Type 选项中选择器件的类型。

③ 在 Technology 选项中选择相应的驱动类型。

④ 也可以从外部导入与器件相关联的 IBIS(Input/Output Buffer Information Specification)模型，点击 Import IBIS，选择从器件厂商那里得到的 IBIS 模型即可。IBIS 模型文件的扩展名是“.ibs”。

⑤ 模型设置完成后选择【OK】按钮，退出。

(3) 在图 12-76 所示的窗口，单击左下角的【Update Models in Schematic】按钮，将修改后的模型更新到原理图中。

12.5.6　信号完整性网络分析

信号完整性网络分析操作步骤如下：

(1) 在图 12-76 所示的窗口，单击右下角的【Analyze Design】按钮，弹出 SI 模型设置选项窗口，如图 12-78 所示。窗口主要是对布线进行设置，主要包括两方面：

- Track Impedance：布线阻抗，适用于没有设置布线阻抗的全部网络。
- Average Track Length：平均布线长度，适用于全部未布线的网络。

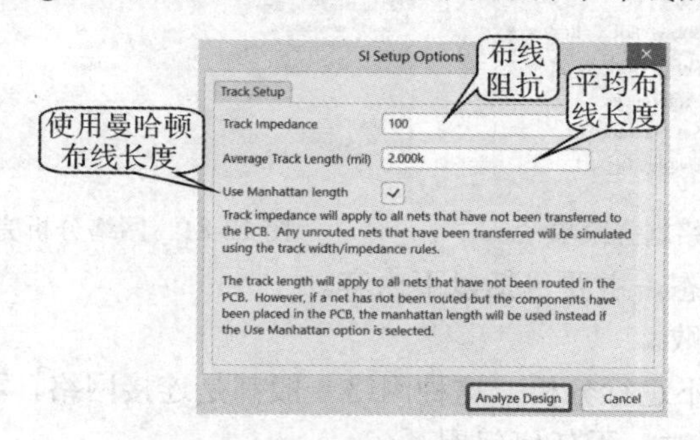

图 12-78　SI 模块设置选项窗口

选中“Use Manhattan length”复选框，将使用曼哈顿布线的长度，保留缺省值。

(2) 单击图 12-78 的【Analyze Design】按钮，系统开始进行分析，分析结果如图 12-79

所示。通过此窗口中左侧部分可以看到网络是否通过了相应的规则检查，如过冲幅度等；通过右侧的设置，可以以图形的方式显示过冲和串扰结果。下面将详细介绍此窗口各项的含义。

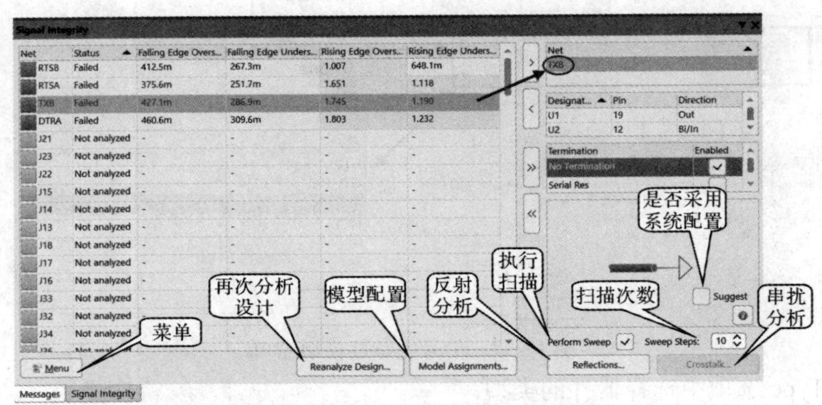

图 12-79　信号完整性网络分析窗口

窗口左侧栏显示的内容主要包括以下几部分：

① Net：列出了设计文件中所有可能需要进一步分析的网络。选中某个网络，单击图中的 › 按钮，被选中的网络就出现在右侧窗口中的 Net 下面，其标号等参数也随即显示出来，如图中的“TXB”。

要查看“TXB”网络的详细分析结果，只需在图 12-79 中左侧选择 TXB，单击右键，在下拉菜单中选择“Details”，如图 12-80 所示。在弹出的如图 12-81 所示的窗口中可以看到针对此网络分析的完整结果。

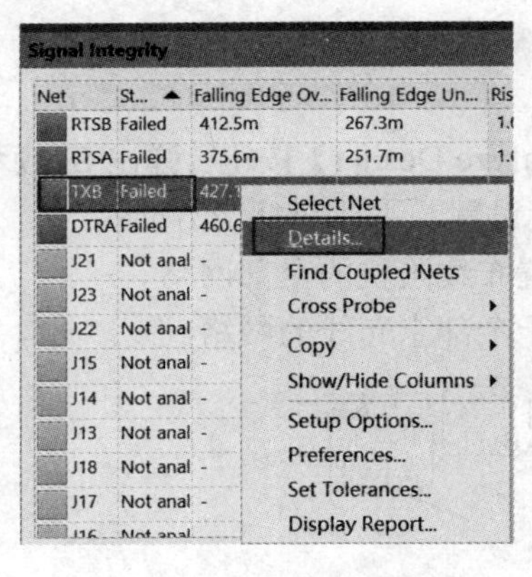

图 12-80　网络选择菜单

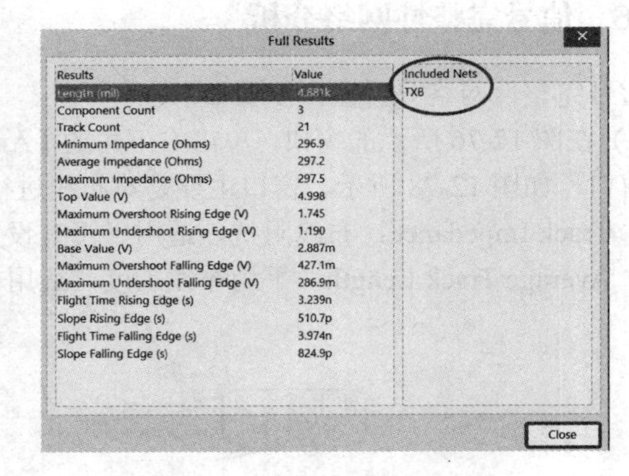

图 12-81　网络分析完整结果

② Status：网络状态，主要包括以下内容。

- Failed：分析失败。
- Not analyzed：不进行分析。这种网络一般都是连接网络，不需要进行分析。
- Passed：分析通过，无任何问题。

③ Falling Edge Overshoot：信号过冲下降沿。

④ Falling Edge Undershoot：信号下冲下降沿。

⑤ Rising Edge Overshoot：信号过冲上升沿。

⑥ Rising Edge Undershoot：信号下冲上升沿。

如果需要显示更多的参数，可以在左侧窗口任意位置单击鼠标右键，在弹出的快捷菜单中选择“Show/Hide Columns”，在显示隐藏列表中选择想要显示和隐藏的选项，如图 12-82 所示。大家应该可以看出这些选项其实就是 12.5.3 节信号完整性规则设置里面的各项内容。

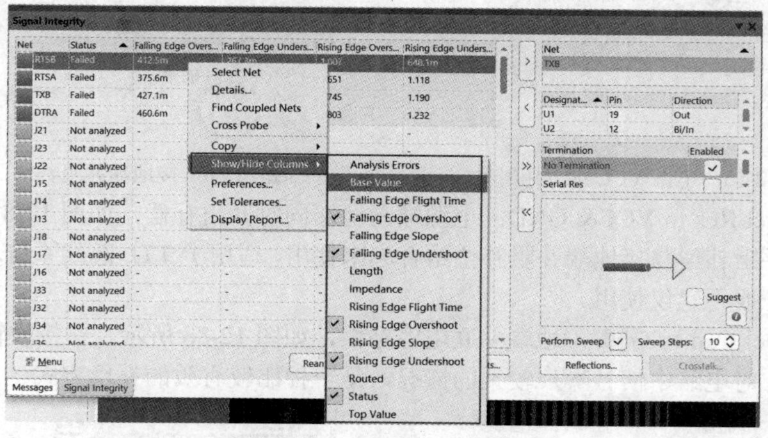

图 12-82 显示/隐藏参数选择

窗口右侧“Termination”区域主要是不同“端接方式”。Altium Designer 19 系统给出了 8 种不同的终端补偿策略以消除或减小电路中由于反射和串扰所造成的信号完整性问题。

- No Termination：无终端补偿，如图 12-83 所示，直接进行信号传输，对终端不进行补偿，这是系统默认方式。
- Serial Res：串阻补偿，如图 12-84 所示，即在点对点的连接方式中，直接串入一个电阻，以减小外来的电压波形幅值，合适的串阻补偿将使信号正确终止，消除接收器的过冲现象。

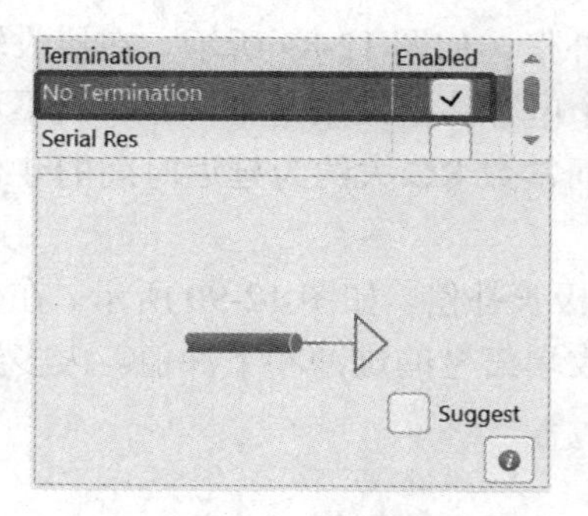

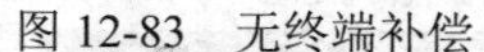

图 12-83 无终端补偿

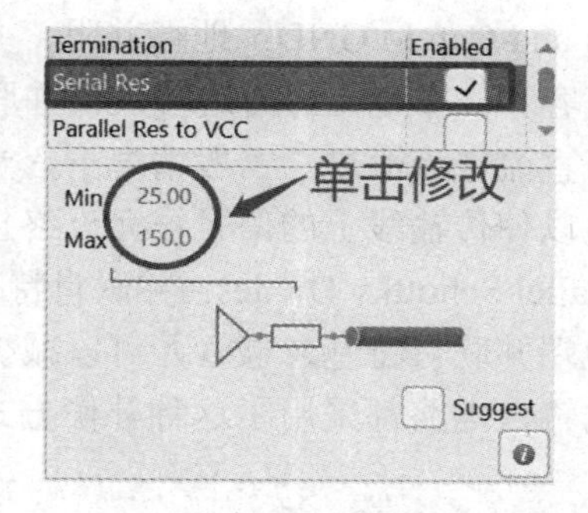

图 12-84 串阻补偿

- Parallel Res to VCC：电源 VCC 端并阻补偿，如图 12-85 所示。对于线路的信号反射，这是一种比较好的补偿方式。在电源 VCC 输入端并联的电阻是和传输线阻抗相匹配的，只是由于不断有电流流过，因此会增加电源的功率消耗，导致低电平电压的升高。该电压根据电阻值的变化而变化。
- Parallel Res to GND：接地端并阻补偿，如图 12-86 所示。与电源 VCC 端并阻补偿方式类似，也是终止线路信号反射的一种比较好的方式，同样会由于不断有电流流过，导致高电平电压的升高。

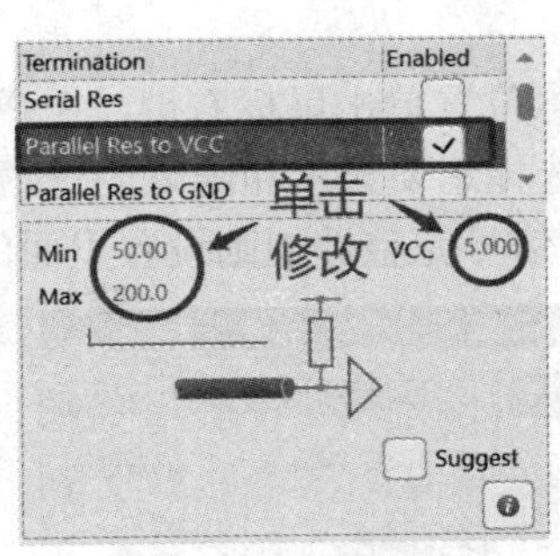

图 12-85　电源 VCC 端并阻补偿

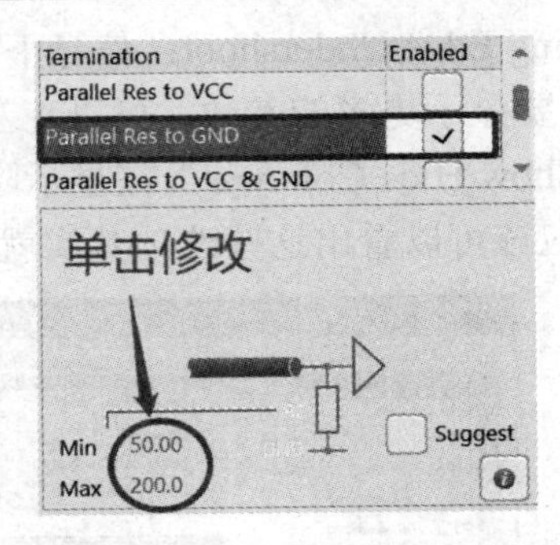

图 12-86　接地端并阻补偿

- Parallel Res to VCC& GND：电源端与地端同时并阻补偿，如图 12-87 所示。该方式将电源端并阻补偿与接地端并阻补偿结合起来使用，适用于 TTL 总线系统，对于 CMOS 总线系统，一般不建议使用。
- Parallel Cap to GND：地端并联电容补偿，如图 12-88 所示。在接收输入端对地并联一个电容，对电路中信号噪声较大的情况，是一种比较有效的补偿方式。

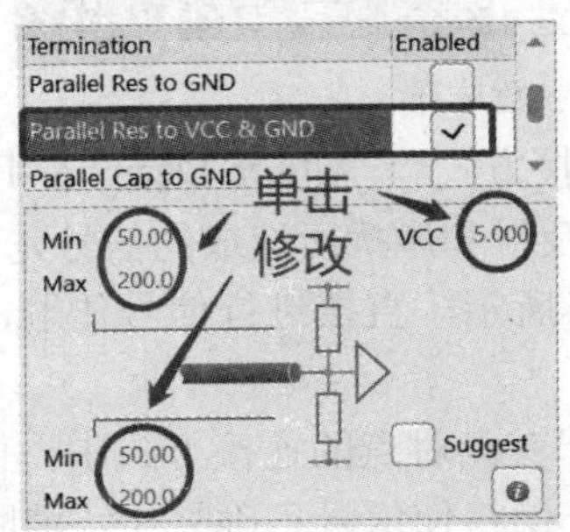

图 12-87　电源端与地端同时并阻补偿

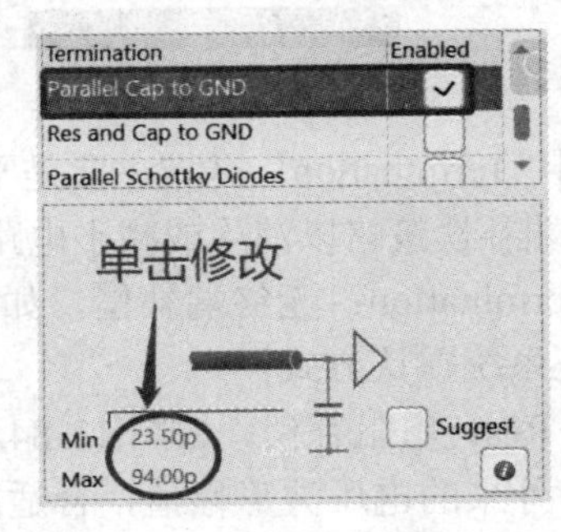

图 12-88　地端并联电容补偿

- Res and Cap to GND：地端并阻、并容补偿，如图 12-89 所示。在接收输入端对地并联一个电容和一个电阻，与地端仅仅并联一个电容补偿效果基本一致，只不过在终结网络中不再有直流电流流过。一般情况下，当时间常数 RC 大约为延迟时间的 4 倍时，这种补偿方式可以使传输线上的信号被允许终止。
- Parallel Schottky Diodes：并联肖特基二极管补偿，如图 12-90 所示。在传输线终结的电源和地端并联肖特基二极管，可以减少接收端信号的过冲和下冲值。大多数标准逻辑集成电路的输入电路都采用了这种补偿方式。

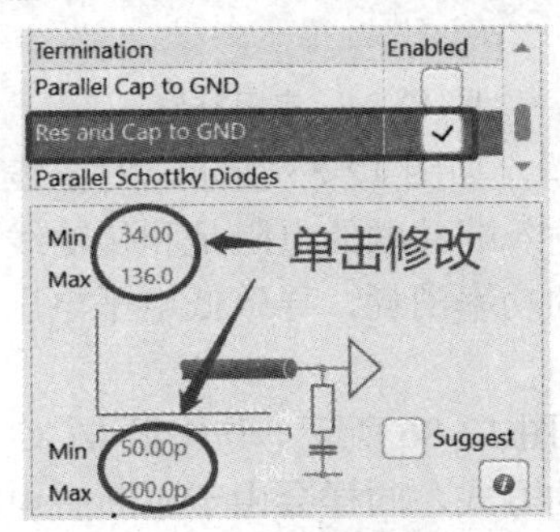

图 12-89　地端并阻、并容补偿

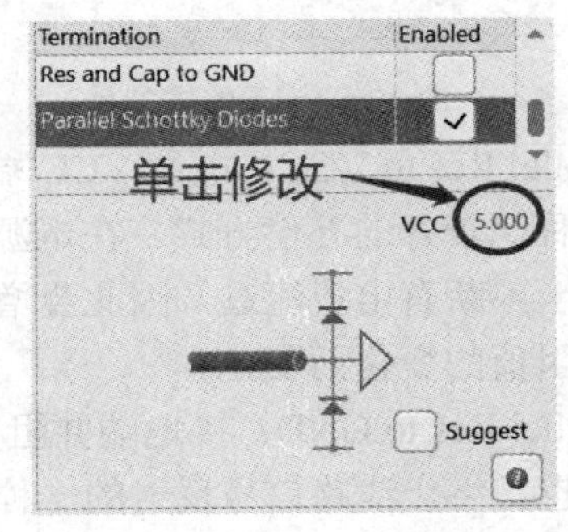

图 12-90　并联肖特基二极管补偿

(3) 单击图 12-79 左下角的【Menu】按钮，弹出如图 12-82 所示菜单。菜单中各项的含义如下：

- Select Nets：选择网络。执行该命令，可以将窗口左侧某一网络添加到窗口右侧“Net”网络下面。
- Details：详细。执行该命令，会打开如图 12-81 所示某一网络完整性分析结果。
- Find Coupled Nets：查找相关联网络。执行该命令，所有与选中网络有关联的网络，会在左侧窗口中以选中的状态显示出来。
- Cross Probe：交叉探查。该命令包括两个子命令，即“To Schematic”和“To PCB”，分别用于在原理图和 PCB 中查找所选网络。
- Copy：复制。复制某一选中网络或全部网络。
- Show/Hide Columns：显示/隐藏。该命令用于左侧窗口显示栏列表中想要显示和隐藏的选项。
- Preferences：优先设定。执行该命令，弹出如图 12-91 所示窗口。该窗口有五个选项卡，不同选项卡中又有不同内容，用户可采用系统缺省模式。

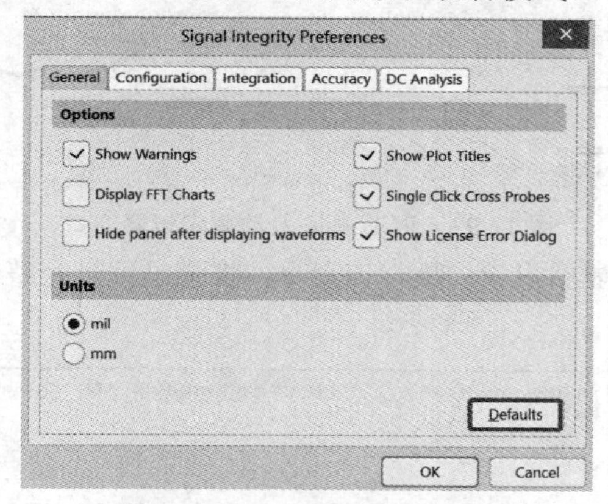

图 12-91　信号完整性优先设置窗口

- Set Tolerances…：设置容差。执行该命令，弹出如图 12-92 所示窗口，设置扫描容差，即公差。容差被限定在一个误差范围，表示允许信号变形的最大值和最小值，将实际信号与误差范围进行比较，以便确定信号是否合乎设计要求。单击 PCB Signal Integrity Rules 按钮，弹出如图 12-93 所示的 PCB 规则及约束编辑器窗口。图中列出所有设置规则，可以在此修改，一般建议采用系统默认设置。

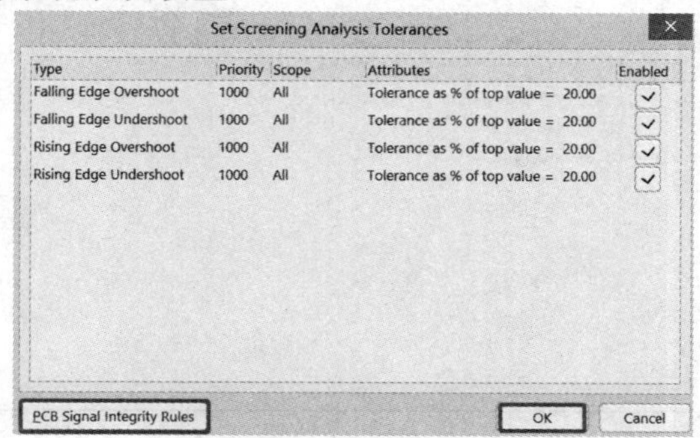

图 12-92　设置扫描容差

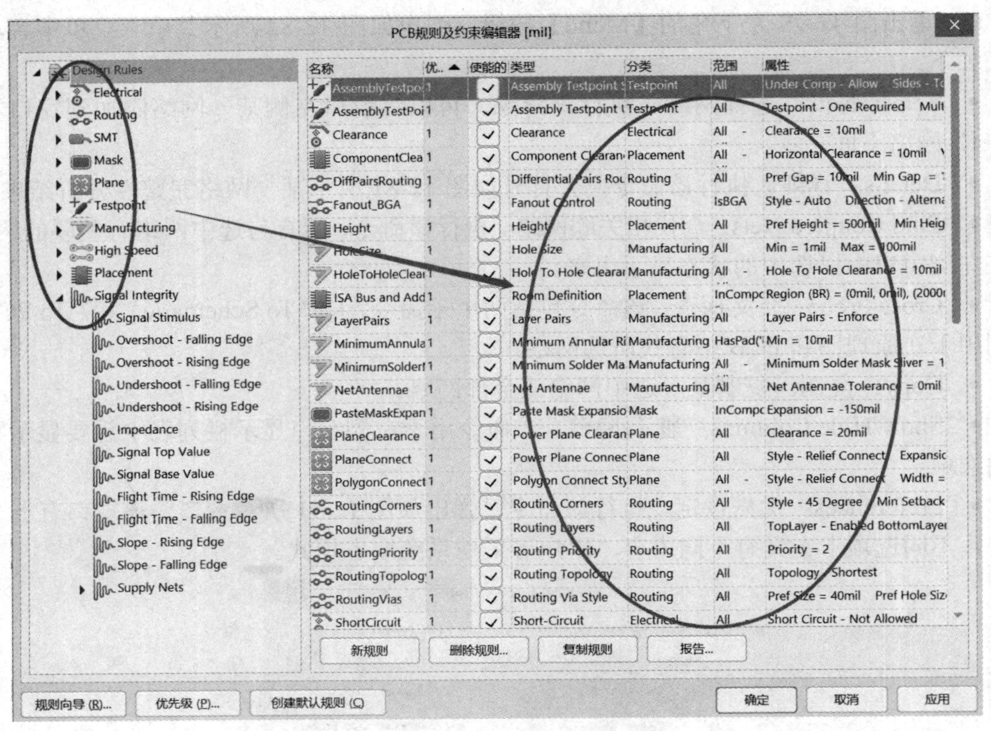

图 12-93　PCB 规则及约束编辑器窗口

- Display Report：显示报告。执行该命令，将弹出信号完整性测试报告，如图 12-94 所示。

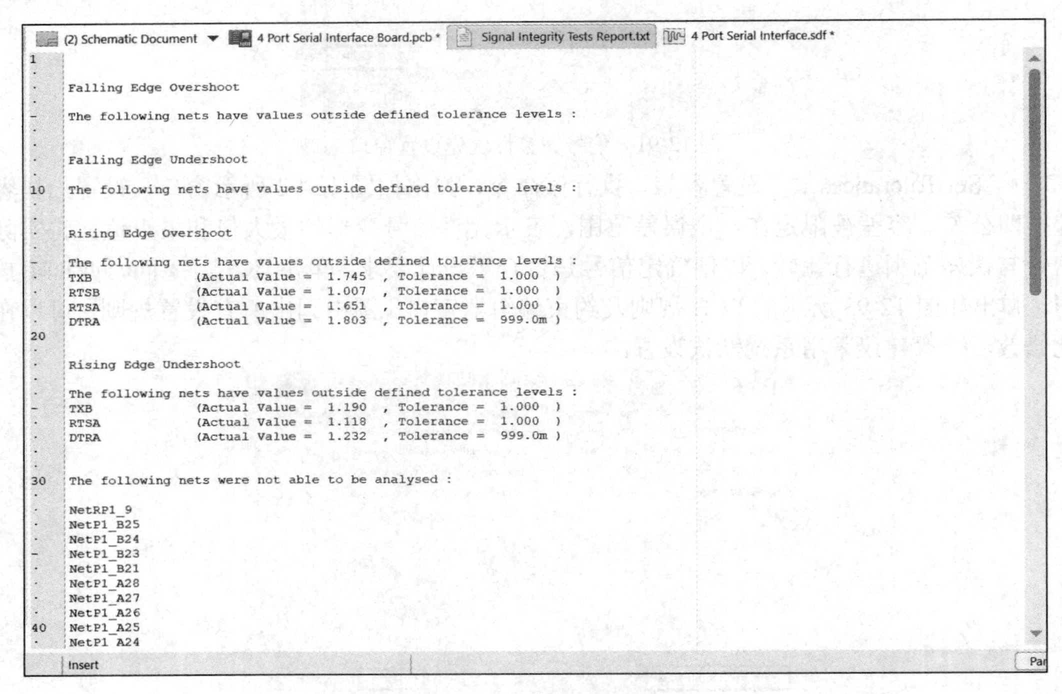


```
Falling Edge Overshoot

The following nets have values outside defined tolerance levels :


Falling Edge Undershoot

The following nets have values outside defined tolerance levels :


Rising Edge Overshoot

The following nets have values outside defined tolerance levels :
TXB            (Actual Value =  1.745  , Tolerance =  1.000  )
RTSB           (Actual Value =  1.007  , Tolerance =  1.000  )
RTSA           (Actual Value =  1.651  , Tolerance =  1.000  )
DTRA           (Actual Value =  1.803  , Tolerance =  999.0m )


Rising Edge Undershoot

The following nets have values outside defined tolerance levels :
TXB            (Actual Value =  1.190  , Tolerance =  1.000  )
RTSA           (Actual Value =  1.118  , Tolerance =  1.000  )
DTRA           (Actual Value =  1.232  , Tolerance =  999.0m )


The following nets were not able to be analysed :

NetRP1_9
NetP1_B25
NetP1_B24
NetP1_B23
NetP1_B21
NetP1_A28
NetP1_A27
NetP1_A26
NetP1_A25
NetP1_A24
```

图 12-94　信号完整性测试报告

(4) ⓘ按钮功能：单击窗口右侧ⓘ按钮，系统会对用户所选终端补偿进行详细说明，如图 12-95 所示。

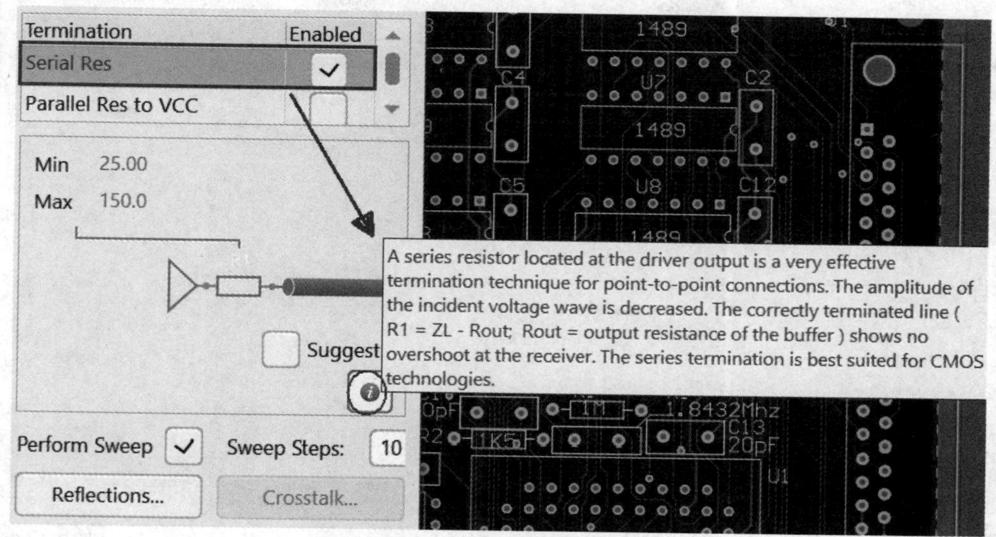

图 12-95　ⓘ按钮终端补偿说明

其他按钮功能，已经在图 12-79 中标示，在此不再赘述。

12.5.7　信号完整性反射分析

下面以图形的方式进行信号完整性反射分析，操作步骤如下：

(1) 双击需要分析的网络 TXB，或选中 TXB 后单击 > 按钮，将其导入到窗口的右侧，如图 12-96 所示。

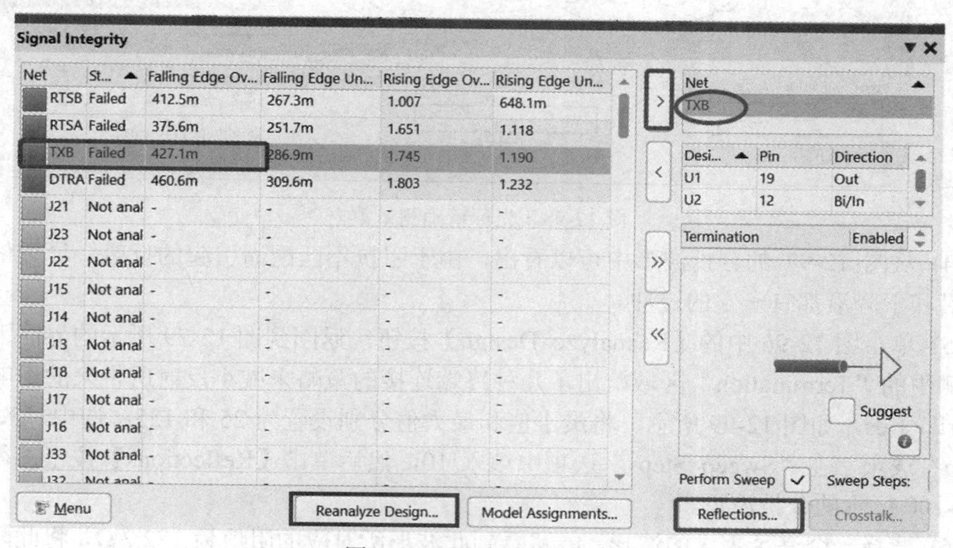

图 12-96　选中网络 TXB

(2) 单击图 12-96 窗口右下角的【Reflections】按钮，反射分析的波形结果将会显示出来，如图 12-97 所示。

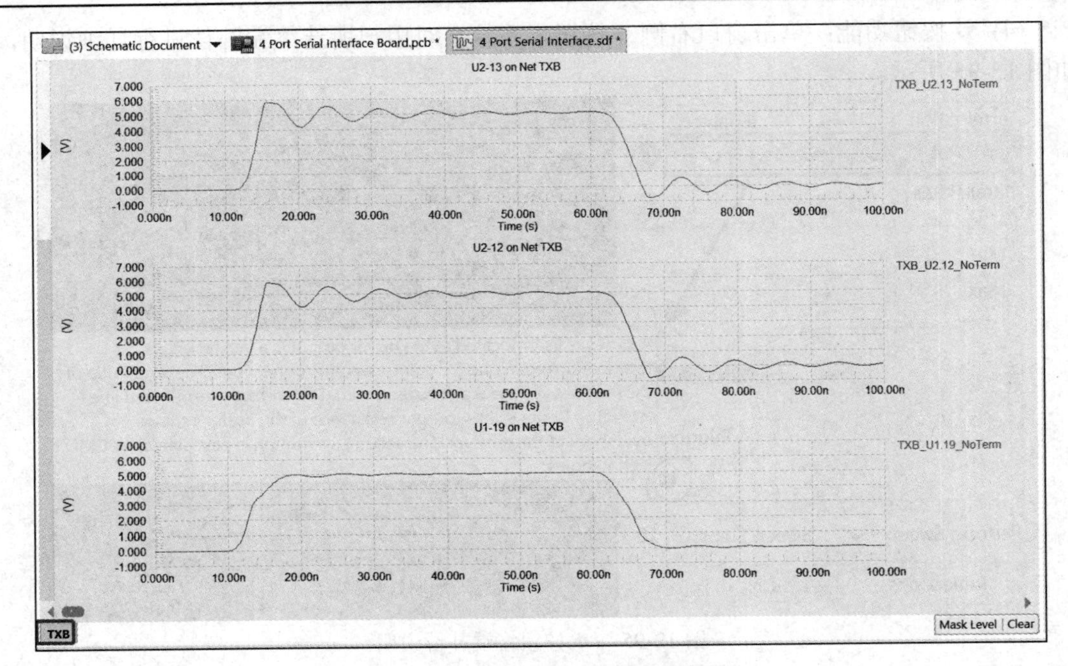

图 12-97　TXB 反射分析的波形

(3) 右键点击 TXB_U2.13_NoTerm，如图 12-98 所示，在弹出的列表中选择 Cursor A 和 Cursor B，然后可以利用它们来测量确切的参数。测量结果显示在 Sim Data 窗口中，如图 12-98 所示。

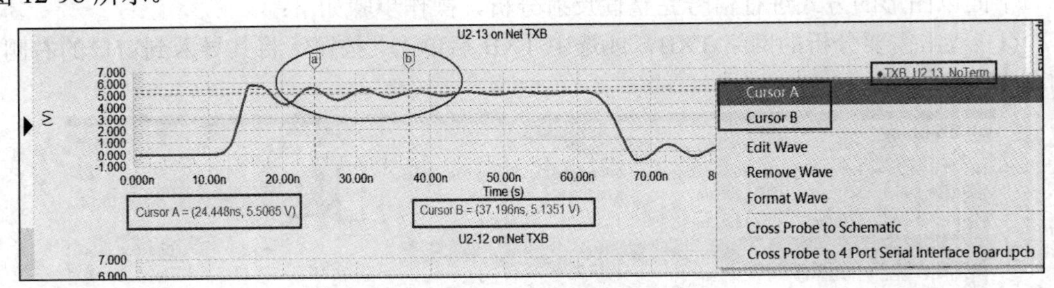

图 12-98　光标精确测量数据

(4) 从图 12-97 的分析波形中可以看出，由于阻抗不匹配而引起的反射，导致信号的上升沿和下降沿都有一定的过冲。

(5) 单击图 12-96 中的【Reanalyze Design】按钮，返回到图 12-79 所示的界面下。窗口右侧中的“Termination”区域给出了几种终端连接的策略来减小反射所带来的影响。选择 Serial Res，如图 12-99 所示，将最小值和最大值分别设置为 25 和 125；选中“Perform Sweep”选项，在“Sweep Steps”选项中填入 10，然后单击【Reflections】按钮，得到如图 12-100 所示的分析波形。

(6) 选择一个满足需求的波形，能够看到此波形所对应的阻值为 172.2 Ω，将此阻值直接接到终端上，如图 12-101 所示，再次单击【Reflections】按钮，分析结果如图 12-102 所示。从图中可以看出，信号波形曲线无论是上升沿还是下降沿的过冲都大大减小，曲线很平滑。最后根据此阻值选择一个比较合适的电阻串接在 PCB 中相应的网络上即可。

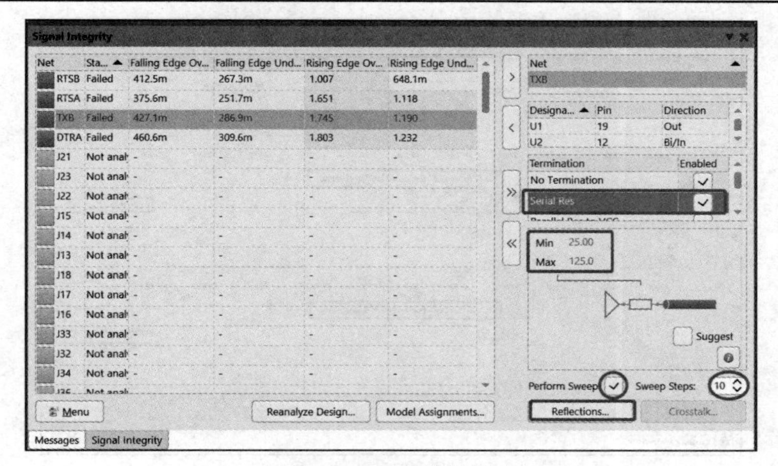

图 12-99　终端选择

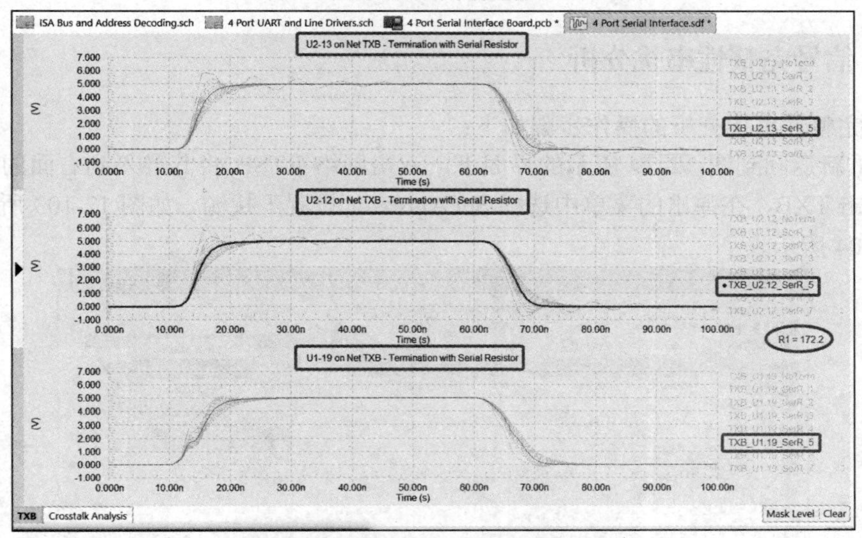

图 12-100　终端系列电阻的分析波形

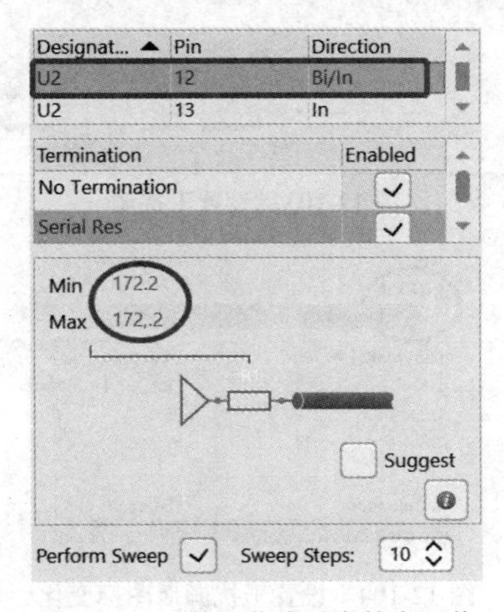

图 12-101　某一曲线对应的电阻值

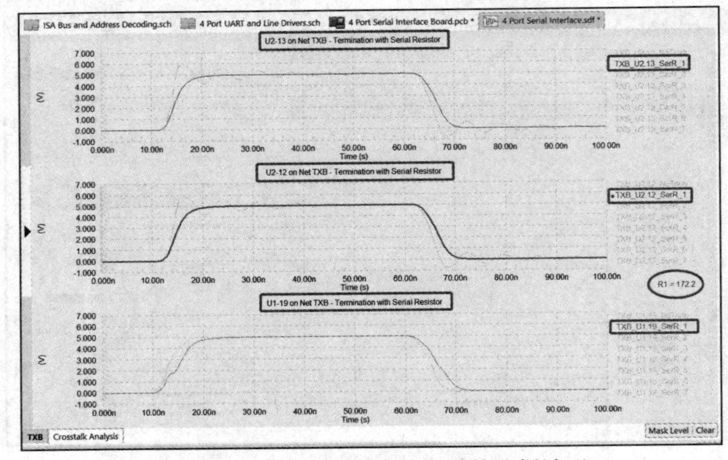

图 12-102　精确接入补偿电阻的分析波形

12.5.8　信号完整性串扰分析

信号完整性串扰分析的操作步骤如下：

(1) 重新返回到图 12-79 所示的界面下，双击网络 RTSB 将其导入到右面的窗口，然后右键单击 TXB，在弹出的菜单中选择 Set Agressor 设置干扰源，如图 12-103 所示，结果如图 12-104 所示。

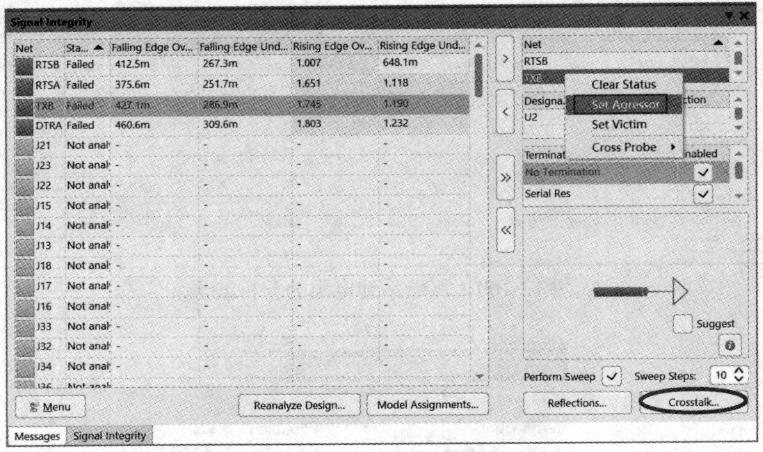

图 12-103　设置干扰源

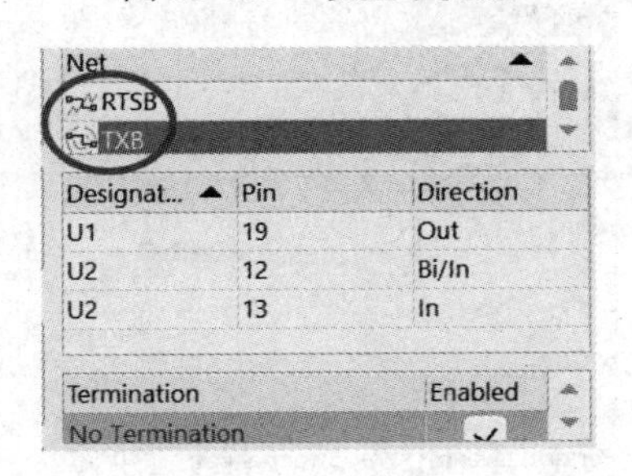

图 12-104　设置干扰源后图标变化

(2) 选择图 12-103 右下角的【Crosstalk】按钮，就会得到串扰分析波形，如图 12-105 所示。

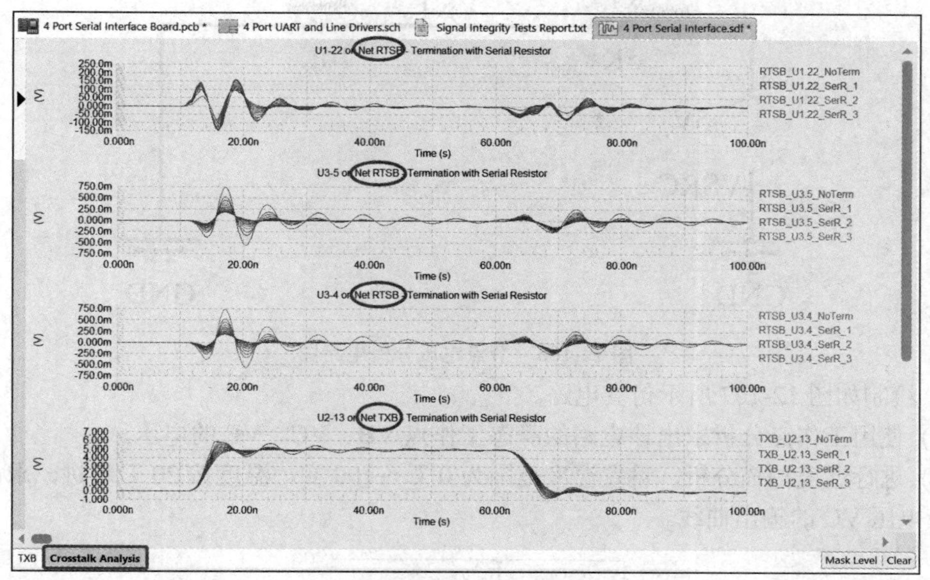

图 12-105　串扰分析波形

选用不同的终端补偿方式，会得到不同的分析结果，用户可以反复分析，从中得到最佳方案。串扰的大小与信号的上升时间、线间距以及并行长度等密切相关。在实际高速电路设计中，用户可采用增加走线间距、尽量减少并行长度，对信号线进行屏蔽来抑制串扰的产生。

本 章 小 结

本章主要介绍了 Altium Designer 19 进行电路仿真设计的一般流程；电路仿真图的绘制方法；实际电路仿真分析与设置，包括仿真功能插件 Mixed Sim 的添加方法，各种仿真的类型设置及仿真结果波形的查看方法；信号完整性分析的一般步骤，以及 PCB 板堆栈的设置，信号完整性规则设置，如何创建 PCB 与原理图元件的链接，信号完整性模型配置，信号完整性网络分析、反射分析及串扰分析等操作。

思考与上机练习

1. 电路仿真设计的一般流程是什么？
2. 如何调整仿真波形窗口的显示？
3. 如何在仿真波形窗口添加和隐藏某个信号的波形？
4. 如何创建一个新的观察对象？
5. 按照图 12-106 所示，绘制仿真电路图，添加节点 N1。

(1) 执行静态工作点分析，求出 N1 的电压。

(2) 设置直流电压源的电压从 1 V 变化到 15 V，每 1 V 扫描一次时 N1 点电压变化曲线。

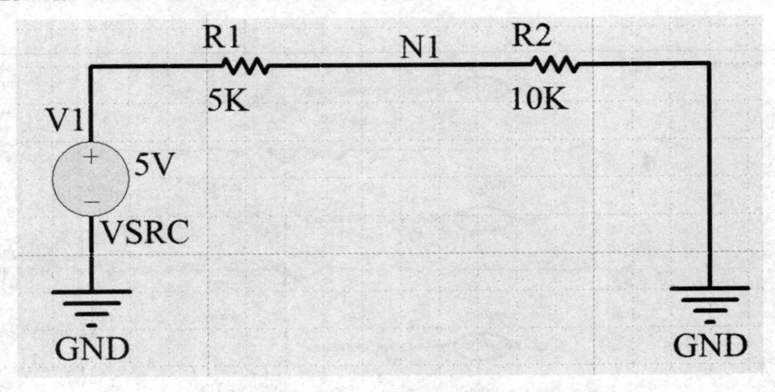

图 12-106　节点电压分析电路图

6. 绘制如图 12-107 所示仿真电路。

(1) 使用工作点分析求出该电路的静态工作点 VB、VC、VE 的电压。

(2) 进行温度扫描分析，设置温度范围为 0 ℃～100 ℃，温度按 20 ℃步进，求晶体管集电极电压 VC 的输出曲线。

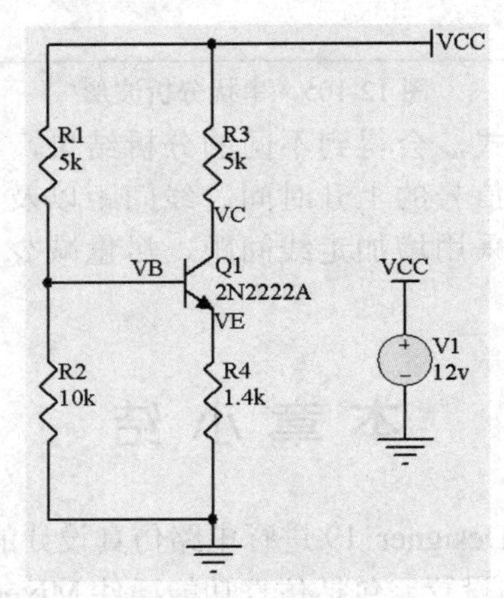

图 12-107　仿真电路

7. Altium Designer 19 信号完整性分析包括哪些规则？

8. 简述 PCB 板进行信号完整性分析的步骤。

9. 信号完整性分析的 SI 模型如何配置？

10. 简述网络分析窗口的含义。

11. 如何进行反射分析？

12. 如何进行串扰分析？

13. 对第 9 章所绘制的 PCB 进行信号完整性分析。

附录　Altium Designer 19 常用元件封装外形

注意：本附录中元件符号下面的元件标注 AXIAL0.3～AXIAL1.0 表示介于 AXIAL0.3 到 AXIAL1.0 之间的所有元件符号模式相似，其他类似标注含义相同。

(1) 电阻类、无极性双端元件：AXIAL0.3～AXIAL1.0，其中 0.4～1.0 数值表示两引脚焊盘间距离，单位为英寸，一般用 AXIAL0.4。

AXIAL0.3～AXIAL1.0

(2) 无极性电容(瓷片电容、涤纶电容等)：RAD0.1～RAD 0.4，其中 0.1～0.4 数值表示两引脚焊盘间距离，单位为英寸，一般用 RAD0.1。

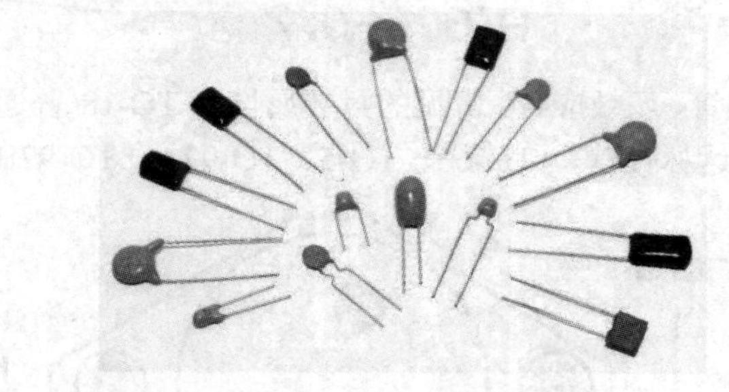

RAD0.1～RAD0.4　　RAD0.1～RAD0.4 实物

(3) 有极性电容：POLAR0.6～POLAR1.2，其中 0.6～1.2 数值表示两引脚焊盘间距离，单位为英寸。注意封装上标注的正极标志。

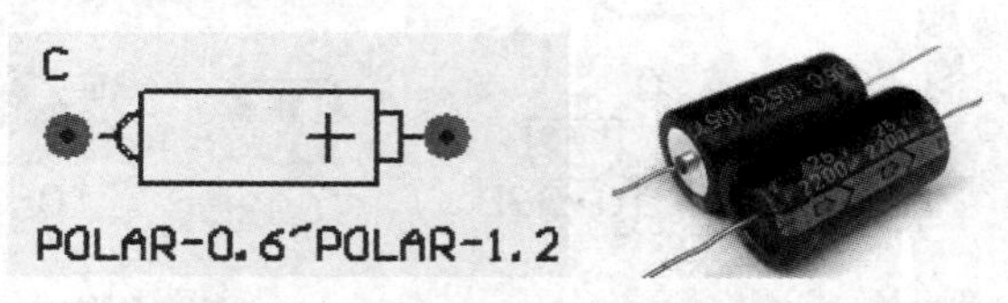

(4) 电解电容 ELECTRO1：RB.1/.2～RB.5/1.0，其中 .1/.2～.5/1.0 第一个数值表示两引脚焊盘间距离，第二个数值表示电容横截圆面的直径(.2 表示 0.2，其余类似)。一般小于 100 μF 用 RB.1/.2，10～470 μF 用 RB.2/.4，大于 470 μF 用 RB.3/.6。

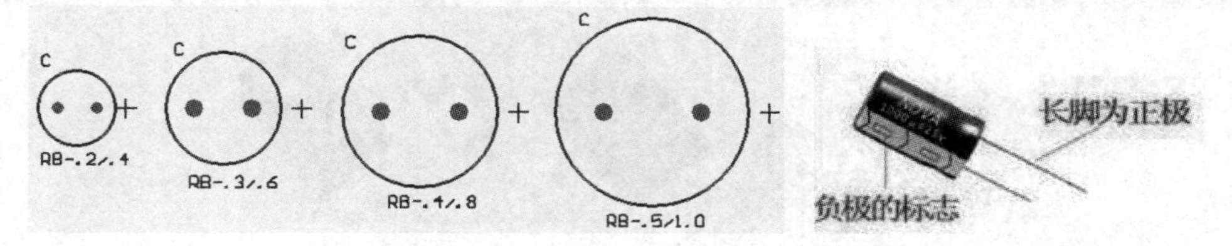

(5) 电位器：RPot、RPot SM、VR-1～VR-5。

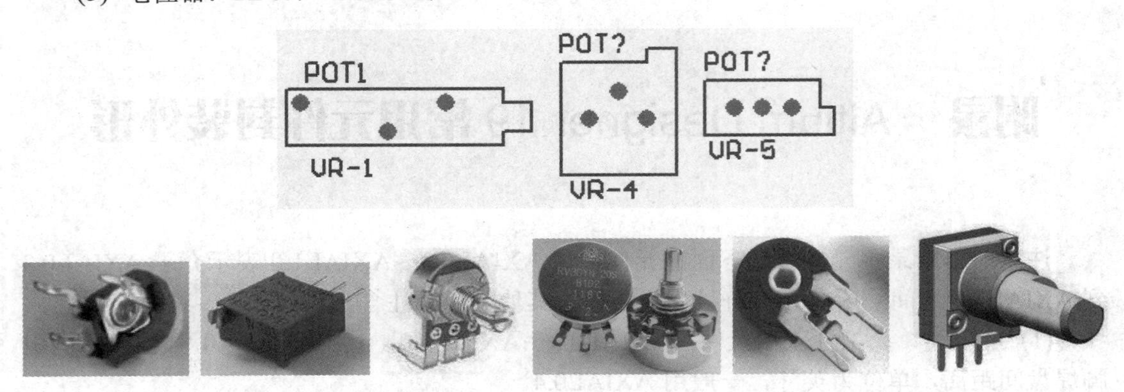

(6) 二极管：封装属性为 DIODE0.4(小功率)、DIODE0.7(大功率)，其中数值 0.4、0.7 表示两引脚焊盘间距离，单位为英寸。若尺寸相同，也可应用 POLAR 系列封装。发光二极管：RB.1/.2。

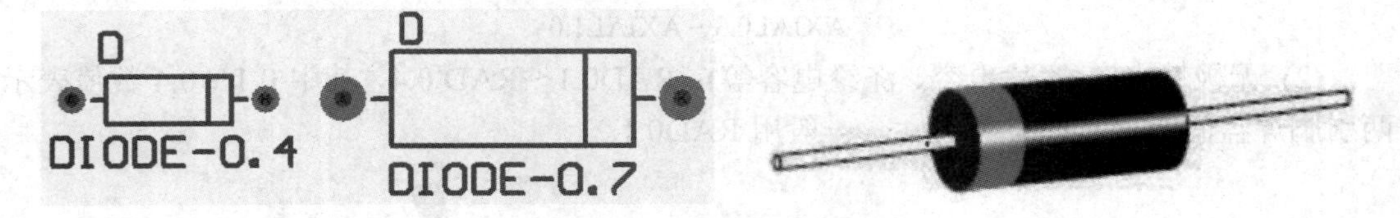

(7) 三极管、场效应管：常见的封装属性为 TO-18(普通三极管)、TO-220(大功率三极管)、TO-3(大功率达林顿管)、TO-66、TO-5、TO-92A、TO-92B、TO-46、TO-52、TO-126 等。

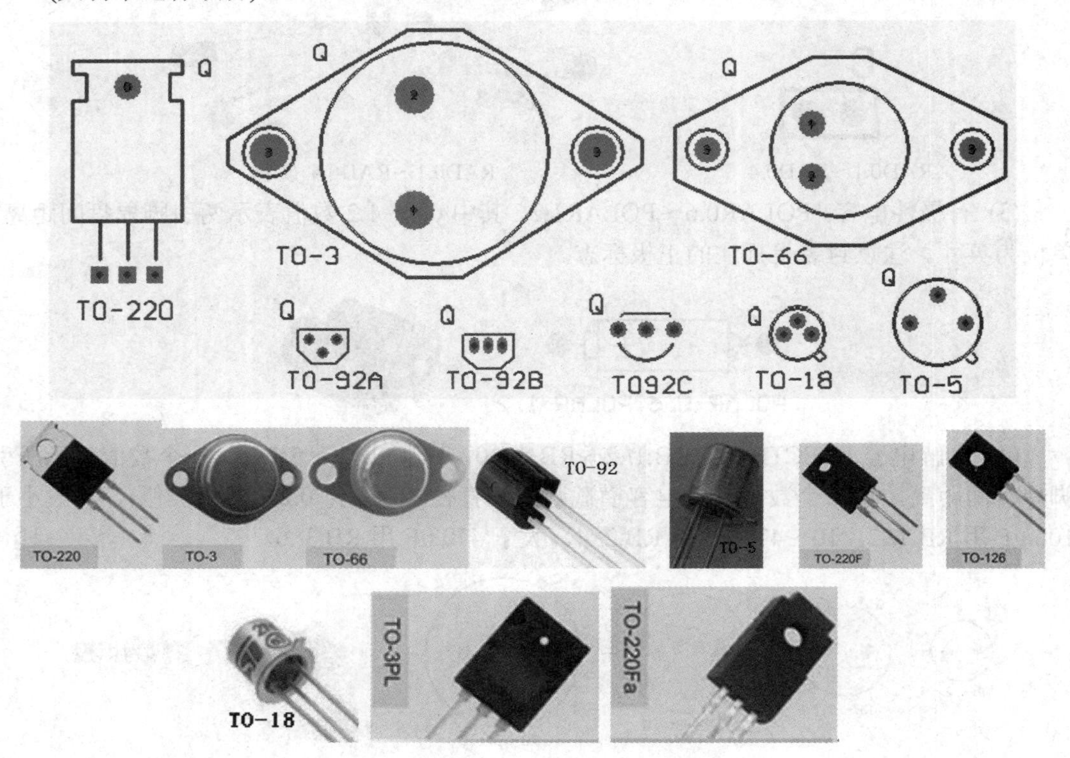

(8) 电源稳压块 78 和 79 系列：TO126H 和 TO126V。

(9) 整流硅桥 BRIDGE1、BRIDGE2： D-37、D-44、D-46F、FLY-4、POWER-4。

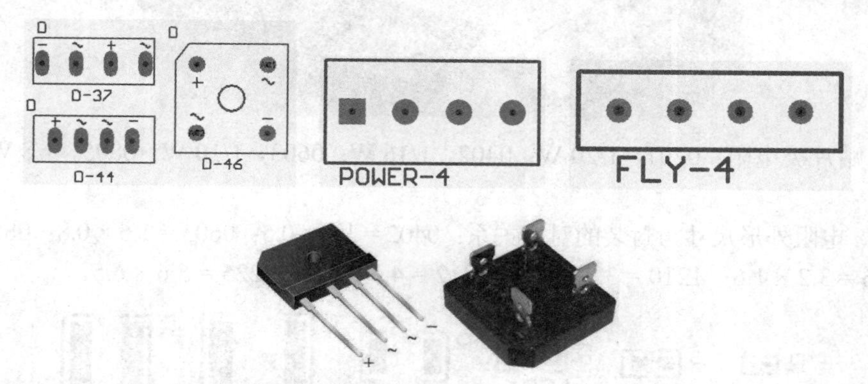

(10) DIP××，其中××指引脚的数量(4～64)。

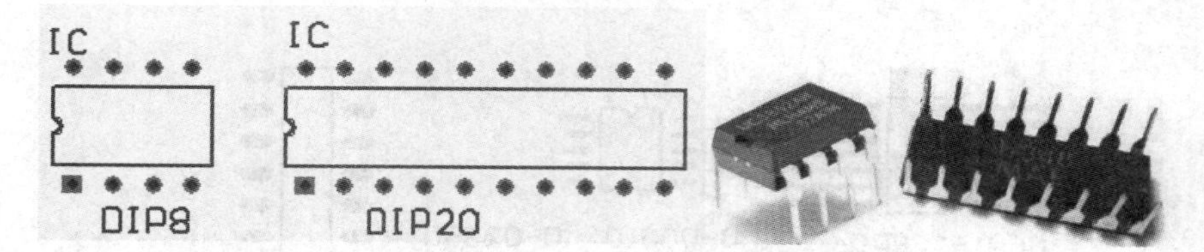

(11) 多针插座 SIP××、IDC-××等，××为引脚的数量。

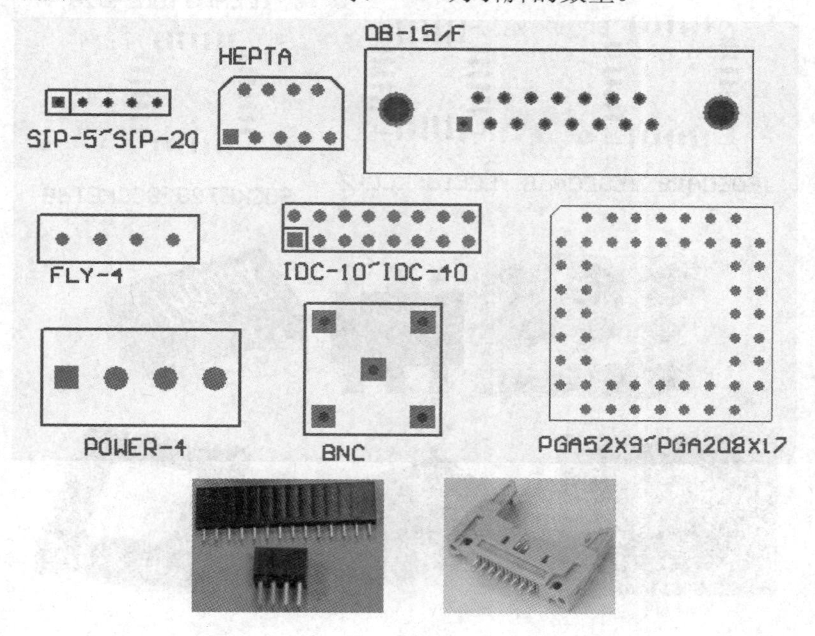

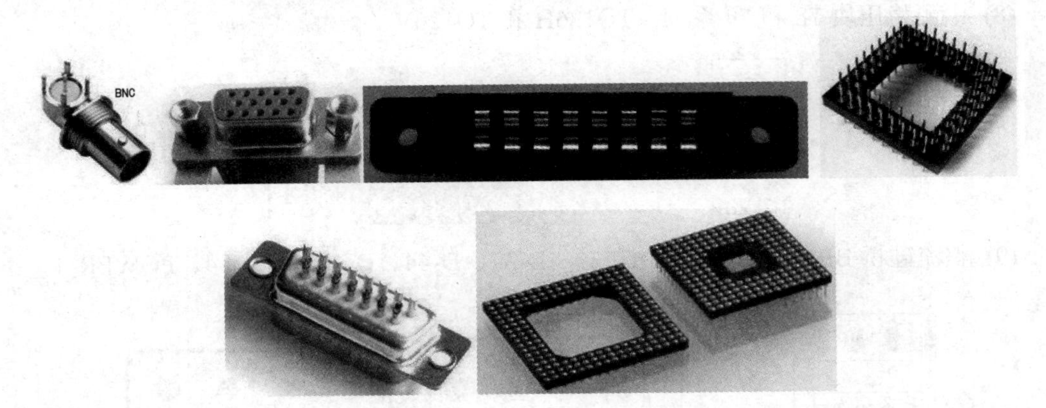

(12) 贴片类电阻：0201，1/20 W；0402，1/16 W；0603，1/10 W；0805，1/8 W；1206，1/4 W。

电容、电阻外形尺寸与封装的对应关系：0402 = 1.0 × 0.5；0603 = 1.6 × 0.8；0805 = 2.0 × 1.2；1206 = 3.2 × 1.6；1210 = 3.2 × 2.5；1812 = 4.5 × 3.2；2225 = 5.6 × 6.5。

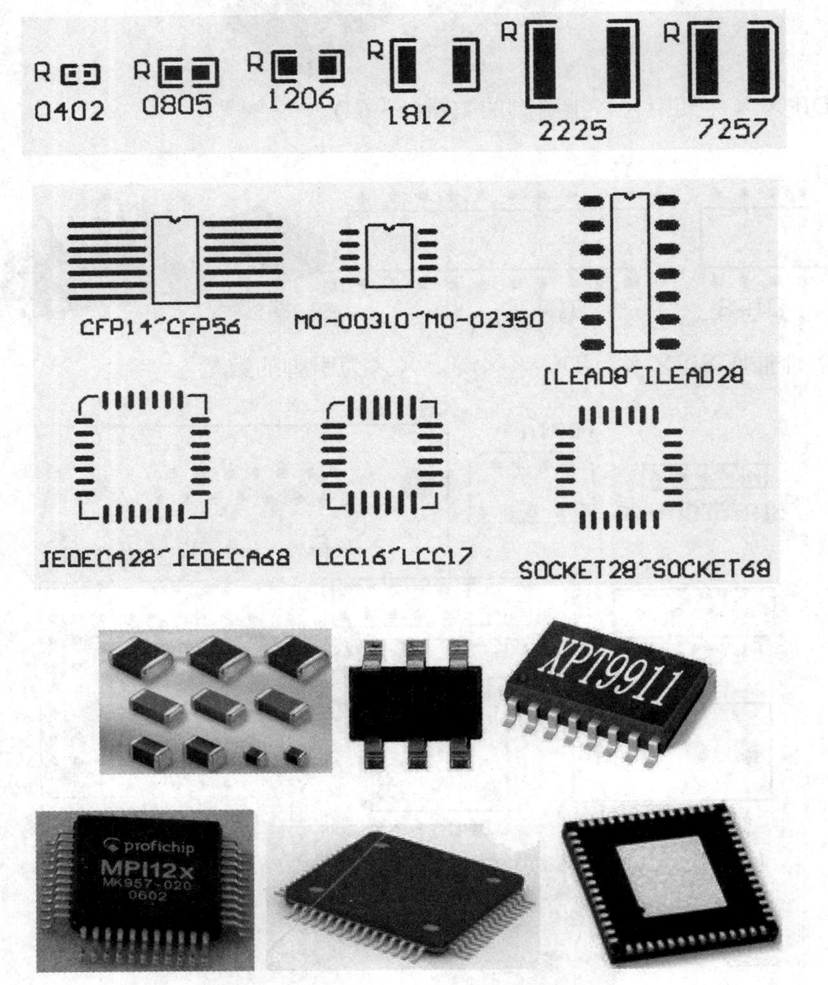

(13) 石英晶体振荡器 XTAL1。

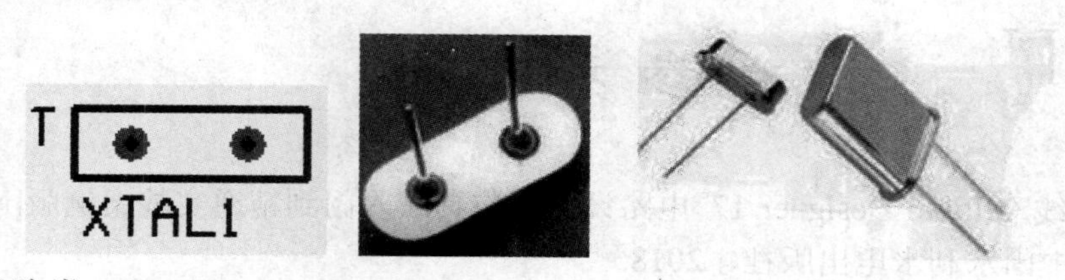

(14) 保险类：FUSE1。

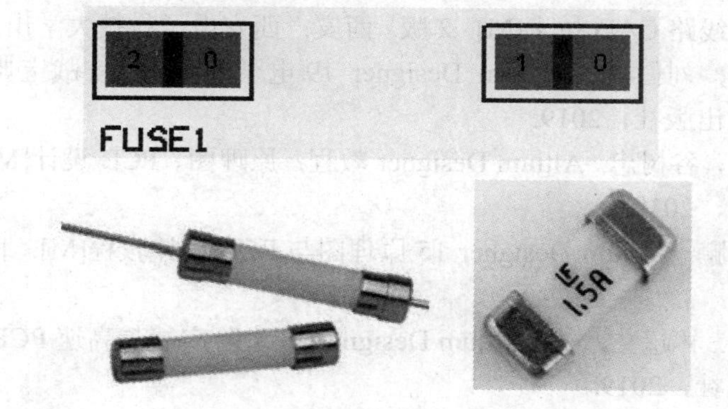

参 考 文 献

[1] 天工在线. Altium Designer 17 电路设计与仿真从入门到精通实战案例版[M]. 中文版. 北京：中国水利水电出版社，2018.

[2] 赵月飞. 胡仁喜. Altium Designer 13 电路设计标准教程[M]. 北京：科学出版社，2014.

[3] 张玉莲. 电子线路 CAD 技术[M]. 2 版. 西安：西安电子科技大学出版社，2017.

[4] 郑振宇. 黄勇，刘仁福. Altium Designer 19 电子设计速成实战宝典[M]. 中文版. 北京：电子工业出版社，2019.

[5] 王秀艳. 姜航，谷树忠. Altium Designer 教程：原理图、PCB 设计[M]. 3 版. 北京：电子工业出版社，2019.

[6] 刘佳琪. 高敬鹏. Altium Designer 15 原理图与 PCB 设计教程[M]. 北京：机械工业出版社，2016.

[7] 江智莹. 董磊. 林超文，等. Altium Designer 18 进阶实战与高速 PCB 设计[M]. 北京：电子工业出版社，2019.

[8] 刘秀霞. 马文婕. Altium Designer Winter 09 电路设计与仿真教程[M]. 北京：北京航空航天大学出版社，2016.